大话存储后传

次世代数据存储思维与技术

冬瓜哥 著

清華大學出版社
北京

内容简介

本书为《大话存储终极版》出版以来最新积累的大量高质量技术热点内容。

全书分为：灵活的数据布局、应用感知及可视化存储智能、存储类芯片、储海钩沉、集群和多控制器、传统存储系统、新兴存储系统、大话光存储系统、体系结构、I/O协议栈及性能分析、存储软件、固态存储等，其中每章又有多个小节。每一个小节都是一个独立的课题。本书秉承作者一贯的写作风格，完全从读者角度来创作本书，语言优美深刻，包罗万象。另外，不仅阐释了存储技术，而且同时也加入了计算机系统技术和网络技术的一些解读，使读者大开眼界，茅塞顿开，激发读者的阅读兴趣。

本书适合存储领域所有从业人员阅读研习，同时可以作为《大话存储终极版》的读者的延伸高新资源。

图书在版编目(CIP)数据

大话存储后传：次世代数据存储思维与技术 / 冬瓜哥著. — 北京：清华大学出版社，2017（2022.5重印）

ISBN 978-7-302-46492-1

Ⅰ. ①大… Ⅱ. ①冬… Ⅲ. ①数据存贮—研究 Ⅳ. ①TP333

中国版本图书馆 CIP 数据核字(2017)第 025580 号

责任编辑：栾大成
封面设计：杨玉芳
版式设计：方加青
责任校对：胡伟民
责任印制：沈　露

出版发行：清华大学出版社
网　　址：http://www.tup.com.cn，http://www.wqbook.com
地　　址：北京清华大学学研大厦 A 座　　**邮　　编：**100084
社 总 机：010-83470000　　**邮　　购：**010-62786544
投稿与读者服务：010-62776969，c-service@tup.tsinghua.edu.cn
质 量 反 馈：010-62772015，zhiliang@tup.tsinghua.edu.cn
印 装 者：天津鑫丰华印务有限公司
经　　销：全国新华书店
开　　本：170mm×240mm　　**印　　张：**29.75　　**字　　数：**745 千字
版　　次：2017 年 5 月第 1 版　　**印　　次：**2022 年 5 月第 4 次印刷
定　　价：89.00 元

产品编号：073341-01

序　言

不用扬鞭自奋蹄！

廖恒　博士

是哪一年认识了张冬，我想不起来了。只记得是一次出差途中，在杭州一家小餐馆里一起进餐。见面寒暄后，他单刀直入问我：时钟具体是如何驱动电路的运行的？带着孩子般的渴望知识的眼神，透露着作者的气质，渗透在他的每一本著作中。此后每次会面都是擦肩而过，每次碰撞都留下一个不同的问题。我常常回味，驱动他努力追求的难道仅仅是好奇？年岁易过，技术领域更新极快，方才还潮流新宠的新课题，转眼已融化殆尽，抛入了记忆的废纸篓。热心收集的知识岂不成了占内存的老古董，有何用现实的价值？

拿到这本"重达"40M的电子版大部头，我着实被吓了一跳。这是一位孜孜不倦的探险者，用自己的眼睛去增长见识，用自己的心去思考实质，再用自己的笔去分享观感。内容翔实，让人耳目一新。好比为读者打开了私藏的博物馆，而由收藏主人亲自展示每一个藏品的精妙机关，再把当初苦心寻访藏品并终于纳入囊中的故事向你娓娓道来。其中扑面而来的喜悦，只有同道中人才能体会。

《大话存储后传》给出的是作者的答案。多年的追求探索，不仅仅是加深自身领悟，还为了和更多人分享和传承。工程师担负了造新物的使命，要看清这无比复杂的知识世界十分不易。冬瓜哥帮我们梳理了经纬全局，把知识的珠子串成了项链。

完成这一本，存储整个博物馆，就此剪彩全面开张，存储这档子事儿也许到此告

一段落。不知道那孩童般的好奇又会把张冬带到哪个新奇的世界。我期待他的下一本游记。

廖恒 博士

廖恒 博士，曾就读清华大学、美国普林斯顿大学。曾任PMC-Sierra公司Fellow，曾参与T10 SAS 标准制定工作，并担任存储部门总架构师，设计了SAS Expander、RAID控制器、HBA控制器等产品。

变化的IT，变化的存储

雷迎春 达沃时代CTO

CPU向两个方向发展：高性能和低成本。CPU的高性能使得对于大多数应用，只需要CPU的10%或30%的处理能力就可满足应用所需，为利用富裕的CPU处理能力，以VMware和Docker为代表的CPU虚拟化技术先后出现，帮助应用以不同的隔离形式并行运行，复用CPU资源。CPU的低成本使得计算机不再高大上，而是以各种形式，如手机、IoT设备等，充斥在人们的生活中，数据生产成本大幅下降，迎来大数据时代。

VMware的CPU虚拟化技术把一台物理服务器虚拟化为多台虚拟服务器，即虚拟机，从而允许在每一台虚拟机内运行独立的操作系统和应用。显然，只要在一台物理服务器上运行合适数目的虚拟机，CPU资源就能得到充分利用。不过，虚拟机在充分使用CPU资源的同时，对存储资源的使用也显著增加，而且以随机I/O为主。在虚拟化技术兴起之前，存储的主要产品形式是磁盘阵列，但是，磁盘天生就不适合支持随机I/O，所以，磁盘阵列很难适应虚拟化技术的飞速发展。更擅长随机I/O的闪存被用于改造以磁盘为中心的传统阵列，使阵列演变为混合闪存和磁盘的混合阵列，以及全闪存阵列。

相比于单个盒子的阵列，近年来兴起的分布式存储因较强的横向扩展能力而具有明显的优势。一般地，分布式存储由若干节点组成，每一个节点是一个中、小型存储服务器，它们通过分布式存储软件汇聚为一个大型的存储系统。在分布式存储中，新增一个节点，不仅增加整个系统的存储容量，同时，也提升整个系统的I/O性能。另一方面，当一个节点发生故障时，不会影响整个系统的正常运行，因为，故障节点的数据在其他存活节点上有冗余（副本），且存活节点能继续对外提供服务。由于体系结构上的优势，分布式存储不再有类似阵列存储的性能瓶颈和容量瓶颈。

（1）从消费级市场步入企业级市场的闪存是这一轮存储变革的关键因素。在以磁盘为中心的传统存储中，其硬件平台和软件系统是针对磁盘特别设计的，多年发展，积累至今。用闪存盘简单替换硬盘，会让传统存储的性能有所改善，但是，面向磁盘设计的存储软件并不能充分发挥闪存的性能特性，相反，由于闪存有不同于硬盘的物理特性，如有限的可擦写次数，而扩大闪存的缺陷，给系统带来隐患。因此，存储软件需要重构，从过去以磁盘为中心发展到现在的以闪存为中心。

（2）软件定义存储的兴起是这一轮存储变革的关键推手。过去，磁盘阵列有专门设计的硬件平台，而软件定义存储的理念是存储系统的软件化，不使用专门为存储业务特殊设计的硬件平台，而使用标准化硬件平台，如x86服务器。软件定义存储既允许存储厂商销售软硬一体的设备，又允许存储厂商直接销售存储软件给用户，用户自己选择硬件平台；存储的主要产品形式既可以是阵列，也可以是分布式存储，如超规模（Hyperscale）或超融合（Hyperconverged）。这里，超规模是应用软件运行在计算服务器节点上，存储软件运行在存储服务器节点上，存储和计算分离；超融合是一台服务器上同时运行应用软件和存储软件，存储和计算融合。软件定义存储带来最重要的特性是，存储软件和硬件平台解耦，允许分别升级。例如，如果发现存储性能与硬件平台有关，就升级硬件平台；如果存储性能与存储软件有关，或有最新发布的存储功能，只需要软件升级。简而言之，软件定义存储带来极大的灵活性和成本的降低。

（3）应用部署广泛采用虚拟机或容器技术，以及企业数据中心从第二平台向第三平台的演变左右着这一轮存储变革的进程。例如，正是虚拟机的大规模使用，磁盘型存储系统难以支持，才促进闪存型存储系统的发展，而企业数据中心从个人电脑、客户端/服务器和局域网/互联网为依托的第二平台转向以云计算、大数据、移动、社交为依托的第三平台，相应地，信息技术的价值从以计算、业务为中心转向以用户、数据为中心。伴随IT生态的变化，更适合第三平台的分布式存储的重要性日益凸显，市场份额显著增长，且软件定义存储的理念贯穿其中。特别地，在第三平台中，同一个共享存储池上需要运行各种应用，那么，分布式存储需要提供多种存储访问协议，如iSCSI、NFS/CIFS和S3等，且适应不同工作负载对存储资源的并行访问。

个人认为，在第三平台时代，存储技术会随着无处不在的数据和对数据处理的友好支持而百花齐放，存储也因为结合丰富的数据服务和数据管理功能，而模糊与应用之间的关系，出现应用驱动的存储或应用定义的存储。例如，Web对象存储以Web服务的形式对外提供存储功能，VSAN为VMware vSphere提供以VM为中心的存储，HDFS为Hadoop计算框架提供专属存储。

正在发生的存储变革是多种力量综合博弈的市场结果。几乎任何一项被主流市场接受的存储技术，无论硬件还是软件，都有它的前世今生，只有了解过去，才能认识当下，《大话存储后传》正是这样一本承上启下的书，它可以帮助存储开发者和存储使用者深刻理解存储技术的点点滴滴和变化的过程。此外，该书的内容质量堪称顶级，全书内容均为冬瓜哥亲手炮制，处处体现了作者清晰、深刻的思维，描述技术入木三分，穷根究底，来龙去脉一目了然。能达到这种境界，需要多年的异于常人的学习和积累，更重要的是付出比常人更多的毅力和思考过程。我相信若非冬瓜哥的兴趣和情怀驱动，是很难做到这个程度的。

纵观当即社会，在互联网影响下，一股浮躁的风气弥漫着各个领域。在这个大的时代背景之下，能够潜心研究，耐得住寂寞笔耕不辍分享给大众，坚守情怀，实则是难能可贵之事，社会需要更多的像冬瓜哥这样的人。

雷迎春　博士　达沃时代CTO

前 言

眨眼间，距离《大话存储》一书出版已经8年了。在这8年间，冬瓜哥也一直在不断地学习积累并输出，并在2015年5月份创立了微信公众号“大话存储”，继续总结和输出各类存储系统知识，皆为原创。本书即对这一年多来冬瓜哥的输出文章进行了整理再加工，并特意增加了30%的从未发布的额外内容。

如果说《大话存储》系列图书是一部系统性讲述存储系统底层的小说的话，那么本书相当于一部散文集，全篇形散神聚，自由穿梭于存储和计算机系统的底层和顶层世界中。其中的每一篇都表述了某个领域、课题或者技术，并围绕该技术展开叙述。冬瓜哥把全书划分为12个技术领域部分，每一个部分又包含多篇相关的文章。

其中有些文章中带有鄙人手绘的图片，为了保持原汁原味，决定保留原样，如果侮辱了你的审美观，请见谅。

阅读本书要求对存储系统有一定了解，最好是相当了解，否则会感到比较吃力。不过，吃力是好事，证明有提升空间，那就赶紧去买本《大话存储 终极版》看看正传吧，然后再来看后传。 当年冬瓜哥看一些文档的时候，也是很吃力，但是总感觉很有意思，也就坚持了下来。

可能有人会想，后续会不会有《大话存储 外传》呢？嗯，或许吧，顺其自然！

最后，欢迎关注鄙人的微信公众号：

冬瓜哥

前言

目录

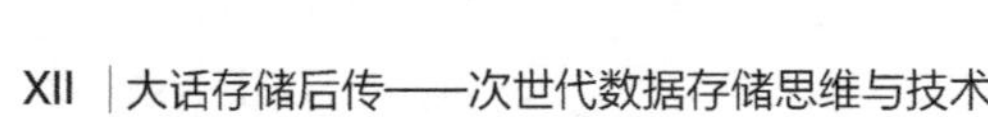

第一章 灵活的数据布局

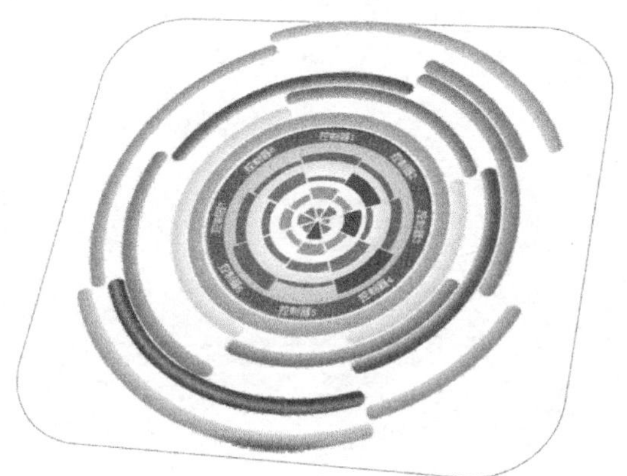

本章总结了冬瓜哥之前在存储系统产品设计方面的一点点成果，放在本书开头，作为一个开场白，也算是向各位存储界人士描述一下这几年“搞存储”的收效。

1.1 Raid1.0和Raid1.5

在机械盘时代，影响最终I/O性能的根本因素无非就是两个，一个是顶端源头，也就是应用的I/O调用方式和I/O属性；另一个是底端源头，那就是数据最终是以什么形式、状态存放在多少机械盘上的。应用如何I/O调用完全不是存储系统可以控制的事情，所以从这个源头来解决性能问题对于存储系统来讲是无法做什么工作的。但是数据如何组织、排布，绝对是存储系统重中之重的工作。

这一点从Raid诞生开始就一直在不断的演化当中。举个最简单的例子，从Raid3到Raid4再到Raid5，Raid3当时设计的时候致力于单线程大块连续地址I/O吞吐量最大化，为了实现这个目的，Raid3的条带非常窄，窄到每次上层下发的I/O目标地址基本上都落在了所有盘上，这样几乎每个I/O都会让多个盘并行读写来服务于这个I/O，而其他I/O就必须等待，所以我们说Raid3阵列场景下，上层的I/O之间是不能并发的，但是单个I/O是可以采用多盘为其并发的。所以，如果系统内只有一个线程（或者说用户、程序、业务），而且这个线程是大块连续地址I/O追求吞吐量的业务，那么Raid3非常合适。但是大部分业务其实不是这样，而是追求上层的I/O能够充分地并行执行，比如多线程、多用户发出的I/O能够并发地被响应，此时就需要增大条带到一个合适的值，让一个I/O目标地址范围不至于牵动Raid组中所有盘为其服务，这样就有一定几率让一组盘同时响应多个I/O，而且盘数越多，并发几率就越大。Raid4相当于条带可调的Raid3，但是Raid4独立校验盘的存在不但让其成为高故障率的热点盘，而且也制约了本可以并发的I/O，因为伴随着每个I/O的执行，校验盘上对应条带的校验块都需要被更新，而由于所有校验块只存放在这块盘上，所以上层的I/O只能一个一个地顺着执行，不能并发。Raid5则通过把校验块打散在Raid组中所有磁盘上，从而实现了并发I/O。大部分存储厂商提供针对条带宽度的设置，比如从32KB到128KB。假设一个I/O请求读16KB，在一个8块盘做的Raid5组里，如果条带为32KB，则每块盘上的段（Segment）为4KB，这个I/O起码要占用4块盘，假设并发几率为100%，那么这个Raid组能并发两个16KB的I/O，并发8个4KB的I/O；如果将条带宽度调节为128KB，则在100%并发几率的条件下可并发8个小于等于16KB的I/O。

讲到这里，我们可以看到单单是调节条带宽度，以及优化校验块的布局，就可以得到迥异的性能表现。但是再怎么折腾，I/O性能始终受限在Raid组那少得可怜的几块或者十几块盘上。为什么是几块或者十几块？难道不能把100块盘做成一个大Raid5组，然后，通过把所有逻辑卷创建在它上面来增加每个逻辑卷的性能么？你不会选择这么做的，当一旦有一块盘坏掉，系统需要重构的时候，你会后悔当时的决定，因为你会发现此时整个系统性能大幅降低，哪个逻辑卷也别想好过，因为此时99块盘都在全速读出数据，系统计算xor校验块，然后把校验块写入热备盘中。当然，你可以控制降速重构，来缓解在线业务的I/O性能，但是付出的代价就是增加了重构时间，重构周期内如果有盘再坏，那么全部数据荡然无存。所以，必须缩小故障影响域，所以一个Raid组最好是几块或者十几块盘。这比较尴尬，所以人们想出了解决办法，那就是把多个小Raid5/6组拼接成大Raid0，也就是Raid50/60，然后将逻辑卷分布在其上。当然，目前的存储厂商黔驴技穷，再也弄不出什么新花样，所以它们习惯把这个大Raid50/60组成“Pool”，也就是池，从而迷惑一部分人，认为存储又在革新了，存储依然生命力旺盛。

那冬瓜哥在这里也不妨顺水推舟忽悠一下，如果把传统的Raid组叫作Raid1.0，把Raid50/60叫作Raid1.5。我们其实在这里可以体会出一种周期式上升的规律，早期盘数较少，主要靠条带宽度来调节不同场景的性能；后来人们想通了，为何不用Raid50呢？把数据直接分布到几百块盘中，岂不快哉？上层的并发线程I/O在底层可以实现大规模并发，达到超高吞吐量。此时，人们被成功冲昏了头脑，没人再去考虑另一个可怕的问题。

至这些文字倾诸笔端时仍没有人考虑这个问题，至少从厂商的产品动向里没有看出。究其原因，可能是另一轮底层的演变，那就是固态介质。底层的车轮是不断地提速的，上层的形态是循环往复的，但有时候上层可能直接跨越式前进，跨越了其中应该有的一个形态，这个形态或者转瞬即逝，亦或者根本没出现过，但是总会有人产生火花，即便这火花是那么微弱。

这个可怕的问题其实被一个更可怕的问题盖过了，这个更可怕的问题就是重构时间过长。一块4TB的SATA盘，在重构的时候就算全速写入，其转速决定了其吞吐量极

限也基本在80MB/s左右，可以算一下，需要58h，实际中为了保证在线业务的性能，一般会限制在中速重构，也就是40MB/s左右，此时需要116h，也就是5天5夜，我敢打赌没有哪个系统管理员能在这一周内睡好觉。

1.2 Raid5EE和Raid2.0

20年前有人发明过一种叫作Raid5EE的技术，其目的有两个，第一是把平时闲着没事干的热备盘用起来，第二就是加速重构。

很显然，如果把下图中用“H（hot spare）”表示的热备盘的空间也像校验盘一样，打散到所有盘上的话，就会变成图右侧所示的布局，每个P块都跟着一个H块。这样整个Raid组能比原来多一块磁盘可用于工作。另外，由于H空间也被打散了，当有一块盘损坏时，重构的速度理应被加快，因为此时可以多盘并发写入了。但是实际却不然，整个系统的重构速度其实并不是被这块单独的热备盘限制了，而是被所有盘一起限制了，因为热备盘以满速率写入重构后的数据的前提是，其他所有盘都以满速率读出数据，然后系统对其做xor。就算把热备盘打散，甚至把热备盘换成SSD、内存，对结果也毫无影响。

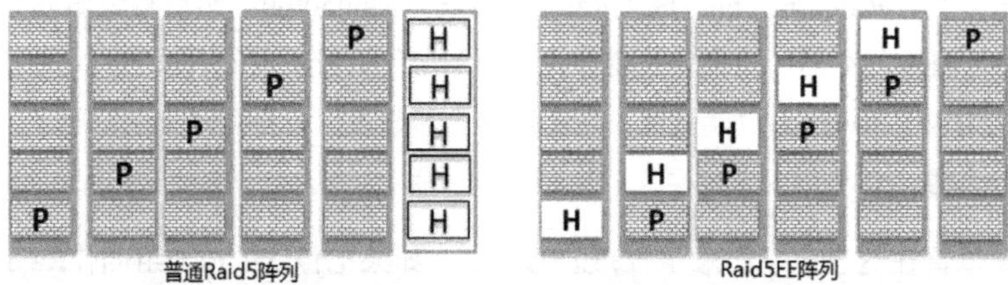

那到底怎样才能加速重构呢？唯一的办法只有像下图所示这样，把原本挤在5块盘里的条带，横向打散，请注意，是以条带为粒度打散，打散单盘是毫无用处的。这样，才能成倍地提升重构速度。

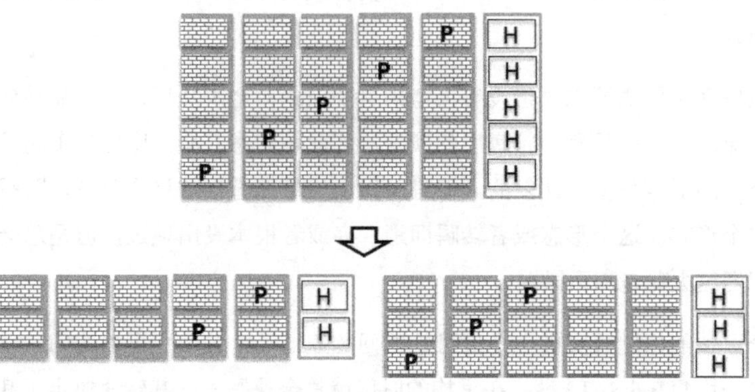

Raid2.0并非像“Pool（Raid50/60）”一样纯忽悠（这也是我称之为Raid1.5的原因，半瓶水），它还是有很大变革的。首先，条带不再与磁盘绑定，而是“浮动”于磁盘之上，也就是同样一个条带，比如“D1+D2+D3+P”就是一个由3个数据段（Data Segment）和一个Parity Segment组成的条带，之前的做法是，必须由4块盘来承载这个条带，换个角度说，之前从没有人想过把条带作为认知中心，而都是把一个Raid组里的盘作为中心，什么东西必须绑定在这些盘上，盘坏了就必须整盘重构，丝毫不去分析盘上的数据到底怎么分布的。条带浮动之后的结果如下图所示。

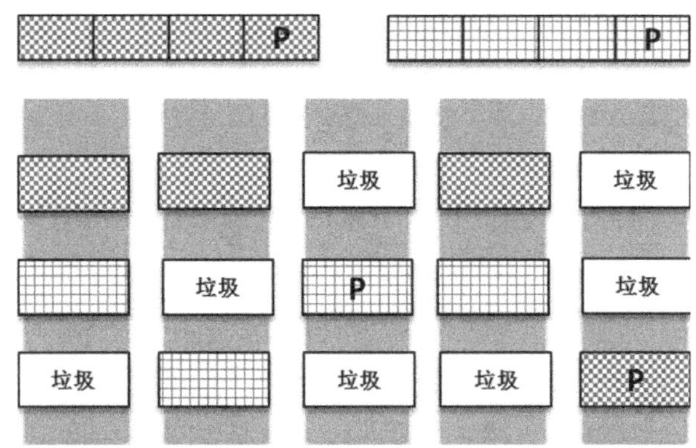

这完全颠覆了传统认知。首先，一个3D+1P的条带竟然可以放在5块盘里（实际上几块都行，1块也行，和盘数无关）？其次，条带里的Segment怎么都是乱七八糟排列？以条带为中心，意味着条带得到了解放，解放意味着自由，自由意味着可以按照自己的思想做事，当然你得先有思想，没有思想的事物给它自由反而可能有反作用。条带为何会要努力挣扎以获得自由？就是因为它太看不惯那些不思进取和墨守成规了，拿着陈年的糠吃一辈子还自感良好的大有人在，这些人不但自己吃糠，而且还不许别人创新。当然，这一般不是工程师应用的素质。广大的工程师时刻都在创新。

传统Raid毫不关心条带是否已经被分配给逻辑卷，即便是有3/5的条带并没有分配给任何Lun，这块盘坏了之后，这3/5的垃圾数据一样会被重构，这是完全不必要的，但是又是必须进行的，因为如果不把这3/5的垃圾数据重构，那么新加入的盘和原来的盘在这3/5数据范围内是对不上的，如下图所示，如果不将垃圾块也重新重构然后写入热备盘，那么垃圾块D1 xor D2 xor D3 xor D4将不等于垃圾块P，这属于不一致，是不能接受的。谁知道热备盘上这些块之前是什么内容？可以保证的是，如果不加处理，这些块和原来的盘上对应条带的块算出来的xor结果不一致。所以，必须将垃圾块也一起重构，虽然垃圾重构之后还是垃圾，但是最起码是能够保证垃圾们之间xor之后是一致的。

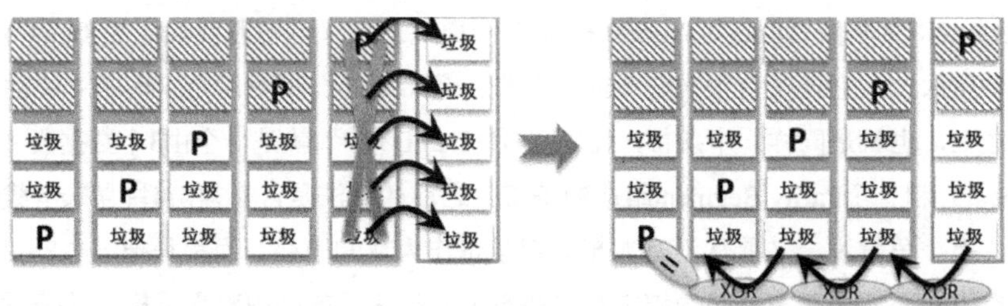

事实上，对这一点不同厂商还真有些不同的处理，比如，如果事先对热备盘上的数据全部清零，也就是真的全写入0x00，你会发现，任何数据与0做xor，结果还是之前的数据，比如D1 xor = D1，再回来看上图，下面那些垃圾块，与0做xor之后，产生的Parity与原来的Parity相同，那么就没必要重构这些垃圾块。但是有些厂商不预先对热备盘做清零预处理，而在坏盘之后直接全盘重构，那就只能证明这些厂商懒。然而在Raid2.0模式下，条带获得了自由，那就意味着只要一个条带的所有D块做xor之后等于它的P块，这个条带就是一致的，其他的垃圾数据根本不用考虑是否一致，也就根本不需要重构。因此，首先保证不重构垃圾数据，这在一定程度上加快了重构速度。

其实条带“浮动”之后还没结束，条带还可以“漫游”，“条带漫游”也就意味着一个条带可以肆无忌惮地存在于存储空间的任何位置，自己的形状可以是直的、弯的、圆的、尖的。当然一开始没人希望自己的条带奇形怪状，之所以变成这样是因为发生了非常大的重构，下文会详细叙述。如下图所示。

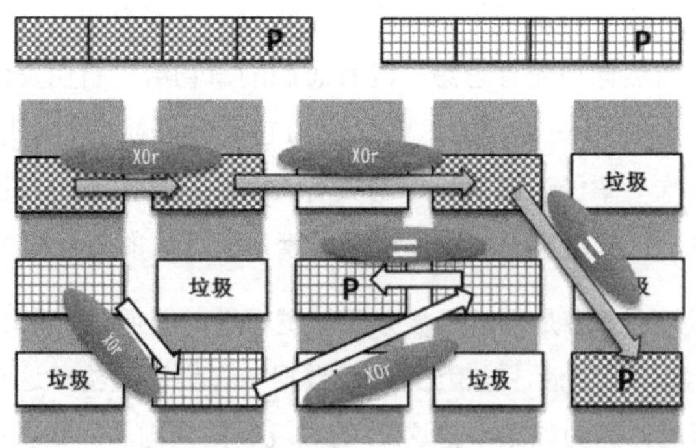

其次，我们发现一个条带的D/P块完全不像传统Raid那样完全按照顺序排排坐在磁盘上。为何要这样？其实并不是有意为之，事实上，在Raid2.0模式下，Lun逻辑卷与Raid1.0/1.5一样，依然是由*n*个条带拼接成的逻辑空间，这一点没变，而且在Raid2.0模式下，在新建一个逻辑卷时，系统也是尽量把组成这个逻辑卷的条带按照Raid1.0/1.5模式一样，顺序地放在磁盘上。但是当发生坏盘的时候，所有受影响的条带需要被重构并写入热备盘。且慢，如果在Raid2.0模式下你的脑袋里还有“热备盘”的概念，就输了。热备盘这个概念在Raid5EE技术里是不存在的，没看懂的请翻回去重新看，Raid5EE技术里只有热备空间，或者说热备块的概念。Raid5EE很严格地摆放了H块，也就是跟着P块一起。但是在Raid2.0模式下，热备块在哪呢？一下子就能看出来，下图中所有被标识为“垃圾”的块，都可以作为热备块。

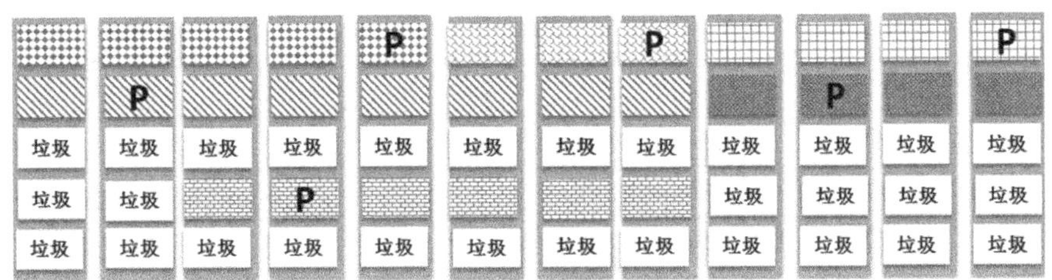

如图上图所示，一共有12块盘，示意性地画了6个条带上去，实际上应该是数不清的条带。可以看到这些条带中，有5D+1P的，有2D+1P的，也有3D+1P的。它们一开始各自都被尽量连续地存放在这12块盘上。但是当其中某块盘坏掉之后，如下图所示，这块盘上原有的非垃圾数据块需要被重构到热备块中去，此时系统会仅仅读出受影响条带的内容然后计算出待重构块，并写入到与本条带其他块不共享的任意一块盘上去，也就是说对于单P块保护的条带，算法要保证同一块盘上绝不能够存在同一个条带的2个或者2个以上的块，否则一个单P条带如果同时丢失2个块，则该条带对应的逻辑卷数据等效于全部丢失。当然，如果是比如Raid6那种双P条带，则可以允许同一个条带最多2个块放在同一个盘上。

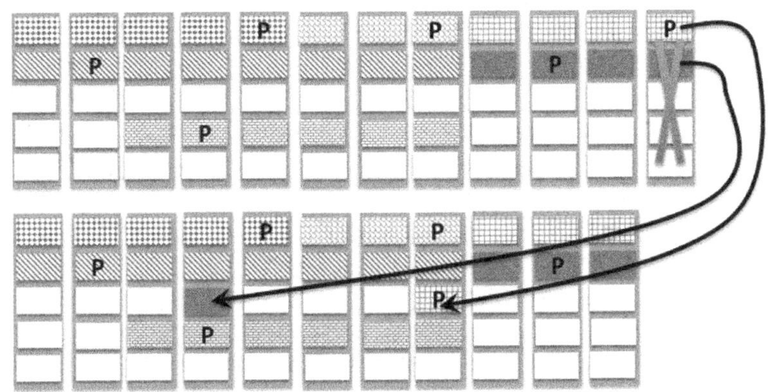

可以看到，Raid2.0属于见缝插针，任何块都可以被重构到任何热备块上去，只要不会产生同一条带内2个以上块位于同一个盘即可。Raid2.0的另一个特性就是，只要系统内还有足够的并且不会导致重构之后出现同一条带2个以上块处在同一个盘的热备块的情况，那么在坏一块盘之后，系统用很少的时间重构完成，此时可以再允许坏一块，再重构完成，再坏一块，直到不能满足上面那两个条件之一为止。这个过程相当于把一个内部全是空洞的膨化物质不断地压紧到它的极限一样。

然而它也有其限制。Raid2.0一个前提是，系统中必须存在充足的可用空间，也就是热备块。如果所有空间都被逻辑卷所占用，此时坏掉一块盘的话，那么就必须向整个阵列中增加至少一块磁盘，如果只增加一块盘，那么所得到的重构速度就和传统Raid无差别了。另一个限制是组成Raid2.0阵列的物理磁盘数必须远大于其上分布的条带的段数，也就是必须远大于xD+yP的数量，比如，如果条带是7D+1P，则用8块盘组Raid2.0是没意义的，其效果和Raid5E一样，重构完成之后系统不再具备冗余性，因为肯定会出现同一块磁盘上同时分布了同一个条带中的两个段的情况。所以，以上这2个限制，对于Raid2.0比较尴尬。

如果磁盘数量没有远大于xD+yP的数量，这里我们让它们相等，看看是什么结果，首先剩余空间足够，可以重构，但是重构之后会发现必然会出现同一个条带的2个块处于同一物理盘的情况，所以重构完成之后系统不再具有冗余性。再回头看一下，如下图所示，系统依然具有冗余性，还可以再允许坏盘。如果阵列内有x和y各不相同的条带，比如有些条带是3D+1P，有些是15D+1P，而共有16块盘组成Raid2.0阵列，那么此时就得分情况下结论了，对于3D+1P的条带，16远大于4；但是对于15D+1P的条带，16不远是大于16，所以此时系统的冗余性对3D+1P的条带是很好的，但是对15+1P的条带，只够冗余一次。这就是“以条带为中心”的视角。

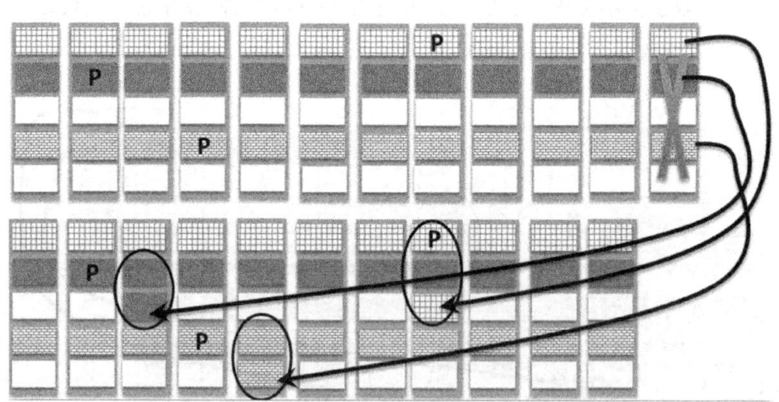

我们回过头来看，Raid2.0到底和Raid5EE或者说Raid5EE0有什么本质区别。下图为Raid5EE阵列重构示意图。

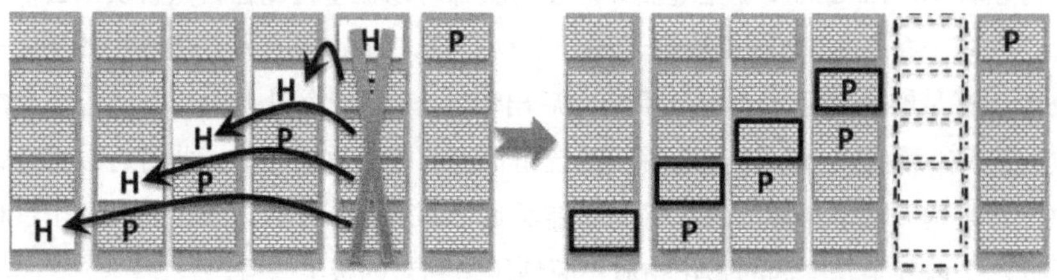

如果同样是100块盘，如果被设计成Raid5EE0的话，由于RaidEE布局方面的固定性，首先要确定到底有多少个H热备块，有多少个，就能允许多少块盘接连发生损坏（必须在上一次重构完成后损坏），必须预先定义好，而且一旦确定就不能更改，这一点就很鸡肋了。其次，还是由于热备空间太过规则的分布，就会导致重构时候不够灵活，比如如果系统需要向某个条带的H块写入恢复之后的数据，但是此时这个盘正在响应其他I/O，那么这个H块就必须等待，而Raid2.0如果遇到这种情况，算法可以随时转向将该恢复的块写入其他符合条件的热备块，这样就避免了等待，使得吞吐量最大化。

Raid2.0的重构速度完全取决于整个组成Raid2.0阵列的磁盘数以及损坏磁盘上之前的垃圾块比例，盘数越多，垃圾比例越多，重构速度就越快。没有绝对的标准值。

注意　**某厂商宣称其Raid5可以支持同时坏2块、3块或者更多块的盘。当然，这纯属忽悠，这句话应该加一个前提："在Raid2.0模式下有一定几率可以"，把概率性事件忽悠成100%那一定不是工程师干的。对于某个条带而言，它的确是个单P类似Raid5，也的确，如果最左边和最右边两块盘同时坏了，整个数据都没问题，可以重构，但是绝对不是坏任意两块都没问题。**

那么逻辑卷是如何分布在Raid2.0之上的呢？如下图所示，图中只是象征性地画了几个条带或者段，实际中会有许许多多个，请理解。从这张图中我们可以得出几个结论：

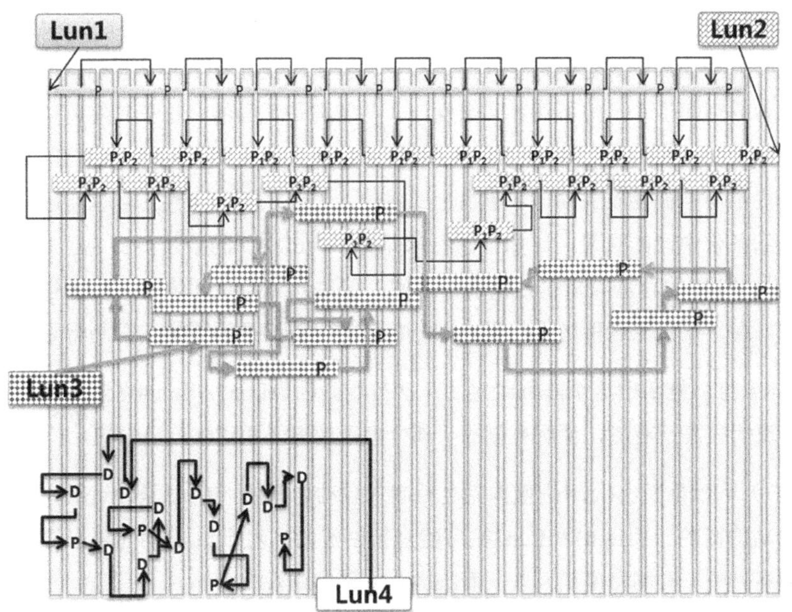

（1）逻辑卷是由数不清的条带组成的，这些条带可以很规则地连续分布，也可以毫无规则地任意分布。但是不管怎么分布，都必须要用元数据来将这些零散的条带追踪拼接起来，在逻辑上形成一个地址连续的逻辑空间，也就是逻辑卷，也就是Lun。至于采用什么形式的元数据结构，比如是否可以使用单向链表？还是诸如NTFS文件系统下的MFT的类似数据结构？那就是代码架构师要考虑的了。

（2）在一个Raid2.0阵列中可以存在多种条带宽度。但是推荐组成同一个逻辑卷的条带使用相同的条带宽度，你要是非设计成允许不同的条带宽度也可以，但是一般情况下没什么意义，因为一个逻辑卷应该是各向同性的。但是不排除一些精细化优化的设计能够感知一个逻辑卷内部的不同差异化I/O属性。

（3）在一个Raid2.0阵列中可以存在多种不同*xy*值组合的*x*D+*y*P的条带。但是推荐组成同一个逻辑卷的条带使用相同的*x*和*y*，你要是非设计成允许不同的*x*和*y*也可以，但是没什么意义。

（4）整个阵列的存储空间不存在“地盘”的概念，任何逻辑卷都可以把手伸向任何地方。

（5） 即便是一个条带里的不同D或者P的段也可以散落在各处。这就意味着需要至少两级链表来描述整个逻辑卷，第一级链表用于把多个段拼接成一个条带，第二级链表用来将多个条带拼接成一个逻辑卷。图中Lun4的D和P都被散开了，明显是经过了一场“天崩地裂”的重构，条带自身被分崩离析。而且还能看得出，Lun4里存在同一个单P条带中的2个块存储于同一块盘的情况。这明显可以推断出，Lun4被重构之前，系统的磁盘数量或者剩余空间已经捉襟见肘了，已经找不到那些能够保持重构之后冗余性的空间了，不得不牺牲冗余性。人的智慧是无限的，这里其实可以有一个办法来缓解这个问题，从而在很大几率上恢复冗余性。当出现了同一个单校验条带中多于两个段不得不被摆放到同一块磁盘上的时候，为了恢复冗余性，可以将段做合并，从而压缩条带中段的数量，比如下图所示即把一个6D+1P的条带，变为了3D+1P，其后果是校验块P的容量加倍了，浪费了空间，但是同时系统却恢复了冗余性。观察一下不难发现，要实现这种优化，要求*x*D+*y*P条带中的*x*必须为偶数，否则将无法合并。

（6）可以推断出这个阵列经过了一次扩容。因为Lun3和Lun4在阵列左侧的条带分布密度明显高于右侧，说明右侧的一部分盘是后来添加到阵列当中的。

（7）可以推断出Lun4是重构完之后尚未自动均衡的，Lun3是经过重构之后又经过了自动均衡的。而Lun1和Lun2很可能是新创建的。对于Lun3明显可以看出左侧密度稍微高一些，右侧密度低一些；而Lun4在右侧基本没有分布。

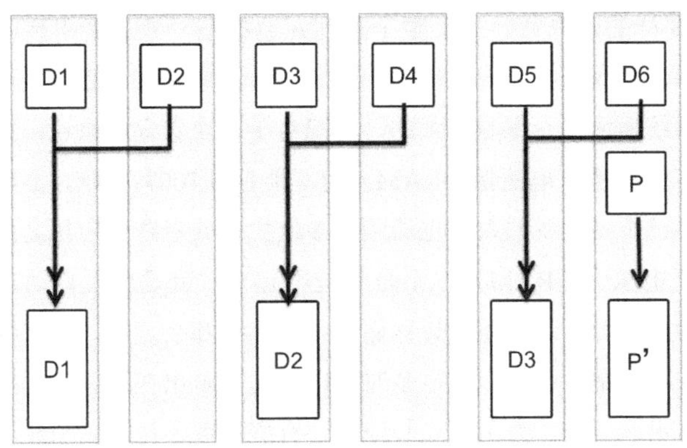

如果你从此奉Raid2.0为神那你就输了。由于一个条带中的Segment块可以被放置在任意磁盘的任意位置，那么就一定要用元数据比如链表来追踪每个块的实际物理地址。没有免费的午餐，自由是需要付出代价的，这体现在管理层需要管理的东西变多了。Raid2.0的条带碎片是其致命缺点。太过灵活所要付出的代价就是，映射关系不可能再像传统Raid那样通过套用某函数公式就可以简单地得出物理地址，而必须查表，查大表，查特大表，查超级大表！大到什么程度？大到以至于无法全部缓存到内存中，必须像传统文件系统一样，现用现缓存，产生Page Fault然后Page In。每一笔I/O都必须查表，可以这么说，原来每个I/O在地址映射流程中耗费100个时钟周期，现在则需要耗费一万个时钟周期，即这种量级，也就是说徒增了百倍以上的计算量；另外，比如一个由300个4TB盘组成的Raid2.0阵列，每个段按照1MB来算，每个段均需要至少记录其逻辑地址和物理地址，如果是32bit地址，那么至少8字节，再加上2字节的其他属性，每个表项占10字节空间，那么300×4×1024×1024=1258291200个表项，乘以10字节后约为11GB的元数据表，由于存储系统的RAM主要用于读写缓存，把11GB的元数据放进去会导致读写缓存空间减少，影响性能，所以元数据不能全部缓存到内存里，这势必导致I/O性能进一步下降。

但是请注意一点，既然Raid2.0导致平时I/O性能下降，那谁还用它？其实这里说的“下降”是指相对下降了，还是那句话，如果能够用硬件速度的提升来弥补，那么就是可以接受的，比如增加了100倍计算量，你可要知道，存储系统里的CPU平时基本是睡大觉的，数据复制有DMA，除了iSCSI这种严重依赖内核里TCP/IP模块进行数据收发的场景，FC、SAS通道对CPU的耗费是很低的，所以计算量并不是多么严重的事情，并且CPU厂商不断提升规格，其次，元数据量上来了，现在RAM也很便宜，目前单条128GB的DDR RAM已经出现，所以元数据容量问题也不算个大事。

那什么是大事？可靠性才是最大的事。庞大的元数据量，加上大量逻辑卷大范围地不加隔离地分布到阵列中所有磁盘，这让Raid2.0时刻处于高危状态中。由于不

具备像Raid1.0那样的隔离性，一旦整个阵列元数据不一致或者出现问题，影响范围巨大，几乎所有逻辑卷均会出现数据不一致。这一点想想文件系统就可以了，非正常关机导致文件系统损坏的几率是很大的。何况对于一个管理者来说，通常是有着数千块磁盘的系统。就算是有电池保护RAM，也不能保证100%可靠。不用说别人了，就算我这种基本早已不碰设备的人，也遇到过多次主机或者阵列宕机之后的数据不一致现象（阵列都有电池保护RAM），不是卷挂不起来，就是应用启动时报错。所以越复杂的东西一般越不可靠。现在想想存储系统里搞得那么复杂，什么都是两份，还有心跳线，而且心跳都是冗余的，但很多时候出问题，就出在这些为了提高可靠性而设计的东西上，这很讽刺的。为了隔离故障域，有些厂商不得不做出让步，也就是限制Raid2.0单阵列的磁盘数。

另外一个大事，就是数据布局的打乱。原本连续存放的逻辑数据块，物理上却可以被凌乱地存放，在没重构之前，数据逻辑和物理是可以大范围一一对应连续存放的，但是每发生一次重构，就会乱一次，发生多次重构那就是乱上加乱，乱的平方更乱，这直接导致大块逻辑连续地址I/O到了底层就会变为小块物理随机I/O，性能惨不忍睹。 靠什么解决？靠使劲往里加盘，如果只有10块盘，趁早别用Raid2.0，因为会死得很惨，但是当加到300块、500块盘的时候，盘数的增多会弥补性能的相对下降，绝对数值，相比10块盘的时候，也必须是提升的，当然，再怎么提升，也会比把这300或500块盘做成Raid50要低得多，所以性能是相对下降的。

好，Raid2.0彻底解决了重构速度慢的问题，然后又用高速CPU和大内存以及大数量的磁盘来弥补其性能相对下降的缺陷，成功地在历史舞台上扮演了其角色，当然，我们不知道它能存活多久，按照现在硬件的发展速度，下一个形态循环估计很快就会到来。

我曾经在博客里写过一段文字，其中一句话现在看来依然有所回味："当卷从树上下来直立行走的时候，却发现文件系统早就进化成人了"。君不见，Raid2.0下的磁盘上，千疮百孔，逻辑卷凌乱地分布着，那张大表在天空中弥漫着，仿佛是上帝的大手，没有了这张表，一切俱焚！Raid2.0如此灵活，已经接近传统文件系统的思想了，如果把逻辑卷看作文件的话。有些人不知道，其实有些Raid2.0模式的多控SAN存储系统，其内部设计基本就是和开源的分布式系统类似了，而且还是非对称模式的，也就是由专门的节点负责管理元数据，因为如果设计为对称式的，则扩大了广播域，扩展性很差；而如果将元数据集中存放在一个或者几个冗余节点，可以比较容易地实现更多节点扩展。

其实还有个隐情，ZFS文件系统底层使用的RaidZ，其实就是一种浮动条带的设计，所以Raid2.0相当于Raid5EE和RaidZ思想的结合。另外，NetApp WAFL文件系统也可以说是一种对逻辑卷的浮动，但是很遗憾它并不是Raid2.0，因为WAFL并没有掺和到Raid层，WAFL底层的Raid属于Raid40，条带并没有浮动起来，所以享受不到重构提速，然而其Lun的确是从文件系统虚拟出来的。

各个已经实现了Raid2.0的厂商对诸如“条带”“Segment”等概念的命名都不一样，比如有的厂商称Segment为“Block”，有的称条带为“Chunk”，有的称“Slice”，有的称“Cell”。当读者在阅读这些厂商的材料的时候，只要牢记Raid2.0的本质，这些概念，都是浮云。如果让我来包装概念的话，我会选择使用“Float Stripe”（浮动条带），因为既保持了条带这个传统概念，容易让人理解，同时又将其动态化展现，相比什么“Chunk”之类强太多，更能吸引眼球，当然，这也是一个彻底理解、思考之后的升华和创新过程。

用三句话来总结：Raid1.0就是几块或者十几块盘做Raid组然后分逻辑卷；Raid1.5就是利用Raid50或者Raid60技术在为数更多的盘上划分逻辑卷；Raid2.0就是将条带浮动于物理盘之上，用类似文件系统的思想去管理逻辑空间。

总结一下Raid2.0相对于Raid1.0/1.5的优点和缺点：

优点：

（1）快速重构，不重构垃圾块，所有磁盘并发写入，盘数越多重构越快；

（2）阵列扩容缩容方便，扩容后自动均衡，缩容前自动重分布；

（3）逻辑卷I/O性能高，大范围跨越物理磁盘；

（4）灵活的配置，包括条带宽度、x和y的值；

缺点：

（1）元数据庞大，布局凌乱，相对性能下降；

（2）盘数必须足够多，而且远大于xD+yP数才有意义；

（3）不具备隔离性，一旦整个阵列元数据不一致或者出现问题，影响范围巨大，所有逻辑卷均不一致。

1.3 Lun2.0/SmartMotion

好，重构问题解决了。那么上文中曾经提到过的另一个可怕问题现在可以拿出来说了。这个问题，便是在大数量级的磁盘范围内的数据布局问题，说白了，也就是类

似于在Raid1.0时代的条带宽度对性能影响迥异的问题。

如下图所示，不管是Raid1.0/1.5/2.0时代，逻辑卷，也就是Lun，在整个Raid阵列上的数据分布是完全没有任何优化的，也没有针对任何场景区分对待。Raid1.0时代，每个Lun之间相互隔离，互不影响，而且各自可以通过调节条带宽度来实现不同应用场景，这一点还算合理，但是代价是每个Lun的性能也是受限的，因为一个Lun只能分布在一个Raid组上，那时候一个Raid组最多也就是十几块盘。Raid1.5/2.0，用数百块盘实现一个Pool，所有的逻辑卷全都平均分散在所有盘上，虽然单个Lun看上去性能最大化了，但是多个Lun之间并没有实现隔离机制，这在很多场景中，直接导致了访问冲突。

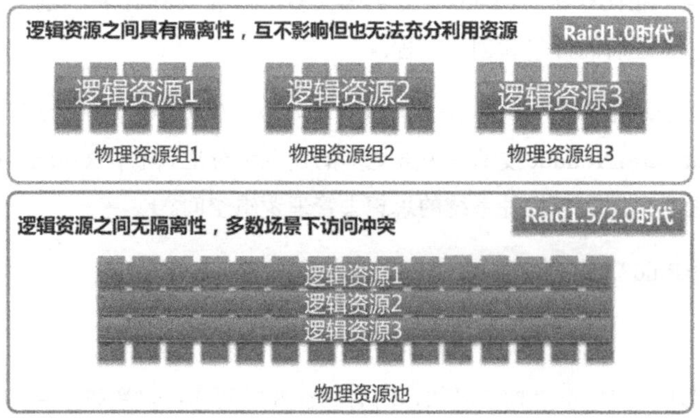

这尤其体现在那些接受大块连续地址I/O的逻辑卷上，由于横跨整个阵列，不加节制的大块连续I/O将耗费阵列中所有磁盘的磁头为其服务，其他所有共享这个阵列空间的逻辑卷的性能均受到影响。这就是一锅粥乱糟糟带来的后果。如下图所示。

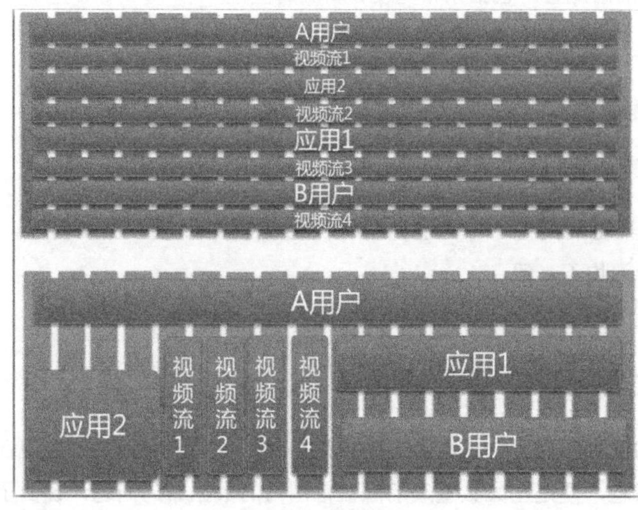

该有真正的新东西出场了。Raid1.0时代的条带深度这个概念已经变成了Raid2.0下的分块大小，也就是组成条带的Segment的容量了。通过调节这个参数，在数百块盘这么大的范围内已经没有什么用处了。然而存储厂商至今尚未给出任何解决方案。

在这里我不得不分享一下之前个人的一些专利和产品设计的初衷和灵感。在一个Raid1.0/2.0阵列中，存在8个逻辑卷，上半部分是当前普遍的布局形式，可以看到没有任何差异化对待。比如说那4个承载视频流的逻辑卷，视频流多数都是大块连续I/O，每秒会牵动几乎所有磁盘。

假设有4台主机各挂载其中一个视频流逻辑卷，或者同一台主机挂载了所有这4个视频流逻辑卷，不管那种形式，对这4个逻辑卷的并发的大块连续I/O访问，将会导致底层磁盘不得不来回寻道以兼顾对这4个逻辑卷的读写操作，尤其是读操作，因为写操作可以使用Write Back模式先存入缓存，然后存储控制再对一定时间段内所缓存的所有I/O做合并重拍处理，这样下到盘上还是可以达到连续性的。但是读就不行了，我们先忽略缓存预读的优化，假设没有预读。如果没有预读、预读效率很差或者算法不够讲究，那么底层磁盘不断寻道，每个逻辑卷的性能都会很差劲。有人可能会有疑问，为什么不能先对视频流1逻辑卷I/O一或两秒钟，然后所有磁盘（注意是所有磁盘而不是个别磁盘，因为大块连续I/O大范围的地址跨度决定了必须牵动了所有盘）再换道到视频流逻辑卷2再I/O一两秒钟呢？可以这么做，但是这得问一下应用是否允许，在视频流1顺畅播放的同时，其他视频流就得卡住一两秒，大家轮流卡一两秒，换了谁都不可能接受的。但是如果缩短时隙，比如每个逻辑卷I/O10ms，那么此时你会发现这就像一个十字路口的绿灯每周期只亮3s一样，汽车还没发动，就又得刹车。汽车发动很慢，就好像磁头寻道很慢一样，给一个逻辑卷10ms时隙做I/O，做完之后立即切换到下一个逻辑卷，开始计时，你会发现计时之后10ms到点的时候，磁头才刚刚从上一个逻辑卷的物理磁道摆动到下一个逻辑卷的物理磁道上，此时又会发生切换，那么磁头再耗费10ms寻道，总体结果就是，由于切换频率太高，磁头寻道耗费了所有时隙，内耗率100%，没有任何数据读写操作，全都在寻道。所以控制器不可能用这么小的时隙来控制。

仔细看一下上图上半部分，你会发现它对逻辑资源的排布很不讲究。4个视频流逻辑卷竟然被几个其他逻辑卷隔开，这是典型的自寻烦恼，要知道当多路视频流并发访问的时候，磁头就要摆动更远的距离来同时读写这几个逻辑卷，这种排布设计很是让人恼火，不可取。实际上，这种情况是没法用什么算法彻底去解决的，必须从本源上解决。

本源是什么？就是访问冲突，如何不冲突？如果每路视频流的码流的要求是

50MB/s，这种吞吐量要求，还有必要放到数百块盘上吗？根本没必要，一块SATA盘都可以满足了。所以我可以选择把这个视频流逻辑卷只分布到1块盘上，没错，但是都放在一块盘上，一旦这块盘损坏，这个逻辑卷就损坏了。所以至少要放到2块盘上，也就是组成这个逻辑卷的条带至少应该是1D+1P，2块盘的Raid5实际效果等价于Raid1。其他类似性质的逻辑卷，都采取相同策略，但是保证视频流1逻辑卷放在比如磁盘1和2上，那么视频流2逻辑卷就要尽量放到另外2块盘上，同理，其他逻辑卷也都尽量避免与另外的卷冲突排放。经过这样精心的布局设计，我们既保证了满足每个逻辑卷的I/O性能要求，又避免占着资源损人不利己，大家都很爽！为什么爽？因为视频流1逻辑卷读写的同时，其他视频流逻辑卷也可以并发读写，为什么能并发？因为它们占用的磁盘不一样，各读写各的，各寻道各的，互不冲突，而不冲突就能并发，就这么简单。

同样，对于那些要求最大化随机小块IOPS的应用，我们不得不把它平均放置到所有磁盘上。虽然它的I/O也会导致其他在这个阵列上共享分布的逻辑卷访问冲突，但由于是小块随机I/O，其冲突也都是局部小范围冲突，不至于像大块连续I/O那种横扫千军似的彻底冲突。

有了这个思想，我们就可以设计产品了。首先，要做到这种对逻辑资源的灵活布局，我们可以设定一些典型的应用场景模板供用户选择，比如视频环境，OLTP环境等等，其实这些模板到了底层都会被翻译为“该逻辑卷到底跨越多少百分比的盘，跨越在哪些盘上才会尽量与其他逻辑卷不冲突”，也就是首先寻找无人占用或者占用少的盘来分布，然后匹配所给出的百分比算出盘数，最后创建对应的元数据记录。如果你的产品仅仅是做到了这一点，那么不会有什么人喝彩。因为有些传统的Raid卡都会提供这种设置，当然，它们底层基本是翻译成条带深度的不同了。那么如何出彩？我们可以继续考虑用户的感受，找准让用户眼睛一亮的点。

继续思考，仔细观察上图的下半部分。我们发现“应用1”和“B用户”这两个卷占用完全相同的磁盘，它们不会冲突吗？如果他们在相同时段都发起大块连续I/O访问，那必然冲突，但是换一种角度，如果这两个卷，一个在上午是访问高峰期，另一个下午是访问高峰期，那么它们互不冲突。我们抓住这一点，在上面的基础上，再额外提供给用户一个配置入口，让用户选择所要创建的逻辑卷的高峰访问时段属性，这样系统就能够更智能地优化布局了。当然，要做到使人眼前一亮的话，可以发挥各种想象力，提供颇具个性的配置GUI，让用户在配置时感受到的是享受，而不是枯燥和担忧，甚至迷茫和不知所措。

好，做到了这一点，你的产品已经有差异化的地方了，但仍然不至于收到喝彩，现在的用户是很挑剔的，好产品很多，用户的审美眼光也越来越高。所以还需要继续往前深入挖掘。我们继续凝视、思考，有时思维的火花转瞬即逝，没有抓住，而有时却会熊熊燃烧，当然也只有真正爱思考的人才能看到火花。

既然逻辑卷都可以按照任意形状随意摆放了，那么为何不能做到实时的变形呢？什么？变形金刚？对了，你没听错。如下图所示。业务在不断地变化，举个最简单的例子，平时某业务可能低调得都快被忘了，但是到了月底可能就突然一鸣惊人了，比如月底结账高峰，某数据库可能突然一下子压力就上来，结果弄得措手不及。如果这种变化是颇具规律性的，那么完全可以在其让人措手不及之前就做好准备，比如临时将该业务对应的逻辑卷横跨到阵列中更多的磁盘上，比如，可以设置策略，在每月25号开始，每天凌晨2点，开始把该逻辑卷重新分布，本来跨在30块盘上，目标是要在29号时跨到100块盘上，分4天进行，每天凌晨重分布一部分，这样基本上是个准静态过程，不影响任何在线业务。

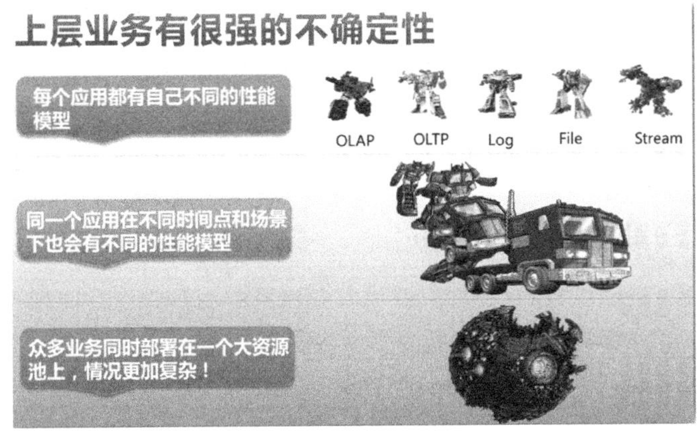

当然，在高峰期结束之后，可以再将该逻辑卷收缩回原有状态。这个变化过程非常符合自然规律。这些步骤，可以手动触发，也可以设置时间策略自动触发。如下图所示。

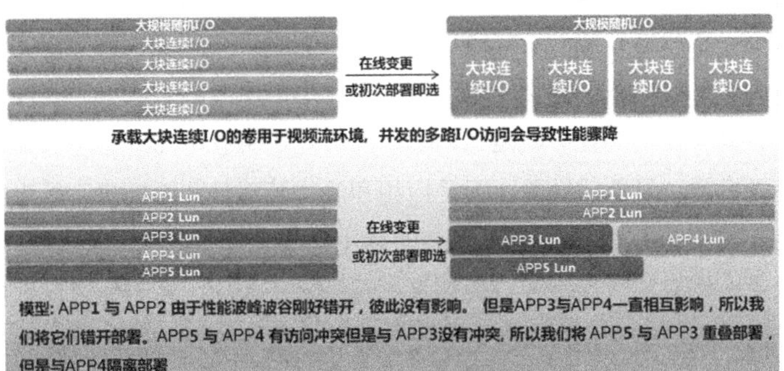

俗话说芝麻开花节节高。有了底子和框架，会发现有很多东西可以挖掘。要做到自动触发布局变更，非要根据时间点吗？能否根据该逻辑卷的性能水平，动态地重新分布呢？比如，当某个逻辑卷性能过剩，比如基本都是大块连续I/O，但是每秒上层下发的I/O吞吐量只有5MB/s，但是却跨越了很多的盘，因为当初创建的时候根据评估该卷应该配这么多盘，但是现在，业务有变化，根本用不着这么多盘了，那么就没必要让它占这么多盘，因为此时或许还有其他逻辑卷嗷嗷待哺，你不能损人不利己，所以系统可以自动做决定，总之，怎么样资源利用率可以最大化，系统就怎么放置所有逻辑卷。当然，系统要做这种优化的话，必须经过长期的统计，而不能抖动得太快，如果上层业务变化得过快，还是手动重新布局或者按照时间点更靠谱了。

此外，灵活形变还可以达到降温效果，比如，在下图左侧，可能这两个逻辑卷的左半部分都是频繁访问的部分，而右半部分却少有访问，它俩恰好产生了热区叠加效应，那么就可以将逻辑卷有的放矢地变形，以避开热区，最终达到均衡效果。变形后可以保持连续，也可以分拆为多个块，因为Raid2.0是可以再条带Segment级别拆分的。

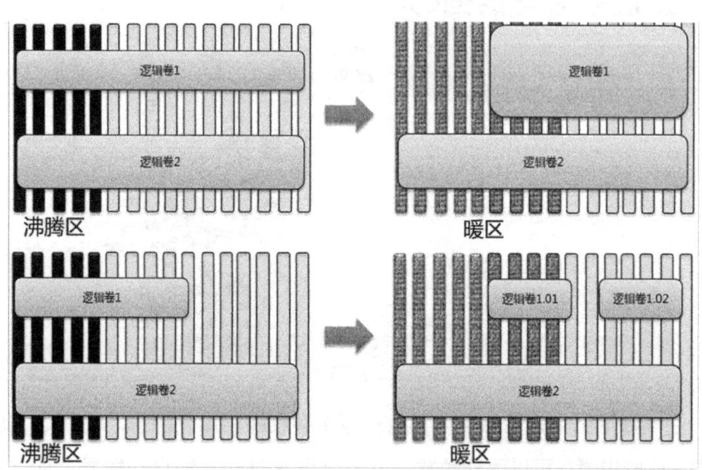

逻辑卷形变技术解决的不仅仅是多个逻辑资源之间的冲突，释放了被禁锢的性能，它其实更解决了一个运维方面的大难题，那就是“谁也说不清应用到底需要多少性能”的问题。我相信任何一个IT管理员在部署和维护存储系统的时候都遇到过这种问题。应用管理员懂应用，但是未必了解这个应用的压力到了底层到底需要多少块盘来承接。而存储管理员的任务就是做Raid，然后建逻辑卷，几乎也不会知道每个应用到底给多少盘合适，只能凭经验，于是应用和底层管理员开始扯皮，扯来扯去。这几年我倒是有一个发现，就是越是水平高的越不扯皮，因为都知道问题在哪，该怎么做，从哪入手，然后各自提供各自的信息；越是水平低的，越不知道问题出在哪，该怎么办，不知道该干什么，那就只能先扯扯皮让老板看看自己没闲着。扯到最后了，该出结果了，于是干脆直接所有企业内业务的逻辑卷统统跨所有盘分布的方式。势必导致冲突。当发现性能冲突怎么办呢？有个办法是加更多的盘，加到1000块盘，冲突掉500块盘，至少还能体现出500盘的性能——存储厂商乐了，快来买盘吧，一台不够用再买一台吧，发啦！如下图所示。

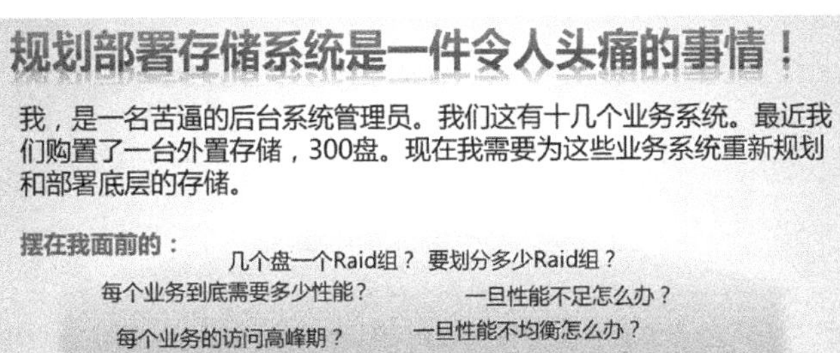

我们可以看到，这个老大难题主要是因为两个原因，第一是缺乏高手。第二是存储厂商偷懒，不提供差异化的部署方式，因为与其投入人力研发，耗费成本，不如放之任之，这样用户不得不买更多的盘，买更高的配置。有了这个技术，管理员再也不用后怕任何初期的规划失误了，先上线运行着，然后不断地摸索出到底哪个应用需要多少性能，然后手动或者自动地重新布局所有已分配的逻辑卷资源，而且不影响业务运行。岂不快哉？如下图所示。

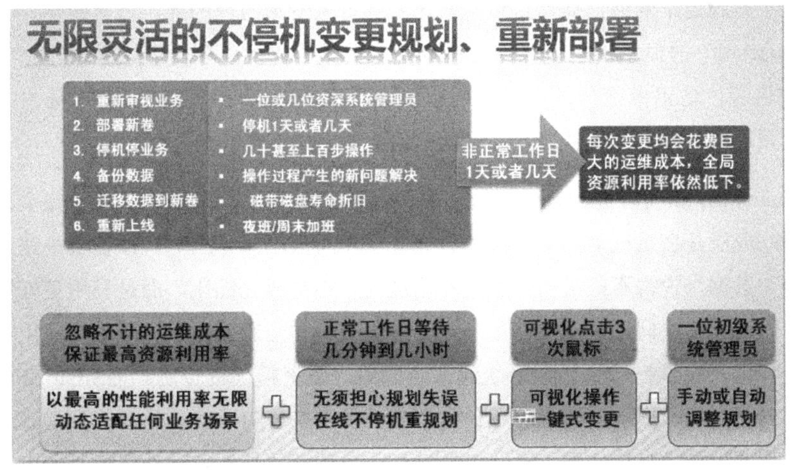

这项技术根本不复杂，说它复杂的人有两种，一种是根本没了解底层的人，第二种就是懒人。思路不复杂，实现更不复杂，也正是因为有了Raid2.0的底子，这个技术才方便实现，第一，迁移数据；第二，更新数据，就这么简单。这么想：如果阵列扩容了，是不是也要迁移？那么这个技术只不过是一种“可控的、有道理的、有目的的主动的”迁移而已，也就相当于，同样是干活，有人干活时候同时也在思考为什么这

么干，那么干行不行，而有些人则基本不思考，而是赶紧干完了活做其他的事，结果质量难以保证。如下图所示。

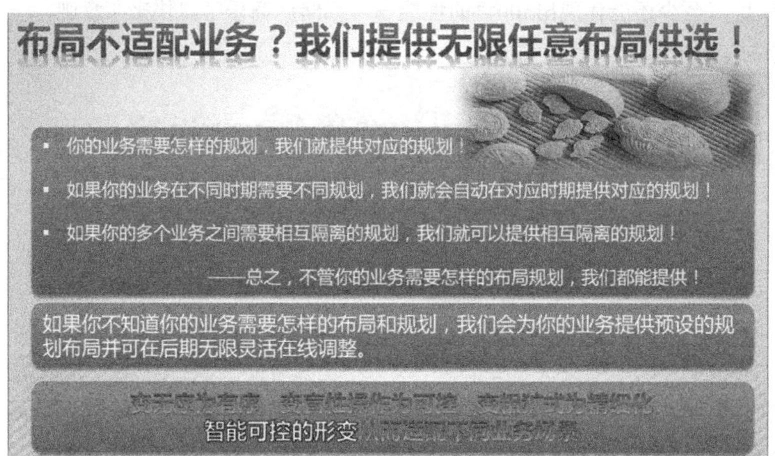

技术讲得差不多了，现在依然欠缺一些东西，那就是一个响亮的名称。什么？“F18800V”？开什么玩笑，这是在做集成电路吗？谈到命名，需要仔细思考，既能一针见血地体现这个技术的本质，又能吸引眼球。首先，对于Raid2.0来讲，条带是浮动的，所以可以包装出一个“浮动条带Float Stripe”的概念，其次，由条带组成的逻辑卷也不是固定不变的，而是可以随时跟着业务来变形的，因此可以包装出一个“浮动卷FloatVol”的概念出来。然而这些都是对数据结构的包装，还缺乏一个把它们串起来的包装，这正像把传统Raid2.0上的逻辑卷动起来一样。SmartMotion，智能布局，便是最后包装出来的名词。

SmartMotion（智能布局或替能流动）与动态分层Tier的布局或流动完全是两码事。自动分层是在机械盘和更高速的存储介质之间去冷热分层，直接使用高速介质来存储热点数据，说得不好听一点就是不思进取，不是研究优化，而是利用更好的硬件从“本质上”解决问题，类似情况一直在发生，比如当遇到程序效率低时，用个高速CPU一样运行得流畅，这导致系统越来越低效，越来越浪费资源。而SmartMotion则是在同一层介质内横向地通过跨越磁盘数量的多少来避免冲突，从而达到资源利用最大化。这两种技术直接体现了设计者的性格，自动分层是依赖硬件型的“懒人”，而SmartMotion是标准的物尽其用精细化管理的勤快人。如下图所示很好地给出了二者的区别。

用一个化学实验模型来类比描述整个数据存储路径。

平衡：数据从前端进入存储系统，如果够勤快，可以做很精细化的QoS控制来均衡多客户端的性能，这一层与化学平衡一样，通过精细地配比反应物质的量来影响最终生成物的比例。

分层：下一层是自动冷热分层层，这一层相当于把试管里的混合液体静置，自然分层，热的上升，冷的下降；

离心：Thin层就是自动精简配置，把垃圾数据块回收，用有限的空间承载更多的数据，这就像离心一样，把混合的沉淀物抽出来；

搅拌：最后一层便是SmartMotion智能布局层，数据最终从内存存储到磁盘，通过优化布局来达到最佳I/O性能，这一层相当于搅拌器，搅拌让反应物混合得更加均匀，大大加速反应速度。上图中的水波纹表示不同的逻辑卷拥有不同的布局，完全根据业务来优化布局，而不是清一色地不加区别地对待。

你会发现自然界很多东西都是相通的，只要你善于发现和思考。上图是个很有趣的动态图。

思路、实现、名称都有了，还差什么？当然是配置界面了。好马配好鞍，里子面子都很重要，是不是好马，当然还得看实际跑得快不快，但是对于产品经理来讲，自己如果不认为自己设计的是好马，那这个产品干脆就不要做。设计一个配置界面，和发明一项技术本质是一样的，讲究两个字——“用心”，讲究四个字——“用心创新”。配置界面又分两种。第一种是命令行CLI界面，受到相当一部分人的追捧，因为他们在敲命令，而且是手指在以每秒超过24次振动以至于产生视觉暂留现象的速度来敲命令，他们有一种非常大的满足感。第二种是图形化GUI界面，比如下面这张图。能再简陋点吗？用这种界面来配置，是一种煎熬。

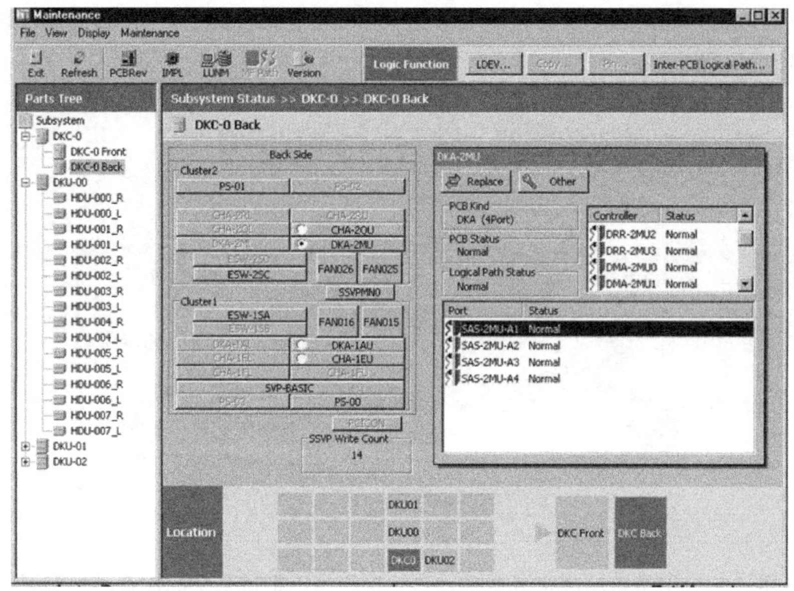

我会在下一节介绍SmartMotion的GUI界面设计思路。还差最后一步。产品出来了，名字也够牛，还需要什么呢？当然是宣传PPT了。做PPT也不简单。做一份恰如其分的PPT，不亚于做一个产品，PPT就是产品。好的PPT，是创意的体现，同样的图形，同样的线条，不同的思维，将它们拼起来之后，效果也很不相同。写书也是一样，有人堆文字，没有任何逻辑性，浪费笔墨；有人写出来的东西有逻辑性但是可读性差，故弄玄虚；有人写出来的东西既通俗又有逻辑性但是缺乏线性逻辑；最好的书是线性逻辑尽量少跳跃，加上透彻的理解和通俗的表达。好书为什么好，因为书的作者实实在在是真的为了传承知识而出书，写作的时候会时刻考虑读者看到这里会想什么，是否感到迷茫，怎么写才会使他们看得更懂，而这样的作者，他在写作的时候往往自己也提高了，因为他几乎走遍了每个角落，任何一处技术细节都能搞得清清楚楚，知识体系被梳理得极为扎实，基础扎实了，才能升华，才能创新，做软件产品、写PPT、写书，都一样。下一节会分享一些针对SmartMotion的PPT，使SmartMotion拔高一个档次。

我们看到，Raid2.0思想的目的很单纯，就是解决重构时间问题，如果在Raid2.0基础之上，让本来已经浮动起来但是却原地不动的逻辑资源充分地流动起来，在流动中形变，充分适应各种业务场景，同时充分利用所有磁盘性能资源，这个过程符合事物发展的规律。也就是你要松绑，给你松绑，但是你原地不动，我推你一下，你跑起来了，越跑越远，冲向远方寻找你最终的自由。啊！我的SmartMotion，小名Lun2.0，你还好吗？没事来我这坐坐，聊聊人生！

第二章 应用感知及可视化存储智能

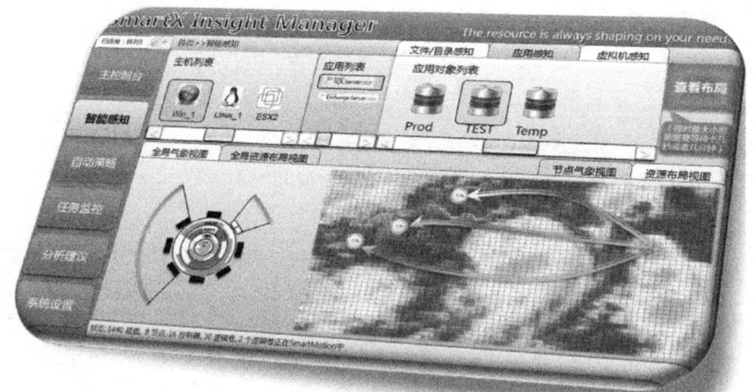

我们看到，目前的存储系统几乎是没有考虑任何应用层的事情的。有些存储进化了一些，可以在不同的Lun之间做QoS差异化处理，以及在缓存中同时支持不同尺寸的页面以适配不同类型应用发出的I/O。但是这些都属于一种“盲”处理，也就是被动地布好一张网，等着上层的I/O落入，能命中则已，不命中则没任何效果。相同的事情发生在自然界的每一处。比如蜘蛛网，有的很稀疏，那证明这只蜘蛛偏好大个头猎物，滤掉小个头的；有些则很密，证明这只蜘蛛大小通吃。同时，自然界也存在内圈密外圈疏的蛛网，有理由推测这是一种进化，产生了差异化，由各向同性进化为各向异性。如下图所示。

SmartMotion其实就是一种应用感知，它通过各种输入因素，比如手动、定时、自动负载判断等来动态地改变每个逻辑卷的布局以充分最大化资源利用率。SmartMotion是坐落在I/O路径最底层的两种优化思路之一，另外一个思路是自动存储分级/分层。其实分级比分层范围大一些，分级是指在线、进线、离线这几个大级别之间横向的透明迁移，以降低成本；而分层一般是指在一个小范围子系统内部通过将数据纵向地从机械盘提升到高速介质来提升性能。我们可以思考一下，自动存储分层/分级算不算是一种应用感知？从某种程度上来讲也算，毕竟它能够自动统计判断冷热数据，然后分层放置。

2.1 应用感知精细化自动存储分层

这里有必要说一下传统的自动分层是怎么做的。首先，需要将参与分层的所有存储空间分块，然后才能按照块的粒度来判断冷热及迁移。假设分为4KB大小的块，那么对于一个10TB的存储空间，它会被分为约1.0×1010个块。由于需要对每个块做访问次数的统计，以及记录每个块的物理地址与逻辑地址的映射关系，我们保守地假设每个块需要100字节的元数据，算下来总共需要250GB的元数据，这简直不可忍受。现在的SATA盘基本都是2TB/4TB级别，这才10TB，就需要250GB了。所以必须增加分块大小，太小的分块虽然最终效果相对会好，但是元数据的庞大反而会降低最终体现的效果，因为每一笔I/O都需要查表，表越大性能越差。假设我们提升到1MB分块，那么元数据就会被压缩为原来的1/250，也就是1GB，这个量其实也挺大的，但是至少可以接受了。

值得一提的是，如果对Raid2.0模式的存储池启用分层的话，由于Raid2.0已经可以做到条带Segment级的拆分了，而且物理地址与逻辑地址的映射原生就已经存在，那么直接将访问频率统计元数据追加到已有元数据表每一个表项里即可。但是对于Raid1.0/1.5的存储池来讲，由于没有做块级拆分，所以必须从头设计元数据。当对某个存储池启用了分层功能之后，这张元数据表就会在内存中生成并占用空间。

下一步是设置监控统计时段和迁移时段。系统需要不停地监控每个块的读写、各自访问次数、I/O属性等信息。但是某些特殊时段对这些块的访问是没必要算入统计结果的，比如备份时段，基本上所有数据都会被读一遍，每次I/O都会增加一个额外的步骤就是更新对应块的访问计数，徒增了计算开销，所以有些产品允许用户配置那些不需要统计的时段。此外，需要配置迁移时段，为了不影响在线业务，多数产品需要让用户来自行设置在哪些时段将热数据迁移到高速介质中，比如每天凌晨4点到5点。在热数据迁移之前，系统会首先对统计元数据表做排序，然后比对高速介质区域的数据块访问次数排序结果以及低速介质区域数据块访问次数排序结果，如果发现低速区排在第一位的访问次数仍然不如高速区排在最后的访问次数多，那么本次迁移完成，其实就没有迁移；如果低速区排第一的次数高于高速区排最后的次数，则本次迁移的数据块就是这一段重叠的数据块，也就是将高速区这个重叠范围内的数据块迁移到低速区，同时低速区对应的数据块迁移到高速区，系统会把待迁移的数据块生成一个链表或者位图结构，然后启动迁移线程扫描链表或者位图完成数据迁移动作。

多久触发一次迁移可以灵活配置，但是一般不会连续滚动迁移，也就是这次迁移完后立即启动下一次迁移，因为这么做太过耗费资源，一个是需要不停地排序，另一个是需要不停地读出写入。

上面的过程看似没问题，但是最终的效果要么是基本无效，要么是收效甚微，只有在特定条件下效果才明显，也就是那些“热点恒久远，一迁永流传”的场景。但是随着上层应用的多样化和复杂化，热点恒久不变的场景越来越少，更多的场景其实是当你利用统计、排序之后判断出“热点”，并迁移到高速介质之后，结果“热点”早已变凉了，或者说快吃吧凉菜都热了。

这种慢慢腾腾的热点判断方式，显然已经跟不上时代了。所以说目前的自动分层方案毫无新意，不管你加多少层，比如有些厂商已经不局限在存储系统内部分层，而是可以上升到利用主机端的PCIE Flash卡存储最热的数据。不管你用PCIE闪存卡，抑或你直接用主机端RAM或直接利用CPU L2 Cache来作热点缓存，在“判断不准”这个前提下，“一砖撂倒”，因为你所提升的，根本就不是真正的热点。粒度太粗，太过一刀切，不够精细化，这是这些方案的弊病。举个例子来讲，如下图所示，如果遇到了图中所示的情况，传统自动分级这种“四肢发达头脑简单”的做法，显然是搞不定了。

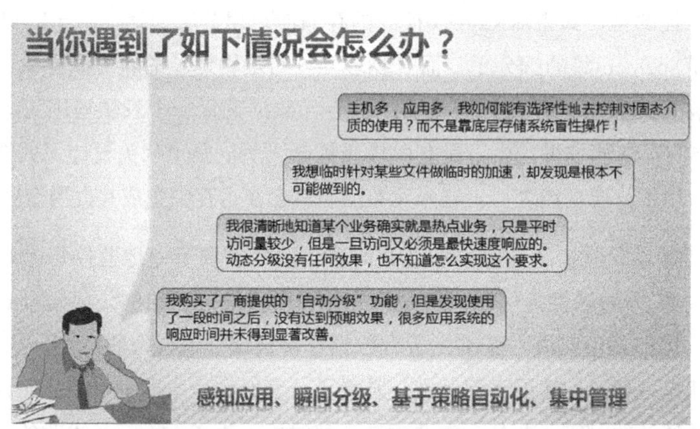

可以肯定的是，目前的方案是无法解决这个需求的：“不管你的监控数据显示出多冷，我就想让某某数据或某某文件透明存放在高速介质，你能不能做到！？”类似场景数不胜数，比如一个某大领导讲话的视频，平时没人看，但是突然接到10分钟后该大领导要来突击视察的通知，为了显示出高度的思想觉悟以及为国为民奋斗终身的决心，领导下令所有人电脑上播放此讲话，但是由于码流过大视频太长，缓存又太小，导致不能顺畅播放，本来大领导脸就大，屏幕上一卡壳，哎呦，甭提多尴尬了。领导震怒，下令在5分钟内搞定。当然，这个场景比较夸张，咱们就说这个场景，靠周期统计的话，平时这个视频根本不会被作为热点，但是最近这几分钟内的访问又不会立即触发迁移，所以无解了。

解决这个问题的办法很简单，就是提供一种能够让用户有选择、可控制、立即生效的数据透明分层。对于NAS存储系统，我们需要增加文件系统级别的分层，而不能只相信块层分层，这样就可以直接选择将哪个文件在什么时候（或者立即）迁移到哪种存储介质上去，同时还保证所有目录的文件视图无变化。

而对于SAN存储系统，做到这一点可就不是这么简单了。SAN存储系统是不理解一个逻辑卷上到底哪些区域是“我就要把某某数据立即迁移到高速介质”里的“某某”的，它更不了解哪些是“临时工”，哪些是“实习生”，哪些是“正式工”。要让它了解，有两个办法，第一个办法是直接让SAN存储系统识别对应的文件系统格式，这基本上再往前走一步的话就和做成个NAS无多大区别了，不可行；另一个办法是在主机客户端使用一个特殊的代理程序，将用户需要迁移的文件、底层所占用的块信息生成一个列表推送给SAN存储系统，SAN存储系统立即或者在设定的时间段将这些块迁移到高速介质，或者迁回。如右图所示。

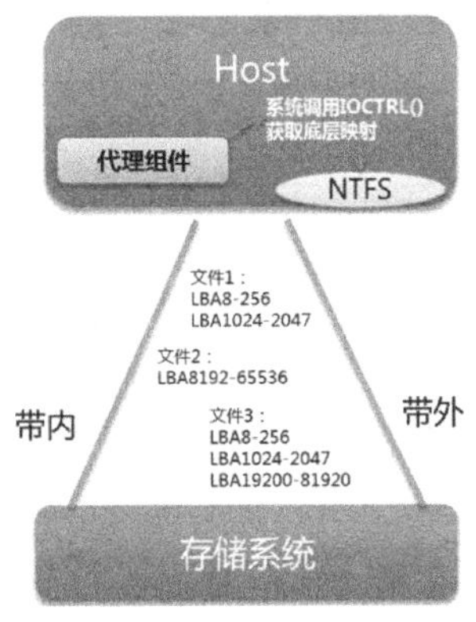

第二个办法显然不错，实现起来也方便，主机端提取某个文件对应的底层块列表是没问题的，传送这些信息可能稍微复杂一些，可以通过管理口带外方式传送，也可以通过SCSI路径带内方式，比如针对一个虚拟Lun写入这些要传送的数据，都可以。其次，如果一个文件碎片太严重，那么这个列表就会很大，系统此时可以做判断，比如只把大块连续的地址传送即可，不要求整个文件精确到每个块地址都必须传送到，因为过多的碎片记录会增加阵列端额外的处理开销，毕竟这只是为了透明迁移，只要大块的数据被迁移了，零散的边角料不要也没关系。另外，文件/目录可能随时发生变化，比如大小变化，甚至被删除，此时其对应的底层块也会随之变化，如果被删除，那其对应的块便都成了垃圾块，阵列端应该及时获取这些变化，从而做对应的更新或者做废操作，但是这种变化不会导致数据丢失或者不一致，如果不及时通知阵列则只会导致阵列加速了没必要加速的数据。此外，可以提供超时机制，比如一旦Agent端长期没启动或者故障退出，无法及时将最新的变化同步到阵列端，那么阵列端可以使用超时机制，在一定时间之后，作废对应的加速操作。

2.2 应用感知精细化SmartMotion

如果说精细化动态分层主打的是稳准狠短平快、速战速决、打一枪换一个地方的游击战，那么SmartMotion主打的是大部队大规模集团军作战。SmartMotion改变一次逻辑卷布局，相当于两万五千里长征，是为了将来更好地发展，是从大局着眼考虑的。那么这个技术是否也像自动分层一样，存在一些弊病？答案是肯定的。举

个例子，同一个逻辑卷内，也很有可能存在差异化区域，有“冰区”“冷区”“暖区”“热区”“烫区”“沸腾区”“爆炸区”，这是从访问热度角度去考虑；如果从其他角度考虑，比如还可以分为“陆地区”“沼泽区”“雷区”“烟雾区”“炮弹区”“狙击区”等。比如数据库存放数据文件的区域和存放在线日志的区域，其I/O访问属性就很不一样，虽然两者可能都属于“烫区”，如果这两个区域同时分布在同一个Raid2.0池中，不加以区分对待的话，就是“粗枝大叶”了，性能就不会好。如下图所示。

如果可以仅仅对这些关键区域进行SmartMotion操作，无须Motion整个逻辑卷，那么就是事半功倍。也就是说，不仅可以Motion逻辑卷，还可以Mo条带，因为Raid2.0模式下已经是以条带为单位的视角了。如果只是做到了这一点，还不能称其为应用感知，因为存储系统此时依然不知道这些冷区域是存储哪些应用的数据，或者那些爆炸区是存储的哪些应用的数据。比如，要将某数据库DB1的数据文件DBFile1进行SmartMotion操作，这个动作对于SAN存储来说是无法理解的，因为SAN存储系统不知道到底什么是“DBFile1”，所以同样，也需要由主机端运行的代理组件来将这种信息推送给SAN存储系统。对细粒度精细化SmartMotion的展现详见下文。

2.3 应用感知精细化QoS

存储系统的QoS，源头其实是主机端的I/O Scheduler（Linux）。对I/O Scheduler的详细介绍请参考《大话存储》，这里不再赘述。I/O Scheduler的两大目的，一个是I/O合并，这一点应用于不少场景会显著提升其性能；另一个就是均衡多进程之间的I/O抢占底层通道资源，以防止有进程出现I/O“饿死”现象。但是I/O Scheduler只在单机OS内部发生作用，多机之间是没有人来协调I/O均衡处理的。比如下图所示，2台主机连接到一台存储系统之上，虽然左侧主机的I/O经过I/O Scheduler整流之后可以做到均衡处理，但是出了主机之后就不是I/O Scheduler的地盘了，假如右侧主机某线程发送大量的异步I/O，如果阵列侧不加差异化地对待，则这两台主机的I/O到了存储系统之后，谁数量多，谁就可占用资源。

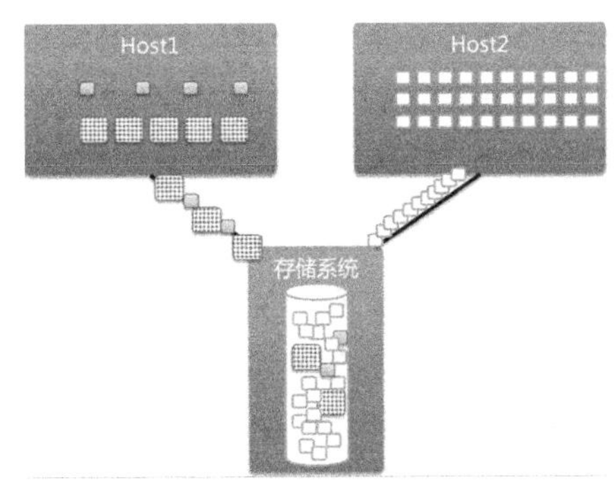

一个解决办法是将队列分开，比如存储系统为每主机设一个队列，每队列设1个线程处理I/O请求，这样的话，假设CPU每20ms发生一次线程调度，则每个队列轮流各执行20ms，总体上来讲，就可以达到这两台主机的I/O是平均对等地被处理的。但是这样所带来的一个问题就是，整体性能会被拖慢。假设整个系统存在50个队列，但是只有队列1里排了很多I/O请求，其他49个队列都很空闲。那么这样CPU依然要循环50次才能再次转回到队列1 来处理积压的I/O，虽然轮转到其他队列处理线程的时候，这些线程由于队列里几乎没有请求而立即挂起了，但是怎么说也耗费了无谓的CPU资源，这样整个系统的性能就被拖慢了。所以为了全局着想，系统不得不根据队列里的I/O多少来动态地增加或者减少队列的处理线程，比如如果上图队列2里的I/O积压得非常多，那么系统可能会临时创建额外的多个线程来处理这个队列的I/O，这样对应该队列的线程数量比例就会增大，从而导致这个队列的I/O在同样的轮转周期内更多地被处理，这样那些积压I/O少的队列就较难得到机会被处理了。所以尴尬就此产生了，到底是更该顾及全局的吞吐量，还是保证公平呢？所以从这一点上看，在存储端实现QoS还是很有必要的，也就是将这种尴尬扔给用户去决策，因为只有用户最清楚他到底需要哪些业务的优先级高于其他业务。比如用户可以强行指定队列1的I/O优先级永远高于其他队列，不管队列1里的I/O是多么耍大牌，只要队列1有I/O，就必须优先执行。如下图所示是按照主机来映射队列，实际中还可以按照逻辑卷来映射队列，或者以（主机+逻辑卷）为单位。

SCSI协议其实是在有一定QoS的前提下定义的，比如可以指定将一个I/O排到队列头部或者尾部，但是尴尬的是这只是Initiator/Target管用，如果是多台机器同时访问一个存储系统，两台机器如果都指定了排到队首，那么排还是不排？都要求优先则等于没要求一样。

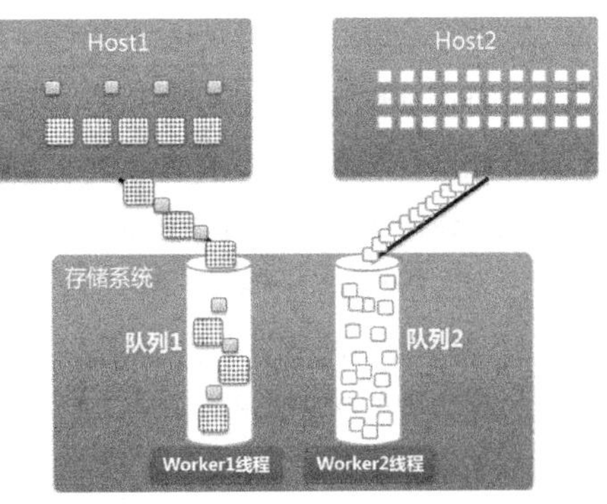

另外，存储系统保有较大容量的缓存，就是用来做预读和写缓存的，这里面就牵扯到一个预读力度的问题，以及写缓存高水位线低水位线的问题。预读力度到底多大？系统只能根据当前的I/O属性来猜测，所以说算法再高深，它终究也离不开猜，只要是猜，则可以被定义为“不靠

谱”。有没有办法不让存储系统时刻处于迷茫的猜测中？QoS此时就可以派上用场。比如在给存储系统发送I/O的时候，顺便扔一句话：“亲我要频繁写哟~”，“亲我要频繁读哟~”，“亲后续有大块读哟~一波攻势马上就要来了哟~做好准备哟~”，“亲后续有大块写哟~”，“我这是同步读哟~”等诸如此类的话。

从这个角度看，就可以看到QoS的另一面，也就是访问属性上的提前预告，以便让系统做最优的处理，避免浪费资源。比如某程序打开文件的时候，可以指定要求预读还是不预读，如果要求不预读，那么系统不会预读。这一点本地文件系统做得还可以，但不是非常到位。Windows下系统I/O调用时有个参数为FILE_FLAG_SEQUENTIAL_SCAN，指定了这个参数的话，文件系统会狠劲地给你预读。CIFS网络文件访问协议，由于大部分远程调用继承的是本地文件系统I/O调用，所以也沿袭了不少类似参数，其中有个Access Mask段，里面每一位都规定了当前I/O请求到底要干些什么，这样在NAS系统收到请求之后就可以有的放矢地做优化了，如下图所示。

```
▾ Access Mask: 0x00020089
    .... .... .... .... .... .... .... ...1 = Read: READ access
    .... .... .... .... .... .... .... ..0. = Write: NO write access
    .... .... .... .... .... .... .... .0.. = Append: NO append access
    .... .... .... .... .... .... .... 1... = Read EA: READ EXTENDED ATTRIBUTES access
    .... .... .... .... .... .... ...0 .... = Write EA: NO write extended attributes access
    .... .... .... .... .... .... ..0. .... = Execute: NO execute access
    .... .... .... .... .... .... .0.. .... = Delete Child: NO delete child access
    .... .... .... .... .... .... 1... .... = Read Attributes: READ ATTRIBUTES access
    .... .... .... .... .... ...0 .... .... = Write Attributes: NO write attributes access
    .... .... .... ...0 .... .... .... .... = Delete: NO delete access
    .... .... .... ..1. .... .... .... .... = Read Control: READ ACCESS to owner, group and ACL of the SID
    .... .... .... .0.. .... .... .... .... = Write DAC: Owner may NOT write to the DAC
    .... .... .... 0... .... .... .... .... = Write Owner: Can NOT write owner (take ownership)
    .... .... ...0 .... .... .... .... .... = Synchronize: Can NOT wait on handle to synchronize on completion of I/O
    .... ...0 .... .... .... .... .... .... = System Security: System security is NOT set
    .... ..0. .... .... .... .... .... .... = Maximum Allowed: Maximum allowed is NOT set
    ...0 .... .... .... .... .... .... .... = Generic All: Generic all is NOT set
    ..0. .... .... .... .... .... .... .... = Generic Execute: Generic execute is NOT set
    .0.. .... .... .... .... .... .... .... = Generic Write: Generic write is NOT set
    0... .... .... .... .... .... .... .... = Generic Read: Generic read is NOT set
```

但是目前对于SAN存储系统来讲，的确需要一种前导性质的QoS方案。SCSI协议里的QoS不给力，我们就得自己设计交互协议。这里我不打算使用重量级协议，比如修改每个I/O指令的格式之类，那个理论上没问题但是生态搞不定，除非以后就你一家用。打算另辟蹊径，在不修改任何I/O指令格式和原本的协议交互方式的前提下，利用旁路向存储系统推送一些指示信息。比如，某某逻辑卷的某某到某某地址段要求预读，再比如某某逻辑卷的某某地址段给我按照3级优先处理（比如一共10级）。这种方式可以被称为“Hinted”方式，就是在旁路上提供参考信息。那么应该由谁来生成和发起这种Hint？可以由应用程序发起，但是这需要搞好“生态建设”，一般搞不定，比如你让Oracle、微软来一起参与定义一套API来传递Oracle的各种I/O需求，基本行不通。应用和OS都保持透明，那么只能是由用户发起然后直接传递给存储系统执行了，存储提供一个工具或者界面，这都没问题，问题是用户怎么知道把哪个卷的哪段地址做什么样的QoS请求？用户肯定不知道，但是最起码用户知道要把哪些应用或者文件或者哪些用户的某些文件、邮箱之类做什么样的QoS处理。所以，这就同样需要一个代理组件，来负责将这些业务层的对象映射成底层的块信息，然后夹带上对应的QoS信息，传送给存储系统执行。这样就可以做到“凡是某某应用发出的I/O，优先级设为某某”或者“凡是针对某某文件的访问I/O，优先级设为某某”的效果。

2.4 产品化及可视化展现

2.4.1 产品化

我们可以看到，应用感知是不可能靠存储系统自己就能做到的，存储没那么智能，不管是SmartMotion、自动存储分层还是QoS，要做到精细化地应用感知就必须依靠主机端的Agent来向存储系统提供对应的信息。所以，对这套产品的架构设计应该是如下图所示的拓扑最合适。

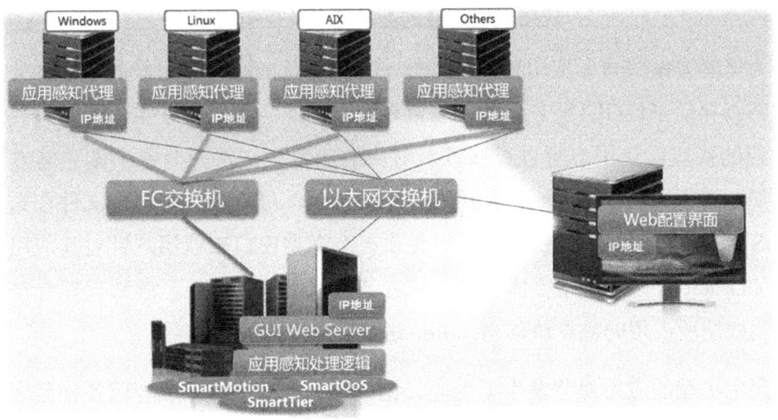

所有客户端主机安装应用感知代理组件，其可以通过带外或者带内方式将应用感知信息推送给存储系统，管理软件服务端运行在存储系统内，通过Web网页可在任何机器登录并做配置。从界面中可以直接看到每个客户机上的应用情况，包括文件/目录、文件系统元数据、各类数据库、邮件系统等常用应用，并可以直接对这些应用进行Motion、Tier、QoS。当然，存储系统也是通过与主机端运行的感知代理组件通信才得到的这些信息，但是给人的感觉就是存储感知了应用。如下图所示为应用感知代理组件的基本设计组成。比如需要感知Oracle某数据库下的某数据文件，首先这个应用代理必须能够获得该主机的Oracle中到底有多少数据库，每个数据库各自又包含了哪些数据文件，最后需要获取用户指定的要进行特别优化的整个库或者个别库的文件底层所占用的块列表，然后将这次操作视作一个对象，并把这些块列表保存起来，加上本次操作的信息等，一同打包成一个数据对象，存储在对应该应用的数据库中。数据库采用轻量级方案，或者不采用成品数据库而完全自定义格式保存到客户机特定目

录里，上述工作由App Adaptor子模块完成；从存储系统获取用户的动作指令，以及将应用信息推送给存储系统的工作，由Communicator子模块完成。

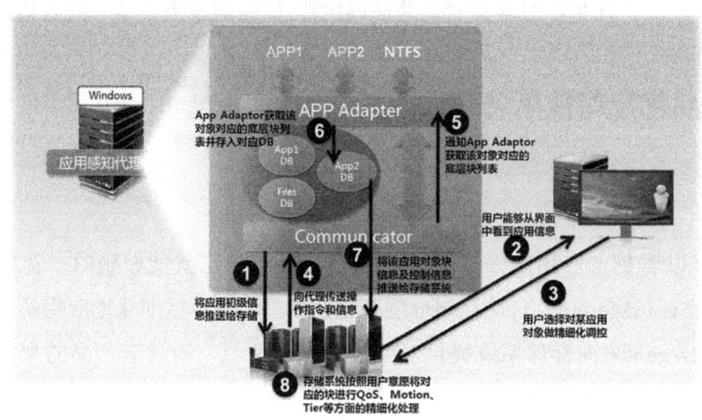

应用代理组件的基本组成及控制流

因为这套方案致力于应用感知，既然一切都是从应用视角出发的，那么如果让用户每次都到存储系统GUI里去配置，难免有些不方便。所以，在主机端感知代理处，提供相应的接口，让用户可以直接针对对应的应用、文件等对象来做存储方面的调控。比如，对于Windows，嵌入文件右键操作菜单，可以选择将这个文件在布局、分层和QoS三方面做精细化调控。还可以提供一个微型窗口来让用户针对其应用整体调控，比如Oracle所有数据库整体调控，或者某虚拟机整体调控，感知代理会自动分析这些应用底层所占用的数据块信息，并推送给存储系统执行。

如果主机端的应用对象发生了变化，比如扩大、缩小了，或者因各种原因被挪动了位置，那么之前的块映射列表就不是那么准了，但这并不影响数据一致性。可以定时扫描并比对，发现变化的地址，然后将变化同步到存储系统里去。如下图所示。

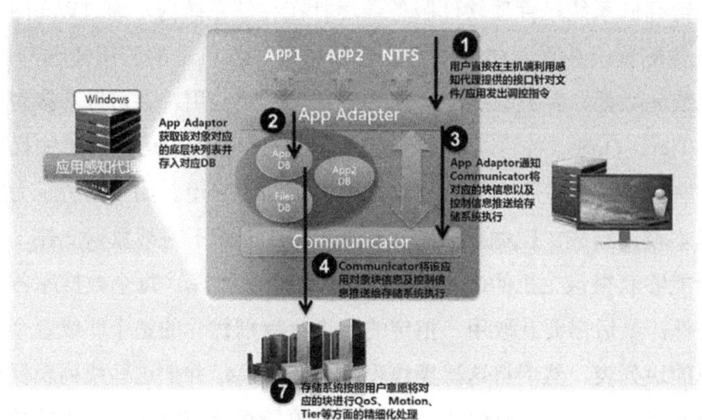

主机端直接发起控制流

至此有必要给这套应用感知解决方案和产品起个名字——SmartX Insight。X表示无限未知的意思，我们的这个套件起码已经可以对Motion、QoS和Tier做应用感知了，后续会有更多组件添加进来。Insight表示“看透”和“端到端”的意思，看透一样事物，就意味着游刃有余，胸有成竹，让存储看透应用，或者换个角度说让应用的信息穿透存储。

技术、产品形态、架构描述完毕了。这是定义和设计一款产品的必需步骤。对于一个产品经理来讲，并不是拿着几份第三方骗钱的报告，堆几个数字，然后得出结构“NAS增长80%”就完事了的。作为纯粹的产品经理，不但要负责创意→思路展现→技术实现→产品形态→概念包装→材料制作这条路径，还需要负责项目立项→精确传递产品信息给研发→与研发架构师确立最终架构→实际开发遇到问题最终决策→亲自参与测试体验并把关质量→产品GA这条路。所以最理想的情况是产品经理与项目经理合二为一，否则心志不同，产品出来也可能是个调和各方利益的四不像。产品经理追求产品的完美，项目经理则恨不得这项目不费一兵一卒马上结束，这个矛盾是始终存在的。产品经理是产品他爸，负责生；项目经理是产品他妈，负责产，如果两个人同床异梦，那要小心了。

2.4.2 可视化展现

下一步便是配置界面的设计。界面的设计也得由产品经理发起和把关，因为产品是其设计规划的，只要你还算是个靠谱的产品经理，怎么展现你说了算，当然，如果你认为界面与你的产品无关，是研发人员的事情，那证明你不是个纯粹的产品经理，后续可以向拿着垃圾报告堆数字这条路发展。产品再好，技术再牛，这是里子，里子好是前提，面子上也够吸引人，这才是最理想的状况，虽然有时候徒有其表的事物也能生存得较好，但这就是另一码事了，不与其同道。要吸引客户，就要打破常规，拿着陈年的烂糠当令箭的大有人在。让思想保守者做出吸引人的界面是不可能的，此时恨不得自己会Flash、Photoshop、HTML5、Java，十项全能。

人的创意是无限的，就看谁创新能力强。如果能够像指挥战场一样指挥全局数据，让用户有一种强烈的掌控感、大局感和代入感。进入总指挥台，感受到的不是需要做那千篇一律、流程化的配置，而是产生一种运筹帷幄的感觉。有一点需要铭记的是，用户永远都是从上往下看的，也就是从I/O路径的源头看下去到I/O路径的终点，谁让用户看得远，最好能一眼望穿看透，就爽，如果看不透，那就不爽。整个指挥台是一个可视化、可操纵的集合体，对各种流程端到端可视化展现。比如当操作SmartMotion的时候，就像在指挥一只大部队调动，当有选择性地将某块数据提升到SSD时，应该有一种从憋屈的坦克装甲车出来直接进入战斗机的感觉。这要求界面中

加入一些动态元素。在充分设计之后，提出如下大方面需求。

（1）该模块主界面为一张战场全局布局图，并动态更新。

（2）单击每个元素可进入该元素的子布局图。

（3）所有布局图显示数据温度冷热以及是否被占用。

（4）资源可以被任意迁移、形变。

（5）可对任何区域透视，从而得知是哪个主机、哪个应用在使用这片区域。

（6）动态地展示数据的Tier和Motion，动作和进度。

总体上要有RTS游戏那样的设计观。由于缺乏UI技能，最终只能使用PPT来制作界面示意图。几张典型样例界面如下。下图所示为SmartX Insight的主控制台全局冷热视图，图中每个方格代表系统内的一块磁盘。

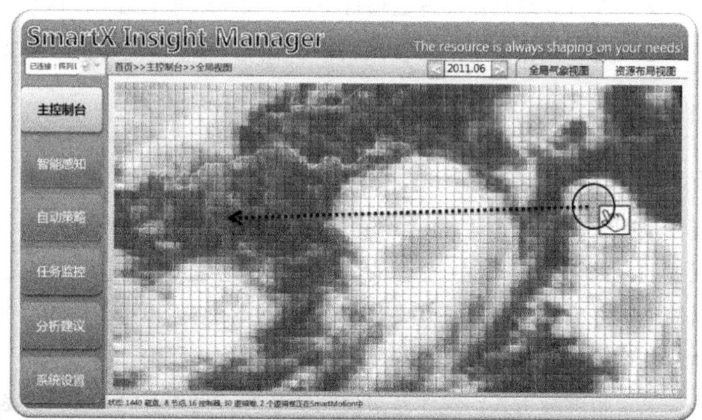

全局物理冷热视图

在全局冷热视图中，用户可以：

（1）右键可以定位该磁盘的物理位置，比如某控制器、某通道、某扩展柜、某槽位。

（2）右键可以定位该磁盘所承载的数据对象，比如逻辑卷、应用、目录/文件、虚拟机等，但是这些对象都必须是之前经过主动调控从而在存储系统中存在缓存记录的那些。

（3）右键可以选择将该磁盘上的数据做布局、Tier、QoS方面的变更。比如用户看到某个方格内的温度已经是最极限了，证明访问非常频繁而且响应速度很慢，那么用户可以直接在该方格上右击，然后选择要么先尝试进行SmartMotion操作，将该热点区域包含的条带分散到更多磁盘上，要么直接选择鸟枪换炮，透明迁移到SSD，或者选择提高其I/O访问优先级。

（4） 也可以圈选对应的区域，然后将其拖动到其他区域，比如将某些热区拖动到冷区，此时系统自动完成迁移动作。迁移进行时会在如下图所示动态展示目的及进度。

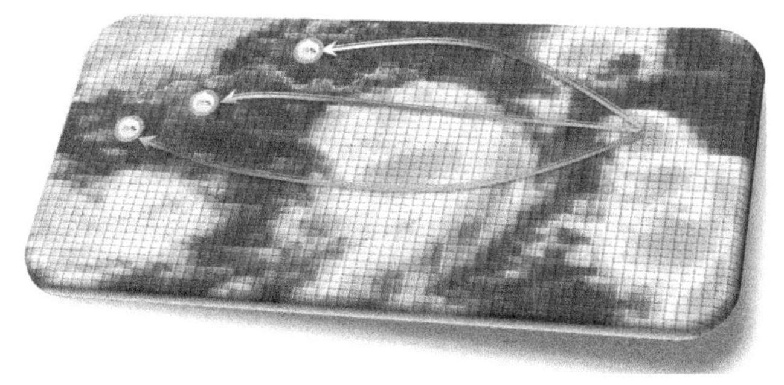

全局物理冷热视图

（5） 当用户选择了一种调控之后，比如选择了SmartMotion，弹出对话框，让其设置数据重分布的模式，比如可选"系统自动"，或者手动选择需要重新分布到的磁盘，可以使用列表的形式，但是不直观，最直观的是让用户在整个冷热图上圈选（比如用鼠标拖动等形式）那些相对较冷色的区域，然后系统自动根据被圈的区域判断这些区域中的磁盘的物理位置并作数据迁移操作。另外要选择数据迁移开始的时间，是立即还是定时。

（6） 可以设置系统定时对冷热图拍照留底，比如每个月抓一张，或者每天抓一张。在界面上可以通过按钮来观看冷热的变迁图，可以手动一页一页地翻看，也可以快速播放。作为一个运筹帷幄的指挥官，有时候需要具有历史观，回放历史，利用惯性来判断后续的情况。

将主控制台切换到资源布局视图之后，整个视图由物理展现方式改变为逻辑展现方式。这里相比冷热视图来说会有种水落石出的感觉。如下图所示是一个8节点16控制器的集群SAN存储系统。这张图的灵感来源于蜘蛛网，不过是一个经过仔细布局的蜘蛛网，这里只是示意图，不要求美观。8个长方形色块表示8个节点，围成一个圈，这个圈内部有4个套圈，中心的圈表示CPU利用率，由于有8个节点，每个节点占据这个圈的1/8，用色块在圈的半径方向上的高度来表示每个节点的CPU利用率，同样，缓存命中率、缓存使用率、磁盘繁忙程度、空间使用率、带宽使用率、IOPS、时延等等I/O参数，都可以在这些圈里展现出来，但是受限于空间，考虑只提供4个圈，可以通过设置将上面这些参数中的任选4个展示在界面中。这些参数在界面中是动态刷新的，比如后台可以是5s一次，但是前台可以做成平滑的动画形式加强用户体验。如下

图所示，左侧为Powerpoint制作的原始图，右侧为美工之后的图。

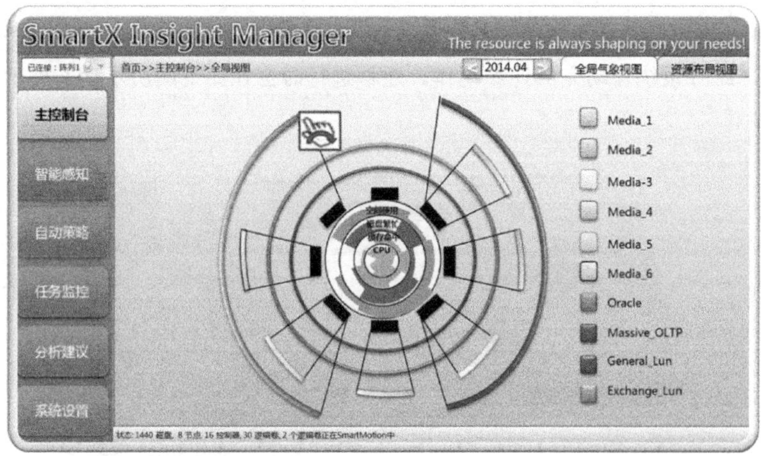

全局资源布局逻辑视图

各种运行时数据实时监控套圈图

在节点外圈，就是各种逻辑资源（逻辑卷、文件、虚拟机、整个应用等）的分布了，比如最左侧那个逻辑资源，其数据跨越了3个节点，而有些逻辑资源其数据只分布在一个节点上，还有些跨越了所有节点，也就是表现为一个环形了。这种差异化的布局方式，要么是SmartMotion之后的结果，要么就是在创建该资源时人为选择了所跨越的物理资源。SmartMotion不仅可以在单节点的所有磁盘之间Motion数据，还可以跨越多个节点之间Motion数据，道理也都是一样的，比如承载媒体流的逻辑资源，就没有必要让其跨所有节点，一个节点就够了，这也是为什么图中有多个只跨1个节点的逻辑资源。一个大系统内可能有几百个逻辑资源，受限于界面空间，只能放少数几个，所以也需要提供配置，可以让用户选择将哪些逻辑资源展示在控制台主界面上，并且可以随时增删改。

在全局资源布局逻辑视图中，用户可以：

（1）右键定位该逻辑资源在全局物理冷热图中的分布点，并以闪动方式显示。

（2）右键定位该逻辑卷所承载的应用、虚拟机、文件目录等应用信息，但必须是之前经过细粒度调控，在存储系统内有缓存记录的那些应用对象。

（3）右键选择将该逻辑资源做布局、Tier、QoS方面的变更。比如用户感觉某应用性能开始变差，就可以将承载该应用的逻辑卷进行布局、分层和QoS变更。用户可以直接在该逻辑资源图形上右击，然后选择要么先尝试进行SmartMotion操作，将该逻辑卷重新追加均衡到其他节点上，至于将数据均衡到哪些节点，用户可以根据内圈的CPU利用率、缓存命中率、磁盘繁忙程度等参数来判断，比如该业务的I/O非常细碎，那么对CPU耗费就会很大，此时就需要避免均衡到CPU利用率已经很高的那些节点上；同理，如果该业务属于带宽吞吐量型，那么就避免均衡到那些通道带宽已经耗费差不多的节点上。在内圈实时展现这些参数的目的不单是为了好看，还确实好用。

（4）用户除了用右键菜单调控资源之外，还可以使用拖动方式来调控。这相当于让用户像摆积木一样，重新摆放逻辑资源。拖动时，逻辑资源会按照圆周方向动态地增长或者收缩。

（5）可以设定将哪些逻辑资源展示在主界面，不仅可以展示逻辑卷，还可以展示应用对象，比如某个数据库里的某个库，因为存储系统可以通过主机端感知代理来获知一台主机上的包括文件、所支持的应用、虚拟机等数据对象，用户点选这些要展示的对象，存储系统会请求感知代理，将这些对象占用的底层块列表推送过来，然后分析这些列表就可以得知该应用对象在存储系统内的物理分布状况，从而显示在主界面。

（6）可以设置系统定时对逻辑布局图拍照留底，以便回放参考。如下图所示。

可视化且可控的资源布局视图

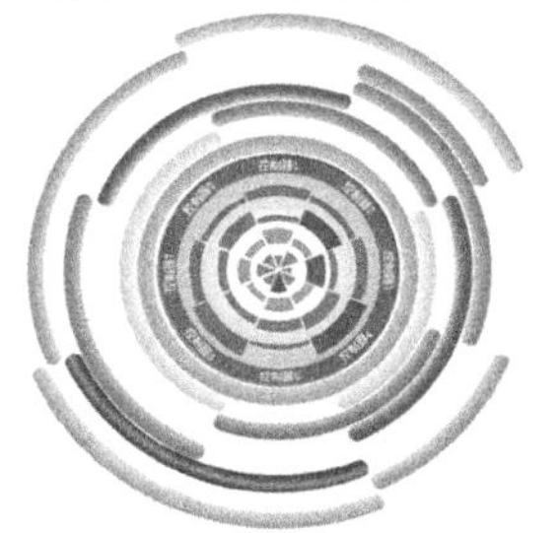

内圈：物理资源利用率

外圈：逻辑资源布局

参考物理资源的利用率，针对逻辑资源的布局做在线变更

像摆积木一样摆放逻辑资源

套圈图各部件和目的

主界面的这个设计虽然没有强烈的战场指挥感，这完全是个人缺乏技能再加上思维没有足够开阔导致，看看那些游戏设计师，他们在这方面才更专业。

在主控制台全局视图的逻辑视图模式下，单击集群内的任何一个节点，便会进入该节点的节点视图，节点视图展示的是逻辑资源在该节点内部的硬盘上的布局。同样

也分为冷热视图和资源布局逻辑视图。操作方式类似，不再赘述。如下图所示。

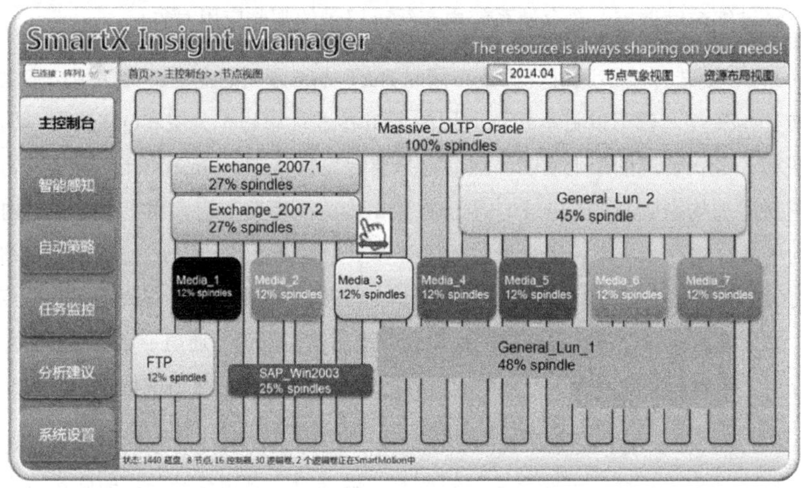

节点视图

再来看一下应用感知部分的展示方式。整个界面是用一个入口和页面完成所有感知调控动作。主机端的感知代理与存储系统是有连接的，所以在存储界面中可以看到所有安装了感知代理的主机，单击每台主机，存储向代理拉取该主机上所支持的可调控的应用列表，单击每个应用，则会出现该应用的子对象，比如对于数据库系统，就是各数据库，对于邮件系统，就是各个邮箱以及数据文件等。当然也可以在主机端自定义应用，比如你想调控一下QQ这个应用，也不是办不到。首先需要把QQ的数据文件保存到存储系统对应的逻辑卷上，然后定义你自创的对象，比如QQ号是123465789，那么可以定义一个名为“冬瓜”的对象，选择这个对象对应的文件或者目录，比如是D：\Tencent\users\123456789这个目录，然后创建生成该对象。当在SmartX Insight配置界面中选中了“冬瓜”对象之后，单击“查看布局”，存储系统便会告知感知代理推送该对象的存储块列表，然后生成布局图，在页面下半部分显示。

在得到了该对象的布局信息之后，就可以根据当前该对象所体现出来的性能，结合冷热图和逻辑布局图，来判断应该对该对象做什么样的调控以及进行配置操作。比如如果“冬瓜”感觉使用QQ的时候非常卡，那么此时可以在界面中直接右击选择“冬瓜”应用对象，然后选择对其进行SmartMotion、Tier或者QoS调控。或者不打算对整个应用对象做调控，而是想更加精细化地调控，则可以首先查看其物理冷热视图布局以及逻辑视图布局，然后在界面下半部分圈选要调控的那些区域，比如假设该对象只有一小部分处于极热区域，其他处于冷区，那可以说明正是这一小部分区域温度太高导致性能差，那么就可以针对这一小部分数据进行调控了。界面左下角显示的是该对象在系统全局范围的分布状态，单击对应的节点，则可以看到该对象在该节点上分布的布局状态。图例中该对象分布于4个节点上，当先选中的是右上那个节点时，界面右下部分显示的也就是右上节点的布局图。

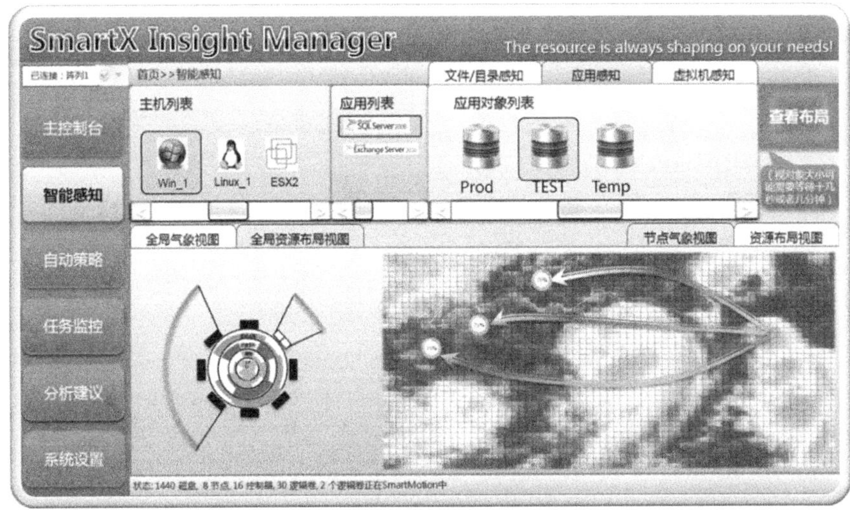

应用感知冷热视图

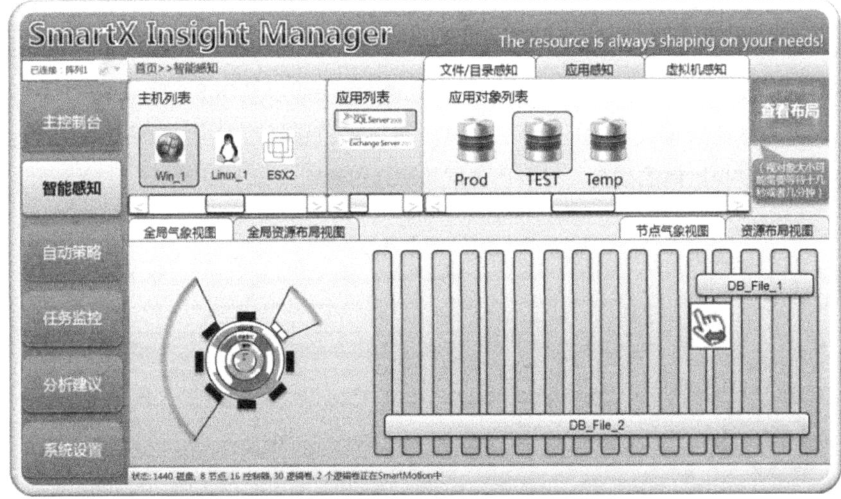

应用感知逻辑视图

自动策略部分，不仅要体现根据时间触发的用户自定义策略，而且要做到真正的智能自动，也就是系统可以根据当前的资源利用情况，智能地做动态SmartMotion、Tier和QoS。可以从时间触发、性能触发和空间触发三个维度来设置，设置分四步走，第一步选择要调控“什么”；第二步选择“什么时机”触发调控；第三步选择“如何”调控；第四步选择防抖动措施。下图所示为基于时间的自动策略设置，首先

新建一条策略，然后在该策略第一步中可以同时选择多个调控对象，第二步是选择触发时间（没什么特殊的地方所以不贴图了）。

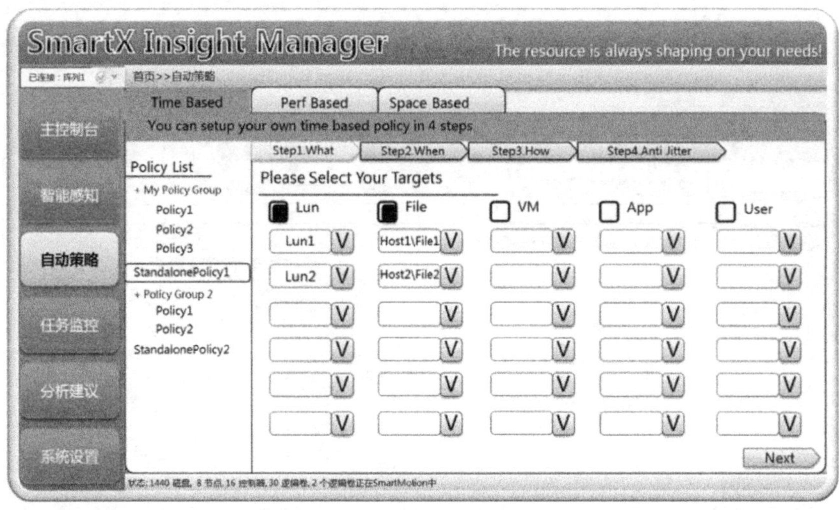

基于时间触发的自动策略

第三步选择如何具体调控措施，这里给出“固定场景”和“高级设置”两条路可选，选择固定场景，那么系统会按照一刀切的形式用写死的参数来做调控，比如OLTP就直接保证该卷跨越最大磁盘数，最高的Tier层级以及QoS。Media和OLAP则是另一套参数。高级模式里就是纯手控模式，可以调节包括将对应资源跨越多少节点，每节点跨越多少比例的磁盘，以及所处层级和QoS级别。如下图所示。

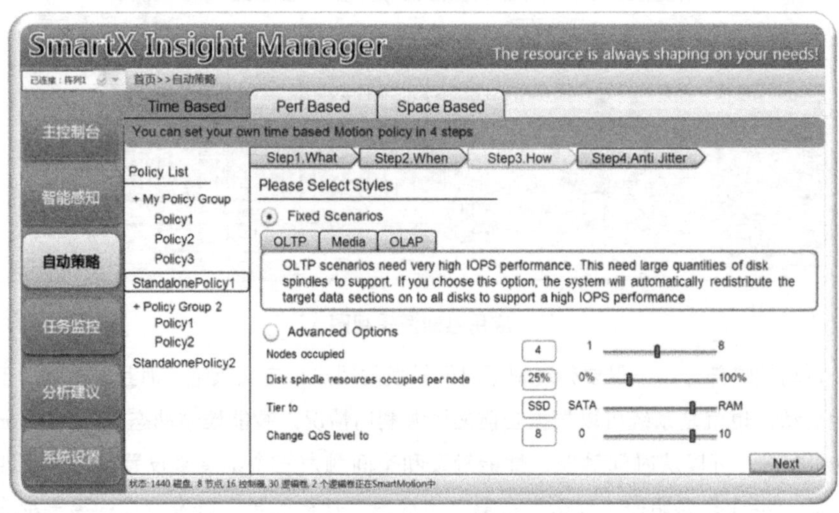

基于时间触发的自动策略

在基于性能的配置步骤下，除“when”外，其他与基于时间的类似，可以从IOPS、带宽、时延三个方面来设置触发阀值。“How”部分同上文。如下图所示。

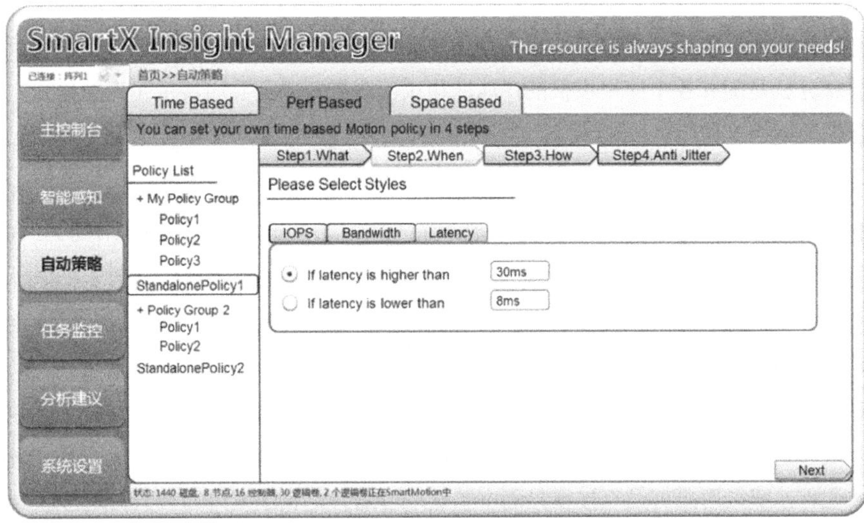

基于性能触发的自动策略

防抖动措施是为了防止自动触发的触发源来回抖动，比如设置为“当时延超过25ms之后”，那么如果时延一会儿超过25ms，一会儿又低于25ms，此时系统就会陷入故障。如下图所示为防抖配置参数。

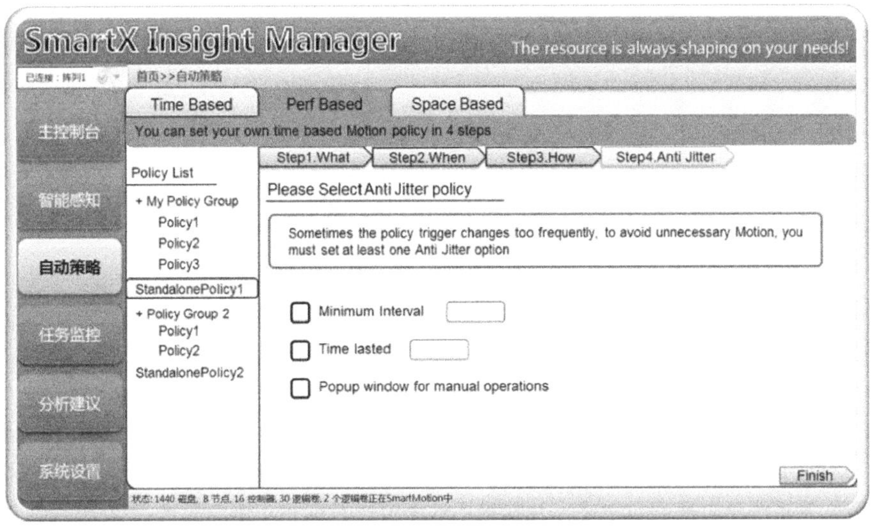

自动策略防抖动设置

任务监控部分没什么特殊之处了，就是所有已创建的调控任务汇总的监控界面，

可以暂停、继续、删除。分析建议部分主要是系统对一段时间内的运行参数，比如每个应用对象的时延、IOPS等进行记录和统计报表作图，最后动态给出建议，比如有些对象占用了较多资源但是却没最大化利用，从而冲突了别人，系统尝试自动发现这些冲突，然后计算出什么样的布局才是最优的，然后生成操作建议推送给管理员。系统设置部分就是配置各个应用主机的IP地址和认证信息，以及界面展示元素的样式，数据保留周期等。

最后，在主机端，我们要实现画龙点睛的一笔。如下图所示。对于Windows系统，感知代理程序可以注册到文件/目录属性页里，添加一个Tab页，以及在系统文件/目录右键菜单中集成对应的入口，进入这个Tab页或者入口，可以直接针对该文件的存储属性进行调控。所有这些调控动作，都会被传递给感知代理，然后进行块映射操作，最后将指令和数据块列表推送给存储系统执行该动作。其中，可以控制系统只对这个文件/目录所占用的空间进行压缩处理，而不是整盘压缩，因为什么类型的文件好压缩，底层是不知道的，如果此时用户给出明确要求，比如这个目录中存放的是大量的文本文件，那么用户可以直接在界面中勾选“压缩”，底层系统即可只对这些区域压缩，而当需要快速访问这些数据时，用户又可以主动勾选“解压缩”，那么系统底层使对应地将这些数据块在后台进行解压缩操作。

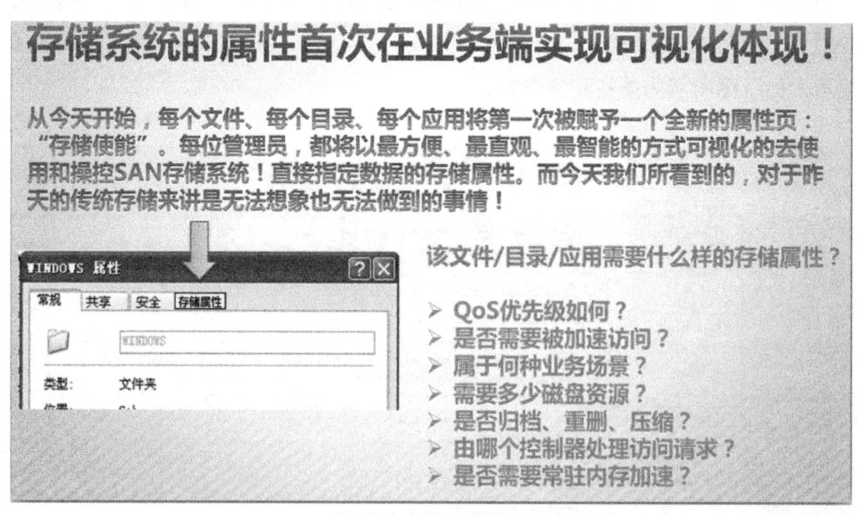

主机端直接调控

对于非文件/目录，感知代理提供一个微型窗口，直接将所支持的应用、虚拟机以及文件系统元数据展示出来，并直接在这个窗口对这些应用对象进行存储调控，比如SmartMotion、Tier、QoS，以及后续可以加入更多的细粒度调控措施，比如压缩/解压、去重等。如下图所示。

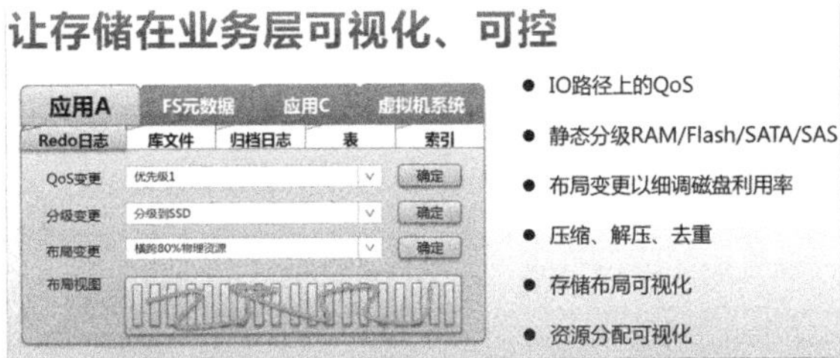

主机端直接调控非文件/目录类应用对象

2.5　包装概念制作PPT

终于到最后一步了。我们的产品成型了，界面展现都成型了，该为这个产品做身像样的衣服了。PPT的制作难度不亚于设计产品，一样需要个性的创意和包装。我们已经有了FloatVol、SmartMotion、SmartQoS、SmartTier以及SmartX Insight应用感知套件，如下图所示。

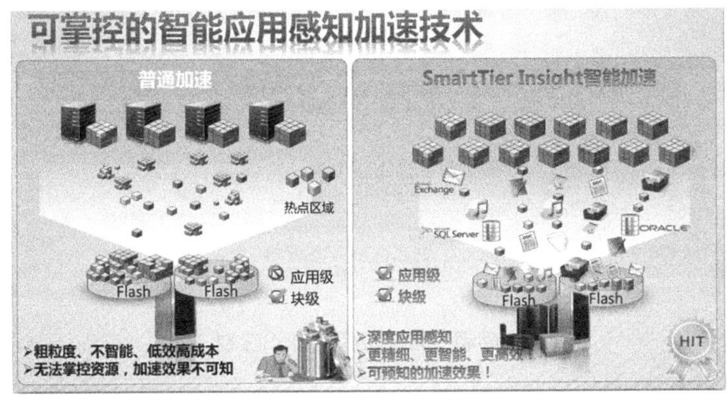

可掌控的智能应用感知加速技术

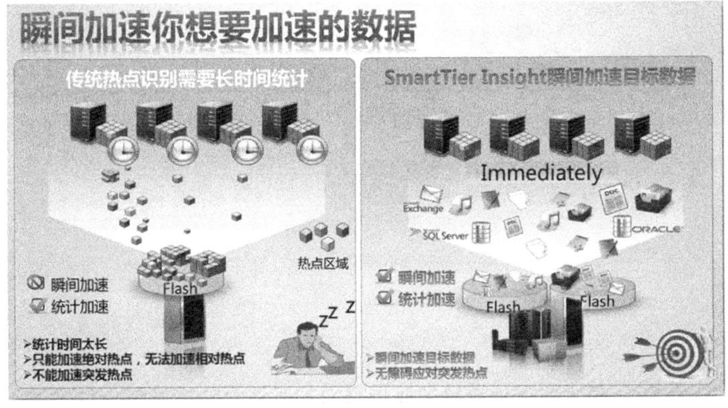

瞬间加速你想要加速的数据

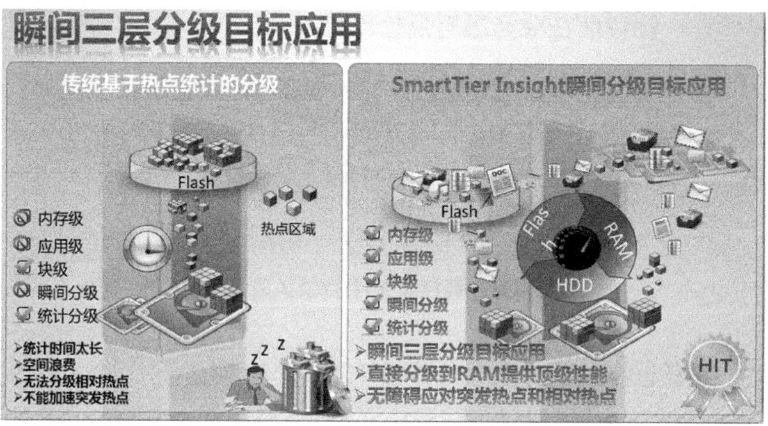

瞬间三层分级目标应用

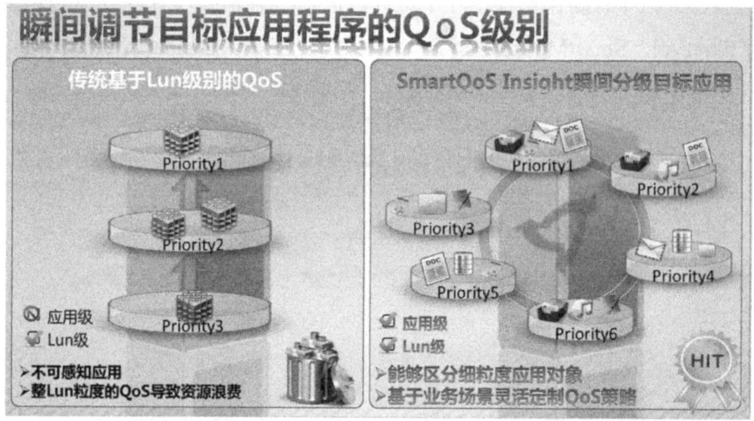

瞬间调节目标应用的QoS级别

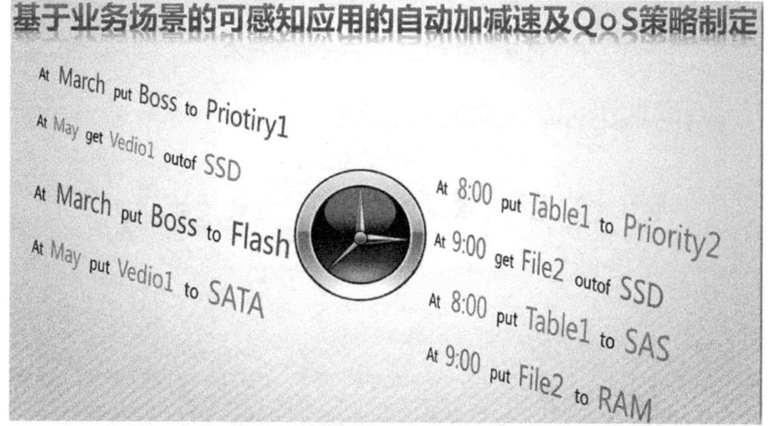

基于业务场景感知应用自动加减速及QoS策略

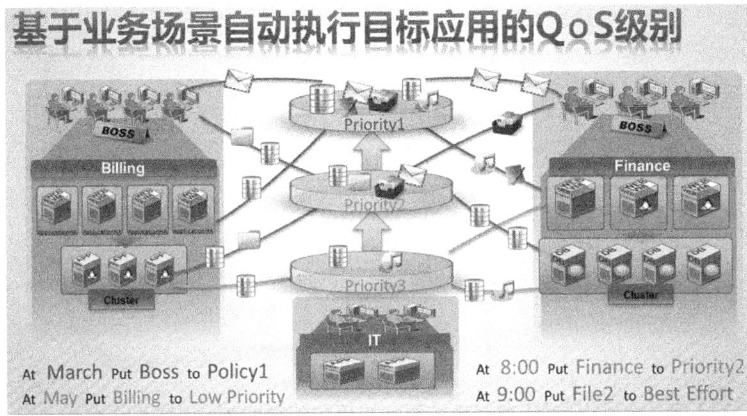

基于业务场景自动触发执行目标应用QoS级别调节

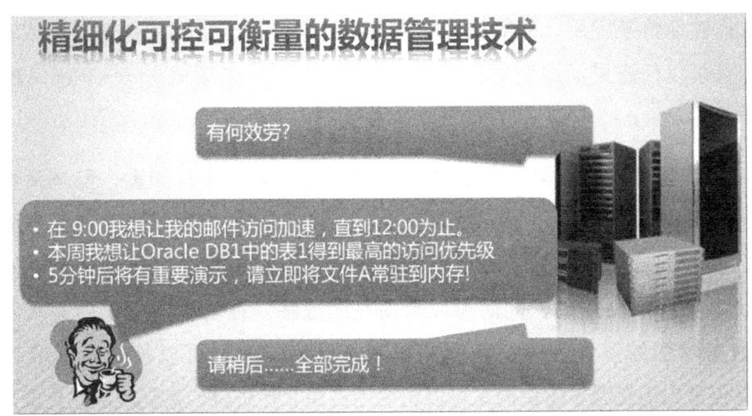

主机端直接调控非文件/目录类应用对象

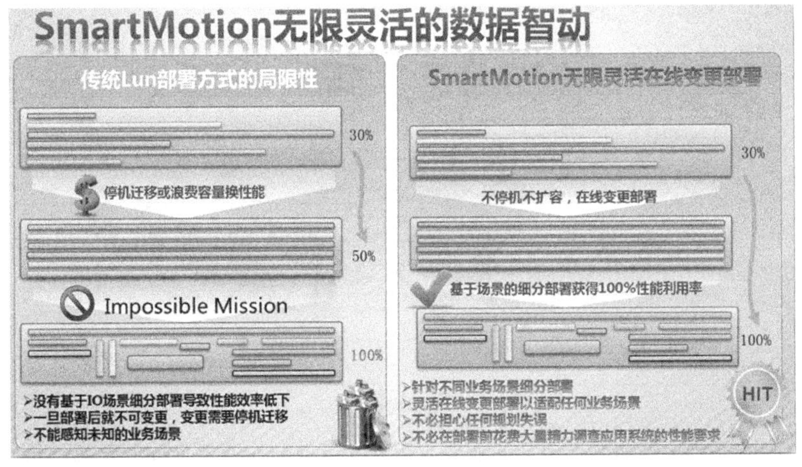

无限灵活的数据智动

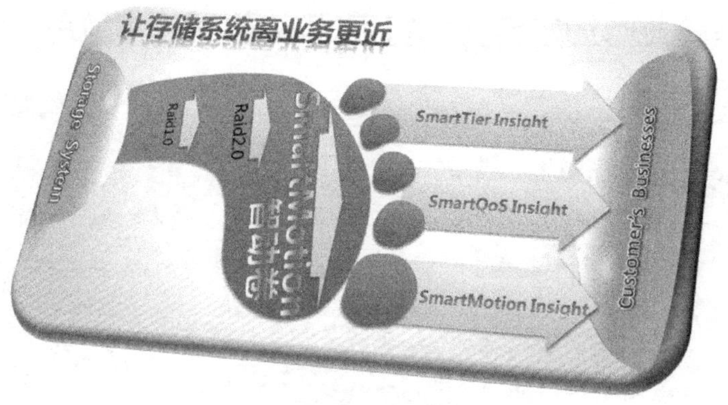

让存储系统更加接近和理解业务

由于这套方案是可以感知应用的，可针对应用对象调控布局，那么也就意味着，可以有选择性地将某应用（的数据）部署在一个集群存储系统的任何节点或者所有节点上，而且可以任意灵活地变更布局。所以我们有了一个新概念——FloatAPP，应用变成了浮动的。

> **提示** 异构集群调度。如果集群内的节点配置不同，各有侧重，但是又希望资源被全局池化，那么基于SmartMotion之上的FloatAPP可以同时满足上面两个需求，将不同应用按照对各种资源的需求情况，有差异化地部署在集群的异构节点上，实现最高效率，同时可以自由在线迁移，在对称的框架中实现不对称。其业务层面的意义在于，不同的应用、部门、人员可以被隔离部署，互不影响，但是出现资源不够用时又可以透明地占用其他资源，实现底层完全灵活可控，可量化，可以根据不同业务对IT部门的投资按比例分配资源。如下图所示。

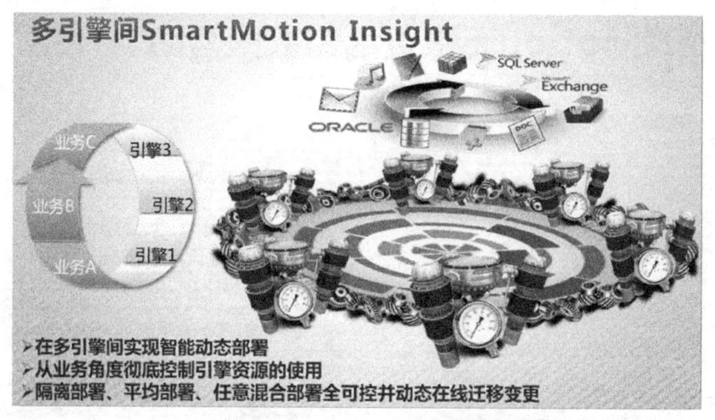

FloatAPP

由于应用感知更加贴合用户的业务，可以拉近存储与业务之间的距离，最底下是可以灵活变更布局的底子根基，上面生长出各种特性，比如自动分层之类（图示中的

“名称”的意思是你可以填入你的产品在这一层的各种功能命名），但是依然达不到业务层，在这一层之上再生长出真正摸得着业务的一层，那就是SmartX Insight层了。如下图所示。

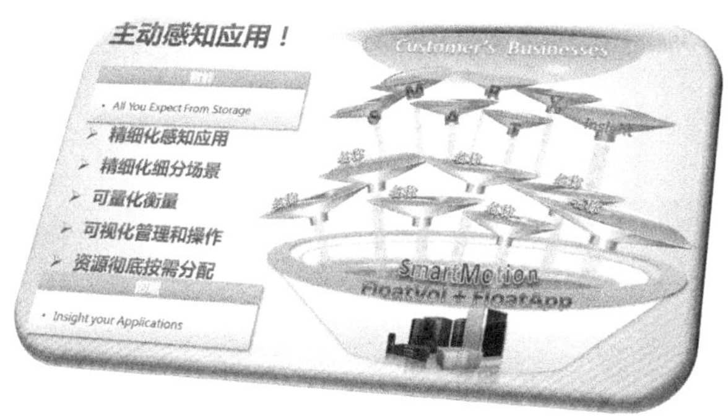

存储到业务莲盆模型

由于没有SmartMotion的时候，懒的做法是直接用鸟枪换炮的形式来提升性能，而有了SmartMotion之后，则多了一条路，可以先通过提升资源利用率再发挥出本该发挥出来的性能。然后再通过SmartX Insight套件来从应用角度更加细粒度地调控，能够多“压榨”出50%的资源利用率来，毕竟，浪费是可耻的！ 如下图所示。

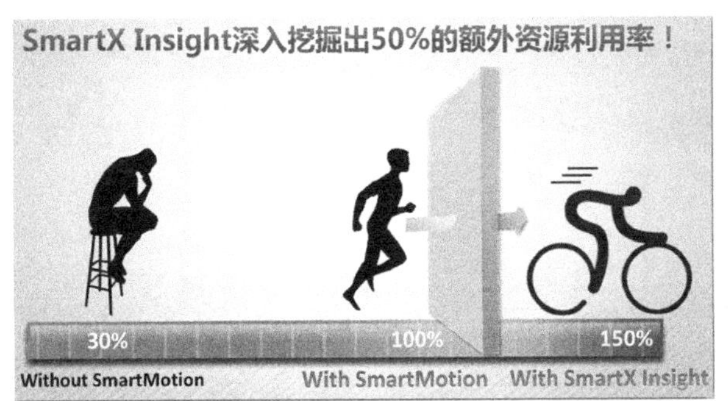

充分榨取资源

云计算对存储什么要求？智能、效率、弹性、量化。有人说量化是云计算的关键，我倒是觉得，对于用来卖钱的云计算，肯定必须量化，就像移动网络流量收费一样。但是对于不卖钱的云计算，量不量化就不那么重要了，你什么时候看到关机的时候Windows弹出个对话框说“亲，您本次共使用了磁盘I/O 50万次，网络1GB流量”？云计算就是数据中心级的操作系统架构，量化并不是架构上必须的。我们在这里就假设需要量化，因为我们有了SmartX Insight感知应用，就可以针对细粒度应用对象做量化，所以很好地支持了云计算。另外，由于云计算架构内应用众多，就像单机OS内线程进程众多，需要有I/O Scheduler一样，存储层提供精细化可控的布局、分层和QoS

调控，对云计算来讲是有必要的，如下图所示。鉴于目前云计算概念比较火，有了这个就可以提升“档次”了。

充分适配云计算

最后，作为辉煌时刻，可以在你的产品发布会上使用下图所示方式作为收尾。你先后发布了和介绍了FloatVol的概念、SmartMotion的概念、FloatAPP的概念、SmartX Insight套件，最后的时刻，也是最终极的概念——Visible Storage Intelligence（可视化存储智能）全面开启存储智能时代，注意：Logo一定要换成你自己产品的Logo，否则后果自负！

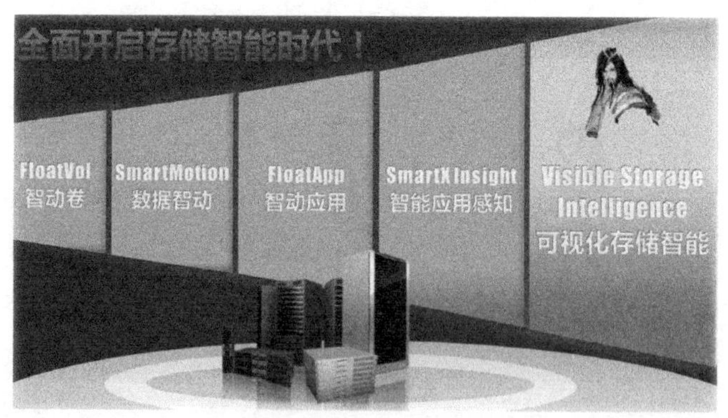

终极包装——可视化存储智能

提示

什么叫软件定义？软件定义是可以让用户精细化地控制感知和控制存储，这也是其起源“Software Defined Network”的本质含义。而目前不少人拿开源软件+白牌硬件的组合，也称之为软件定义，我认为有喧宾夺主之嫌。“可视化存储智能”解决方案可以算是一种软件定义方案，但是我更愿意称之为“应用定义”。

有了这套系统，系统管理员将会有前所未有的控制存储的体验，手动、自动一体，应用定义，有一种如同策略游戏一般的全局观和控制感，且可视化。这才是存储系统的灵魂，反观有些厂商，只注重硬件设计，而对软件毫无idea，看到硬件就像打了鸡血一样，硬件再出色还不是一台x86服务器变变样子？

有了这套系统，系统管理员就不再是一个苦逼的角色，天天等着被骂又无计可施。传统存储系统在主机里就体现为一个设备符号，这种体验简直就是反人类。有了这套产品，存储是与业务紧密贴合和适配的，相比“软件定义”这种低格调的名词，“应用定义”更加贴合实际，有了应用定义，系统管理员会有更多的事情可做、可控、可视，从此就不再是个苦累角色了。

2.6　评浪潮“活性”存储概念

在一系列因素的刺激下，国产存储的势头近几年非常迅猛，市场份额连年攀升。作为国内屈指可数的几家全系列传统存储、新型存储系统提供商，浪潮这几年的表现比较抢眼。2014年浪潮存储增长70%，2015年增长90%，2016年更是定下了增长100%的目标。

每个存储系统厂商都有各自的“DNA”，这种DNA对外的表现就是一种文化，各方面的行事风格，这些外在的文化到市场上洗礼一番，反过来又会对内在的DNA产生潜移默化的积淀作用。同样，每一款产品，都有各自的风格或说灵魂，也就是其与众不同的地方。这次冬瓜哥就来说说浪潮的“活性”存储及“活性”数据的特色概念。如下图所示。

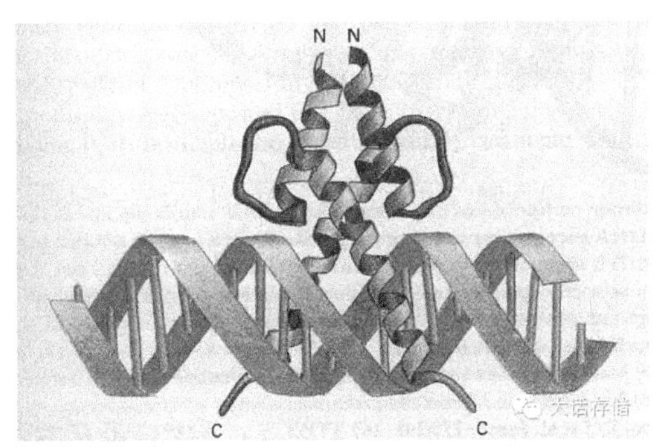

1. 冬瓜哥的智能存储情结

冬瓜哥为何会对“活性”这个词这么敏感？因为之前曾经亲自从零开始设计了一套“可视化存储智能解决方案”，这套方案的根基便是一个叫作“SmartMotion”的技术，冬瓜哥当时起的这个名字，被其他某厂商用了，但是只是用了名字，底层完全

没有实现“灵动”。整套方案的介绍大家可以查看下面的链接：

《可视化存储智能解决方案》（一）大话Raid2.0

《可视化存储智能解决方案》（二）大话SmartMotion

《可视化存储智能解决方案》（三）大话应用感知

《可视化存储智能解决方案》（四）大话应用定义

《可视化存储智能解决方案》（五）大话产品包装

冬瓜哥给这整套方案起了个英文名叫做SmartX Insight，并提供了一个配置界面。X表示内含多项智能和应用感知的技术，并在此基础上申请了三项专利。不过，后来国内有个存储厂商其产品也叫SmartX，好一个撞脸。证明这个词的确是好词。

所以，存储系统还能怎么玩才能玩出花样，玩出名堂？那就是智能存储，能够更加智能地感知用户业务的存储，直接从业务层发挥存储层价值的存储！

2. 浪潮“活性”概念英雄所见略同

正因为有此情结，冬瓜哥对一切能够增强存储智能的技术都特别感兴趣。于是浪潮的“活性”概念也就吸引了冬瓜哥的兴趣。浪潮“活性”的玩法看下图便知，当前为活性2.0版本，该版本可以实现数据在不同性能层级之间流动，以及数据在异构平台之间的流动。

通过统一硬件平台，加载数据分层、备份、自精简、重删等数据管理和服务功能，让数据从活跃（active）、不活跃（non-active）、近线（near-line）、离线（off-line），再到销毁，整个生命周期形成一个循环。

真正让冬瓜哥眼前一亮的则是活性3.0版本。3.0阶段的核心词正是“Intelligent”，即智能存储、应用感知，像人脑一样可以自学习、自适应、自调节。这正是冬瓜哥一直在倡导的可视化存储智能理念。冬瓜哥强烈期待浪潮能够将这个理念全面落地，并实现真正的“可视化”，只是智能还不行，还得让人看到其智能，操纵其智能，利用其智能，监控其智能，可视化是关键的一环。

具体技术上，浪潮会在数据生成时就给数据打上对应的标签，比如，这份数据需要调用的时间，对性能、容量、压缩、重删等方面的具体要求，冷却的时间，销毁的时间等。这样一来，打上标签的数据就可以在后台存储系统的处理过程中自行匹配最优的执行路径、最优的存储介质，以及自行迁移、自行销毁等细粒度智能控制。

这便是浪潮存储的“承接应用，感知数据”概念。

3. 浪潮全固态存储，5月10日浪潮渠道大会见分晓

活性存储属于存储软件上的特色。而近几年，存储系统的硬件其实基本上都是略微定制化后的开放式x86平台，各家的差别越来越小。要说存储系统硬件上还能有什么新玩法，那就只剩下全固态存储了。值得一提的是，浪潮将在5月10日的浪潮渠道大会上发布一款全固态存储系统。冬瓜哥并不知道更多的信息，只有一些关键字：3D、1.8PB、多极加速、新型Raid。冬瓜哥会持续向大家报道这款全固态存储的更多细节。

4. 招兵买马，全面发力

浪潮2016年将持续引进存储方向高端人才，预计会翻一番。今年还将建立独立的服务交付团队以及整合营销团队。浪潮存储，任重道远！冬瓜哥可是寄予厚望的，希望浪潮能够向中国存储产业交出一份优秀的答卷！

第三章 存储类芯片

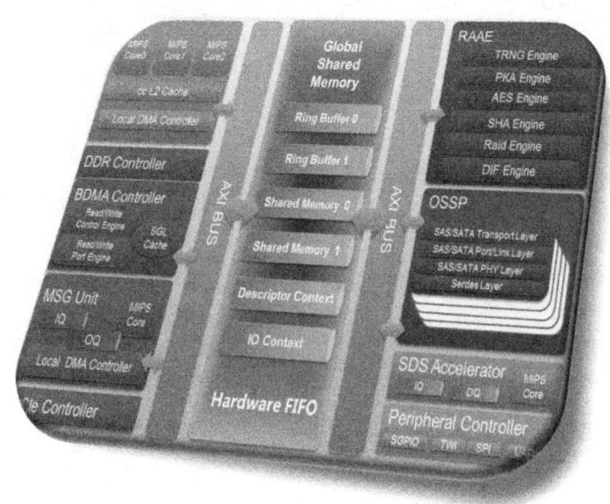

可上九天揽月，可下五洋捉鳖。搞技术需要运行一股气游走，来将所有的知识串起来，方可游刃有余。上两节介绍了我早年原创的一些技术/产品，分享了一些看法和经验以及产品经理方面的思考等。这一节打算从上层软件直接跳到最底层的硬件——存储芯片，换一番天地，探索无限的未知。

3.1 通道及Raid控制器架构

我们经常提到“Raid卡”“HBA卡”“Raid控制器”“IOP”等名词。但是能够继续坚持往下走，把这些事物更底层的本质看清楚的人却不多。

早期，Raid卡可是个超级大电脑，再看看现在的Raid卡，体积几乎被压缩到原来的三分之一了，而且性能不知道提升了多少倍。如下图所示。

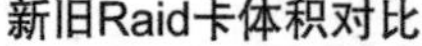
新旧Raid卡体积对比

早期夸张尺寸的Raid卡

Raid卡不应该是高大上的纯硬件加速的吗？做成硬件了应该一小块芯片就应搞定的啊？这个问题要这样去理解：所谓“硬件加速”可以有多种做法：一种做法是真硬件加速，把一些能够用数字电路完成的过程提取出来；另一种是假硬件加速，比如将本来一个通用CPU完成的活，拆分成2个通用CPU完成，其中一个CPU作为另一个CPU的外设，使用PCI/PCIe接口连接到主CPU的I/O总线，主CPU将需要完成的任务通过

PCIE总线发送给外设CPU，外设CPU执行，返回结果。仔细想想，这种假硬件加速和多线程有什么本质区别？没有，只不过多线程是在内存里完成通信而不是通过PCIE总线。早期的Raid卡，其实就是假硬件加速，所以说Raid卡就是个小电脑，与大电脑通过PCI互联了起来。如下图所示，标有QLogic字样的芯片是那个时代的SCSI通道控制器，其专门用于处理SCSI总线事务，比如仲裁、数据收发等，这块芯片是以纯硬逻辑为主；标有Intel字样的是Raid处理器，说是Raid处理器，但是其实就是Freescale CPU与硬xor运算器的集成，Raid逻辑映射和管理部分完全靠Freescale 嵌入式CPU运行固件来完成，其次就是运行针对QLogic的SCSI控制器的驱动代码，只有XOR加速部分是纯硬加速运算器件。再加上RAM内存条作为数据缓存，使得整个Raid卡尺寸堪比如今的微服务器主板。如果把上述这张超大号Raid卡拆开来看的话，就是2台计算机——位于一张PCIe卡上的2台计算机，每台相当于PCIe的一个Physical Function，与大计算机之间通过PCIe通信。

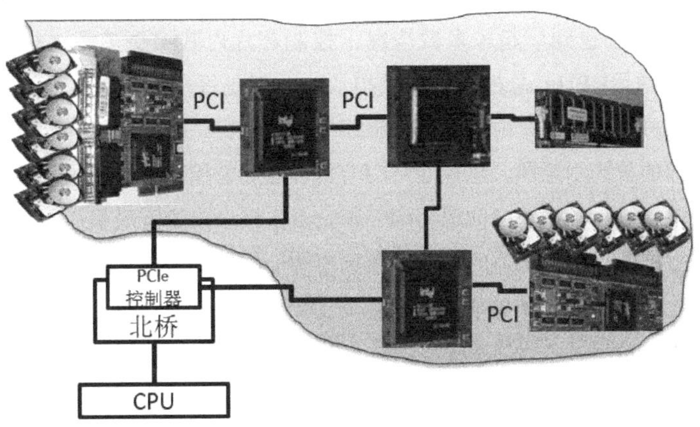

其实不妨这么想，在一个普通双核CPU的x86系统内，如果让其中一个CPU什么都不干，只管Raid处理、xor计算，另一个只管接驱动通道控制器以及收I/O中断，这是不是也是一个硬件加速Raid系统？当然是。所以软还是硬不是问题，问题是有多软和多硬。

- 纯软方案，意味着用通用CPU同时负责所有业务的处理；
- 半软方案，意味着用一组通用CPU来处理所有业务，但是其中某个或者某些业务独立占有一个或者多个通用CPU，被独占的CPU只负责这个或这些业务的处理，那么对于“这个或者这些”业务来讲，属于半软方案；
- 超硬方案，意味着使用独立的芯片（ASIC或者FPGA）处理某个或者某些业务，但是在该嵌入式芯片中部分业务逻辑依然使用嵌入式通用CPU来处理，大部分逻辑采用硬数字电路逻辑；

- 纯硬方案，意味着使用纯数字电路处理某个或者某些业务，那么这个或者这些业务就属于“纯硬方案”。

纯硬方案毫无疑问一定是性能最强的，但也是绝对无法胜任复杂业务逻辑的。复杂的逻辑用纯数字电路来实现并不是不可能，但是必须耗费庞大数量的逻辑门，另外有些复杂一点的业务逻辑翻译成组合逻辑门之后，由于器件数量太过庞大，带来的两个问题就是容性数字电路在器件太多阻抗又不能降低的情况下无法承载太高的频率，频率过高的话输出端是没有输出的，其次电信号在这么多逻辑门之间的传输时延总和太大，所以还得将逻辑做成模块流水线，将每个I/O请求分成多个子步骤，利用时序逻辑+组合逻辑，从而可以将多级I/O并发载入流水线。综合来看，过于复杂的逻辑还是利用通用CPU在大量时钟周期完成比较方便，虽然性能会降低。

所以，一般的硬加速芯片都属于超硬方案，也就是由通用CPU负责总控协调以及完成多数复杂业务逻辑，由专用数字电路模块完成高重复性且状态机简单的工作，然后将这些模块打包到一起。多数情况下控制芯片内其实更多是这样一种架构：统帅（嵌入式通用CPU）总控三军（硬模块），但是每个军也有军长（嵌入式通用CPU），军长总控、协调军内所有硬件电路模块的运行，统一向统帅汇报。如下图所示为芯片内部的架构示意图。总控通用CPU负责全局总控协调，比如任务分派、错误处理、监控报告等；子模块内的通用CPU则负责本模块内的管理和控制，比如接收和执行总指挥发出的指令；最后的各个子模块内的纯硬件电路则负责最终任务的执行，比如解码器，给出一段编码输入到电路，1个或者几个时钟周期之后从输出端将解码之后的数据通过总线发送到数据缓存。

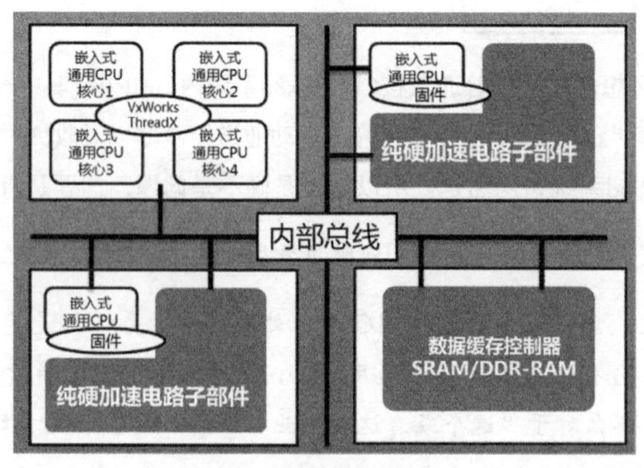

芯片内部架构示意图

既然是通用CPU，就必须得运行机器代码，至于是直接使模式运行单任务代码流，还是加载一个操作系统，都是可以的，得看代码架构的复杂度了，如果必须多线程，那还真须加载个操作系统才行，由于芯片运行在最底层，因而要求这个操作系统具有很好的实时性，比如VxWorks或者ThreadX等，统帅和军长脑子里必然要运行《孙子兵法》，根据情况随机应变，所以需要很强的逻辑性和复杂性，我们可以称其为超硬“钢铁之师”，但是绝非纯硬的“炮兵部队”，后者干活不需要任何复杂的判断智能，只需要循环“计算弹道、炮弹上膛、炮弹退膛”即可，正因如此，后者可以翻译成纯粹的数字电路。

我们来看一下一个典型的Raid控制器的芯片设计样例（具体实际产品可能与本样例有差别），如下图所示。统帅处于左上角位置，运行的是芯片的总控固件，固件存储在Flash中，启动时载入执行；其他子部件中如果有通用CPU，其固件也需要载入执行。芯片启动时主控CPU首先执行ROM中的POST代码检测，测试各种硬件，然后执行Flash中的Boot Loader，载入自己的固件，同时也载入其他各子部件里CPU的固件（操作系统+用户程序或者单任务用户程序代码）到对应的地址空间，这期间其他所有CPU都处于Reset状态，一旦所有固件载入完毕，主Boot Loader便解除其他CPU的Reset状态，从而让CPU执行各自固件代码。这相当于统帅在战斗打响之前先向所有下属下达作战计划，战斗打响时，统帅也可以随时发送单条控制指令来动态调控。

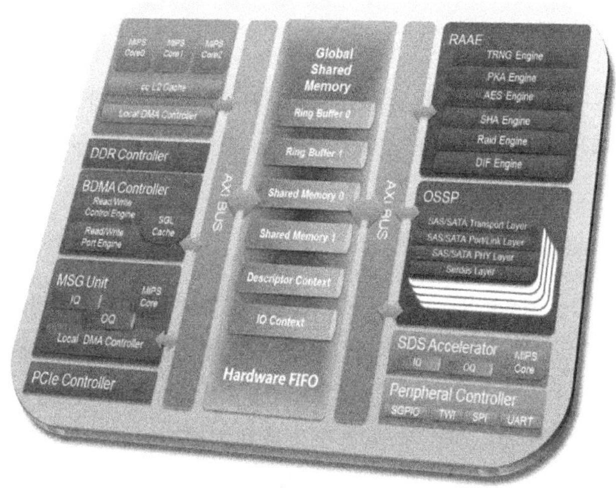

Raid控制器内部器件Block Diagram

在这款芯片中，MSG Unit以及SDS Accelerator这两个子器件中含有通用CPU核心，所以需要被载入固件。下面简介一下各部件的作用：

1. MIPS核心SMP集群

运行ThreadX/VxWorks实时操作系统，用于执行主业务逻辑，比如Raid管理、I/O

控制等。同时用于芯片启动时执行POST以及Boot Loader将自己和其他子部件的固件载入到对应内存空间。

2. PCIe Controller

前端PCIe控制器，用于连接主机端PCIe总线收发数据。

3. MSG Unit

MSG（message）Unit是一个消息、命令、中断处理部件。主机端的I/O及控制指令，由这个模块负责从主机内存空间提取并提交给本地MIPS主控；本地I/O完成应答消息也由这个模块负责写入主机内存空间，并向主机触发中断请求。这个部件中包含一个通用CPU核心来协调消息处理过程（运行单任务代码固件，无OS，无页表，有中断向量表，有时钟中断），同时包含一个DMA控制器，负责将控制指令从主机内存移动到芯片内存中存储，或者完成将I/O消息从芯片内存空间复制到主机内存空间。

4. RAAE

RAAE（Real Application Acceleration Engine）负责真随机数生成加速、数据加密及压缩、xor计算、DIF校验信息计算加速。这个部件是纯数字逻辑硬加速器件。

5. OSSP

Octal SAS/SATA Protocol。负责连接后端的SAS通道，并处理维护包括SAS物理层、链路层、网络层、传输层的逻辑状态机。这个部件也属于纯数字逻辑硬加速器件。

6. SDS Accelerator

SDS（Super Descriptor Sequencer ）Accelerator。这个部件的作用是加速主逻辑处理过程中所需要的各种超级链表，描述结构体的创建、插入、删除等操作。由于整个芯片是一个流水线，各个模块分工有序，整个工序使用一个超级描述体的数据结构来描述，相当于一个工作流，每一个I/O都会生成和维护超级描述体，所以是非常耗费资源的，这个加速器的作用就是将描述体处理部分用独立的硬件来完成。这个部件中除了一些硬件SRAM FIFO队列，还包含通用CPU，来协调整个处理过程，所以需要运行固件。

7. DDR Controller

负责控制芯片外部的DDR SDRAM大容量内存的数据读写，这些内存一般用来做数据缓存，从而提升性能。

8. GSM

GSM（Global Shared Memory，片内全局共享内存）。这个内存并非普通SDRAM，而是速度更快的SRAM或者锁存器级的RAM。其作用并不是作为数据缓存，而纯粹是用来充当一种数据传输通路，用于各个器件之间的数据传输。比如器件A将数据放入某地址，器件B再从这个地址将数据读出，这样就完成了数据通信，这种数据传输方式称为“共享内存”方式。这片内存区域被分成多个不同的区域和队列，实际上就是多个地址段，不同器件、不同目的的数据通信，使用不同的队列或区域加以区分。GSM与其他子器件之间通过AXI高速总线互联。

9. BDMA Controller

BDMA控制器负责将实际数据（非控制指令数据）在主机内存空间、GSM以及DDR数据缓存空间这三者之间相互传输。DMA控制器进行数据传输时不需要中断CPU，大大减轻系统负载。

10. Peripheral Controller

外设接口控制器，包括UART、TWI、SPI、SGPIO等外部低速总线控制器，主要用于调试、配置、信号传递等。

这10个器件共同组成了这款Raid芯片。可以看到，图所示的Raid卡，I/O控制器（对应图中的MIPS主控部分）、通道控制器（对应图中的OSSP）是分离的，工艺很老，面积很大。而如今，由于芯片集成度非常高，用它做成的Raid卡（见图左侧）体积非常小，DDR RAM缓存也直接板载了。对于SAS通道卡，其主控芯片架构与Raid卡类似，就是I/O路径变得精简了，因为不需要处理Raid。

整个芯片的I/O路径大致如下：主机驱动程序将I/O或者控制指令（注意，这里并不是SCSI或者ATA协议，而是厂商自定义的协议）压入一个循环队列，并将该指令所在的队列ID、队列内偏移等信息写入PCIe Raid卡对应的通知寄存器（俗称Doorbell），这个寄存器直接连通到MSG Unit的输入队列内存空间。电铃寄存器将会产生一个中断信号到Raid芯片中MSG Unit模块中的CPU，使其跳转至相应的中断服务程序执行，执行的结果就是控制MSG Unit内部的DMA控制器从主机内存空间运行的Raid卡驱动程序所创建的循环队列中读出对应的指令内容到Raid芯片的GSM内存中。MSG Unit中的CPU将该指令在GSM中的指针写入另外一个队列，该队列只要不为空，则持续触发中断信号到Raid芯片的主控CPU上，主控CPU被中断之后，读出该指针并读出指针指向的实际数据，也就是指令内容，然后交由上层I/O处理程序处理，比如查找DDR缓存是否命中等。对于读操作，如果缓存未命中，则需要下盘读，此时程序

会发送请求给RAAE模块，RAAE模块做完它的判断和处理之后，再给OSSP模块发送读盘请求，从而下盘读数据，读出的数据首先缓存至GSM，然后OSSP操作BDMA模块从GSM直接移动到主机内存空间暂存。数据移动完成之后，主控CPU将生成一条I/O完成消息，并将该消息的指针压入完成队列，该信号被传导至RAAE模块，RAAE释放该I/O请求的资源，并将该I/O完成消息继续压入完成队列，该信号导致MSG Unit操纵DMA控制器将该 I/O完成消息从GSM空间移动到主机驱动程序的完成队列中，最后MSG Unit向主机端触发一个I/O中断，剩下的就等待主机端驱动程序去处理了。

3.2 SAS Expander架构

SAS Expander其实就是SAS网络交换芯片，目前最高密度的SAS Expander代号为PM8056，最大的有68个12GB/s SAS端口。

可以把SAS Expander做成多种不同的产品形态：

（1）SAS扩展背板。主要用于服务器，由于目前的SAS通道卡最大可直连16个SAS端口，如果服务器内置硬盘槽位多于16个，那么要么再插一张卡，要么就需要加一个SAS交换芯片了，SAS通道卡和磁盘同时接入SAS Expander，通道卡可以使用最大8个SAS PHY绑定成为一个SAS宽端口，连接到SAS Expander的8个PHY，由于所有磁盘均需要与通道卡通信，所以上行路径带宽要足够宽，Expander的其他端口可以直接接入硬盘。

（2）SAS Expander卡。有些服务器不提供带SAS Expander的硬盘背板，却提供另一种方案，即SAS Expander卡。也就是将SAS Expander芯片做到一张电路板上，板上出对应数量的宽端口连接器，比如MiniSAS或者HDmSAS，通道卡和磁盘各用线缆接到这张卡上，通道卡就可以识到所有连接的硬盘了。这张卡通过标准电源接口供电，可以固定在机箱内某个位置。

（3）SAS交换机。SAS交换机与SAS Expander卡的区别就在于，SAS交换机除了属于外置设备之外，还提供了完善的外围管理/配置功能，比如划分Zone、命令行接口/图形接口、固件升级等等。SAS Expander卡则基本是个哑设备，不提供公开的配置接口。

如下图所示为一款SAS Expander芯片的核心组件架构图。同样，也是利用一个MIPS通用CPU核心作为主固件运行的载体，加上一个“Expander Connection Router”也就是负责实际数据交换的硬件部件组合而成。主固件控制各种硬件子器件的工作。其中主要的硬件子器件如下。

SAS Expander芯片内部架构

1. 请求缓存器

用于缓存连接到SAS PHY对端的SAS设备发出的Identify和Open请求帧。Identify相当于一类SAS设备注册帧，SAS通信双方会互相Identify，帧中含有SAS地址、PHY ID、SAS拓扑类型（Expander或终端）、在所承载的上层协议中扮演的角色（SMP/STP/SSP协议的Initiator/Target端）等。OPEN帧则属于SAS连接请求帧，由于SAS Expander内使用类似电路交换的Crossbar矩阵，所以在发送数据之前必须建立一个电路连接，OPEN帧中包含了SAS源和目的地址以及申请的连接速率等信息。Identify和Open帧分别为156bit和164bit长，如果器件内部总线为32Bit宽，则分别需要5个和6个时钟周期来将对应的帧从前端的帧缓存载入到请求缓存器。请求缓存器由70个160bit（足够容纳下）缓存寄存器。

2. 主状态机

当有Identify或者Open帧到来时，信号会让主状态机结束当前状态任务之后，转到Load状态下运行，它会从帧缓存中载入Identify或Open帧到请求缓存器；如果收到Identify帧则自动进入Identify状态，当主状态机运行在Identify状态下时，会从请求缓存器中读取Identify请求并根据其中的SAS地址、PHY ID等信息来更新地址映射表，更新映射表的动作只需要1个时钟周期；当收到Open帧时，主状态机会进入Compare状态，在这个状态下，如果有多个源同时向一个目的发起Open请求，主状态机会操作请求比较器，利用多种优先级算法来得出多个冲突的Open请求之间的执行先后顺序，Open请求最终会一个一个地参与实际的仲裁以决定是否可以执行Open请求。

3. 交换仲裁器

Open请求最终会被这个硬件模块执行仲裁，也就是判断这个Open请求是否可以被接受和执行，比如，如果在源和目标之间已经没有足够的电路来支撑这次连通请求，或者找不到目标地址，或者声明的连接速率无法匹配等等情况下，那么仲裁便不会成功。

4. 仲裁结果缓存器

有多种仲裁结果，比如赢得仲裁、等待等，这些仲裁结果都被缓存到仲裁结果缓存器中。

5. 路由查询器

查询加速模块。SAS网络通过使用SMP（SAS Management Protocol）来向邻居通告路由信息，从而全网的SAS节点形成自己的路由表。SAS路由同样具有防止环路功能，与以太网STP协议类似，SAS也是通过阻塞其中冗余的PHY来防止广播风暴。

6. 地址映射器

用于存储各SAS PHY的地址信息和设备信息，以供查询。

7. ZONE管理器

记录和管理ZONE的规则信息。与以太网VLAN和FC ZONE类似，SAS支持将多个端口加入一个或者多个ZONE，只有ZONE内的端口可以相互通信。

8. 广播处理器

SAS网络内有多种不同的广播类型，有些只需要简单广播出去即可，有些则需要一定的处理逻辑。广播处理器模块使用纯硬件负责简单广播转发，使用固件来控制复杂广播逻辑的处理。

9. SAS PHY

每个SAS PHY包含了众多更加细小的模块，包括Serdes器件、链路层器件、传输层器件等。

10. Crossbar交换器

70×70的Crossbar交换矩阵，还包含一个控制该矩阵内部通路通断的控制器。Crossbar架构详见下面的章节。

11. 主控CPU

运行总控固件，其中包含了各种上层协议的处理，比如SSP、STP、SMP以及SES扩展柜信息监控协议，此外还运行了电源管理程序、日志记录和推送程序、磁盘状态监控程序。由于需要直接向磁盘发起通信来获取磁盘状态，所以需要SCSI Initiator程序，另外由于SES是靠模拟一个SCSI Target来运作的，所以还需要有SCSI Target程序。各个硬件子部件需要对应的驱动代码来驱动，所以还需要底层的驱动程序。

SAS作为一种高速、廉价的网络，其实可以大有作为。它之前完成了替换存储系统后端FC的使命，前端由于影响范围太大，无法一蹴而就，加之那时候SAS在光传输方面有些问题。随着数据中心规模越来越大，服务器、存储、网络定制化的需求越来越高，SAS终将会在这个时代有更大的作为。

第四章 储海钩沉

当今时代，人们对IT系统的底层架构越发不关注了。早在十几年前，那时候人们可能刚了解计算机这个概念。北京中关村一代相对是一派繁荣的景象，那时候DIY都被视为高大上，安装个Win98都是个技术活。再看看现在，谁还DIY，冬瓜哥都六七年没再装过OS了，从WinXP直接到Win10，Win7/8都没用过。各种IT系统的上层概念层出不穷，谁还管底层是如何实现的？这其实也符合事物发展的规律，这就像人本身一样，衣食无忧后，那么自然就得琢磨着高层需求，填补精神上的空虚。而人工智能、机器学习、大数据、云计算出现，再加上VR虚拟现实、生物学、神经生物学等多学科综合发展，冬瓜哥有理由相信，人类最终填补自己精神世界空洞的方法，就是虚拟世界，在虚拟世界中完成现实世界无法完成的任务，虚拟世界的社会形态也会不断发展。目前正热的网红经济就是这个趋势的一个苗头，卖美卖丑，卖吃卖睡，总有人看，而且乐此不疲，得益于互联网，真正做到了"全国十三亿人每人给你一分钱，你就是富翁了"的之前被认为极度荒唐的致富梦。

4.1 你绝对想不到的两种高格调存储器

很久以前人们在地上刻画线来记录信息，后来可能到了龟甲、兽骨上，或者石头上。如下图所示。

再后来，更多新奇的存储方式被发明了出来。穿孔纸带不算什么，冬瓜哥在这里为大家介绍两种格调更高的存储方式。

1. 延迟线（Delay Line）

在大山中喊出一段话，会怎样？对，它会回波反射到你耳朵里。而如果此时你让某个人来帮你干个这么个活儿：听到什么，就继续将听到的话喊出去，喊出去以后再反射回来又听见了，那就再喊出去。这样，就会形成一个无尽的循环。于是，你所说的这句话，就被"存储"在了这道无尽循环传递着的声波上了。怎么样，够奇特吧？

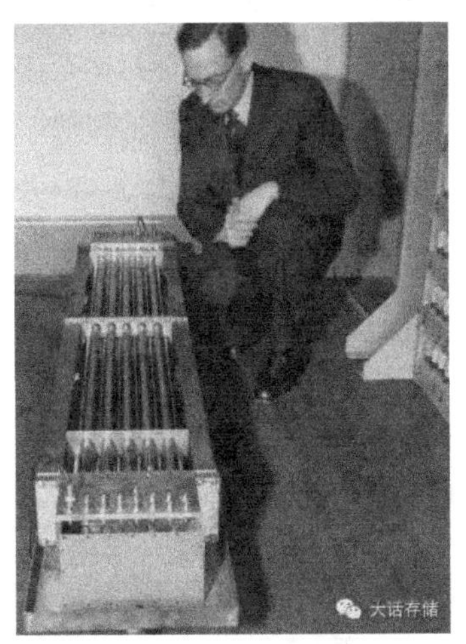

水银槽延迟线存储装置

后来，人们根据这个机制，把要保存的信息调制到某个声音载波上，然后将这道载波发射到某种环形的、能够传导这道波的媒介当中，让其不断循环，在这个循环路径上放置一个信号中继器，不断补偿传递过程中衰减的能量，让信息不断地在里面转圈。要读出数据的时候，在中继器上做个信号采样（方法见第1章）即可。这个传递声波的媒介必须有足够大的延迟，你在小房间内喊是无法分辨出回声的，电路也一

样，回声太快到达的话电路会来不及反应，所以需要人为造成延迟，这就是所谓声波“延迟线”存储器了。为什么不用电磁波来传递信息呢？电磁波传得太快了，电路根本来不及反应。

J. Presper Eckert于1940年发明了利用水银来传递声波造成延迟的存储装置。后来经过人们的改进，出现了更多的实现方式。比如下图中所示的装置，其看上去很像上文中的磁鼓存储器。水银延迟线存储器中有多根管子，里面充入水银，可以存储多路数据，每一路又可以存储多个bit。

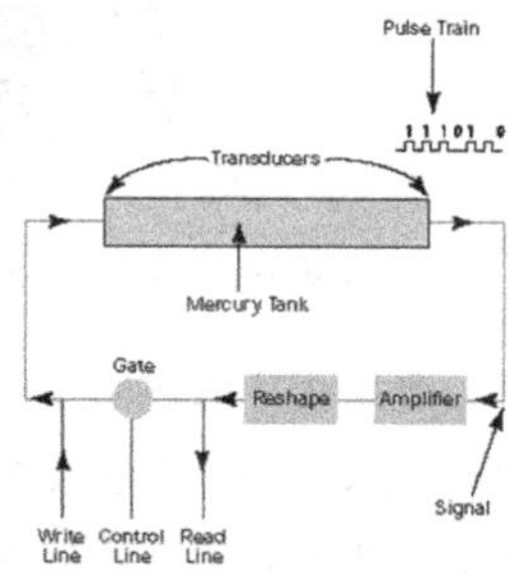

通过水银传递声波的声波延迟线存储装置

后来，这种思想被充分改进，于是有了下面这些设计。人们采用金属丝来传导振动而不是声波。利用电路将信息编码成对金属丝的扭动，这种扭动是一种机械波，会沿着金属丝一直传递回来。该装置在保存数据之后，由于高频扭动波，不知道金属丝会不会在不断震动，感兴趣可以自行搜索。

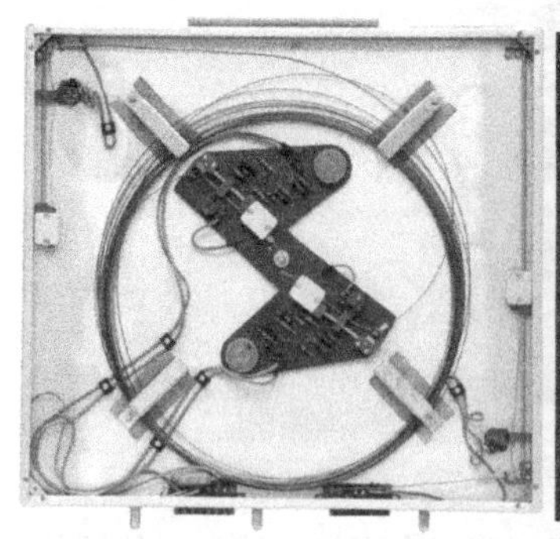

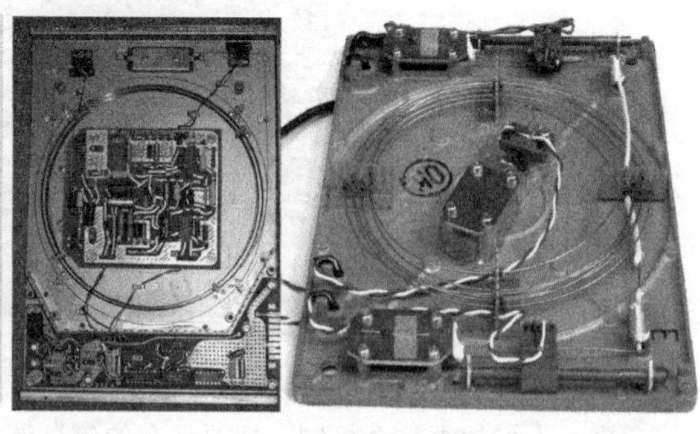

延迟线存储器无法做到随机访问数据，因为数据是按照顺序被调制到声波上去的，接收也是按照顺序接收到的，中继器是固定的，所以只能被动地按照顺序接收数据，但是可以只将接收到的数据中的某个部分提取出来。延迟线存储器作为一种非常奇葩的古老的存储器，在一些老式计算机中得到了应用，但是由于其利用机械物理原

理来存储，决定了它注定要被淘汰。不过当前仍然有些复古的设计，比如使用集成运算电路+延迟线存储器。下图可以看到扭力在金属丝上传递一周的延迟是5微秒。

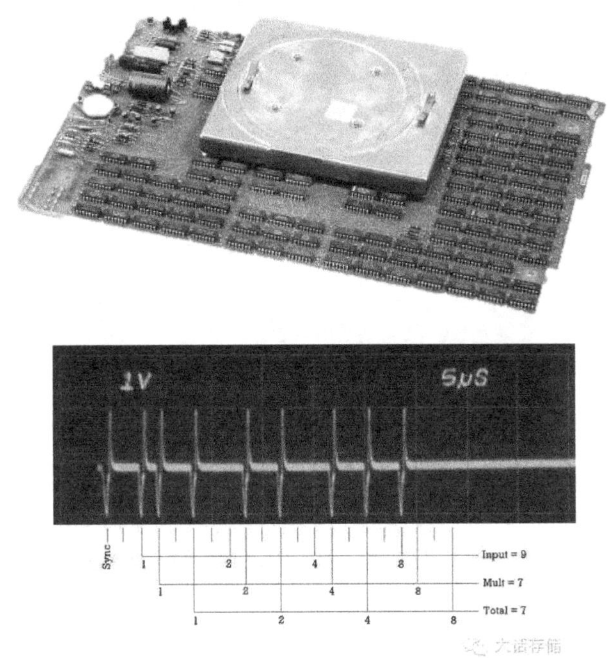

2. 磁芯（Core Stack）

看看下图所示的横竖交叉的导线矩阵以及斜向的导线。这就是一个磁环矩阵，磁环被按照独特的方式穿插套在外有绝缘体包裹的导线上，并可以控制导线的电流大小和方向，将这些磁环磁化成不同的耦合方式，这些重新排布的磁场又可以感生出电流供外部电路读出。今天最新的RAM存储器内部也基本是这种矩阵式结构，只不过将磁环换成了被蚀刻到半导体硅上的微型电容器。

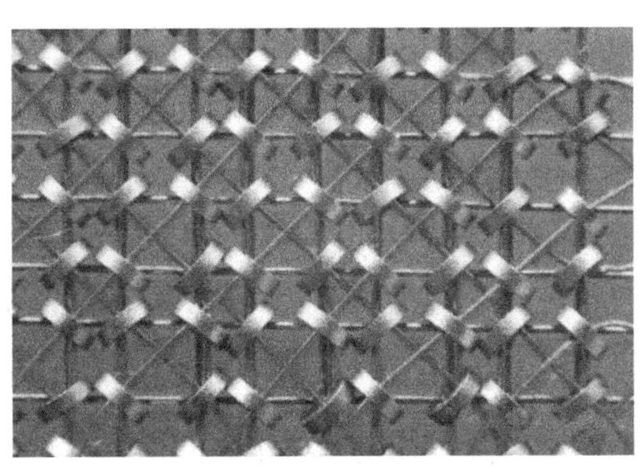

如下图所示，中间就是密密麻麻的小磁环，上图是局部放大图。

这就是磁芯存储器。当今，当系统崩溃时，由硬件自动将内存整体Dump到硬盘以供根源分析的过程叫作Core Dump。但是你可能根本不知道这个词是怎么来的，为什么不是RAM Dump或者Memory Dump？Core指的就是这种半个世纪之前的Core Stack磁芯存储，那时候人们想把其中的数据整体保存下来，这个过程就被称为Core Dump了。

4.2 JBOD里都有什么

JBOD（Just a Bunch Of Discks）指硬盘簇。它是传统存储系统赖以生存的根基之一，如果没有JBOD，那一下子就会省去很多部件：后端HBA、SAS扩展器/FC成环器、线缆、JBOD控制模块等等。可以这么讲，如果把JBOD从传统存储系统中去掉，那么其就简化为一款分布式块存储系统，或者俗称ServerSAN，只剩下Server+互联网。

传统存储系统也正是由于JBOD的加入，格调和门槛一下子提升了很多，一般一眼望去给人高大感觉，比如右图所示，如果走进机房乍一看这设备真能把你吓住。

其实这设备主要就是由你知道的几大部件组成的：两台服务器（左侧机柜屏幕下面）、UPS电源（左侧机柜最底下）、JBOD（左侧机柜屏幕上方、右侧机柜的右边）、散热系统（那几个圆形风扇）、管理服务器（屏幕下方的笔记本电脑）。服务器里都有什么不再赘述，大家都清楚。那么占据机柜主要空间的JBOD里都有什么？可能一有些人不太清楚，冬瓜哥就在这里讲讲。

先看看逻辑试图，如下图所示两台控制器各出一个后端口（不管是板载的还是插HBA卡的形式）分别连接JBOD中的一个SAS交换芯片或者FC成环器（FC的后端体系已经被SAS全面淘汰了）。JBOD中的每块硬盘也分别与该芯片连接。SAS盘有两个数据接口，就是被设计用来适配这种场景的，SATA盘只有一个数据接口，要适配该场景就必须增加一个SATA-SAS转接板，或者有一类Nearline SAS盘，比SATA盘贵几十元，但是接口和协议都是SAS的，也具有两个数据口。

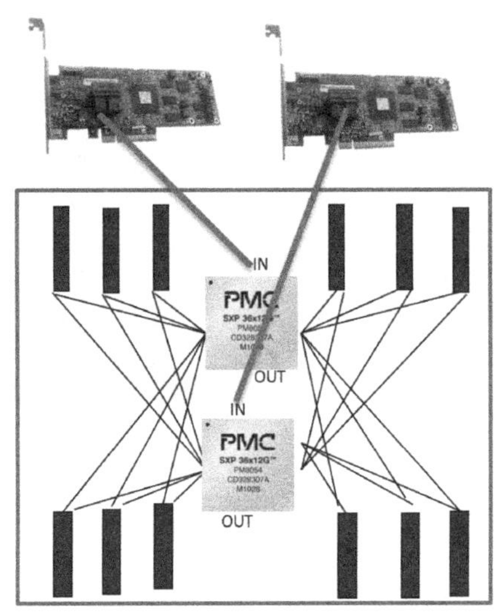

根据这个逻辑框架图，是不是可以说，JBOD里有一张背板，背板上有两片芯片，一堆SAS母口，箱体上有2对儿SAS接口？实际上不是的。SAS/FC芯片里是运行有固件的，具有一定的故障率。如果将所有东西都做到一张板子上，任何一个固件故障就要更换整个板子，必须停机。所以每个交换芯片是单独位于一个小模块子板上的，然后再通过连接器连接到背板上，这样就可以独立更换了，这种可更换的子部件叫作FRU（Field Replacable Unit）。所以在每个JBOD上你都会看到两个控制模块，或者上下放，或者左右放，多数为上下放置。如下图所示。

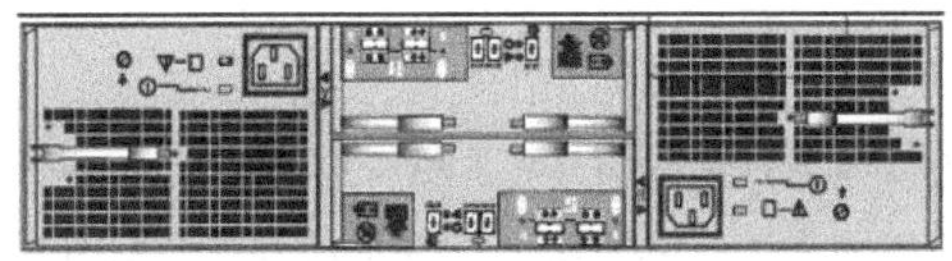
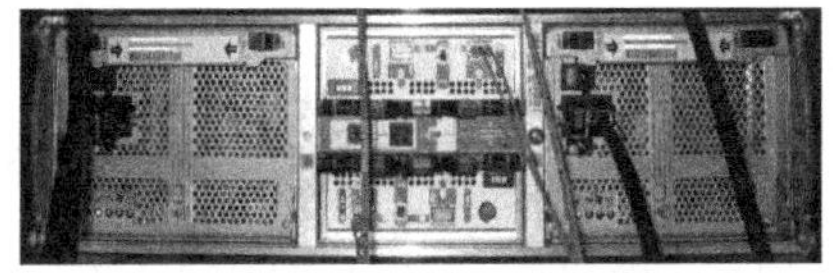

如果你认为这个控制模块上无非就是一片SAS/FC交换芯片的话，那就错了。该子板实质上为一台小计算机，它除了利用交换芯片来交换数据之外，还得管理诸如对各部件包括硬盘的上下电、风扇散热控制、各种LED指示灯控制、日志记录等。可以

看到如下图（a）所示就是一个JBOD控制模块的实物图，板子上除了散热片下面盖住的主交换芯片之外，还有一堆其他芯片，比如控制LED的CPLD芯片，放置芯片固件的Flash芯片，供固件运行所使用的RAM芯片，信号缓冲/转换芯片，供电、风扇控制等器件，以及最关键的SoC芯片，其上运行总控固件来管理所有上述的器件。

早期的数据交换芯片架构比较简单，而后来随着芯片集成度越来越高，交换芯片内部就可以集成1个或者几个嵌入式CPU核心来运行总控固件，这样就可以省掉一些外围芯片了。如图（b）所示的JBOD控制模块的主板，除上下各有些密密麻麻的信号缓冲/转换芯片外，有些看上去像芯片，其实只是胆电容。

（a）实物图

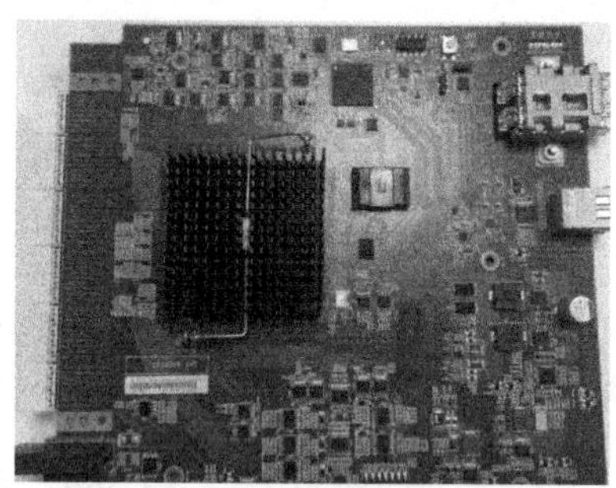

（b）主板

JBOD控制模块

4.3 Raid4校验盘之殇

我们都知道Raid4系统是有独立校验盘的，也都知道Raid4并没有被广泛应用，而被Raid5取代了。但是鲜有人知道为何Raid4会被取代。Raid4的关键问题就在于它这块独立的校验盘，其产生了2个严重制约性能的问题。

（1） 平时该盘不承载任何用户数据I/O，只管承载校验I/O，浪费资源。

（2） 制约了写I/O的并发性，每一笔写I/O都至少要更新校验盘，而机械硬盘的并发度为1，也就是不能并发，I/O必须一个一个地串行执行，所以所有的写I/O就在这里被串行化，多个写I/O不能同时结束，也就不能并发完成。

之前有人认为Raid4的校验盘的I/O压力比较大，是所谓“热点盘”，其实这得分场景来看。一般场景下校验盘的I/O压力并不高，因为读I/O根本就不会访问校验盘，只有写I/O会。如果单看写I/O的话，校验盘所承载的写I/O压力确实要比任何一块数据盘都要高。

也正因如此，Raid5通过巧妙的设计，将校验盘上的块打散在所有盘上，同样的盘数，并发度可以上来，因为任何一块盘都可以承载用户数据的I/O了。而且写I/O在一定几率上可以并发。在条带深度等于I/O Size时，小块随机写场景下每笔写I/O平均占用两块盘，所以Raid5阵列的写I/O并发度可以用“盘数/2”来等效计算，读I/O并发度等于盘数。

4.4 为什么说Raid卡是台小电脑

很早之前没有Raid卡，只有通道卡，也就是Host通过通道卡直接识别到通道后端所挂接的所有设备。比如早期的SCSI通道卡，以及现在的SAS通道卡。该通道卡由一片主控芯片控制，内部运行固件来接收Host端驱动下发的命令包，并根据包中的SCSI、SAS地址向对应的后端SCSI、SAS网络中发送对应的数据包，从而让对应的设备收到指令。

而Raid卡就是支持Raid功能的通道卡。“支持Raid功能”是个复杂的工程。说得简单一些，就是先让某个独立的CPU+系统软件通过通道控制器识别对应的盘，然后对这些盘做Raid，生成虚拟盘，其他盘对上层保持透明，上层扫描设备的时候，系统软件上报这些虚拟盘，而不是物理盘。同样，Host端发送I/O请求的时候，这个系统软件负责接收这些I/O并将其映射到物理地址，向后端物理盘发出I/O。这相当于在通道卡和Host之间插入了一层非透明的介质。这个介质由单独的CPU和代码来构成。

通道卡里的主控芯片中虽然也由嵌入式CPU运行固件，但是其不论从性能上、可寻址空间上还是配的RAM大小上，均无法满足Raid计算过程对硬件资源的需求。所以Raid卡必须增强嵌入式CPU的计算能力，增加大容量的RAM。

而早期的芯片集成度很低，一个芯片里集成不了太多的电路模块，所以人们索性直接在通道卡上焊上独立的CPU芯片，内存DIMM插槽，这时这块Raid卡不能说是“卡”了，应该说是一块长方形的、类似“卡”形状的主板了，其本身就是一台计算机。如下图所示。

散热片下面是通道控制器，右上方是独立的CPU，中间的芯片是xor硬加速芯片。那么这台计算机用什么接口与Host通信呢？PCI、PCI-X、PCIe。

如下图所示的这张Raid卡更夸张，其在一张卡上放了两台机器，也就是两片通道控制器、两片CPU，二者公用一片xor硬件加速芯片和RAM，公用一个PCIe口与Host连接。PCIe规范里可以支持这种玩法，每台机器对Host端体现为一个Physical Function。也就是说，你完全可以把一张显卡和一张网卡做在同一张PCIE卡上。

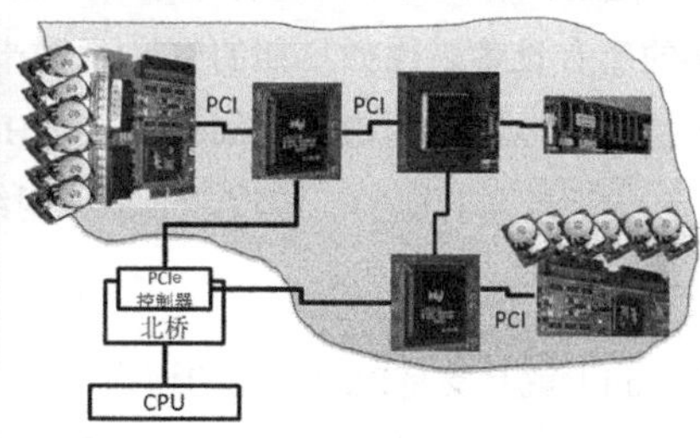

如果把PCIe接口换成以太网、IB、FC，是否可以呢？可以，把这块卡做大，CPU变成高规格的，采用十几个内存槽，通道芯片也采用PCIe卡的形式与CPU连接，这不就成了一台服务器了吗？没错，把服务器浓缩一下，就是卡，把卡再浓缩一下，就是单片芯片了。

4.5 为什么Raid卡电池被换为超级电容

目前最新的Raid卡已经普遍使用超级电容+Flash子板的方式来将非正常掉电后的脏数据刷入Flash中永久保存。超级电容的电量在几十法拉量级。而早期的Raid卡普遍使用的是锂电池，掉电后直接给板载的DRAM持续供电，进入DRAM自刷新模式。所以电池的电量需要足够大，一般是被设计为足够支撑板载DRAM持续自刷新72h。如下图所示。

锂电池的备电方式有两个缺点：故障率高、丢数据风险依然较高。锂电池很难维护，需要记录其充电次数、寿命、电量估算、漏电等数据并做出决策。早期的时候，在某大型互联网公司曾经出现过因为Raid卡固件Bug导致的大面积业务瘫痪。当时场景是这样的：由于Raid卡固件Bug，到了某个日期时，突然报告电池故障，其实电池并没有故障。随后Raid卡自动进入Write Through模式，导致数千台服务器写性能骤降，前端业务直接瘫痪，影响极度恶劣。

这次事故更加促成了Raid卡厂商转向使用超级电容+Flash的备电方案。超级电容在50℃环境下可以使用5年，平时根本不需要维护。再加上加入了Flash，而不是持续刷新DRAM，所以掉电之后仅需要提供数十秒的供电时间即可，而且如果采用SLC Flash，其数据持久性可以保持数年之久，没有丢数据风险。

4.6 固件和微码到底什么区别

冬瓜哥刚入行的时候，经常听到IT系工程师们的口头禅“升级微码”。当时觉得真是厉害啊，什么叫微码？微码和固件又是什么关系？冬瓜哥当年还真请教过这些现在已经是老一代的工程师这个问题，但是当时他们也不清楚具体什么区别，因为在那个时代，能够按照厂商说明书部署配置产品已经是至高格调了，你让他去把底层了解清楚，未免有点强人所难。但是这个问题一直在冬瓜哥脑子里作为一个遗留问题而存在，不搞清楚就总不踏实。还好，经过这些年来的学习，总算弄清楚了。

固件一般指运行在Host内非主CPU上的其他部件中的可执行机器码，其可以是裸程序，也可以是操作系统+程序。如果是后者的话，OS可以是Linux，也可以是一些实时操作系统（RealTime OS，RTOS）。“非主CPU的其他部件”，典型的比如HBA卡，SCSI、SAS、FC卡，以及以太网卡、显卡、光驱、硬盘。这些设备内，都会有一个或者多个嵌入式CPU核心在运行固件，从而发挥作用。这些设备所处理的指令逻辑还是比较复杂的，比如解析SCSI指令，用CPU+固件来完成就具有最高的灵活性，虽然也可以将解析工作固化成纯数字电路译码器，但是其灵活性会大大降低，一旦有Bug，就无法解决。

而微码这个词，泛指那些比固件的代码逻辑量级更低的代码，比如鼠标/键盘内部其实也有一个小CPU，但是由于其运行的代码逻辑太过简单，而且指令集都是私有的，条数很少，所以其硬件相当简单，但是这并不妨碍其仍然属于CPU，只不过是一种MCU（Micro Control Unit，微控制单元）。比如鼠标的MCU就负责接收各种按键的信号，根据信号从ROM中保存的码表提取编码，并通过驱动USB接口控制器将编码数据传送到Host端的USB控制器，这套流程也需要一个极为简单的程序来处理，这个程序就叫作

微码。同理，键盘上的MCU也负责接收按键信号，并通过USB控制器传给Host。

所以，固件的量级比微码更大，微码多运行在MCU这种极度轻量级的CPU上，而固件则运行在量级稍微大一些的CPU上，OS则运行在更加重量级的CPU比如服务器CPU上。它们一个比一个强大，处理的逻辑也是一个比一个复杂。

你可能不知道，DDR SDRAM、NAND Flash颗粒内部也有MCU，只不过多数产品的运行逻辑已经被写死在了硬件电路中，用纯电路来实现译码。但是不排除有些留有可编程后门的产品，依然采用了微码的方式来运行，此时就可以用私有指令对微码进行升级。

对于小型机、高端存储系统等，工程师们常挂嘴边的“升级微码”，其实是说连固件带微码一起升级，因为厂商每次发布新版本时，基本会将固件和微码一起发布，升级的时候也是使用一些预先规定好的流程，将对应的固件和微码一同升级到对应部件上。“升级微码”比“升级固件”显得门槛更高，所以为了彰显格调，工程师们尤其是大厂工程师就选择了后者。

4.7 FC成环器内部真的是个环吗

我们知道在FC流行的时代，控制器与硬盘之间的连接方式是FCAL仲裁环。环上的所有节点“手拉手”连接起来，将数据在这个大环上传递，每个节点根据数据包的FCAL地址来判断是不是给自己的，是就收下，不是就继续往外扔，直到某个节点认领。

然而，如果盘数一增多，那么“手拉手”接力传数据的方式效率显然是很低的。而且FCAL环有个毛病就是必须按照一个方向传递，同时它还是个同步环，也就是环上同一时刻只有两个节点之间在互传数据，其他节点只起到接力的作用。这显然效率也很低，理论上完全可以做到环内任意两个点之间可以同时并行传输数据。但是FC协议刚出现的时候，那时候瓶颈其实还不在FC传递上，而在于FC网络节点自身性能。比如机械硬盘平均处理每个I/O耗费10ms，而FCAL环路就算绕一大圈也不过几百微秒的时延，相比机械硬盘的慢速响应而言微不足道。但是随着FCAL环接入硬盘数量的不断增加，系统需要同时将指令发送给多个硬盘并行处理，并发请求数量上来之后，FCAL的同步特性就严重制约了并发度。

于是人们就在想能否让数据一条直达。当FC协议在传统存储系统中得到大量普及之后，业界做FC成环器的厂商比如当时的PMC-Sierra公司，就发明了一种直接交换而不用“手拉手”接力传递的成环芯片，其内部其实是个Crossbar交换电路了，只不过依然需要遵循FCAL的协议，也就是先仲裁，后传数据。如下图所示。

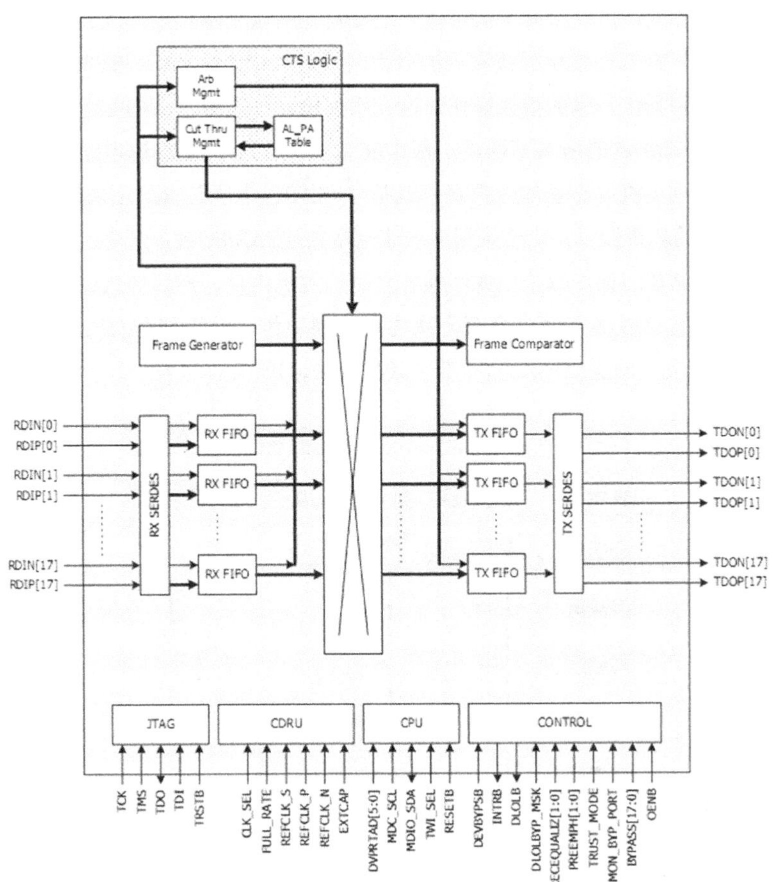

其内部的固件负责接收仲裁广播，并直接独立裁决，也就是不将这笔广播发送到FC环路上真的参与仲裁，因为这样会非常慢。裁决模块会均衡得让所有人都有机会获得仲裁胜利。仲裁模块会直接将仲裁成功结果返回给发起端，降低了时延，于是发起端直接开始传送数据，发起端节点并不知道该数据是怎么传递到目的的，它认为底层还是大家帮忙接力传过去的。而实际上，是由成环芯片通过Crossbar电路直接交换到对端的。利用这种方式，既能保持对上层协议的不修改、对节点固件的不修改，还能提升性能。

4.8 为什么说SAS、FC对CPU耗费比TCPIP+以太网低

如果按照OSI模型来划分的话，FC/SAS协议都运行在下四层，而以太网运行在下两层，TCP/IP运行在传输层和网络层。那么很自然地，TCP/IP+以太网就可以完成FC、SAS的功能。但是，TCP/IP协议栈是运行在主机端内核中的，需要耗费主机CPU

来运算。具体体现在，以太网卡会将每一个接收到的以太网帧都传送到主机TCP/IP协议栈，在这里，TCP/IP模块对接收到的以太网帧进行IP地址分析、TCP层的数据段定界、校验、检测重传、包的拼接操作，这一系列操作都需要主机CPU运行TCP/IP的代码来执行。而FC/SAS的所有下四层，都在FC/SAS控制器的硬加速电路和固件中就完成了，其传送到主机内存里的数据直接就是FC/SAS包中所包含的上层Payload，所以其对主机CPU的耗费较小，由于采用应加速电路处理SAS/FC帧，产生的时延也较低，因为如果是TCP/IP的话，每个以太网帧被复制到主机内存，然后经过CPU处理，这整个流程的时延将会较高，其中会有多次内存复制动作。对于那些对时延有要求的应用，比如OLTP类、同步I/O类，基于TCP/IP协议的I/O就会有劣势。如下图所示。

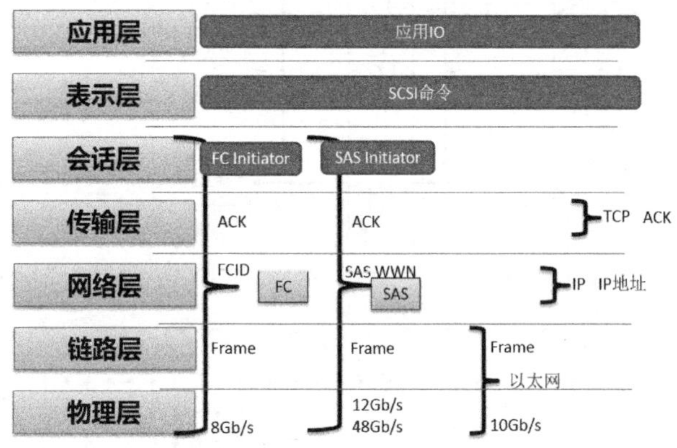

4.9 双控存储之间的心跳线都跑了哪些流量

我们都知道传统存储系统拥有至少两个控制器互为冗余。我们还知道传统存储双控之间有两种协作关系：SLUA、ALUA，后者使用得更多。后者按照Lun为粒度进行分工，平时双控各自处理各自Lun的IO请求。前者如果按照任意IO Size为双活粒度，开发量比较大，因为需要实现细粒度同步、锁、时序等处理。但是细粒度双活可以更加均匀地将负载分担到双控。为了避免细粒度锁同步带来的开发量，又可以实现细粒度负载均衡，于是有人想出了一个办法，将一个Lun切分为多个更小的块，每个块都有一个Owner控制器，这样可以避免锁同步，又可以实现块粒度而不是Lun粒度的负载均衡。当针对某个块的IO请求到达非Owner控制器，则非Owner控制器要通过心跳线转发该请求给Owner控制器处理，后者返回处理状态给非Owner控制器，再返回给主机。

所以，如果系统运行在SLUA模式下，那么双控之间的心跳线起码要跑下面几种流量：心跳、配置同步、写缓存镜像、同步加锁解锁。如果系统运行ALUA模式下，那么起码要跑：心跳、配置同步、写缓存镜像、IO转发。

第五章 集群和多控制器

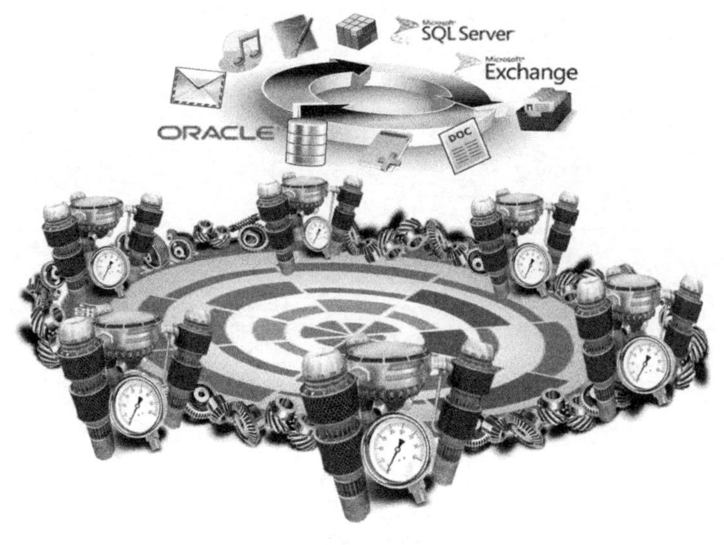

5.1 浅谈双活和多路径

5.1.1 说说双控

搞传统存储系统的人都知道传统存储起码是双控冗余的，两台服务器（高雅点称“控制器”）通过后端SAS控制器连接到JBOD上，JBOD上通过两片SAS Expander分别连到两台服务器的后端SAS控制器，同样，每块磁盘用两条路径上连到每片Expander（SAS接口有两套数据金手指）。双控冗余有三种方式：HA、互备（非对称双活）、双活（全对称双活）。HA模式是指平时只有一个控制器处理I/O，另一个控制器完全不工作，开着机在那待着，专等干活的控制器出现故障时，它接管过来，传统存储产品中目前没有人使用HA方式，因为不划算。目前多数产品为互备模式，或者称非对称双活，是指每个Lun都有自己的Owner控制器，比如A控处理Lun1的I/O，B控处理Lun2的I/O，如果A控收到发向Lun2的I/O，则通过控制器间交换网络转发给B控处理，而不能自己私自处理，双控各干各的，互不干扰，不会产生冲突，“非对称”意思就是“各干各的”，你坏了我接管，我坏了你接管，但是两个控制器都在干活，所以称“双活”。而全对称双活，则是指两个控制器角色完全对等，不再分Lun的Ownership，任何控制器都可以处理任何Lun的I/O，这给系统设计带来了复杂性，首先要求双控要配合起来，针对已经应答的目标地址有重叠地写I/O，要保证时序的一致性，双控必须做好沟通，保证后应答的I/O后写入；另外，同时还要解决数据防撕裂问题，有时候阵列内部会自行读或者写某些目标地址数据块，此时双控要用锁来保证每次读写的防撕裂，对某个块的操作可能会被分为多次子I/O，这些子I/O是一个一致性组或者说组成一次原子操作，中途不能被交织入其他I/O，否则就会撕裂，导致不一致。正因如此，对称式双活开发难度较大。但是对称式双活能够以I/O粒度来平衡系统的负载，不会出现Lun1太忙而Lun2很闲导致的A控负载远高于B控而又无计可施的尴尬。

5.1.2 多路径如何管理发向双控的I/O

存储系统提供了双控冗余，主机端如何利用双控，要依靠多路径软件。通常主机会与A控和B控至少各保持一条连接，分别从两个控制器上发现同一个物理Lun的两份副本，系统中会生成两个盘符，而多路径软件的功能则是负责链路故障后的路径切换、链路正常时的I/O负载均衡以及冗余盘符的消除。针对非对称双活，因为有Lun的Ownership存在，发向对应Lun的I/O要确保走最优路径，也就是不要发送给该Lun的非属主控制器，否则将引发内部转发，增加时延，除非在链路带宽达到瓶颈而控制器处理能力未达到瓶颈的时候可以利用这条非最优路径。探测某个Lun的最优路径以及其他一些阵列端的运行信息，需要多路径软件与阵列之间做一些信息交互，这些信息可以走带外通道，比如以太网，也可以走带内通道即数据链路，比如FC/SAS/iSCSI，通常使用后者，而SCSI指令体系内没有针对多路径软件与阵列之间的交互协议做什么规定，所以各个厂商都有自己不同的实现模式，比如通过一些特殊指令序列，或者封装到某些特殊指令内部。正是由于各厂家的交互协议不统一，所以SCSI体系最新的规范里定义了ALUA协议，期望各厂商按照ALUA协议规范来实现多路径软件和阵列之间的交互。而对称式多活由于没有Lun属主的概念，多路径软件无须与阵列交互复杂的控制数据，最多是控制阵列控制器的切换，所以这块SCSI没有定义规范，但是人们俗称对称式多活为“SLUA”，以与ALUA区分，S表示Symmetric。

5.1.3 OS在多路径处理上是怎么演化的?

各种OS早期是不提供多路径管理的，后来陆续都被加入了原生的多路径软件，比如Linux下的MPIO，AIX下的MPIO，Windows下的MPIO等等，这些OS自带的多路径软件只提供简单的功能，比如盘符消除，通过识别磁盘的WWN来发现哪些盘符指向的是同一个物理Lun，从而消掉一个盘符。但是无法提供与阵列相关的个性化功能，阵列厂商如果需要满足这些高级功能的话就必须提供自己的多路径软件，将其作为一个插件的形式挂接到MPIO框架之下，从而实现高级功能。有些多路径软件会保留原生的盘符，而创建一个新盘符，比如将/dev/hdisk1和/dev/hdisk2这两个冗余盘符生成一个/dev/vpath1盘符，系统中会同时存在这3个盘符，针对/dev/vpath1的访问会享受到多路径软件带来的路径自动切换、I/O负载均衡等功能，而直接访问/dev/hdisk1或者/dev/hdisk2也是可以的，但无法享受多路径带来的利益了，一旦/dev/hdisk1这条路

径宕掉，这个盘符便会消失，应用会停掉。有些多路径软件运行在更底层，会直接生成一个/dev/hdisk1盘符，而这个盘符底层已经对应了多条路径，这样可以避免盘符层次过多引起的管理混乱。

多控存储系统一般指分布式多控，也就是多控之间并不是共享访问所有后端JBOD的，日系F厂的高端存储除外，其后端采用SAS Expander将所有HDD呈现在一个大的SAS域中，日系F厂是真多控对称式多活。多数实现都是双控，共享一堆JBOD，然后多组双控再结合成分布式存储，也就是所谓的"Server SAN"，某厂商最近发布的系统其实是4控共享访问后端JBOD，当然，JBOD里只有两片Expander，接不了4控，所以4控和JBOD之间还需要增加两片SAS Expander作为路径扩充使用。由于不是共享式集群，而是分布式集群，所以其原本就是非对称式多活了，各个节点或者节点组各管各的磁盘，但是每个控制器节点都可以接收I/O，只不过遇到不是给自己磁盘管辖范围的I/O则需要转发处理。有些厂商为了维持自己传统高端的共享内存架构的形象，在分布式集群内实现了全局共享缓存，当然这个共享缓存并非传统高端那种真内存地址空间共享了。而有些则是赤裸裸的分布式架构，格调直逼ServerSAN。

5.2 "浅"谈容灾和双活数据中心（上）

冬瓜哥骨子里其实是个人民教师，人民教师的天职就是传道授业，只不过现有体制容不下瓜哥这种存在。

下面梳理一下容灾知识的整个体系，共分为四部分，为了避免过长，先发出前两部分。下周再发送后两部分。

5.2.1 复制链路

1. 链路类型

链路，用根线连接起来，不就可以了吗？没问题，裸光纤连起来，这就是链路，如果是在一座楼内，甚至一个园区内，对于管井可以随便用，铺设一根光缆，没多少钱。问题是本地和远端相隔太远，出了园区，你就不能随便在两个楼之间铺一根线了，必须租用电信部门提供的各种线路了，当然，点对点无线传输也是个可以考虑的路子，如果两楼之间相隔不太远且视觉直达，可以考虑这种方式。电信部门有各种专用链路或者共享链路供出租，最原始的一种就是裸光纤，两地之间直接通过电信部门部署好的光缆，其中分出两根纤芯给你，当然，电信部门会有中继站，负责对光信号的路径交叉及信号增强中继。因为不可能任意两点间都恰好有光纤直连，必须通过中继和交叉。有了裸光纤，你两端跑什么信号什么协议什么速率就随你了，只要光模块的波长功率合适，两端就可以连通。裸光纤不能走太远距离，一是价格太贵，二是电信部门也不可能租给你用，因为距离太远时，光缆资源越来越稀缺，不可能让你独占一根，要知道，电信部门使用DWDM设备目前是可以在一路光纤上复用高达80路光波的。实际上在近距离传输中也很少有人用裸光纤了，尤其是大城市，因为资源太稀缺，除非互联网这种体量的用户，其他基本都是租用与别人贡献的某种虚拟链路。比如使用ADSL、EPON/GPON、E1等最后一公里接入方式，上到电信部门的IP网，或者直接上到SDH同步环网，不同的方式和速率，价格也不同。

存储设备一般都支持iSCSI协议复制，那么此时可以接入以以太网作为最终连接方式的，比如ADSL、GPON等，如果仅支持FC协议复制，要么增加一个FC转IP路由器再接入IP网，要么使用局端提供的专用FC协议转换设备直接上SDH同步网。

2. 长肥管道效应

链路的时延除了与距离有关之外，还与链路上的各个局端中继和转换设备数量有关。光在光纤中传播靠的是全反射，等效速度为每秒20万千米，而更多时延则是由信号转换和中继设备引入的，电信运营商的网络可分为接入网和骨干网，本地的信号比如以太网或者FC，先被封装成接入设备所允许的信号，比如GPON等，再视专线类型，上传到以太网交换机、路由器或者直接到局端骨干网入口设备比如OTN。在这种高时延链路之下，每发送一个数据包，要等待较长时间才能得到ACK，此时如果源端使用同步复制，性能将非常差，链路带宽根本无法利用起来，太高时延的链路必须使用异步复制。应用端同步I/O模式+同步复制，这种场景是吞吐量最差的场景，异步I/O+同步复制，效果其实尚可，最好的还是异步复制（不管同步还是异步I/O）。

不管是异步复制还是同步复制，如果使用了FCP或者TCP这种有滑动窗口的传输协议，难免会遇到传输卡壳，TCP有个最大可容忍未ACK的Buffer量，传输的数据达到这个Buffer，就必须停止发送，必须等待ACK返回，只要一卡壳，链路上这段时间内就不会有数据传送，严重降低了传输带宽。这相当于同步I/O场景，而同步I/O场景最怕的就是时延高。为此，专业一点的存储设备都要支持多链接复制，向对端发起多个TCP链接，在一条链接卡壳的时候，另一条正在传输数据，这个与数字通信领域常用的多VC/队列/缓冲道理是一样的，一个VC由于某种策略导致卡壳的时候，其他VC流量一样会利用底层链路的带宽。

5.2.2　双活数据中心

1. 双活并发访问的底层机制

从存储系统的视角来看双活数据中心，是什么运行机理？应用首先得双活，应

用不双活，就无所谓双活数据中心。也就是多个实例可以共同处理同一份数据，而不是各处理各的（互备，或者说非对称双活），哪个坏了，则对方接管，支持多活的应用典型，比如Oracle RAC、各类集群文件系统等，这些应用的每个实例之间是可以相互沟通的，相互传递各种锁信息及元数据信息，从而实现多活。一般来讲，这类多活应用，其多个实例一定要看到同一份数据，如果这同一份数据有多个副本，那么一定要保证多个副本之间是时刻一样的（有些互联网应用除外，不要求实时一致性），这与多核心、多路CPU的Cache Coherency思想是一样的，所以，要么让这多个应用实例所在的主机通过网络的方式共享访问同一个数据卷，比如使用SAN（多活数据库比如Oracle RAC，或共享式集群文件系统，这两类多活应用需要访问块设备）或者NAS（有些非线编集群应用可以使用NAS目录），用这种方式，数据卷或者目录只有唯一的一份而且天生支持多主机同时访问。在这个基础上，如果将这份数据卷镜像放到远端数据中心的话，而且保持源卷和镜像卷时刻完全一致（同步复制），那么多活应用就可以跨数据中心部署了，多活应用看到的还是同一份数据，只不过本地实例看到本地的数据卷，远端实例看到远端的数据卷，数据卷在底层用同步复制实现完全一致，这与在本地多个应用实例看到唯一一份数据卷副本的效果是一模一样的，这也就做到了多活，能够在整个数据中心全部当掉时，短时间内几乎无缝业务接管。

但是，实现这种双活，也就是让存储系统在底层实现“源卷和镜像卷时刻一致”，并不是那么简单的事。首先，传统容灾数据复制技术里，业务是冷启动（灾备端应用主机不开机）或者暖启动（灾备端应用主机开机但是应用实例不启动，比如Windows下对应的服务设置为“手动”启动），这个极大节省了开发难度，灾备端存储系统所掌管的镜像卷，不需要挂起给上层应用提供数据I/O，而只需要接收源卷复制过来的数据即可。而多活场景下，应用实例在灾备端也是启动而且有业务I/O的，那就意味着，源卷和镜像卷都要支持同时被写入，而且每一笔写入都要同步到对端之后才能ACK，这种方式称为“双写”，以及“双向同步”，只有这样，才能做到两边的实例看到的底层数据卷是一模一样的，而不是其中某个实例看到的是历史状态，而其他实例看到了最新状态，后者是绝对不能发生的，否则应用轻则数据不一致，重则直接崩溃。这种双写双向同步，看似简单，同步不就行了吗？其实，不了解底层的人可能也就到这一步了，殊不知，很多坑你都没有填。

存储端实现双写双向同步的第一个难点在于如何保障数据的时序一致性。与单副本本地多活应用系统相比，双副本多活，也就是双活数据中心，两边的应用实例各自往各自的副本写入数据，如果A实例向A卷某目标地址写入了数据，那么当这份更新数据还没来得及同步到B卷之前，B实例如果发起针对同一个目标地址的读操作，B卷不能响应该I/O，因为B卷该目标地址的数据是旧数据。B卷如何知道A实例已经在A卷写入了数据呢？这就需要复杂的加锁机制来解决，A端的存储系统收到A实例写入A卷的I/O之后，不能够ACK给A卷，它需要先向B端的存储系统发起一个针对该目标地址的Exclusive lock（排他锁），让B端存储系统知道有人要在A端写数据了，然后才能向A卷中写入数据，如果B端的B卷针对此目标地址正在执行写入操作（由B实例发起，但是通常不会出现这种情况，应用实例之间不会出现两个以上实例同时写入某目标地址的操作，因为多活应用实例之间自身也会相互加锁，但是存储系统依然要考虑这种情况的发生），则此次加锁不成功，A端存储系统会挂住A实例的写操作，直到能够加锁成功为止，这里可以定期探寻也可以Spin lock（自旋锁），不过在这么远距离上去Spin lock恐怕性能会很差，所以不会使用Spin lock的模式。加锁之后，B端如果收到B实例针对该目标地址的读或者写I/O，都不能够响应，而是要挂住，此时B端存储系统要等待A端存储系统将刚才那笔针对A卷的写I/O发送过来之后，才能够返回给B实例，这样，存储系统任何时刻都能保证对A实例和B实例展现同样的数据副本。同理，B卷被B实例写入时，也需要执行相同的过程，对A存储的A卷对应地址加锁，然后后台异步地将数据同步到A端。

第二个难点，就是如何克服高时延链路导致的I/O性能降低。通过上面的描述，大家可以看到上文中有个坑没填，也就是A存储在何时给A实例发送写成功ACK？是在向B端加锁成功后，还是在A实例写入的数据被完全同步到B端之后？如果是后者，那就是传统的同步复制技术了，把这块数据同步到B端是需要一定时间的，如果使用的是TCP/IP方式传输，根据上文中的分析，还会出现卡壳，等待传输层ACK等，时延大增，性能当然差。但是如果A端在向B端加锁成功后立即给A发送写ACK，那么时延就可以降低，此时虽然数据还没有同步到B，但是B端已经获知A端有了最新数据这件事，如果B实例要访问B端的这份数据，B存储会挂住这个I/O，一直等到A端将数据复制过来之后才会返回给B实例，所以不会导致数据一致性问题。也就是说，这种方式，拥有异步I/O的性能效果，以及同步I/O的数据一致性效果，二者兼得。而代价则是丢失数据的风险，数据还没有同步到B端之前，一旦链路或整个A端故障，那么B端的数据就是不完整且不一致的，要性能的话就注定要牺牲一致性和RPO。

第三个难点：解决死锁问题。如果某个应用不按照规律来，该应用的两个实例在两边分别同时发出针对同一个目标地址的写I/O操作给两边的存储控制器，两边会同时向对方发起加锁请求，这个过程中由于链路时延总是存在的，锁ACK总会延时收到，导致两边同时对该地址加了锁，结果谁都无法写入，这便是死锁。要解决这个问题就得找一个单一集中地点来管理锁请求，也就是让其中一个存储控制器来管理全部锁请求，那么无疑该存储控制器一定会比对端更快地抢到锁，不过这也不是什么大问题，本地访问永远先于对端访问，这无可厚非。

综上所述，双活或者多活数据中心方案里，存储系统的实现难点在于锁机制。与多CPU体系（也是一种多活体系结构）相比，多CPU在针对某个进程写入数据到Cache时，是不向其他节点加锁的，而只是广播，如果多个进程在同一时刻并发写入同一个目标地址，那么就发送多个广播，后到的覆盖先到的，此时CPU不保证数据一致性，数据或被撕裂或被循环覆盖，这个场景需要程序遵守规则，写前必须抢到锁，而这个锁就是放在某个目标地址的一个集中式的锁，程序写操作之前使用Spin lock来不断测试这把锁是否有人抢到，没抢到就写个1到这个地址，而Spin lock本身也必须是原子操作，Spin lock对应的底层机器码中其实包含一条lock指令，也就是让CPU会在内部的Ring以及QPI总线上广播一个锁信号，锁住所有针对这个地址的访问，以协助该进程抢到锁，保证抢锁期间不会有其他访问乱入。存储系统其实也可以不加锁，如果上层应用两边并发访问同一个地址，证明这个应用实现得有问题，但是存储系统为了保证数据的一致性，不得不底层加锁，因为谁知道哪个应用靠不靠谱，多线程应用很多，程序员们已经驾轻就熟，但是多实例应用非常少，出问题的几率也是存在的。

可以肯定的是，日系H厂的双活是确保将数据完全同步到对端之后（同时向对端加锁），才返回本端应用写ACK信号；而E厂 VPLEX所谓的“基于目录的缓存一致性”，则是使用了加锁完便ACK方式，这也就是其号称“5ms时延做双活”的底层机制。至于其他家的双活，逃不出这两种模式，不过，“基于目录的缓存一致性”其实是出自CPU体系结构里的学术名词，E厂很善于包装各种市场和技术概念，连学术名词都不放过。不过，双活的这种一致性机制，与多核或者多CPU实现机制的确是同样的思想，在MESI协议中，某个节点更新了数据，会转为M（Modify）态，并向其他所有节点发起Probe操作，作废掉其他节点中对应的Cache Line，这一点和上述思想是一致的，只不过M态的数据一般不用写回到主存，而是待在原地，其他节点如有访问，则M态Cache的wner节点返回最新数据，而不是将数据同步到所有其他节点上（早期某些基于共享总线的CPU体系结构的确是这样做的）。

2. 双活与Server SAN

Server SAN本身也是多活的，其实现机制类似于传统存储系统的双活方案，只不过其有分布式的成分夹杂在里面。目前主流Server SAN实现方式是将一个块设备切片切成几个MB大小的块，然后用Hash算法来均衡放置到所有节点中，每个切片在其他节点保存一到两份镜像，主副本和镜像副本保持完全同步，不复制完不发送ACK。由于时刻同步，所以Server SAN可以承载多活应用，每个节点上都可以跑一个应用实例，所有实例看到时刻相同的存储空间，可以并发写入多个镜像副本，为了防止某些应用不守规矩，多节点间要实现分布式锁，并要解决死锁，所以一般使用集中式锁管理，比如Zoo Keeper之类。如果把Server SAN多个节点拆开放到多个数据中心，这就是多活数据中心了。所以你能看到，Server SAN本身与双活数据中心都是同样的思想。

5.3 “浅”谈容灾和双活数据中心（下）

5.3.1 双活，看上去很美

1. 卖弄是要付出代价的

在传统灾备模式下，一主一备，灾备端冷启动或者暖启动，这种方式虽然有资源浪费和RTO较大等缺点，但是其最大一个优点就是保险。那么就是说双活不保险了？冬瓜哥认为是的。双活的不保险，体现在灾备端对生产端是有严重影响的，或者说双活场景下，已经没有主和备的角色区别了，是对称式的，也就是两边会相互影响。这种影响，很有可能导致两边一损俱损，多活应用的多个实例之间耦合较紧，诸如“单节点无法启动”“无法加入新节点”等类似的耦合性问题，时有发生，带来了很大的运维复杂度，尤其是在异地多实例的场景下，出现问题，怎么办？登录到远端机器调试，甚至需要重装、重启，有时候还不得不在异地配合你，俩人水平不一样，沟通或许也有问题，你就得亲自来回跑，这些想想都头疼。这就好像很多单一应用主机做了HA双机热备一样，结果发现本来运行良好的单机环境，自从部署了HA之后，反而出现很多问题。

双活也一样，只会增加运维难度，而不会降低。双活就得预防“脑裂”，而预防“脑裂”本身就可能会出现各种问题，徒增成本不说，远距离链路上会发生什么谁也无法预知，一旦软件做得有问题不够健壮，反而会导致更大问题甚至“脑裂”，也就是根本没能防止“脑裂”而增加“脑裂”概率了。还有就是一旦两边仲裁，都失去联系，那么系统只能停机，而这种情况在传统灾备架构里是不会发生的，从这一点上说，双活的可用性概率反而是下降的，因为链路闪断、故障的几率比整个数据中心大灾难的几率高多了。

传统双活，一主一备，或者至少是互备，容灾端是不会影响源端的。而对于双活，“备份”的意思更少了一些，这与传统的观念就背离得越来越远了。双活两边各自影响，搞不好，一端出问题，另一端跟着遭殃，甚至两边直接全挂掉，比如一旦某个地方不一致，或者经过链路闪断之后出现了状态机混乱、全崩。其实这个已经是有前车之鉴的了。据说某用户使用了某品牌的双活之后，出现脑裂问题，导致停机数小时，高层直接被下课。从这一点上来讲，双活既可以是个略显格调的装备，但也有可能成为一个定时炸弹。再举一个例子，支付宝光纤被挖断，导致暂停业务两小时，至于其到底是否部署了双活甚至多活，谁也不知道，但是至少说明一点，所谓双活，可

能并没有你想象中的那么健壮，虽然它看上去很美。

2. 另一种双活，不中看但或许很适合你

业界有几个厂商也宣称自己支持双活，但机制并不是上述那样。同样，A和B两个站点，A实例访问本地数据副本，B实例也访问A站点的数据副本，而A存储与B存储之间保持复制关系，在B站点维护一份镜像副本，镜像副本平时不能挂起给业务主机，仅当出了问题之后，比如A存储宕机，镜像副本才可以挂起给业务。这些厂商的这种双活方案，各自也都包装了一套名词出来，比如“Stretched Cluster”，意即将本来耦合在本地的主备容灾系统拓展到异地，平时备份端的主机也可以访问源端的数据，只不过要跨广域网，数据是集中访问源端副本，不需要考虑一致性问题。出现问题需要切换时，靠主机上的多路径软件将路径切换到备份端，继续业务。

如下图所示的拓扑是利用虚拟化网关组成的Stretched Cluster结构，两台主机运行双活应用，当A主机宕掉之后，B主机可以继续访问A站点的A存储，路径不变化。该厂商针对这个场景做了一些优化措施：由于B主机访问A存储是跨广域网访问，时延大，此时完全可以切换到B站点B存储访问，因为A存储上对应的卷当前只有B主机一人在访问了，不会发生不一致的问题，所以B主机上所配备的该厂商的多路径软件此时会检查A存储和B存储的镜像状态，当发现为完全同步态之后，会将B的访问路径切换到B存储，这个切换速度较快，对I/O影响很小，切换之后B对A反向同步。

可以看到，这种双活体系，其效果接近于对称式双活，远端节点的读I/O不能在本地完成，这一点赶不上对称式双活（当读I/O目标地址没有被锁定时可以终结在本地），对于写I/O，对称式双活也需要写到对端去，两者相差不太大，但是Stretch Cluster能避免仲裁/脑裂方面的风险。运维难度大大降低。

综上所述，双活与灾备的目标其实是有所背离的，他将“备份”这个最后保障的保险系数拉低了。从业务角度来看，传统企业的业务系统多数是由人+机器组成的，传统业务离不开人的接入，没有人，仅有机器，业务也跑步起来。而新兴业务尤其是互联网类业务，或者无人值守业务，人为因素介入较少，都是机器全自动化操作，只要机器活着，业务就活着。对于传统业务，一旦灾难发生，就算双活系统在对端立即处于可用状态，那么最终的操作者要切到访问对端，还得经过全面的训练演练，以及网络路径的切换，最终才能访问对端数据中心，如果是大型灾难，传统企业一般是人+机器处在同一位置，此时人和机器都被“灾

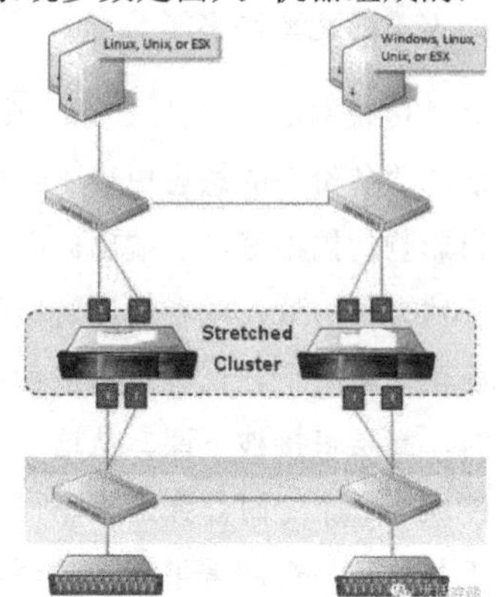

难”了，对端的业务即使立即可用，也毫无意义，从这一点上来看，传统业务是否真的迫不及待需要双活，还得根据场景来考量。而对于机器自动化处理的业务系统，双活是有一定意义的。

所以，部署双活，一定要考虑清楚其到底是不是自己真正想要的东西，没那个金钢钻，最好别揽瓷器活，缺乏驾驭双活的本领，就得随时承担被下课的风险，绝不能为了没思考清楚的一时的风光，埋下个大坑。厂商们的sales和售前，一般都是无底线的。

5.3.2 数据复制及一致性

1. 存储端同步复制一定RPO＝0?

两个结果，业务起得来，RPO≈0，业务起不来，RPO＝RTO＝∞（无穷大），也就是再也别想起来了。为什么呢？难道连同步复制都丢数据？同步复制是可以不丢数据（其实同步复制不仅不丢数据，而且有几率可能会超前于本地站点，因为一般同步复制的实现都是先写远端，成功后再写本端，如果写完远端，远端ACK了，结果ACK没来得及传递到本端，链路或者本端宕了，那么远端的数据反而超前于本端），但是同步复制不保证数据的一致性。说到数据一致性，需要知道I/O路径上好几层的东西才能理解，首先应用层自己有Buffer空间，有些东西写到这里就返回了，其次OS内核的Page Cache，如果应用打开设备/符号/文件时候没有显式指明DirectI/O，默认也写到这里就返回了，再往下就是块层、设备驱动、Host驱动，但是这几层都是没有write back缓存的，问题不大。此时，数据并没有被刷到存储系统里，在Page Cache中留有脏数据，这些数据是没有复制到远端的，一旦系统掉电，重启就极有可能出现各种问题，比如LVM/ASM卷挂不起来，文件系统挂不起来或者FSCK。可以看到，存储层的同步复制仅仅解决的是底层存储层的时序一致性问题，它能保证凡是已经下刷到存储系统里的I/O，两边几乎是时刻一致的。但保证不了卷层、FS层以及应用层的一致性。

一旦卷挂不起来，或者应用起不来，很难恢复数据，这可不是数据恢复公司所能恢复的。所以，同步复制并不能保证RPO，需要在目标端对目标卷做多份快照，一旦发生灾难，首先尝试最新数据启动，起不来，回滚快照，再起不来，再回滚，如果都不行，那就说明系统有问题。同步复制保证两端数据几乎时刻相同，那也就意味着，灾难发生时，源端数据是什么状态，灾备端的数据也是什么状态，灾难发生时，源端数据就相当于“咔嚓”一下子停了电，而灾备端的数据也相当于“咔嚓”停了电。停电之后再启动，大家都清楚会发生什么，那就是一堆错误，甚者硬件都再也起不来了，重者卷挂不起来，提示错误，或者数据库起不来，提示数据不一致；而轻者FSCK丢数据，所以，同步复制+远端快照才能降低风险。

2. 存储端异步复制的时序一致性

再来看看异步复制如何保证数据一致性。异步复制分两种：一种是周期性异步复制；一种是连续异步复制。周期性异步复制是最常用也是最简单的一种方式，在初始化同步的基础上，源端做一份快照，一段时间之后，再做一份快照，通过比对两份快照之间的数据差异，将所有差异全部传送到远端，这次差异的数据，会被分为多份小I/O包发送到远端，只要有一份没有成功传送，那么远端就不会将这些数据真正落地到远端的卷，远端会回滚到上一个快照点，等待下次继续触发复制，这样可以保证数据的时序一致性。这样，一次差异复制的所有I/O数据形成了一个原子I/O组，有人又称之为“一致性组”。而连续异步复制是不断地向对端复制，而不是定期做快照，比对差异，然后批量复制。

连续异步复制又分为两种：一种是无序复制，实现起来最简单，直接在源端记录一个Bitmap，数据直接写入源卷的同时，将对应Bitmap中的bit置1，后台不断读取Bitmap中置1的块，读出来复制到远端，这种复制过程完全不顾I/O发生的时序，是没有时序一致性的，远端的数据几乎是不可用的，除了早期有些厂商使用这种方式之外，现在已经没人这么做了；另一种是基于日志的有序连续复制，就是在源端，更新I/O除了写入源卷之外，还会被复制一份写入到一个RAM里的Buffer区域或者磁盘上的日志空间，按照顺序把所有更新操作的I/O数据记录下来，形成一个FIFO日志链，然后不断地从队首提取出I/O复制到远端，当遇到链路阻塞或者闪断的时候，如果系统压力很大，则Buffer或者日志空间可能会被迅速充满，此时不得不借助Bitmap来缓解对空间的消耗，也就是转成第一种模式，当链路恢复时，远端和源端将打一个快照，然后确保要将所有未被复制过去的数据全部复制过去，才能达到同步状态，然后恢复第二种模式的连续赋值过程，因为Bitmap中是不记录I/O时序的。

3. 另一种概念的“一致性组”

源端的多个Lun之间可能是存在关联关系的，典型的比如数据库的online redo log卷和数据卷，这两个/组卷之间，就是有先后时序关联性的，数据库commit的时候，一定是先写入online日志，然后实体数据在后台异步地刷入到数据卷。对于异步复制来说，不但要保证单个卷写I/O的复制时序，还必须保证多个卷之间的时序不能错乱，比如基于快照的周期异步复制场景，存储系统必须保证这多个Lun在同一个时刻做快照，所有已经应答的写I/O都必须纳入这份快照中，将多个Lun一刀切平，同时每次触发复制，必须将这多个Lun的差异都复制过去，才可以保证多个Lun之间的时序一致性，出了一点差错，则远端这多个Lun统一回滚到上一个快照一致点。这多个Lun组成了一个“一致性组”，这是目前“一致性组”的通用理解。

4. 专业容灾厂商如何解决数据一致性问题

如上所说，在存储系统层进行复制，无法保证数据的应用层一致性，究其原因是系统I/O路径上的缓存未下刷导致。所以一些专业点的存储厂商就开发了应用Agent，装在应用主机上，在做快照之前，Agent会将应用置于特殊状态，然后通知阵列做快照，完成后再将应用置回正常状态，这样做出来的快照是一致的。举例来讲，数据库应用有一种特殊的运行状态叫“Backup Mode”，当要对数据库做备份的时候，要将对应的数据文件复制出来而且还不能影响在线业务，数据一边往数据文件中写入，一边还得复制出文件来，此时如果不加处理，复制出来的文件就是新旧数据交织在一起的一份不一致数据，而如果将数据置于“Backup Mode”时，数据库会在数据文件中将当前的SCN锁住不再更新，同时在redo日志中记录标记，后续的所有更新操作依然更新到数据文件中，但是同时会保留在redo日志中，数据Check Point SCN被锁住，但是Hot Backup SCN依然不断更新。此时，备份出来的文件自身虽然是不一致的，但是加上redo日志之后，这份数据就是可以恢复而且一致的，在恢复之后，数据库会将redo日志中从Hot Backup开始之后的所有更新重新redo到数据文件中并将Check Point SCN与Hot Backup SCN追到一致。

各种快照Agent for Oracle，就是利用了这个简单的原理，Alter Database Begin Backup，无非就是执行这样一条命令而已，这条命令除了会将数据库置于Backup Mode之外，还会主动发出一次CheckPoint，意味着其会调用sync接口将数据库应用层Buffer的内脏数据刷入底层存储，然后这条命令才会执行返回。Agent调用了这条命令返回之后，通知阵列对数据卷和日志卷同时做快照（基于一致性组保障），做出来的快照就可以保证一致性，所以，这种场景下，必须是数据+日志才能保证一致性，数据文件本身不具有一致性。对于基于快照差异复制的异步复制，也要使用这种方式来做快照。快照做完之后，Agent再解除数据库的Backup Mode，数据库便会自动重做redo日志来将数据文件追赶到最新状态。所以，快照代理并不是多数人认为的“hang住I/O”，hang不住的，不存在这种接口。

然而，看上去再保险的做法，有时候也不保险，多少数据库、文件系统号称保证一致性，掉电不fsck等等，现实中掉电崩溃的概率依然比较高，I/O路径上的所有模块必须都做到强一致性，包括实现端到端的DIF，才有可能真的实现绝对一致性，可惜目前这只是幻想。某个部件宣称自己能保证强一致性，事实却不是这样，最简单的例子，LVM在一致性方面就做得欠火候，不管Linux还是UNIX，突然拔电，LVM首先就有很大概率不一致，重则卷都识别不了，如果数据库部署在LVM卷之上，本身做得再可靠也没有用。怎么办呢？

有些看似简陋的方法却是很有效的方法。举个例子，如果系统可以在主机I/O压力为0或者非常低的时候来做快照，那么就会有更大几率来保证一致性，主机I/O压力为0，要么证明缓存里几乎没有脏数据，要么就是位于两次Check Point之间，此时做快照，一致性保障几率增高。下图是飞康CDP（连续数据保护）产品配置时的一幅图样，它是让用户在CDP录像日志中选择需要提取的历史时间点，如下图所示明确给出了每个历史时刻的I/O压力统计，以协助用户选择那些压力小的时间点用于回滚。

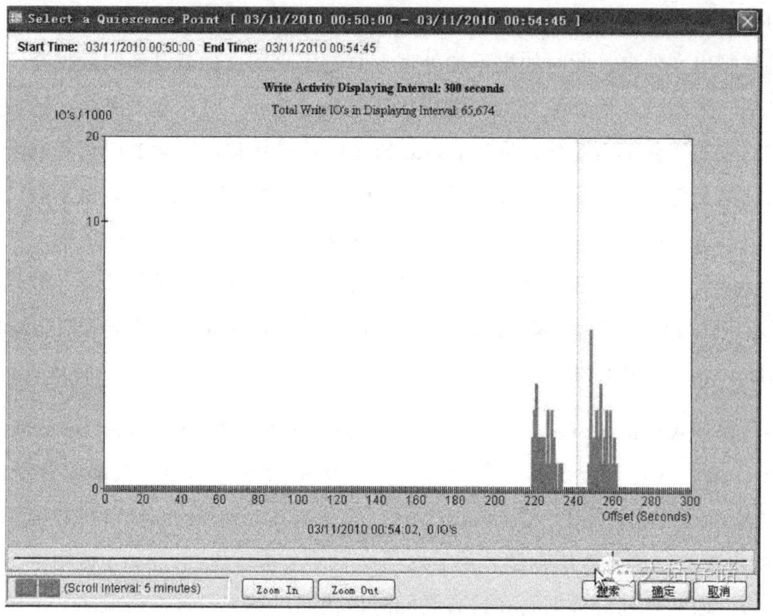

单击“Zoom In”按钮之后，可以放大到该时刻附近5min内的I/O压力窗口（还可以继续zoom in），在窗口中看到，这5min内系统发生了两波I/O压力，比如可能是分两次写入了两个大文件，选择I/O压力为0的时间点，单击“确定”按钮，系统便会生成一份该历史时刻的快照卷，可以挂起给主机用于数据恢复或者回滚。

可以在如下图所示上看到另外一个按钮叫“Select Tag”，这个也是为了增加数据一致性的几率而设置的，用户可以在任意时刻通知CDP系统在日志中生成一个标签，并为此标签任意取名，比如，某时刻用户做了一次手动sync（sync命令），或者手动触发一次Check Point，或者复制完某重要文件并sync，此时用户可以手动通知CDP系统“帮我记录一下这个时间点”，后续回滚的时候，在界面中单击“Select Tag”按钮，通过弹出的Tag列表便可以明确知道某历史时刻发生过什么事情，系统常要回滚到哪个时间点。飞康这个设计里除了使用传统快照Agent之外，还提供了系统I/O压力参考、用户手工标签参考这两种方式来在一定程度上提升数据一致性的概率。

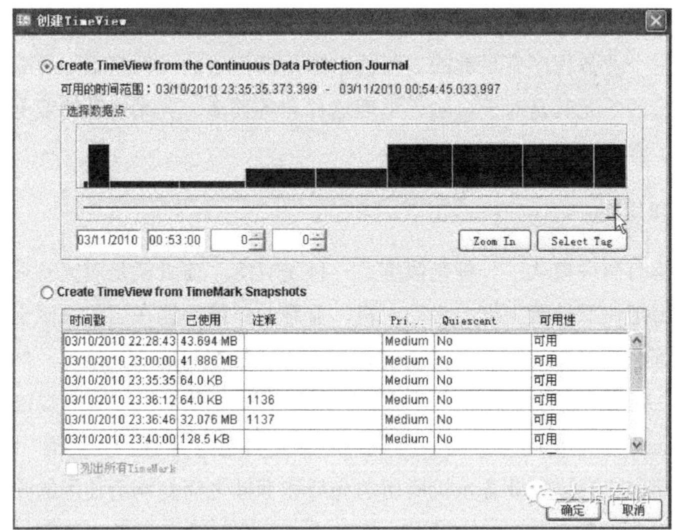

5. 应用层复制，强有力的一致性保障

数据库日志级的复制，可以从源头上保障数据的一致性。底层存储端实现复制，有它的通用性，但是数据不一致是个很大的问题。应用层直接发两份I/O或者事务给本地和远端，两边分别执行这次事务，产生的I/O从源头上自上而下执行，是不会有一致性问题的。比如Data Guard，Golden Gate等等。

双活状态下，一样要以保证数据一致性为前提，双活不意味着数据一致，所以，灾备端一样要保留好多份快照以备不时之需。

5.3.3　业务容灾

容灾最关键的一步，其实是如何将业务在灾备端启动起来并能提供服务。在数据一致性的前提下，业务容灾考虑的是如下几个方面。

1. 业务耦合关系的梳理

传统的HA双机暖切换，只是个别应用，没什么大问题。但是，如果整个数据中心里的所有业务都要切换到灾备中心，这就是个大问题了。难道不是直接在灾备中心接连打开所有应用服务器开关（其实现在都是远程开机了）就行了吗？不是。多个业务之间是有耦合关系的，很简单，和硬件一样，先启动网络也就是交换机，再启动存储系统，最后启动主机，为什么？因为先得把路铺好，然后把地基打好，最后楼房才能盖起来，如果主机先启动，结果找不到存储，就会出问题，主机和存储启动，网络不通，主机照样找不到存储。业务之间也是这种关系，中间件先启动，包括MQ之类，这是业务之间的通路，然后再按照依赖关系，被依赖的一定要先启动。如果依赖

别人的业务先启动，也不是不可以，比如，这个业务有可能会不断尝试连接被依赖的业务，如果这个业务程序有足够的健壮性，那是没问题的，但是谁知道哪个业务当初是外包给谁写的？尤其是对于金融、电商这种业务繁多、关系复杂的业务系统，梳理业务关系成了容灾规划中最重要的一环。

2. 演练和切换

容灾演练有两种模式：一种是假练；一种是真练。前者就是对灾备端镜像卷做一份快照，然后把快照挂给主机，启动主机，看看业务能不能在这份快照上能否启动，能启动，演练结束。真练也分多种，比如其中一种是把源端业务停掉，然后底层对应Lun的复制关系做计划性切换，然后从备份站点启动业务主机，客户端连接灾备站点的业务主机，业务跑得起来，则演练成功，这是完全计划性的；还有一种是真拔光纤，包括前端客户端连接业务主机所用的光纤和存储之间复制所使用的光纤，远端主动探测故障发生，然后将Lun复制关系分裂开，远端启动主机考察能否启动。一般人不敢实施真练，因为绝对会影响业务，在业务繁忙时期，真练是需要极大勇气的，须抱着必死的决心。因为当你决定切换复制关系之后，就已经没有退路了，这期间，一旦切换出现什么问题导致两端状态机错乱，或者在中间卡死，会进退两难。就算切过去，还有下一道考验，也就是启业务，就算业务启动起来了，还有下一道考验，客户端成功重定向到新的业务服务器地址，最终业务跑起来。还有，演练完了还得回切，又来一遍。这些动作，真不敢在业务忙的时候实行，要搞也是夜深人静，跑完批量清算之后。

正因如此，真的发生故障之后，很少有人会真的切到灾备中心去，都是尽力尝试把本地问题解决，重新在本地启动业务，即使拖半天或者一天。

3. 半自动化业务容灾辅助工具

容灾是个令人头疼的话题，灾难发生之后，流程最为重要，先干什么，后干什么，要将所有的东西串起来。当然，几乎所有案例都表明，灾难发生后，若能在本地把问题解决，都宁愿等待，但是如果真的是极大的灾难，不得不切换的时候，这时就真的靠平时演练时获取的经验了。一般来讲，容灾管理人员会制作一张详尽的流程图和表，来规范切换步骤。然而，对于一个拥有庞大业务数量和复杂业务关系的系统，在灾备端启动起来，挑战较大的就是必须得按照步骤来，靠人工极容易出错，尤其是在执行一些繁琐重复的步骤的时候，此时，如果能够有某种工具来辅助人们完成这个任务，就比较理想了。然而，在容灾体系里，机器只能起到辅助作用，如果让机器来实现全自动化容灾切换，这只能是个幻想，技术上可以做到，但是风险极大，除非你只有一个应用，做个双机HA，完全可以全自动化，但对于复杂的耦合业务，是不敢交给机器来做全自动切换的，因为一旦出现不可预知的问题，你连此时的状态卡在哪一步可能都不知道，就会处于进退两难的境地。

半自动化容灾辅助工具，其相当于先将底层一些太过烦琐的动作封装起来，比如“切换复制关系”，这个动作可能对应底层存储系统的多项检查和配置。这些过程完全可以靠机器来辅助实现，并且将封装之后的对象、流程展现在界面里，发生问题的时候，靠人工手动地从界面中来控制将哪些资源按照什么顺序切换到哪里去。一些大型金融、电力等企业的容灾管理工具都是定制的。而市面上也鲜有通用场景下的商用容灾管理工具，早期的一些双机HA管理工具也可以算是一种最原始的容灾工具，但其产品设计出发点仍然是少数主机少数应用的局部切换管理。目前管理范围较大的容灾管理工具的厂商比较少，因为这牵扯到太多因素。

H3C之前有个容灾管理的产品，但是却太过注重流程步骤本土化管理方面的辅助，而在技术上没有下什么功夫。飞康有个产品——RecoverTrac，其在技术上狠下了功夫，而在流程步骤的管控上则欠缺。RecoverTrac是个套件，其中包含不少组件，其支持V2P、P2V、V2V、P2P四种本地恢复方式，以及可以配合飞康自身的NSS/CDP产品实现异地容灾管理，并且支持VMware和Hyper-V虚拟化环境容灾和物理机容灾融合管理。RecoverTrac做容灾管理的主要思路就是先把所有的东西描述成对象，比如，所有参与容灾的物理机、虚拟机、存储系统、逻辑卷资源、虚拟机资源等，都统一在管理界面中被创建为对象，然后创建容灾任务，任务中会把对应的对象包含进来，用任务来管理在什么时间对什么对象做什么样的操作，比如，当发生对应灾难时，把哪个或者哪几个卷挂给哪个或者哪几个主机，然后在对端启动哪台或哪几台机器，按照什么顺序启动，启动物理机还是虚拟机，等等诸如此类的策略。RecoverTrac支持IPMI、HP的iLO等远程管理协议，可以直接无人值守启动物理机。如下图所示。

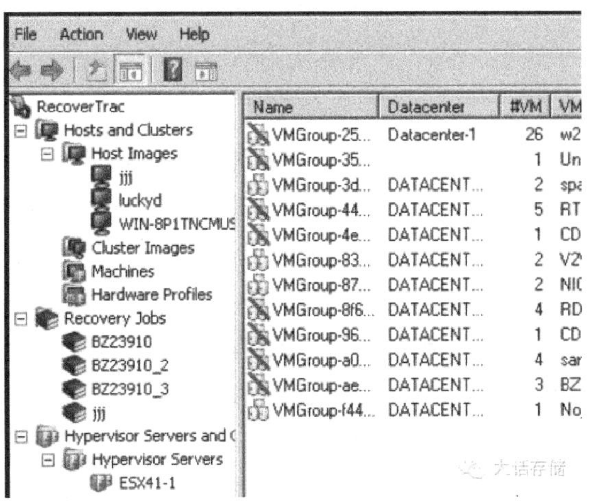

可以看到，在配置Failover机制的时候，可以设置该主机拖延多长时间启动，以应对对业务启动顺序有严格要求的场景。如下图所示。

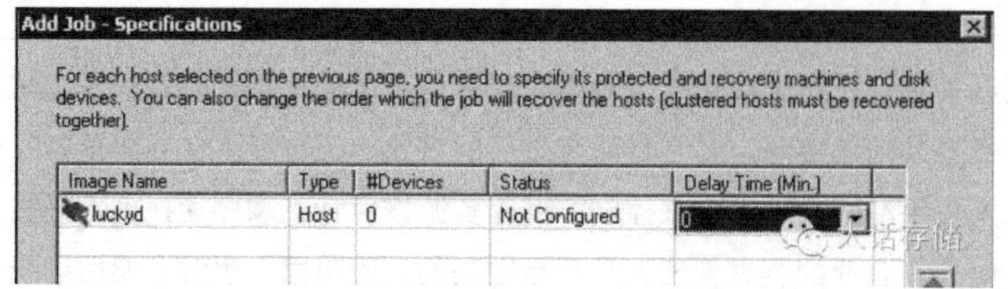

RecoverTrac在容灾的技术层面做得非常细致，其中很多更强大的功能。

5.4 集群文件系统架构演变深度梳理图解

你可能被“集群FS”“共享FS”“SANFS”“并行FS”“分布式FS”这些名词弄得头晕眼花，冬瓜哥一度也是，究其原因，是集群系统里有好几个逻辑层次，而每个层次又有不同的架构，组合起来之后，花样繁多，而又没有人愿意用比较精准的名字来描述某个集群系统，取而代之的是只用了能够表征其某个层次所使用的架构来表征整个系统，下面会对现存的集群文件系统框架进行一个清晰的梳理、划界。

5.4.1 【主线1】从双机共享访问一个卷说开去

把一个卷/Lun/LogicalDisk/Virtual Disk，同时映射给多台主机，不管采用什么协议（IP/FC/IB/SAS），这多台主机会不会同时认到这个卷？会。每台主机OS里的驱动触发libfc/libiscsi/libsas等库发出scsi report lun指令的时候，存储系统都会将这个卷的基本信息在SCSIResponse里反馈回去，包括设备类型、厂商、版本号等，主机再发送scsi inquery lun来探寻更具体的信息，比如是否支持缓存以及是否有电池保护等。接着主机发出scsi read capacity来获取这个卷的容量，最后主机OS会加载一个通用块设备驱动、注册盘符。

那么在主机1使用NTFS或者EXT等文件系统格式化这个卷，并写文件后，在其他主机上是否可以直接看到这个文件？实际上，其他主机有一定几率可以看到新写入的数据，但是大部分时间，其他主机或者看不到，或者错乱（磁盘状态出了问题比如未格式化等）。所以多主机默认可以共享卷，但是默认却共享不了卷中的文件。为什么？因为每台主机上的文件系统从来不会知道有人越过它从后门私自更改了磁盘上的数据，你写了东西我不知道，我还以为这块地方是未被占用的，我写了东西把你写的覆盖掉了，你也不知道，最后就错乱了，跑飞了。多主机共同处理同一个卷上的数据，看上去很不错，能够增加并发处理性能，前提是卷的I/O性能未达到瓶颈，所以这种场景并不只是思维实验，是切切实实的需求，比如传统企业业务里最典型的一个应用场景就是电视台非线编系统，要求多主机共享访问同一个卷、同一个文件，而且要求高吞吐量。但是，上述问题成为了绊脚石。

怎么解决？很显然有两个办法。

如下图下半部分所示，第一种办法，既然多个FS各干各的任务，又不沟通，那么干脆大伙谁都别管理文件了，找个集中的地方管理文件，想要读、写、创建、删除、截断、追加任何文件/目录，把指令发给某模块，让它执行，返回结果，这不就可以了吗？这就是所谓的NAS。主机端的文件系统是不是没了？非也。还在，只不过只负责访问本地非共享的文件数据，对于那些需要被/与其他主机共享的文件，放到另一个目录里，这个目录实体存在于NAS上，主机端采用NFS/CIFS客户端程序，将这个实体目录挂载到本地VFS某个路径下面，凡是访问这个路径的I/O请求都被VFS层重定向发送给NFS/CIFS客户端程序，代为封装为标准NFS/CIFS包发送给NAS处理。这样，就可以实现多主机同时访问同一份数据了。

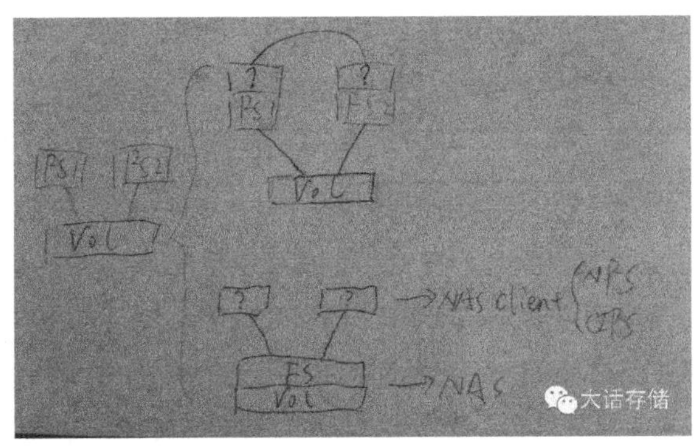

数据一致性问题的谬误如下。

这里给大家开一个支线任务。很多人有所迷惑，多个主机共享访问同一个文件，是否就能避免某员工写的数据不会覆盖其他员工写的？不能。既然不能，那上面岂不是白说了？如果不加任何处理，两个诸如记事本这样的程序打开同一个文件，同时编辑，最后的确是后保存的覆盖先保存的。但是此时的不一致，是应用层的不一致，并不是文件系统层的不一致，也就是说并不会因为主机A写入的数据覆盖了主机B写入的数据而导致NAS的文件系统不一致，从而导致FSCK或者磁盘格式未知等诡异错误。那么NAS就放任这种应用层的相互乱覆盖吗？是的，放任之。为何要放任？为何NAS不负责应用层数据一致？这里要问问你，NAS怎么能保证这一点？A写了个“123”进去，同时B写了个“456”进去，NAS最终把文件保存成123456呢，还是142536？亦或是145236？NAS如何能管得了这个？所以NAS根本就不管应用层的一

致。那怎么办？锁。应用打开某个文件的时候，先向NAS申请一个锁，比如要锁住整个文件或者某段字节，允许他人只读或不允许读、写，这些都可以申请。如果用MS Office程序比如Word打开某个NAS上的文件，另一台主机再打开一次，就会收到提示：只能打开只读副本，就是因为有其他主机对这个文件加了写锁。此时便可保证应用层一致了，而记事本这种程序是根本不加锁的，因为它就不是为了这种企业级协作而设计的，所以任何人都能打开和编辑。所以，应用层不一致与底层不一致根本就是两回事。

5.4.2 【主线2】标准店销模式和超市模式

NAS成功解决了多主机共享访问存储的问题，但是自身却带来了新问题，第一，走TCP/IP协议栈到以太网再到千兆万兆交换机，这条路的开销太大，每一个以太网帧都要经过主机CPU运行TCP/IP协议栈，进行错误检测、丢包重传等，这期间除了CPU要接受大量中断和计算处理之外，还需要多次内存复制，而普通Intel CPU平台下是不带DMA Engine的，只有Jasper Forest这种平台才会有，但是即便有，对于一些小碎包的内存复制，用DMA Engine也无法提升太多性能，主机CPU耗费巨大；第二，系统I/O路径较长，主机先要把I/O请求发给NAS，NAS翻译成块I/O，再发送给磁盘，I/O中间有转折，增加了时延；第三，NAS本身是个集中式的存储设备，如果NAS设备出现I/O或者CPU瓶颈，前端主机数量再多也没用。

这就是店销模式的尴尬之处。类似你想买什么东西，但不能碰，得让店员帮你拿，如果顾客多，店员数量有限，就只能排队，或者一帮顾客你一句我一句与店员交流，这显然出现了瓶颈。后来，对于规模大的店，改为了超市模式，顾客先看看货物的分布图，然后自己去对应货架拿货物结账，极大地提升了性能。存储也可以这样设计。

如下图所示，如果找一个独立的节点，专门来管理FS元数据，比如块映射信息、Bitmap、权限等等，而让原来的两个节点直接认到卷。不是说多个主机共用到同一个卷，数据会被损毁吗？它的前提是两主机上的FS各管各的。现在不让它各管各的，还是把FS拿出来，但是拿到旁边去，让原来的节点直接访问盘，但是节点访问盘之前，必须经过第3个节点也就是图中的FS节点的授权和同意，这样的话就不会不一致，而且还能获得更高的速度，因为此时可以使用比如FC/SAS/IB等对CPU耗费少（协议传输层直接在卡里硬件完成）的链路类型，另外I/O直接从节点下来到卷，不用转手。此时的I/O流程是：节点上使用一种特殊的客户端（并非传统NFS/CIFS客户端），任何对文件的操作都通过Eth交换机向FS节点查询，比如一开始的ls，后续的打开/读/写等，FS会将对应文件的信息（权限、属性、对应的卷块地址等）返回给节点，节点获取这些信息，便直接从卷上读写数据，所有的元数据请求包括锁等，全部经由Eth网与FS节点交互。这便是存储里的超市模式。

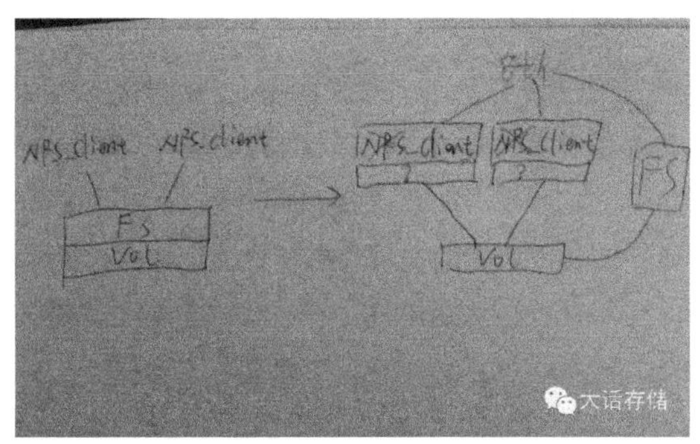

店销模式专业术语称为带内模式或者共路模式，超市模式则称为带外模式、旁路控制模式或随路模式。而图中所示的方式，就是所谓的带外NAS系统。或者有人称为“共享文件系统”/“共享式文件系统”，或者SanFS，也就是多主机通过SAN网络共享访问同一个卷，而又能保证文件底层数据的一致性。上述的这种共享文件系统无非包含两个安装组件，元数据节点安装Master管理软件包，I/O节点安装客户端软件包，经过一番设置，系统运行，所有I/O节点均看到同样的目录，目录里有同样的同一份数据，因为它们都是从元数据节点请求文件目录列表以及数据的，看到的当然是一样的了。如图所示，NFS/CIFS客户端是不支持这种方式的，需要开发新的客户端，这个客户端在与FS节点通信时依然可以使用类似NFS的协议，但是需要增加一部分NFS协议中未包含的内容，就是将文件对应的块信息也传递给客户端，需要做一下开发，其他的都可以沿用NFS协议，此外，这个特殊客户端在I/O路径后端还必须增加一个可直接调用块I/O接口的模块，NFS客户端是没有实现这个的。

5.4.3 【主线3】对称式协作与非对称式协作

咱们再说回来，除了使用带内NAS或者带外NAS方式之外，还有另一种办法解决多节点共享处理同一份数据，而且相比NAS显得更加高大上。如图5-6上半部分所示，既然各部分各管各的又不沟通，那让它们之间沟通一下不就可以一致了吗？没错，在各自的FS之上，架设一个模块，这个模块专门负责沟通，每个人做的改变，均同步推送给所有人，当然，要改变某个数据之前，必须先加锁，否则别人也有可能同时在试图改变这个数据。加锁的方式和模式有很多种，这个会在面讲到。早期，Windows平台有个名为SANergy的产品，其角色就是构架在NTFS之上的一个沟通同步、加锁、文件位置管理和映射模块，但是很难用，性能也很差，这个产品后来被IBM收购以后就没下文了，其原因是该产品与NTFS松耦合，对NTFS没有任何改动，只是在上面做了一些映射定向，开销非常大，是一个初期在广电领域非线编系统对于

多机共享卷的强烈需求下出现的产品。再比如IBRIX（HP x9000 NAS的底层支撑集群文件系统）则是架构在EXT3 FS之上的集群管理模块，其对EXT3文件系统也没有修改。

这种模式的集群文件系统称为“对称式集群文件系统”，意即集群内所有节点的角色都是均等对称的，对称式协作，大家共同维护同一份时刻一致的文件系统元数据，互锁频繁，通信量大，因为一个节点做了某种变更，一定要同时告诉集群内所有其他节点。相比之下，上文中所述的那种超市模式的带外NAS文件系统，则属于“非对称式集群文件系统”，有一个集中的独裁节点，非对称式协作，或者说没有“协作”了，只有“独裁”。

显而易见，对称式协作集群看上去好看，人们都喜欢对称，但有个天生的劣势就是用起来不那么舒坦，两个原因：第一个是其扩展性差，节点数量不能太多，否则通信量达到瓶颈，比如32个节点时，每个节点可能同时在与其他31个节点通信，此时系统连接总数近似为32×32，如果1000个节点，则连接总数为999×999，节点性能非常差。第二个是安全性方面，对称式协作，多个节点间耦合非常紧，一旦某个节点出现问题，比如卡壳，那么向其加锁就会迟迟得不到应答，影响整个集群的性能，再就是一旦某个节点把文件系统元数据破坏了，也一样是连累整个集群，轻则丢数据或不一致，重则整个系统宕机，FS再也挂不起来。所以，也只有少数几家技术功底深厚的追求完美的公司做出了类似产品，典型代表就是VERITAS的CFS，类似的产品还有IBRIX。还有一些对称式协作集群产品，其内部并非是纯粹的对称式协作，而是按照某种规则划分了细粒度的owner，比如目录A的owner是节点A，目录B的owner是节点B，所有的I/O均需要转发给owner然后由owner负责写盘，这样不需要加锁，降低通信量；或者将锁的管理分隔开，比如将目录A的锁管理节点的职责赋给节点A，这样大家访问目录A就都向A节点加锁，而不用所有人都发出锁请求，GPFS对称式协作FS就是这种做法。但是这些加了某种妥协的架构也就不那么纯粹了，但的确比较实际。这些不怎么纯粹的协作管理，可以被归为“Single Path Image”，也就是其协作方式是按照路径划分各个子管理节点的，甚至每个节点可能都掌管一个独立的文件系统，然后由协作层将其按照路径虚拟成一个总路径，Windows系统之前内置有个DFS，就是这么做的；而纯粹的对称协作，可以被归为“Single File System Image”，意即整个集群只有一个单一文件系统，所有人都可以管理任何元数据，完全纯对称。当然，SPI和SFI估计格调太高，可能不少人已经难以理解了。

即便如此，对称式协作集群的节点数量也不能增加到太多。而非对称式集群，由于耦合度很低，只是多对一耦合（每个I/O节点对元数据节点之间耦合），通信量大为降低，目前最大的非对称式协作集群FS可达单集群13k台，基于HDFS。

说到这里，冬瓜哥要做个总结了。

如下图所示，冬瓜哥把集群文件系统架构分割为三层，最底层为数据访问层或者说存储层，在这一层，上述的架构都使用了共享式架构，也就是多节点共享访问同一个或多个卷。再往上一层，冬瓜哥称之为协作管理层，这一层有对称式协作和非对称式协作两种方式，分别对应了多种产品，上文中也介绍了。最顶层是数据访问层，其实这一层可有可无，如果没有，那么需要把应用程序直接装在I/O节点上，应用程序直接对路径比如/clusterfs/cluster.txt进行代码级调用即可，比如read（）。

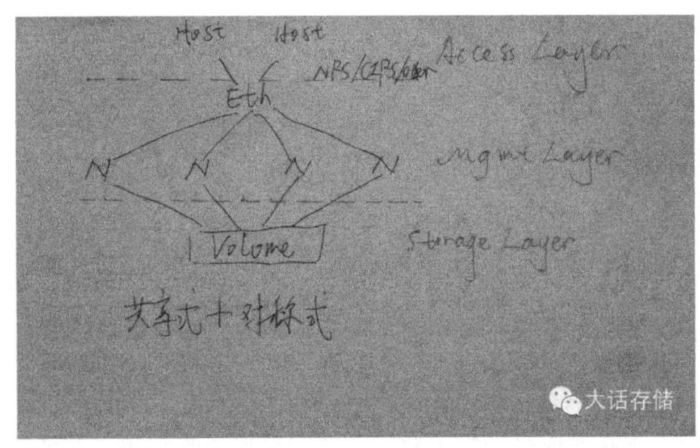

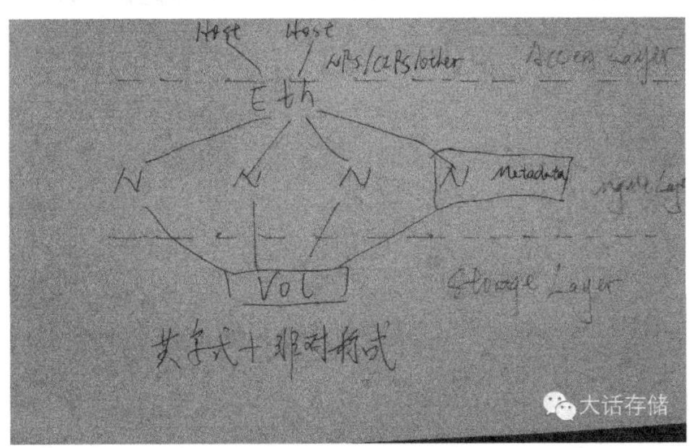

而如果将某个节点上的这个路径，使用NFS/CIFS Server端export出去，再找一台Server用NFS/CIFS客户端mount上来读写的话，那么这个集群系统就成了一台集群NAS了，从任何一个节点上都可以mount，这样就增加了并发度，增加了性能，当然，前提是底层的卷提供者未达到瓶颈。把应用和I/O节点装在同一台Server上，有些低格调的说法叫作“HCI”，即超融合系统。

可以看到，一个集群文件系统有三层框架架构，其中在协作管理层，有两种架构：第一种是对称式协作；第二种是非对称式协作。好了，其实这句话就是前文详细

叙述的精髓所在。

RAC、SMP和AMP介绍如下。

这里来做个支线任务。Oracle RAC属于对称式协作+共享存储型集群。而早期的CPU和RAM之间的关系，也是对称式协作+共享存储型集群，如果把CPU看作节点，RAM看作存储的话，多CPU通过FSB，共享总线通过北桥上的DDR控制器访问下挂的集中的RAM。多个线程可以随意在多CPU上任意调度，哪个CPU/核心执行都可以，这是对称式的。而且针对缓存的更新会有一致性广播探寻发出，这是协作式的，多CPU看到同样的RAM地址空间，同样的数据，这是共享存储式的。这种CPU和RAM之间的关系又被称为SMP（对称多处理器）。与对称式协作面临的尴尬相同，系统广播量太大，耦合太紧，所以后来有了一种新的体系结构，称为AMP（非对称多处理器）。典型的比如Cell BE处理器，被用于PS3游戏机中，其中特定的内核运行OS，这个OS向其他协处理内核派发线程/任务，运行OS的内核与这些协处理内核之间是松耦合关系，虽然也共享访问集中的内存，但是这块内存主要用于数据存储，而不是代码存储，这种处理器在逻辑架构上可以扩充到非常多的核心。

但是好景不长。十年前，共享存储型的SMP处理器体系结构被全面替换为NUMA架构。起因是集中放布的内存产生了瓶颈，CPU速度越来越快，数量越来越多，而内存控制器数量太少，且随着CPU节点数量增加滞后，访问路径变得太长，

所以，每个CPU自己带DDR控制器，直接挂几根内存条，多个CPU再互联到一起，形成一个分布式的RAM体系，平时尽量让每个CPU访问自己的RAM，当然必要时也可以直接访问别人的RAM。在这里冬瓜哥不想深入介绍NUMA体系结构，同样的事情其实也发生在存储系统架构里。

5.4.4 【主线4】分布式存储集群——不得已而为之

钱、性能是互联网企业追求的目标；可靠性、钱、性能是传统企业追求的目标。互联网企业动辄几千个节点的集群，让这几千个节点共享卷，是不现实的，首先不可能用FC这种高成本方案，几千端口的FC交换机网络，互联网就算有钱也不会买它们回来。就用以太网！那只能用iSCSI来共享卷，可以，但是性能非常差。其次，互联网不会花钱买个SAN回来给几千台机器使用，一是没钱（是假的），二是没有哪个SAN产品可以承载互联网几千个节点的I/O压力的，虽然这些厂商号称最大支持64k台主机，我估计它们自己都没有实测过，只是内存数据结构做成可容纳64k条而已。

那怎么解决几千个节点的集群性能问题？首先一定要用非对称式协作方式，是的，互联网里从来没有人用过对称式集群，因为扩展性太差。针对存储瓶颈问题，则

不得不由共享式转为分布式。所谓分布式，也就是每个节点各自挂各自的存储，每个节点只能直接访问自己挂的磁盘卷，而不能直接访问他人的磁盘，这与NUMA访问内存是有本质不同的，NUMA里任意CPU可以直接在不告诉其他人的前提下直接访问其他人的RAM。为什么分布式就可以提升I/O性能？这其实是基于一个前提：每个节点尽量只访问自己所挂接硬盘里的数据，避免访问别人的，一旦发生跨节点数据访问，就意味着走前端以太网络，就意味着低性能。NUMA就是这么做的，OS在为进程分配物理地址时，尽量分配在该进程所运行在的那个CPU本地的RAM地址上。

互联网里的Hadoop集群使用的MapReduce就可以保证每个节点上的任务尽量只访问自己硬盘里的数据，因为这种大数据处理场景非常特殊，所以能从应用层做到这种优化。而如果把一个Oracle RAC部署在一个分布式集群里，RAC是基于共享存储模式设计的，它并不知道哪个数据在本地，哪个在远端，所以难以避免跨节点流量，所以效率会很低。但是Server SAN虽然使用了分布式存储架构，却成功地使用高性能前端网络比如万兆甚至IB以及高性能的后端存储介质如PCIE闪存卡，规避了超低的相对效率，而把绝对性能提上去了，其实考察其对SSD性能的发挥比例，恐怕连50%都不到。

值得一提的是，在分布式集群中，虽然数据不是集中存放的，但是每个节点都可以看到并且可以访问所有数据内容，如果数据不存在自己这，那么就通过前端网络发送请求到数据所存储的那个节点，把数据读过来，写也是一样，写到对应的远端数据节点。如下图所示便是一个分布式+对称式集群。

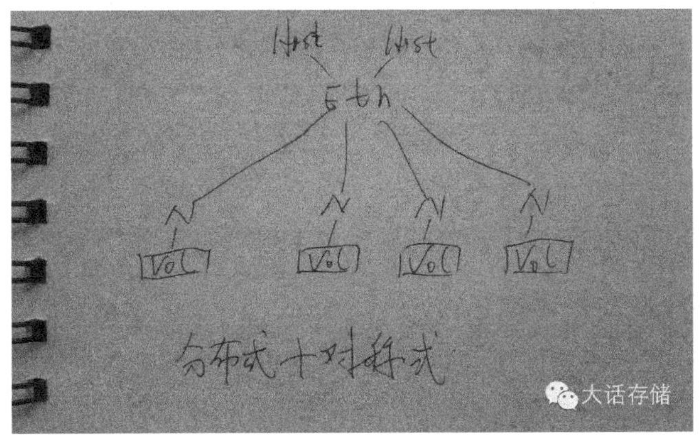

分布式存储架构得到广泛应用的原因，一个是其扩展性，另一个是其成本，不需要SAN了，普通服务器挂十几个盘，就可以是一个节点，成千上万个节点就可以组成分布式集群。纵观市场，大部分产品都使用非对称式+分布式架构，成本低，开发简单，扩展性强。具体产品就不一一列举了。

如下图所示则是一个分布式+非对称式集群。

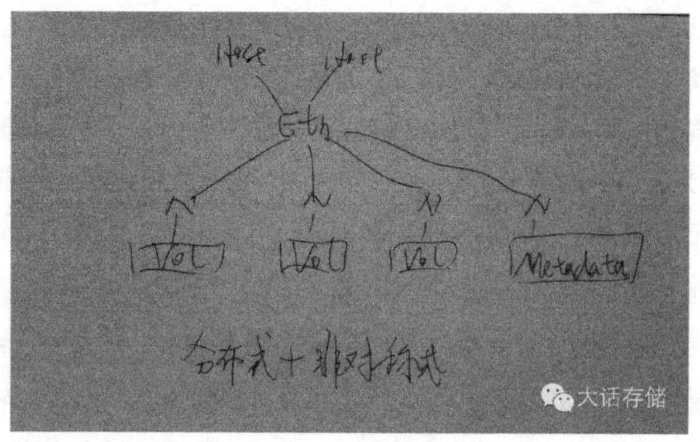

分布式系统最重要的一点是一定要实现数据冗余，不但要防止盘损坏导致的数据丢失，还要防止单个节点宕机导致的数据不可访问。Raid是空间最划算的冗余方式，单节点内可以用Raid来防止盘损坏导致的数据不可用，但是节点整个损坏，单机Raid就搞不定了，必须用跨节点之间做Raid，这样会耗费大量网络流量，Erasure Code（EC）就是传统Raid的升级版，可以用*N*份校验来防止*N*个节点同时损坏导致的数据丢失，但是也需要耗费大量带宽。所以常规的实现方式是直接使用Raid1的方式将每份数据在其他节点上镜像一份或者两份存放，Raid1对网络带宽的耗费比Raid5或者EC要小得多。

1. 【支线】各种集群NAS

对于一个集群NAS来讲，既可以使用分布式+对称式（Isilon就是这么做的，GPFS有两个版本，其分布式版本也是这种架构），分布式+非对称式（互联网开源领域所有集群FS），共享式+对称式（Veritas CFS、IBRIX），以及共享式+非对称式（BWFS）。但是集群NAS一般都泛指一个独立的商用系统，而商用系统一般都是面向传统企业的，对扩展性要求不是很高，而对“高雅”的架构却情有独钟，所以这些传统集群NAS厂商一般要么使用对称式，要么使用共享式这种“高雅”的架构。

2. 【支线】YeeFS架构简析

讲了这么多，冬瓜哥认为需要结合实际的产品来把这些概念和架构匹配起来，效果最佳。YeeFS由达沃时代（DaoWoo）公司出品，是一个典型的分布式非对称式集群文件系统+集群SAN（或者说Server SAN）。YeeFS在前端访问层支持NFS、CIFS以及Linux下的并行访问客户端，NFS和CIFS可以从任意节点Mount，对于Server SAN访问方式，支持iSCSI连接方式。

上面只是使用了我们所建立的框架思维来套用到一款产品上，从大架构方面来了解一款产品，类似大框架的产品还有很多，如果它们全都一个模子，那就不会有今天的ServerSAN产品大爆炸时期的存在了。考察一款ServerSAN产品，从用户角度主要看这几样：性能、扩展性、可用性、可靠性、可维护性、功能、成本。从技术角度除了看大框架之外，还得关心这几方面：是否支持POSIX以及其他接口，数据分块的分布策略、是否支持缓存以及分布式全局缓存；对小文件的优化，是否同时支持FS和块；数据副本机制，副本是否可写可读可缓存。

YeeFS支持标准POSIX及S3/VM对象接口。POSIX接口很完善也很复杂，不适合新兴应用，比如你上传一张照片，你是绝对不会在线把这个照片中的某段字节更改掉的，POSIX支持seek到某个基地址，然后写入某段字节，而这种需求对于网盘这种新应用来说完全是累赘，所以催生了更加简单的对象接口，例如给用户一个Hash Key，用户给系统一份完整数据，要么全拿走，要么删除，要改没问题，下载到本地，改完了上传一份新的，原来的删除。对分块的布局方面，YeeFS底层是基于分块（又被很多人称为Object，即对象）的，将一堆分块串起来形成一个块设备，便是集群SAN，将一对obj串起来形成文件，这就是集群NAS，这些对象块在全局磁盘上平均分布，以提升I/O并发度。在实际案例中YeeFS曾经支持到3亿个小文件存储的同时还可以保证优良的性能，业界对小文件存储的优化基本都是大包然后做第二层搜索结构，相当于文件系统中的文件系统，以此来降低搜索时延。数据可用性方面，默认2个副本，可调。YeeFS支持读写缓存，但是不支持全局的分布式共享缓存，后者实现起来非常复杂，也只有由传统存储演变过来的高大上型Server SAN比如VMAX这种，通过IB来互联，高速度，高成本，才敢这么玩，即便如此，其也只敢使用基于Hash的避免查表搜索的缓存分配方式，而二三线厂商恐怕玩不起这个。YeeFS节点向元数据节点加锁某个obj之后便可以在本地维护读写缓存。YeeFS的副本也是可读写的，并且在保持并发度的前提下还保持完全同步的强一致性。整个集群可在线添加和删除节点而不影响业务。

在对闪存的利用方面，YeeFS采用3个维度来加速，第一个是采用传统的冷热分层，第二个采用只读SSD Cache来满足那些更加实时的热点数据的性能提升，第三个采用非易失NVRAM来用于写缓存，并将随机的I/O合并成连续的大块I/O写入下层，极大地优化了性能。此外，YeeFS在元数据访问加速方面，采用了元数据切分并行无锁设计，多线程并行搜索，提升速度；元数据一致性方面，采用主备日志、分组提交方式，既保证性能又保证一致性。如下图所示。

其他功能方面，支持去重和压缩，支持在客户端缓存文件布局信息，避免频繁与元数据节点交互信息。节点宕机之后的数据重构采用的是Raid2.0的方式，将数据重构到所有磁盘的空闲空间，提升并发度，降低重构时间。元数据节点支持扩展为多元数据节点，协作并行处理元数据请求，以保证数千节点的超大规模集群的性能。

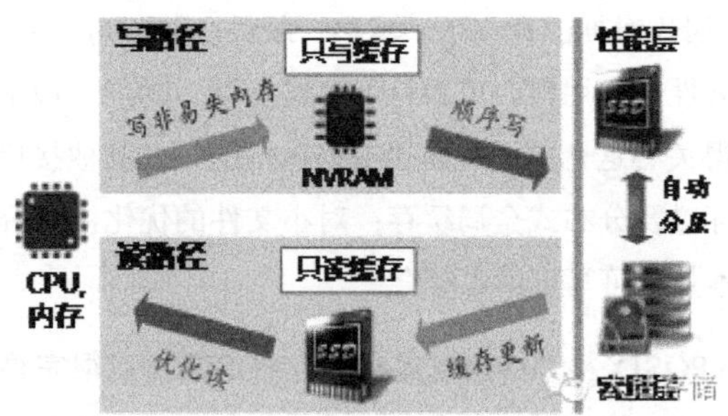

YeeFS 客户端的一些主要配置：元数据缓存超时时间设置，每个客户端有缓存元数据的能力，超时时间从0开始，往上不等；数据缓存大小设置，包括写缓存和读缓存的大小设置；并发连接数设置，可以控制一个客户端在I/O上往其他存储节点上的最大连接数目控制；其他的一些配置命令，例如导出目录设置（这个客户端只能导出文件系统中的某个目录），客户端权限控制（这个客户端上是允许读写操作还是只读操作），IP控制等。YeeFS的I/O节点上一些配置，比如数据校验是否打开，日志大小，I/O线程，I/O线程与磁盘之间的关系等。元数据节点上主要配置的是文件或目录的副本数配置，存储池的配置，负载均衡、数据重构等一些整体系统的配置。

YeeFS这个产品吸引用户的一个原因是其支持比较完善，包括POSIX接口，既是集群SAN又是集群NAS。第二个原因，则是其提到的“应用感知”优化，这与冬瓜哥一直在提的“应用定义”不谋而合，其可以在系统底层针对不同应用、不同场景进行I/O层面的QoS调节。另外，现在所谓的“软件定义”存储系统，过于强调硬件无关性，忽视硬件特性。而YeeFS比较注重硬件的特性，如Flash、RDMA、NUMA、NVRAM等的优化和利用，针对不同硬件的不同特点，定义不同的场景。

YeeFS还有两个兄弟，YeeSAN和WooFS。YeeSAN是YeeFS的简化版，只提供分布式块存储服务，强调比YeeFS块服务更高的IOPS和低时延。而YeeFS可以同时提供文件和块服务。WooFS是专门针对跨数据中心实现的广域分布式的产品，通过统一的名字空间实现多个数据中心间的数据共享，任何一个数据中心的应用可以通过标准POSIX接口直接访问存储在其他数据中心的数据，这里就不过多介绍了。

5.4.5 【主线5】串行访问/并行访问

对于一个分布式架构的集群NAS（不管是对称式还是非对称式），某个应用主机从某个节点mount了某个路径，访问其中数据，如果访问的数据恰好不存储在本机而是远端节点，那么该节点先从源端节点把数据拿到本地，再发送给请求数据的主机。为何不能让应用主机预先就知道数据放在哪，然后自己找对应的节点拿数据？这样可以节省一次I/O转发过程。是的，你能想到的，系统设计者也想到了。但是传统的

NFS/CIFS客户端是无法做到这一点的，必须使用集群文件系统厂商开发的特殊客户端，其先从元数据节点拿到文件布局信息，然后直接到集群中的I/O节点读写数据，这样的话，应用主机就可以同时从多个I/O节点读写数据，而不再像之前那样从哪个节点mount的就只能从这个节点读写数据，这就是所谓的并行访问模式，指的是应用主机访问这个集群时候，是串行从一个节点读写数据，还是可以并行从多个节点同时读写数据。几乎所有的互联网开源集群文件系统都支持并行访问。此外，也可以看到，“超市模式”再一次在应用主机和集群之间得到了使用。

5.4.6 【主线任务大结局】总结

（1）集群文件系统在数据访问层或称数据存储层可分为共享存储型和分布存储型，或者说共享式和分布式，分别称为共享FS和分布式FS。

（2）集群文件系统在协作管理层可分为对称式集群和非对称式集群；

（3）集群文件系统在协作管理层针对元数据的管理粒度还可以分为Single File System Image和Single Path Image；

（4）分布式集群文件系统在前端访问层可以分为串行访问和并行访问，后者又称为并行FS。

（5）不管什么架构，这些FS统称为“集群文件系统”。多个层次上的多种架构两两组合之后，便产生了让人眼花缭乱的各种集群文件系统。

不仅是集群文件系统，集群块系统也逃不出上面的框架，相比于“集群块系统”格调稍微高一点的就是“Server SAN”，一个分布式块存储系统，再包装包装，把应用装在上面，就是HCI了。

5.5 从多控缓存管理到集群锁

本节分享缓存镜像、控制器间链路RDMA、缓存一致性、集群锁等知识大串接。

5.5.1 【主线1】从双控的缓存镜像说开去

传统存储系统为了保持冗余，采用了两台服务器来处理I/O。只要是两点或者多点协作，就是集群了，既然是存储集群，那就一定逃不出所给出的大框架架构。这两台服务器之间的协作关系有多种方式，但是不管哪种方式，都需要缓存镜像。

（1）AP模式。在AP模式下，每个Lun都有Ownership，针对某个Lun的I/O不能被下发给非该Lun的owner的控制器，实际上，多路径软件从非该Lun owner的控制器根

本扫不到该Lun。仅当控制器发生故障或者手动切换owner的时候，多路经软件通过超时或者私有协议获取等渠道来判断控制器的状态，然后跟随控制器的切换而切换访问路径。此时，某个控制器收到写I/O数据之后，需要通过控制器间的链路将数据写入对端控制器的缓存地址空间里暂存，然后向主机应答写完成。

（2）非对称双活。分为厂商私有的非标准模式和标准的ALUA模式。Lun从每个控制器都可以扫描到，而且也可以发I/O，但是I/O会被转发到Owner控制器执行。同理，每个控制器收到写I/O之后也需要向对方推送一份。

在有Lun Ownership的上述两种架构之下，本地的读写缓存，与对端镜像过来的缓存，是两个独立管理的部分，因为各自管各自的Lun。

1.【支线】"缓存分区"的谬误

缓存分区的概念最早是应用于大型机上的，日系H厂首先将其应用在了存储系统里，其背景是将缓存按照多种Page Size分为多个管理区域。目前不管是主机还是存储，其OS常用的缓存管理分页大小为4KB，这就产生一个问题，如果应用程序下发的I/O基本都是8KB对齐的，那么分页为4KB就显得很没必要了，虽然2个页面拼起来一样可以当8KB用，但是系统依然要为每个页记录元数据，这些元数据也是耗费RAM空间的，如果页面变为8KB，那么就能降低一半的元数据量，节约下来的内存可用于其他作用，比如读写缓存。

后来，有厂家声称自己的产品也支持缓存分区，总之就是大家有的它家都有，大家没有的它家也有的策略。但是仔细一看，它家的缓存分区却完全是另一回事了，其本质就是限定读缓存、写缓存所占空间的比例。有很多人问过这个问题："××产品是否可以调整写缓存的比例"？这问题看似顺理成章，按理说像样的产品都应该支持，但是多数产品却不是以"写缓存比例"来命名这个功能的，而是采用另一种抽象名词——HWM和LWM（高水位线、低水位线）。这词看上去格调够高，但是曲高和寡。所谓高水位线，就是当脏数据达到这个比例的时候，开始刷盘，刷盘到脏数据比例降低到LWM时，停止刷盘。这个HWM就是写缓存所占空间比例。所谓的"缓存分区"就是10年前的低端阵列上就有的功能。

"读缓存"和"写缓存"在物理上并不是分开的，甚至在逻辑上也并不分开，整个RAM空间不管对于读还是写，都是统一的一个大空间，当读入的page被更改之后，就变成了dirty page（脏页），系统会为脏页动态维护一个链表，刷盘的时候按照链表按图索骥将脏页写盘之后，这些页就不再脏，从写缓存变成了读缓存。可以看到，所谓"读缓存""写缓存"，其逻辑上根本就不存在，存在的只有干净页和脏页或空页。所以，这种所谓"缓存分区"的概念，不攻自破。其实，不同page size的缓存空间，物理上也没有分开，逻辑上也是通过链表来将不同page size的页面串成逻辑上的几块缓存空间，所有page在物理上都是凌乱分布在物理RAM里的。

2.【支线】缓存镜像的底层实现——以太网、IB、DMA、RDMA

多数人做到缓存能够镜像就停止了，然而，要想达到更高的水平，就必须深入到底层。

缓存镜像在底层的实现，有两种模式，一种是走协议栈传递消息，另一种是DMA/RDMA，其实这两种模式没有本质不同，都是将一串数据（缓存块+描述）传递到对方的内存并通知对方处理。将一串数据传递到远方，其实是网络领域研究的课题，只不过属于“局部网络”，计算机体系内部就是一个大网络，网中有网。

将数据传递到远方，需要物理层、链路层以及上层协议栈等各层来协同分步处理，有些双控之间利用万兆以太网来传递缓存块，而传统以太网不保证以太网帧按序、无误、不丢失地发送到对方，所以需要TCP协议来保障传输，而TCP还得依赖IP，所以，双控或者多控之间可以直接用TCP/IP来发送数据串，开发简单，但是性能、时延不行。新型以太网在传输保障方面有所增强，所以，开发者可以抛弃TCP/IP这种抵消协议栈，开发自己的轻量协议栈，也可以做到带传输保障的数据收发。

然而，传统数据收发的协议栈，即便是轻量级协议栈，时延也还是太高，因为一个控制器接收到写I/O之后只有在成功将脏页推送给对端节点镜像之后才能返回给主机写应答，所以，缓存镜像过程的时延非常重要，越低越好。传统的网络数据收发协议栈时延高的一个很大原因在于其需要至少一次内存复制（用户态程序Buffer到内核协议栈顶层Buffer），实际上根据情况不同可能需要多次复制。重量级协议栈比如TCP/IP的传输保障状态机是在主机OS内核执行，这个又得增加处理时间。

与此相比，还有另一种时延更加低的传输数据的方式，即零拷贝方式，这也是目前Linux下I/O栈的实现方式。所谓零拷贝，就是说底层设备驱动会直接将用户态Buffer中数据的基地址的物理地址通知给DMA引擎，从而让外设直接从该地址将数据读入设备后发送到外部存储网络中。而上述零拷贝DMA操作，是发生在PCIe控制器和MC内存控制器之间的，那么，如果两台机器使用以太网或者IB网对连起来，是否可以让一台机器也直接将对方机器中的应用Buffer里的数据DMA到自己应用Buffer里呢？这就是RDMA。

为何网络栈不能避免零拷贝？因为网络栈需要处理各种丢包重传、乱序重排等一系列事务，这些处理比较复杂，所以不直接在用户空间折腾，而是复制到内核空间。

IB时延低吗？是，但那是相对于以太网+TCP/IP而言。IB在PCIe面前相形逊色，

不可否认RDMA格调高，但是在DMA Over PCIe面前，依然略逊一筹。IB卡依然要经过PCIe才能进入系统I/O总线，如果抛弃IB，直接使用PCIe来传数据，那当然是更加快捷了。所以，不少系统直接采用PCIe直连或者PCIe Switch来进行DMA操作，每个节点通过NTB机制各自映射其他节点的内存到本地地址空间，节点将要向其他节点发送的数据写入对方在本地地址空间内的映射窗口，从而被硬件路由到对方节点内存的对应地址中，之后本地通过Doorbell机制通知对方完成事件。普通CPU中的PCIe控制器体系中并不提供NTB，而仅在特定平台比如Intel Jasper Forest中提供NTB以及DMA Engine用以实现地址翻译和数据移动，对于使用普通平台CPU的产品，就必须增加PCIe Switch来实现多机之间的DMA。

然而，不是所有传统存储平台都能消受PCIe/Switch方式的DMA，因为PCIe Switch芯片目前仅有Avago和PMC两家提供，Avago的PCIe Switch用起来有诸多问题，而品质相对更好的PMC的PCIe Switch产品还没有全面量产。所以，目前使用成熟的RDMA over Converged Ethernet或者over IB的应用得更多，硬件方面比较成熟，软件方面也有现成的RDMA库可供调用。

5.5.2 【主线2】多点同时故障

上面介绍了数据在多个控制器间传递的几种方式。在一个系统内，缓存如果有两份副本的话，可以允许一份副本的丢失，而如果有3份副本的话，就可以允许2份副本同时丢失。近期某厂商在其某多控存储产品里实现了允许2个控制器同时失效的技术。其本质就是在控制器间做了3个缓存镜像副本。几乎是同一周，另一家厂商同时宣布了一款同档次产品，其可允许3个节点同时故障，也就意味着其同一个Dirty状态的缓存页会在4个控制器内有4份副本，从接收数据I/O的节点，同时向其他3个节点镜像3份副本，就可以允许3个节点同时故障了。如右图所示。

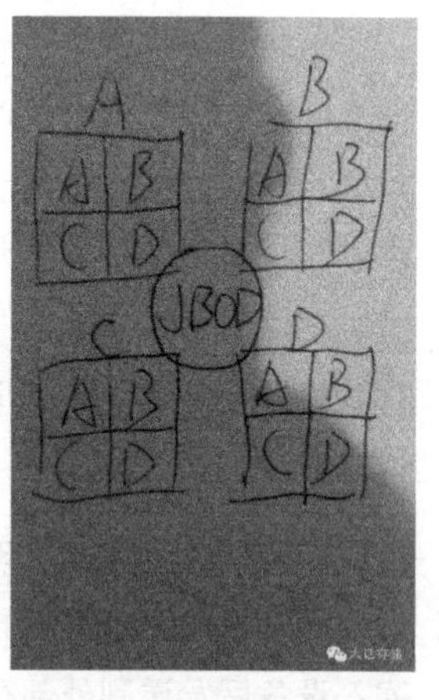

不得不说的是，这两家产品都与一个日系厂商的高端存储存在某种渊源。前者是一开始O之，拿回来拆解研究，几年后，弄出自己的类似产品，其很多理念参考了这家日系但又有所改进。具体就不扩展讲述了。国内目前看来，有三家厂商有自己的所谓高端存储，其中两家是自研，第三家看上去像O的。

国内的纯自研存储厂商宏杉科技也有自己的高端存储产品，16控全对称架构，16个控制器共享后端所有磁盘，非低档次的分布式架构可比，是目前国内唯一采用全对称共享架构的高端存储系统，前面说过，对称+共享的集群架构属于“高雅”派，而

Server SAN分布式架构则属于市井派。

5.5.3 【主线3】对称式多活架构下的缓存镜像有什么特殊之处

对称多活架构下没有Lun Ownership，是全对称双活，任何节点收到数据在镜像到对端的同时，可以自行处理，包括算xor、make dirty、Flush等一系列动作。对称式多活架构下，虽然也可以做成像非对称架构那样双方各自保有对端的脏页，同时自己单独处理自己的脏页的形式，但是对称双活是需要两边对称处理同一份数据的，所以多数实现都是直接把双方的缓存实时相互镜像，数据部分两边通过同步复制+锁来保持时刻一致。

同步加锁的最方便的方式就是针对每个数据块设置一把锁而且只能存在唯一的一把，放在唯一的位置。比如针对某段缓存，可以设置成以0~64KB为一个单元，对于任何节点想要进行写入或者更改操作，则必须先抢到针对这64KB块的锁。

然而，加锁是否有必要？比如，如果有两个目标地址相同的写I/O同时各自到达不同的控制器，则此时任何一个控制器可以使用PCIE Write withlock这个PCIe事务来确保将这整个块完整地且不被其他I/O乱入地写入到对端的缓存内，在这期间，这个块是不能被其他控制器写入的。写入结束之后，其他I/O才可以继续写入该块。利用这种PCIE事务，再加上同步缓存镜像，可以在保证数据块不被撕裂、交织写入的前提下，实现天然的保序及一致性。比如A控先接收到针对某地址的写I/O块，但是由于种种原因，尚未来得及将其同步到B控缓存相应页面之前，B控又接收到了针对同一个地址或者地址段有重叠的写I/O块，而B控反应速度很快，立即将这个I/O块利用PCIE带锁的写事务将数据同步到了A控缓存相同偏移量处，也就是覆盖了上一个A控收到的写I/O，A控之前尚未完成缓存镜像，所以A控随即再将这块数据同步到B控同样的偏移量处，这一步对数据一致性没有影响，无非是多复制了一次数据，这里可以做一些优化，比如通过一个集中的状态位来避免多余的复制过程。

如果按照上述理论，双控实现分布式锁机制，A控存储和管理奇数块的锁，B控为偶数块，那么如果A控或者B控突然挂掉怎么办？数据是有镜像的，可以保证不丢失，但是锁的状态呢？不过还好，剩余的控制器发现与它配合分摊锁管理的节点宕掉之后，会主动把所有的锁拿到本地管理，也就是奇数锁节点宕机，偶数锁节点动态生成一份奇数锁的副本。如果是多控系统，则系统动态选举另一个节点来分摊这些奇数块的锁管理。锁和缓存数据块是可以完全分离的，拥有某个数据块脏页，意味着这个块的锁必须在这个节点管理。

5.5.4 【主线4】加锁及原子操作

然而，上述方案并不可行，PCIe每次读写事务最大数据量为4KB，但是实际实现多数采用了256B或者512B，所以，带锁的PCIE读写操作，并不能防止4KB以及更大数据块的整体一致性，如果不加锁，这个块或许会被撕裂，导致不一致。所以，还是要集中加锁。如上文所述，每个块的锁只能有一把，但是系统内有多个控制器，每个都有自己的RAM，那么锁放到哪里呢？可以集中在一个节点存放，也可以按照某种规则分开存放，比如奇数编号的块的锁放在A控，偶数编号的放在B控，每个人都到对应的锁所在位置抢锁，抢锁过程中会用到Test and Set或称为Compare and Set操作，锁的本质就是一个Bit，为0表示没有人要操作这个块，为1则表示有人正在操作这个块，所以，先把锁读出来判断，如果为0，则表示无人操作，应立即写一个1进去占有这把锁，如果读出来发现是1，则原地等待一段时间或者不断读出来判断，问题是当某个人读出来发现是0，还未将1写入之前，另一个人也读出来发现是0，然后两个人分别写了1进去，此时两个人都认为其占有了锁，最后导致数据不一致。所以，“将锁读出来”这个动作，本身也要对这把锁先进行加锁操作，而这就是个死循环，对此，硬件提供了对应的指令，比如CAS指令，某个人只要读取了这把锁，在写回1之前，硬件保障不能有其他人也读入这把锁，底层硬件就是将系统访存总线锁定，对于非共享总线的CPU体系，就得在内部器件中维护一张锁表来加锁。这些在执行期间，底层不允许被他人乱入指令，被称为原子操作。如下图所示。

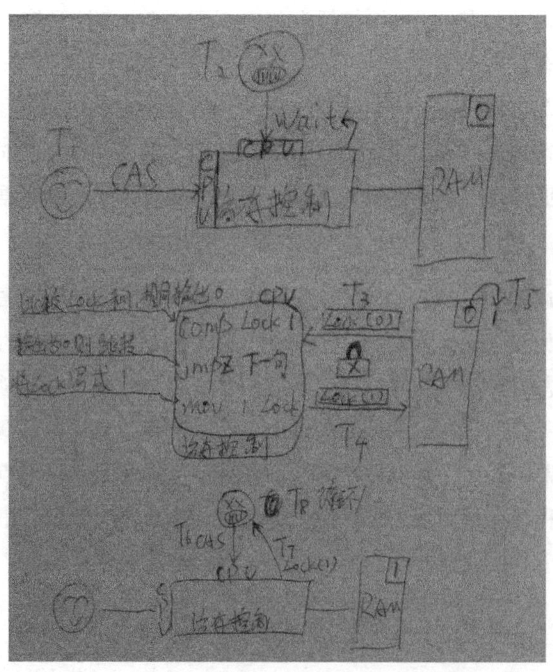

然而，并不是每个产品最终都能实现上述的那种粒度极为细小的完全对称的协作架构的，都是有所取舍，下面我们就来看一下现实中的产品取舍之后的样子。

5.5.5 【主线5】业界的对称多活产品对锁的实现粒度

1. 日系H厂 AMS——读写缓存全镜像+真对称

日系H厂AMS存储系统是业界率先支持对称双活的中端存储系统，其采用了缓存同步复制，不管是从磁盘读出的数据，还是前端主机写入的数据，都同步镜像到对方控制器缓存中，相当于双控缓存中的数据部分完全一致，包括相对地址偏移量也都是一致的。理论上讲，读缓存不需要镜像，可以两边各读各的，但是这样做会增加复杂性，会导致同一个磁盘块可能处于两个独立缓存的不同位置，需要两边交换各自的映射表，也就是先得把两边的映射表相互给它镜像了才可以，而且在写缓存镜像的时候会多一轮查表过程。如果想避免查表，则可以使用Hash等算法进行多路组关联方式进行磁盘到缓存的映射，但是又会增加冲突，导致频繁换页，影响性能。所以，要么选择占内存耗费CPU资源，要么选择换页冲突，都不太合适。所以，两边保持所有数据时刻一致也是一种折中做法，一般来讲，一个控制器读入的数据，另一个控制器也拥有一份，在一定程度上也可以接受，因为I/O的访问大多时候都有局部性，在一个控制器命中的页，下一个时刻很有可能会在另一个控制器也命中。但是这种方式的确浪费了缓存空间，不管有多少个控制器，缓存等效可用空间只有单个控制器的容量。

2. VNX——写镜像+假对称

E厂在其DMX高端存储中采用了读写全镜像的方式，当时还被日系H厂的售前攻击，到头来日系H厂的AMS反倒自己把读写全镜像了。再回来说VNX。VNX的对称式双活其实是假的。业界对对称式双活的定义是：多个控制器可以同时处理同一个Lun的I/O。但是，这个定义却让VNX钻了空子。如果把一个Lun切分成多个切片，比如切成多个2GB空间，而每个2GB切片还是有Owner，也就是所有针对某个2GB切片的I/O必须转发给Owner节点处理，两个控制器分别均摊其中一半数量的切片Owner，那就不会存在锁的问题，大大简化了开发，还成功忽悠了市场。

3. 宏杉——写镜像+细粒度真对称

宏杉科技由H3C存储原班人马组建，是国内第一个推出Raid2.0产品的厂商，以至于后续其他厂商不得不推出Raid2.0+（其实至今冬瓜哥也不知道这个加号是什么意思，谁知道可以告诉冬瓜哥一声，要干货）。

宏杉科技所推出的高端存储，最大支持16控，其采用的是对称式多活+共享后端

存储方式的“高雅”架构，在这个浮躁的年代，大家都去玩市井的ServerSAN了，能保持高雅架构的人不多了。底层按照Cell（其实就是分块）作为管理单位，Cell没有Owner，任何控制器都可以直接处理任何Cell，无须转发I/O，采用分布式锁设计，块粒度为64KB。难能可贵的是，宏杉存储对读不镜像，每个节点上预读入缓存的数据可能都不相同，充分利用了缓存空间。然而，宏杉并没有透露其如何实现全局缓存管理，多个节点各管各的读写缓存，这是个很复杂的事情，因为要实现缓存一致性，没有深厚功底和研发实力，这块是没人敢着手的。

5.5.6 【主线6】多控之间的全局缓存管理

两个点耦合之后的状态是确定的，而三个点对称耦合在一起，其状态成了不确定态。如果多个控制器实现读写全部镜像，那不会有问题，比如一个8控系统，任何一个控制器要写入某个块，加锁之后，向所有控制器相同偏移量处写入对应的块，数据冗余7份，浪费太大。一般是两两循环镜像，比如在8控内实现两两镜像，例如控1、控2互相镜像，控3、控4互相镜像，而如果控1接收到针对某数据块的写I/O操作，目标数据块在控3上被读缓存了，那么控3的这块缓存就要被清掉，因为已经不能用了。做到这件事很复杂，首先，所有控制器必须知道所有控制器目前都缓存了哪些数据块，其次，任何一笔更新操作都要同步广播给所有节点，实现Cache Coherency，这套机制异常复杂，这也是多核心多CPU之间的机制，甚至为了过滤不必要的流量，还需要考虑将节点分成多个组，每个组之前放一个过滤器，这就更复杂了。

所以，多控之间想要实现真正均匀对称的全局缓存，而且保证性能和一致性不变，工程上几乎不可能，除非不计成本。现实中，都是做了妥协的结果，有人保持点高雅，有人则彻底简单粗暴，但是所有产品几乎都对外展示出一副很高雅的模样。

5.5.7 【主线7】常用的集群锁方式

综上所述，集群是个如此复杂的系统，尤其是对称式协作集群。下面是对各种集群锁管理方式的一个总结。

1. 集中式锁

找一个或者几个节点单独管理所有的锁，所有节点都到此加锁。典型实现就是基于Paxos算法的Chubby、ZooKeeper等。

2. 分布式锁

集群中的所有节点都兼职承担锁管理节点，按照某种规则，比如hash、奇偶数等静态或者动态算法，每个节点只承担部分数据块/对象的锁管理任务，静态分担算法实现简单，并且方便故障恢复。

动态算法比较复杂，比如，某个节点接收到某个数据块的写I/O足够多次，则该数据块的锁就被迁移到该节点来管理。这种情况下，每个节点必须知道某个数据块到底该去哪里申请加锁，而且节点故障之后，其他节点必须有渠道来获知这个节点之前管理的是那些数据块的锁，其机制较为复杂。有两种方式可以实现：第一种，每次锁位置的变化向所有人同步，所有人维护一张映射表；第二种：加锁时，把锁请求向所有人逐一发送，相当于敲开一个门就问一句“这有没有管理××数据块的锁？”如果没有，就继续敲下一个的门。这种方式的典型做法就是Token Ring，任何一个节点想要更改某个数据块之前，先给所有人都申请一下“我要加锁这个块有人不同意吗？”这个请求会按照一个环的顺序遍历所有节点，每个节点都会把自己的“意见”写入这个请求，同意（二进制1）或者不同意（二进制0），最终该节点收到了自己发出的这个请求，通过检查所有节点的同意或者不同意的Bitmap，对其做与操作，如果结果为0，证明其他节点中有人正在占用该锁。这种方式属于现用现锁的模式，所有人都不维护任何锁映射表，所有节点只知道自己目前拥有哪些块的锁，而不知道别人的。谁要加锁，谁就发一个Token请求出去，先看看有没有人占用。请求在Token Ring中只能朝着一个方向发送，否则会产生死锁。

3. TDM锁

加锁过程是个原子操作，原子操作的本质是一串连续的操作，不能够被打断及被其他人乱入。还有一种理论上的方式，利用时分复用技术，也可以保证原子性。将时间切成多个时隙，每个节点占用一个时隙，在这个时隙中，只能由该节点发出锁请求，其他人只能响应，而不能发出请求，这样就避免了多个人在一个共享的通道上同时发出锁请求导致的冲突或者死锁。不过，芯片内部这种方式实现起来比较简单，多个节点之间，保证时钟的同步是个难事，不过也不是不可能的，需要很复杂的技术，GSM无线网里就是使用GPS和修正来同步时钟。

5.6　共享式与分布式各论

冬瓜哥对一个集群系统做成三层定义，也就是后端存储访问层、沟通协作层、前端数据访问层，如果要给每个层起名，可以叫SAL、CL、FAL。

这三层中每一层都有两种架构，SAL层有共享式和分布式，CL层有对称式和非对称式（或者说集中管理式和分布式管理式），FAL层有串行访问和并行访问式。描

述一个集群系统，必须将这三层都定义清楚，比如：HDFS是一个SAL分布式、CL非对称式、FAL并行访问式集群文件系统；GPFS是一个SAL同时支持共享式和分布式、CL对称式、FAL串行访问式集群文件系统。

正因为描述一个集群文件系统有3个维度而不仅仅是1个维度，导致了之前业界的定义的鱼龙混杂。比如下面的场景：

A君：这是个分布式文件系统（他想表达的是SAL层是分布式的）。

B君：胡说，这分明是个并行文件系统。

C君：我同意A君，这就是个分布式管理的分布式文件系统。（可能他想表达的是CL层对称式）。

A君：对对，C君是对的。

B君：哦，原来是这样，好吧。（注意：他被误导了，并传播给其他人）

这三人其实都是盲人摸象，分明只看到了某个层面，却认为这就是整体了。而A君和C君更是阴差阳错地达成了“一致”，其实他俩说的根本就不是一回事儿。所以，很多概念就是这样被以讹传讹，越发让人摸不着头脑。所以，冬瓜哥一直认为，概念上的东西，必须总结清楚，真正达成一致。前提是必须描述清晰无矛盾。比如CL层的协作方式如果是对称式的，那么其元数据也的确是在每个节点上共同分布式管理的，而不是使用集中的元数据管理节点，那么按理说将其定义为“分布式文件系统”是没问题的了？不是，因为在SAL层也存在分布式的概念，两个层都有这个概念，所以必须将其中一个换用另外一个名字并且习惯成自然，避免误导。所以，CL层的分布式元数据管理，将其起个名字叫作对称式协作，这样更好。

在这里更加详细地给大家对比分析一下SAL层的这两种架构。共享式指的是集群中的每个节点都能访问到相同的底层存储介质，而分布式则是每个节点只能访问连接到自己机器上的存储介质并独占该介质的访问。但是二者都不影响集群内所有节点看到所有的数据，只不过共享式的每个节点可以直接看到并读写数据，而对分布式，访问自己这里的可以直接访问，而访问他人那里的数据需要跨网络传送。

1. I/O性能方面

很显然，共享式集群在I/O性能上拥有着天然的一致性，任何节点访问任何数据都是一跳直达，不需要任何其他节点的转发。这也是大家一开始就自然想到用共享式来搭建集群的原因之一。而分布式在这方面颇有劣势，其性能并不一致，而且不可预估，某笔I/O到底落在本地还是其他节点的存储上，应用端并不能预先判断，完全取决于分布式系统内查表或者Hash之后决定，一旦网络跨了，时延大增，很不利于同步I/O场景的应用性能体验。因为此，分布式系统不得不利用高速互联网络比如10G/40G甚至100GE或者IB，以及在软件上采用RDMA方式来降低时延，但是仍然无法弥补性能不一致所带来的影响。

2. 数据容错方面

共享式集群可以完全利用底层提供共享存储的设备所做的冗余设计，比如外置SAN存储，其本身已经对物理硬盘做了Raid，集群节点识别到的其实已经是虚拟化的资源，此时无须担心单个物理部件损坏导致的数据不可用。而分布式则不然，由于数据分布存放在的集群内每个节点上，在这种架构下，如果节点整体宕机，该节点所存储的数据就无法被访问，因此，需要在节点间做数据冗余，也就是所谓的Raid，将Raid中的D（DIsk）替换为N（Node），就行了，如果还是采用类似Raid5的思想，那么任何一笔写I/O都会引起写惩罚，节点间就需要交互传递数据，以便发起该I/O的节点计算XOR，然后再将算好的数据发送到XOR块所在的节点写入，随机小块写的性能将惨不忍睹，原因还是跨网络数据传送。要解决这个问题，还要承载随机小块写入，那么分布式集群就不得不使用镜像的方式来做冗余，比如Raid1的方式，这种方式并不像校验型容错那样牵一发而动全身，虽然提升了存储成本，但浪费了一半的空间（1个镜像）甚至更多空间（多个镜像）。

3. 应用场景方面

分布式系统天生适合集群内节点互不相干，各做各的任务，比如典型场景VDI、日志分析、压缩、视频编辑等等。因为只有各干各的，节点间才不需要太多通信。这就像多线程在多CPU系统里的调度一样，这多个线程间如果需要大量的同步，比如锁、共享变量等，运行时本地CPU读入这些变量并更改；对方运行时对方CPU读入这些变量并更改，这些变量会在CPU之间来回传递，形成乒乓效应，性能很差。而共享式集群，数据是集中存放的，任何改变其他节点的操作都可以看得到，而且直接访问，不跨节点传输。

另外，共享式集群在节点HA切换方面具有天然的优势，主要体现在能够保证I/O性能的一致性、均衡性，以及不需要多副本浪费空间，也不需要数据重构。而分布式集群在某个节点宕掉之后，业务虽然可以在其他节点上启动，但是势必会影响数据的局部性，比如本来VM1的Image文件在A节点，Image的镜像在C节点，A节点宕掉后，由于C节点资源已经用满，不得不在B节点启动VM1，此时VM1访问Image，需要跨节点在C和B之间传送。所以，如果不是各干各的，性能就会下降不少，除非换SSD或用高速网络。

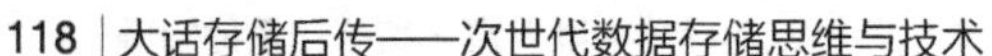

业界的某家公司就是做了这样一件事情：节点宕掉后，在其他节点上启动业务，跨网络流量产生，于是其可以将该节点要访问的数据块动态透明地在后台迁移到该节点的存储介质中，也就是数据跟着计算走，迁移完成后跨节点流量消失。而共享式集群则是业务场景通吃型的，没有跨网络流量。

另外，可以将少量的高速PCIE闪存盘作为整个集群的高速缓存，在所有节点之间共享，这样就完全不需要每个节点都增加闪存盘，会极大地节约部署成本、运维成本，同时提升资源利用率。

4. 管理运维性方面

分布式集群有个严重问题就是资源是严格分离的，如果某个节点上的资源有过剩，那么它无法把过剩的资源切到其他节点；同理，需要更多资源的节点也无法从其他节点动态获取资源，只能向本地节点添加资源。这样直接导致了资源浪费。

而对于共享式集群，这个动作就非常方便了。比如，某个资源可以灵活地从本来从属于某个节点，动态地分配给其他节点，因为每个节点到存储设备之间都有直接的通路。这样，在某个节点宕机之后，可以手动或者自动地将资源瞬间分配给其他节点，从而继续保障业务运行。同时，即便是没有宕机，共享式架构下也可以随时将资源灵活地在节点之间动态分配。

5. 成本方面

共享式集群一般需要一个外置的SAN存储系统以及对应的SAN交换机，每个节点也需要安装对应的HBA，从而可以共享访问SAN资源。此外，集群之间的通信流量还需要走前端网络，一般是以太网。所以共享式集群内部会有两个网络，一个前端一个后端，而这整套部署下来成本是不低的。

相对而言，分布式集群的单纯硬件成本则有所降低，每个节点只需要一个网络即可，一般是以太网，同时承载跨节点存储访问以及前端流量，后端存储访问不需要网络，都是各个节点直接通过后端SAS/SATA控制器访问硬盘。但是其他方面却增加了成本，比如普遍使用的两副本或者三副本镜像机制，直接将硬盘容量成本翻了对应的倍数。而共享存储型后端可以使用Raid5或者Erasure Code等数据冗余方式，成本大幅降低。

5.7 “冬瓜哥画PPT”双活是个坑

冬瓜哥静心制作了一份PPT，先分享给各位，无字，直接上图了。

浅谈传统容灾和双活数据中心容灾的几个关键点
《大话存储》图书作者：冬瓜哥（张冬）

传统容灾体系——有备无患

備

灾备要做的三件事
容易被忽略的关键点：
人的因素——机器只是部分生产工具，机器+人才是完整的生产工具，如果人不到位，无法继续生产。传统业务尤其依靠人，新兴互联网业务更多是机器自动化处理。

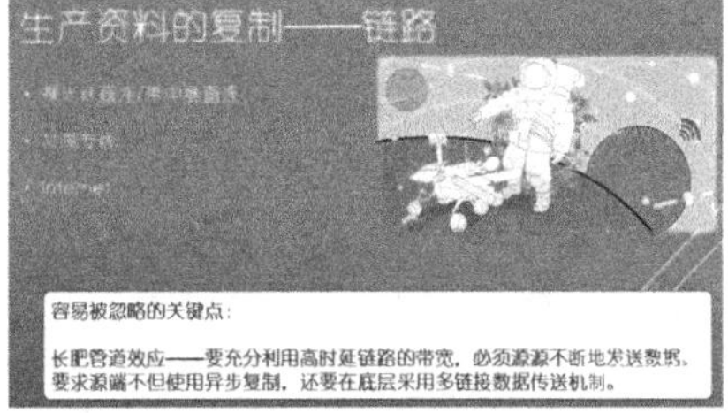
生产资料的复制——链路
容易被忽略的关键点：
长肥管道效应——要充分利用高时延链路的带宽，必须源源不断地发送数据。要求源端不但使用异步复制，还要在底层采用多链接数据传送机制。

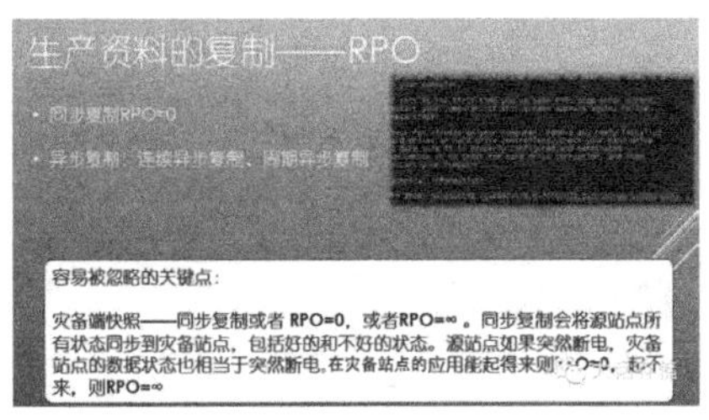
生产资料的复制——RPO
同步复制RPO=0
异步复制：连续异步复制、周期异步复制
容易被忽略的关键点：
灾备端快照——同步复制或者 RPO=0，或者RPO=∞。同步复制会将源站点所有状态同步到灾备站点，包括好的和不好的状态。源站点如果突然断电，灾备站点的数据状态也相当于突然断电。在灾备站点的应用能起得来则RPO=0，起不来，则RPO=∞

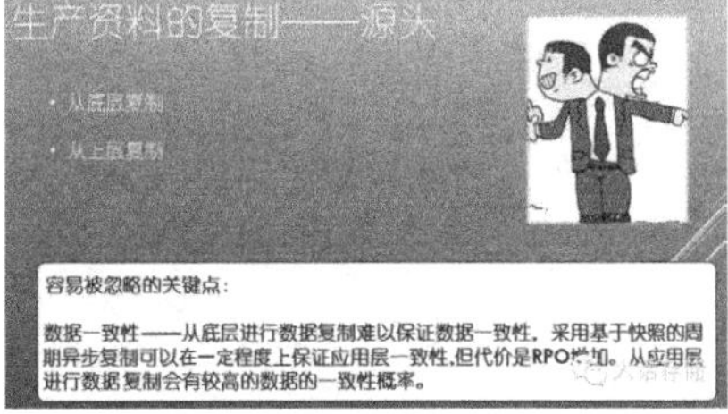
生产资料的复制——源头
从底层复制
从上层复制
容易被忽略的关键点：
数据一致性——从底层进行数据复制难以保证数据一致性，采用基于快照的周期异步复制可以在一定程度上保证应用层一致性，但代价是RPO增加。从应用层进行数据复制会有较高的数据的一致性概率。

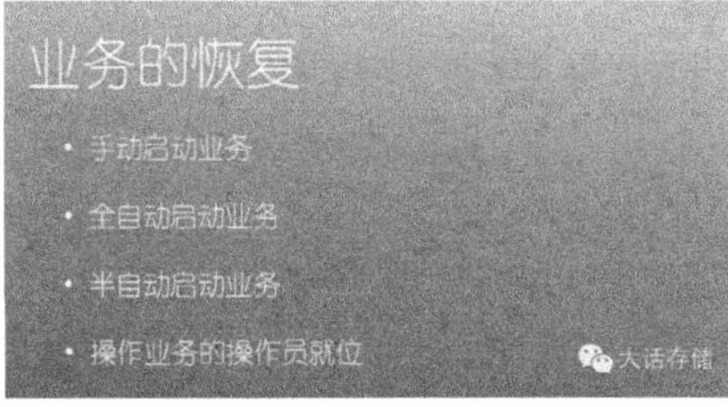
业务的恢复
手动启动业务
全自动启动业务
半自动启动业务
操作业务的操作员就位
大话存储

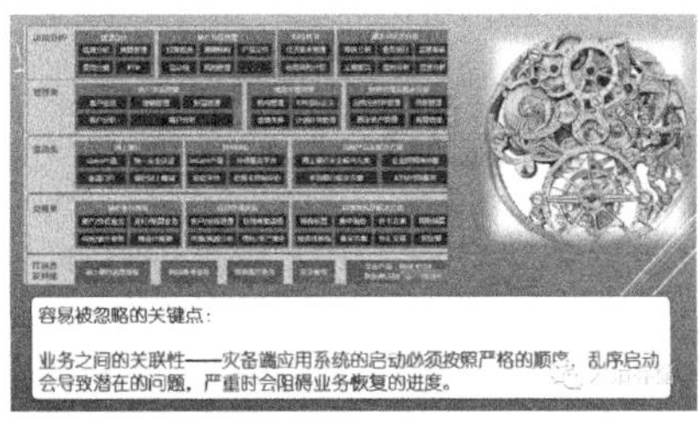
容易被忽略的关键点：
业务之间的关联性——灾备端应用系统的启动必须按照严格的顺序，乱序启动会导致潜在的问题，严重时会阻碍业务恢复的进度。

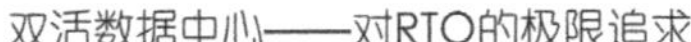
双活数据中心——对RTO的极限追求

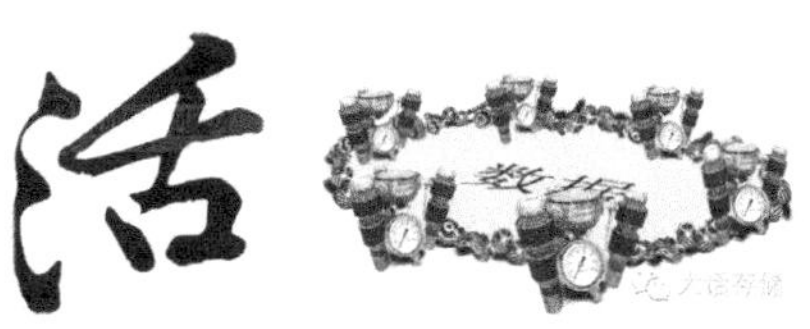
活
数据

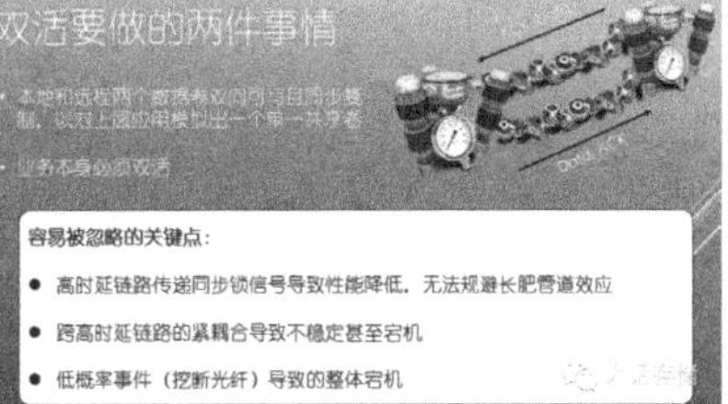
双活要做的两件事情
业务本身必须双活
容易被忽略的关键点：
高时延链路传递同步锁信号导致性能降低，无法规避长肥管道效应
跨高时延链路的紧耦合导致不稳定甚至宕机
低概率事件（挖断光纤）导致的整体宕机

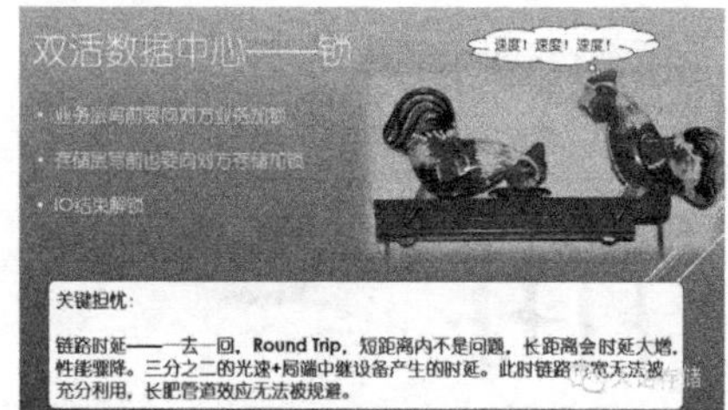
双活数据中心——锁
速度！速度！速度！
关键担忧：
链路时延——一去一回，Round Trip，短距离内不是问题，长距离会时延大增，性能骤降。三分之二的光速+局端中继设备产生的时延。此时链路 宽无法被充分利用，长肥管道效应无法被规避。

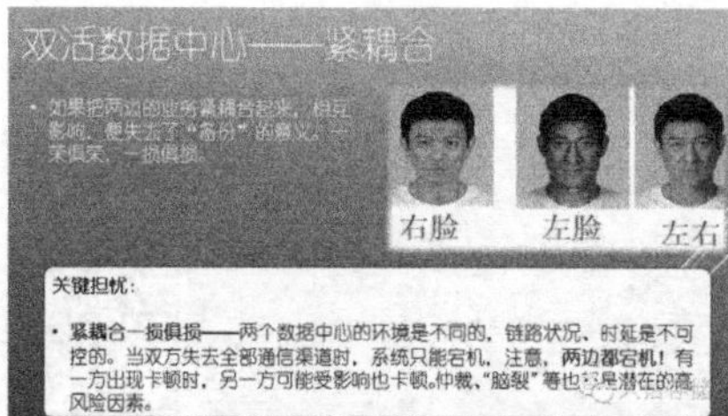
双活数据中心——紧耦合
如果把两边的业务紧耦合起来，相互影响，就失去了“备份”的意义。一荣俱荣，一损俱损。
右脸
左脸
左右
关键担忧：
紧耦合一损俱损——两个数据中心的环境是不同的，链路状况、时延是不可控的。当双方失去全部通信渠道时，系统只能宕机，注意，两边都宕机！有一方出现卡顿时，另一方可能受影响也卡顿。仲裁、“脑裂”等也都是潜在的高风险因素。

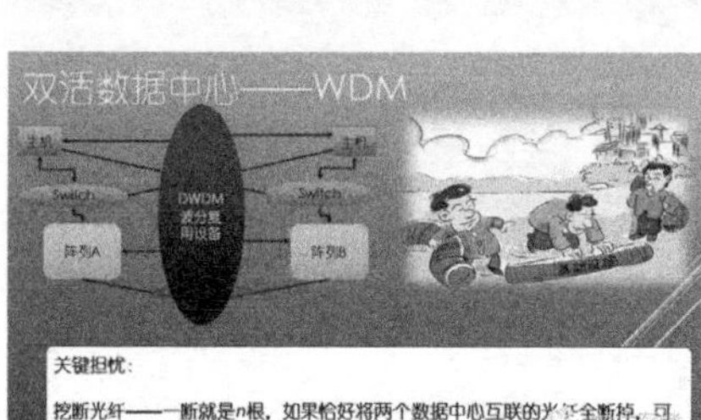
双活数据中心——WDM
Switch
DWDM
波分复用设备
Switch
阵列A
阵列B
关键担忧：
挖断光纤——一断就是n根，如果恰好将两个数据中心互联的光 全断掉，可能发生“脑裂”,也可能两边全宕机。

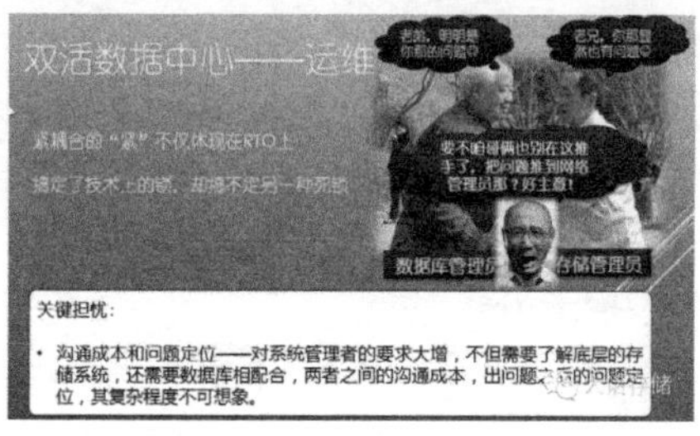
双活数据中心——运维
紧耦合的“紧”不仅体现在RTO上
要不咱俩俩也别在这推手了，把问题推到网络管理员那？好主意！
数据库管理员
存储管理员
关键担忧：
沟通成本和问题定位——对系统管理者的要求大增，不但需要了解底层的存储系统，还需要数据库相配合，两者之间的沟通成本，出问题之后的问题定位，其复杂程度不可想象。

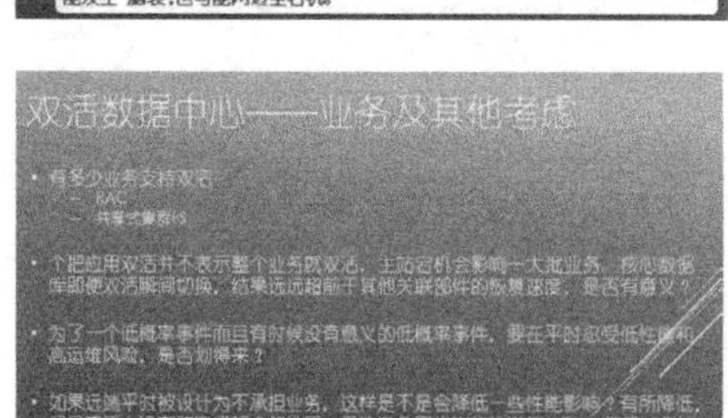
双活数据中心——业务及其他考虑
RAC
大话存储

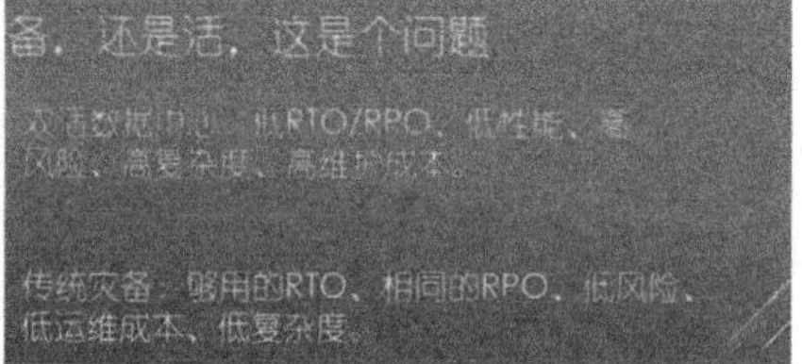
备，还是活，这是个问题
双活数据中心：低RTO/RPO、低性能、高风险、高复杂度、高维护成本。
传统灾备：够用的RTO、相同的RPO、低风险、低运维成本、低复杂度。

第六章 传统存储系统

6.1 与存储系统相关的一些基本话题分享

1. 机械硬盘

机械硬盘的基本知识就不多说了，这里主要分享一些大家平时可能接触得很少的东西。

简介一下水平记录和垂直记录，水平记录是前一代技术，垂直记录是本代技术，SMR瓦片式磁记录则是最新技术，更遥远的技术则是热辅助磁记录HAMR技术。

如下图所示，这就是水平记录，磁粉被均匀地电镀在铝片上，然后用磁头来磁化出N极和S极，盘片不断旋转，磁头不断反转磁极，在磁道上磁化出下图所示的结构，每个小方块叫作一个磁畴，每个磁畴都有N极和S极。如下图所示。

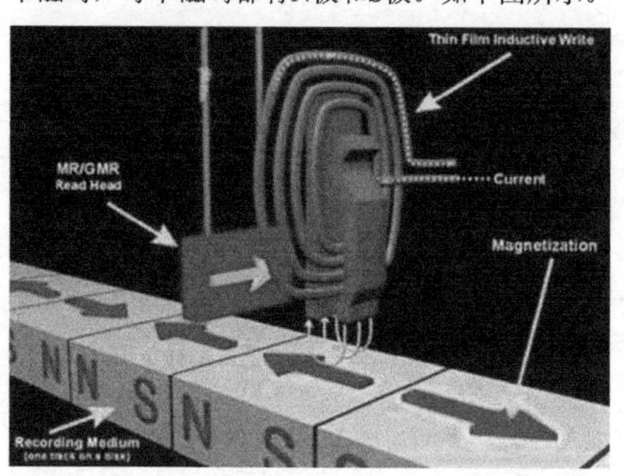

利用N极和S极的跳变来表示0或者1，比如，检测到N→S或者S→N跳变了，则表示0，N→N或者S→S则表示。如下图所示。

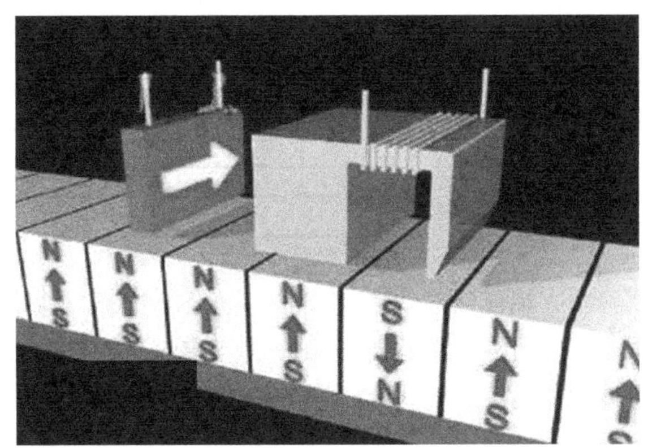

而垂直记录技术，则是将磁畴竖起来放置，每个磁畴依然有N和S，这样就提升了密度，因为间距变小了。

蓝色的是写头，红色的是读头，写头就是一块电磁铁。

如果将磁畴变得更小，则可以更加提升容量。但是之前所用的磁性材料，当降低其面积的时候，信号变得很弱，后来找到了新材料，磁畴很小，但是依然可以感受到其磁场，而代价是其常温下无法被磁化，所以在改变磁极时需要高温加热，这就是热辅助磁记录。如下图所示。

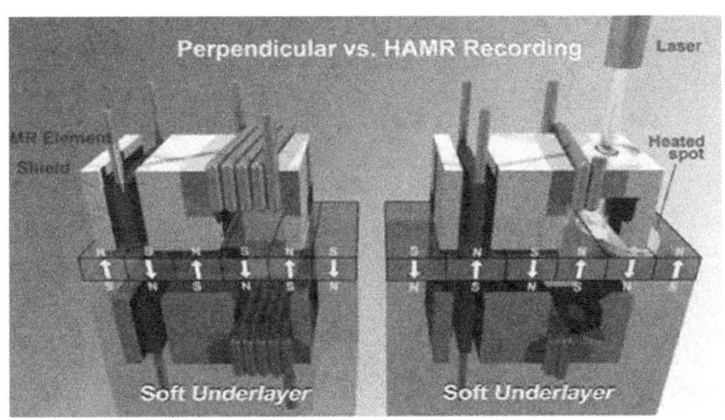

不幸的是，HAMR技术还未商用，有很多技术问题需要解决。HAMR出来之后，磁盘密度会提升数倍。

以上都是致力于降低磁畴的面积来提升容量。另一种方法则是降低磁道间距。目前主流磁盘的距离在100nm左右。而10TB/8TB的盘，采用的是SRM（瓦片式磁记录）技术。如下图所示。

SHINGLED MAGNETIC RECORDING

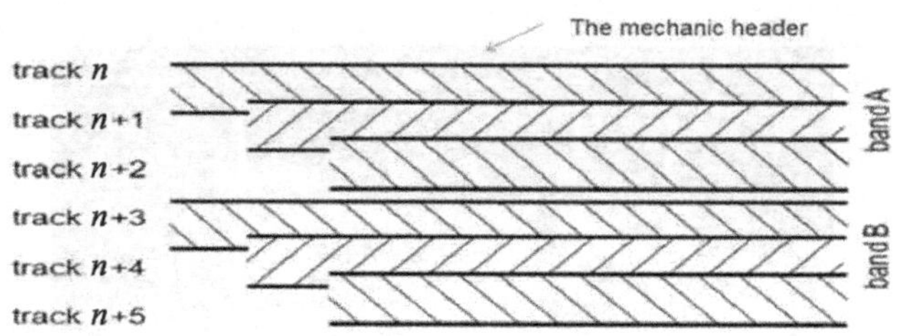

磁道相互覆盖，极大地提升了容量。代价，就是写头会同时盖住两条磁道，改写上面磁道时，下面会被误覆盖，所以要先读出来，误覆盖之后，再写回，而写回的过程中，又会误覆盖下面的磁道，所以需要将一整串都读出来，然后都写回去。Band和Band之间不会相互交叠。

2. 固态硬盘

再看一下固态介质。如下图所示。

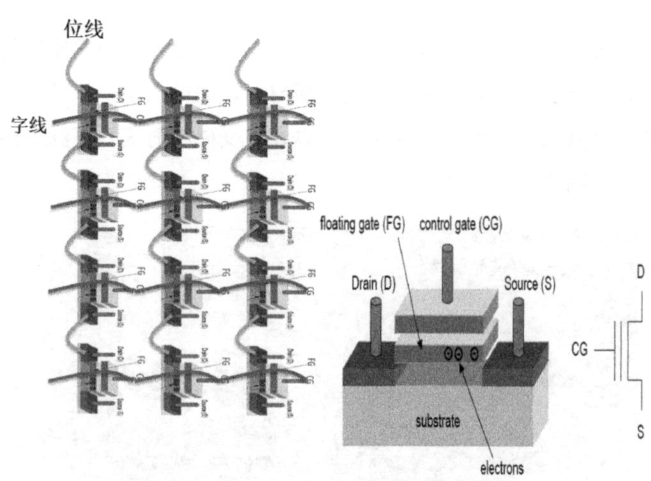

采用含有充电电容的半导体场效应管矩阵，搭建出NAND Flash，就是现在最为普及的Flash介质。NAND表示not and。

非和与的合体。MOS管串联，形成与的关系。0表示充电，1表示放电，形成非的关系。所以叫NAND。

NOR则是not和or的关系，NOR FLASH可以直接寻址每个BYTE，而NAND只能对全1的Page进行充电，而不能对某个Page里的MOS管同时充电和放电。

做到像RAM一样不是问题，问题是成本高，密度低。所以NAND Flash牺牲性能来换取空间和成本，才得到如今的广泛使用。

Flash颗粒+RAM+控制器+电容，组成了SSD或者PCIe Flash卡。如下图所示。

90%的成本来自于Flash颗粒，被几个大厂垄断。

晶圆生产线下来的产品，无一浪费，那些残次品被收购，卖到山寨厂做劣质U盘或者CF卡。

机械盘属于高精尖科技，国内玩不了，而SSD控制器门槛较低，只要遵循协议，就可以做，用FPGA，价格低廉，但是质量不一。

主要体现在算法上，NAND的写前擦导致了太多问题，要用算法来优化和解决。除了算法，驾驭Flash不同的Flash颗粒，不同厂商、批次、型号，也是需要时间积累的。

而对于NAND Flash，我认为也不会存在太长时间，因为其过于复杂。现在这些NAND Flash控制器都是基于这种复杂的根基来生存的，后续一旦有更高效的存储介质，NAND 控制器又会没什么玩头了。

再说说3D Flash。所谓3D就是在芯片上实现多层MOS管。传统的芯片，包括CPU，都是一层MOS管，不敢做多层是因为发热问题搞不定，CPU里的MOS管是用来计算的，电流不断地反复振荡，发热非常高。而NAND Flash中的MOS管是用来存储的，很少反复振荡，所以可以在一个芯片上铺盖多层，以提升密度。

至于这多个层怎么放，不同设计区别很大。

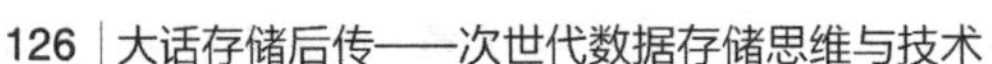

如下图所示就是两种不同的方式，左边是卷起来，右边是竖插。

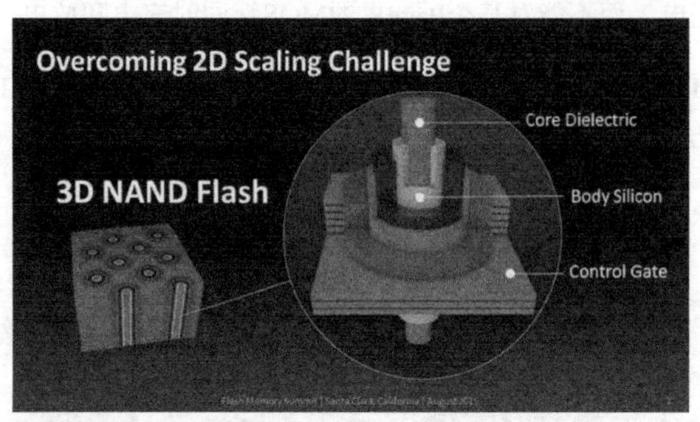

至于在芯片里面是怎么实现这么复杂巧妙的结构的，就不多说了。

Flash出错率很高，尤其是TLC，还有后续的QLC。需要强力ECC校验，目前最强的是LDPC算法，低密度校验码，已经达到了香农极限。如下图所示。

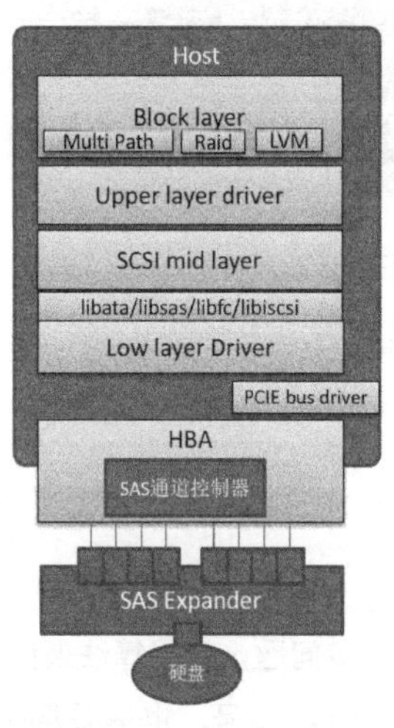

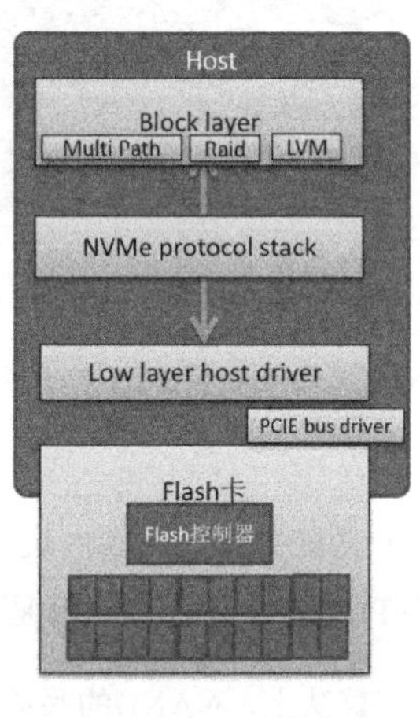

再来看看协议栈。左边是传统块协议，右边是NVMe协议栈。通用块层基本不会变，因为要保证上层的兼容性，当然，也有一些特殊系统连块层都绕过，自己重写一个轻量级内核模块来接收I/O块。

传统协议栈的问题在于太厚太复杂，尤其是SCSI层，包括三个子层和一个适配层。而NVMe协议栈直接挂接到块层，中间的主协议栈层很轻量，专门为了固态介质而生。最重要的是，其规范了底层驱动，标准化，并且原生支持多队列和多核心优化，提升了队列深度和队列数量，释放了Flash介质的生产力。

NVMe协议栈一般直接跑在PCIe上，当然也有人在做NVMe over Ethernet，over Infiniband。PCIe对网络拓扑支持太差，目前只支持树形拓扑。而Ethernet，Infiniband则灵活很多。目前一块NVMe协议的PCIE口Flash卡或者盘，IOPS都在七八十万元左右。

协议栈最大支持64K的队列，每个队列64K深度，当然，实际产品中一般不开这么多队列。

NVMe使用的队列方式，与一些高性能网卡、Raid卡、SAS HBA卡的驱动类似，只是标准化了，NVMe卡/盘无须安装驱动即可在最新Linux内核下使用，新内核已经自带了NVMe驱动，包括协议栈和底层low layer driver。

NAND SSD看似高端，但是厂商是有危机感的，因为这些东西发展太快，指不定什么时候就被淘汰了。这也是国内某厂商把自己卖掉的原因，标准化拼的就是价格，面对国际垄断大厂，压力很大。

3. 常见的存储体系

如下图所示为第一代DAS系统拓扑。

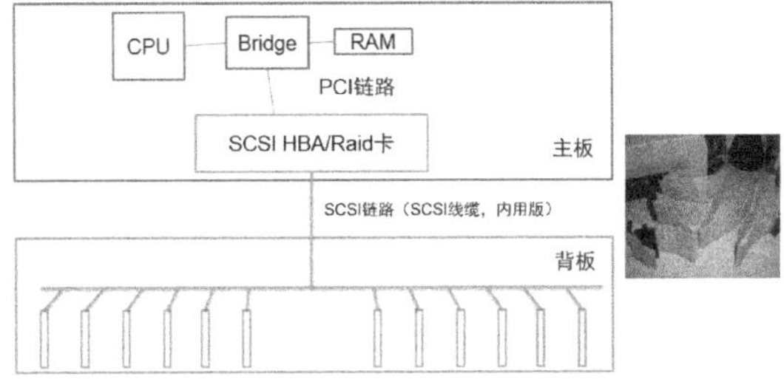

再来看看系统级的。磁盘连接到背板，背板连线到I/O控制器，I/O控制器通过PCI/PCIe连接到系统总线。早期是SCSI接口的体系。后来过渡到SAS。这就是SCSI盘、线缆、I/O控制卡。如下图所示。

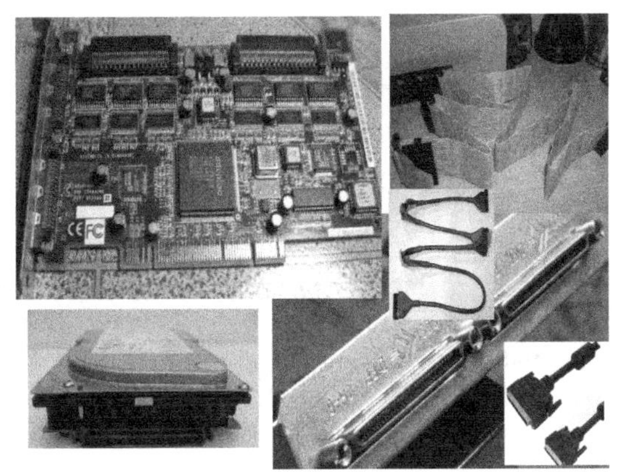

这是SAS体系的拓扑，可以直接连控制器，也可以通过SAS Expander交换，上连到I/O控制器。如下图所示。

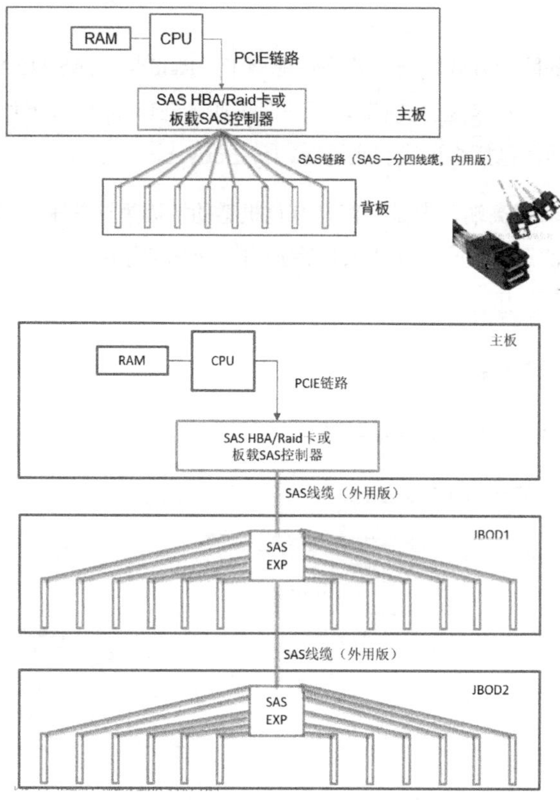

SAS Expander就是SAS交换机说白了，磁盘连接到交换机，再上联到SAS控制器，SAS控制器通过PCIe连接到系统总线。如下图所示。

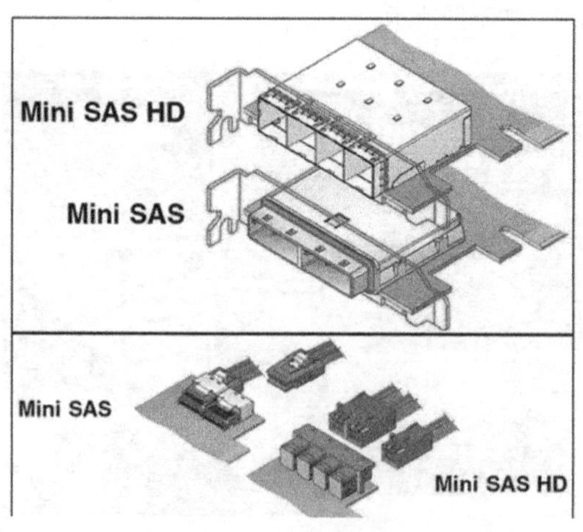

这是主流的SAS接口，宽口叫作Mini SAS，正方形口叫作Mini SAS HD，High Density。

里面信号都是一样的，就是形状不同而已。方口的更小，是宽口的1/2，同样空间容纳更多，所以HD了。如下图所示。

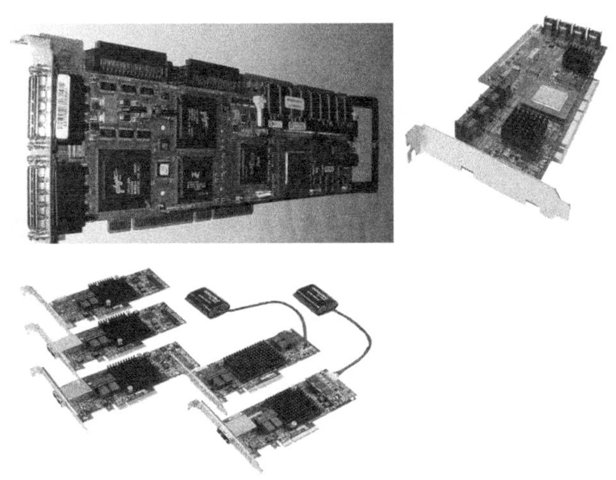

这是三代Raid卡的发展，第一代集成度很低，面积大，芯片多，第二代集成度高了，而第三代都是单片了，掉电保护用超级电容，掉电后将RAM数据复制到板载的Flash上保存。

Raid卡就是个小电脑，小电脑与大电脑通过PCIe通信。如果把这个小电脑扩开，扩成大电脑，就是存储系统了。如下图所示。

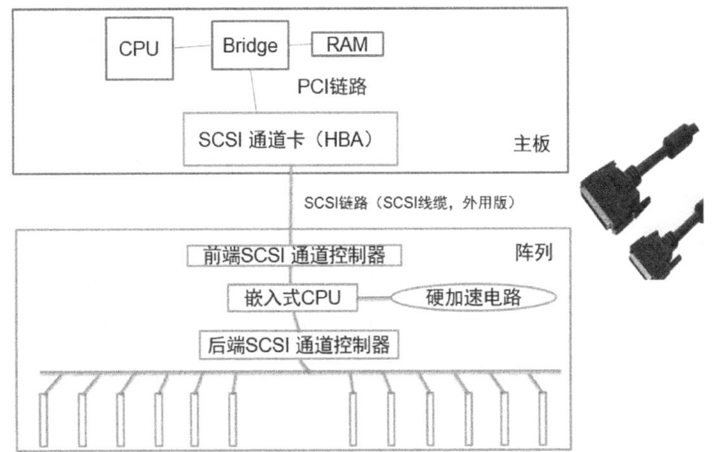

这个系统包括前端接口、后端接口和中间的处理逻辑。这个系统，如果做成Raid

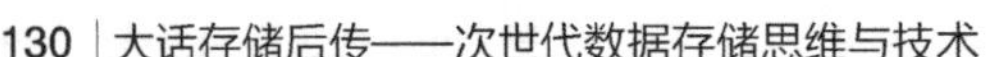

卡，那么前端接口就是PCIe，后端接口就是SCSI或者SAS，中间处理逻辑就是用嵌入式CPU和硬加速逻辑电路。

如果用x86服务器来做这个系统，那么前端接口可以使用FC、SAS等，后端接口还是SAS、FC、SCSI等，中间则使用x86 CPU来处理，基本不使用硬加速逻辑电路。Raid卡和磁盘阵列控制器的本质是一样的。

4. 双控和大型存储系统

如下图所示为双控和大型存储系统。

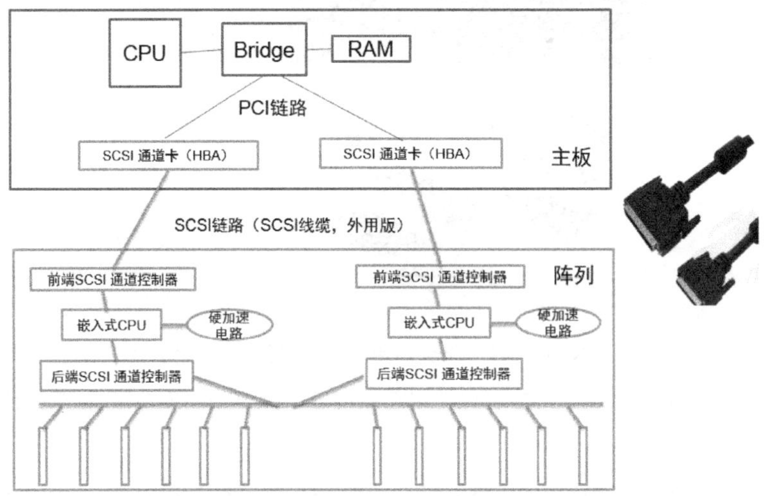

如果需要冗余，则可以使用双控架构。两个控制器共同连接同一批磁盘，然后相互协商，共同对外提供数据I/O。对应的架构有AP、ALUA/SLUA架构，具体就不多说了。

如下图所示，这是双控阵列的鼻祖，1995年的产物，其软硬件架构在现在看来都是很超前的。

1995 - HP AUTORAID

如下图所示，这是整个SAN的体系，所谓存储区域网络，就是通过网络来承载数据I/O。

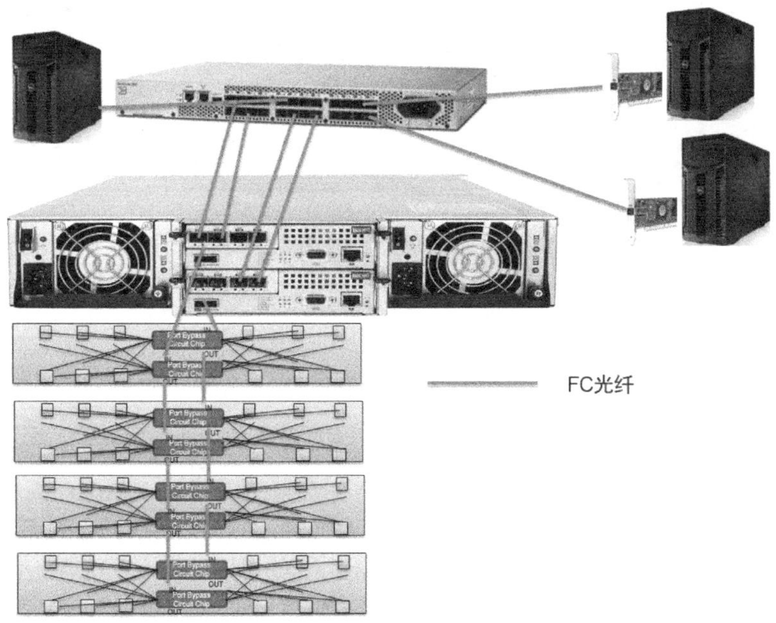

主机之前直接通过PCIe把I/O指令和数据发送给HBA，HBA再发送到磁盘，这属于DAS（Direct-Attached Storage）架构。

而对于san，主机依然是把I/O指令通过PCIe发送给HBA，但是HBA不直连盘了，而是连到了交换机上，I/O指令和数据经过交换机，传递到阵列前端的HBA上，HBA再转发给阵列的操作系统内的对应处理模块，完成处理，比如做Raid、远程复制、快照等，然后阵列再重新发起这个I/O，或者经过虚拟化之后的完全变样的I/O，给后端HBA，后端HBA可以直连盘，也可以通过Expander连盘，最终发给盘来处理。

传统的大型存储系统，无非就是两台互为冗余的控制器，接上一大堆JBOD。

中低端系统一般都是双控，高端一般是多控。如右图所示。

不过，目前主流高端存储架构，基本上说白了就是Server SAN。所谓Server SAN，其实就是分布式存储。

如下图所示是传统存储系统的软件架构示意图。主要是五个模块。

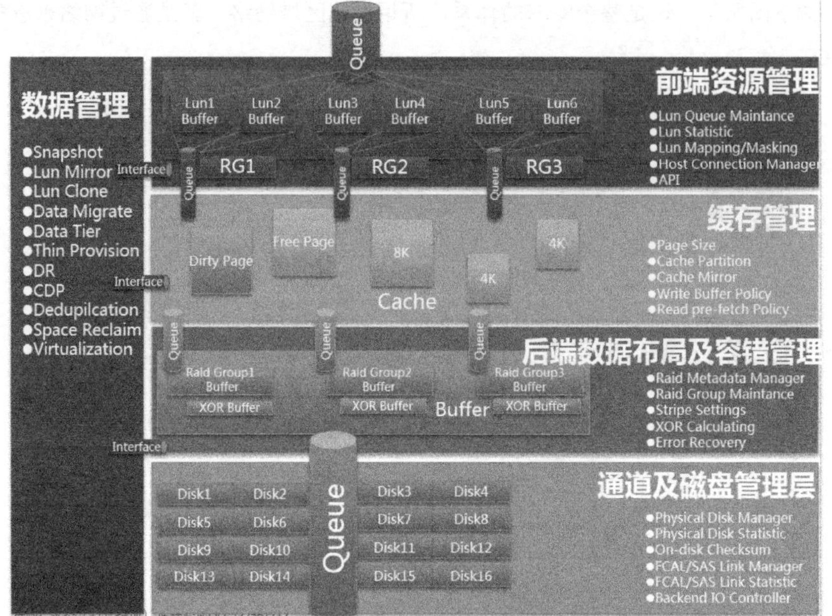

其中，最关键最有门槛的模块，并不是数据管理附加功能那部分，也不是缓存管理那部分，而恰恰是最底层那个，它是对磁盘、链路等硬件的管理部分，是传统存储系统赖以生存的根基。对于成百上千块磁盘，如何管理好，是个很大的挑战，存储系统70%的代码都在处理这个模块。

磁盘很不稳定，如果磁盘、链路故障率为0，那皆大欢喜，但是很不幸，故障率很高，而且是很烦人的故障，比如I/O超时，此时你是当这个盘坏了呢，还是采取其他处理方式？这里面有很多讲究了。一个不稳定的系统，就表明其在这方面积累很差。有些产品，规格很高，但是未必质量好，存储之所以为“系统”，就是靠里面这些处理逻辑，将不稳定的东西变得稳定，而这是需要经验、技术积累的，没个五六年、十来年，很难将产品做稳定，这也是传统存储系统所建立的壁垒，而如今，这个壁垒已经开始坍塌，因为固态盘的行为、性能、寿命等，与机械盘完全不同。

5. 双活数据中心

最后，说说双活数据中心。如下图所示。

双活数据中心就是把Oracle RAC拉开拉远。Oracle自己把这种方案叫作Extended rac。

RAC要求底层存储是共享的，只有一份共享的数据。而要搞双活数据中心，就得用两份数据，因为要考虑备份冗余，两份数据如何做到共享？答：如果这两份数据时刻一致，那么其行为就与一份共享的数据相同。所以，双活数据中心，本质上就是用两台阵列分别提供一份数据，而这两份数据通过阵列的同步复制功能时刻保证一致，而且做到双向同步，这样，两边的RAC实例都可以读写，RAC认为底层就是一份数据而不是两份。

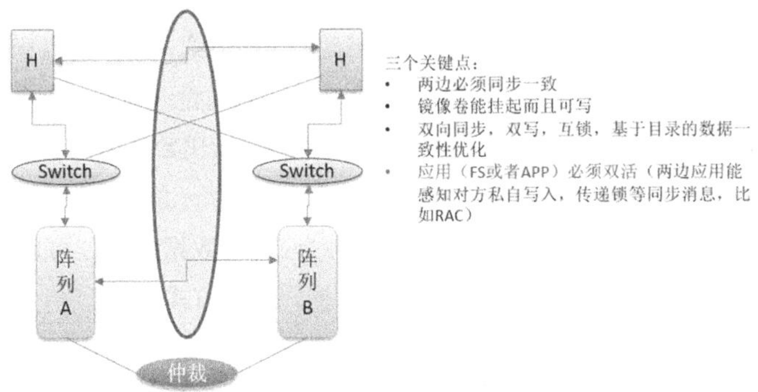

当然，再加上多路径软件，就形成了更加复杂的双活系统，可以防止任何链路宕掉所带来的影响。但是低价则可能意味着性能的降低。

远距离传输，链路问题很多，而且还有闪断、被挖断等事件发生。RAC是个耦合很紧的系统，其需要传送很多同步信息，一旦遇到不稳定，可能两边都卡机，双活变成了“双死”。

对于一个HA或者双活系统来讲，不怕宕机或者全死，怕的是“半死不活”。

所以，搞双活，要明确知道自己的目的。搞容灾要求踏实、可靠，追求极低的RTO RPO，其代价是平时的系统性能、稳定性降低，运维成本增高。而灾难发生时，即便是灾备端瞬间可用，但并不表示业务也瞬间可用。

6.2 高端存储系统江湖风云录！

学习本节内容建议了解多控缓存管理和集群锁、大话众核心处理器体系结构，因为这些基础知识都是理解高端存储体系结构的关键。

6.2.1 【主线1】正统高端存储系统——紧耦合？不！

国内多数人对高端存储系统的认识，起源于上图，这是E厂 Symmetirx DMX4高端存储系统的架构图。2005年前后，此图一出，顿时成为当时业界议论的焦点。原因

很简单，这张图让人反复琢磨，看不懂，深奥、神秘、深邃。冬瓜哥当时也是这种感觉，这到底是一个什么样的系统架构？为什么缓存放在中间？直到冬瓜哥彻底理解了其运行原理后，这个问题才得到彻底的解答，这是一个共享外部内存架构，但它并不是SMP，也不是NUMA，因为这些外部内存空间并没有被纳入系统的地址空间，这意味着，代码并不能直接使用load/stor指令访问这些地址上的数据，而必须通过I/O的方式，相当于这些RAM的访问方式类似于对磁盘的访问方式，每个磁盘扇区有一个LBA地址，系统要将LBA地址封装到SCSI指令中，发送给磁盘通道控制器（比如SAS通道卡），通道控制器再发送给磁盘，磁盘到对应的LBA读出数据返回。图中的系统，其对RAM的访问也是这样，将内存地址封装，通过下图所示的“Direct Matrix”网络的通道控制器，发送给中间的内存，内存读出对应地址数据返回。可以看到，不管是load/stor访存，还是I/O，其本质都是将数据取回，只是方式不同。

Direct Matrix Architecture

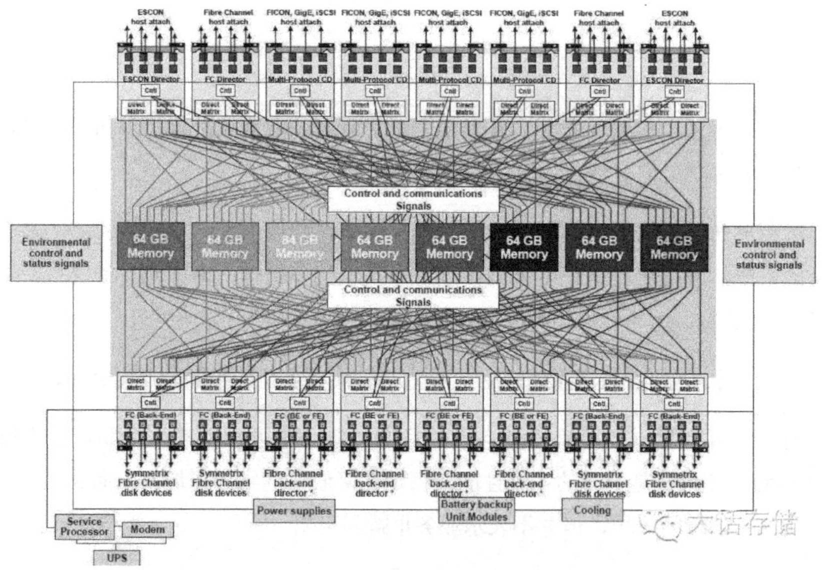

该系统本质上其实是16台计算刀片+8台RAM刀片的合体。计算刀片就是常见的架构，通用CPU+本地DDR RAM+前/后端通道控制器。RAM不是共享吗，怎么每个刀片上还有RAM？是的，每个刀片上有自己的RAM，这个RAM是可以被该刀片上的CPU直接load/stor存储数据的，刀片的OS运行时，数据就存在本地RAM中，每个刀片上都运行一个OS，所以，这个系统，其实是松耦合的MPP（大规模并行处理）系统。其共享的外部RAM是唬人的，并不可以直接寻址，其本质上相当于“高速硬盘”，多台服务器共同访问这块“高速硬盘”，并将数据缓存在这块“高速硬盘”中。什么？最正统的高端存储系统，冬瓜哥说它是松耦合，而不是紧耦合？没错的。冬瓜哥这并不是在哗众取宠，这是事实。这种经验需要程序员做过底层，针对多核心异构计算芯片做过编程。

什么叫紧耦合？紧耦合就是全局统一的地址空间，直接寻址的多CPU系统。而Symmtrix显然不是。Symmetrix DMX4的架构，更像是IBM Cell B.E处理器体系结构。

如下图所示是Symmetrix DMX4的实物图，可以清晰地看到，其控制部分，满配时，由左边8张刀片（CPU+DDR控制器+本地RAM+Direct Matrix网卡+前端FC网卡）、中间8张RAM刀片（Direct Matrix网卡+嵌入式CPU+DDR控制器+RAM条）、右侧8张刀片（CPU+DDR控制器+本地RAM+Direct Matrix网卡+后端FC网卡）组成，连线则在背板上。

其I/O流程如下：前端Director（就是含有前端FC控制器的那个刀片），接收到主机的SCSI指令，由SCSI Target端程序解析该指令，根据所做Raid的盘数、Lun的分布等元数据，前端Director上的程序将该指令翻译成一堆子I/O，这些子I/O将会提交给后端Director来执行。由于不能共享内存，这些子I/O请求，首先由前端Director上的程序调用对应的私有的Direct Matrix网络协议栈，封装为Direct Marix网络包，然后发送到对应RAM刀片的Direct Matrix网卡上，由RAM刀片上的嵌入式CPU进行包解析后，写入到板上的DDR RAM对应地址（一般为一堆的循环队列，数据结构上就是环形链表）中存放。然后前端Director通过物理中断线或者虚拟中断线（共享RAM里的某个Queue）向对应的后端Director发出中断请求，后端Director收到中断信号之后（或者不断地poll虚拟中断Queue获取信号），从对应的Queue中取出子I/O请求，获取其中的信息（其中包含SGL等描述信息，告诉执行者读出的数据需要存放的位置，或者待写入的数据所在的共享RAM中的位置），执行，也就是对后端的磁盘读写数据，将数据读出到共享RAM中存放，或者从RAM将数据读出到本地RAM，再从本地RAM写入磁盘。

什么时候能彻底地在纸上把上述流程画下来，格调就到了。对于一个系统，必须在脑子中进行时序分析，才可以最彻底地理解其运行机制，从而感受其设计初衷，甚至设计出自己的架构和产品。

至此，Symmetrix正统血统的“紧耦合”的神话和谬误，被冬瓜哥彻底土崩瓦解了，是不是觉得不可思议？看不太懂的请多加努力。

1.【支线】SymmetrixDMX的前身

如下图所示，其实在SymmetrixDMX之前，还有几代产品，其架构都是多台机器共同访问一堆外置RAM。只不过使用了不同的总线，这些总线甚至都不是标准的，是完全自己设计的，不过不重要，这些总线的运行机制，无外乎那几种。

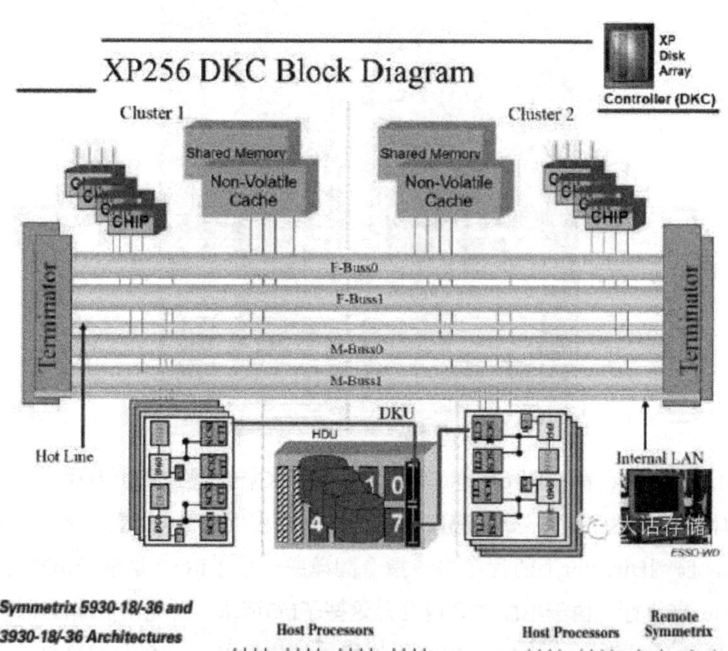

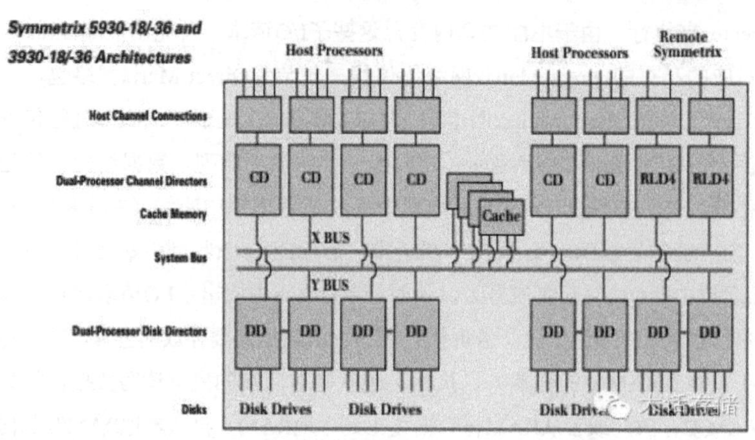

2.【支线】日系H厂 USP架构

与E厂Symmetrix同时代的类似架构的产品则是日系H厂 USP（见下图）。其机理类似，也是共享外部的RAM，但是多个刀片之间并不是直接连接到每个RAM刀片，而是通过一个Crossbar交换芯片与RAM相连，相当于加了个网络交换机，至于日系H厂用的是什么网络来连接RAM的，冬瓜哥也不得而知，不过这不重要，一般什么网络都可以用，无非就是性能的差别。其与DMX的另外一个区别，就是用了单独的一批RAM，专门存放元数据，如Raid组映射信息、逻辑卷的元数据、子I/O指令，等等。而用另一批容量较大的RAM存放实际数据。访问元数据RAM和访问数据RAM分别使用不同的网络，元数据网络讲究低时延，而数据网络讲究高带宽，至于原因，可参阅相关资料，这里不作介绍。

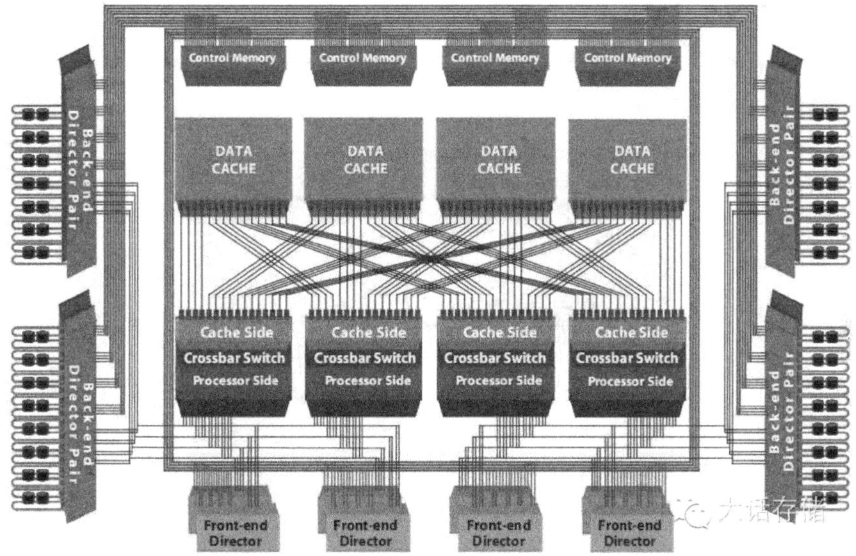

3.【支线】2005年的江湖

十年前，那时候的江湖上，存储这个圈子非常小，信息渠道很窄，不像现在。当时多数搞存储的人都在Dostor论坛讨论。

如今，Dostor论坛已经败落，新媒体层出不穷，信息严重爆炸和碎片化，2005年以后，国内存储厂商逐渐开花，积累逐渐深厚，有更多的人了解和从事了存储行业。

6.2.2 【主线2】Symmetrix DMX以及日系H厂 USP架构总结

1. 架构关键点

分布式集群。啥？堂堂的Symmetrix竟然是现在火热的分布式集群？的确是。多

个独立的服务器，每两台Director Pair挂起后端一堆JBOD，多个Director Pair组成分布式集群。

2. 架构关键点

物理共享RAM。与普通分布式集群不同的是，所有的集群节点，物理上，独享且直接寻址地访问本地RAM，同时共享访问集中的RAM。Symmetrix DMX的一个Director内的具体的硬件架构如下图所示。可以明显看到，这种架构是不适合直接寻址的，尤其是2005年时的体系下，其CPU内的架构、网络的速度、时延均不足以支持远程直接寻址，或者说RDMA。但是现在不同了，这是后话。就算假设Symmetrix DMX使用了RDMA，其也依然是松耦合系统，RDMA体系下，每个节点依然各自看到各自独立的地址空间，只不过是互相为对方的地址开了一个映射窗口而已，只要不是同一个全局地址空间的系统，或者说每个节点必须运行自己独立的OS的系统，都是松耦合系统。RDMA可以被称为半紧耦合，或者说强耦合。而紧耦合可以只运行一个OS，管理一个地址空间。

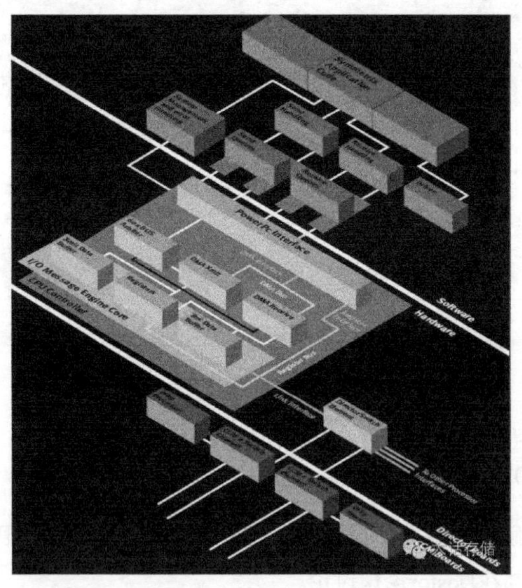

3. 架构关键点

对称式同构协作。不管是DMX还是USP，其都是一种局部对称+全局非对称式集群，比如DMX，8个前端Director之内是完全对称式的，角色完全相同，8个后端Director之内也是对称式，但是8个前端和8个后端Director以及8个RAM刀片之间，角色不同，所以是全局非对称式。

8个前端节点，其处理任务的模式是同构式协作，也就是每个节点都能独立处理一个任务的所有工序。这里的任务，就是I/O请求，一个I/O请求到来之后，需要解码（组成Parse或者Decode）、生成子I/O、创建数据结构、发射执行、完成返回、释放资源等多道工序，I/O处理场景无疑适用于同构协作而不是异构协作了。对称式同构协作有个好处就是一个节点宕掉之后，整个流水线不需要全被冲刷，而非对称式异构协作，一旦某个节点宕机，那么整个流水线都需要重新来一遍，不过对于存储来讲，计算量非常少，主要是数据复制传输过程，异构协作没有意义。

6.2.3 【主线3】日系F厂——强耦合共享式集群高端存储系统

与DMX和USP位于同一个时代的另一款高端存储系统，则是日系F厂的一款产品，其架构如下图所示。满配8台服务器，前端通过两台冗余的PCIE交换机连接，后端连接到8台FC交换机，一堆的FC接口的JBOD也连接到这些交换机，这样，所有服务器物理上可以直接访问所有磁盘，这与中低端双控存储的做法是相同的，只不过JBOD上的FC PBC芯片或者SAS芯片一般只出一个上行口和下行口，所以无法同时连接8个节点，因而只能使用FC交换机将端口扩开。多台服务器之间并不在物理上共享RAM，但是通过PCIE的NTB方式，将其他节点上对应内存的窗口映射到本地，实现RDMA，所以是一种强耦合型的集群。

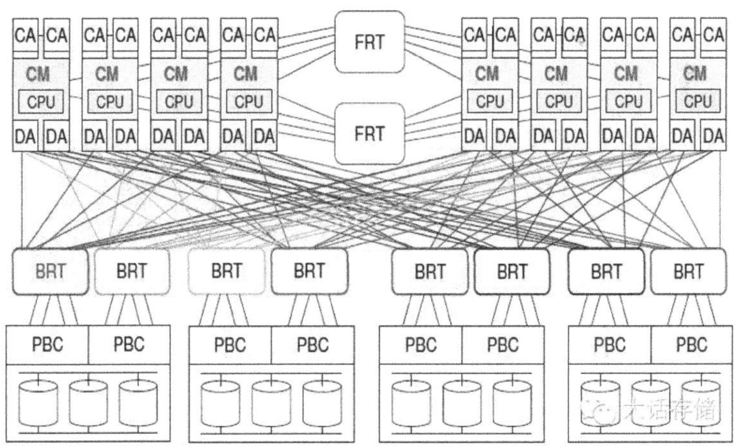

6.2.4 【主线4】E厂 VMax——落寞的开始

综上所述，纯正的高端存储系统有两大族系，一种是物理上共享RAM，另一种则是后端共享存储。但是，如果只有两个节点，即便是具备上述两个特点或者其中一个，也不足以被称为高端存储，还必须要求系统扩展性足够强。反过来，如果系统扩展性足够强，比如几十个节点，但是不具备上述两点中的任何一点的话，就不是正统的高端存储，只能称之为新时代的高端存储，只是规格上高端，架构上并不高端，反

而很市井。比如，数千个节点的集群文件系统，扩展性足够强，但是其并不是高端存储系统。

E厂的VMax就是这样一款骨子里就是一款市井Server SAN，但是打着高端旗号的高端存储系统。VMax的架构，就是将多套双控存储系统利用InfiniBand网络互联起来，形成一套多控的分布式存储系统，其后端的JBOD并不能被所有节点共享，而且，节点之间也不能共享内存。但是VMax对外声称的却是"全局共享缓存"，这与传统高端的"共享缓存"看上去类似，让人认为其依然保留着高端存储的纯正血统，但其实有本质区别。

1.【支线】E厂 VMax——唬人的"全局共享缓存"

对于一个分布式单一系统来讲，缓存是个比较重要的环节，尤其是缓存块/页与磁盘块在不同的节点上的时候，比如A节点磁盘中有数据块a，而数据块a的缓存可能在B节点，为什么呢？因为可能有前端应用从B节点写入了数据块a的最新副本，如果这个系统被设计成这样的话，那么就不能拒绝这样一种访问方式：客户端1向节点A写入了数据块a的新副本，然后，客户端2向节点B写入了数据块a的一个新副本，此时，节点A上的数据块a副本就必须被作废，所以B节点需要广播给系统内所有的节点，作废其上可能的过期数据，而且仅当所有节点都返回"作废成功"消息之后，B节点才能返回"写完成"消息给客户端。这种缓存管理方式，只有在多CPU紧耦合系统内，才是这么实现的，而且还加入了目录过滤器以过滤不必要的广播。所以，在一个利用慢速网络互联的分布式系统内，这样做是不可行的，性能会惨不忍睹。

分布式系统内的缓存基本上有两种设计模式，第一种，从任意节点都可以更新任何数据块，但是节点会将这个写请求转发给硬盘上有该数据块的那个节点来处理，也即按照数据块分配Owner，针对对应数据块的I/O，全部转发给Owner节点来做缓存，接收数据的节点本身不缓存对应数据块，对应数据块只会有一份缓存副本，这也是传统双控存储系统ALUA模式的实现方式，这样最简单，天然保证一致性，不需要广播，但是其劣势就是缓存空间不能被充分地利用，比如，如果某些应用只访问某些热点数据，而这些热点数据恰好只保存在A节点，那么A节点缓存会盛纳不下，而其他节点缓存却是空空如也。第二种，就是刚才说的这种，任意节点可以缓存任意数据块，其结果就是系统内可能有多个缓存副本，需要用广播实现实时的同步作废，来保证只存在一份有效副本，刚才也说过，这种做法在慢速互联的松耦合系统内不可行。第三种，要解决缓存空间利用不均匀问题，就得让任何块可以存在任何节点的缓存内，而这样会带来广播作废问题，所以进一步需要解决广播问题，如何不广播？可以使用某种算法来使对应数据块的缓存均匀地分配在所有节点。比如，形象地说，针对

LBA26的写I/O，系统可以使用26除以总共的节点数量，假设商为4，余数为2，则系统会将LBA26缓存在2号节点上，同理，LBA27则会被缓存在3号节点上，因为除以4余3。所有的节点一旦接收到某个块的I/O请求，先用这种算法算一遍，判断出其“应该”被缓存在哪个节点上，便直接发请求给该节点读写这个数据块。这样做，相当于每个数据块也有了Owner，解决了一致性问题，避免了广播，另外，利用类似Hash或者某种均衡性算法，能够让所有节点立即知道某个数据块应该在哪，避免了查表和遍历。

这就是全局共享缓存，但并不是说所有节点直接物理地访问共享的RAM。所以，VMax算是一款Enable了缓存的分布式系统，除此之外别无其他。

当VMax出来的时候，有人很久之前曾经写过一篇文章说VMax是NUMA架构。冬瓜哥当时也被忽悠了。然而，现在看来，这是错误的说法。

2.【支线】日系F厂DX8000S3——跟着一起落寞

VMax落寞之后，日系F厂也跟着落寞了。上面介绍的日系F厂的高端存储，是很多年前的，其与2016年推出的新一代高端存储已经沦为与VMax类似的架构了，只不过依然用PCIe Switch进行互联。再取一些花哨的名字，就像VMax把单个控制器叫作Director，双控组成一个Engine。而日系F厂把控制叫作Control Module（CM），双控组成一个“Cell”，名字嘛，浮云耳。如下图所示。

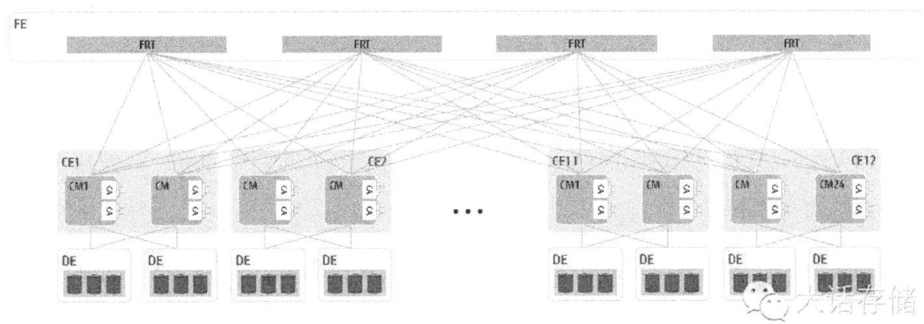

6.2.5 【主线5】骨气尚存，血统尚存——日系H厂 VSP

在VMax落寞的影响下，日系H厂却依然存有高端血统，虽然其使用了开放的x86平台，但是依然保存了多节点共享物理RAM的老方式，不过变化还是较大的。相对于USP，最大的变化，就是前后端通道控制器与主控CPU脱离，前后端控制卡（就是大SAS卡、FC卡）与DDR RAM都接到PCIE交换机上。相当于多个主控，通过PCIe识别到一片DDR RAM地址空间和一片I/O通道卡的MMI/O地址空间。每个VSD板上只有

CPU+本地RAM+PCIe边缘Switch，每个VSD运行各自的OS，实现同构对称式协作，共同驱动前后端I/O控制器，共享访问物理RAM数据缓存。I/O流程与上面介绍的类似。如下图所示。

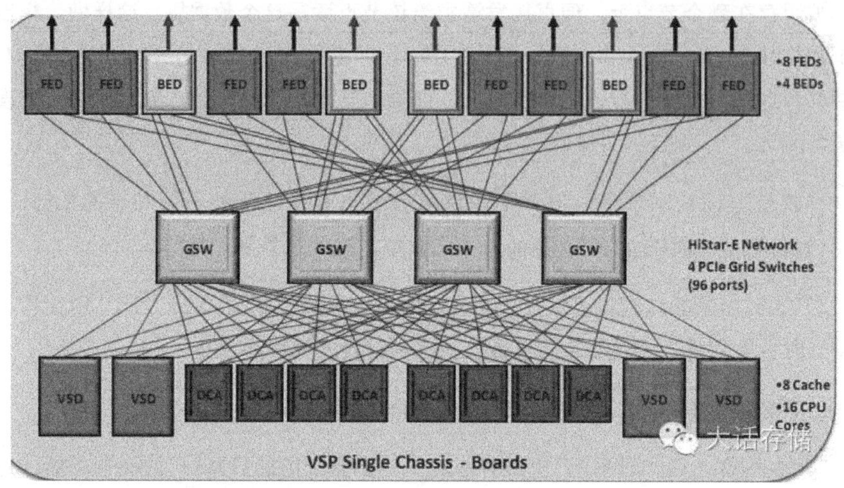

6.2.6 【主线6】国内“高端”存储纷至沓来

E厂没落后，许多厂商一听说要做高大上的大盒子、大机架，顿时犹如打了鸡血一般，仿佛是被这些所谓的高端存储的唬人的架构给弄晕了。

【支线】国内高端存储典型代表——宏杉MacroSAN MS7000

大家都知道，宏杉的存储系统是国内第一个实现Raid2.0的存储系统，也就是其CRAID技术。其高端存储系统的架构，属于对称式同构协作+后端全共享式集群，具有高端血统，所以宏杉MacroSAN MS7000可以说是国内自主研发的唯一一款具有纯正高端血统的存储系统。

其架构如下图所示。最大16个控制器，由8个双控组成，缓存镜像在双控之间进行。所有16个控制器直接通过SAS Expander网络来共享访问后端所有的JBOD，所有控制器同时看到且读写所有盘。这种架构与日系F厂之前那款纯正血统高端采用类似架构。节点间的消息通道采用PCIe Switch。采用PCIe方式的互联，可以避免其他开销，PCIe原生就是RDMA，而使用IB或者以太网同步的集群，其或使用传统TCP/IP等协议栈方式，或使用RDMA，但是无论用什么方式，其效果都不如直接用PCIe来DMA更高效，但是使用PCIe DMA的话，需要做不少的开发工作，包括PCIe Switch整个域的初始化，让对应的NTB声明对应的内存空间，这一步需要在PCIe Switch固件初始化的init string中设定，然后，还需要在OS内读出每个NTB所声明的空间长度，为其分配物理地址，然后需要将地址映射信息写入每个NTB的BAR0中所包含的配置寄存器中，从而实现多节点的相互DMA。如下图所示。

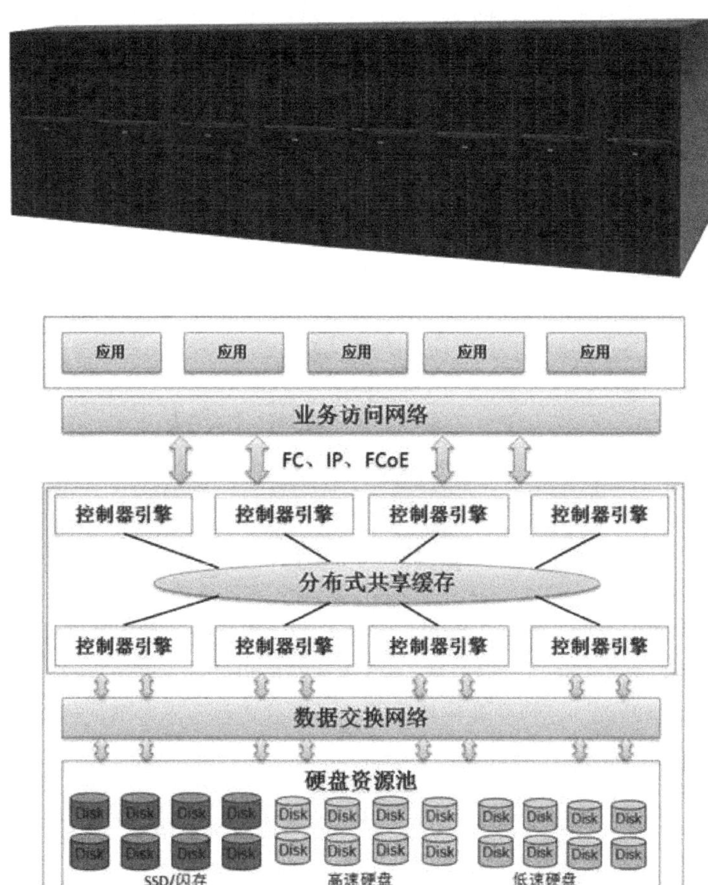

最大支持6TB缓存容量。缓存管理方式，采用对称式“真多活”，所谓“真多活”，就是任何缓存块均没有Owner，任何节点都可以缓存并处理任何块，这就需要所有控制器节点之间传递锁信号。MS7K存储系统采用4KB块为锁粒度，这已经是极限了，不可能有人做到低于4KB粒度的锁，当使用PCIe内存映射方式传递底层元数据信息时，PCIe的一个TLP有效负载最少为1BYTE，比如更新某个Bitmap，这1BYTE中包含8个bit，每个bit表示一个扇区，这1Byte则表示4KB，所以，4KB是系统底层的粒度极限。MS7K采用Token Ring的方式进行锁管理，任意节点均可接受任意块的写请求，接收到写请求的节点，会拥有该块的锁，并使用Token Ring的方式按序通知并作废所有其他节点上的针对该块的缓存。这种Token Ring的缓存管理方式，相比VMax那种使用Hash完全均衡分布的缓存管理方式，Token Ring会增加额外的消息流量，但是

却可以保证无数据转发，数据被写到哪个节点，就缓存在哪个节点，但是会有缓存空间利用不均匀的情况发生。而且在特殊场景下，会有Token的乒乓效应，也就是前端主机不停地从多个节点写入相同地址数据块，此时Token会被不断地抢来抢去。但是这种情况一般不太可能发生，除非故意为之。GPFS集群文件系统也使用相同的缓存管理方式。如下图所示。

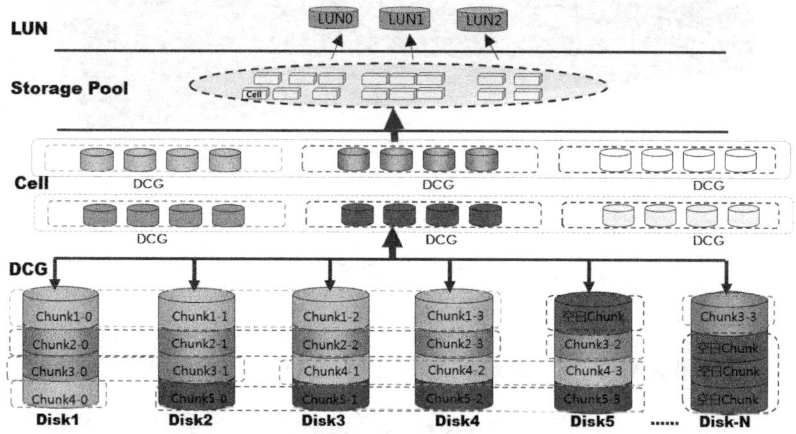

底层数据布局方面，采用了Raid2.0技术，将条带浮动于物理硬盘之上，Raid2.0技术，在此不再赘述。值得一提的是，MS7K支持RaidTP，也就是Triple Parity，可以允许任意三块盘故障。其他软件特性，其实业界基本都差不多了，该支持的都支持了，有用没用的，全支持。

不容易，宏杉独自前行，自主研发，率先支持Raid2.0，还推出了具有纯正血统的高端存储系统，可以说是国产存储的骄傲了。

6.2.7 大结局

在冬瓜哥看来，高端存储的体系结构，没什么意思，随便一片SAS I/O控制器或Raid控制器的体系结构的复杂度足以秒杀任何高端存储的体系结构。

“互联网+”让一切东西开始躁动，改变了生活方式，改变了人们的追求和希望。江湖在何方？往事不堪回首，即便是世上已无江湖，心中的江湖，依然是风起云涌，英雄辈出，不断激励着我们奋进！

漫漫长路远，冷冷幽梦清，雪里一片清静。可笑我在独行，要找天边的星。有我美梦作伴不怕伶仃，冷眼看世间情，万水千山独行找我登天路径。让我实现一生的抱负，摘下梦中满天星，崎岖里的少年抬头来，向青天深处笑一声。我要发誓把美丽拥抱，摘下闪闪满天星，俗世翩翩少年歌一曲，把心声写给青山听（见下图）。

6.3　惊了！原来高端存储架构是这样演进的！

E厂和日系H厂在Symmetrix和USP时代的那个最正统的高端存储系统，并非什么NUMA架构，也并非什么共享内存架构，而是彻底的多机并行处理MPP架构，只是在数据缓存上采用了集中式的共享缓存，请注意，共享缓存并不等于共享物理地址空间，这两个词看上去相似，实际上有本质区别，后者指所有节点处在同一个物理地址空间内。

我们都知道中低端存储系统采用的是双控共享访问后端的全部磁盘扩展柜，形成如下图所示的架构。

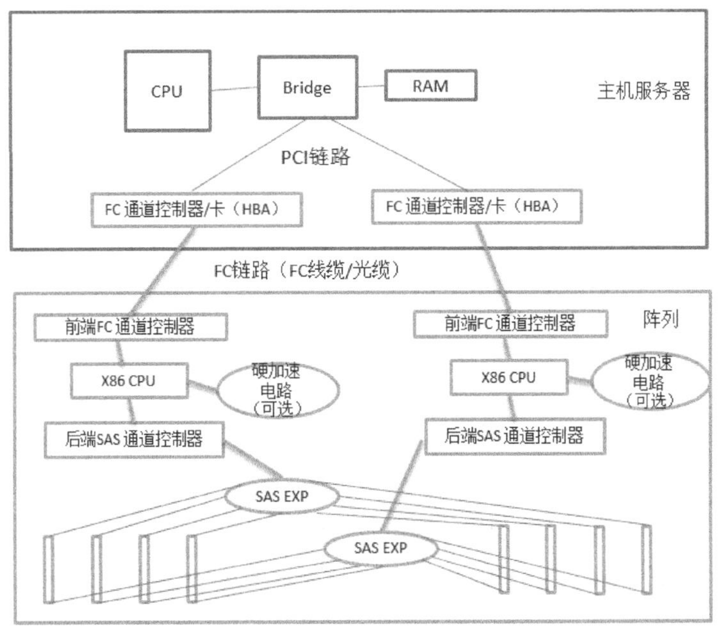

该架构是传统存储系统的关键点之一，正是利用后端共享存储的方式，才使得两个控制器之间能够在任何一方出现故障，或者某个链路出现问题之后，系统依然可以从另外一条路对硬盘进行访问。如下图所示。

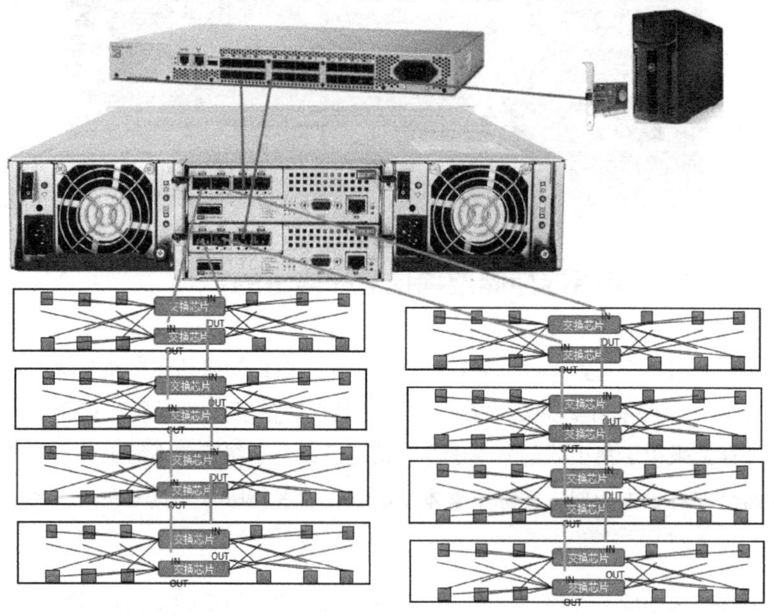

高端存储相比中低端存储，可靠性和性能必须更高。怎么就高了呢？很简单，把双控改成多控，可靠性自然就高了。也就是说，多控（比如8控、16控）需要共享访问后端的全部磁盘，这样就可以有更高的冗余度，比如8控，就算同时坏掉7个控制器，那么仅存的那个控制器依然可以接管所有I/O请求，达到极高的可用性和可靠性。

遗憾的是，当时还没有出现SAS盘，企业级硬盘都是FCAL接口的磁盘当道。FCAL协议是不允许同一个环上存在16个Initiator端的，想让一块盘同时接入16个控制器的话，就意味着硬盘必须提供16个单独的FCAL接口接到16个Port Bypass Circuit芯片上，也就意味着一个JBOD中需要容纳16个PBC芯片，上述每一样都不可能被产品化。

这下尴尬了，怎么办？技术上和产品化方面都困难重重，干脆搞个分布式架构吧，也就是，同一个硬盘依然只被一对儿控制器共享访问，但是采用多对儿控制器，用高速网络互联起来，采用这个网络来承载与双控系统一样的心跳、缓存镜像、I/O转发等流量。

这个妥协很致命，会把冗余度降低一大截，因为在这种架构之下，一旦同一对儿控制器中的两个成员同时故障，那么其后挂的磁盘就无法被任何人访问了，系统就会宕机。但不管怎样，其的确可以有较大几率防止*N*/2（*N*=控制器数量）个节点同时宕机，系统依然可用，比如满配16控，如果其中的8对儿中每对儿恰好有一个节点宕机，系统依然可用，但是绝对做不到15个节点同时宕机时的可用性。

分布式系统下的缓存管理是个极具挑战性的工作。冬瓜哥在《分布式缓存管理与集群锁》一文中详细的介绍了其底层技术及挑战。分布式系统下最简单的缓存方式就是将数据切片然后按照Owner来分配缓存，从非Owner节点进入的I/O请求一律转发到Owener节点，这样最简单，皆大欢喜，而且也是目前绝大多数分布式系统所采取的方案。

当然，如果采用最简单、最粗暴、最傻的方案，那么就没有任何格调可言了，当然也就没有了噱头，也就没有了谈价格的资本。所以，高端存储系统当然不可能轻易就范，那么，E厂和日系H厂这俩伙计当时怎么玩的呢？是这样玩的：既然每个控制器节点都有自己的数据缓存，而分布式导致了缓存管理上的复杂性，那不如干脆大家都别缓存数据了，别把缓存放自己这了，自己只留一两条RAM存放本地OS运行时代码，所有的元数据、用户数据缓存等全部拿出来，用一堆RAM单独存放，每个节点通过某种总线或网络访问这一堆RAM，所有人都可以访问到所有的数据缓存。这样的话，不管I/O请求从哪个节点进入，其数据总被缓存在这个集中共享的RAM内，并且可以通过对共享变量进行加锁来实现时序一致性和并发写一致性，实现真正的多活。这片RAM不但用来当作数据缓存，而且还被用来作为多个控制器节点之间的消息传递渠道。

这种架构的典型代表产品就是E厂 Symmetrix DMX（Direct Matrix）以及日系H厂USP。其架构示意图如下图所示。

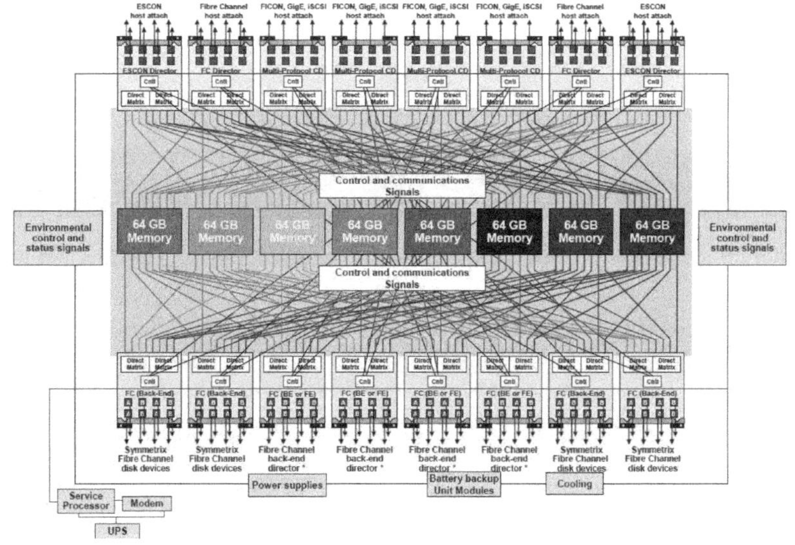

其中，日系H厂的设计相对E厂的设计增加了一小堆性能相对高一些的SDRAM内存，专门用于存放元数据表、各个节点之间的消息等元数据，也就是下图所示的ControlMemory；而数据缓存的角色单独采用容量更大但是速度也低一些的SDRAM来担任。

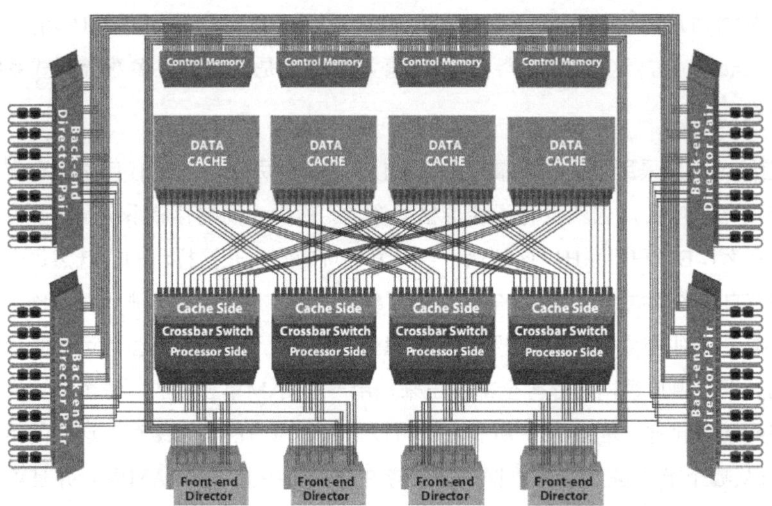

至此，冬瓜哥要说出那个字了——“拆”，也就是把数据缓存从本来在各个节点上直连在CPU的内存控制器上，拆出来，通过外部总线连接，而且是让多个节点同时地、共享地连接。那么，有什么网络可以做到既不损失太多性能又能够让多节点同时连接到同一个RAM地址空间呢？答案就是PCIE。抛开厂商的过度包装，冬瓜哥亲手画了一个PPT。如下图所示。

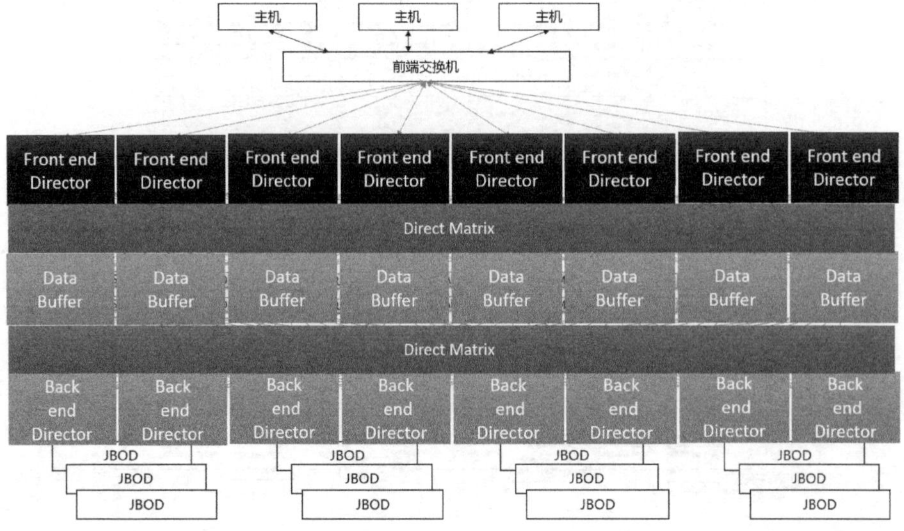

下图是Symmetrix DMX包装之后的概念和架构图。如下图所示是被冬瓜哥脱掉外衣之后的图。

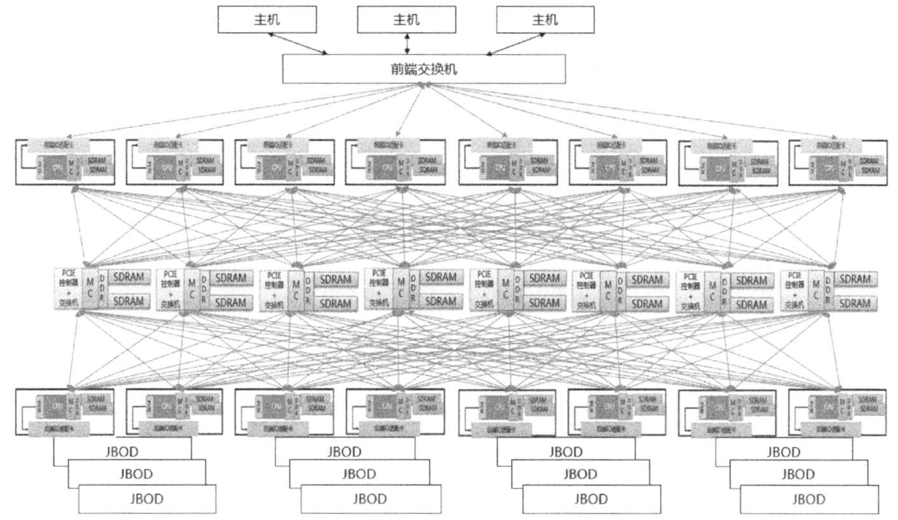

怎么样，是不是感觉豁然开朗了。仔细观察可以发现，咦，中间的内存模块上不是还是有个Switch的吗？是啊，必须的。那么为何还忽悠什么“Direct Matrix”架构呢？人家的确是每个控制节点和8个RAM板之间点对点直连，只是没告诉你RAM板上有个Switch而已。

而日系H厂 USP实诚一些，直接在架构图中就画出了Switch，不否认，也不称为点对点直连架构，但是人家不管它叫PCIe Switch，这样太俗，起了个高雅名字，Crossbar Switch。这名字忽悠外行人还可以，忽悠专业人士就露馅了。其实不管是什么交换芯片，其底层都是Crossbar。看看日系H厂的内存板上是不是赫然摆着两片Switch？

好，如下图所示，如果仔细观察的话会发现，前端控制器节点只安装了前端I/O控制器，而后端控制器节点只安装了后端I/O控制器。而在传统双控存储系统设计下，同一个控制器节点既有前端I/O控制器或者HBA卡，又有后端I/O控制器/HBA卡。如图6-42所示，左侧是传统双控架构，右侧则是高端存储的架构（为了简化起见，没有画出满配时的拓扑）。也就是，高端存储系统把前后端I/O控制器从本来紧耦合在同一个节点，又给拆开到不同节点了，于是才分成了前端节点和后端节点。为什么要这么设计？还是出于可靠性考虑。左侧架构下，如果该节点宕机，那么整个系统会损失一对前后端I/O控制器。右侧架构下，如果某个前端或者某个后端节点宕机，所损失的只是前端或后端I/O控制器，而并不会一坏就是一对儿前后端。

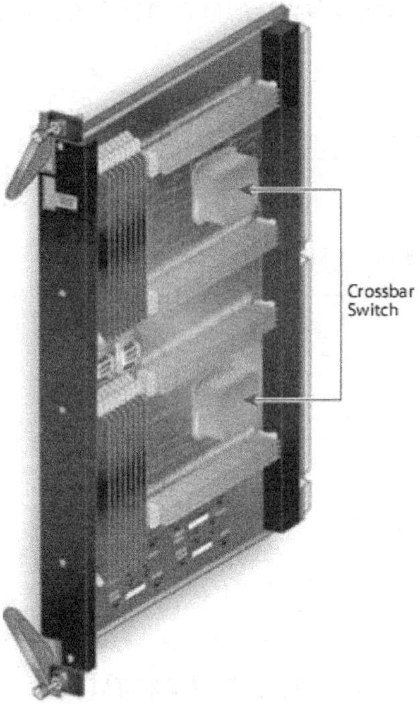

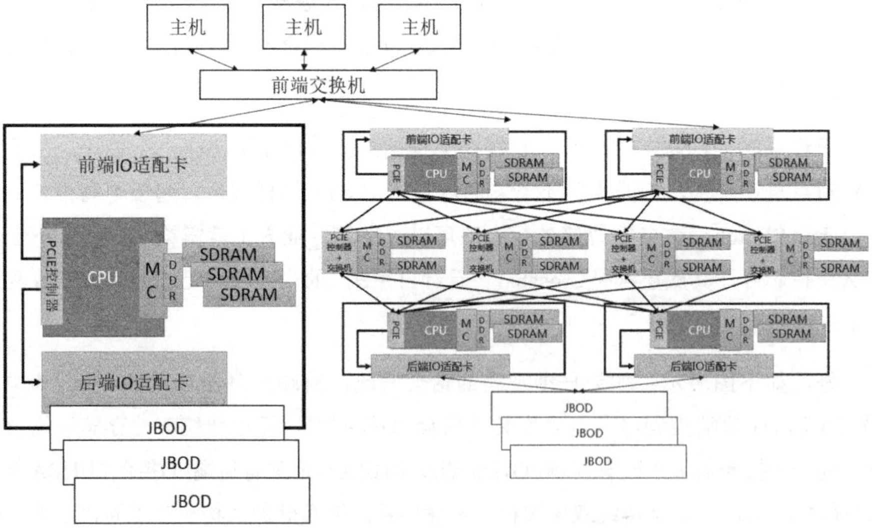

我们看到了，在把数据缓存从与CPU紧耦合的DDR控制器拆开到控制器节点外部之后，又将本来紧耦合在一个节点内的前后端I/O控制器给拆开了。拆吧！乐此不疲，后面我们会看到还能在此基础上继续拆！

话说回来。这种架构看似与传统双控架构大相径庭，看似“高大上”，而事实上该架构单从效率上讲其实是有所降低的。我们仔细观察该架构就可以发现，其本质就是如上图右侧所示的架构。其将本来使用DDR接口与CPU相连的RAM，一部分搬移到外面，采用PCIE接口相连，这无疑降低了访问部分内存的性能。

也就是说，拆开数据缓存之后，增加了可靠性，但是却降低了性能；同理，拆开了前后端I/O控制器，那么前端的任务下发到后端时经过的路径也就长了，以增加时延的代价换来了更进一步的可靠性。但是，由于是多控并行处理，其吞吐量相比双控来讲，虽然单节点效率降低，但是多节点性能总和的确是提升了。

同比而言，左侧的传统双控架构则更加紧凑，前后端的消息传递直接通过DDR接口访问内存，速度更快，但劣势是前后端耦合在一起，一旦该节点故障，则会损失一对儿前后端访问通路。

还没结束！拆，接着拆！

在这种思路指导之下的后续架构发展想必大家也可以推断出，其将会继续拆分各个角色。的确，日系H厂在USP之后，搞了一个新一代的VSP高端系统。我们可以想一下，还能再将什么拆开？对了，那就是再把所有I/O控制器，不管是前端还是后端的，都与CPU松耦合分拆。I/O控制器之前是通过PCIE直连到CPU的，现在，可以在所有前后端I/O控制器之间增加PCIE Switch，所有的控制节点也通过Switch连接这些I/O控制器，CPU板成了光杆司令（仅存用于运行OS核心代码的DDR RAM）。也就是如下图所示的架构。

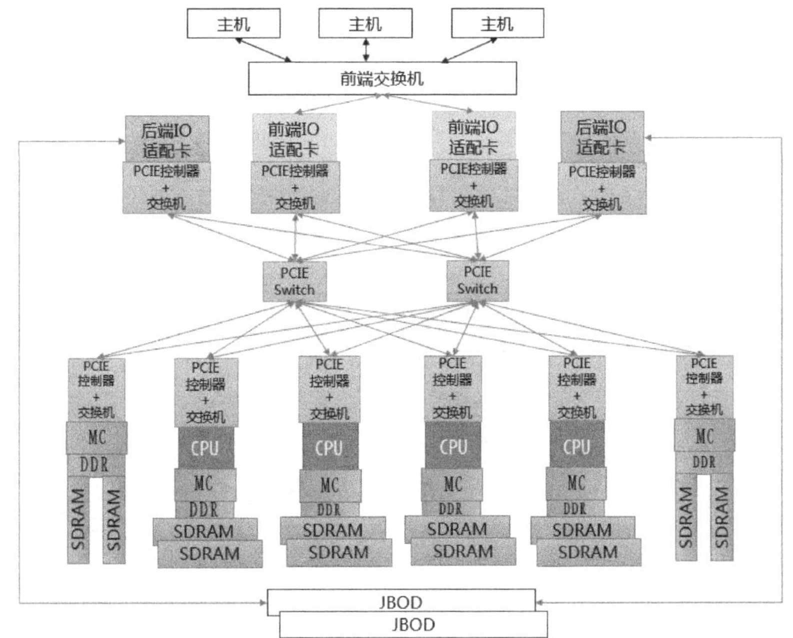

我们再来看看厂商包装之后的图样。如下图所示。

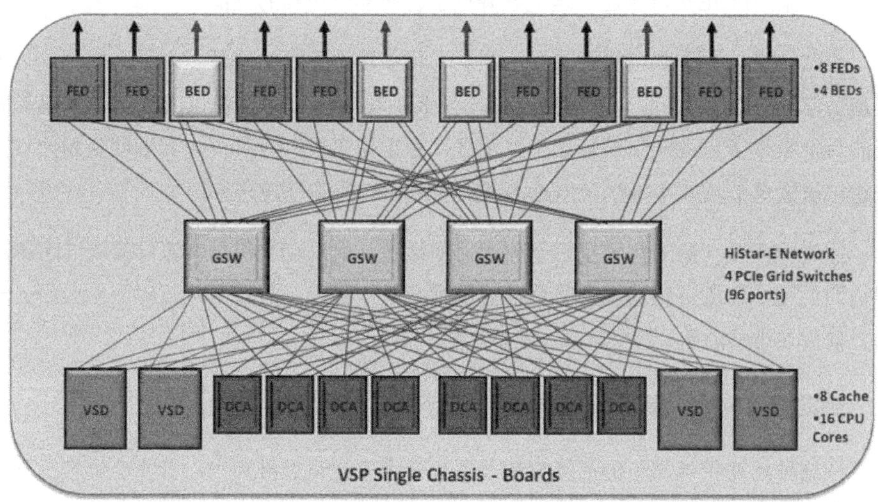

再看看VSP的各个板子上，是不是都带了1个或2个边缘PCIE Switch。如下图所示。

从上述高端存储系统架构发展史可以看到，这类架构的出发点很简单，那就是将能拆开的角色全部拆开，直到无法再拆为止。日系H厂 VSP的这套架构已经是分拆这条路线的终点站了，因为再也没有什么可以拆开的了。CPU和本地DDR内存不能拆开，因为这里面放的是本地OS运行代码，拆开之后时延将会非常高，严重降低性能。

而E厂似乎已经看到了这条路即将走到尽头，于是在DMX之后，并没有沿袭日系H厂的路继续拆，而是拱手让给日系H厂，让其自己跟自己玩了。我们知道，E厂转玩分布式了，彻彻底底的分布式，采用彻彻底底的分布式缓存管理，而非集中式，再也不拆了。如下图所示。

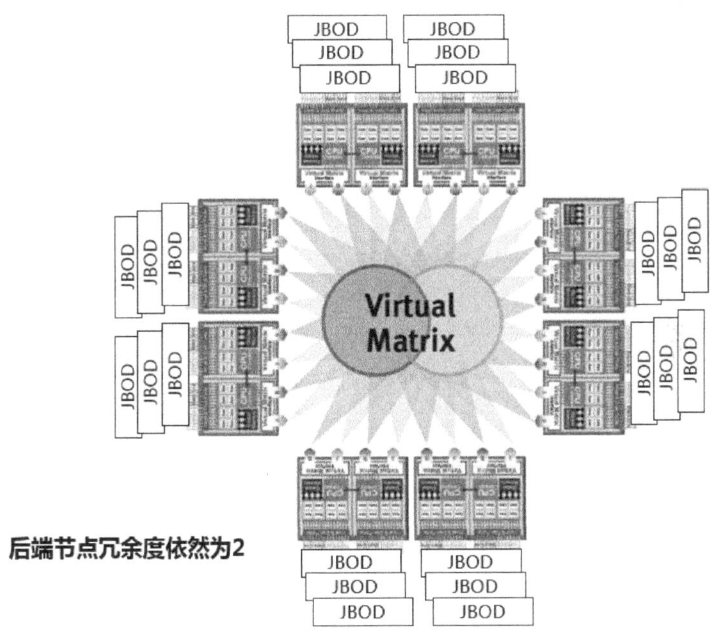

上述高端架构能够在一定程度上增加系统的可靠性，但却是以损失性能为代价。要想既不损失性能，又有足够的冗余性，那还得看另外一个隐藏派系的高端存储架构，也就是浪潮AS18000所采用的全对称式后端共享式架构。如下图所示。

该架构的优点显而易见，其并没有将数据缓存分拆，集中存放，本地CPU访问本地RAM依然使用DDR接口，享受高速率，同时本地CPU也可以访问其他节点的RAM，其通过使用NTB的方式，通过PCIe Switch来使得全局的缓存依然可以被多个节点共享访问，这相当于基于PCIE网络的全局MPP局部NUMA架构。这样，性能就不会像之前那种做法一样降低程度了。此外，前后端I/O控制器/HBA依然处于同一个节点

内紧耦合，性能保持不变。如下图所示。

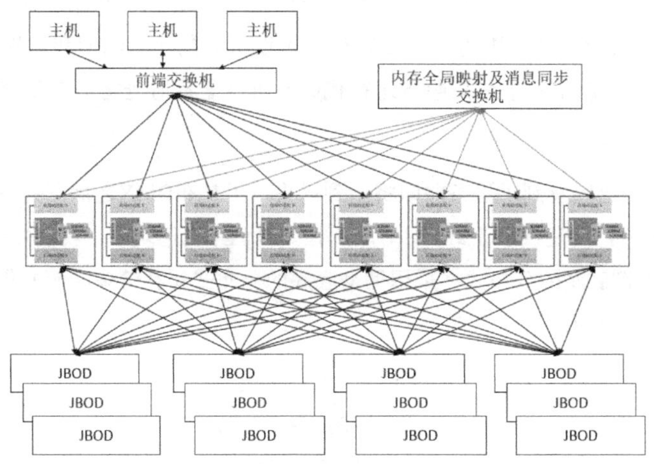

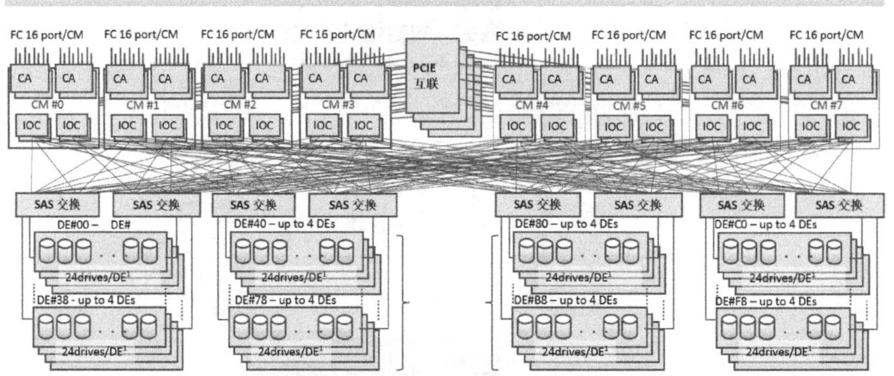

同时，由于所有的后端JBOD都可以被任何节点直接访问，而并非之前架构的同一个JBOD只能最多由两个节点访问。这就意味着，后端访问通路的冗余度可以大于2，比如，AS18000满配16个控制器，则其冗余度就是16，可以允许最大15个控制器同时故障，哪怕系统中仅剩一个控制器，整个系统依然是可用的。如下图所示。

综上所述，浪潮AS18000的全对称式后端共享架构，能够在保证性能的前提下，极大地提升系统的可靠性及扩展性。

6.4 传统高端存储系统把数据缓存集中外置一石三鸟

E和H二厂的辉煌时期的高端存储——USP和DMX，无一例外地都选择将数据缓存外置，用某种网络，比如PCI-X/PCIe，将数据缓存与所有控制器CPU连接起来。这种设计如果都做成像CPU里那种独立的L1、L2 Cache（一级缓存，二级缓存）的话，各缓存各的，每个CPU都可以缓存任意物理地址数据，那么就会导致同一个物理地址的数据在多个CPU缓存内部存在多个副本，这些副本内容可能相同，也可能不同，内容不同是一瞬间的，MESI以及其衍生缓存一致性管理协议会保证每个CPU只看到相同的内容。

可以看到，独立缓存+缓存一致性协议，是非常复杂的系统，其格调很高，当总线速率够高、时延够低时，其性能是较高的。但是随着节点数量、规模扩大，总线速率逐渐降低，甚至降低到外部网络这一级时，这种玩法就不妥了。其次，其实现较为复杂，成本很高。反观目前多CPU体系结构里的LLC（Last Level Cache），其是多CPU共享的，也就是所有在LLC中缓存的内容，只有一份副本。而目前的商用产品里，LLC并不是集中的某片SRAM供多CPU访问，而是将其打散，每个核心前端放置一小块，相当于做了类似Raid0的方式，按照缓存行（一般为64B）为粒度分散存储在所有LLC分片中，分散策略是利用对缓存行地址的Hash值来索引LLC分片，也就是说每个缓存行必定存储在固定的LLC分片中，这样可以省掉元数据及查表过程。某个核心要读取某个缓存行，如果其存储在其他核心前端的LLC分片内，那么就需要通过前端总线访问该LLC，而不能像独立缓存那样无论别人缓存里是否已有该副本都直接缓存在自己这。这就是所谓“分布式共享缓存”。

回头再来说说高端存储系统的缓存管理，10年前的高端存储系统规格无论是从CPU、RAM、总线还是外部网络方面，都赶不上今天。想要搞独立缓存的话，就得配以缓存一致性协议，就得使用高速总线/网络，10年前是搞不了的，但是当时这两个厂商无一例外地都选择了将数据缓存集中外置的方法，这样做不需要使用一致性协议，因为天然只有一份副本，大家共享访问，可以省掉缓存管理方面大量的工作。同时还可以让系统结构与众不同，提升认知门槛，一石二鸟。这第三鸟，则是通过将部件拆分成更小的颗粒度而提高了系统的可用性。

然而，后来E厂推出的高端存储VMax系列，采用的就是分布式共享缓存了，这还是要得益于这么多年来网络的提速和成本降低，其采用InfiniBand高速网络来承载各个

节点之间相互的数据缓存访问，与CPU内部针对LLC的做法一致。而同一时期的H厂的VSP高端存储系统则依然维持集中数据缓存的设计，只不过其也是利用了更高速率的PCIe网络来让所有CPU访问这些内存。

VMax采用分布式共享缓存，CPU连接本地RAM采用DDR接口，速率很高，访问其他缓存分片则采用InfiniBand，速率相对要低。为了降低时延，采用基于IB网络的RDMA方式，直接访问内存地址，而不是通过封装成网络包、中断、协议栈处理的方式。这就会导致一个结果，要访问的数据命中在本地缓存分片则访问速率很快，命中在其他节点的缓存分片则访问速率会变慢，导致不可预知的时延。而VSP的集中式共享缓存的优点显然是拥有绝对一致的访问时延，缺点是所有节点都使用PCIe来访问缓存，并不如DDR快，但是却比IB网络要快，最终谁的平均时延更低，真不好说。

6.5 传统外置存储已近黄昏

2015年10月，E厂被收购，正式标志着一个时代的尾声。2000—2020年或许就是传统外置存储系统的第一个纪元，2005—2015这10年则是该纪元的辉煌十年。

至于存储系统的下一个纪元会是什么样子，如何发展和解决，冬瓜哥也不清楚。

2011年在Dostor媒体网站发表的《传统外置存储系统或将迎来严酷冬天》原文：

[导读]后方被固态存储介质追杀，前方则遭遇云架构的围堵，传统外置存储，将会走向非常窄的道路，需要外置存储的场景将会仅限在少数行业的少数系统中，仅有少数厂商挣扎存活，偃旗息鼓，然后漫长的等待着新技术新革命时代的到来。更有甚者，单纯存储厂商或被IT巨鳄们收购也不是没可能。

6.5.1 存储这十年

眨眼间，我担任存储产品设计规划工作已经一年多了，对存储系统的发展有了一些感触。2002—2009这7年里，应该说是存储行业在中国落地生根的时期，那时候国内有不少工程师活跃在各种技术论坛上，讨论存储系统的基本原理、部署配置等。我记得那段时间内，IBM从LSI OEM过来的FAStT系列的存储系统在国内被广泛使用，技术论坛里基本都是关于这个系列存储系统的讨论。高端存储的讨论则基本聚焦在IBM的Shark系列，当时国内对E厂以及日系H厂等专业存储公司的产品的关注和探讨明显不如IBM，一个重要原因是IBM的存储大量随其服务器捆绑，而E厂和日系H厂这两家公司当时只有存储产品。再后来就是FAStT的换代产品DS4000系列，再后来就是DS5000，这几代产品均是OEM自LSI，本质上其实就是一个硬件规格不断提升的过程。然而，存储行业就像一个人的成长过程，首先要长身体，但是身体长到一定阶段，就需要长心智了。随着上层业务的多样化发展，底层存储再不仅仅只是一个提供数据存储的盒子，它需要一些灵活易用的数据管理功能来丰富它的价值，比如快照克隆、扩容复制、压缩重删、超供回收以及虚拟化等等。

在中国，存储从业人员水平也在不断地提高。从这10年间国内的几个著名存储论坛讨论的课题便可以看出，从当初的一知半解，还在讨论所谓SAN、FC、光纤这三者的概念和区别的阶段，一直到后来讨论起各厂商中高端存储设备的内部架构以及各种数据管理特性原理、实现、价值及应用场景，随后更进一步，讨论起存储系统的选型、部署和规划管理等。我相信随着国内业界对存储的不断认知和积累，首先是厂商与集成商，随后便会是终端客户，随着从业人员水平的提高，终端客户越来越难忽悠，这样就会形成更加专业的气氛和促使国内厂商不断自主研发进取的动力。

十年间，细数存储厂商的变迁。IBM在2008年将早先收购的XIV推向了市场，并且定位在高端存储级别，引起了不小的轰动，这是个里程碑式的事件，它不仅象征着传统高端存储的封闭式架构土崩瓦解，而且还引起了一股Scale-Out热。紧其随后，E厂把经营了多年的传统高端Symmetrix DMX系列的核心软件迁移到了开放式硬件平台上，推出了新一代Scale-Out高端存储系统Symmetrix VMax；之后一年日系H厂也按捺不住，将其传统高端存储USP V也迁移到了开放硬件平台，变身成了VSP存储系统，也宣称为Scale-Out架构，但是VSP并不是十分开放，其形态我认为依然是传统高端的封闭式架构，但是CPU从Power PC变成了Intel x86，同时保留ASIC芯片，外观上采用大背板，CPU、内存、I/O板分离式热插拔，这些依然还是传统高端存储系统的元素。

2011年，E厂将其Celerra产品当作机头，后端挂接Clariion存储，包装成了VNX系列，当然硬件平台是升级之后的。这个产品没有什么本质创新。但是其同时推出了一款低端的VNXe系列，这款产品看似低端，其实暗藏玄机。存储+计算，即应用存储很有可能会是后续外置存储系统的发展方向。果不其然，9月份的VMware World大会上，E厂毫无遮拦地表述了这个观点，存储直接运行虚拟机，直接与应用结合，抢占部分服务器市场。在应用存储这方面国内有的软件公司就颇具前瞻性。

2010年，IBM将其多个产品的多个模块进行了堆叠组合，形成了IBM Storwize V7000中端存储产品，这款产品可以说是IBM真正自研的第一款中端存储系统。E厂在经历了Symmetrix VMax变革之后，在中端存储系统产品线，也将其CX系列做了终结，换面为VNX系列，后者实则是CX系列升级的硬件版本加上Celerra NAS机头组合而成的一款所谓Scale-Out的统一存储。

就在本月，HP也成功地将收购的3PAR存储硬件升级之后包装为P10000产品型号。

说到统一存储，不得不说的则是NetApp。作为E厂的头号对手（存储界仅剩的

三家专业聚焦存储的巨头为E厂、NetApp、日系H厂），NetApp是一个老牌存储公司了，20世纪90年代靠独立NAS起家（取代当时的Linux服务器做NFS共享的方式），21世纪初通过在文件系统上虚拟块空间从而支持了块级访问，并包装为“Unified Storage”概念，广受业界追捧，统一存储的概念一直到现在热度还没退。NetApp凭借其强大的增值功能和简便的配置占据了NAS市场老大的位置。从最早期的FAS 270、FAS 980，到后来的FAS 2000、FAS 3000和FAS 6000，再到后来的FAS 3100，一直到最近的FAS 3200和FAS 6200，NetApp在硬件平台上迁移得很平稳，形态上没有什么大动（除了最近的FAS x200系列平台支持I/O扩展柜之外）。NetApp的核心竞争力在于其软件，它没有精力去自己搞出类似某公司那样的十几款硬件盒子形态，这样做对它没有任何意义。从其ONTAP7.0操作系统开始，支持FlexVol特性，这也是存储业界第一个Thin技术的原型，但是Thin这个词好像却并不是NetApp推出的。其核心层WAFL文件系统是一个非常强大的角色，号称“The last word in filesystem”的ZFS就是借鉴了WAFL的思想并在多方面进行改良的文件系统，以及变种Btres。

然而，看似红红火火的存储市场，即将迎来的可能会是一个严酷的冬天。

6.5.2 存储下一个十年

从存储产品形态变化可以看得出来，在硬件形态上，高端存储传统架构崩塌，转为开放式架构，那么存储与服务器架构已经没有本质区别，这一步的变化已经奠定了外置存储系统体系走向崩塌的基础。一个事物总是要向前发展，传统双控存储系统在大架构体系上已经没有可以拿得出手的搞头了，所以不得不向Scale-Out架构方向发展，就像CPU多核化一样，上百核的CPU都已经可以商用了，那么对于存储系统来说，Scale-Out的下一步又会是什么呢？在没有革命性新技术出来之前，我认为外置存储也就只能这样了，无非就是硬件规格、接口速率的提升过程，激进一些的可能直接以磁盘为单位来做Scale-Out，让控制器节点数达到系统内的硬盘数量级，而每个控制器节点规格可以降低，但是这始终还是Scale-Out。

我认为外置存储系统后续日子越来越难过主要是因为两方面，一是固态存储介质；另一个，则是炒得火热的云。

1. 存储与服务器同质化

上一代存储产品在硬件上还是颇具特色的，尤其是以E厂 Symmetrix和日系H厂 USP为代表的高端平台，大背板上安插CPU板、内存板、I/O板等。而且上一代高端普遍使用Power PC处理器。上一代中端产品，到处可见ASIC的身影，比如IBM DS4000/DS5000，日系H厂 AMS2000等。而到了这一代，Intel处理器x86硬件平台似乎已经统治了从高端到中端甚至中低端的存储阵列，内部架构与普通x86 PC服务器无异，只是外观以及其他一些专门为硬盘槽位以及维护性考虑的细节上略有不同。只有低端一些产品依然使用ASIC来降低成本。

外置存储发展到这个阶段，已经在硬件上失去了它独立发展的“借口”。其次，在软件上，外置存储的借口也越来越脆弱。随着各种卷管理软件，比如传统的LVM、CLVM甚至GLVM，以及Windows平台下的动态卷越做越强，还有Symantec从Veritas继承下来的驰骋多年依然宝刀未老的VxVM以及Storage Foundation平台，再加上号称“The last word infilesystem”的ZFS以及其变种Btrfs，甚至原Sun公司的统一的存储软件ComStar等平台，这些角色的发展对于传统外置存储的软件层来讲，都是威胁。比如ZFS，容错保护、数据校验纠错、快照、Thin、Dedup、Clone、Replication等外置存储用来增值的特性，它也都已经集成了，只要将其架设到JBOD或者服务器自带存储介质上，即可形成一个差不多的存储系统，既可以用于自身使用，也可以通过SCSI Target向外部提供存储空间，成为一个独立的存储设备。

2. 固态存储介质终将一统

固态存储介质的好处就不必多讲了，想必大家都很了解。固态存储介质迟早会取代机械磁盘，这也是大势所趋，虽然短期内不太可能，但是不排除若干年之后不会发生。固态存储介质的可靠性、容量、存储密度以及成本均会越来越变得让人容易接受。机械磁盘届时已经没有必要存在，而磁带可能相对于机械磁盘稍晚些，但一样会被固态存储介质所替代。Flash硅片也有不同的规格等级，使用低规格大容量的Flash阵列完全可以提供比传统物理带库或者VTL更划算的备份介质。这样，从RAM到归档设备一条路下来就不会有任何机械部件存在，而且性能和成本可以是平滑下降的。

我曾经在某客户机房看到过某公司高端存储产品，占用了整整一个机柜的空间，风扇呼呼地吹着，噪声让人头疼，结果上面只插了几十块甚至十几块磁盘。抛开其他因素，从任何方面讲，这都属于投资浪费。这几十块机械硬盘在高端存储上所能提供的性能，可能只需要几块SSD就可以满足了。至于容量方面，目前很多场景容量都是过剩的，由于机械盘无法提供太高的IOPS，不得不用几十块甚至成百上千的磁盘来堆出所需要的性能，然而磁盘容量的增长速度远比性能增长速度快，那么数百块600GB的磁盘，就可以达到几百TB 的空间，而这些空间绝大多数可能都浪费了，只因为单个机械盘性能不够。机械盘拿数量来换性能，容量过剩。而SSD则是性能过剩而容量稍小且价格太高。但是容量和寿命问题可以随着技术发展不断得到解决，价格也会不断降低，而且如果从耗电、占地等各方面综合判断，SSD的$/IOPS（性价比）显然是划算的。

第一，历史车轮不可阻挡。

外置存储控制器的前世形态其实是插在服务器里面的Raid卡，后来为何会扩充出去独立成为“存储系统”？多种因素，性能和空间问题为主要，另外一种因素是用于多主机共享存储，后面这个因素目前看来，有点鸡肋，到底有多少主机需要与其他主机共享空间？它们只是在“共享同一个设备”，真正需要共享空间的有两种情况，一种是特殊应用，比如视频领域、Web Server集群、HPC集群等等，而这些场景毕竟有限；其次则是最近几年Thin Provision炒作起来之后，确实可以做到全局空间动态分配回收，但是又有多少人真正用到？从这一点上看，这个因素确实是个鸡肋，不会阻止底层技术车轮发展导致的上层形态的变革。所以，共享同一个设备，或者共享同一个空间，只是为技术的发展所创造的一个噱头。而我相信当存储形态重新循环回来之后，又会有新噱头被创造出来。

所谓“循环回来”具体是指什么呢？由于固态存储介质成本不断下降，性能和容量不断提升，体积不断降低，在一台服务器中集成高密度、大容量、超高性能的Flash介质无疑还是最方便的存储形态。想想看，你不再需要购买什么FC HBA、SAS HBA、Infiniband HBA，也不需要理会什么iSCSI、FC、SAS协议，部署时也不需要连接一大批线缆，更不需要购置什么所谓“存储交换机”了。所以，导致当年Raid卡进化为外置控制器的第一个问题，也就是服务器空间、容量和性能的问题，就这么轻易被Flash固态介质解决了，非常彻底，绝不拖泥带水。至于第二个问题，也就是数据共享访问的问题，上文也说了，场景有限，有点鸡肋。但是如果确实需要共享访问了该怎么办呢？也好办，外部网路带宽是飞速发展的，多个独立服务器节点完全可以通过外部网络来将各自的存储介质通过某种分布式卷管理系统或者分布式文件系统联合起来形成一个大共享存储池，这些技术已经比较成熟，尤其是云架构炒作起来之后，这些在技术上根本不是问题。所谓循环，就是指外置存储控制器最终在出来溜达了一圈之后，遇上了Flash挡道，最终又不得不乖乖“投胎”为其“前世”Raid卡，回服务器机箱里待着。

最近也遇到了几个企业IT管理员问的一些问题，大致是“我到底为什么要使用SAN”，如果是几年前，我或许直接会回答：“SAN可以消除孤岛；数据共享”等等，但是现在，我不会再拿着这些当初被忽悠的词句去误导别人了，至少回答之前要问清楚他目前的业务类型、数据量以及后续需求等。其中有一个人，我确实没有推荐其使用SAN，因为对于他的业务本地盘完全就已经满足需求，况且还是使用PC服务器，如果使用小机等扩展性更强的服务器，一台机器上完全可以扩充到几十甚至上百块硬盘，对于一般的业务来讲，有什么理由去拉根线连到外面存储上取数据呢？

有人会问，数据如果不集中存放的话，备份怎么办呢？还可以集中备份和LAN-

Free吗？这个问题，如果熟知现在的备份数据流就根本无须担心。当前来讲，就算是所谓“LAN-Free”也一样需要数据先从SAN阵列中读出到主机，然后再从主机写到备份介质。而对于DAS模式下的备份，数据只是从每个服务器本地盘读出来，然后写到备份介质中，与SAN备份没有本质区别，甚至速度可以比SAN备份更快。至于所谓“集中备份”，除非使用“NDMP设备到设备”直接备份模式，否则这个“集中备份”也没有意义，现在数据先从主机读出再写到备份介质依然是主流的备份方式，这与DAS下的备份数据流没有区别。

再来看看DAS模式下的容灾。在SAN模式下，直接通过两地的阵列做集中的数据远程复制与接收，确实比DAS模式下每个节点单独做复制要方便得多，这一点确实算是一个劣势。但是回头想想，如果这些节点是处于云中的，由两个云之间来做容灾，那么又会被统一起来。而且目前来讲仍有非常大比例的系统采用的是基于应用层的数据复制，而不是底层存储层，比如Oracle DataGuard、DB2的HADR等等，这类复制能够保证数据一致性并且可回放，底层存储有时候并不能完全信任，10次有2次会产生应用无法启动的数据不一致情况。

SAN的另一个噱头，即“集中管理”。如果整个数据中心只有少数几台集中存储设备，那管理起来确实比较方便，尤其是对一个尚未完善的自动化运维体系的数据中心来讲。在配置存储空间的时候，如果有一套比较好的管理软件，那么在一个全DAS环境中配置起来也不见得要比配置集中存储复杂。但对于后期维护操作，全DAS存储环境确实会增加不少复杂度，这就需要一套完善的自动化运维工具和体系来应对这个问题。

至于各种外置存储所提供的快照、重删、Thin等数据管理特性，随着芯片性能的不断提升，Raid卡上直接集成这些功能，也将不再是难事。总之，上述的种种因素，最终都会将目前的传统外置存储系统逼上绝路。

第二，存储厂商面对Flash，友善还是敌对？

既然在上文中我把Flash看作传统存储的死敌，那么目前一些存储厂商对Flash是什么态度呢？最早痛恨Flash的专业存储厂商是NetApp。但是不知道当初NetApp反对Flash是不是也有更深一层的担忧，即Flash或将革掉自己的命。但是大势不可挡，如今所有主流存储厂商都针对固态介质做了处理，比如各种动态分级或者缓存技术。NetApp的PAM加速卡就是一张插在其FAS阵列中的PCIE Flash卡，其被用作WAFL文件系统的缓存，而不是直接承载WAFL主体数据。NetApp也曾经说过将来存储系统中只有两种介质——SSD+SATA，但至少目前看来，NetApp最新的FAS阵列依然支持SAS与FC磁盘。

E厂对待固态介质的态度一向都是积极的，他知道固态介质势不可当，逃避是没有用的。也曾经大有信心地说SSD将取代FC盘，并且从FAST1.0到FAST2.0再到FAST VP，一直不遗余力的让SSD在阵列上发挥最大价值。其他厂商则基本都是其追随者，随大流，针对SSD也都是不遗余力地支持，包括开发动态数据分级/缓存方案，以及在内核中针对Flash介质特有的I/O特性做各方面优化。

FusionI/O，一家专做PCIe Flash卡的尖兵厂商，在互联网后端这个细分市场占据了不少市场份额。互联网企业IT系统的前端和后端是当今最流行IT技术的发源地，从这里也可以对后续IT领域的发展趋势略探一二。FusionI/O的卡，通俗点就是一种DAS（Direct Attached Storage）方式，你能说它相对于SAN方式是一种倒退吗？肯定不是，与其说是倒退，不如说是循环。能在服务器本地满足的I/O性能，何必去花大价钱买个高端存储而且性能还不够呢？国内某互联网公司几乎明确了他们的观点，即去IOE，也就是IBM的小机、Oracle的RDBMS以及E厂的高端存储。从这一点上来看，E厂已经被FusionI/O抢了不知道多少单出货高端存储的机会。

E厂能不有所行动吗？这不，E厂发布了所谓“闪电计划”，也开始搞插在服务器上的PCIe Flash卡作为阵列的前置缓存，然而他肯定不能以后就以卖卡为主了，他真正想带动的还是其阵列，所以“闪电计划”的最终目的其实是E厂想通过服务器主机端的PCIe卡产生一个链带，后端还是要购买E厂的存储阵列，所以闪电计划在互联网后端肯定是不被买账的，E厂这段时间好像对互联网后端格外重视，但是眼巴巴看着金子被别人挖走，心有不甘。收购Green Plum就是其一步棋。就好像看着一座金山，拼命往上爬却发现脚底打滑，于是就去鞋店大肆采购各种鞋子。

PCIe Flash是所有传统存储厂商的竞争对手，虽然有厂商比如NetApp将PCIe Flash卡用到自己阵列里给自己加速，但是竞争对手毕竟是竞争对手。

固态存储介质让传统外置存储难受其实还有另外一个原因。传统外置存储控制器一般为每台设备双控制器，这台设备后端如果挂太多SSD，由于固态介质响应时间和IOPS“过高”，则会无法发挥出这些SSD的性能，可能在20块左右就可以饱和一台中端存储的性能。如果后续SSD真的全面取代机械盘，那么外置存储控制器就会成为大瓶颈，陷入不利环境。从这一点上来看，传统外置存储走向Scale-Out分布式，增加CPU/RAM与盘数的比例，是支撑全SSD的一个必要条件。

第三，VTL已经成为备份软件厂商的傀儡。

VTL也算是一种外置存储系统。VTL这个东西已经懒懒地存在了很长时间了，其幕后始作俑者其实就是一些主流的备份软件厂商。这些垄断厂商在操控各种物理带库、磁带机的磁带和机械手方面拥有大量积累，一般厂商较难掌握，所以这套接口宁愿保留，哪怕介质从磁带换成了硬盘，操控和数据接口也要保留。对物理带库体系的操控、对上层应用的数据接口以及备份之后数据的生命周期管理，这三大件就是这些厂商的生存根基，他们不想失去任何一个。

仅有少数的愿意创新的新型备份软件厂商或者初创不久的厂商才会去推广纯D2D备份，更加专注于上层的数据备份与恢复管理，探索创新。这些厂商在物理带库、机械手等方面基本没有积累，那么他们就是让VTL彻底退位的人。而随着存储厂商越来越看清市场，在数据保护方面发力的厂商会越来越多，传统体系下的壁垒一定要被冲垮。而后续低规格大容量的Flash作为备份介质是必经之路，如果那时候的数据和操控接口依然沿用传统物理带库的SCSI流式指令以及机械手控制指令，就非常说不过去了。Flash是可以随机寻址的，控制Flash选择和读写的是片选器（Chip Enabler）以及ASIC芯片，都是电子器件，何来机械手？任何方面都说不过去。

VTL接口被替代之后，下一步就需要数据记录格式的替代，让备份之后的数据直接可以看到，直接可以从备份介质中恢复到源端，而不是使用物理磁带的格式去读写和存放。

所以，传统物理磁带以及VTL备份介质体系也即将走向终结。

3. 云计算架构最终会将存储“埋起来”

既然传统存储盒子或将枯萎，那么是否可以做点高层的脱离盒子的东西，比如虚拟化、数据迁移等数据管理方面的“智能一些的盒子”或者方案呢？很不幸的是，这条路可能也将会被堵了。

第一，阵列能做的，云几乎都能做。

什么是云存储或者存储云？我是这么定义的，传统外置存储就是用几个控制器来挂起后端的磁盘扩展柜，然后对外提供存储空间；而存储云就是将一堆服务器上面运行的软件当作控制器，挂起后端一堆异构厂商的各种存储介质，包括JOBD、双控或者多控阵列、NAS、VTL、带库等等，并向外提供各种不同访问方式的存储空间。服务器集群上运行什么软件？当然是某种分布式卷或/和分布式文件系统，这种系统具有原生的异构支持，不管底层使用谁家的阵列，都可以被收纳为存储资源。当然，像传统阵列一样，仅仅有了存储空间就够吗？存储云当然还需要做各种数据管理功能，比如容错、快照、Thin、重删、动态分级、克隆、迁移、远程复制、容灾等等。这些特性，在一个分布式文件系统或者卷管理系统上是完全可以做的，但是一些比较耗费计算资源的，比如重删，则可以下放给底层设备来做。云为何不信任，或者说不能够信任底层设备上原配的这些功能呢？答案很简单，就是异构支持。存储云中总不可能

只有一家设备厂商的设备，而不同厂商的设备之间的这些特性又是不兼容的，所以只好由上面的虚拟化层，也就是分布式数据管理层来处理这些特性，此时，外置存储系统就是彻彻底底的一块大硬盘，不管你是E厂 Symmetrix还是日系H厂 VSP/USP，还是JOBD。甚至是服务器本地磁盘是否为Scale-Out架构甚至都已经没有意义，因为上层的虚拟化层自己可以Scale-Out。对于云来讲，或许只有磁盘有意义，其他比如JBOD、控制器、Scale-Out架构之类，云统统不在乎。

第二，观VMware动作，体会后续趋势。

当年E厂收购VMware，谁也不曾想到VMware会有今天的市值。如今VMware已经是云架构中的核心角色。既然已经成为核心，那么就有权利发布一系列接口让别人来适配它。从第一个比较系统的VAAI，到第二个VASA（VStorage APIs for Storage Awareness），再到将来会发布的第三代API。

在第一代VAAI中，VMware只是将一些原本由Hypervisor做的数据操作工作下放给了外部存储系统来做，提高效率，从其全名VStorage APIs for Array Integration就可以隐隐领会出VMware还是比较看重外置存储的，能够将重要任务交给它们。

而在第二代VASA中，显然可以领会到VMware进一步控制外部存储的欲望，VMware需要了解更多的外部存储的信息。做过底层存储开发的人员都知道，硬盘驱动程序会探知控制器后面所挂的硬盘的各种信息，包括容量、是否支持WriteBack模式缓存及具体类型、是否支持队列、最大传输单元等等。而VMware这套VASA接口分明就是做了硬盘驱动的工作，以便后续更好地对外置存储进行控制。显然，外置存储对于VMware，就相当于一块大硬盘。

而就在今年的VMworld大会上，VMware的动作已经显露无疑，VMware计划将vSphere环境中的存储管理和精简配置进行“根本性的”改变，无须再设置Lun、Raid组合NAS挂载点，VMware工程师Satyam Vaghani称新版API将使用工具如I/O Demultiplexer、Capacity Pool以及VM Volume。这第三代存储API的细节尚不可知，但是从字面来看，第三代API将会对外部存储实现彻底的大统一，任何存储厂商在vSphere下都被同质化，谁也别想冒出来，那些传统的特性对于VMware存储虚拟层来讲，都很简单。

各厂商新产品的宣传噱头上，除了硬件规格之外（其实硬件规格大家都差不多），就是对固态存储介质的应用方案，再就是与云搭上边，也就是Thin以及VMware API支持。

综上，外置存储系统在经历了从服务器内置到外部独立控制器的进化过程之后，在虚拟服务器的召唤之下，其地位又回到了原点。

6.5.3 外置存储后续的生存和发展空间

这场残酷的严冬，对于国内外置存储厂商来讲，将会是一个异常难熬的过程。而那些专注于硬件上层功能、方案的存储厂商则不会受到太大影响。比如备份容灾等，不管底层采用什么介质、什么架构，用户对备份和容灾的投入将是持续的。而且当机械操控协议彻底被废止，也就是VTL真正被淘汰之后，备份软件厂商就会更加专注于数据的管理，而且门槛会降低很多，会催生更多竞争者进入，而不再是几家在机械操控协议和兼容性方面有多年积累的厂商拿着旧产品来垄断市场。当然，这些厂商不能只在备份容灾方面发展，“存储”这个词不仅仅是硬件盒子+备份容灾，比如还有数据管理、应用存储优化等等。

做盒子的传统外置存储厂商怎么办？这类厂商生存在IT生态链最底层，铺开大摊子，拼规格，拼价格，拼量，备货、物流、维护，好不热闹，可是这一层却是利润最低的。而现在他们的竞争对手固态存储介质正在茁壮成长，IT大架构也在向着云方面发展，他们只能望尘莫及。

传统存储厂商转型迫在眉睫，尤其是那些专注于生产存储产品的厂商，要么做成全球最大的存储盒子加工厂，以量取胜，要么就往上走，让存储设备直接体现业务价值，而要往生态链高层迁徙的话，就必须脱离做盒子的老思想，盒子里面有什么东西，能解决用户什么问题，才是最重要的。

而如果想傍着云来做些东西的话，存储+云就是所谓的“云存储”？“云存储”其实并不存在，任何形式的存储都是云存储，包括单块硬盘。存在的只有存储云。前者依然想以存储为中心，而这可以说是逆势而为。而存储云则是以云为中心，也就是以将任何形式的异构存储空间整合利用的云虚拟化层为中心。如果对这一点理解存在偏差，认为做云存储就是去做一款新形态的分布式存储硬件，那基本上还是走老路。

但是如果去做存储云，也就是专注于虚拟化整合，那么这与存储硬件就基本脱离关系了，而完全转向了数据中心管理软件，或者说通俗点，网管领域，或者说的专业点，自动化运维领域。

最后，不得不说一下Symantec。其实是Symantec所收购的Veritas的Storage Foundation（SF）产品，它可以适配任何异构存储，将底层存储空间虚拟化成大的统一存储池。但是SF貌似生错了年代，太超前了。当云架构有这个诉求的时候，机会就摆在眼前了。赛门铁克已经拥有了多厂商支持的平台，那么对于他们来讲，开发一个用于云底层的大统一的存储基础架构从而为各种虚拟机Hypervisor提供底层资源是水

到渠成的事，我们就静观其变吧。

6.6 存储圈老炮大战小鲜肉

1. 历史

2008年的时候，冬瓜哥在NetApp大连全球技术支持中心担任二线技术支持工程师，当时可以说是国内最懂NetApp底层技术实现的人之一。当然，7年过去了，冬瓜哥对NetApp方面的知识掌握可能有些过时了，有些细节都忘记了，配置命令忘得最快，基本只记得几条：aggr create，vol create，lun create，lun map。可以发现，这几步不就是任何传统存储产品配置时候的主要步骤吗？是的，只要记得整个存储系统的框架、I/O路径，不管什么系统，万变不离其宗。

那时候存储市场就是这些老炮儿们的市场，这些老炮儿们虽然长得不一样，但是格调基本都一个样。产品模式非常单一，框架就是双控SAN存储，数据管理功能也就是那一堆现在看来已经是标配的特性。其中主流的三大炮儿，E厂、N厂、日系H厂。如果说E厂属于精明格调的话，那么N厂当时就属于半技术宅半商人格调，而H厂则属于老学究格调了。

为什么说NetApp是个技术宅呢，因为其底层技术相对于另外两家真的是比较有格调、个性和特色的。其WAFL文件系统与ZFS很类似，比ZFS少了对象层，而多了一些针对企业存储场景定制化的东西。Vol和Lun都是WAFL下面的文件。这一点，当今的许多所谓Server SAN分布式系统也基本都是这种思想，也就是底层采用更细的粒度/对象拼接成符合SCSI、NFS/CIFS或者其他更花样的访问协议所规定的容器类型。

2. 突变

然而，正当这几位炮爷儿悠然自得地哼着小曲溜着鸟儿晃荡着的时候，没想到时代一下子变了。整个根基仿佛被人连根拔了起来。

是啊，分布式Server SAN、全闪存阵列、超融合、云计算、大数据，这些名词，就仿佛时代的宠儿小鲜肉一样，无时无刻不在挑逗着老炮儿们的神经。

3. 开战

E厂先坐不住了。采取了相应的措施，一是VPLEX，另一个是Viper。前者有软硬一体版本，也有用于虚拟化环境的软件版本。后者则是一个全局存储资源虚拟化管理平台。其根本目的是想在新的大规模云计算分布式数据中心中实现一层基于VPLEX的、利用Viper做全局管理的存储层。

然而，这两个措施只是虚有其表。VPLEX是什么呢，其本质上就是一个双控SAN机头，只不过其不直接虚拟化单块硬盘，而虚拟化其他任何形式的存储已经虚拟化一遍以后报上来的虚拟块设备。其本身并不是一个分布式系统，类似产品还有IBM的SVC。这就好比给冲锋队每人发一把重机枪去冲锋一样。根本不适合大规模云计算分布式场景。

另外，VPLEX和SVC下面是什么呢？不可能是服务器本地硬盘，其实，E最希望的还是用VPLEX来盖在自家存储阵列产品的上面。

飞康也算是个存储老炮儿了，只不过其走的一直是纯软件之路，可以说是软件定义存储的先驱者之一，E厂、N厂和H厂如果算是靠“抄家伙”的话，飞康则纯靠知识吃饭的，兵生和书生的关系。飞康其实也看出了端倪。基于当前的紧迫形势，必须将自己尽早地融入整个云计算、分布式框架中，才能在新常态下站稳脚跟。如下图所示。

如果说飞康NSS虚拟化的是零散的存储设备，那么FreeStor就相当于对数据中心里所有存储资源进行虚拟化整合,然后统一管理。FreeStor可以按照可管理的容量收费，这种计费方式对大型企业，特别是云服务商更加方便。同时，也提供了FreeStor Management Server（FMS）来全局管理所有FSS节点，实现资源全局可视化管理，提供全局存储资源的可视化展现管理。

当然，不管是老炮儿还是小鲜肉，还是进入了新时代继续混的老炮儿，都得警惕某选手。

6.7 传统存储老矣，新兴存储能当大任否？

由于传统存储市场已经培育得很好，虽然增量处于负增长状态，但是尚未开发的存量依然不小，尤其是国内存储厂商的收入其实一直都是在高速增长过程中，所以还想投资去做传统架构，进入上流圈子，但是要进入这个圈子，必须通过几门必修课：双控+缓存镜像、各种附加的数据管理功能、具有管理大量不稳定磁盘的能力、具有驾驭甚至开发和优化SAS控制器/FC控制器/以太网控制器/IB控制器驱动的能力，还有

最关键的一点，必须踩过足够的坑。建议那些希望通过致力于研发传统架构的存储系统来打入传统存储市场的初创厂商们注意了，你很有可能是在错误的时间上了这趟走不了多远的车，还没等你上道，可能已经到终点了，更可怕的是你上了道结果发现是一个无底洞，不投入也得投入，最后给拖死了。

下面章节会更深入地分析一下传统存储的死因和机遇，以及新兴存储的问题和阻力。

6.7.1 传统SAN/NAS存储死因调查

【死因1】门槛高，开发成本高，利润高，最终价格令人发指，但是用户却越来越穷

（1）架构复杂：双控或多控，缓存镜像，其中双控还分为ALUA，SLUA，后者又分为真多活和假多活，比前者要复杂得多。而且主机端还得用多路径软件配合，不同的OS，不同的HBA，兼容性问题令人发愁。

（2）非标准硬件：传统做法是都使用非标准硬件。双电源甚至四电源，电池备电模块，大容量内存，多PCIE槽位用于接入更多前后端HBA等，这些专用于存储系统的规格，一般服务器并不会提供。

（3）链路适配环境复杂：各种前端连接方式都得支持，比如FC、以太网、IB，甚至SAS和PCIE。只这些不同的HBA驱动的兼容性、优化等，足以令你上愁。

（4）各种数据访问协议都得支持：SCSI、NFS、CIFS，甚至对象协议、HTTP、FTP、私有协议等。

（5）各种数据管理功能得支持：快照、Thin、Tier/Cache、远程复制等都要必备。

（6）各种第三方管理接口也得支持：VMware系（VAAI、VSA、Vvol等）、Cloud系（Cinder、CDMI之类）、传统管理接口系（SNMP、SMIS等），还有你自己的私有管理接口，否则都标准了岂不是没有门槛了。

（7）GUI和CLI：瘦客户端、Java？抑或是Web Based？HTML5？Flash？视觉设计，用户体验，各种日志、告警你都得完善，否则就得指望你这产品没有Bug，从来不出问题，而这是不可能的。日志不完善，死的不是服务人员，而是研发人员。服务人员会传递用户的压力到研发，因为只有研发去搞才行，直接看代码，尤其是遇到那些难以复现的问题，研发直接被拖死，当然，横竖都是研发人员的事，谁让你没有考虑到所有可能的情况，做好对应的分支处理呢，所以，这事还得靠经验积累。

（8）管理数以千计硬盘的能力。硬盘不响应了怎么办？链路闪短怎么办？如何判断硬盘是真坏还是假坏？硬盘损坏的原因（固件损毁、磁头故障、扇区/磁道损坏、机械损坏、电源问题、电机问题）？快慢盘问题等等。

（9）五年，甚至更长时间的踩坑期，你得撑下来。

（10）前期市场打不开，你得撑下来，急功近利，投了钱马上想看到收益。

（11）市场能力。单靠几个关系户做几单是走不远的。到了市场上，面对残酷竞争，就算你做出来了，用户真不见得敢用你的，当然，某些强制因素作用的话另当别论。

要搞定上述的整个系统，没有个数百人/年的工作量，就算弄出来了你敢用吗，肯定不敢。这就注定了其开发投入成本高，一开始就得铺开一个大摊子，招一堆人。另外，存储系统里的专用硬盘价格令人发指。所谓专用硬盘，其实并没什么专用之处。传统存储厂商这些年来一个最重要的积累就是对硬盘的行为已经逐渐摸透，有很多硬盘固件Bug就是这些系统厂商找出来的。不同代、批次、型号、固件版本的硬盘，其行为都可能不同，这直接影响到上层错误处理逻辑里的设计考量。还有，系统厂商可能会出于管理、寿命、性能、可靠性等方面的思考，对磁盘里的参数有特殊要求，甚至可能要求特殊的磁密度等。

正因如此，这些存储厂商会在系统和磁盘固件里做限制，只允许从该厂商渠道购买的经过测试、验证的型号的磁盘，这样厂商就可以严格控制磁盘质量，以及更重要的——定价了。所以，存储系统厂商原厂硬盘价格要高出市面一大截。目前存储系统里的一万转SAS 900G新盘成交价在4~5k人民币左右，这个价格很令人惊讶了。听说还有卖10k的，但是未经求证。

传统SAN存储的控制器节点卖的价格也很高，如果折算成同等配置的服务器，估计能有十倍的价格。但这似乎依然无法降低成本，因为控制器机头在整个存储系统中虽然角色最关键，但是量却不大，一套系统一般只能卖2个控制器机头进去，剩下的都是JBOD、盘、线缆，那唯有在这些上面狠加价了。业界不少人，尤其是做上层系统的人，都在质疑，SAN存储真的要这么高的成本吗？对于那些处在初期和中期的厂商，开发成本的确是比较高的，不容否认，如果存储卖成服务器的价格，削减研发，那么稳定性一定受到影响，或者没有那么精细化了，那么这个行业就没意义了，当然，前提是用户的业务能够忍受这种由奢入俭。

传统存储里的各种数据管理功能的开发，占相当一部分资源。列举一下：快照、Thin、克隆、镜像、同步异步远程复制、压缩、重删、主机端的附加软件等，这些东西必须具备，否则会被友商屏蔽，而且规格越做越高。而这些研发成本，是不是真的只是作为License增量向用户收费？根本不是，License只是走个过场，所有这些开发成

本，全部均摊在基础定价当中了，也就是用户不买任何附加License，所出的价钱里也会有一部分相当于为开发这些功能的人发工资了。这些完全属于过度竞争，却让用户自己付出了代价。如果用户能够保持清醒，而不是追求功能全备，那么或许就能少出点钱买到一样够用的产品。

另外，有些国际大厂，长期被认为把过多的费用花在了营销上吹泡泡。对于这些已经处于年迈期的大厂来讲，其基本已经是在倚老卖老状态当了。冬瓜哥之前说过一句话："学习趁早，忽悠凭老"。这类厂商的研发成本已经得到了很强的控制，因为其积累了足够的经验，在之前已经付出了足够的成本，而毛利依然保持，那么就可以用更多的钱来吹泡泡，保持利润率。

最喜欢传统存储系统的传统企业受经济下行的影响，资金缺乏，再加上竞争对手越来越多，利润下降是必然的，有些厂商已经达到一个季度一单也没成的地步。但是利润率降低对于那些一线大厂来说是个很大的阻力，甚至要考虑改变产品的形态，在产品上降低成本。摊子太大，积重难返。

【死因2】无力驾驭固态介质以及响应新业务需求

传统存储为机械盘构建的这套看上去很完美的、什么都是双份的存储系统控制器，就像一座黄金宝殿一样，它底层的经济基础是生产力极低的个体，这使得它可以足够臃肿，却也不会制约生产力。而随着互联网爆发式增长，很多事物都被改变了。传统的业务也面临多样性、不确定性、波动性，甚至有一些新业务也在酝酿上线，比如云资源管理平台、BI/经分/大数据、虚拟桌面、网盘等。传统存储系统除了承载关键数据库等传统业务之外，在面对这些新业务形式的时候，劣势开始显露了出来。性能不够、性能不具弹性、扩展性受限、孤岛、运维复杂、访问协议受限等。

固态盘的生产力较机械盘是天壤之别，不用说大型存储系统了，就单用一块SAS HBA连接10块SATA SSD，其性能也不过三四十万IOPS而且还是在队列全压满的情况下，加入更多SSD也没用，性能已经到顶了，此时双路CPU基本已经被中断厚重的协议栈处理耗满。也就是说，整个系统只需要10块SATA SSD即可跑满其顶峰IOPS，想要再提升性能，可以使用polling模式，但是这需要将块层、驱动全部改掉，而且CPU会直接100%负载，其他软件模块的性能将惨不忍睹。不难看出，传统存储的硬件设计的根基，已经不稳固了，大内存、高I/O插槽数量，这些都没用，一块SAS HBA卡就饱和了系统性能。所以，传统架构从根本上制约了SSD的生产力，这导致它必将崩塌，SSD用得越普及，价格越低，传统架构崩塌得越快。

【死因3】硬件规格不断提升，却无法充分利用资源

传统存储在功能上，基本已经介绍完了，CPU再强，没用，因为即便是几千块磁盘，也耗费不了多少CPU，几千块磁盘的I/O最多也就约20万的IOPS，对CPU来说是很少的占用率。传统存储从双控过渡到Scale-Out多控，这个尴尬更明显了，比如厂商推4控、6控的配置，可以毫不含糊地讲，这些CPU和RAM基本是浪费的。

【死因4】令人发指的维保费用

买时可能比较便宜，但是过了三年期，后续维保的费用令人咋舌，原厂工程师上门的维修的话，按小时计高昂费用。

【回魂丹】刮骨疗毒

E厂和日系H厂的高端存储一下子从DMX和USP全封闭专用硬件转向了开放硬件，同时软件架构直接过渡到了纯分布式，在降低了硬件成本的同时也降低了软件开发成本。这其实已经算是一步转型了。其实，只要机械盘还大行其道的话，传统存储不管怎么转型，都还是能掌控自己的命运的。但是正如上文所述，其对固态介质已无计可施，技术上无法解决问题，要解决可以，产品形态须彻底改变，意味着割肉，比如：硬件上不再需要那么多扩展槽位，也不再需要那么多JBOD，存储控制器与标准服务器的硬件差异化基本消失，甚至彻底抛弃SAS专用NVMe over PCIe，那么硬件设计团队可以割掉大部分了；软件上，不再需要管理那么大体量的磁盘基数，不再需要担心多级级联的JBOD里某处故障，链路问题，JBOD固件问题、传感器问题、误报等一系列事全抛掉；协议栈、NVMe驱动成了标准化的了，根本不用开发底层，直接着手上层：冗余、数据管理等功能也可以割掉不小一部分了。

试问，这些传统一线大厂是否能完成这个转型？从之前几个机柜才放得下的整个大系统，直接变成几个机箱，业界、用户是否能接纳这种变化？公司内部，新的产品形态大家都能达成一致吗？根据以往经验来看，能不断“割肉”让自己活下去的，能够跨越多个颠覆性创新纪元而存活的专攻某个领域的大商，好像就没有过。怎么办呢，收购吧，别人做的，买过来，做一个买一个，买了再说，后续怎么处理，走一步看一步。

【SAN厂商宏杉科技有话说！】

技术架构的变革，对一线小厂影响很大，可能有一堆人要失业，内部变革会有很大阻力。但是对于二线厂商，影响不能说没有，但是可以更迅速地调整航向，随时轻装上阵。这里不得不说一下国内的SAN存储厂商——宏杉科技。宏杉科技算是一个二线传统存储厂商，很早便启动了研发，并于2010年正式成立，目前已有六七百人的规模，属于国内真正掌握了存储系统底层核心技术的厂商之一。前面介绍过宏杉的高端存储系统架构，并认为其架构属于国内厂商中唯一一个正统高端架构。

为了避免冬瓜哥一家之言情况发生，冬瓜哥上周和宏杉科技总裁李治进行了一次开放式的探讨，在探讨过程中，冬瓜哥得到了李治对宏杉自身以及存储行业的现状的一些看法。宏杉科技当前面对两大阵营的竞争者：国外的厂商，基本上属于创新的末位时代，从它们身上很难看清楚后续发展的风向标。再就是国内的全解决方案大厂：在存储领域内基本上属于模仿为主，也看不到什么未来的引领性的东西。而宏杉作为一个专攻存储这个专业领域的厂商，将会致力于创新和引领的角色。

对于传统存储目前的现状，宏杉认为主要的问题在于商业模式越来越受到诟病，由于传统存储的机头数量在一单当中的比例的确很小，厂商不得不在硬盘身上赚钱。冬瓜哥的观点也是如此，如果其他部件都不加价，仅仅落在机头上的话，那对比会更加强烈，可能还是无法接受。李治同时表示，对于宏杉来讲，商业模式是完全灵活的，假如某单项目的机头数量足够多，那么完全是可以灵活调整的。

同时，李治认为虽然分布式系统是一个趋势，但是并不能够紧紧停留在简单的软件+白牌通用服务器的层次上，而且目前多数产品用开源软件搭建，其性能、效率还是非常低的。在下面的分析中冬瓜哥也认为当前的Server SAN缺乏精细化开发，太过粗糙。此外，李治认为分布式是以节点为单位的，粒度过大，比如浪费、能耗大、管理失佳等。而传统存储能把资源控制粒度降得很低，让每一个节点的可靠性、性能都足够高。其次，Server SAN也面临着无法与现存系统相互融合的尴尬。

另外，李治认为目前的传统企业存储市场存量依然很大，新兴的分布式存储、云存储，很多地方其实都是不满足用户需求的，模式太过粗放，而仅适用于一些B2C、非交易类业务。

总之，李治认为传统存储的生命力依然顽强，但是新兴存储的潜力也不容忽略。由于宏杉相比一线大厂而言，包袱更少，可以更加迅速地适应市场的变化，目前也在积极投入新兴存储系统的设计研发。同时，李治还指出，新兴存储市场目前缺乏规范，乱象丛生，如何规范市场是个要解决的问题。其他技术方面，宏杉认为节点间高速互联技术、统一资源池，是两个比较重要的方向，宏杉将会在这两个方向上后续有所动作。

6.7.2 存储软件厂商的生存状态

传统存储厂商其实要分为两大部分，一部分是以做SAN主存储为主的厂商，另一部分是以做备份、容灾、虚拟化等这些构建数据平台和数据管理为主的厂商，这些角色的核心在于数据管理而不是数据存储，所以基本都是纯软件形态，当然也有软硬件一体化形态，无非就是软件装在标准服务器上，一体化测试集成之后打包卖。对于这些厂商，由于其处在生态链靠上游的位置，其所受的影响并不如SAN存储那么大。备份和容灾，不管底层是什么样的架构，怎么演变，总要有，只是在这个新时代下，会有更多花样的容灾方式，比如容灾到云，跨云容灾等。其次，存储虚拟化产品厂商，也不再是之前那种将几台SAN设备挂到后面，再将资源用SAN方式分配出去的做法了，而需要演变成为一个大的数据服务平台了。

【典型存储软件厂商新动作介绍】——飞康FreeStor平台

冬瓜哥曾感叹被历史的列车甩在后面的Veritas，并设想了一款能够将所有存储资源在更大范围内整合和服务化的产品。而如今，飞康恰如其分地实现了这个愿景。另冬瓜哥感到钦佩的是，飞康是个非常老牌的存储软件厂商，经历了疾风骤雨依然能够叱咤风云，比较迅速地跟上形势，对产品的方向和视角进行了全面革新，借用《终结者5》里的一句台词就是“I'm old,but I'm not obsolete”（宝刀不老）。上文中说到，只有站在用户业务的视角去思考和设计的产品，才更有生命力。

而飞康于今年推出的FreeStor统一数据服务平台，就是这样一款产品。飞康之前的产品线是NSS虚拟化网关、CDP、IPStor存储软件，单凭这些产品名字就可以看得出，这些产品的定位都在存储层，看不到什么与上层相关的特质。而FreeStor“统一数据服务平台”这个名字，已经明显显现出，FreeStor做的事情并不单纯是实现基本的数据存储及虚拟化功能，而还要在这些基础的功能之上实现数据中心级别范围内的存储资源统一管理，以及提供数据“服务”。

冬瓜哥感觉FreeStor数据平台的推出恰逢良时，用户的数据中心是块肥沃的土地，但是已经被各种传统存储肆意蹂躏得不成样子了，山头林立，各自为政，不听调遣，漫天要价，还非常难用。用户迫切需要一个平坦的、统一的、方便的、以用户业务为出发点的存储资源管理平台来抹掉这些底层的创伤，同时也是向这些传统存储厂商发出自立与革新的信号：这也正是FreeStor中“Free”的含义，其是对用户使用的存储方式的一种解放。

如果说飞康NSS虚拟化的是零散的存储设备，那么Freestor就相当于对数据中心里所有存储资源进行虚拟化整合，然后统一管理。如下图所示。

FreeStor的核心模块是一个被称为“Intelligent Abstraction”的虚拟化抽象层，在这里，底层的存储资源被虚拟化整合并抽象成各种存储服务，比如空间、快照、容灾、重删、CDP等等。在这里看不到底层的那些很基本的所谓Bear Metal，因为在这个时代，已经没有人愿意去弄那一堆铁了。

有些传统SAN控制器也支持虚拟化，却没有本质改变。FreeStor则将更多的自主

权交还给了用户，比如用户可以选择他们希望使用的任意的开放标准服务器来承载FreeStor软件层；其次，FreeStor将更多的议价选择权交还给了用户，仅按照可管理的容量收费，不会巧立名目加上一堆的License，甚至还有些传统SAN厂商专门开发了License Manager，专管License，令人汗颜。

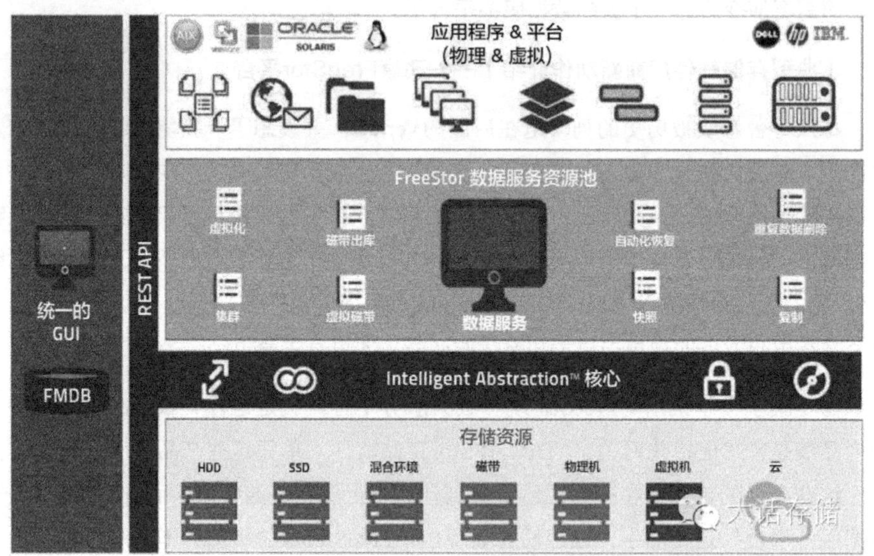

FreeStor是个纯软件产品，这意味着用户只需要购买License（基于所管理的容量收费，无其他License费用），即可部署任意数量的平台控制节点（FreeStor Storage Server，FSS，最大128个）来将底层资源进行抽象整合。如下图所示。

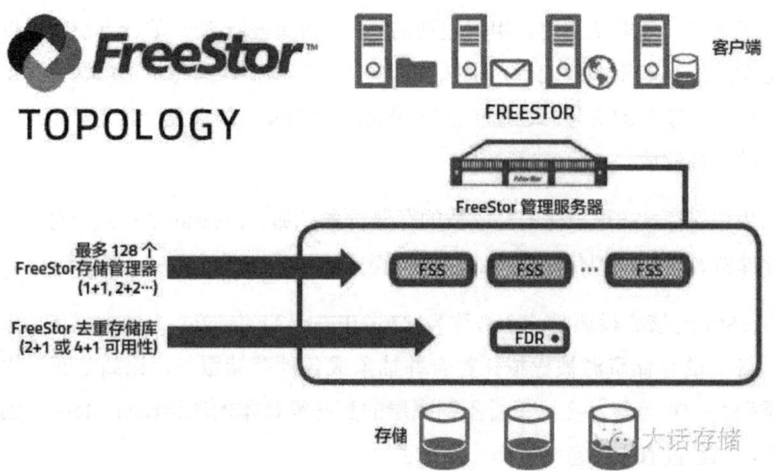

然后使用FreeStor Management Server（FMS）来全局管理所有FSS节点，实现资

源全局可视化管理。FMS采用HTML5技术生成的Web界面，提供全局存储资源的可视化展现管理，并可以在后台基于大数据分析手段对用户的整体存储资源利用情况、性能、空间、时延、IOPS、带宽、负载等大量存储运行时参数进行储存分析，并提供基于SLA的存储资源分配和服务保障。此外还提供了Cinder驱动用于接入更大范围的数据中心云管理平台OpenStack的管理框架当中，Cinder驱动可以将存储空间、各种其他存储特性全部透传到OpenStack中进行更统一的管理。

性能方面，经过优化之后的I/O处理流程可保持单节点50万以上的IOPS，并可以随着节点数量以及CPU核心数量的增加而线性上升，使得软件层不会产生瓶颈。

能把存储和用户的业务的距离拉得更近的，接合得更紧密的系统，才更有活路。

6.7.3　新兴存储到底靠不靠谱

为了打破传统壁垒，先看看新兴存储厂商们是怎么做的。

1. 软件定义

目前业界对这个词的理解各有不同，至少有如下几点。

（1）同一套软件可以安装在任何服务器上。

（2）用软件虚拟化平台来屏蔽底层硬件的差异化，形成统一的服务层，比如存储虚拟化，分布式管理层、Hypervisor等。

（3）控制路经与数据路径分离的系统中，控制部分由运行在开放平台上的软件完成（软件定义概念的正统起源）。

（4）可根据不同应用场景、需求灵活配置系统。

这四种理解，一个比一个格调高。第一个的格调为负数，因为就算是传统存储系统，如今也已经是这种模式了，软硬解耦合，只不过它不会把软件单卖给用户而已。第二个则是虚拟化的另外一种说法，这种虚拟化处理方式到处可见，并不是什么新鲜词。第三种偏学术化，但是比前两个有内涵。其实，不管什么硬件，即使是最底层的芯片，其内部的控制路径也是分离于数据路径的，可编程的系统基本都是这种运作模式，区别在于控制部分运行在哪里，运行在芯片里就是固件，运行在Windows下，用一个GUI界面来控制，那就叫软件定义了。各家的芯片基本都有这种图形化控制界面，很早就有，你能说芯片不是软件定义芯片吗？我看未必。不过这种看法，的确是软件定义概念的正统起源。第四个其实才是格调最高的，它抓住了软件定义的本质，也就是为什么要定义软件？软件定义只是一种手段，那么其目的是什么？当然是为了更加灵活，那么之前的非软件定义方式为什么不灵活？因为耦合太紧，很多东西写死

了，想变都变不了，不能适应灵活多变的业务场景。所以，“应用定义”才是最终张显格调的一面旗帜。反过来讲，如果你的产品能够适应多变的场景，灵活配置，价格公道，谁还在意是硬件定义还是软件定义？

所以，冬瓜哥一直认为，真正体现业务价值，是不会拿软件定义这个概念去深入说下去的。“软件定义”已经被多股势力拿来扯了大旗，而偏离了它原来的意义。

2. Server SAN

这个名词对应的学术名词是分布式块存储系统，也就是传统存储领域中目前盛行的所谓Scale-Out架构。所以你看，同一个东西，有三个名字。Scale-Out是2008年出现的热词，而Server SAN则是2014年出现的热词，相差6年。但是这里面又略有差异，传统存储的Scale-Out一开始倾向于设计共享式对称协作架构，因为是传统，所以追求高雅的、门槛高的架构。但是Server SAN使用了分布式架构（或对称，或非对称，视产品而定）这种门槛低的架构。Server SAN一般和软件定义、虚拟化甚至超融合结合在一起。另外，Server SAN系统普遍不使用JBOD，也就是整个系统中只有单一的Server，没有其他机箱，这样最简单。

3. 固态存储及系统

那些专门致力于固态存储系统设计开发的厂商，就像是一股尖峰力量。作为跑在业界最前沿的先锋，冬瓜哥有幸与Memblaze公司的首席架构师就几个关键话题进行了一次开放式交流。

冬瓜哥首先谈起了I/O协议栈太低效无法发挥SSD性能的问题。而最新版本的Linux内核里已经实现了多队列块层，也就是Blk-mq（Block multi queue），但是仅对SCSI协议栈有效，对NVMe协议栈没有用，因为NVMe协议栈是直接hook到块层的上层，略去了I/O Scheduler，而也正是由于I/O Scheduler中只有一个Request Queue，对于多核心多线程平台来讲，大家都去争抢这个Queue，使用Spin lock的话，一般会把CPU耗费到百分之七八十，而实际却没干什么活。而NVMe协议栈彻底采用了多队列，CPU使用率下降了，性能却上去了。

借着上面这个话题，Memblaze架构师顺便向冬瓜哥介绍了一下Memblaze开发的最新产品——Flash Raid。这里冬瓜哥先同步一些背景，之前有人针对实际测试，使用Linux内核自带的MDRAID模块，将4块Intel 750的NVMe SSD做Raid5，写性能只能到可怜的7万左右。冬瓜哥把这个数字告诉了吴忠杰之后，对方表示他们开发的Flash Raid模块能够将这个性能提升至少5倍，读IOPS可轻松过百万，写IOPS虽然过不了百万，但是也有几十万的水平。而且百万IOPS时对CPU耗费也就是30%左右，Xeon

2640双路，30核心。

MDRAID模块内部对多核的优化太差，存在大量锁，效率非常低，尤其是处理写I/O的时候。Memblaze开发Flash Raid的初衷，就是为NVMe这种超高速固态盘提供一个通用的Raid方案。目前市面上没有能对NVMe固态盘做Raid的硬件Raid产品，即便是有，其效率恐怕也不尽如人意。

Flash Raid除了大幅提升性能之外，还专门对固态盘场景做了更多的考虑，比如对链路闪断进行处理，对磁盘热插拔进行处理；此外，还在这一层加入了数据管理方面的功能，比如支持Thin Provision。让冬瓜哥眼前一亮的功能是：Globle Wear Leveling和Anti Wear Leveling。在所有固态盘都很年轻时候，大家都拥有较多的P/E Cycle，此时出于寿命和性能考虑，Flash Raid会将写I/O数据块尽量均等地轮流分布到所有盘上；当大家的P/E Cycle都所剩无几的时候，为了防止短时段内多块SSD同时损坏，软件会执行Anti Wear Leveling过程，让一个盘被更多地擦写，从而最先被坏掉，也就预防了多盘同时失效的问题。这种对底层数据在SSD盘之间灵活布局的方式与Raid2.0是类似的，只不过目的不同。

冬瓜哥也与Memblaze的CTO探讨了一些前沿课题。对于NAND介质，目前厂商普遍转向3D TLC，制程回退到32nm/40nm，靠堆叠层数来提升容量，估计这种方式再演进个三四代就到底了，届时就需要全新的存储方式来接上茬。MB近期内的策略就是基于NVMe产品，建设NVMe生态，上文中的Flash Raid就是相关的一步，致力于让用户更好地使用NVMe固态存储。说到x1 Lane宽的盘，Memblaze的CTO认为完全有可能在低端市场广泛应用，尤其是在即将到来的PCIe4.0时代。另外，日系H厂FF标准也处于制定过程中，届时3.5寸的大容量PCIe固态盘也会出现。

4. 超融合一体机

所谓超融合，就是用单一的服务器节点，通过分布式的方式，组成一个分布式系统，这个分布式系统中的每台服务器既是存储节点，又是应用服务器。在IT行业层出不穷的新概念里，超融合概念的格调还可以。为什么呢，因为超融合这个词，最终体现了这个新纪元的架构特质，上两个（软件定义、Server SAN）都是被囊括在了超融合内，也就是软件定义+Server SAN是超融合底层的基础，不具备什么业务层面的意义，而超融合才是真正有业务意义的概念，原因很简单，因为其触碰了业务，其把应用系统跑在同一批节点中。所以我们可以体会到，凡是对应用系统有影响和改变的，格调才高。包括冬瓜哥之前一直在说的可视化存储智能解决方案，其实都致力于站在用户业务的角度来审视问题并创新。所以，冬瓜哥认为超融合/超融合一体机是个比较成功的、成型的、有业务意义的概念。

冬瓜哥认可超融合的原因很简单，其充分利用了资源，回归了事物的本质。为什么呢？我们看看当前的传统存储是怎么Scale-Out的——每个节点挂了多个JBOD的Server SAN，控制器节点间互联网络一般使用PCIe Switch、10G/40G InfiniBand、10GE，而这个集群是不允许任何第三方应用安装在其上的。那么，用户必须用单独的服务器，外加一个单独的网络，连接到这个存储集群上来存取数据，这里面存在两批服务器，两个网络，而且每个服务器的资源都不是100%利用，两张网络的利用率也存在浪费。而且，存储一侧拥有不少RAM资源，应用看着眼馋却用不了，存储控制器是专门给应用准备的用于加速的缓存。服务器采用超融合。

因此，超融合架构可以用同一批服务器、同一张网络，同时承载存储和应用。不再需要专用硬件、专用网络、专用OS、专用外围设施，采用标准服务器即可搭建，成本可以降得足够低，回归了分布式系统的本质——将分布在多个节点的资源，通过软件来整合到一起，让集群中的每个节点都可以看到全局所有资源（学术名Single Name Space）。而得益于目前的高速网络，这个几十年前就出现的、当时仅用于超算等专用环境下的系统，走向开放化和逐步普及。当然，分布式系统也有其制约性，后面会分析到。

超融合的概念起源于VMware VSAN以及Nutanix，即融合了应用的分布式Server SAN。而融合了业务之后，就自然会想到如何站在业务的视角来调配资源，而不仅仅是存储视角了。这也是“应用定义”的本质，超融合再进一步，就是应用定义的资源统一管理，比如vCloud等。

5. 数据库一体机

这类产品已经不单纯是存储了，其基本上是朝着Exadata来的。Exadata价格高昂，于是接着这股风国内不少人也在着手做数据库一体机。这类产品模式基本类似，服务器+高速网络+分布式存储，只不过并不是超融合的，因为这种东西还是主打高性能，而且价格虽然赶不上Exadata，但是也超贵，单卖存储体现不出业务价值，结合业务打包一起，捎带着来加进来存储，这也是目前很多人已经意识到的一个新的商业模式。数据库一体机作为一个封闭系统，应当对性能、可靠性等方面做特殊的优化，如果仅仅是集成一下的话，基本就没什么格调了。

6. 天蝎机架内的存储系统变革

互联网之前大搞分布式，廉价，其第一个初衷是省钱，第二个初衷是SAN在扩展性上的确无法满足扩展性要求。但是他们从来没否认过资源池化/虚拟化是有价值的。如今，分布式搞了这么多年以后，劣势开始显现出来了，那就是机型又多又杂，管理成本提升了。下文分析到。到头来，互联网也发现资源池化还是要实施。SAN存储也是将资源池化，只不过太过封闭，而且引入了太多不必要的负担，太臃肿，最终作茧自缚。那么天蝎机架内的存储池化是怎么运作的呢？

如下图所示是浪潮Smart Rack天蝎机柜内采用的方案，服务器节点不再放数据盘，而仅放启动盘，甚至可以用更廉价的USB Drive或者SATA DOM来作启动盘。这样可以节省更多空间，容纳更高密度的节点。所有服务器通过SAS Switch连接多个JBOD，JBOD中的每块磁盘可以在线动态地分配给任意服务器或者从任意服务器解分配，数量不限。这样就做到了以磁盘为粒度的池化，而且并没有做虚拟化，从而保证了原生的性能。

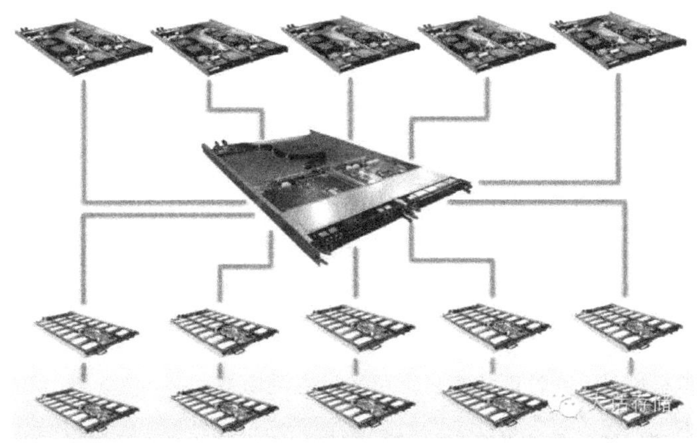

如上图所示是在ODCC2015上由天蝎组织展出的SAS Switch原型。由浪潮设计制造。采用的芯片则是由原PMC-Sierra（后被Microsemi收购）设计的PM8056 68PHY的12GB SAS交换芯片。

天蝎的这种存储池化，与传统SAN存储控制器的池化本质上是有区别的。前者只是硬件池化，空间分配粒度为磁盘级别，属于带外池化，所有服务器还是直接认到磁盘，而并没有通过某个集中控制部件认到虚拟的磁盘；而后者则是更细粒度的池化/虚拟化，空间分配粒度可以到MB甚至更低级别，而且服务器不能直接认到物理盘，只能从存储控制器上认到虚拟的盘。但是随着天蝎的发展，后续会不会也使用传统SAN的虚拟化方式呢？冬瓜哥觉得有这个可能。可以看到，技术的发展导致的形态循环的周期更快了，按这种爆发式发展，很难想象再过一百年世界会变成什么样子，是否会最终失控。

新兴存储面临的阻力也是不小的。

【阻力1】面对传统业务尚存尴尬，且不能完全抛弃HDD，为历史包袱拖累

超融合的确是个回归本质的架构，但是存在两个问题。一是传统业务并不是基于分布式系统而设计的，传统业务并不会感知其所访问的数据是否需要跨节点存取，所以节点间互联通道的时延和带宽，都必须足够给力。传统架构下主机如果采用16G FC来访问后端存储，那么分布式架构下如果要达到不低于前者的性能，互联通道就必须不差于16G FC。当然，前者传统架构下，主机到磁盘可能要经历两个网络，而在超融合架构下，应用到磁盘只跨一个网络就够了，后者的时延会优于前者。而很多新兴业务，比如大数据分析等等，其业务层本身就可以多实例分布式部署，松耦合，平时各干各的，各访问各自数据，此时很少产生跨节点流量，对互联通道的要求也就没那么高。

所以，目前打着超融合旗号的厂商，多数承载的应用仅为虚拟机，而且多数基本是照着Nutanix来的，虚拟机场景很符合上述的这种“平时各干各的，但是又要求所有节点看到统一的空间”的情况，所以其对节点间互联网络的要求就可以降低，10GE就差不多，而不必非得用40GE甚至56GBIB，这样成本会吃不消。而如果用超融合架构承载传统业务比如数据库，那么多半须使用40GE+全SSD/闪存卡，才能显现出明显优势，SSD+慢速网络或者高速网络+机械盘，超融合表现出的性能就会惨不忍睹。限定在虚拟机场景，也可以屏蔽计算资源和存储资源的不平衡问题，基本上48槽位的服务器承载虚拟机场景，在性能和容量上可满足主流场景。

第二个问题，就是传统业务对性能、容量的要求配比方面比较难以控制。在超融合架构下，为了降低成本并且维持部件的统一性、单一性，都避免引入过多的部件，比如JBOD，传统存储系统大量使用JBOD，一个控制器采用多个SAS控制器外挂出几十个甚至上百个JBOD，这也是导致传统架构体系复杂、成本高的很大因素之一。那么，如果超融合架构不使用JBOD，只使用服务器+本地盘为基本单元构建的话，遇到性能问题该如何解决呢？每块机械盘，在保证合理的最大时延时，一万转的SAS盘在压力测试下也不过输出300~400的随机IOPS，何况目前更多产品采用的是SATA盘，典型IOPS普遍低于200。而一台服务器典型配置也就是十几个盘位，有些特殊机型可达到24甚至48盘位（前后双插）。假设业务需要20k的IOPS，按照每块SATA盘实际输出120IOPS来算，至少需要180块盘，按照每台服务器16盘位（2.5寸盘）来配置，至少需要12台服务器来构建这个系统。

这就非常尴尬了，如果我用一台服务器，加上7台24盘位的JBOD，一块或者两块SAS通道卡，一样可以输出20k的IOPS，但是我只用了1台服务器，这不就是DAS吗？这就是几十年前普遍使用的DAS方式，就是应用服务器本地直连存储。所以，DAS等同于当节点数为1时的超融合系统。所以，如果用户只有少数一两个业务，性能、容量要求均不高，冬瓜哥认为直接DAS完全够用，平时做好备份或者远程复制。但是，如果用户有大量业务，比如十几个业务，那么超融合的优势就显现出来了。

那么目前超融合系统如何解决这个尴尬？答案是采用SSD缓存。假设只有一个业务，而且又需要足够高的性能，十几个SATA盘肯定是满足不了，那就加入SATA SSD或者PCIe闪存卡或者SFF8639口的SSD，将其作为读写缓存，这样系统的整体性能会有所提升，只要对性能要求不是那么高的话，满足要求还算凑合。但是SSD缓存方案缓存写效果比较好，然而视SSD容量占总容量的比例而定，读不命中的几率依然较高，随机读IOPS恐怕并不理想。所以对于这种场景，很多方案都是直接推荐全SSD。

但是，此时又会有个问题，容量可能不够。对于容量有要求，而又要避免服务器节点数量过多时，就不得不采用JBOD外扩。而根据冬瓜哥看到的现状，现在有些Server SAN和超融合Startup厂商恐怕连JBOD里面什么样都还不知道。一旦引入JBOD，系统架构就开始倒向传统架构了，就得去倒腾JBOD，买现成的，还是找人做？而不管哪种方式，成本无疑会提升，JBOD的利润还是比较高的，别看里面只有几片Expander而已，而且还得掌握驾驭JBOD的能力，排障、甚至二次开发都有可能。如果走上这条路，就很有可能跌回传统架构而陷入深渊。

可以看到传统SAN产品目前已经是Server SAN多节点分布式架构了，只不过每个节点采用双控共享后端的JBOD，然后相互Failover。这个区别也是最难驾驭的，而新兴Server SAN的每个节点不会再走向双控，因为如果这么做，就走上了老路，不做双控，付出的代价就是粗粒度的Failover，冗余不得不采用镜像方式，从而极大增加了跨节点流量（东西向流量）。而采用Erasure Code或网络Raid的话，跨节点流量将暴增，每一笔写入都要产生跨节点流量。从这一点上看，想要不在精细化控制和开发上费神的话，就得用高速网络、低效率的方法达到目的，这也是现在的很多软件开发人的通病。

目前来看，超融合架构在应对传统业务方面，还有些尴尬，而且不好解决，总会有资源浪费的情况存在。

其次，在应对大规模数据中心+传统业务场景方面，比如那些搞云计算平台的，或者巨型企业的数据中心，超融合架构是不是又反而不合适了呢？比如2k台机器，技术上，需要将这2k台机器互连起来，如果是48口交换机，毛估算的话也须40多台交换机，那么这些交换机按照什么拓扑互联？这是个很有讲究的学科了，怎么互联才能让网络的直径较小？从而时延越小？网络是个挑战。其次，2k机器在一个单一的域中，而且业务和存储耦合得太紧，故障影响范围将会非常大，在运维上是有很大隐患的，比如从存储系统视角来看要把某个节点下线，而业务系统不允许这个节点下线，怎么

办？毕竟是传统业务，比较关键。那么就需要分割成多个域，比如100台机器组成一个系统，有一个单独的namespace，共20个独立子系统，它们之间的资源不能互通。那么在这么大体量的场景下，集中存储是不是依然还会是主流选择，当然这里的集中是说存储系统和计算没有融合，存储系统本身还可能是分布式的。

【阻力2】Startup对存储系统底层的驾驭能力严重不足，精细化开发欠缺

做存储的应非常了解底层细节？但也有不知道存储底层的细节的，基本都是在块设备之上进行开发，对块层之下的东西，就算毫无研究，也不妨碍其推出产品。不过，冬瓜哥总觉得，既然是搞存储系统，如果不了解底层的话，格调着实不算高。放眼看去目前的新兴存储系统和厂商，普遍基于开源的东西拼凑，流于浮躁。

新兴厂商在倒腾底层部件方面，经验显然是不足的。分布式系统几乎都采用镜像的方式来进行数据冗余，其设计者一般不会考虑“如果某个硬盘出问题”或者“某个链路出问题”之类的底层部件引入的复杂性，而更多是直接站在更高层去解决问题，也就是“如果某个I/O出问题”，那么就读写其镜像副本并将其新复制一份到其他地方，而不管底层是由于什么原因导致的I/O超时，权当这个副本已经损坏。如果后续突然又自己好了，那就标记这个副本之前的空间为空闲空间。这种极其粗粒度的方式，会引起很多的跨节点流量。

另外，缺乏对底层驱动、链路的精细控制，性能也无法达到最优，出了问题排障困难，而只能采用粗粒度的方式来解决。

其次是缓存方面的设计。目前的分布式系统最终产品实现里，这些新兴厂商几乎都没有实现全局缓存，而普遍都是数据在哪个节点其就必须被缓存在那个节点，然后进行缓存镜像操作以保证冗余。传统存储厂商比如E厂，其VMax系统里采用的是基于Hash的全局共享缓存，数据的位置和其缓存的位置是松耦合的，这样会有一定的优势，但是开发量也会增加。这就是在缓存管理方面的精细化开发和优化。Startup为了尽量节省工作量压低成本，这些锦上添花的精细化开发，基本不会去做。说得俗气一点就是比较粗糙。而传统企业目前并不习惯于使用比较粗糙的东西，还是希望使用看上去更高雅、像样点的东西。这一点恐怕是新兴系统面临的一个挑战。架构可以是新的、更简单的、更单调的，但是看上去也得干净利落吧。

【阻力3】对新架构和使用方式的市场教育甚至生态构建能力，有待突破

超融合系统是在各种因素下促成的产物，高速网络+固态介质+足够多盘位的服务器+开源分布式软件+传统存储高价+经济下行。然而其对业务的部署方式和运维方式产生了改变，之前是主机和存储分开，现在超融合了，耦合得更紧了。而且整个系统的硬件形态也有较大的改变。其次，对性能、容量的方面的规划，也需要考虑超融合架构的特点来进行，而且上述的几个尴尬和阻力，也需要想办法规避或者解决。用户最终是否可以接受这样一种区别于传统的新架构，需要这些新兴厂商去推动和培育。其次，存储要改变应用的设计架构，就需要对生态进行改变，这方面需要持续投入。

下面总结一下。

新兴存储靠谱与否？得看它们是否符合以下三方面。

（1）是否符合存储介质的发展要求？这一点冬瓜哥认为，是的，新兴存储可以体现，毕竟其与固态介质时代同生。

（2）是否体现系统架构发展方向？这一点，冬瓜哥认为超融合架构虽然算不上什么先进的架构，它只是回归了事物一开始的形态，算是个循环，但是可以体现新时代的需求和趋势。

（3）是否基于用户的使用方便？厂商只会追求最大利润，但是新兴存储采用标准硬件+开源软件构建，成本上具有先天优势，可以为用户节省费用。另外新兴存储普遍意识到了与上层业务相结合，增强用户体验，节省用户使用、维护成本，在一定程度上也是符合用户切身利益的。

新兴存储是否有可能走上传统存储的老路？做的工作还得重头做。冬瓜哥认为这最终取决于用户应用环境的改变，一定要改变业界的思维、习惯及应用软件使用存储的习惯，只有这些改变了，才是真正的变革。所以新兴存储厂商的任务将更重，他们需要影响和改变上层的应用系统的架构设计，以充分适应底层的变化。冬瓜哥的观点是很坚定的，传统存储已近黄昏，技术架构发展上的停滞，商业模型上的停滞，是两大因素。而新兴存储系统必须从源头上重新培育或者说与应用环境贴合得更紧密甚至改变之，才能算是成功，否则，仍是作重道远。

另外，传统存储软件厂商、新兴存储厂商，都已经意识到，只有更加贴近用户的业务，甚至改变业务的部署方式、使用方式、维护方式，才能在这个新纪元中站稳脚跟，我们也看到了这些厂商所推出的产品的变化。下一步，冬瓜哥认为业界应该正式吹响“应用定义”的号角，为下一步的发展指明方向。而传统的SAN存储厂商似乎在这一步上反应非常迟钝，这是个很危险的信号，传统存储厂商如果不继续正视这个趋势，可能在短期内受到一些因素的影响，业绩继续保持增长，但是长期来看，大势不可逆。

第七章 次世代存储系统

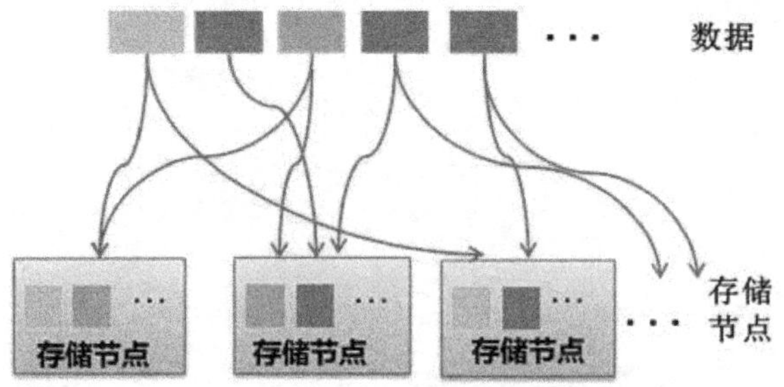

随着诸如万兆以太网、40G以太网、Infini Band等高速网络的普及，以及最关键的固态存储的成本加速下降，容量加速上升，使得早在20世纪就被提出的分布式存储系统一下子有了如鱼得水的感觉，于是雨后春笋般地发展。然而，“分布式存储系统”是个技术甚至学术名词，市场不买账，再加上市场长期被大型传统封闭式存储系统垄断，再加上云计算、大数据等概念的兴起，于是人们基于分布式存储这个技术，包装出了数个相关概念：云存储、软件定义存储、Server SAN，再加上分布式存储从一开始就是致力于把多台应用服务器本地盘聚合虚拟起来形成一个统一存储池，其原生就是应用和存储是在同样的节点上存在的。当然，原生的东西并不能当作概念来炒作，需要重新起个名字，于是有了：超融合、数据库一体机、大数据一体机、×××一体机等概念。

所谓次世代存储系统，就是指诸如“软件定义存储”“分布式存储”“云存储”“全固态存储”“Server SAN”“超融合”等概念。这几个概念里面，分布式存储是技术名词，比较实在，全固态也还可以，至于软件定义、云存储、超融合、Server SAN，就有点虚了。

硬件的革新带来了上层架构的变革，再加上有众多的开源实现可以利用，于是新兴存储系统争先恐后地涌现。然而，越是门槛降低，越利用开源框架，大家的产品就越容易千篇一律。目前市面上很难看到有差异化的产品。笔者接触过业界一些做所谓“软件定义存储”的厂商，聊起“特色”的时候，便皱起了眉头，的确发现自己除了是分布式架构之外，其他的真找不出什么特色，如果说“扩展性强”“可靠性高”这种词眼也算特色的话，那么大家的产品都是相同特色。

笔者认为，一款产品不可能做到各方面都称雄称霸，但是至少也得拿出一样差异化的地方，尤其是在如今这个技术门槛越来越低，概念频出的纷杂时代，必须有自己的特色才能立足于市场。比如，要么具有高性能，要么具有较好的可扩展性。

下面介绍几方面性能。

7.1　一杆老枪照玩次世代存储系统

所谓一杆老枪，是指SAS技术。回想一下可以发现，在存储系统的后端，SAS被使用的年头已经超过了FC，FC不过坚持了5年左右（2001—2005），而SAS则已经坚持了10年（2006—2016），而且有望继续再坚持多年，宝刀未老。

说到SAS这杆老枪照玩次时代存储系统，我们就先来看看SAS技术是如何在全固态存储系统中体现其优势的。

首先，硬件上原生支持双端口，双控甚至多控无须担心架构设计上的复杂性；接入的设备容量可以灵活选择，不受限制。

其次，SAS成本相对PCIe生态体系而言足够低廉，相同接入容量下，SAS Expander的成本比PCIe Switch低很多。

然后，在软件协议栈、带外带内管理接口方面，非常成熟。PCIe体系的全固态存储目前来讲多为单机箱，如果加上JBOF，则需要考虑JBOF的管理接口，这方面目前没有一个非常成熟的方案，有不少方案在JBOF中加上了SoC专门做管理，而且接口都是私有的。而SAS JBOD/JBOF可以利用原生的标准SES协议做到带内管理。

另外，SAS天然是一个交换网络，有自己的地址体系，很容易形成Fabric。而PCIe网络则比较复杂，因为PCIe使用内存地址映射方式进行寻址，与系统紧耦合，厂商不得不在PCIe Switch上进行复杂的开发以形成一个基于内存地址路由的网络，目前仅有的两家PCIe Switch芯片供应商正在开发这个功能，已经开发出来的版本目前看来问题比较多。

总之，SAS是一个非常成熟的生态，基于SAS搭建全固态存储，虽然缺少了概念和心意，但是其软硬件稳定性在当前绝对是要高于PCIe体系的产品，性能上则确实会低于PCIe，但是SAS SSD目前体现出来的性能在100~200k IOPS，相对来讲也是可以接受的。

不过，SAS网络是基于连接的交换网络，（虚电路交换）。这种架构的优势在于连接建立之后，会被两端独占，传输数据的时延极大，带宽很高。但劣势就是连接被独占时，其他部件不能利用该连接传数据。这与包交换网络有很大不同。

所以，要想充分玩转SAS这杆枪，就得精细化地设计后端的架构。

7.1.1　当SAS遇上全固态存储

宏杉科技的MS7000-AFT全固态存储系统的架构在设计上就充分考虑了SAS的优

劣势，扬长避短。我们知道，传统的存储系统后端机头接JBOD的通路一般只有2个x4 SAS宽端口，也就是每个控制器通过其中一个x4通道的SAS链路连接到JBOD，这条x4链路会极大地限制SAS固态盘的性能。因为SAS是基于连接的交换网络，当接入较多SAS设备之后，不但要考虑让单个设备发挥到极限性能，而且还得同时考虑多个设备均衡地发挥出各自的性能。所以，MS7000-AFT在后端采用了8个x4的SAS宽端口上连，其总带宽可以达到384Gb/s，完全释放了SAS SSD的性能。每个JBOF有25个SSD盘，每6个SSD独享2条48Gb SAS3.0通道，在共享的基础上又做了一定程度的小范围隔离，更有利于混合业务场景。如下图所示。

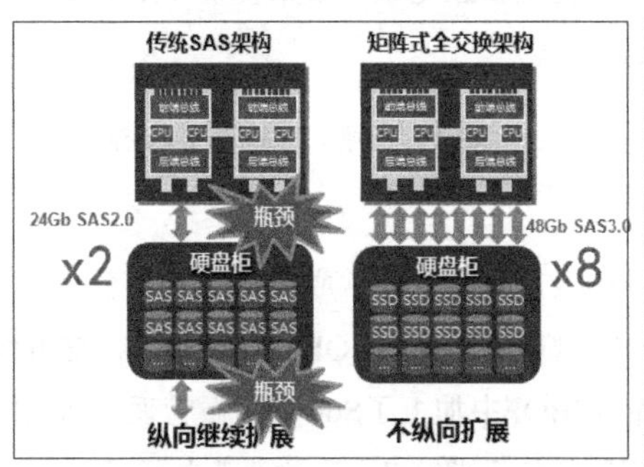

- **传统SAS架构**

采用24Gb SAS2.0通道；

每个硬盘柜2条链路上行，2条链路向后端纵向扩展

- **宏杉矩阵式全交换架构**

采用48Gb SAS3.0连接；

每个硬盘柜8条链路上行，不纵向扩展；

每个硬盘柜25盘，每6个SSD独享2条48Gb SAS3.0通道

做到这样的架构设计，需要对JBOD进行特殊设计，增加对应的大交换容量的SAS Expander。我们知道，宏杉科技的存储系统的另一大特色就是后端采用SAS全共享架构，单个JBOD可以利用8条x4宽端口上连到多个控制器，多控并行处理I/O，进一步充分释放了后端SSD的性能。这一点则是其他基于SAS/SATA SSD所构建的全固态存储的硬伤之一。

此外，为了便于用户选择，MS7000-AFT有两种运行模式可选，第一种是全功能模式，其中会包含快照、复制、Thin、重删/压缩、镜像、双活等；第二种是性能模式，系统内会将上述功能关闭，在I/O路径中完全Bypass，从而降低时延，提升整体性能。见表7-1。

表7-1　参数列表

架构	多引擎架构，支持1～8个引擎横向扩展
处理器（每引擎）	2×2路Intel多核处理器
最大缓存能力（每引擎）	1.5TB
SSD交换单元	25槽位/个
SSD交换单元SAS通道	8个SAS3.0（8×4×12Gb/s）
IO模块类型	8Gb/s　FC模块、16Gb/s FC模块、10Gb/s以太网模块、40Gb/s以太网模块等

续表

架构	多引擎架构，支持1～8个引擎横向扩展
RAID级别及热备特性	RAID/CRAID 0、1、10、5、6等，支持专用热备、全局热备、空闲硬盘热备
IOPS（每25块SSD）	400 000（8k全随机，70%读+30%写混合）
延迟	<0.5ms
基础管理软件	MacroSAN管理套件，含基本存储管理、RAID、系统监控、日志及告警等功能
高级特性	性能监控、数据快照、数据复制、数据镜像、存储双活、存储异构虚拟化、服务质量控制器（QoS）、数据迁移、数据克隆、自动精简配置、数据重删、数据压缩等

在软件架构上，宏杉科技是国内第一个将Raid2.0技术落地在产品中的厂商，其对应的商品名称为CRAID技术，也就是基于Cell的Raid。条带（见下图中Disk Chunk Group）不再绑定硬盘，而是可以浮动在任意数量（必须大于，最好远大于条带块的数量）硬盘的上方，多个DCG组成Cell。

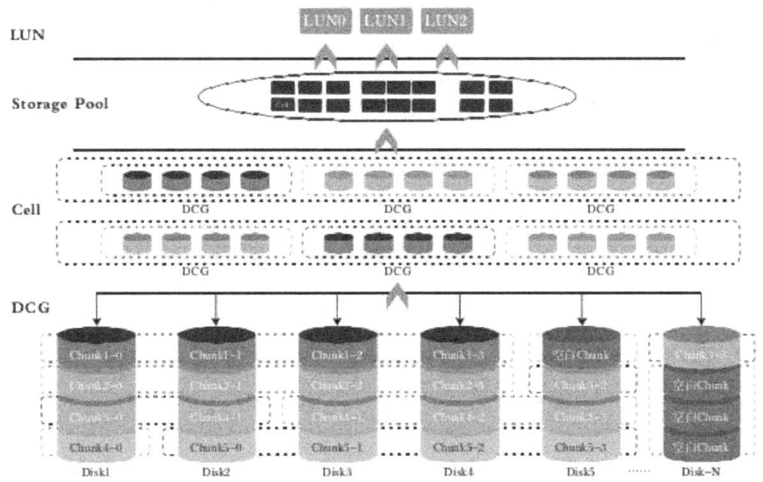

Raid2.0底层数据布局灵活，任何Cell可以位于任何地点，那也就意味着，任何Cell可以被写入任何SSD，同时对上层透明，应用主机看到的只是一个逻辑存储空间，而看不到底层实际物理块的存放位置。存储系统采用一个大表来记录逻辑块与物理块的映射关系。那么，MS7000-AFT存储系统自然就可以根据系统内全局范围内的SSD盘的寿命、状态、性能表现等来决定逻辑资源所体现出来的各种属性QoS，方法就是将数据块有策略地、有选择性地分布在正确、合适的地点，以及分布在合适的底层物力资源跨度上，从而保证了性能、寿命的均衡。如下图所示。

基本属性 | LUN列表

名称	值
名称	Qos-Strategy-1 重命名
IO类型	读 修改
控制类型	带宽 修改
控制目标	100 修改
策略状态	未激活 激活
LUN数目	5

在性能方面，MS7000-AFT采取了如下增强措施。

（1）多线程设计，并对前端和后端业务的中断进行智能绑定，保证各CPU处理均衡；且后台设计单个I/O的处理流程在同一个物理CPU上，减少多个物理CPU之间的内存交互，从而减少性能影响，充分发挥硬件多个CPU的优势。

（2）Cache针对全闪存设计智能算法；基本设计原理是：Cache内存处理速度高于SSD处理速度，且不同业务模型Cache处理性能不相同，软件根据前端业务流量和业务压力情况，动态选择处理介质，在缓存和SSD处理之间达到平衡，保证I/O处理高效且达到最低延时。

（3）在各种Raid算法上进行优化，减少Radid10的条带冲突，采用优化读策略，Raidix算法利于I/O合并和缓存的功能减少算法回读，从而减少I/O读写路径，提升SSD读写性能。

（4）设计全新的硬盘调度算法，选择最快路径下发I/O到硬盘，保证I/O响应低延时；保障固态硬盘4k对齐写入，避免跨区写入而造成的写放大和写性能下降。

（5）与SSD厂商结合，自定义相关报文，用于快速计算SSD寿命和剩余使用时间等相关信息，同时软件针对这些信息进行快速处理，及时进行Raid级别重建和硬盘相关告警机制，保证业务稳定性；并设计硬盘FW在线升级方案，保证SSD的稳定性。如下图所示。

基本属性

名称	值
名称	Disk-1:4:1:12
接口类型	SSD
转速	N/A
尺寸	2.5英寸
容量	446GB
厂商	
FW版本	003Q
序列号	S2HSNYAG500016
SSD适用性	混合型
SSD预计剩余寿命	92% 刷新
角色	空白盘
所属存储池	NULL
所属RAID	NULL
当前状态	正常
定位状态	未定位 开始定位
读缓存状态	启用
写缓存状态	启用

7.1.2 当SAS遇上分布式存储

再来看一下分布式存储系统是如何将SAS的强大网络特性发挥到极致的。

所谓分布式存储，就是利用多台独立的Server+网络来将资源整合起来。其在硬件上的本质就是DAS，用SAS Raid卡或者HBA卡，接入十几块本地SATA/SAS硬盘，形成一个节点，再用分布式软件管理层虚拟成一个存储池，上面加上应用，成为超融合、一体机之类。这些网红开发者们其实并不是在做硬件，而是在做软件，基于开源软件，也就是所谓软件定义，他们并不太关心系统的底层架构，也并不了解SAS网络其实大有可用武之地。

看一下如下图所示的架构，它本质上仍然是一个分布式文件系统，但是它的每个节点从后端获取存储资源的方式却很不同，每个节点并不用固定盘位配置本地盘，而是利用从SAS交换机后挂的JBOD中获取任意数量的硬盘，充分做到了随用随取的灵活性。通过SAS Switch+JBOD，可以将任意硬盘分配给任意节点，而且这个过程中不需要重启，不影响业务。

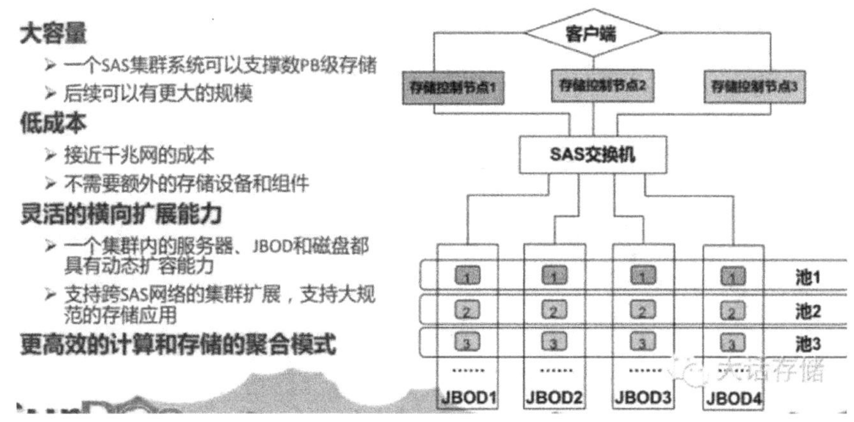

这个架构的另外一个优点是，可以抛弃传统分布式集群极度浪费空间的多副本冗余机制，只需要使用传统的Raid或Erasure Code等容错机制即可。因为当某个节点宕机之后，其原先挂载的硬盘并不像传统分布式系统那样变得完全不可访问，而是可以通过对SAS Switch的配置，瞬间将其原先挂载的硬盘全部分配给任意1台其他节点，从而继续提供服务。这在效果上与多副本分布式集群接近，但是却大大节省成本。

与传统固定配置服务器节点的分布式集群相比，这种架构可以极大简化服务器节点的设计复杂度，甚至可以不设计任何硬盘槽位，这样就可以提升节点密度。

这种独特设计，使得分布式系统能在享受共享式架构带来的各种优点的同时避免了使用外置SAN存储，避免了浪费空间的多副本冗余机制，扬长避短。不失为一种很好的可行方案。对于云计算环境下的存储系统，无疑需要分布式集群所带来的良好的扩展性，算是一种“共享存储池型分布式集群”架构。如下图所示。

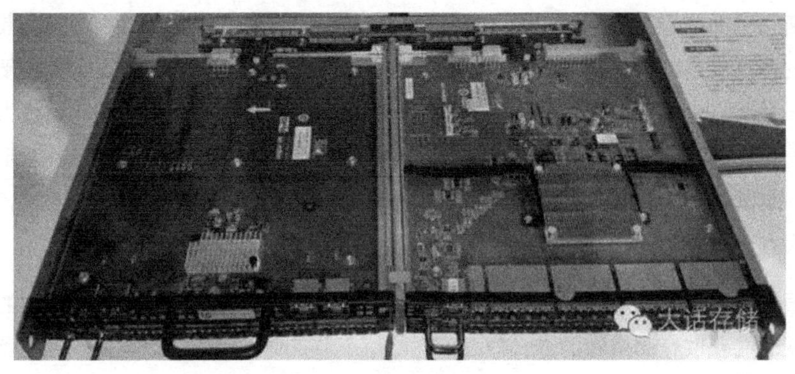

SAS交换机

纵观NVMe网红，其轻装上阵，初出茅庐，所要走的路很远，有很多其实是在走SAS/SCSI体系的老路，比如双端口NVMe盘（应对多控同时连接）、NVMe over Fabric（重走SCSI over FC/SAS/IB/Ethernet的路）、JBOF Enclosure Service（重走SCSI Enclosure Service的路，或者干脆就利用现成的SES框架）。

7.2 最有传统存储格调的次世代存储系统

要说最具传统存储系统格调的，还是天玑数据的PhegData X。其虽为分布式系统，但是在对外的访问和管理方式以及数据管理功能上依然保留了传统SAN存储的统一方式，比如：

（1）支持传统领域常用的FC、iSCSI甚至SRP（SCSI Remote Protocol，基于InfiniBand）和iSER（iSCSI with RDMA）。另外支持效率更高的私有访问协议。

（2）支持SNMP、RESTful/SOAP API、SMI-S、Microsoft VDS、VMware VAAI/VASA资源监控和管理接口。另外针对云环境，支持OpenStack Cinder管理接口。

（3）在数据管理功能上，支持快照、克隆、自动精简配置、远程容灾复制、多级热度的智能缓存。

（4）广泛且全面的系统兼容性，见本节结尾。

如此全面的特性、接口、兼容性支持，乍一看还真像一个久经沙场的传统存储系统。实际上，天玑数据的PhegData X系统在传统业务场景下的部署案例是非常多的，用户看中的也是其对传统环境的原生良好支持。然而，其骨子里是个分布式系统，可以说其将分布式系统的优点与传统存储系统的使用习惯有机融合了起来，使得它成为一款能够同时适用于云环境和传统IT环境下的全能存储系统。

7.2.1　数据组织

PhegData X系统的核心是一个叫作Smart Scale EBS（Elastic Block Storage）的模块（天玑的超融合产品采用的也是此存储模块），其主要包括BAC（Block Access Controller）、Router、OSD（Object Storage Device）Manager三个子模块。BAC客户端安装在应用服务器一侧，负责维护逻辑卷块级接口，以及负责解析主机与逻辑卷之间的映射关系；OSD Manager负责实际物理介质的空间资源管理维护；Router子模块负责具体读写操作过程，既包括响应来自BAC的读写请求，也包括副本维护、故障修复、迁移、再平衡等系统内部读写操作。除BAC驱动模块之外，其他模块都安装在多个独立的IOS（I/O Server）服务器上。IOS服务器上同时还安装有IOSD（IOS daemon守护进程），负责与主控机MDS（Meta Data Server）交互，以实现整个集群的管理。请注意MDS上维护的是集群管理元数据，并不是位置元数据，MDS平时不参与I/O路径。如下图所示。

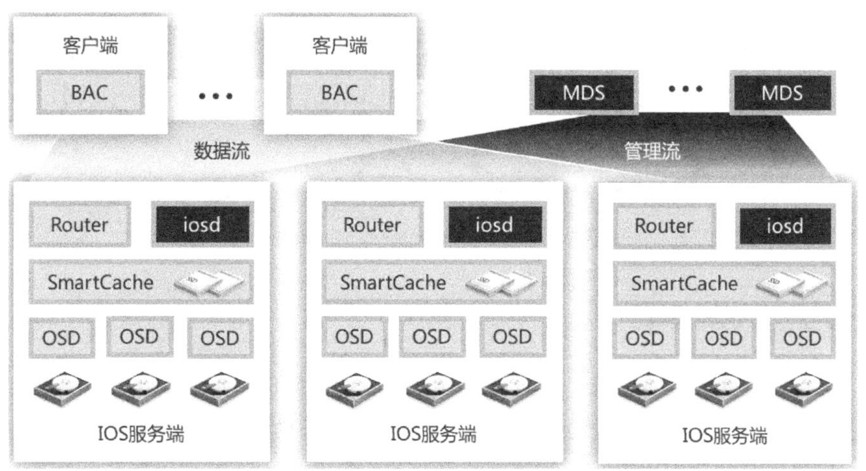

系统中物理存储资源分三级组织——IOS节点、OSD磁盘、Chunk区块。每个IOS包含若干OSD，每个OSD包含若干Chunk；每个Chunk只属于一个OSD，每个OSD只属于一个IOS。系统将硬盘空间切分为4GB大小的块，称为虚拟OSD。

使用时先将若干个硬盘（可以位于不同的IOS）打包成一个空间池，系统自动在后台切分为多个4GB粒度的虚拟OSD。系统再将虚拟OSD切分为多个Chunk，然后基于Chunk来创建逻辑卷。一个空间资源池的设计理论上最多可容纳2^{16}-1（即65535）个OSD设备，足以满足所有可能场景的需求。

用户可以在该空间池中创建任意大小的逻辑卷，但是最终容量会被系统自动调节为Chunk的整数倍，Chunk尺寸在划分逻辑卷时设定，缺省为4MB，可调整范围为

8KB~128MB。每个逻辑卷在客户端呈现标准块接口，应用通过常规使用方式对其创建文件系统或直接作为裸设备使用。一个逻辑卷在理论设计上最多可包含2^{48}（即281万亿）个Chunk区块，按每个Chunk缺省设定的4MB计算，逻辑卷上限容量可达1.1ZB，可以满足所有实际使用场景。

Chunk与逻辑卷的映射关系以及标准块访问协议接口API回调函数主要由BAC子模块维护。实际上，Chunk与逻辑卷的映射关系（该逻辑卷的组成Chunk号的顺序链表）是统一放置在MDS元数据节点上的，而应用服务器启动之后，BAC模块会从MDS上载入对应逻辑卷的Chunk号链表，缓存在本地，这样每一笔I/O无须与MDS交互。如下图所示。

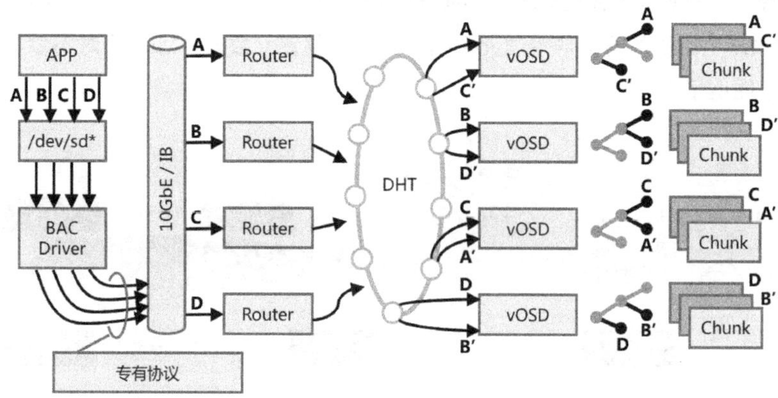

7.2.2 访问流程

应用端发起的读写请求，经过两级寻址完成定位操作。首先BAC客户端将应用对逻辑卷的读写请求，通过检查本地的Chunk号链表，转换成对Chunk区块的读写请求。当采用私有访问协议时，该请求的格式并非SCSI标准，而是更加高效的私有格式和交互方式。请求被发送给Router进程处理。运行于IOS服务节点端的Router进程接收BAC请求之后，根据Chunk号和偏移量进行哈希计算，在哈希环中定位OSD（哈希环实际节点为4GB的虚拟OSD）并向OSD Manager派发I/O任务。OSD管理进程接收Router派发的任务后，再通过映射表（Chunk在OSD内部的偏移量，该索引表被保存在OSD硬盘的元数据区，占用2MB的空间）定位相应Chunk区块，并进行实际读写操作。进行哈希运算的Router进程和定位Chunk区块的OSD管理进程都可以多进程并行处理，从而提升系统整体并发度。

在决定哪个Chunk应该放在哪个OSD方面时，SmartScaleEBS采用基于DHT（分布式哈希表）实现免数据查询，直接根据Hash值来索引到固定的OSD节点，固定的

Chunk号就会被放在固定的OSD中。同时，当OSD数量增加之后，或者故障后，通过哈希环算法可以实现最小的数据迁移量。

Smart Scale EBS研发团队针对分布式存储系统量身研发的专有协议，充分考虑了大规模分布式存储系统的特点，可以将单逻辑卷读写负载均衡分配到128个Router进程同时处理，即可以让128个IOS节点同时响应同一逻辑卷的I/O请求。

同时，专有协议也保证BAC与Router间简洁高效通信。BAC可借助专有协议，将需要操作的地址和数据、冗余级别以及其他相关属性信息，一次性发送给Router进行处理。从而大幅度减少网络交互过程，降低读写操作时延。

当用于传统SAN网络环境时，也可以支持iSCSI、FC或SRP/iSER协议对外提供访问接口。当然，在使用这些标准协议时，只能依赖OS端的MPI/O多路径软件来实现并发处理，其效率和单卷并发度必然受到一定影响。如下图所示。

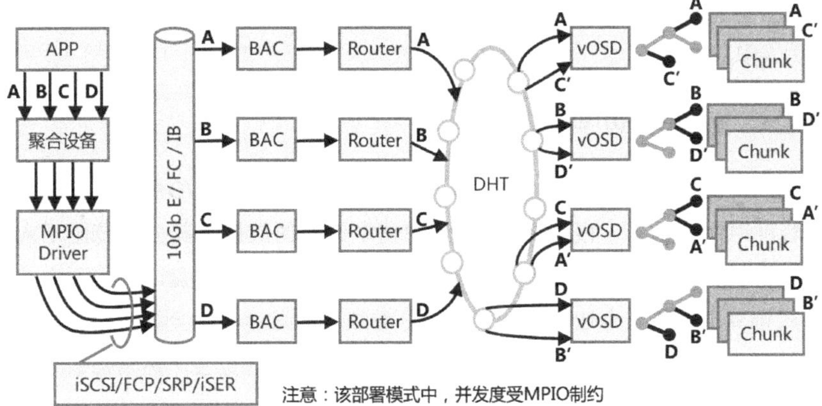

7.2.3 集群扩展和冗余

系统新增IOS节点时，集群中各节点IOSd守护进程通过双向链式同步机制更新集群节点信息。在各节点更新自身信息的同时，也向MDS汇报集群更新信息。MDS确认集群信息更新同步后，新增节点便启动添加磁盘过程。

IOS节点内新增加磁盘时，需要对新加磁盘进行初始化操作。初始化过程相当于磁盘格式化，由OSD管理进程对新加磁盘进行格式化，依次创建Super Block区（64KB）、Space Bitmap区（2MB）、Key Space区（512MB）和Data Area区。同时在Super Block区记录本OSD磁盘基本信息和标记，在Space Bitmap区创建本OSD上所有Chunk的指针列表。Key Space区用于存放由副本、快照、克隆等附加功能产生的附加属性或关系标记。

格式化过程完成后，可选择将OSD加入资源池。在线状态下，由于采用DHT哈希来定位，资源池中添加OSD磁盘后，OSD位置发生了变化，将会引发资源池内数据重平衡操作。重平衡过程只影响哈希环新增节点的邻近节点，而且相关数据迁移由旁路进程处理，所以这一过程对资源池中绝大部分数据读写性能不会造成直接影响。同时SmartScaleEBS对后台数据迁移进程可以进行资源限制，即便后台迁移与前端读写发生局部资源争用，也可以通过控制开关保证前端应用读写性能良好。

分布式存储系统必须提供多副本冗余机制。副本冗余和故障修复工作由Router处理，从而有效减轻应用端负载压力。借助BAC与Router间专有协议约定，BAC将写操作请求发送给Router时，随同操作请求本身附带冗余级别标记。Router在处理相应请求时，自动获知该数据块的冗余度级别，并按要求执行操作。由于每个OSD标记有IOS位置信息，Router在定位OSD创建副本时，可以保证同一数据块的不同副本分散在不同IOS节点。

按强一致性要求，Router在执行写操作时，必须在完成所有副本更新后，才返回执行成功确认。

7.2.4 副本安全边界管理

数据所跨越的节点/硬盘数量越多，其并发度也就越高，I/O性能也就越高。以99.999%可用性为目标，根据计算得出，2副本保护的数据，其分布范围不应超过100颗磁盘；3副本保护的数据，其分布范围不应超过500颗磁盘。其他副本情况也可依公式推算出具体安全边界。如果数据分布范围超过这个安全边界设定的磁盘数量，则多磁盘同时故障的概率将使系统整体可用性降低，也会陡然增加数据丢失的风险。

由于业界多基于池级设定冗余级别，因此安全边界设定也同时设定于池上。这种过于简单的限定方式，严重影响了资源池并发度。如前计算，一个2副本资源池内最多只能包含不超过100颗磁盘，如此无论该池中创建多少逻辑卷，所有逻辑卷总并发度也不会超过100颗磁盘。这种并发度甚至不及一台高端传统磁盘阵列，其性能效率必然难有飞跃。

而Smart Scale EBS实现了同池多安全等级，将副本属性从池转移到逻辑卷，随之也将安全边界限定从池转移到逻辑卷。由Smart Scale EBS所管理的资源池本身无磁盘数量限制，创建逻辑卷时，仅限定该卷所包含的所有Chunk区块分布不超过副本安全边界。在这种机制中，安全边界仅限制单卷并发度，同池中创建多卷时总并发度不受安全边界限制，从而最大限度发挥系统总体效率。如下图所示。

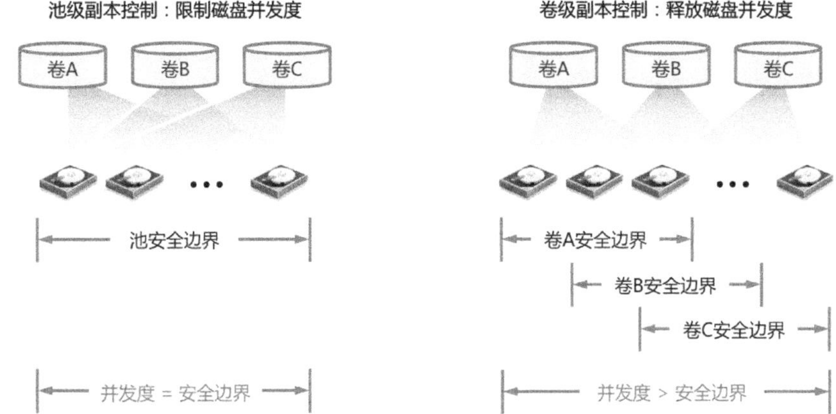

7.2.5 带有Victim Cache功能的SmartCache

基于固态存储介质的访问加速，是目前存储系统中主流的提升性能的手段。说到缓存，一般做法是将其放置在数据路径前端。但是在分布式系统下面，前端缓存会导致极高的设计复杂度以及节点间跨网络通信流量，包括缓存镜像、一致性同步等消息。这种紧耦合的方式对分布式系统而言是个灾难。相对而言，Smart Cache将缓存设计为节点独立后端缓存，数据被冗余复制之后，再进入缓存，可以做到既保证数据的冗余性，又能利用缓存的加速效果，同时还避免了节点间的缓存一致性同步。因为天然就可以各缓存各的。

传统缓存方式一般采用MRU/LRU算法处理缓存换入换出，即通过单一动态链为数据热度排序。这种机制的脆弱之处在于，当发生全盘数据备份、全盘查找等此类扫描式操作时，缓存空间会被迅速挤占耗尽，原本存放在缓存中的热数据则被交换出缓存。

Smart Cache采用多级热度机制管理缓存空间，并在多级热度之间采用先进的Markov行走算法管理、优化动态链。系统在同样速率的存储介质上，也维护了多级缓存空间，多个级别之间的I/O性能相同。在扫描式读写过程中，仅L0级缓存空间被冲刷，其他空间不会受到直接影响。且原来L0级缓存中的热数据不是被交换出缓存，而是根据Markov行走算法升级到其他级别空间中。这种做法与CPU内部的Victim Cache机制相同，该机制可以极大地增加缓存命中率。如下图所示。

基于Markov行走算法的多级动态链机制不仅可以抵御扫描式操作，而且具备根据场景主动优化能力。当Smart Cache在某一系统中运行一段时间之后，系统中各数据在概率链中的位置会逐渐拟合其被访问的实际概率。随着Markov概率链逐渐稳定，各级缓存空间中数据分布即为系统实际数据热度分布。从效果上讲，可以看作Smart Cache通过主动学习适应，逐渐掌握系统中数据热度分布情况，并依照实际热度将数据分级

缓存在闪存介质中。这一动态学习匹配能力，使Smart Cache可以在读写行为特征迥异的各种场景中，均能够最大限度地发挥缓存空间利用率，在给定缓存空间资源条件下最大化总体缓存命中率。

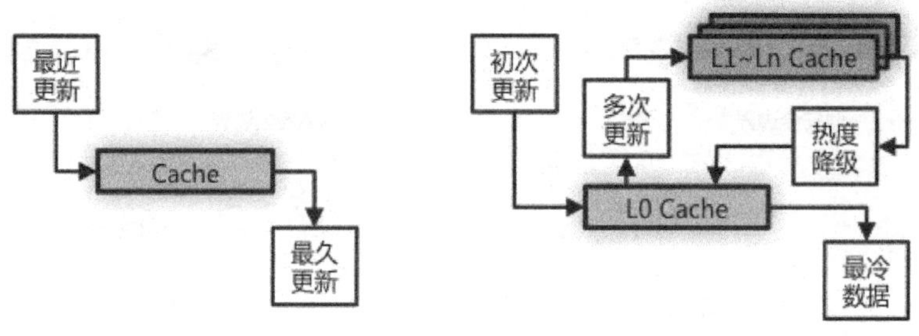

（a）传统算法　　**（b）SmartCache v2多级机制**

无法防御扫描式读写；　　**扫描式操作仅影响L0 Cache**

7.2.6　基于SmartScaleEBS的超融合私有云平台PriData

基于Smart Scale EBS核心分布式存储引擎，并配合天玑自行研发的虚拟化管理引擎Smart Sphere，天玑数据发布了名为PriData私有云平台的超融合一体机。与Nutanix、VMware等国际厂商类似，PriData内部的资源管理层也是采用“标准API资源管理+分布式存储+Hypervisor”的架构公式；而不同的地方在于PriData内部的分布式存储SmartScaleEBS是基于DHT架构，而Nutanix、VMware用的是基于元数据的传统分布式架构，另外PriData的标准API资源管理支持ESXi、Hyper-V、KVM、Xen等异构Hypervisor，不像VMware只支持自家ESXi。

由于近年来由阿里巴巴、腾讯带头的互联网业务在国内飞速发展，甚至到了超越北美的激烈程度。越来越多的大小传统企业开始将业务向互联网转型，而毫无疑问，业务大规模转型必将带来IT架构的颠覆性升级。互联网业务的特点是需求变化极快、用户群体庞大和业务规模的伸缩不可预知性，IT架构需要满足DevOps、CI/CD、大规模弹性扩缩等需求。而仅停留在IT资源管理层面的经典虚拟化方案建设周期基本以周为单位，实现虚拟机级别的弹性伸缩，是无法支撑敏捷型的大规模业务的。从这点上看，PriData的所谓超融合3.0架构不仅在资源管理层做到了超融合，在业务层也做到了敏捷化，其利用的核心技术便是时下热门的容器技术。PriData除了能提供经典虚拟化管理外，还可以提供容器来进行业务封装和发布管理，通过Docker+Mesos+Marathon来进行业务集群管理，实现了“进程级”资源共享、分钟级建设发布、大规模弹性扩缩与运维自动化的能力。

根据硬件结构、业务场景适配的差异，PriData分为Q系列和P系列。

Q系列采用高密度的2U四子星服务器，单机框内含有4个节点，适用于异构服务器虚拟化、VDI、企业办公、非关键型业务整合等场景；P系列采用2U标准x86服务器，单机框内含有1个节点，可适配GPU增强组件，适用于图形渲染业务和有高并发要求的中大型企业私有云、弹性数据中心集群。如下图所示。

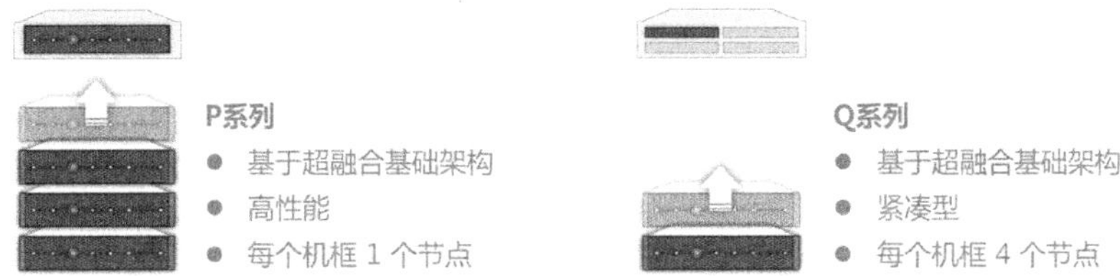

7.2.7　基于分布式存储，并做针对性优化的数据库云平台PBData

基于Smart Scale EBS，针对数据库场景的优化版Smart Stor，天玑数据搭建了PBData数据库云平台。Smart Stor针对数据库的交互特性，简化了DHT数据处理逻辑与池化管理功能，优化了Cache在后端的处理机制，并且对RDMA协议（iSER、SRP）做了定制化优化，以达到数据库业务所需要的高吞吐、低时延与高可用特性。根据计算与存储资源分布、互联架构、扩展性等方面的设计差异，PBData分为V系列和H系列两类架构。V系列采用Vary-Fusion异化融合架构，H系列采用Hyper-Fusion超融合架构。

7.2.8　异化融合架构（Vary-Fusion）：V系列

PBData V系列采用Vary-Fusion异化融合架构，包含计算节点和存储节点两类不同角色的x86服务器，存储节点负责提供存储资源，而计算节点负责运行数据库应用，节点间通过冗余InfiniBand网络互联。如下图所示。

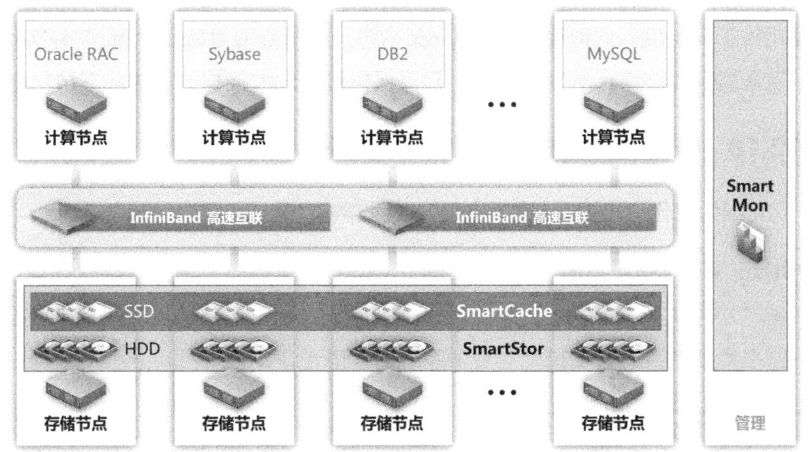

Vary-Fusion架构可视为传统SAN架构的物理升级，在保留传统SAN存储架构的同时，以横向集群存储节点替代传统磁盘阵列，以InfiniBand互联替代传统SAN中使用的FC/iSCSI互联。因此，Vary-Fusion架构一方面在存储访问方式上最大限度地保留传统模式，无缝兼容Oracle RAC等基于传统SAN架构的数据库集群应用，另一方面又利用InfiniBand和分布式存储等新技术，突破传统SAN架构限制，极大地提高了系统性能和扩展能力。

7.2.9 超融合架构（Hyper-Fusion）：H系列

PBData H系列采用Hyper-Fusion超融合架构，所有x86服务器节点角色、身份完全相同。每个节点均可同时负责数据存储服务和数据库运算服务，节点间通过冗余InfiniBand网络互联。系统扩展时仅需简单增加节点，即可实现存储服务能力和运算服务能力提升。如下图所示。

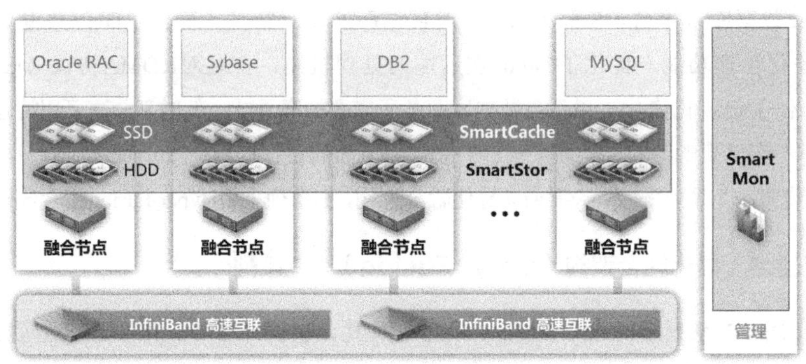

Hyper-Fusion架构可视为传统SAN架构的逻辑升级，将传统SAN架构中的“运算—交换—存储”三层结构，融合为单一形态的简洁横向扩展结构，极大地简化系统整体使用维护复杂度。同时Hyper-Fusion架构中，各节点通过Smart Stor软件实现节点间存储资源整合和共享，对数据库应用仍可保留传统SAN架构的块级共享访问模式。

7.2.10 PBData数据库云平台的应用场景

1. x86架构取代“小型机+高端存储”传统架构

PBData 采用x86服务器，以及Scale-at-will分布式架构，融合基础软硬件资源，替代传统“小型机+高端存储”架构，从而实现高效规模化部署以及灵活业务场景匹配。同时多数据库兼容可支持现有业务系统的平滑迁移。

2. 加速传统OLTP/OLAP业务及混合负载

一方面，PBData凭借InfiniBand互联技术，以及SSD智能缓存加速技术，再加上分布式架构的高并发处理能力，其高性能满足当前传统业务需求；另一方面，Scale-at-will分布式架构可实现按需配置节点资源，并支持逐节点在线平滑扩展，其高扩展性有力保障业务规模快速扩张。其基于Vary-Fusion融合架构，将计算、存储资源精确匹配，在为交易型业务提供低延迟、高并发能力的同时，也为分析性业务提供高吞吐能力。

3. 数据仓库、大数据分析平台和商业智能

PBData分布式架构可实现Splunk 和 Hadoop 的线性扩展，结合SSD智能缓存技术，配合InfiniBand实现高速互联，双链路达80Gb/s，在实现高并发能力的同时，延迟控制在1ms以下。同时，统一可视化控制台可直观便捷地管理整个系统，实现SQL级精准故障监控。

7.2.11 系统兼容性

以下是已经完成测试，确认完全兼容的操作系统和文件系统。

IOS服务端系统平台和协议支持，见表7-2。

表7-2　IOS服务端系统平台和协议支持

<table>
<tr><th colspan="2"></th><th>专有协议</th><th>iSCSI</th><th>FC</th><th>SRP</th><th>iSER</th></tr>
<tr><td rowspan="2">RHEL/CentOS</td><td>v6.5（x64）</td><td>支持</td><td>支持</td><td>支持</td><td>支持</td><td>支持</td></tr>
<tr><td>v7.2（x64）</td><td>支持</td><td>支持</td><td>支持</td><td>支持</td><td>支持</td></tr>
</table>

应用客户端系统平台和协议支持，见表7-3。

表7-3　应用客户端系统平台和协议支持

<table>
<tr><th colspan="3"></th><th>专有协议</th><th>iSCSI</th><th>FC</th><th>SRP</th><th>iSER</th></tr>
<tr><td rowspan="2">Microsoft Windows</td><td>v2008 R2（x64）</td><td>FAT/NTFS</td><td>N/A</td><td>支持</td><td>支持</td><td>N/A</td><td>N/A</td></tr>
<tr><td>v2012 R2（x64）</td><td>NTFS/ReFS</td><td>N/A</td><td>支持</td><td>支持</td><td>支持</td><td>N/A</td></tr>
<tr><td rowspan="4">RHEL/CentOS</td><td>v6.3（x86/x64）</td><td>RAW/EXT3/EXT4/XFS</td><td>支持</td><td>支持</td><td>支持</td><td>支持</td><td>支持</td></tr>
<tr><td>v6.5（x86/x64）</td><td>RAW/EXT3/EXT4/XFS</td><td>支持</td><td>支持</td><td>支持</td><td>支持</td><td>支持</td></tr>
<tr><td>v7.1（x64）</td><td>RAW/EXT3/EXT4/XFS</td><td>支持</td><td>支持</td><td>支持</td><td>支持</td><td>支持</td></tr>
<tr><td>v7.2（x64）</td><td>RAW/EXT3/EXT4/XFS</td><td>支持</td><td>支持</td><td>支持</td><td>支持</td><td>支持</td></tr>
<tr><td rowspan="2">SuSE Linux</td><td>v11 SP3（x64）</td><td>RAW/EXT3/XFS</td><td>支持</td><td>支持</td><td>支持</td><td>支持</td><td>支持</td></tr>
<tr><td>v12 SP1（x64）</td><td>RAW/EXT3/XFS</td><td>支持</td><td>支持</td><td>支持</td><td>支持</td><td>支持</td></tr>
</table>

续表

			专有协议	iSCSI	FC	SRP	iSER
Ubuntu Server	v12.04 LTS（x64）	RAW/EXT4/XFS	支持	支持	支持	支持	支持
	v14.04 LTS（x64）	RAW/EXT4/XFS	支持	支持	支持	支持	支持
Oracle Linux	v6.3（x64）	RAW/EXT3/EXT4	支持	支持	支持	支持	支持
	v6.5（x64）	RAW/EXT3/EXT4	支持	支持	支持	支持	支持
	v7.1（x64）	RAW/EXT3/EXT4	支持	支持	支持	支持	支持
Oracle Solaris	v11（x86/SPARC）	UFS	N/A	支持	支持	N/A	N/A
IBM AIX	v7.1（Power）	JFS2	N/A	支持	支持	N/A	N/A
VMware ESXi	v5.0	RDM/VMFS	N/A	支持	支持	N/A	N/A
	v5.5	RDM/VMFS	N/A	支持	支持	N/A	N/A
	v6.0	RDM/VMFS	N/A	支持	支持	N/A	N/A
Citrix XenServer	v6.2	RAW/EXT3	待验证	支持	支持	待验证	待验证
	v6.5	RAW/EXT3	待验证	支持	支持	待验证	待验证

1. 数据库应用与连接协议支持

Smart Stor已经测试验证，确认支持的数据库应用与链接协议关系见表7-4。除SRP协议不支持DB2 Pure Scale外，其他数据库均可兼容支持。

表7-4　确认支持的数据应用与链接协议关系

		专有协议	iSCSI	FC	SRP	iSER
共享式数据库集群	Oracle RAC	支持	支持	支持	支持	支持
	IBM DB2 PureScale	支持	支持	支持	不支持	支持
非共享数据库集群	IBM DB2 DPF	支持	支持	支持	支持	支持
	GreenPlum	支持	支持	支持	支持	支持
单机数据库	MySQL	支持	支持	支持	支持	支持
	PostgreSQL	支持	支持	支持	支持	支持
	GBase	支持	支持	支持	支持	支持

注：测试操作系统平台为64位CentOS v6.5

2. 硬件支持及推荐类型

Smart Scale EBS广泛支持标准通用硬件平台，但由于不同硬件平台自身相互支持程度以及对操作系统支持程度不同，所以Smart Scale EBS对各类通用硬件提供总体推荐和支持，见表7-5。

表7-5　SmartScaleEBS对各类通用硬件的支持

		CentOS v6.5	CentOS v7.2
CPU	Intel Xeon E5/E7 v2	支持	支持、不推荐
	Intel Xeon E5/E7 v3	支持、不推荐	支持
闪存介质	SATA SSD	支持	支持
	非NVMe PCIe卡	支持	支持
	NVMe PCIe卡	支持、不推荐	支持
	NVMe SSD	支持、不推荐	支持
机械磁盘	7.2krpm SATA/NL-SAS	支持	支持
	10krpm SAS	支持	支持
	15krpm SAS	支持	支持
交换网络	1GbE 以太网	支持、不推荐	支持、不推荐
	10GbE 以太网	支持	支持
	40Gb InfiniBand	支持	支持
	56Gb InfiniBand	支持	支持

7.3　最适合大规模数据中心的次世代存储系统

要说最适合超大规模部署的分布式存储系统，还要看浪潮的AS13000 Rack存储系统。其规格如下图所示。

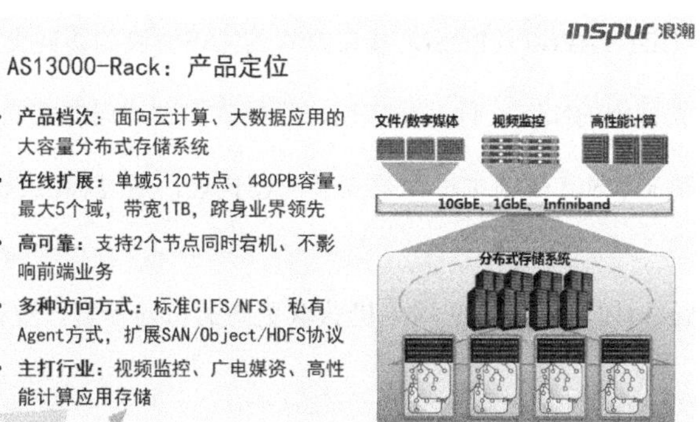

单域超过5k个节点，已是大规模数据中心，比如公有云等场景。往往在这类大规模部署场景下，对硬件部署的速度、便捷性等方面的要求非常高。而浪潮的Smart Rack整机柜服务器方案应该说已经在BAT大型互联网数据中心里久经沙场了，其中一家甚至70%以上新采购服务器都是以整机柜方式部署。Smart Rack能够以比传统机架服务器快8倍的速度部署交付给最终用户，非常适合于大规模部署及管理。如下图所示。

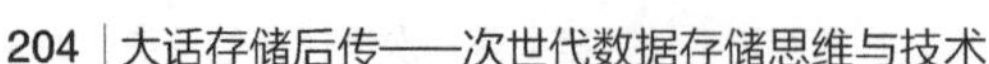

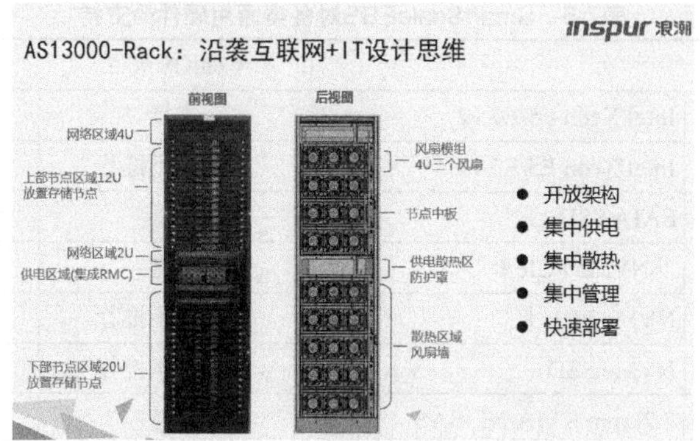

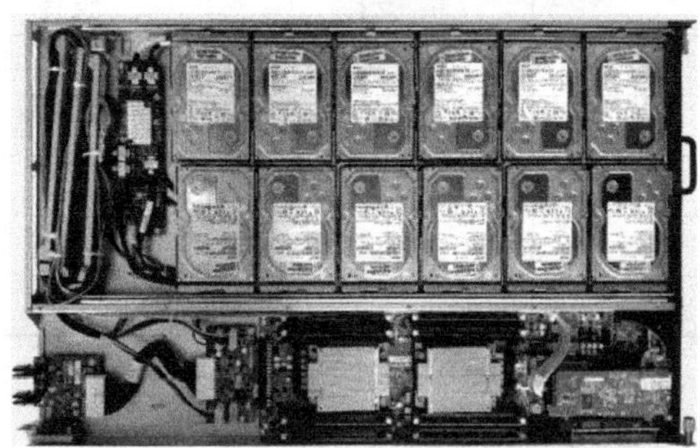

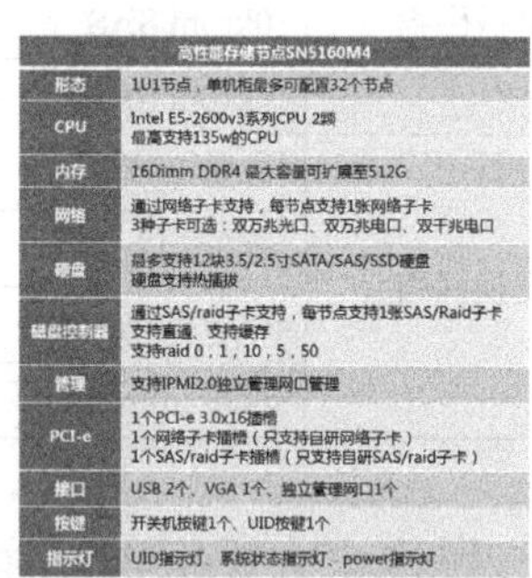

高性能存储节点SN5160M4	
形态	1U1节点，单机柜最多可配置32个节点
CPU	Intel E5-2600v3系列CPU 2颗 最高支持135w的CPU
内存	16Dimm DDR4 最大容量可扩展至512G
网络	通过网络子卡支持，每节点支持1张网络子卡 3种子卡可选：双万兆光口、双万兆电口、双千兆电口
硬盘	最多支持12块3.5/2.5寸SATA/SAS/SSD硬盘 硬盘支持热插拔
磁盘控制器	通过SAS/raid子卡支持，每节点支持1张SAS/Raid子卡 支持直通、支持缓存 支持raid 0，1，10，5，50
管理	支持IPMI2.0独立管理网口管理
PCI-e	1个PCI-e 3.0x16插槽 1个网络子卡插槽（只支持自研网络子卡） 1个SAS/raid子卡插槽（只支持自研SAS/raid子卡）
接口	USB 2个、VGA 1个、独立管理网口1个
按键	开关机按键1个、UID按键1个
指示灯	UID指示灯、系统状态指示灯、power指示灯

1. 访问协议

浪潮AS13000 Rack系统是一款将分布式存储软件系统部署在SmartRack上的整合系统。在存储多协议访问支持方面，AS13000-Rack通过软件化的模块化定义方式，提供了S3、iSCSI、HDFS API以及POSIX 接口方式的NAS协议的访问支持。

此外，针对大规模的NAS文件共享应用，还提供多种访问方式的存储方案。

（1）标准NAS访问，前端主机无须安装NAS代理，通过标准CIFS/NFS实现便捷访问。

（2）私有Agent代理，保障应用主机获取更高的访问带宽、更高的并发I/O、更低延迟。

（3）提供HTTP/FTP共享访问协议，支持远程应用，实现文件共享、上传、下载。

2. 可靠性方面

在云计算环境中，数据可靠是永恒的话题。浪潮AS13000-Rack从三个层面来增强可靠性。

- 数据存储层面，能够提供差异化的数据可靠性性保证，如目录粒度的副本/纠删码；

- 数据访问层面，在满足云计算环境的多租户、WORM之外，还提供针对应用的配额、ACL等。
- 在防止非法操作层面，提供硬件级的掉电保护、数据级的防病毒、方案级的跨系统灾备。

针对目录的冗余保护机制，满足应用数据“精细化”的冗余控制粒度。

- 2～8个副本，跨机柜存储，任一机架掉电、断网不丢失数据；摈弃业界“全自动放置”导致单个文件落入单个机架带来的风险。
- 业界最高冗余机制，N+M：B个纠删码，N个数据块、M个校验块、B个节点。

面向全局空间的数据分布机制，支持快速的数据并行重建，高于1T/h。

- 数据在资源池内打散，单一硬盘故障，在全资源池内自动并行重建，无须单独热备盘。
- 按照MB粒度数据块的写入方式，系统规模越大、重建速度越快；3节点重建速度为1T/h。

跨机房的远程异步复制，确保不同海量存储系统之间的数据备份和恢复。

- 存储系统之间支持远程复制，可调整的复制周期、可限定的复制速率，容灾保护更灵活。
- 复制模式，分为首次全复制、周期性增量复制。

3. 性能方面

作为海量存储的新产品，AS13000-Rack在硬件、软件两个方面保证性能。硬件方面：v3多核加速、DDR4低延迟缓存和12Gb SAS3.0存储通道，保持规格的领先；在软件加速方面，提供多路会话并发、缓存QoS加速、合并顺序I/O、RDMA直接交换、分层等软件层的性能优化。如下图所示。

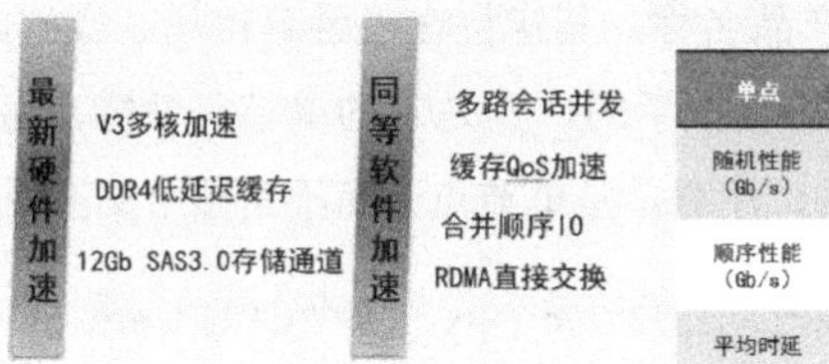

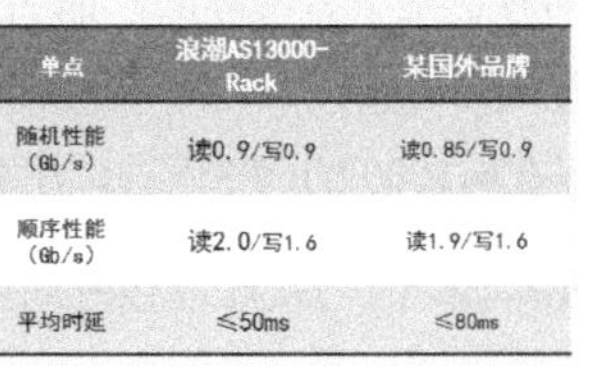

单点	浪潮AS13000-Rack	某国外品牌
随机性能(Gb/s)	读0.9/写0.9	读0.85/写0.9
顺序性能(Gb/s)	读2.0/写1.6	读1.9/写1.6
平均时延	≤50ms	≤80ms

面向全局存储资源的条带化，确保应用数据的并发写入、读取。如下图所示。

- 可调整数据粒度（默认4MB）的数据条带化分割存储机制，保证应用数据跨节点存储。
- 读写缓存分离，消除读写存储资源的争用；单节点支持120路+的8Mb稳定码流。

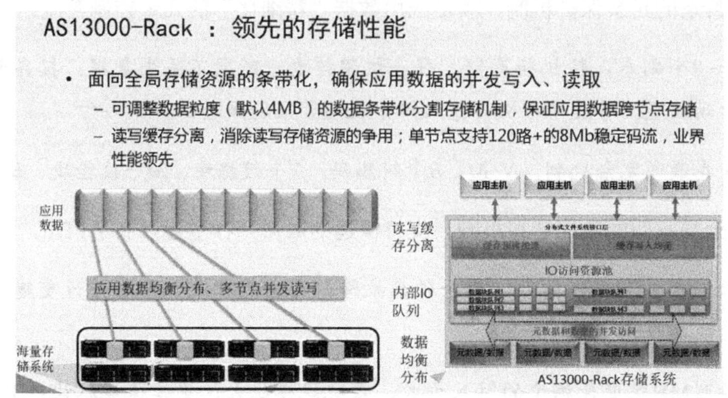

4. 典型大数据方案

AS13000-Rack环境，用1个节点作为管理节点，2个节点作为搜索节点，剩下的空间用以部署计算节点和存储节点，搭载Hadoop软件。客户收益如下。

- 节点混插部署：同一机柜，搜索、计算、管理节点可以混插，不同应用集成于同一架构。
- 易用易维护：工厂集成将软硬件一体化，使用简便，便于操作。
- 资源按需分配：数据分析和存储资源节点可以按需灵活部署，弹性伸缩。
- 统一交付：整体化部署，只需数分钟就可完成业务部署，保障客户应用快速上线。

7.4 最高性能的次世代存储系统

要说性能，还真得看FusionStack（华云网际）的FusionStor分布式存储系统了。FusionStack同时也是华云网际的产品名称，其定位在超融合市场。底层的存储系统是超融合架构的关键所在，FusionStor最拿手的，则是它的单节点性能，可以达到200万IOPS，目前正在向1000万IOPS迈进，注意，是单节点，而不是整个集群系统。

FusionStor的单个I/O软件堆栈时间压缩到6个μs。单个CPU Core 在10万IOPS时，平均延迟能控制在400μs。在10个CPU Core的服务器上，FusionStor可以提供100万IOPS的处理能力。预计到2017年，FusionStor的单个I/O软件堆栈时延将要压缩到2个μs，在10 CPU Core的服务器上将能提供一千万IOPS的处理能力。

如下图所示为单个节点上的随机读性能。

```
[root@node121 mnt]# taskset -c 12,14,16,18,20,22,24,26 /root/fio-2.1.10/fio  rr-16.fio
rand-100r0w-8kb-1: (g=0): rw=randread, bs=4K-4K/4K-4K/4K-4K, ioengine=libaio, iodepth=48
rand-100r0w-8kb-2: (g=0): rw=randread, bs=4K-4K/4K-4K/4K-4K, ioengine=libaio, iodepth=48
rand-100r0w-8kb-3: (g=0): rw=randread, bs=4K-4K/4K-4K/4K-4K, ioengine=libaio, iodepth=48
rand-100r0w-8kb-4: (g=0): rw=randread, bs=4K-4K/4K-4K/4K-4K, ioengine=libaio, iodepth=48
rand-100r0w-8kb-5: (g=0): rw=randread, bs=4K-4K/4K-4K/4K-4K, ioengine=libaio, iodepth=48
rand-100r0w-8kb-6: (g=0): rw=randread, bs=4K-4K/4K-4K/4K-4K, ioengine=libaio, iodepth=48
rand-100r0w-8kb-7: (g=0): rw=randread, bs=4K-4K/4K-4K/4K-4K, ioengine=libaio, iodepth=48
rand-100r0w-8kb-8: (g=0): rw=randread, bs=4K-4K/4K-4K/4K-4K, ioengine=libaio, iodepth=48
fio-2.1.10
Starting 8 threads
^Cbs: 8 (f=8): [rrrrrrrr] [37.0% done] [5379MB/0KB/0KB /s] [1377K/0/0 iops] [eta 06m:18s]
```

如下图所示为单个节点上的7：3随机读写性能。

```
[root@node121 mnt]# taskset -c 12,14,16,18,20,22,24,26 /root/fio-2.1.10/fio  rr-16.fio
rand-100r0w-8kb-1: (g=0): rw=randrw, bs=4K-4K/4K-4K/4K-4K, ioengine=libaio, iodepth=48
rand-100r0w-8kb-2: (g=0): rw=randrw, bs=4K-4K/4K-4K/4K-4K, ioengine=libaio, iodepth=48
rand-100r0w-8kb-3: (g=0): rw=randrw, bs=4K-4K/4K-4K/4K-4K, ioengine=libaio, iodepth=48
rand-100r0w-8kb-4: (g=0): rw=randrw, bs=4K-4K/4K-4K/4K-4K, ioengine=libaio, iodepth=48
rand-100r0w-8kb-5: (g=0): rw=randrw, bs=4K-4K/4K-4K/4K-4K, ioengine=libaio, iodepth=48
rand-100r0w-8kb-6: (g=0): rw=randrw, bs=4K-4K/4K-4K/4K-4K, ioengine=libaio, iodepth=48
rand-100r0w-8kb-7: (g=0): rw=randrw, bs=4K-4K/4K-4K/4K-4K, ioengine=libaio, iodepth=48
rand-100r0w-8kb-8: (g=0): rw=randrw, bs=4K-4K/4K-4K/4K-4K, ioengine=libaio, iodepth=48
fio-2.1.10
Starting 8 threads
^Cbs: 8 (f=8): [mmmmmmmm] [14.8% done] [2328MB/999.3MB/0KB /s] [596K/256K/0 iops] [eta 08m:31s]
```

7.4.1　产品定位

Fusion Stor定位为Flash优先的软件定义存储。其设计的原则为在保持Flash裸金属性能的前提下，实现高可用性和可管理性。

为了保证Flash的裸金属性能，Fusion Stor绕过操作系统，采用低延迟的方案重新实现和存储相关的软件堆栈。

Flash的性能从2013年开始暴涨，如下图所示，红色部分为Flash的性能曲线，蓝色部分为Intel CPU核数增长曲线，这种新兴介质带来的冲击最终导致基础软件的重新设计。

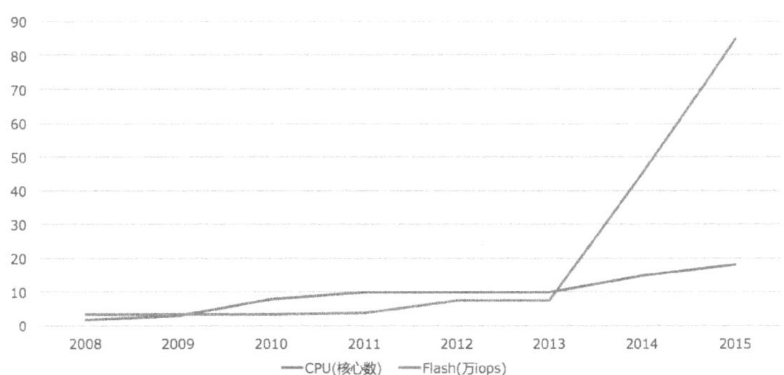

高性能存储系统大约经历了3个时代的变迁。

1. 阵列时代

阵列的特点是磁盘性能低，数据量较小，热点比较明显。这个时代的主要技术是高速缓存技术，通过NVRAM/BBU等技术加速缓慢的磁盘性能。

2. 分布式时代

分布式时代的特点仍然是磁盘性能低，但数据量大，无热点，这个时代常用的方法是I/O并行化以聚合磁盘处理能力。

3. Flash时代

Flash时代特点是Flash性能远高于过去，CPU和存储软件落后于Flash，成为存储系统瓶颈。这个时代，需要一些新的思路来解决存储面临的问题。OS-Bypass就是其中一种可行的方案。

7.4.2 产品特点

1. 裸金属架构

在传统的编程模型下，SDS通过系统调用访问硬件。主要特征如下：

- 编程模型：生产者—消费者。
  - 任务调度：Thread/Process。
  - 事件处理：Event。
  - 多核同步：rwlock/Spinlock。
- 硬件访问：syscall。
  - Network：TCP/UDP。
  - Flash/HDD：VFS。
  - MEM：free/malloc。

生产者消费者模型常见如下图所示。

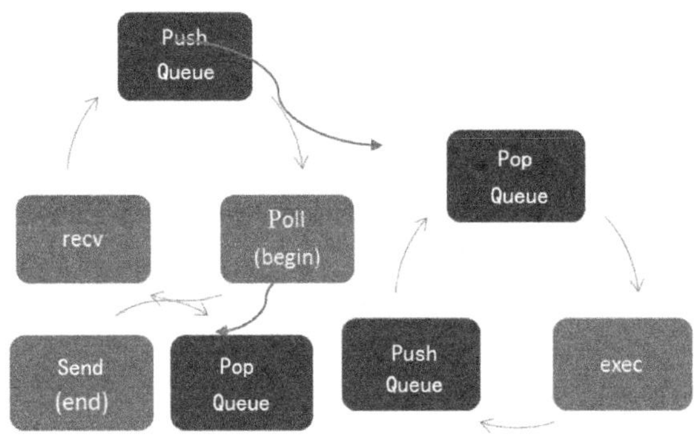

I/O路径如下图所示。

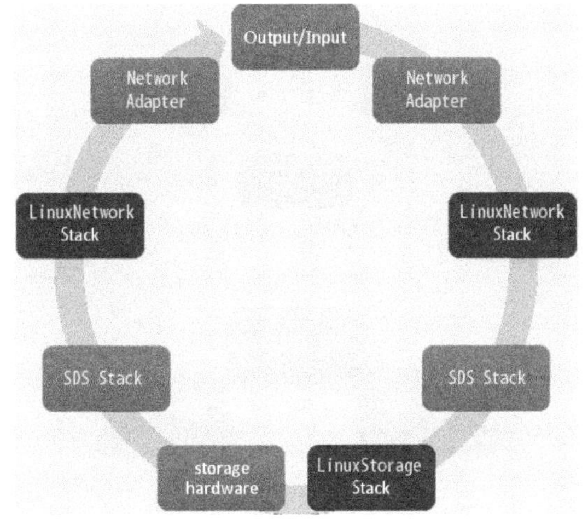

传统的模型有几个缺陷：

- 一个任务需要在多个CPU Core之间传递，需要锁或者原子操作。在很多Core场景下，锁和原子操作开销相对较大。
- L2 Cache（二级缓存）命中率下降。
- 跨NUMA节点带来开销。
- 操作系统的堆栈开销较大。

FusionStor采用了OS-bypass的编程模型，在裸金属的基础上完全重新实现了和存储相关的软件堆栈。主要特征如下。

- 编程模型：run-to-completion。
  - 任务调度：Coroutine。

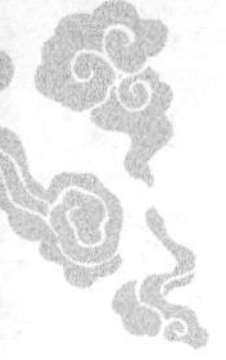

  - 事件处理：polling。
  - 多核同步：None。
- 硬件访问：stack-bypass。
  - Network：RDMA/DPDK。
  - Flash：SPDK。
  - MEM：hugepage。

run-to-completion模型如下图所示。

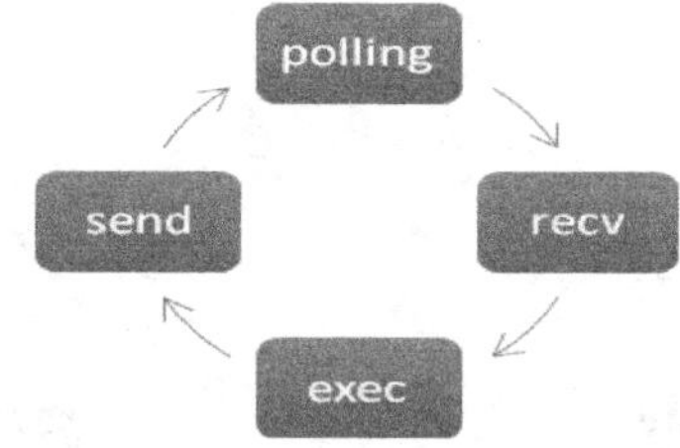

I/O路径如下图所示。

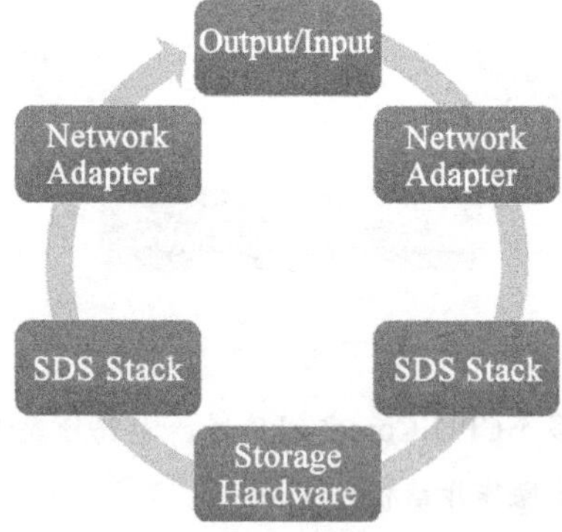

2. 分布式元数据

Fusion Stor采用了元数据的模型，用一个树形结构来维护元数据，如下图所示。

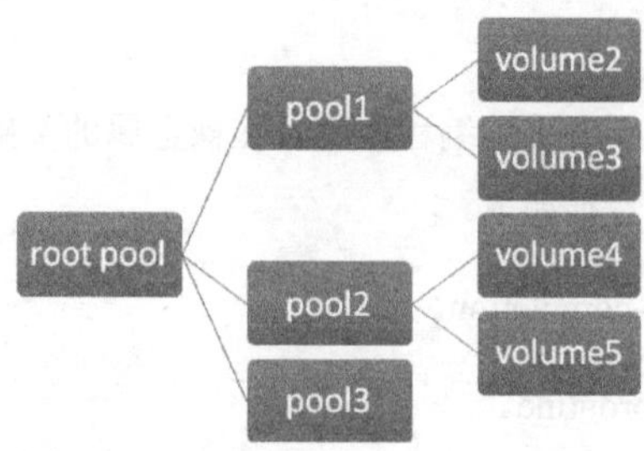

每个pool是一个表，表中记录了pool的子项以及位置，每个volume也是一个表，表中记录了Chunk的位置。

每个表按照一定的规则运行在某个服务器节点上，全局上看，pool和volume的服务均匀地分布在不同的节点上，构成了一个分布式的元数据服务。

3. 微控制器

Fusion Stor采用微控制器架构来保证一致性，如下图所示。

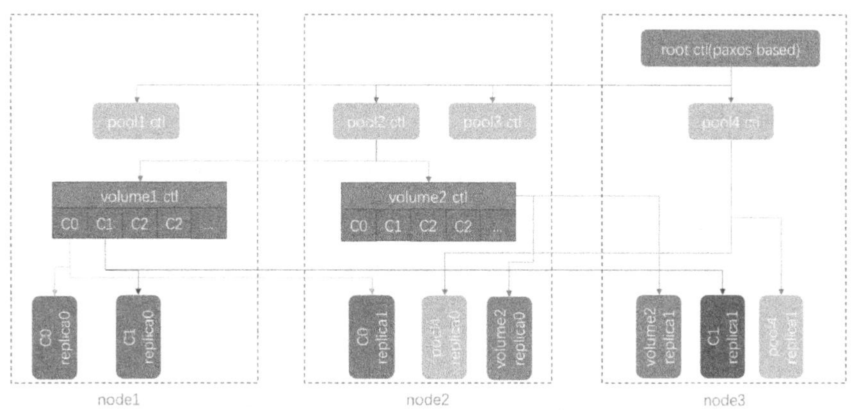

包含以下几个部分。

（1）root controller。基于paxos实现的root控制器服务，全局唯一，数据最多5个副本，用以纪录root的位置。

（2）pool controller。存储池控制器服务。每个存储池有一个独立的控制器，存储池控制器可以在节点间迁移。

存储池作为资源隔离单元，用以配置策略。

存储池控制器在策略允许的节点间随机分布。

最多可以创建16万个存储池。

存储池控制器记录存储池配置数据（包括存储池下的卷列表以及位置等信息）的位置，拆分成1M大小，默认3个副本。针对该存储池的修改，由存储池控制器更新到所有副本。

（3）volume controller。卷控制器服务。每个卷有一个独立的控制器，针对该卷的所有I/O必须经过该控制器。卷控制器可以在节点间迁移，卷控制器的元数据副本数和卷副本数一致。

每个卷可以设置单独的存储策略。

初始状态下，卷控制器在策略允许的节点间随机分布。在使用虚拟机的环境下，卷控制器会随着虚拟机的迁移而迁移，保证尽可能和虚拟机运行在同一个节点；在作为外置存储的情况下，卷控制器会尽可能保证在策略允许范围内均匀分布，并在必要时自动迁移以保证负载平衡。

卷控制器记录了所属数据块（Chunk）的位置，每个Chunk大小为1M，针对该卷的所有I/O要经过卷控制器。

7.4.3 I/O流程

1. Volume拆分

每个Volume被拆分成1MB大小的单元分布在集群中，如下图所示。

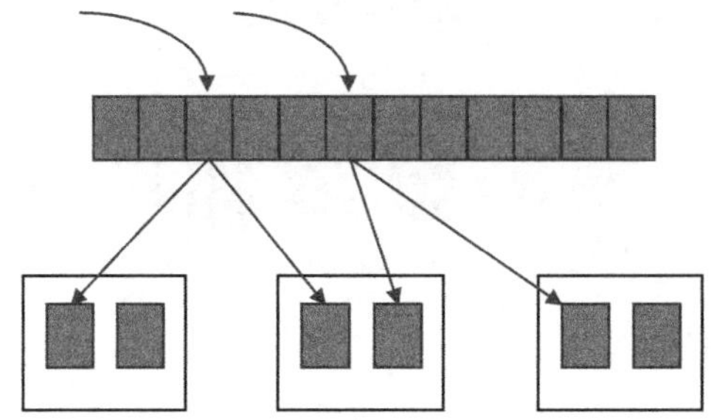

2. I/O逻辑路径

每个I/O要流经4个逻辑层，如果iSCSI Taget，Volume CTL，Replica可能会在一个进程内，此时不会导致数据复制，其他情况下会导致数据复制。如下图所示。

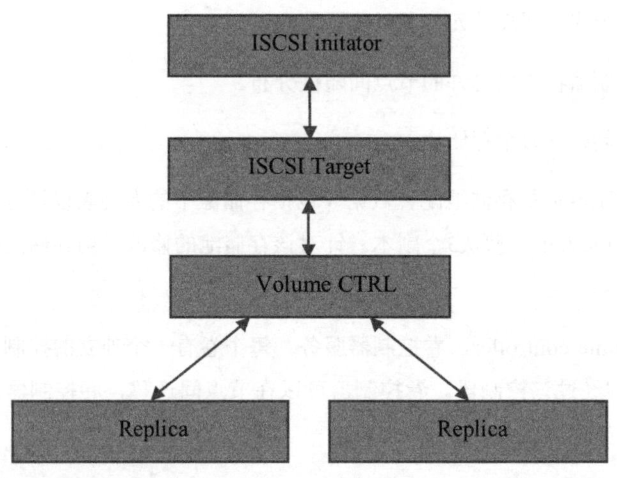

3. localize I/O路径

如下图所示，在配置localize情况下，对于每个Volume CTL，本地会保存本卷的完整副本。通常在有Flash的场景下，建议采用localize方案。

假设有3个节点，红色部分在localize情况下是I/O会经过的路径。

读请求只会发生在一个节点上，Volume CTL只会读取本地的数据

写请求会多一跳，Volume CTL会把数据写入本地副本和所有远程节点的副本，持久化成功才会返回。

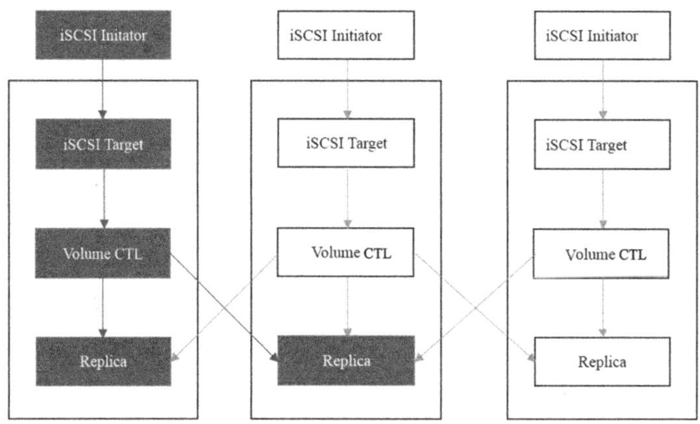

4. non-localize I/O路径

如下图所示，在配置关闭localize情况下，每个Volume CTL本地不会保存本卷的完整副本。通常在机械盘场景下，建议关闭localize方案

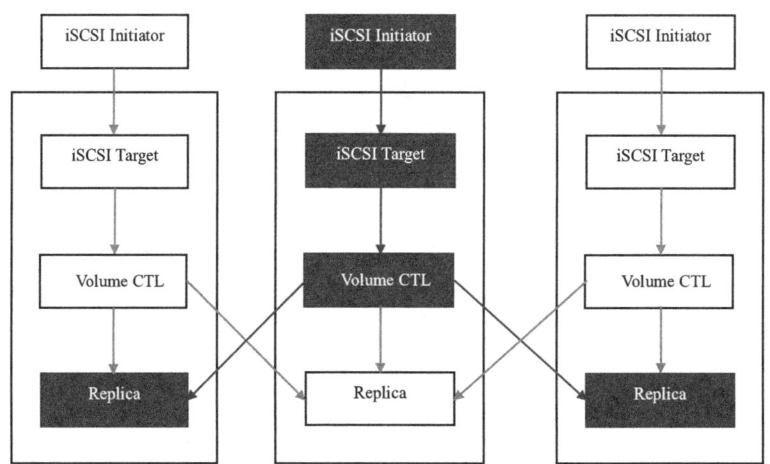

假设有3个节点，红色部分关闭localize情况下是一个I/O会经过的路径。

读请求到达Volume CTL时候，Volume CTL本地并没有数据可以访问，此时会选择一个负载较低的远程副本进行读取。

写请求到达Volume CTL时候，Volume CTL会把数据写入到所有远程节点的副本，持久化成功才会返回。

7.5 最具备感知应用能力的次世代存储系统

随着互联网+概念广泛传播，云计算和大数据技术的持续发展，引发广大企业重新定义自己的业务。在这个变革时期，达沃时代（下文简称达沃）力图通过自主创新为企业提供一站式数据服务，包括企业级分布式存储、虚拟计算平台和大数据分析，推动企业IT基础设施的升级和重构，帮助企业以较低的成本适应多变的业务发展，发现蕴藏在数据中的商业机会。

达沃存储是达沃各项产品和服务的基础。在整个信息领域，存储具有特殊而关键的核心位置。为保证数据的可靠性、系统的可用性、存储软件对硬件生态和应用生态不断变化的适应性，以及存储产品或服务的最终交付性和可维护性，达沃存储由最初的以硬盘为中心的分布式文件系统，发展为现在的以闪存为中心的分布式统一存储系统，支持文件、块和Web对象等存储访问接口。同时，作为一种软件定义存储，达沃存储在对典型应用的深度支持和简化存储使用的过程中，逐步树立应用驱动的发展目标。

7.5.1 概要

如下图所示，新一代达沃存储是以闪存为中心的软件定义存储，基于商品化服务器，通过服务器直连的闪存、硬盘等存储介质，创建若干以保护域为单位的虚拟存储池，对外提供高性能、高可靠、高可用、低成本的企业级存储服务。极具竞争力的性能、成本和管理优势，使达沃存储能适用于大部分应用场景。

达沃存储主要部署为两种产品形态。

（1） 超规模（Hyperscale）。应用软件运行在计算服务器节点上，存储软件运行在存储服务器节点上，存储资源和计算资源独自扩展；

（2） 超融合（Hyperconverged）。应用软件和存储软件同时运行在服务器节点上，扩展服务器时，存储资源和计算资源同时扩展。目前，达沃存储的最小规模为3个服务器节点（注：计划使初始规模为一个或两个服务器节点），可横向扩展至数千服务器节点，同时，深度支持VMware、Citrix、OpenStack等虚拟化环境，及其他典型应用。

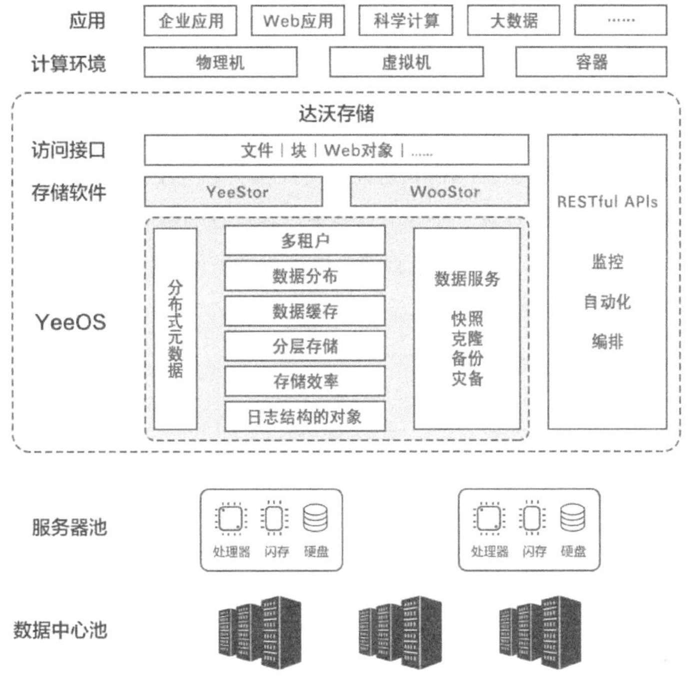

达沃存储

达沃存储的核心是YeeOS（ObjectStor），YeeOS 1.0支持以硬盘为中心的分布式文件系统，YeeOS 2.0支持以闪存为中心的分布式统一存储。基于YeeOS，派生出两大存储软件产品——YeeStor和WooStor，分别适用于不同场景。其中，YeeStor面向单数据中心，把同一数据中心的若干服务器存储资源虚拟为一个共享存储池；WooStor面向多数据中心，把不同数据中心的若干服务器存储资源虚拟为一个共享存储池。达沃存储支持上层应用的多种运行模式，上层应用可以运行在虚拟环境中，如虚拟机或容器，也可以运行在物理环境中。

在YeeOS中，多租户模块用于工作负载的分区；数据分布模块主要解决数据调度的问题，也包括数据可靠性问题，如使用复制副本，或纠删码保护；数据缓存模块提供读缓存和写缓存，达沃认为读写分离有利于分别优化读操作和写操作，特别地，读写缓存的存在是同一套存储系统支持块、文件和Web对象的不同I/O要求的关键所在；分层存储模块用于分离冷热数据，允许冷热数据分布在不同介质之间，如闪存和硬盘之间或SAS 硬盘和SATA 硬盘之间，也允许冷热数据分布在本地数据中心和远程数据中心之间；存储效率模块提供压缩和去重特性；最底层是数据在存储介质上的部署格

式，日志结构的对象。

7.5.2 统一存储

客户复杂多变的业务应用中，既有数据库应用，也有文件应用。面对不同业务对存储的不同需求，客户可能采取的一种方案是：双控阵列提供块存储服务，块阵列对外提供iSCSI/FC协议访问；如果需要提供文件存储服务，则在块阵列前再部署文件机头，文件机头对外提供NFS/CIFS协议访问，文件机头自身没有存储，而是通过iSCSI/FC协议使用块阵列的存储资源。在这个方案中，客户分别购买块阵列和文件机头，不仅成本高、存储架构复杂，同时存在管理难度大等诸多问题，因此，催生了对统一存储的需求。如下图所示。

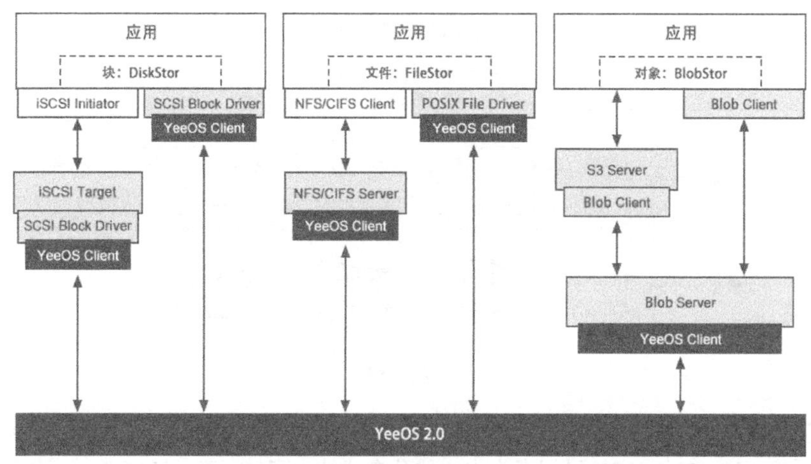

统一存储

所谓统一存储是指单一存储设施同时提供多种存储访问协议。EMC等存储厂商已经提供基于阵列的统一存储产品，支持iSCSI/FC协议访问（块存储）和NFS/CIFS协议访问（文件存储）。但是，基于分布式环境的统一存储系统还很少见。通常，分布式统一存储系统要求不仅提供分布式块存储、分布式文件存储，还需要提供分布式Web对象存储，其中，工程实现较难的是分布式文件存储。分布式统一存储为云而生，很好地适配云或第三平台对存储系统的要求，是存储软件未来发展的一个重要方向。开源Ceph存储系统具有分布式统一存储的形态，目前，它的分布式块存储使用更多一些，不过，官方明确建议不在生产环境中使用分布式文件存储。

达沃存储是企业级分布式统一存储，已经应用在对品质要求较为苛刻的生产环境中，如电信领域。其中，在满足高性能电信业务所需存储性能的前提下，元数据服务所运行的服务器采取中等配置（如内存64GB或128GB），分布式文件存储可管理十亿级至百亿级文件，分布式Web对象存储可管理百亿级至万亿级Web对象。如果元数据服务所运行的服务器内存配置更大，可管理更大规模的存储资源。

作为达沃存储的核心，YeeOS是按照对象概念实现的分布式存储对象系统，其中，YeeOS的存储对象是存储资源的一种抽象表示，工作在系统级，而非Web级，如Amazon S3对象。

因为元数据的实现方法不同，分布式存储系统的结构分为非对称结构和对称结构。早期的非对称结构中，大多数服务器节点运行存储服务，少数服务器节点运行元数据服务。例如，Google GFS的Master Server或Hadoop HDFS的Name Node，用一台服务器承担整个系统的元数据服务（也称集中式元数据方案），元数据服务的高可靠性通常使用主备式。集中式元数据方案的优势是实现相对简单、可靠，劣势是潜在的系统瓶颈。

而在对称结构中，所有服务器节点都运行存储服务和元数据服务。当元数据分布在所有服务器上，可能导致潜在问题。例如，在文件系统中，一个频繁使用的元数据操作是lookup。lookup操作的严格语义是每次都从根节点开始搜索目录树，那么，如果元数据分布在所有服务器上，lookup操作需要在元服务器之间来回跳转，这无疑增加了元数据操作的延迟，同时破坏层次型命名空间的局部性优化。如果试图使用缓存机制，减少lookup操作在元服务器之间的跳转，那么，多服务器间的缓存一致性又会增加工程实现的复杂性。

Ceph RBD实现了另一种对称结构，所有服务器节点只运行存储服务，元数据的逻辑由客户端计算而得。客户端计算方案的优势是系统没有明显的访问瓶颈，数据访问的延迟相对固定，系统提供的数据访问能力随系统规模的增大而增大。客户端计算方案的劣势是客户端的实现逻辑复杂，且通常更适合单一负载类型，对于共享存储上的异质工作负载，很难灵活地调配资源。对于高级存储特性，如全局去重等，较难支持。

达沃存储是新一代非对称结构，最大改进是使用分布式元数据技术。元数据服务最少配置3个节点，以主一主方式工作，另外，元数据服务可以和存储服务共用服务器节点，无须专门配置服务器。达沃存储选择非对称结构的原因是允许针对元数据服务的运行特别优化，包括：

（1）使运行元数据服务的服务器节点有较好的配置，如更好的CPU、更大的内存、更快的存储介质（如闪存）和网络介质（如Infiniband）；

（2）在分布式元数据处理中，只有有限数目的服务器节点参与，可以显著降低分布式事务的实现复杂性，提升处理性能，如分布式缓存一致性的开销会降低许多；

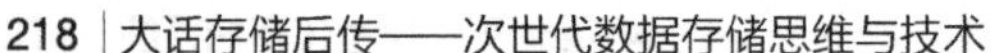

（3）在线升级和系统维护更为方便。

如上图所示，达沃分布式统一存储系统中，上层的DiskStor提供块服务，FileStor提供文件服务，BlobStor提供Web对象服务。块、文件和Web对象都统一用下层的YeeOS存储对象来表示或组织，YeeOS负责系统级存储对象在分布式系统中的可靠性、有效性等。另外，YeeOS向上层提供快照/克隆、去重/压缩、副本/纠删码等公共功能，YeeOS的元数据服务负责支持这些功能的实现。上层的DiskStor、FileStor和BlobStor也有各自的元数据服务，支持相关的存储功能。

在DiskStor中，或者在后端实现标准iSCSI Target网关，允许前端使用标准的客户端（如iSCSI Initiator），或者在前端提供私有客户端（SCSI块驱动），从而获得更好的性能和可靠性。与DiskStor类似，FileStor和BlobStor也分别支持标准客户端和私有客户端。

7.5.3 应用驱动

云或第三平台对存储系统的要求是在一个横向扩展的共享存储池上支持多种应用。上层应用对存储的访问一般可表示为对文件、块或Web对象的访问，其中，文件访问强调带宽和共享，块访问强调高IOPS和低延迟，Web对象访问强调简单和灵活。不同的I/O工作负载很难用一套代码来支撑，YeeOS支撑DiskStor、FileStor和BlobStor I/O栈，每个I/O栈的内部不尽相同，但是，它们共享底层的对象存储机制。DiskStor、FileStor和BlobStor 的I/O栈之间的关系是并行关系，而不是依赖关系。

达沃存储遵从应用定义存储的发展思路，所以

（1）达沃存储提供尽可能多的接口，方便应用程序访问数据；

（2）达沃存储提供丰富的RESTful API，方便应用程序调用数据服务，促使存储更好地融入到应用生态中；

（3）达沃存储支持在线升级，允许不断引入新的功能或机制适应应用的工作负载的变化和需求。目前，在接口方面，达沃存储提供块、文件和Web对象接口，并完善Hadoop HCFS、SQL等泛存储接口。同时，除支持标准存储协议（如iSCSI、NFS/CIFS、S3等）外，达沃还提供嵌入到应用执行环境中的私有客户端，不仅使存储和应用之间的距离最短，而且执行更高效的私有访问协议，使应用更好地使用达沃分布式存储。

达沃存储主要支持两种部署形态——超规模和超融合，适应不同的应用场景，在超融合中，达沃存储允许汇聚系统中所有服务器的存储资源为一个共享存储池，任何一个服务器上的任何一个应用都可访问该存储池。超融合的优点是简化系统结构，降

低采购成本，不再需要传统的存储阵列，而系统结构的简化也意味着管理的简化、运营效率的改善和运营成本的降低。另外，对多个服务器存储资源的汇聚，允许达沃存储提供优于传统存储的性能和可靠性。如下图所示。

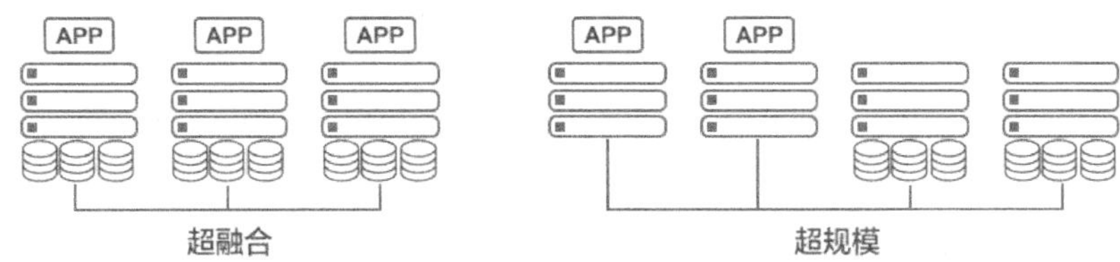

超规模和超融合

达沃超融合不是简单地让应用和存储运行在一台服务器上，针对主流的虚拟机应用，包括虚拟服务器和虚拟桌面，达沃存储提供深度支持，如提供以虚拟机为中心的存储资源分配、虚拟机的本地I/O优化等。特别地，达沃存储具有统一存储功能，所以允许虚拟机应用仅在一个共享存储池上就使用多种存储服务。

除超融合外，达沃存储还支持应用和存储彼此独立的分布式存储，即超规模。超融合的特点是，随着服务器节点的增加，系统的计算资源和存储资源同时增加，而超规模的优势是允许应用和存储有不同的扩展需求，且可以对应用和存储分别施加不同的优化机制，或更细粒度优化调整，以及增强的系统可靠性和管理性。

7.5.4　软件定义存储

达沃存储遵从软件定义存储的设计思想，分为负责策略控制的控制面和负责数据存储的数据面两大部分。达沃存储提供可编程RESTful API，允许程序配置或自动化。与大多数软件定义的存储系统类似，达沃存储独立于硬件，这种独立性增强了达沃存储的灵活性和对第三方硬件的适应性，降低运营的复杂性和成本，且支持新的体系结构，如超融合，如下图所示。

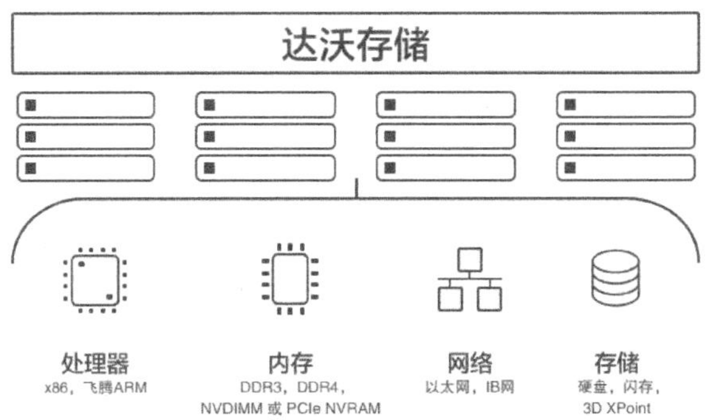

软件定义

虽然达沃存储独立于硬件，但是，并不忽视硬件的特性。达沃存储选择性地深度支持一些硬件，即硬件感知，以满足上层应用对存储系统在性能、成本、可靠性等方面的多种需求。达沃存储对硬件的感知，影响到具体的系统设计，包括针对闪存和硬盘有不同的物理特性，设计读/写分离优化的ROWS I/O框架，充分发挥闪存和硬盘的各自优势；把闪存看作特殊的内存，而非硬盘；针对计算能力相对富裕的Intel CPU，设计以计算换取I/O性能的软件结构；针对计算能力相对匮乏的国产CPU，设计以高性能存储部件保证I/O性能的系统结构，减少对CPU的使用；为保证节点间的低延迟通信，避免较高延迟的TCP/IP传输，而使用RDMA机制；等等。

特别是近年来，随着硬件从封闭走向开放和开源，硬件的发展更是呈现百花齐放的态势。达沃存储秉承硬件感知的设计哲学，充分理解硬件的特性，设计适配的I/O机制，尽力发挥硬件的处理优势，提供高性价比和高可靠的存储系统。

7.5.5 ROWS框架

达沃存储通过ROWS（Read Optimally，Write Sequentially，优化读、顺序写）框架，如下图所示，允许针对性地解决不同用户或应用面临的I/O难题。ROWS的本质是分离读、写的I/O处理，使系统能对读、写施加不同的优化策略。全新设计的元数据处理，以及数据在持久化存储上的日志式结构，允许ROWS既支持混合存储结构，也支持全闪存结构。其中，在混合存储结构中，硬盘和闪存使用的比例取决于不同的应用场景。ROWS的设计目标是，允许以较低的成本，使存储系统的性能接近硬件平台的I/O处理极限。

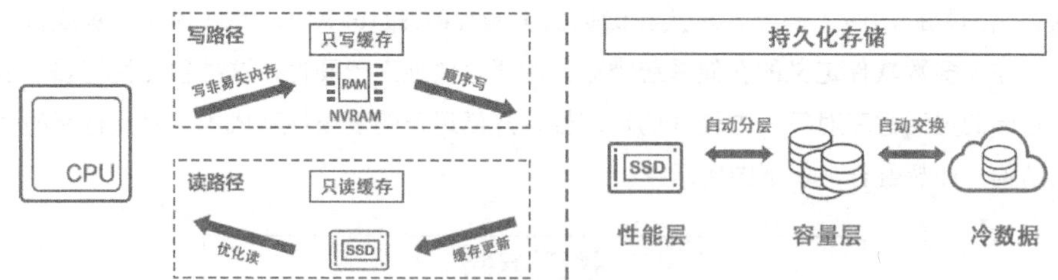

ROWS框架

在ROWS的写优化中，上层应用的写操作仅与内存交互，相关的写日志保存到NVRAM（非易失性内存，如NVDIMM或闪存），即写操作的掉电保护由NVRAM提供。这样，可保证应用的写操作是低延迟（内存级延迟或闪存级延迟）和高IOPS。应用写到内存的新内容并不立即执行持久化处理，而是间隔一段时间后，经去重和压缩处理，再批量写到后端存储。无论后端存储是硬盘还是闪存，数据的持久化格式都是日志式，以方便支持批量的顺序写。特别地，若顺序写入硬盘，可充分发挥硬盘的顺序写能力；若顺序写入闪存，可以大幅降低闪存的写放大开销。本质上，在写优化中，NVRAM的引入，使应用产生的随机写I/O变成后端存储上的顺序写I/O。

闪存价格的持续下降，使大容量TB级闪存的使用成为可能。因此，在ROWS的读优化中，建议使用大容量闪存作为只读缓存，可较好地支持应用的随机读I/O。一方面，闪存用于只读，允许使用低成本的闪存介质（如MLC或TLC）提供企业级服务，同时，不频繁的擦除操作，也使闪存的生命周期更长；另一方面，大容量缓存可以使应用发出的读操作很少不命中，保证读操作的低延迟和高IOPS。

读、写I/O的分离使ROWS框架不仅对当前的硬盘/闪存友好，还能充分发挥硬盘/闪存的顺序写、闪存的随机读的优势，即使面对未来的存储介质，如3D XPoint，也能轻松适应。另外，在ROWS的读、写路径上，可以方便地添加去重和压缩等功能，用富裕的CPU计算资源换取I/O性能。在ROWS框架中，CPU协调数据在各个硬件部件间的流转，及通过数据格式的变换平衡各个硬件部件的差异性，因此，在ROWS中，计算能力更强的CPU可以使存储系统获得更好的I/O性能。

ROWS的持久化存储由热数据和冷数据两部分组成，数据在各层之间自由流动。其中，热数据采取自动分层机制，一般，闪存作为性能层，硬盘作为容量层。对于冷数据，既可以部署在本地，也可以部署在云端，或其他一个更适合执行冷存储业务的数据中心。

客观上，ROWS框架对不同硬件的灵活适应，使达沃存储具备积木化硬件自由配置的能力，即允许应用定义，选择合适的硬件部件。例如以下几种。

（1）CPU，如Intel x86或国产CPU；

（2）存储，如全闪存配置或闪存/硬盘混合配置，其中，闪存可以是SATA固态盘或NVMe固态盘；

（3）传统内存和非易失内存NVDIMM；

（4）以太网或IB网络；等等。每一种硬件部件，成本和性能是显性属性，而可靠性是隐性属性。ROWS框架从性能、可靠性和成本的角度，提供灵活的选择。

7.5.6　SARD调度

目前，达沃存储最少由3个服务器节点组成（注：计划时初始规模为一个或两个服务器节点），最大可扩展至数千节点。随着服务器节点的增加，存储系统的容量和性能也相应地线性增加，如下图所示。特别地，在超融合中，允许用户以较简单的方式，通过服务器的增加，同时增加计算资源和存储资源。

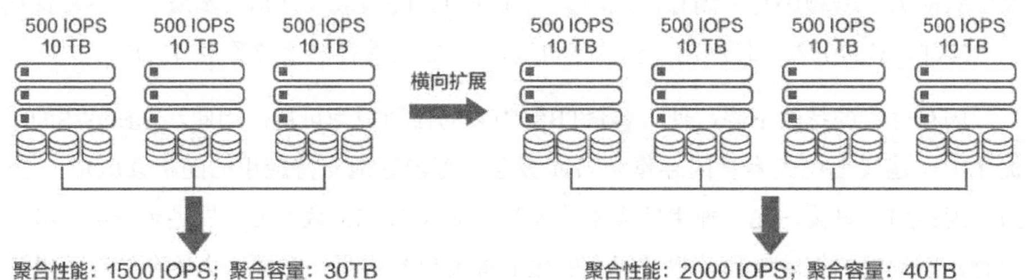

横向扩展

当存储资源以vDisk的形式对外提供时，基于SARD（Server-based Adaptive Redundant Distribution，基于服务器的适配性冗余分布）调度，把每一个vDisk划分成若干定长的逻辑块（注意：逻辑块用YeeOS存储对象实现），逻辑块被均匀部署到多个服务器的多个驱动器（硬盘或固态盘）中。这样，当上层应用访问相关vDisk时，相关的所有服务器都可能参与到I/O处理，这种并行I/O的服务模式，使达沃存储不再像传统存储那样存在系统瓶颈。达沃存储可对外提供的聚合吞吐率和IOPS，仅受限于硬件因素，包括服务器节点的数目、每一个服务器的配置、每一个服务器的直连存储资源，以及连接服务器的网络，而这些硬件的扩展是很容易实现的。当存储资源以文件或Web对象的形式对外提供时，SARD的作用类似。

服务器的增减会使系统的存储资源发生变化，而系统的整体工作负载或单个应用的工作负载，也通常随时间而改变，当变化发生的幅度大于用户设定的门槛时，SARD的适配机制将激活，即基于预先设置的策略，重新调整数据在服务器间的分布。数据重分布期间，无须用户干预，无须中断应用的运行，也几乎不影响前端应用的性能。这样，当使用达沃存储时，用户无须预先进行容量规划和复杂的重新配置，减少了系统管理的复杂性和运营成本。

达沃存储是一个没有单点故障的系统，SARD的数据冗余机制可使系统免于硬件故障对数据的破坏。SARD为数据创建多份冗余，如副本，且把这些副本按照一定的策略部署在不同服务器的直连存储上。当任何一个服务器或服务器的直连存储发生故障时，SARD自动为故障盘上的数据重新创建副本，且按照容量均衡和性能均衡策略，把新副本部署到其他合适的服务器上。

达沃存储对故障的处理是自动的，无须中断上层应用。需要注意的是，故障盘的重建时机，可以是立即执行，也可以是稍后执行，取决于用户设置的重建策略。一般地，影响用户设置何种重建策略的主要因素是数据重要性和系统性能。特别地，在达沃存储中，基于SARD的数据均衡部署策略，故障盘上的有效数据的副本，可能横跨所有服务器的直连存储资源，那么，故障盘的重建将使所有服务器参与，且只恢复故障盘上的有效数据，这种全员参与重建的机制，使达沃存储的重建速度大大超过传统RAID，减少数据重建过程中二次故障导致数据破坏的可能性。

在SARD中，数据冗余可以是复制副本，也可以是应用纠删码技术的编码数据。SARD允许用户为不同重要性的数据设置不同的副本数，或者不同容错级别的编码参数。应用副本技术，系统有更好的性能，不过容量成本更高；应用纠删码技术及合适的参数，允许系统在性能和容量成本之间取得更好的平衡。缺省地，达沃存储推荐在热数据中使用镜像，在冷数据中使用纠删码。

达沃存储允许用户分隔服务器，一个服务器集合对应一个保护域。一个保护域至少包括3台服务器，一个服务器仅属于一个保护域。类似于亚马逊的可用区概念，在达沃存储中，不同的保护域允许提供不同的SLA（服务等级协议），一个保护域发生的严重故障不会扩散到其他保护域。在一个保护域内，达沃存储通过冗余机制保护数据，用户也可以把数据分布在两个或多个保护域，进一步提高数据的可用性。

7.5.7　应用场景

达沃存储使用商品化硬件，而不使用专门设计的特殊硬件。所谓商品化硬件是指可以在公开市场上购买的部件，如x86服务器、以太网络、硬盘等标准部件。

达沃存储主要部署为两种形态。第一种是提供统一存储的超规模，使用最少三台标准服务器（注：计划时初始规模为两台服务器），独立于前端计算，前端计算通过标准客户端或私有客户端，经物理网络访问后端存储。第二种是提供统一存储的超融合，使用最少3台标准服务器（注：计划时初始规模为一台服务器），计算和存储汇聚在同一服务器上，支持多种虚拟机或容器。由于虚拟机是应用的主要部署形式，因此，相应的平台称为虚拟计算平台。现阶段，达沃存储支持VMware、Citrix、Microsoft、RedHat这几家公司的商业虚拟化平台，以及开源的OpenStack虚拟化平台。

达沃存储目前提供三类接口：文件（Native POSIX、NFS/CIFS）、块（Native SCSI Block、iSCSI）、Web对象（Native Blob API、S3）。其中，有些接口是标准存储访问协议，有些接口是私有协议。由于丰富的接口，达沃存储可以支持广泛的应用场景。如果用户追求极致性能，推荐使用私有协议，如果用户更关注兼容性和灵活性，推荐使用标准协议。目前，达沃存储可应用于服务器虚拟化、虚拟桌面、传统企业应用、Hadoop大数据、数据灾备、云、高性能计算、媒体计算、视频监控等场景。如下图所示。

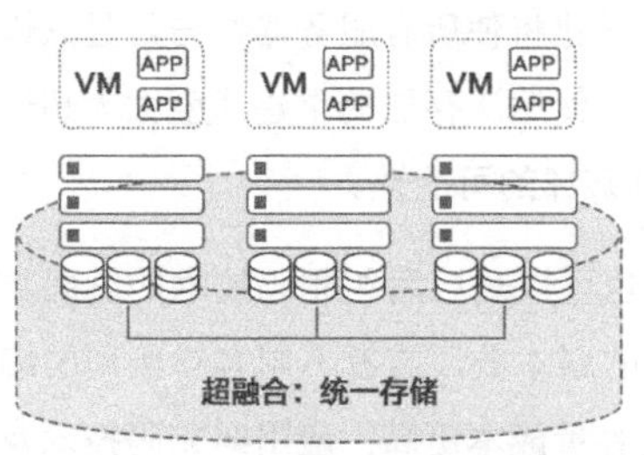

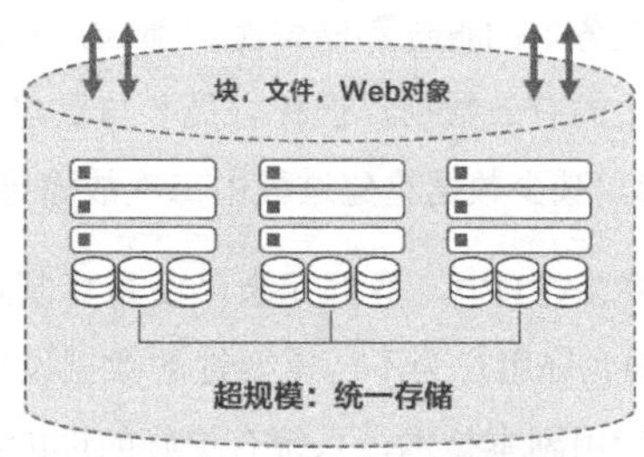

商品化硬件：服务器、网络、存储介质

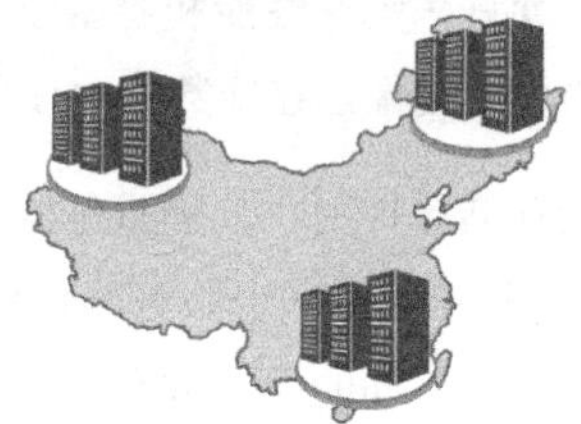

广域存储：集中控制、分布部署

应用场景

7.5.8 广域存储

无论阵列还是分布式存储，都是向前端计算提供一个共享存储池。阵列存储突破原直连附加存储中服务器盒子的边界，分布式存储突破阵列盒子的边界，而广域存储使存储跨越了数据中心的边界。

与YeeStor面向单数据中心不同，WooStor面向多数据中心，如下图所示。达沃在2012年完成WooStor的第一个版本，且应用在实际的生产环境中，连接14个数据中心为一个共享存储池，数据中心分布在从东北到华南、从华东至西藏的区域。截至目前，WooStor可能仍是国内少数的在生产环境部署运行的广域共享存储系统，其设计和开发难度远远超过开发一个面向单数据中心的分布式存储。

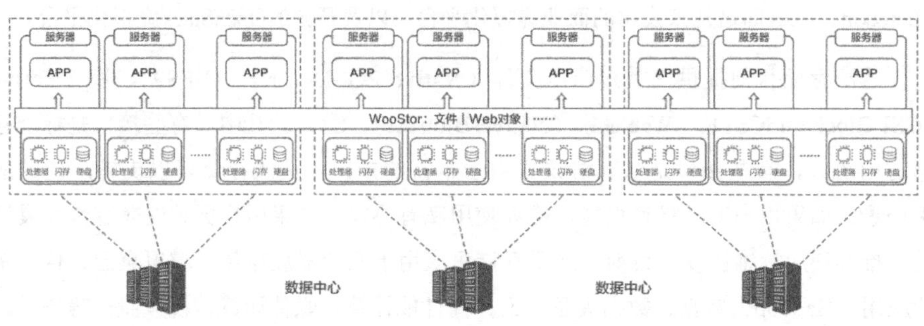

广域存储

目前大部分用户的应用场景都局限于单个数据中心，对于跨数据中心，还没有强烈的需求。不过，达沃认为，随着混合云和互联网+的演进，用户对基于跨数据中心的共享存储池的需求会逐渐增多。另一方面，就达沃实施的广域存储项目来看，受互联网带宽和延迟的限制，WooStor还无法像YeeStor那样，随心所欲地支持丰富的应用，只能选择性地支持特定应用，如广域的文件/对象共享。例如，在达沃的现有案例中，WooStor支持以下几种。

（1）面向全国范围的科学数据共享、CDN和海量文件/对象共享。

（2）面向一个省的媒资共享。

（3）面向一个城市的视频监控共享等。

7.6　最具有数据管理灵活性的次世代存储系统

7.6.1　概要

北京创意云智数据技术有限公司是上市公司创意信息（股票代码300366）定位于发展自主核心技术及产品而成立的国产厂商。专注为大型企业提供新一代数据中心技术、超融合架构解决方案及服务。其具有自己的一套比较完整的软件定义数据中心至云计算的整体解决方案。

除了软件定义计算、存储、网络三个层面外，又引入了软件定义数据的概念，开始感觉是个噱头，但是深入了解以后发现这确实是未来发展的一个新方向，如下图所示是创意云智针对软件定义数据中心方案的整体架构及对应的产品模块。

说这套架构最具数据管理灵活性，那是因为该架构将其核心产品TROY-CDS（Copy Data System）复制数据虚拟化解决方案融合到整体的解决方案中。CDS通过CDM（复制数据管理）的理念将数据一层变得更加弹性灵活，可快速地将数据库数据、应用数据进行备份、迁移并可以提供历史版本直接给应用使用，实现软件定义数据的能力。如下图所示。

TROY-TDATA 高性能数据库一体化设备	创意TROY-TDATA高性能数据库一体机产品， 通过将x86服务器，基于PCIe的Flash闪存，InfiniBand等技术进行整合，提供相当于小型机和高端阵列的高可用、高性能、可扩展计算平台，可以运行各种数据库系统。
TROY-CDS 复制数据虚拟化一体机	创意TROY-CDS以原有格式采集应用数据并进行虚拟化，再通过网络或光纤快速的提供使用，令企业实现对应用数据的保护、数据分析、备份容灾、数据迁移及开发测试功能，大大提高敏捷性的同时缩减企业对存储的消耗。
TROY-CB1 数据备份云箱	创意TROY-DBA是一款集备份硬件、备份软件为一体的数据保护一体机。 本产品配合当前全球成熟的备份软件，并进行本地化研发， 实现混合云部署能力。
TROY-PVE 超融合云平台一体化设备	创意TROY-PVE是一款超融合云平台一体化设备，通过软件定义将计算与存储整合融入一站式机柜，消除架构复杂度，实现开箱即用。同时整合了容器技术给用户提供更加迅速以及弹性的资源。
TROY-DPS 应用安全保护系统	创意TROY-DPS是一款面向企业级的网页安全防护系统，通过对页面底层代码进行封装令攻击者无法预测服务器行为，有效防御网页内容搜刮、网页后门、APT攻击与应用层DDoS等自动化攻击行为。
TROY-SSAN 分布式核心存储	创意TROY-SSAN遵循SDS软件定义存储的设计理念，充分整合各类IT硬件能力，以存储软件的高度优化和硬件资源最大化利用为目标，构建高效，智能、可持续升级的开放型软件定义存储系统。
TROY-BDMS 大数据解决方案	创意TROY-BDMS为企业级用户提供大数据从底层架构设计管理、数据抽取、建模以及展示、数据变现等整体解决方案，帮助企业完成IT信息化的真正转型，令企业通过数据实现新的业务增长。
TROY-Cloud 云服务	创意TROY-Cloud提供真正面向企业的混合云服务，包括备份容灾云服务、测试开发云服务、应用安全服务等，底层均通过企业级高端设备构建而成，确保企业应用云化的性能及安全要求。

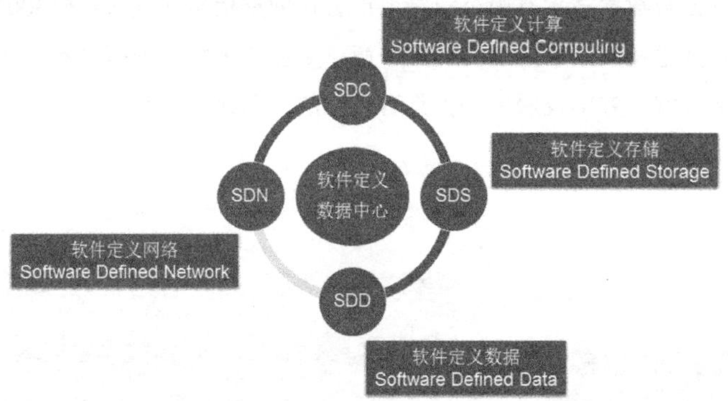

7.6.2 CDS系统软件功能

所谓“复制数据”（Copy Data），是指企业IT系统中存在的一份或者多份的对生产数据的内容复制，这些复制或者是完整的，或者是碎片化的。例如备份、快照、容灾、开发测试、数据分析等过程中，都会产生复制数据。Copy Data消耗了企业大量的存储容量和存储软件采购费用。

而复制数据管理（Copy Data Management）的目标是将这多份数据进行有效的管理，包括随用随取、空间缩减、历史版本管理等等。当业务需要复制数据时，通过对Backup Copy进行快照，即时生成一份虚拟的可读写的复制数据，供业务使用，使用完后，即时回收快照和所占空间；而原始的Backup Copy永远不被直接使用，以达到灵活运用的目的。

通过Copy Data Management技术，企业能极大地削减存储容量开销和存储软件开销，也可达到优化IT存储架构的目的，IT系统的存储架构将非常清晰地划分成生产存储和存储Copy Data的辅助存储。同时，生产系统上的各种数据复制所需的Agent（如备份、数据抽取、容灾等），可以缩减成一个Copy Data Management的统一的Agent，从而减低生产系统的复杂度和操作风险。

TROY-CDS是Copy Data Management技术的开创者，其核心机构如下。

CDS可以通过Out of Band （带外走IP或FC连接） 或In Band（带内走FC连接）从生产系统获取数据，然后在CDS的快照池（Snapshot Pool）内生成快照，用户可以根据业务需求来设定获取频率（如一天一次或一天几次），每次获取后都会在快照池内生产一份快照，由于获取的数据是完整的块级别的映像，或者是完整的文件系统，所有的快照都是可以直接被Mount起来，从而实现快速恢复和利用。当快照超过用户设定的保留时间后，可以将快照保存到重复数据删除池（Dedup Pool）内做长期保存。如下图所示。

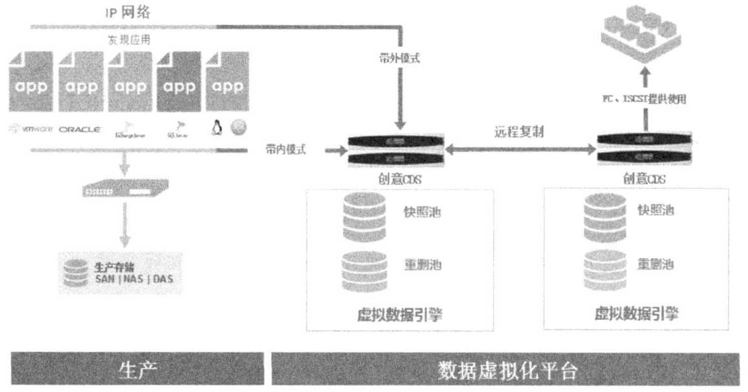

两个CDS系统之间可以做远程容灾复制，根据数据获取的不同方式（In Band、Out of Band）和不同复制方式（同步、异步、重删异步、重删备份复制等），CDS可实现零丢失、秒级、分钟级、小时级、天级等不同级别的RPO。

CDS的功能大致可以分为3部分：抓取（从生产系统获取复制数据）、管理（定义和管理应用的SLA）和使用（使用复制数据）。TROY-CDS的Copy Data Management的特点如下。

- 获取的数据都是Native Format，不会改变数据本身的格式。
- 除了初次需全量获取，之后都是增量获取。
- 根据增量数据，合成全量数据。

- 全局重复数据删除。
- SLA架构定义服务。
- 可通过定义工作流实现数据管理的自动化。
- 提供RESTful API 。
- 通过Global Manager实现集中管理。
- 通过Instant Mount可即时读写Copy Data。
- 通过 Live Clone可增量更新数据。
- Dedup Async减少传输所需带宽。

下面简要介绍一下CDS对数据的抓取、管理和应用的过程。

7.6.3 数据获取

数据获取是指从生产系统将生产数据的Image获取到CDS，数据获取分二类，一是数据的初次全量获取，一是数据的增量获取。

TROY-CDS从生产系统获取数据时，针对不同的环境有不同的接口，主要分3类：

- VMware：采用VMware Data Protection 的API。
- 应用：采用应用的接口，如Oracle应用可以采用RMAN作为接口。
- 文件系统：采用文件系统快照功能作为接口。

上述接口包含IP和FC两种传输方式，可根据用户实际环境和需要灵活配置。下面分别对VMware和Oracle进行详细说明。

1. VMware的数据获取

在VMware环境下，无须安装Agent，CDS通过VMware Data Protection API直接和vCenter和ESX通信，数据传输的方式有3种：Out-Of-Band（IP或FC）、Side-Band（FC）和In-Band（FC）。

2. Oracle应用的数据获取

Oracle应用的数据获取的过程如下图所示。

在Oracle环境下，服务器上需要安装一个针对Oracle RMAN的Agent。CDS通过RMAN的Image Copy实现全量数据和增量数据的获取。数据传输的方式有两种：Out-

Of-Band（IP或FC）和In-Band（FC）。

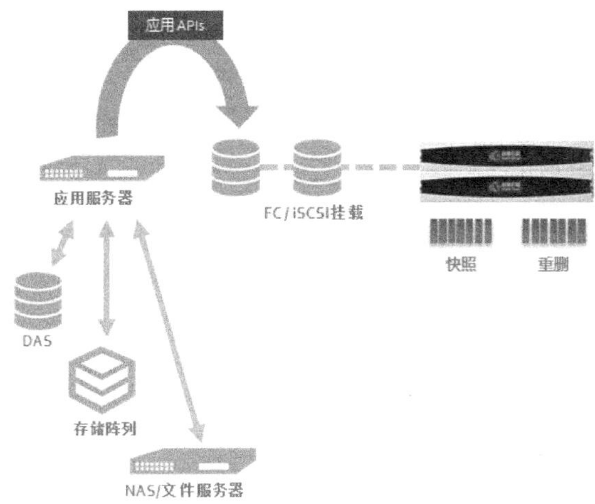

7.6.4　重复数据删除

在TROY-CDS的系统架构中，重复数据删除池的主要目的是数据的长期保护，而备份主要是由快照池来承载。所以重复数据删除的操作是将数据从快照池迁移到重复数据删除池的过程，该操作是在后台进行的，和生产系统的备份无关，所以重删操作不会影响生产系统的运行。

由于无须担心重删操作对生产系统的影响，而主要目标是数据的长期保存，所以TROY-CDS将重删压缩率做了最大的优化，数据是以4KB为单位进行去重计算，这要远远小于市场上主流的各种重删系统，并以64KB为单位进行压缩，从而实现比传统重删设备更高的重删压缩率。

TROY-CDS 的重删池和快照池的关系及流程图如下图所示。

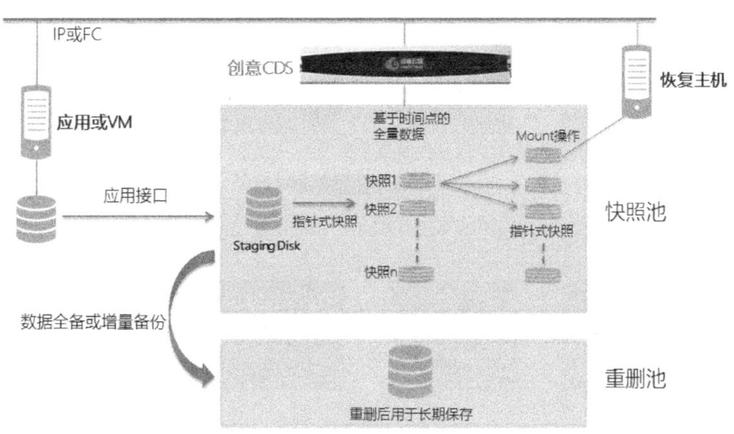

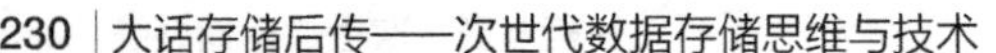

7.6.5 增量合成

TROY-CDS对所有支持的环境都能实现增量合成，增量数据获取和增量合成的实现方法见表7-6。

表7-6 增量数据获取和增量合成的实现方法

获取接口	获取方法	增量方法	增量级别	增量合成结果
VMware APIs	VMware Snapshot	VMware CBT	Block	VM
Oracle APIs	Oracle RMAN	Oracle CBT	Block	DB Instance
MSFT APIs	Microsoft VSS	TROY-CDS CBT Driver	Block	DB Instance
File System	File System	File Comparison	File	File System

下面以Block级增量合成具体说明增量合成的原理。Oracle、VMware、SQL Server等Block级的增量获取如下图所示。

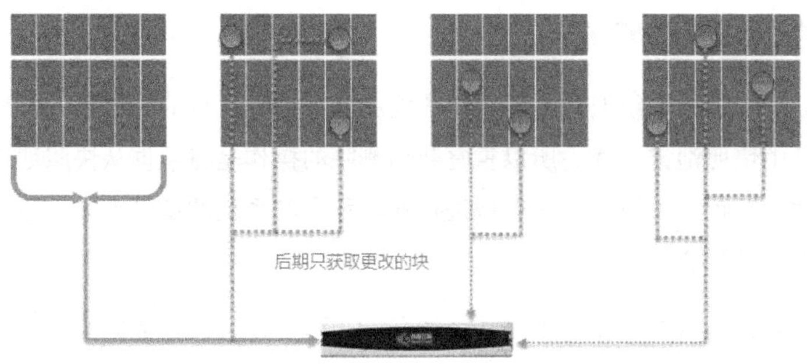

数据获取后，TROY-CDS将该增量数据按Block的位置直接对Staging Disk的全量数据进行修改，修改完后，对Staging Disk进行快照，从而获取该时间点的全量数据的备份，原理如下图所示。

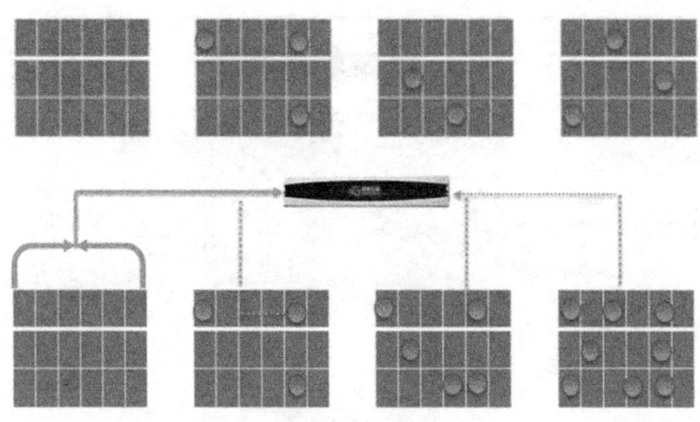

7.6.6　数据恢复及使用

当生产系统出现问题，需要恢复时，备份的数据（基于时间点的快照）可直接Mount给服务器，而不需要传统备份软件采用的恢复（Restore）操作。Mount操作实际上也是快照操作，即对备份的数据（快照）再做快照，将此快照Mount给主机，TROY-CDS在快照的份数上没有具体限制，所以，一份某一时间点的备份数据可以通过此快照技术生成很多份虚拟数据（如10份以上），Mount给不同的主机，实现快速恢复、开发测试、分析等不同的业务需求。具体实现的原理和流程如下图所示。

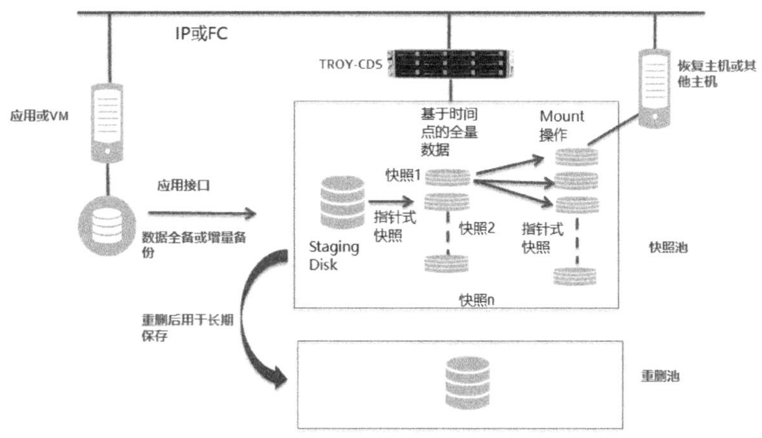

7.6.7　CDS案例及应用场景

如下图所示。某金融客户目前拥有两个数据中心，通过数据库复制软件Quest做的物理级别容灾，RTO和RPO能做到接近于0。通过传统备份软件做的本地备份及数据级的容灾，当发生逻辑故障时（以1TB Oracle核心库光纤恢复为例）的RTO为3h左右，RPO为6h。TROY-CDS解决方案如下。

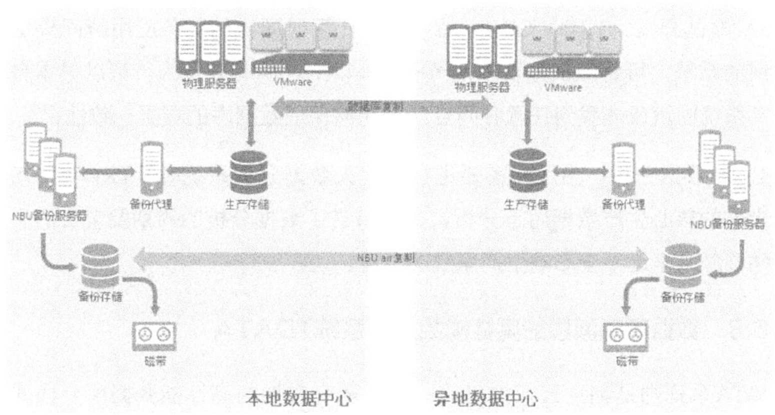

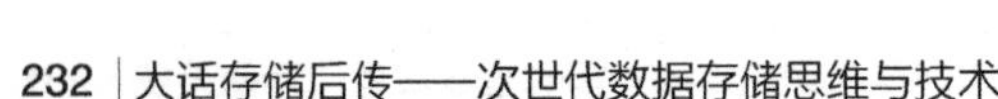

采购两台TROY-CDS一体化设备，分别部署在本地及异地数据中心，通过FC旁路模式进行数据保护，数据通过FC通道进行高速备份，同时备份数据进行块级重删，重删后的数据复制到异地容灾中心。传统备份软件依然可以同步进行备份，将数据备份到磁带库当中，作为数据归档保存的工具。数据库复制软件Quest依旧做物理级别容灾。如下图所示。

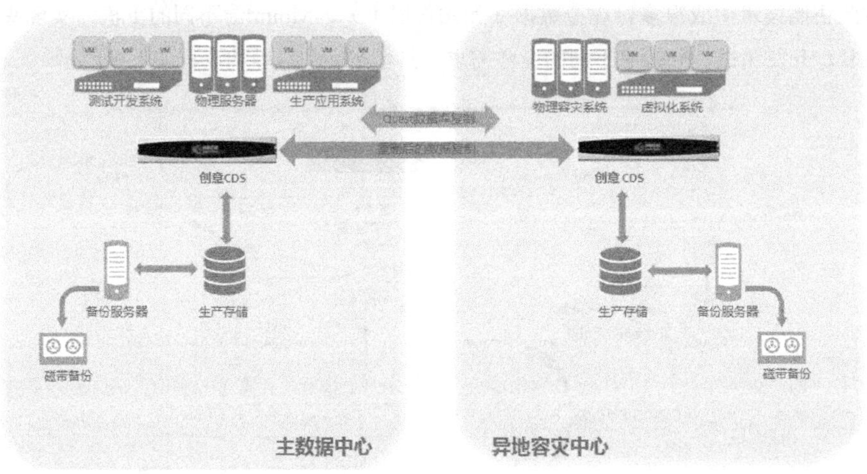

（1）数据容灾。两台TROY-CDS设备之间可以做复制关系，复制的频率可以手动设定，在产品系统运行稳定后可以做到容灾RTO=5min，RPO=30min，较传统备份软件有将近50倍的提升！

（2）应用应急。TROY-CDS保护数据库的RPO为每15min备份一次归档日志，且极少地占用计算资源，RPO最大为15min，数据库和虚拟化系统的恢复速度极快，1TB数据库从还原到数据库启动RTO仅需要3min左右，虚拟机的恢复RTO仅需要25s左右。这非常适用于用户核心生产的应急系统，可以在几分钟之内将业务恢复。

（3）测试开发。TROY-CDS产品可以将任意时间点的业务应用瞬间提供给测试开发使用的系统，可将测试开发周期节省40%以上，同时开发人员可以根据自己的权限将开发系统回滚或挂载到任意时间点，且能够保证数据库的逻辑一致性。

（4）大数据分析。当用户需要进行构建大数据分析系统时，TROY-CDS可以瞬间提供当前的核心生产数据用于分析，大大节省了数据分析的周期及宝贵的生产、计算及存储资源，永远不会影响生产系统的性能。

7.6.8 数据可以漂移的高性能数据库系统TDATA

TDATA系列则是创意云智推出的一款超融合架构的高性能数据库全栈式一体化

解决方案，其通过自主研发的SmartStore/SmartCluster软件，将SDDC创新技术、Flash技术以及云计算技术整合在一起，提供高性能、高可用、高扩展性的核心系统服务，适用于OLTP和OLAP等各种应用场景。TDATA支持从2节点到32节点的超大型集群架构，通过独有的 CDM复制数据虚拟化技术，在提高业务连续性保障的同时，还能够提供更灵活的数据使用能力。如下图所示。

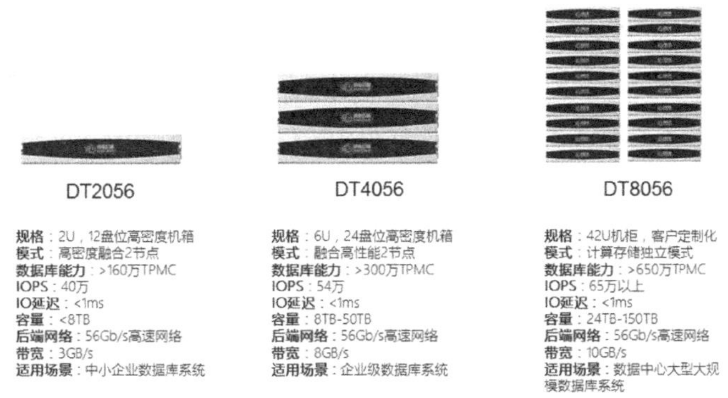

TData技术团队凭借多年经验迅速完成了基于InfiniBand的RDMA技术的定制化开发，结合RDMA的低延迟特性推出了分布式底层存储层TShare，实现了从存储层到计算层的基于RDMA方式的块映射。如下图所示。

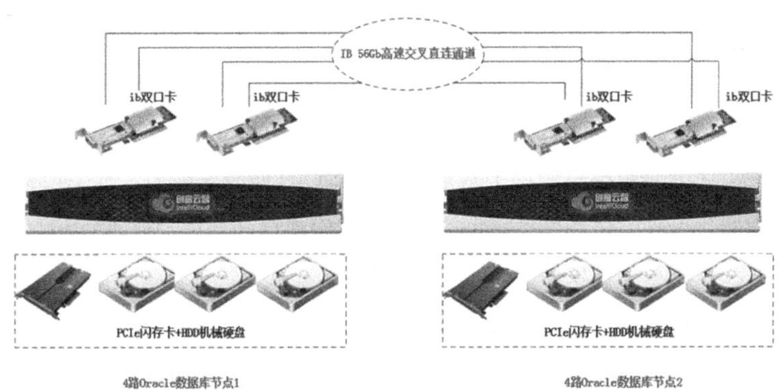

技术原理简介如下。

创意数据库一体机TDATA基于CAP理论开发了基于分布式访问接口TShare的Server SAN解决方案。分区容错性（P）是基本需求，保证CP模式时分布在网络上不同节点数据的数据一致性，通过高性能设备和冗余机制提高对可用性（A）的支持。计算节点可以通过分布式接口TShare访问存储子系统，利用高速SSD和InfiniBand网络，提高数据库性能。

利用先进的存储软件技术，可以在集群内部通过高速网络共享所有节点上的本地

存储，通过内部集群文件系统保证数据的一致性。本地存储的类型没有限制，可以是SSD、SAS或SATA。

集群之间的高速网络可以是InfiniBand或万兆网，同时支持RDMA协议，从而提供更高的性能和更低的时延。同时，采用PCIe Flash作为内存和磁盘间的Cache，提供智能的应用程序级缓存，IOPS获得数量级的提高，对数据库应用的性能提升显著。

TDATA的存储层采用分布式数据路由算法和分布式智能Cache，在数据多副本方式下，均匀存放在多个存储节点上，数据保持多份备份。分布式路由算法保证了系统易于扩展，支持用户的数据增长。如下图所示。

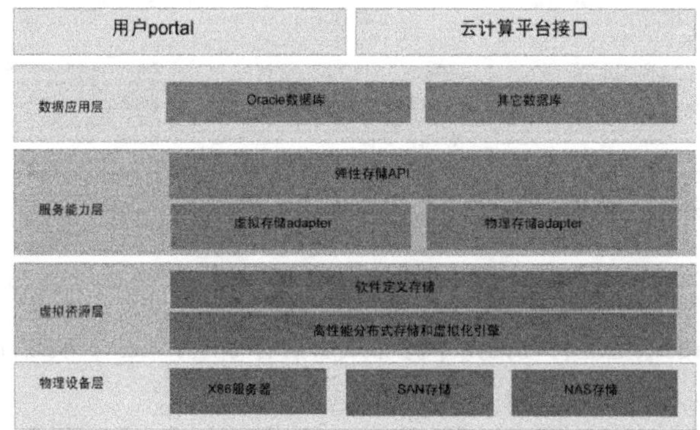

数据库融合系统基于软件定义存储的超融合架构，为数据库提供了高性能、高可靠、可弹性扩展的运行环境。物理设备层可以是用户的x86服务器和利旧的SAN/NAS存储。在虚拟资源层，分布式接口可以通过软件定义存储的方式来利用并虚拟化物理设备。服务层通过在虚拟资源层上提供具体的弹性存储服务能力，提供给数据库或其他云平台访问。各种数据库如Oracle等都可以使用弹性存储能力。提供用户Portal，易于用户管理；对接其他云计算平台，易于扩展。

同时，TDATA也提供了易用的可视化管理界面。如下图所示。

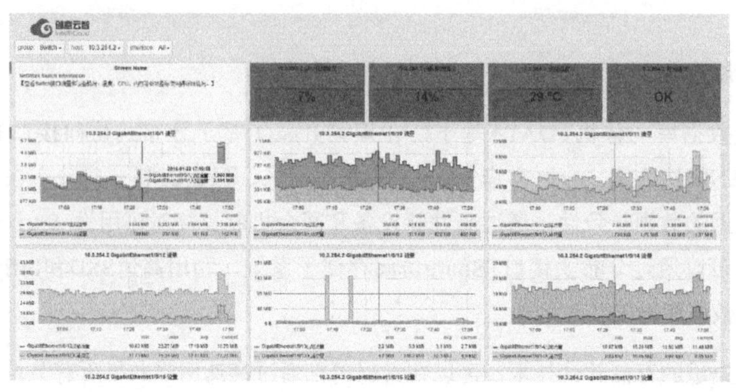

7.6.9　创意云智服务

基于软件定义数据中心的解决方案，创意云智也在云服务有这很多的动作，而且比较丰富，提供了从私有云到混合云再到公有云的多种解决方案与服务，私有云提供基础的高性能与虚拟化计算平台，混合云提供从私有云到公有云的连接服务，公有云最终提供了备份、容灾及测试开发的服务。

首当其冲的是目前市场比较火热的备份云服务，可以将原有的使用Veritas NBU备份软件的用户轻松通过创意云箱轻松上云，从而实现BAAS（Backup as a service）。如下图所示。

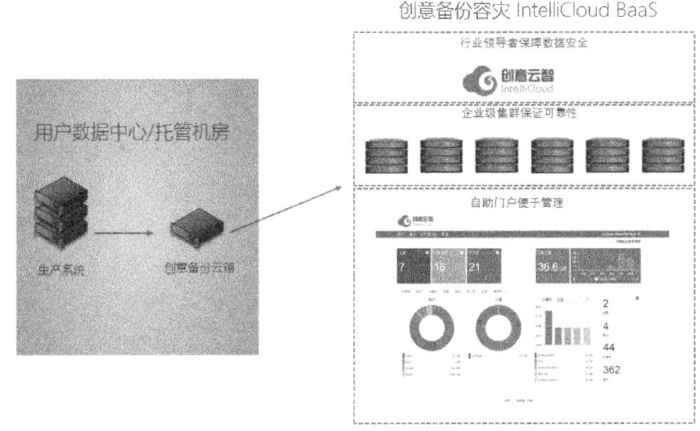

创意云智还有一款CBOne云备份产品。CBOne备份云箱是一款带重复数据删除的介质服务器，具备可扩展的存储容量，性能高、韧性足，能够帮助数据中心实现最严格的备份和还原目标，同时对虚拟和物理环境加以保护。CBOne以业界领先的数据复制备份软件Veritas NBU为构建基础，可提供客户端和目标端重复数据删除功能，帮助降低网络带宽和存储容量要求。凭借自动映像复制（AIR）功能。CBOne备份云箱可以跨地域扩展，满足当今日益严苛的灾难恢复需求。

创意云智BAAS云备份服务为客户提供全套的托管、备份、复制及恢复服务，配合本地、异地及离线备份的作业模式，以及多元化的实体和虚拟复制形式，让企业可安心专注于核心业务。如下图所示。

- **备份云**：用户可将本地关键数据及IDC数据进行云上冗余保存，保障数据的安全性，可以实现远程及云上恢复
- **容灾云**：用户将本地的业务通过数据副本的创新技术在云上构建容灾数据中心，提供极短的业务切换时间
- **测试开发云**：用户可以只花费数分钟就能在创意云中创建一套真实的环境进行测试，比传统方式节省10多倍的时间以及成本

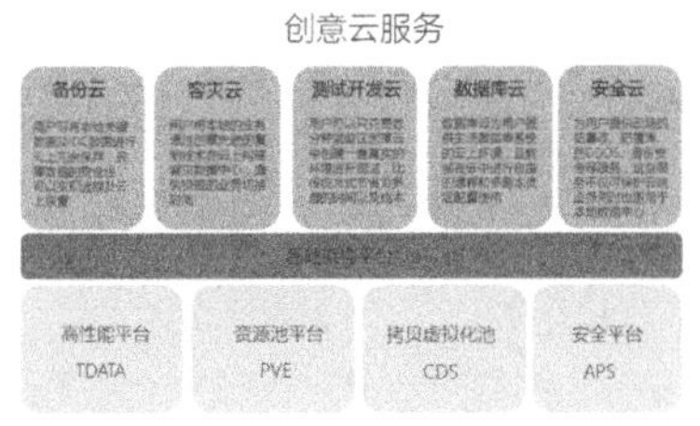

通过下面这个公有云调查可知，灾难恢复、备份服务、测试\开发、数据分析是目前使用率最高的公有云服务，可见北京创意云智公司还是走了一条正确的路。如下图所示。

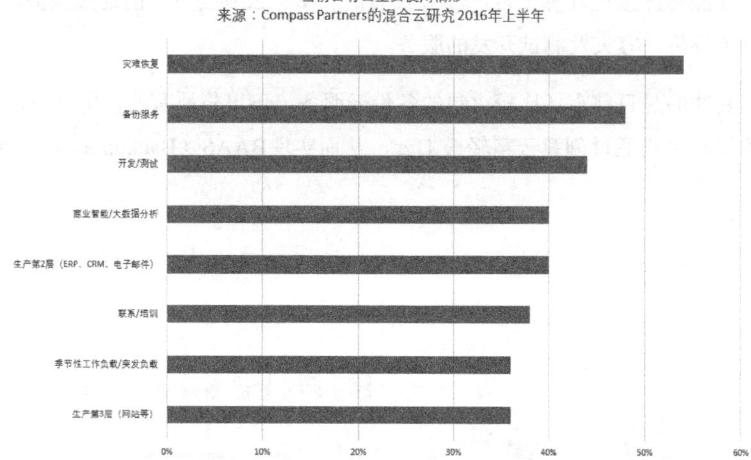

第八章 光存储系统

8.1 光存储基本原理

光存储系统这么多年来一直都给人一种默默无闻的感觉。自从2000—2005这5年来凭借VCD、DVD火了一把之后，后续可以说是悄然无声了。当时全国各地电子市场里泛滥着光盘，软件、游戏、电影、CD，加上个封皮，琳琅满目。店面门口用得最高频率的词汇就是“要碟吗，软件、游戏”，就像如今北京中关村楼下的“维修这边”一样。

【光盘是如何存数据的】

商品光盘是在聚碳酸酯表面压出凹坑，凹坑边沿表示1，坑底或者上表面都表示0。有人可能会有疑问如果两个连续的1应该怎么表示，光盘里的数据是经过特殊的重新编码的，会保证不出现两个连续的1。如下图所示。

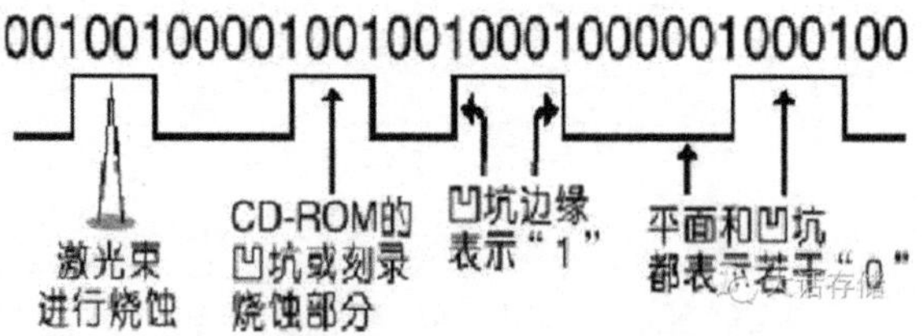

把布满凹坑的盘片表面溅镀一层铝反射膜，当激光照射到凹坑时，凹坑的内壁对光产生了散射作用，并不是所有光线都原路反射回去，所以接收到的反射光强度变弱；而照射到没有凹进去的地方，反射光强度比凹坑所反射的要强。将光强度用光敏器件转换成连续变化的电流/电压的信号，并用采样器采样成数字信号，并保存到缓冲存储器中，便实现了数据的读出。

实际中的装置与迈克尔逊干涉仪类似。采用一块半透半反射的玻璃，既能够投射光源发出的激光，又能将反射光反射到探测器。如下图所示。

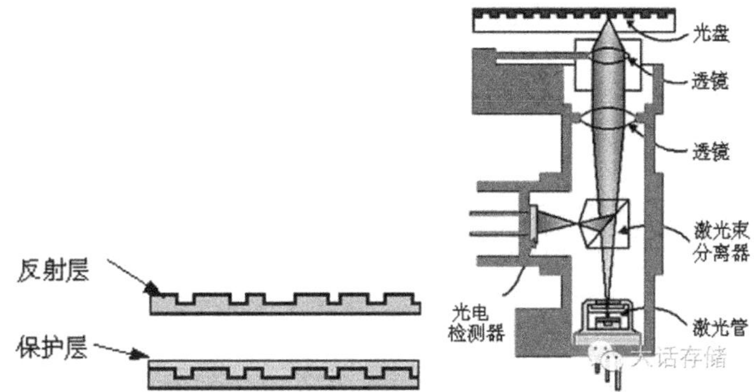

当仔细观察光盘表面时，会发现上面有非常细密的反光点，这些反光点就是由表面致密的不平整凹坑形成的，如果没有凹坑那就和看一面平整的镜子一样了，什么都看不出来。

CD-ROM系统采用的是780nm波长的红色激光光学系统，凹坑深度为0.11μm左右，最小宽度约为0.83μm左右。如果要表示连续的0，则凹坑宽度会变宽。光道之间的间隔约为1.6μm。如下图所示。

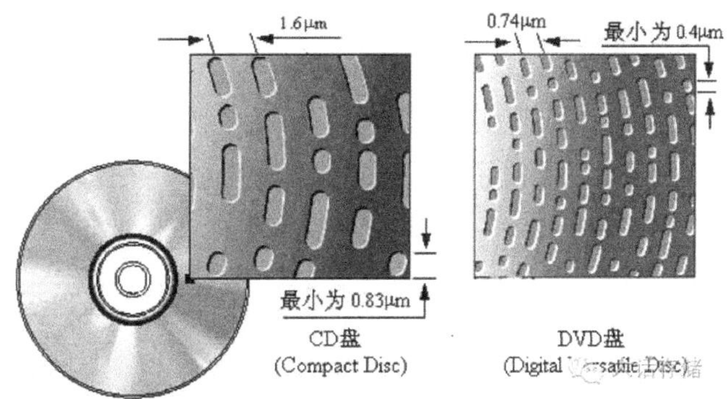

而DVD格式的光道间距与凹坑宽度都有缩小，所以其存储密度大增，达到了单面4.7GB的容量。相应的，其光学系统精密度和分辨率也提升了，采用650nm波长红色激光系统。

有人可能会好奇了，光盘上这些致密的凹坑到底是如何制作上去的呢？用刀子肯定无法雕刻上去，因为再精密的刀尖，其表面积都要比一个凹坑大。只有用激光来雕刻了。但是如此多的凹坑，假如雕刻每个凹坑需要1ms的时间，那么雕刻一整张盘，需要两个多月的时间。而且还要保持一定的激光发射功率，才能将塑料表面有效烧灼。这个完全不现实，或许没等一张盘雕刻完成，激光头早已烧坏。见表8-1。

表8-1 CD与DVD技术参数对比

技术参数	CD	DVD
盘片直径	120mm	120mm
盘基厚度	1.2mm	1.2mm
所用激光波长	780nm	630nm/650nm
所用物镜的数值孔径*NA*	0.45	0.60
光道间距	1.6μm	0.74μm
最小凹坑长度	0.83μm	0.40μm
信息凹坑宽度	0.60μm	0.40μm

实际上，商品光盘是用模具冲压出来的。首先，在光学玻璃片上涂上一层感光胶，然后把需要存储到玻璃片上的数据转换为激光强度的强弱信号，随着玻璃片的转动，照射到感光胶上，这样感光胶表面就被烧灼出一个一个的烧灼点。被照射足够强度的光点，其化学性质发生了强烈变化，导致其可以被某种化学溶剂溶解（显影），而弱感光点处无法被溶解。这样被溶解的地方就产生了凹坑。可以看到这种凹坑的产生代价很低，因为激光并不是直接烧穿底下的介质，而只是照射一下而已，所以生产速度也非常快。如下图所示。

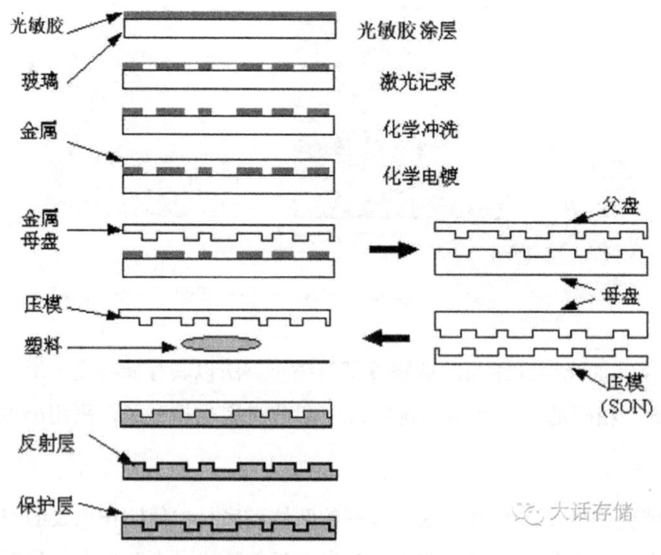

凹坑出现之后，在玻璃片表面上蒸镀一层银作为导电层，以便为以后的电铸过程做准备。将该玻璃片放入含有镍离子的电解液中，通电后，玻璃片表面不断吸引镍离子，镍层不断增厚，最终形成一个0.3mm厚的镍片，最终这层镍金属片把凹坑复制了起来。

然后，将这层金属壳子撕下来，就形成了一个比较薄的金属模具，只不过其表示的内容与实际内容相反。该模具称为父盘，由于其较薄，无法直接当作模具去冲压塑料盘片，所以需要在其上方再用镍离子电铸成另一镍金属薄片，分离后形成母盘，然后再在母盘上电铸较厚的镍金属片，形成具有足够硬度的成型模具（子盘）。

这个磨具就叫作压模，只要用这个压模去冲压新的塑料盘片，那么压模凸出来的地方就会把塑料盘冲压出对应的凹坑。如果你认为实际的生产机器真的是像压面饼一样，那就大错特错了。

一个凹坑的深度和宽度实在是太小了，怎么可能压一下就能在聚碳酸酯上压出一个印子来呢？另外，聚碳酸酯塑料片也很硬，虽然磨具更硬，但是直接压出这么细小的痕迹也是有难度的。以我们日常生活中的经验来看，要想压出足够深刻的印记，必须把两样物品接触足够长时间，而且要使劲按压。是的，注塑机也是这么做的。如下图所示。

首先让压模和底座之间形成一个闭合的空腔，然后将熔融的聚碳酸脂液体注入到该空腔中，使其在空腔中积压到与我们所见的光盘同样的厚度，给聚碳酸脂液体一个压力，使其完全充入到模具凹坑里，并开始强制冷却，最后出锅，形成光盘。该过程在3～5s完成。

下一步则是将反光层溅镀到盘片表面。其原理是利用电场力将铝原子溅射到盘片表面，形成一个只有几个铝原子厚的反光层。然后喷涂一层透明耐候保护胶作为保护层，然后在背面印刷一些图案、字体等，一张成品光盘就做好了。

这就是所谓“压盘”。用一张压模，加上一堆塑料，就能压出无数带有数据的商品盘来。压盘是量产的绝好工具，虽然制作一个模具需要耗费不小的成本，但是其压出的千万张光盘，薄利多销，是可以弥补这个成本耗费的。

刻盘则不同，一般只刻录一张，自己留用。难道此时真的是用刻录机光驱激光头强行在盘片上烧出凹坑？不是的。可刻录的盘片表面先被压出对应的光道沟槽，然后在沟槽底部溅镀上反射层，然后喷涂上一层感光染料，再覆盖一层保护层。刻录时，

光头沿着沟槽运动，并将沟槽下方对应的区域加热，将感光染料的性质改变，形成烧灼斑点，斑点的反光度较低，于是就可以分辨出0和1了。

【微观结构】

CD-ROM或者DVD-ROM是没有沟槽的。而可刻录盘片是被预先用模具压上沟槽的。如下图所示。

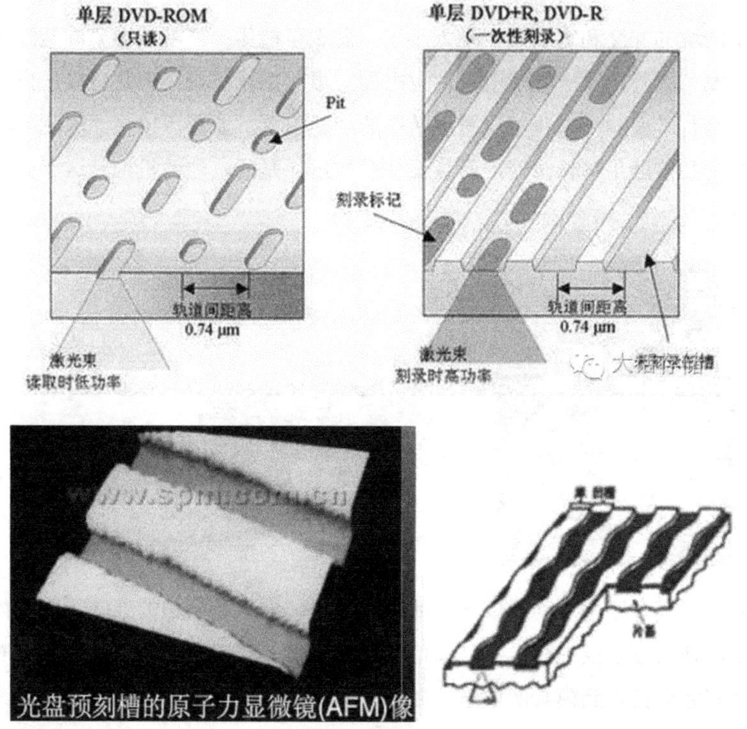

刻录DVD的沟槽实际上是按照波浪形状压制的，实际上是被调制了一些信息的正弦波形状。按照一倍速转速，该正弦波形会以一定频率出现，DVD-R（W）是140.6kHz，DVD+R（W）则为817.4kHz。该波形上所调制的信息包括地址信息、速度信息等。DVD-R（W）是将绝对时间间隔调制到波形上，而将地址信息预刻到沟槽的凸出部分（俗称“岸”）上。DVD+R（W）则是将沟槽地址信息调制到沟槽波形的相位上。这种波浪形沟槽的反射光也会按照波形呈现对应的强度变化，被光检测器收到之后，输入到对应的模拟电路模块，转换成电信号，还原出对应的波形，并经过解调电路，还原出对应的信息，从而让光驱能够判断出当前的转速和沟槽地址。

对于可重复擦写型刻录盘，其并非采用染料来作为记录介质，而是采用相变材料。出厂后的新RW光盘沟槽中的介质处于结晶状态。在写入数据时，刻录机光头发出高功率激光时，激光的能量使相变材料的温度超过熔化温度，达到熔化状态，但由于时间短于结晶时间，因此被照射的区域相变材料由晶态变为非晶态。晶态区域与非晶态区域的透射率不一样：晶态相有较高的透光率，可让射线通过到达反射层，而非晶态则很难让光线通过，所以反射回来的光线强度很低。擦除操作则是通过光头发出中等功率的激光，使其温度超过晶格化温度但不到熔化温度，且保证照射时间超过结晶时间，则可以使非结晶区域重新变回晶态。如下图所示是未刻录之前的光盘表面的原子力显微镜照片。

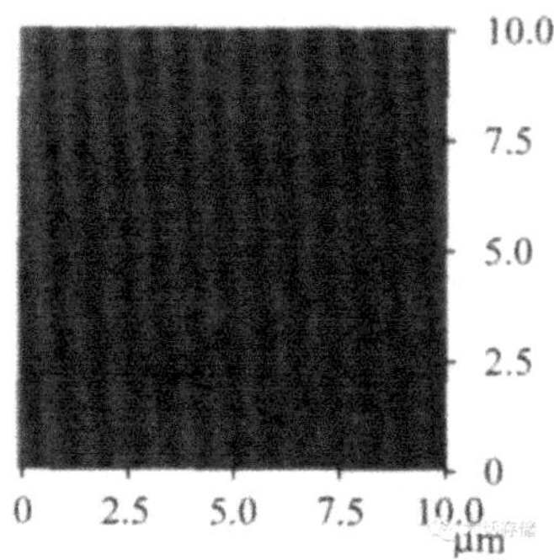

如下图所示是刻录之后的照片，可以明显看到光斑。

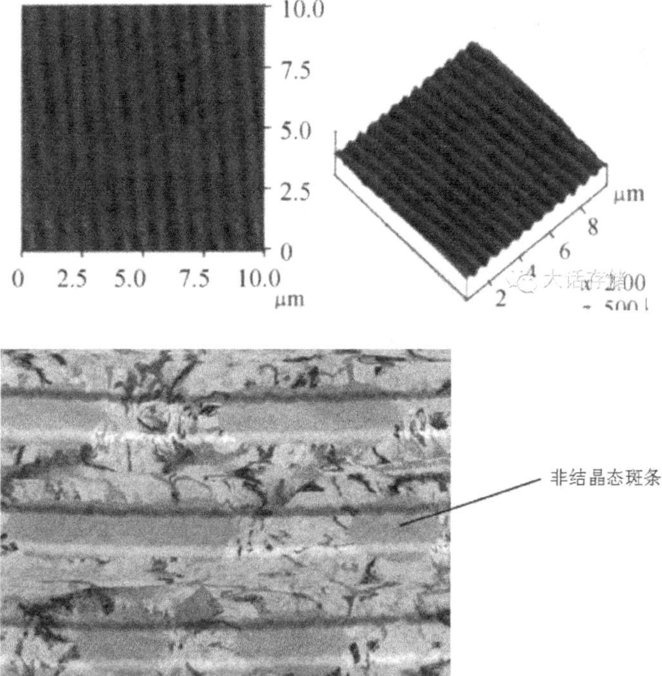

【多层记录】

DVD D9格式采用的是单面双层记录，D10则是正反两面都存数据，DVD D18则是两面中每面都是双层记录。难道在刻录第二层的时候不会影响第一层的数据吗？不会，因为激光被聚焦在第二层处，第一层对应区域的温度不会达到破坏已刻录数据的阈值。在读出数据时也是利用焦距的不同来读取不同层的数据。如下图所示。

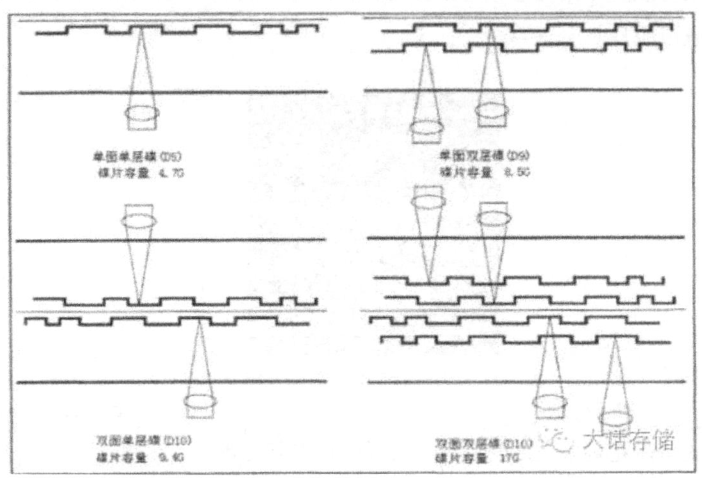

8.2 神秘的激光头及蓝光技术

上一节介绍了光存储介质的基本原理。然而，有了介质，还应有能够驾驭这种介质的事物，那就是光驱，而光驱内部最关键的部分就是激光头及其驱动/伺服电路了。

8.2.1 激光头的秘密

一个小小的激光头是如何能够检测出如此精密的光反射样式，如何知道当前光头所处的位置，以及是否聚焦到位、是否处于光道正中央呢？激光头上有4个正方形排列的精密感光二极管。其作用非常精妙。如下图所示，当激光点未聚焦准确时，不管是离盘面过近还是过远，其反射光的光斑都会是椭圆形，这样的话A和C产生的光电流（A+C）会与（B+D）不相等，仅当聚焦准确时，二者才相等，这样就可以通过负反馈电路反馈到控制光头聚焦的电路上，从而最终聚焦。

当需要跳跃到对应轨道上时，光头径向移动，通过检测下方所越过的轨道沟槽数量，从而精确算出目标轨道的所剩距离，从而负反馈到控制光头移动的电路模块，最终到达目标轨道上方。但是依然无法精准定位到轨道正中央。此时光头的4个感光二极管再次发挥精妙的作用。如下图所示。

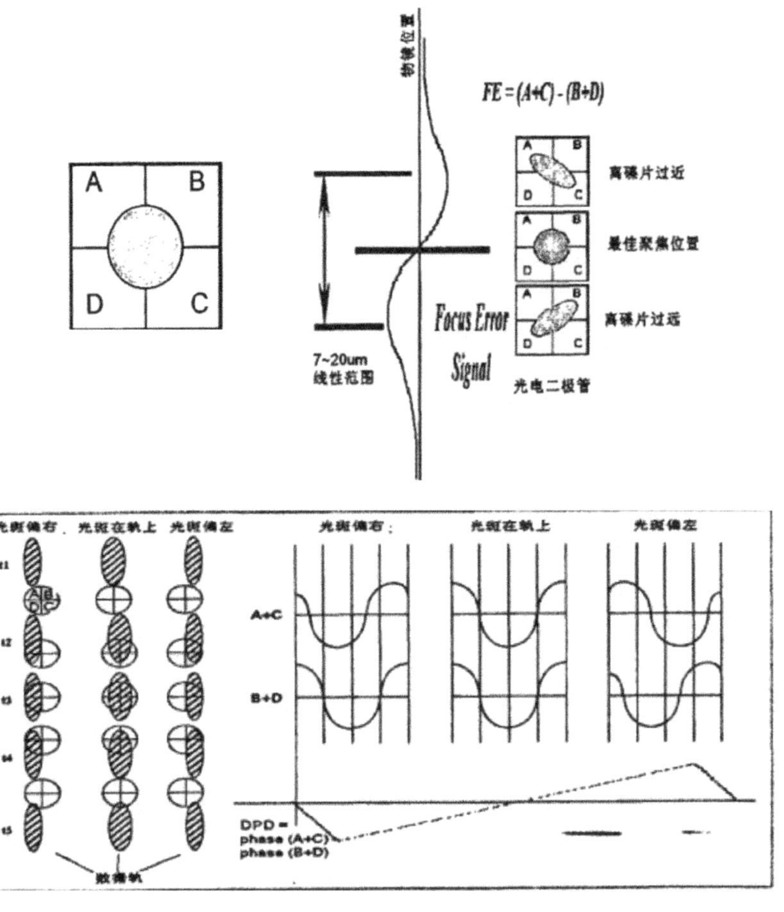

如果光斑偏左，则A二极管总是超前D二极管率先检测到信号，因为D在A的下方。同理，如果光盘偏右，则B的信号相位会超前C。所以，用于检测聚焦的电路一样可以用来寻轨。只要A+C的相位等于B+D的相位，才意味着光头处于轨道正中央。

上述的负反馈系统被称为“伺服系统”，其本质是负反馈控制，基于连续变化的模拟线号。

当读取信息时，电路检测的则是光电流A+B+C+D，因为此时检测的是光斑的整体上的强弱，来判断1和0。如下图所示。

然而，IT的发展实在是太快了，各种技术层出不穷，令人眼花缭乱。自从2005年之后，光盘逐渐退出历史舞台了。给PC安装OS也都是从U盘启动安装。平时的一些珍贵内容的归档，也基本放在了移动硬盘里。一张CD ROM，700MB内容，DVD格式4.7GB。而一个U盘/TF卡动辄32G，而且速度比光盘快得多，用起来也方便得多。再加上互联网大提速的影响，用光盘来传递大容量数据的方式也逐渐被网络下载所取

代。这样看来光盘似乎不占什么优势了，但还得看场景，用于贩卖零售也许有需求，但是如果用于离线保存、归档，DVD这种低容量的制式在这个大数据时代又显得比较鸡肋了。

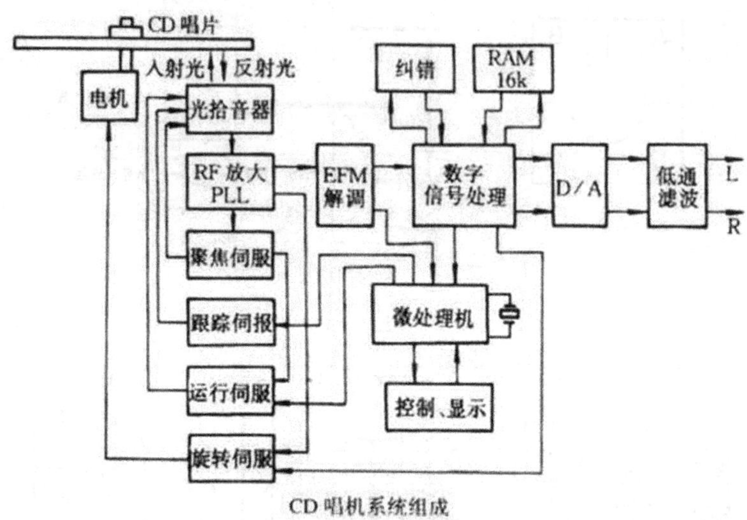

CD唱机系统组成

但是，目前最新的商用光存储制式——蓝光光盘，其容量可以做到单碟200GB，普及版的也能做到单碟25GB，碟片成本不过2元左右。这似乎非常适合离线或者近线存储系统。蓝光光盘将会是离线存储市场上全面取代磁带系统的极具潜力的挑战者。

8.2.2 蓝光光盘简介

顾名思义，蓝光光盘就是采用蓝色激光系统刻录或者用预录模具冲压的光盘，俗称BD（BlueRay Disk）。其波长低至405nm，频率比红光高，这也就意味着其能够在相同面积上存储更多数据。单面单层可达25GB，目前商用蓝光光盘最高容量达到了双面每面4层，而主流为双面每面3层，其容量共200GB，而其制造成本不过2元，当然光驱还是比较贵的。见表8-2。

表8-2 DVD与BD技术参数对比

比较点	DVD	BD
激光束波长	采用635～650nm红色激光束	采用405nm的蓝色激光束
记录轨道间距	0.74μm	0.32μm
容量	单面单层（D5）4.7GB，单面双层（D9）8.5GB，双面单层（D10）9.4GB，双面双层（D10）17GB	为DVD光盘的6倍以上。单面单层盘片的存储容量为23.3GB、25GB和27GB，双面双层50GB
传输速度（纯数据）	11.08Mbps（1x）	36.0Mbps（1x）

续表

比较点	DVD	BD
传输速度（音视频）	10.08Mbps（<1x）	54.0Mbps（1.5x）
视频比特率	9.8Mbps	40.0Mbps
支持分辨率格式	720×480/720×576（480i/576i）	1920×1080（1080p）
支持格式	MPEG-2	MPEG-2/MPEG-4/AVCSMPTE/VC-1
光盘覆盖层	无	有

如下图所示，可以明显看到蓝光光盘的沟槽密度很高，而且也可以看到沟槽的波浪线，这个波形实际上是调制了一些控制信息进去的。

蓝光光盘采用的是STW技术来编排波形以及解调。STW 是一种地址调制技术，全称为 Saw Tooth Wobble （锯齿抖动），也就是上述的通过轨道边缘的锯齿方向来表示地址信息的一种技术。如下图所示。

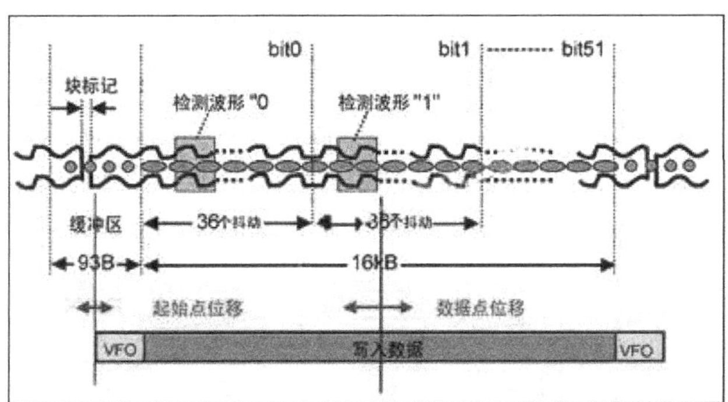

早期的 STW 设计，由 36 个方向一致的抖动锯齿合成1bit 的数据，完整的地址信息由 51bit 组成，在 BD 的规范中，改为使用 56 个抖动锯齿合成1bit 的数据。在这 56 个抖动中，利用 MSK（最小频移键控，一种调制方式） 和 STW 两种方式来嵌入上述的 1 bit地址信息。 56 个抖动可分为利用 MSK 方式调制的区域和利用 STW 方式调制的区域，前者通过 MSK 方式调制来确定抖动位置，后者则是利用 STW 方式的“锯齿”方向来判断“ 0 ”“ 1 ”信息。如下图所示。

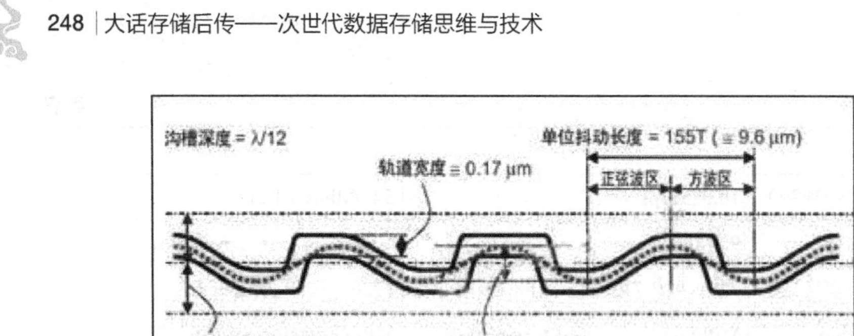

STW 的检测原理：轨道的抖动形状由一个正弦波形和一个方波形组成，在方波形区所回馈的检测的频率是正弦波形区的 10 倍（这里的频率是指将方波展开正弦波之后最高的频率，理解不了的话可以看一下傅里叶的叠加原理），带通扫描信号频率与正弦波形的抖动频率一致，这样，在通过方波形区时，就会形成回馈信号的差异，从而可以来判断锯齿的方向，并依此获得 0/1 信息。

蓝光BD可以制造单面单层、单面双层和双面双层的，如下图所示。

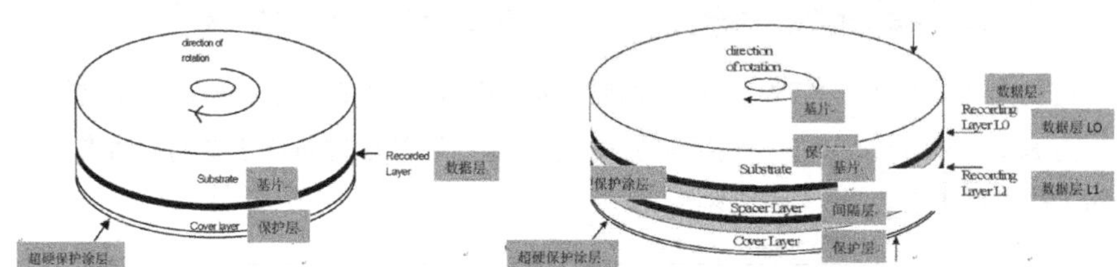

由于蓝光光盘对激光的精准度要求更高了，所以其对覆盖在表面的保护层的要求变得相当高。其要求比较薄，厚度仅有0.1mm。另外其要求必须非常平整，因为细微的凸起就会改变激光束的路径，产生误差。如果按照CD、DVD的制作工艺，表面会有大概60μm的上下起伏误差，而蓝光则要求不超过3μm。如下图所示。

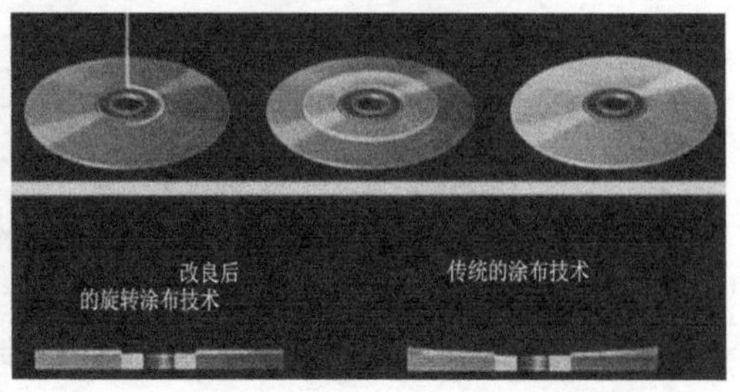

1. 蓝光光盘的综合性价比目前最高

在相同的产量水平上，每张蓝光光盘的生产成本比DVD光盘约高10%。但是，由于光盘表面涂料干凝的时间更少，蓝光光盘生产线的单位时间平均产量却更高，这样能够提高生产效率，也就降低了每张光盘的生产成本。

2. 蓝光盘的分类

大家熟知的PS3/PS4游戏机用的就是蓝光盘+蓝光光驱。在企业应用场景下，蓝光光盘被广泛用于档案归档场景。档案级蓝光盘相比消费级的区别是需要采用更高质量的材料以及更抗腐蚀的保护层。档案级蓝光光盘目前主要分为4个档次。

- 永久档案级蓝光光盘（PABD Permanent Achival Blue-ray Disc），永久保存。
- 长定期档案级蓝光光盘（LABD Longevity Achival Blue-ray Disc），30年以上保存。
- 短定期档案级蓝光光盘（NABD Normal Achival Blue-ray Disc ），10年以上保存。
- 超长定期档案级蓝光光盘（ULABD Ultra Longevity Achival Blue-ray Disc），50年以上保存。

其中超长定期档案级蓝光光盘使用最为广泛。

8.3 剖析蓝光存储系统

上两节讲述了光存储的基本原理，然而，有几个问题制约着蓝光系统的使用。

（1）以目前的蓝光光驱的工艺，读取蓝光光盘的速度也不过每秒几十兆，速度过慢。

（2）使用100GB光盘，假设要保存上PB的档案资料的话，则需要超过一万张光盘，如何存放与管理是个大问题。

（3） 数据如何被导入到光盘上，靠手动刻盘吗？不现实。

必然要有一种系统，能够提供多个光驱，比如8个，甚至更多，让数据并行地写入，提升系统的吞吐量；能够将万张当量的光盘放置在一个狭小可接受的空间内，比如一个标准机柜内，并做到统一编号和管理；提供机械装置，可将任何一张光盘取出放入任何一个光驱，并在刻录完后放回原位；拥有数据冗余保护，防止一张或者多张光盘同时损坏时数据的丢失；提供易用数据管理软件平台，能够将在线数据迁移到这个系统内部保存，并在需要时能够提取；提供更多细节特性，比如根据预定义策略自动迁移数据等。

能够满足上述要求的系统，就是光存储系统，或者说蓝光存储系统。下面介绍蓝

光存储系统的组成原理。其实物图如下图所示。

在上图左边所示的系统中，每个光盘都有一个很薄的独立托架，每个托架旁边有个钩状把手，机械装置通过将钩状把手拉出来从而将一张光盘拉出。

在上图右侧所示的系统中，每个托架可容纳12张光盘，也就是12张盘摞起来放在一个托架中，机械装置每次直接将12张盘取出，放到12个光驱中并行读写，因为这12张盘属于一个Raid组，做了数据冗余。整个的桶状装置被称为光盘匣，由成千上万个托架组成。可以转动。

整个光盘托架系统可以旋转，再加上机械手的抓取，二者共同配合从托架中抓取或者放置光盘。

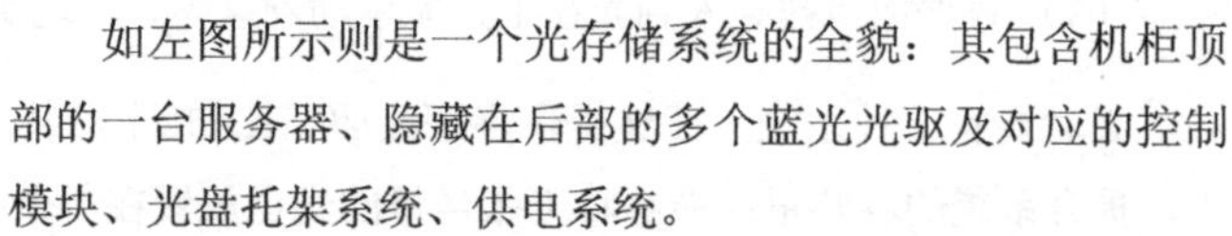

如左图所示则是一个光存储系统的全貌：其包含机柜顶部的一台服务器、隐藏在后部的多个蓝光光驱及对应的控制模块、光盘托架系统、供电系统。

整个光存储系统的逻辑拓扑如下：用户将数据通过NFS/CIFS协议复制到顶置服务器中，服务器可以选择使用本地硬盘，或者SAN等方式提供的存储空间，将收到的数据进行缓存，然后在后台将数据通过以太网发送给光驱控制模块（SBC，Single Board Computer），每个SBC可下挂多个蓝光光驱，蓝光光驱通过SATA接口与SBC连接。SBC相当于一台独立的嵌入式计算机，其专门负责将数据写入光驱中，内含蓝光光驱的驱动程序。如下图所示。

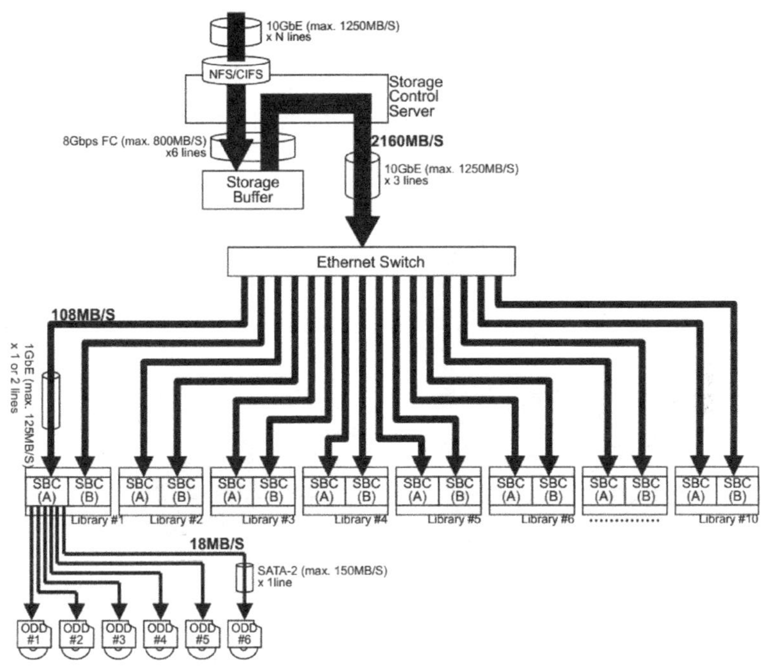

产品简介如下。

某厂商的光存储系统有3个系列：分别为柜式中低端的BD系列（光盘库）、柜式高端的ZL系列（光存储系统）以及桌面式的MHL系列（光存储系统）。BD 系列产品是一种光盘库存储系统，从应用的角度而言，是可以明确感知每张光盘存储的物理边界、每个光盘匣存储的物理边界，以及每台光存储设备的边界。而 ZL 产品系列更侧重于超大规模数据的海量存储及应用，作为存储系统，在使用上，用户可以单纯地将其看作一个整体连续的存储池，从而忽略每张光盘的物理容量和边界；同时在 Scale-Out 技术支撑下，通过增加物理存储设备能够方便扩展其逻辑存储容量。如右图所示。

所以，BD系统更像是以光盘为边界的光盘管理系统，其上存储的数据格式符合标准格式，可以被任意标准光驱读写。其他来源的标准格式存储的光盘也可以纳入BD系统的管理范围。而ZL系列更像是个比较封闭的光存储系统，其有自己的存储格

式，用户感知不到光盘，而只感知到NFS/CIFS目录空间。

BD系列光盘库实物如下图（a）所示。

ZL系列在一个标准机柜内最多可装载 12240 张光盘，存储容量按型号的不同从180TB 到 1.2PB，属于业界领先水平。支持可32 个光驱并发，支持万兆网传输。提供数据冗余技术，用户可按需要配置冗余级别，实现数据的最高安全化。

ZL系列光盘库实物如下图（b）所示。

（a）BD系列　　　　（b）ZL系列

下面看一下桌面式的MHL系列。MHL是一台4U高度的桌面式光存储系统，其光盘库部分如下图所示，可以看到机械手的移动方式。其光盘匣位于机械手两边，可以用一根专用杆抽出。

上图为机械手控制模块。

8.4　光存储系统生态

那么，哪些场景适合使用光盘以及光盘库系统呢，光盘库系统在整个存储生态中与上下游的适配情况如何呢，有什么需要改进？

光盘的优点是显而易见的：成本极低，存储密度高，体积小，质量轻，不怕光、水、磁，不占用太多物理空间，可随机存取，使用中无磨损（磁盘和磁带均有磨损，比如磁盘可能会随机产生坏道，磁带被磁头读写的次数也是有限的），存储寿命较长，能耗低，稳定性高，数据不可被篡改，安全性高。未来单盘片存储容量规划可达1TB、2TB、4TB。

当然，光盘的缺点也是不少，比如：单盘容量与其他同时代介质相比相对较小；与磁盘相比存储速度较慢、实时性差；定位数据烦琐；盘片离散管理不方便。

扬长避短，蓝光存储最适合的场景，莫过于温数据以及冷数据的长期保存和管理。冬瓜哥看重的是蓝光盘的寿命，以及其介质与驱动器分离的特点。用移动硬盘保存数据风险极高，机械硬盘就算放着不动，指不定哪天再用就不认了。有人说了，现在闪存这么便宜，将来更便宜，用闪存卡、U盘等不是很适合永久保存珍贵资料吗？不是。目前的NAND闪存存在数据持久性问题，NAND Cell中的电荷在一段时间之后就会自动漏电，目前看来唯独光盘适合于长期保存资料，而且还可以做到随机读取，磁带则非常不便利，驱动器尺寸庞大，普及度更加有限。

8.4.1　消费类应用场景

冬瓜哥搜了一下号称能买整个宇宙所有物质的云哥和强哥开的店。本以为蓝光光盘和光驱的市场价格还是很不接地气的，结果却大跌眼镜。强哥那里的25GB的蓝光刻录盘平均每张的价格在两三元钱，50GB的则普遍在8元上下，100GB的只在云哥那里能搜到了，但是质量没有求证过。如下图所示。

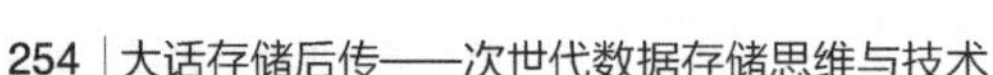

至于刻录机，100到1000元的都有，直觉告诉冬瓜哥，六七百元的应该算靠谱，要想使刻废的盘少点，买个900元的应该差不多。

目前，蓝光应该说是已经大规模普及了。看来冬瓜哥有必要买个蓝光光驱了，将一些私有内容刻录保存，也是个不错的选择。冬瓜哥拍了一下自己手头的移动硬盘，从最早的80G，之后依次是120G，320G，500G，1TB，4TB，基本是每个档位都有一个，最后连自己都不知道什么数据放在哪了。如下图所示。

设想一下，一个刻录机，一个200槽位的光盘匣，也能保存接近10TB的数据。也不失为另一种选择。由于每张盘也就100G级别容量，这样还可以制作标签贴上去表示里面存的是什么。如下图所示。

8.4.2 企业级应用场景

再看看企业应用领域，哪些行业会产生大数据量的温冷数据。网盘、数字图书馆、工业设计、CAD制图/素材、电视台媒资系统、医疗影像、地质勘探大数据、金融数据、档案保存、常规备份（替代磁带）等等。可以看到，在目前的大数据环境下，温数据和冷数据的绝对量也是爆发式增长的，这就给光存储系统提供了温床。

网盘、微博等是个典型的冷热非常分明的场景。刚上传的数据或者刚发的微博很热，然后访问频率直线下降，但是又不能将冷数据直接离线，还得让其访问有一定的速度。数字图书馆更是利用蓝光存储的绝佳场景，因为该场景属于只读不写的场景，对速度要求也并没有那么高，比如用户调取某个文档/视频，可以等待几十秒或者一分钟，也不是不可以接受。对于工业设计领域或者播出系统，需要保存大量素材资源，用光盘存储系统也非常合适，能够满足低成本、要求不很高的实时性，要求保存时间长、只读不写等特性。

对于常规的数据备份场景，使用更加开放的光盘系统取代磁带系统也是一个发展趋势，目前越来越多的用户开始尝试使用光盘库取代磁带库，因为前者成本更低（介质和驱动器的成本都相对较低），最重要的是，利用光盘存储系统可以实现数据的随机直接访问，而并非磁带那样需要快进快退，实时性好了太多。所以，冬瓜哥认为磁带存储虽然还在发展过程中，但是其封闭的设备、技术、数据存取格式以及不方便的数据管理，会让其逐渐失去备份场景下的领导地位。

8.4.3　面临的挑战

然而，光存储系统在当前的生态下，也面临一些挑战。

（1）数据的迁移策略，需要精确适配业务场景。上述的众多业务场景，每种场景的冷热分界点不甚相同，比如微博的数据冷热分界线可能是2天（也就是说没人再去翻看2天前的内容），而网盘的冷热分界可能相比微博更模糊，比如上传一周之后，还有可能被自己或者他人频繁访问。正因如此，数据管理层需要提供精细的、可调的触发迁移的策略，可以根据生成时间、占用空间、访问频率、访问类型（读、写、每次读写的数据量等）、数据类型（视频、文档、APP等）等维度来精确设置组合式策略。

（2）数据管理层需要感知到光盘库系统的实时性，尤其是调取数据时。数据被迁移到光盘库时，一般是通过CIFS/NFS方式写入到光盘库前置服务器的缓冲空间的，所以写入速度和实时性并不是问题。但是在调取数据时，如果数据已经被刻录到光盘，那么调取时间是比较长的，通常在数分钟级别。这需要上游一系列的层次对此感知和处理，比如在用户体验接口方面需要安抚焦急等待的用户，数据管理层则需要使用异步方式来调取数据。

（3）光盘库系统自身的数据缓存及持久化策略的制定。光盘库内部其实也是有一级缓存空间的。光盘库内置一个前置服务器，上面有一定数量的硬盘，对外采用CIFS/NFS（NAS）方式，接收上层迁移下来的数据。数据先被写入NAS目录，然后系统在后台，根据一定的策略，将数据刻录到光盘，并在NAS目录中留下一个Stub占位符，底层驱动截获针对这些占位符的访问，从而在后台异步从光盘读出数据并填充。数据会在什么条件下从缓冲区迁移到光盘，这就是持久化策略，这个策略需要在光盘

库的配置工具中配置，这一级的策略也会影响数据调取的实时性。

（4）光盘库向上层系统所展示的访问方式。冬瓜哥认为NFS/CIFS的方式比较适合这种冷数据迁移场景。第一是其可以完全松耦合，即便是没有上层数据管理层，单单使用光盘库的话，NFS/CIFS也是非常方便的。有些产品采用块设备的方式提供外界访问，那就根本做不到这种灵活性，因为基于块的数据迁移是无法保证数据边界完整性的，比如某个文件可能部分块被迁移到了光盘库，另一部分依然在热数据存储层。块级访问非常适合于高性能存储场景，光盘库显然不适合这种场景。除此之外，对象访问方式也非常适合于光盘库。所以，NAS、对象应该是光盘库首选的外层访问协议。

（5）最关键的一点，关于数据管理平台，是自己新开一套端到端的方案呢，还是与现有业界已有的平台集成呢？针对体量较大的场景，可以单独定制化整套方案，比如互联网，而且上层软件可以完全由甲方独自开发。而面对体量较小的没有什么开发能力的企业，这两条路似乎比较难选。前者固然更有自主决定权，但是前期投入很大，市场开拓较难。后者则比较现实，但是又会受制于人。可能最终是两条路并行。

冬瓜哥认为，蓝光光盘库系统在硬件上已经没有什么问题了，关键在于软件上如何与上下游的数据管理体系适配起来，蓝光存储厂商需要在数据管理和访问流程方面加大生态建设力度。

8.4.4 光存储典型场景分析——医疗影像

对于一个大型医院而言，平均每年会增加几十TB的数据，医疗系统数据主要包含两大类。

（1）非结构化数据。

- PACS影像，B超、病理分析、医学显微等业务所产生的非结构化数据。
- 影像数据大小不一，从数百KB到数百MB。
- 单个病人一次诊断需要存储或者调阅数百张影像。

（2）半结构化数据。

- 电子病历等数据采用HL7或者其他XML格式。
- 这些格式随时间变化在不断演变。
- 很难制定统一的标准，给数据访问和交换带来挑战。

这些数据的特点如下。

- 影像分辨率高，单个文件尺寸大。
- 每一次检查生成的影像数量多。
- 每年医院的检查次数多。
- 要求影像保留的时间长。

影像访问频率在生成后最初一两个月最高（主要用于治疗），在最初的一到两年内有所降低（主要用于分析和研究），之后会很低，但必须能够被访问到（用于查询）。具有很明显的冷热梯度和界限，刚好适合蓝光存储发挥作用。比如某厂商某型号的光存储系统，一个标准机架就可以存储1.2PB容量的数据了，我们换算一下，如果利用4TB的SATA盘，4U60盘位中等密度方案，一个42U机柜总容量为3.2PB，其成本大致估算一下，1台4U48盘的服务器，外加9台4U60盘位JBOD，差不多要65万元人民币，相比蓝光存储系统高太多，还没有算上用电成本。如下图所示。

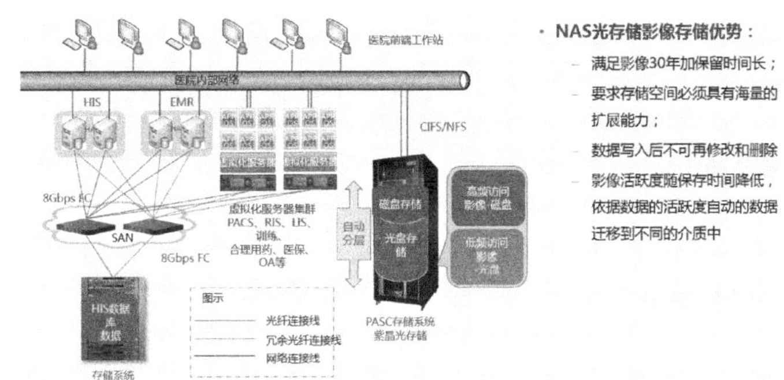

8.4.5 光存储典型场景分析——档案系统

档案系列如下图所示。

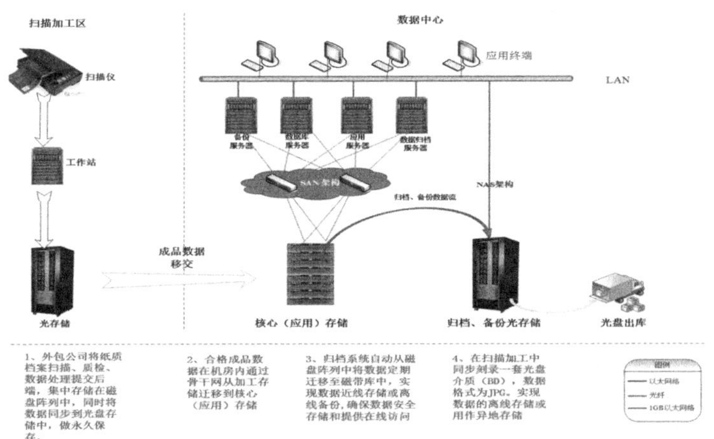

以地质资料档案系统为例，地质资料馆经过多年的信息化建设已初具规模，如两化（集群化、产业化）项目积累了大量的信息化数据。现正实施的“全国矿产资源普查和矿产资源潜力评价”项目也将产生大量数据。如下图所示。

序号	题名	形成单位	馆藏单位	形成时间
1	上海市地下水动态监测研究报告（...	上海市环境地质站	上海市地质资料馆	1992-02-01
2	上海市区域水文地质调查报告	上海市地质调查研究院	上海市地质资料馆	1999-12-31
3	中华人民共和国水文年鉴 1959年...	河南省水利厅刊印	江苏省地质资料馆	1960-01-01
4	中华人民共和国水文年鉴 1959年...	江苏省水利厅刊印	江苏省地质资料馆	1960-01-01
5	中华人民共和国水文年鉴 1959年...	江苏省水利厅刊印	江苏省地质资料馆	1960-01-01
6	中华人民共和国水文年鉴 1960年...	江苏省水利厅	江苏省地质资料馆	
7	中华人民共和国水文年鉴 1960年...	江苏省水利厅	江苏省地质资料馆	
8	中华人民共和国水文年鉴1960年...	河南省水利厅	江苏省地质资料馆	
9	南京--浦口地区（1/10万）农田灌...	江苏省地质局水文地质...	江苏省地质资料馆	1963-01-01
10	1：20万综合地质--水文地质测量...	江苏省地质局水文地质...	江苏省地质资料馆	1962-01-01
11	1/20万综合地质—水文地质测绘...	江苏省地质局水文地...	江苏省地质资料馆	
12	徐（州）泗（阳）运河水文地质--...	江苏省地质局水文地质...	江苏省地质资料馆	1962-01-01
13	江苏省邳县北部地区地质水文地质...	江苏省地质局水文地质...	江苏省地质资料馆	1962-01-01
14	中华人民共和国水文年鉴1961年...	河南省水利厅	江苏省地质资料馆	1962-01-01

其特点主要如下。

- 数据量大。

现有原始数据量为100TB，每年以20%以上的速度增长。

- 数据类型多。

文档、图片、GIS、卫星数据等等。

- 文件数量多，目录复杂。

6TB数据，多达1200万个文件；

平均粒度仅45K；

超过200层目录结构。

- 文件跨度大。

单个文件的大小从KB级到GB级全部都有。

目前面临的主要挑战如下。

- 用户刻录的数据无法在线查找，需要人为查询，速度慢、时间久。
- 现在需要5～7人来刻录和管理光盘，人员紧张，人力成本攀升。

- 随着数据量爆炸式地增长（预计年增长率在20%以上），数据保有成本越来越高。

很显然，该场景可以利用光存储系统极大地降低成本。如下图所示。

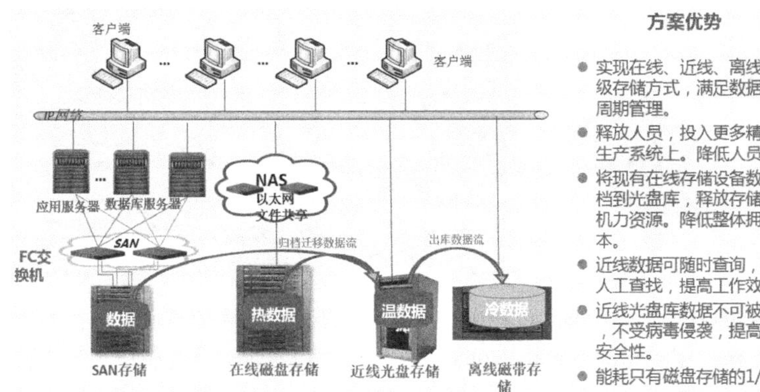

在下一节中，冬瓜哥将展望一下未来，向大家介绍一下光计算、光存储的前沿科技和展望。

8.5 站在未来看现在

本节不介绍更多的技术和产品了，而是畅想或者说幻想一下未来的存储系统是什么样子。

如下图所示是20世纪50年代生产的磁盘，其容量不过几MB。不知道这个人看到如下图所示左侧这个东西的时候会有什么表情。

就像我们今天幻想50年后，如下图右侧这块晶体可以存储整个地球上的现有数据，而且光速访问一样。当然，有理由相信那时候光计算已经商用。不要以为这好像

科幻片里的场景。这个晶体是经过特殊制造和调制的，采用全息存储方式，多路信号可以叠加在一起，同时读出，而且读出时间为光速。当然晶体需要被封装在一个系统里，可能人眼都看不到罢了。

冬瓜哥可以断言，不久的将来或会用光作为介质来承载信息，以现在的科技发展水平来看，这一天会到来，我们这代人在计算机领域会跨越机械时代、电子时代和光子/量子时代。

1. 光如何承载信息

光是一种模拟信号，其自身承载的信息只有一个，那就是频率。但是人们找到一些方法，可以把其他要表达的信息承载到光上传输，比如通过调幅、调频、调相，或者这三者的结合。前面所述的激光头检测刻录盘上的光斑的过程，其实本质上是利用幅度调制的方式，光斑处振幅小，从而解调出对应的数字信号。

模拟信号最奇特的一个效果是，多路不同频率的波形可以叠加在一起，使用同一种介质传送。在目标端，多路信号可以被各自过滤、还原出来（滤波器基本原理）。这一点是数字信号做不到的，一根导线只能传递一路数字信号，这就严重限制了空间复用率，所以，将来的技术趋势一定是充分利用空间复用特性，将存储和传输的密度成倍提高。

通信领域全光纤化已经完成，下一步将会是局部总线的全光纤化。

2. 硅光和光计算

基于电的数字信号系统的劣势已经越来越凸显，因为随着码率的提升，数字信号的振荡频率也必须跟着提升，目前最高的Serdes编码速率为25GHz。如果码率进一步提升，会面临信号完整性问题。目前的数字信号依赖电子在导线上的移动积压而产生电压，从而触发逻辑门的状态越变。而电子的移动速度相比电场力的传导速度（光速）而言是非常慢的，而且电子移动过程会产生热量。为了提升频率，人们不得不将导线长度缩短，因为当导线过长时，虽然电场力以光速传递，但是依然会有时延，当振荡频率过高时，每个时钟周期很短，即便是光速，这个时延此时也可能会来不及传递到导线另一端，就又开始下一个时钟周期了。另外，电子在导线一端的积聚产生足够驱动门电路跃变的电压，也是需要时间的。

当时钟频率高到这两个条件无法满足时，就得缩短导线长度，当缩短到连芯片管脚接入PCB的距离都达不到时，就不能再使用电信号了，须使用光信号。也就是在芯片内部就将电信号调制到光信号上，从光导纤维引到芯片的外部触点上，然后接入PCB上的光导纤维，最后到光连接器。这种将光电转换器用芯片制造相同的工艺制作到芯片内部的技术，被称为硅光（Silicon Photonic）。

而光计算则是更加彻底的替代基于电驱动的门电路，称为门光路，也就是光驱动的逻辑门，底层则是光控光的开关，请注意，是光控制光，而不是现在早已实现的光控制电。理论上是比较有难度的，试想一下，某介质需要具有这种性质：某个角度受到光照，其内部该角度立即变得可透光，而停止光照，则又立即变得不可透光。如果存在的话，这将是一种比较神奇的材料了，需要广大材料科学研究者努力。

光计算是一个非常美好的愿景，光芯片几乎不发热，而且极度节能，只要有光照就能计算。数据中心机房里再也不需要空调、风扇，再也没有噪声，计算密度极度提升，听上去很不可思议，正如算盘时代的人在当时无法理解今天的计算机。

3. 光存储的未来突破性技术

再来看看光存储的未来科技。据悉，单盘300GB的蓝光光盘在2016年年底就会量产出货。但是，其存储原理终究没有逃脱现有的框架。而脱离现有框架束缚的技术，则是全息存储以及立体复用技术，被认为是光存储系统的下一个突破性技术。

全息存储是利用参考光与物体反射光干涉之后，将干涉条纹存储下来，其可以记录物体表面的全部信息。这就像用普通相机拍照，照出来的是一张二维的脸部照片，而全息照相技术能够把整个三维信息显示和还原出来。其存取速度非常高，因为其利用光将信息整体还原出来，而不需要一个点一个点地去寻址、读写。如下图所示。

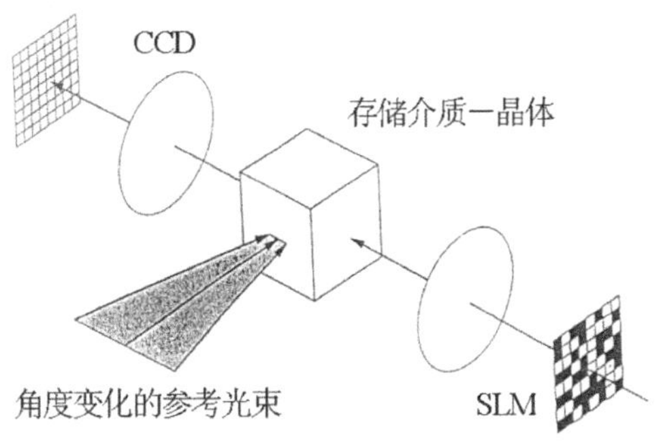

全息存储采用晶体光栅来存储数据。

另一个技术则是用来提升光存储密度的，也就是复用技术。其实在通信领域，人们一直在利用各种复用技术提升数据传输带宽，比如频分复用、码分复用等。一个直观例子——万花筒，就那么几片彩纸，经过不同规律的反射，可以形成很多种组合。数据编码传输也是类似例子。再举个例子，电影《超时空接触》中的某个情节就体现了复用技术——人们从外星收到了一份信号，经过反复研究、解码，最后发现该信号是图像传真，其利用了码分复用技术，同一份编码，不同的纬度组合可以表达多种信息。

利用空间立体复用技术，加上全息存储技术，科幻片里的场景将来很可能会实现。

第九章 体系结构

9.1 大话众核心处理器体系结构

尘世浮华迷人眼，梦中情境亦非真。朝若闻道夕可死，世间何处有高人？

——《闻道》，冬瓜哥。

前不久，冬瓜哥注意到了如下新闻：

俩小子获得125万美元投资，号称其设计的CPU“颠覆”目前的体系结构，在保持性能持平的前提下将功耗降低至原来的1/25～1/10。冬瓜哥略感到一股“互联网+”的浮躁风潮，于是想介绍一下众核心CPU体系结构的布道。

【主线1】从SMP/NUMA说起

多CPU在早期是通过一个共享总线，比如FSB连接在一起，同样挂接在FSB上的还有内存控制器、桥控制器等，这种多个CPU共享访问集中的RAM的架构称为SMP（SymmetricMulti Processor）架构，或者UMA（Uniform Memory Access）架构。如下图所示。

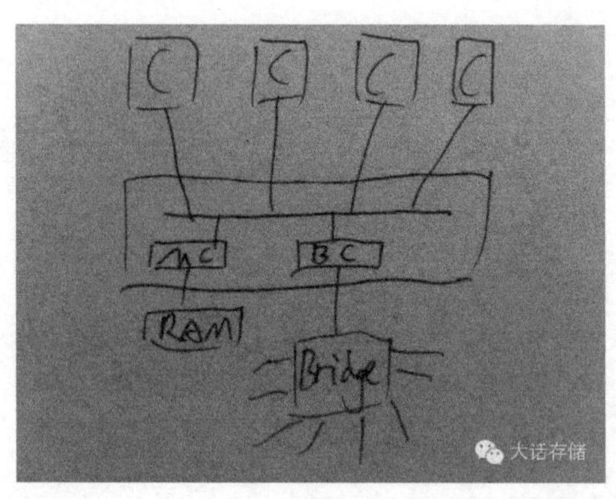

后来共享总线改为了规格更高的交换式架构，所有CPU内部的关键功能部件全部放到一个Ring上，相当于地铁环线一样来运送数据，而多个环线之间再通过交换式架构的分布式交换矩阵连接在一起。所以，CPU访问自身环线上的内存控制器，速度很快，而访问位于其他环线的MC，则需要通过分布式交换矩阵，整个内存空间还是多CPU共享，而且是可以直接寻址的，但是访问距离近的MC，速度快，时延低，访问远处的则速度慢，时延高，所以为NUMA（None Uniform Memory Access）架构，如下图所示。交换式架构可以扩展到更多CPU和RAM，比如32路Intel x86的服务器。

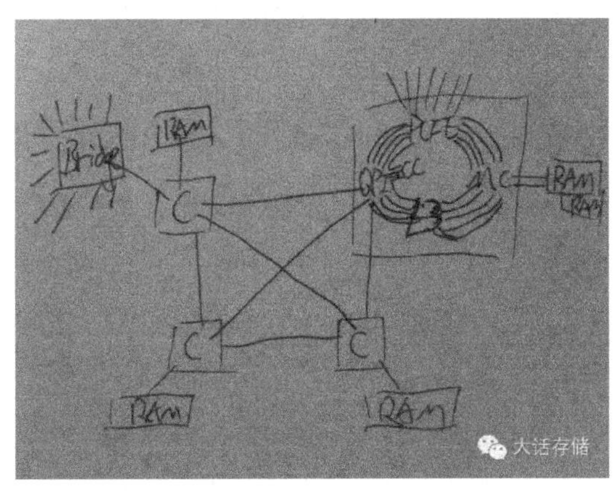

值得一提的是，在这个交换矩阵中，不一定必须用CPU内部的环线来挂内存，可以用任何方式将内存接入这个矩阵，也可以在这个交换矩阵的任何地方放置一个或者多个MC，挂一堆内存，然后用MC-QPI桥片接入QPI交换矩阵即可。典型的代表就是IBM x3950、x6产品系列中的专门的1U箱子，里面全是内存。如下图所示。

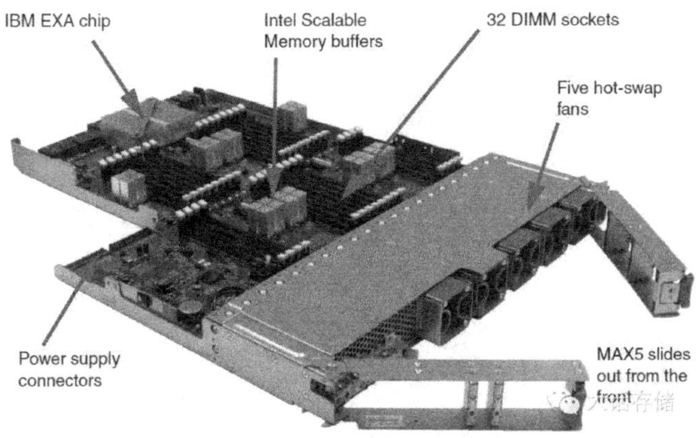

【主线2】AMP/异构计算

上述的体系中，所有CPU都是同样的结构，OS启动后，所有CPU地位都是相同

的，可以调度任何线程到任何核心上运行，这叫作同构计算，同构的英文专业术语为homogeneous，而还有一种称为heterogeneous，即异构。异构计算的一个典型例子就是超算，有些超算系统采用了GPU或者Intel Phi这类结构不太相同的CPU，来辅助主CPU的运算，其被称为协处理器。然而，虽然是“协助”，其实协处理器在某些特殊结算场景下性能会几倍甚至十几倍于通用CPU。运行3D游戏就是个例子，显卡上的GPU是协处理器，主CPU负责提供GPU充足的数据进行计算/渲染，GPU中数以千计的微型核心并行进行专用的计算，方能渲染出效果非凡的实时3D动画。所以，异构计算如同一个元帅，带着几个身强力壮的将军打仗，元帅只管调度和发号施令，将军则执行具体的作战任务，上刀山下火海。这种体系被称为AMP（Asymmetric Multi Processor）。

【支线】“能模拟地球”的Cell B.E处理器

IBM的Cell B.E处理器就是一款典型单芯片的片上AMP系统。尚未发布之前，IBM宣称其性能爆表，秒杀同时代Intel CPU。之后以讹传讹，有人说Cell处理器可以承担模拟整个地球的运算量，后“模拟地球”便指代Cell处理器，后来Cell处理器由于编程麻烦，已停止开发。但这不妨碍我们研究一下它，从中吸取一些知识。

其在同一颗芯片中集成了8个支持128位SIMD的专用RISC核心，以及一颗PowerPC通用核心，再加上内存控制器、I/O控制器，所有部件连接在一个Ring环线上。如下图所示。

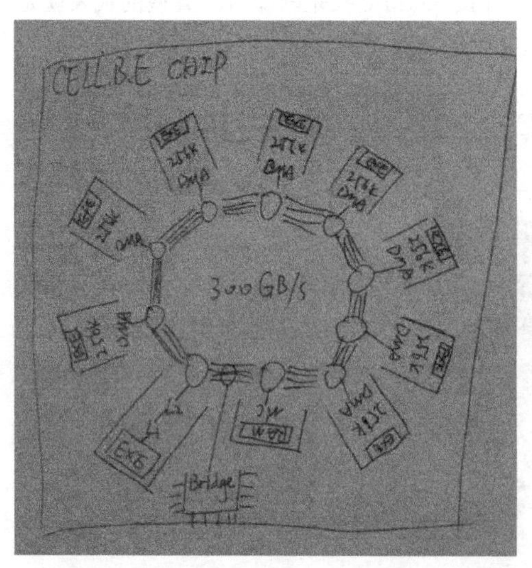

操作系统，或者说主控程序，运行在PowerPC上，将任务数据和描述放到RAM中某个Queue，然后多个SIMD专用核心从这里取走任务、处理，然后将结果写回RAM，中断PowerPC，处理、输出。SIMD专用核心上运行自己的程序，这些程序与PowerPC上运行的程序没有直接关系，这些程序各自看到各自的地址空间，也就是256KB的ScratchPad SRAM，和CPU的L1/2/3 Cache使用相同介质，只不过通用CPU的Cache是不可直接被程序寻址的，程序看不到Cache空间，而Cell处理器的SIMD核上的256KB Cache是可以直接寻址的，程序只能看到256KB的地址空间，代码+数据不可超出256KB，所以这个核心的地址

位数就可以是log2 256K。外部的DDR RAM并不被纳入地址空间，而是像访问硬盘一样，将地址封装到消息中，通过DMA引擎读入256KB的ScratchPad SRAM中处理，然后写回。所以，外部DDR RAM不能直接寻址，代码须先调用操作DMA引擎的库来将数据载入本地256K SRAM。而对于传统的通用CPU，这个过程完全不用软件参与，软件被编译成机器码之后，机器码的操作地址直接可以是外部RAM的地址，而由硬件来负责直接存取外部RAM，所以，编写通用CPU代码的程序员，面对这种AMP体系，就感觉头疼了。

比如，通用CPU在RAM和取值、LS单元之间会有一层Cache，并由硬件来管理，而Cell处理器内部的SIMD核并没有管理Cache的硬件，实际上也并没有Cache，其SRAM相当于RAM，其RAM相当于硬盘。代码想要实现Cache预读等缓冲操作，就需要自己开辟一块空间作为Cache，自己管理预读、写回等，这让软件开发者苦不堪言。Cell处理器率先被用在了索尼PS3游戏机中，这估计害苦了索尼机的游戏开发商了，不过即便如此，仍有“顽皮狗”这种顶尖团队开发出“神秘海域1、2、3”系列和《最后生还者》这种索尼平台的经典游戏。最终，Cell停止开发。目前最新的游戏机比如PS4和XB1，都是x86体系的CPU+GPU，或者将二者做成一个芯片并以更高速的总线将CPU和GPU片内连接，称之为APU。

SIMD核心由于节省了这些硬件资源，缩小了电路面积，可以在一个芯片上设计更多数量的核心，对于并行计算场景有较大的加速效果。而其对于一些不可并行计算的场景，需要采用另一种任务调度方式，也可以达到较好的加速效果。

【主线3】NoC——众核心处理器的关键

核心越来越多，如何来将这么多CPU核心之间、核心与RAM之间以及核心与其他I/O控制器之间连接起来，成了一门独立学科——NoC（Network on Chip）。上文中所述的Cell处理器，其NoC就是Ring环线。如果是几百个核心，比如256核心/节点，利用Ring就不合适了，这个Ring网络的“半径”就是128，意即任何一个节点发出的消息，最差情况下要经过128次传递才会到达目标节点，时延太高，无法接受。所以，业界通常使用2D Full Mesh网络来连接如此多的部件。如下图所示。

可以看到，每个核心通过NIC连接到一个路由器，路由器除了4个外部口，与其他CPU核心连接。这里所谓“NIC”只不过是一个网络控制器，其连同Router被做在同一片电路模块中，与CPU通过某种总线连接起来。当然，这些网络并不是以太网等用户熟知的网络，外部网络很复杂，做了很多设计，NoC由于在芯片内部，可以做很多舍弃和专用设计，所以极其精简和高效，电路面积很小。这种网络的路由方式基本都是被写死的静态路由，也就是哪个ID在哪，从哪个口走，都被初始化代码定死，这样

就不需要动态路由协议了，削减了不必要的电路。

NoC有很多连接方式，比如下面这种就被称为3D Torus网络，如下图所示。超算领域也需要将大量CPU连接到一起，采用的也是使用这种方式，只不过超算领域的网络拓扑更多样，比如Fat Tree、HyperCube、Full Mesh、Torus、Butter，以及各组合。所以，把众核心芯片称为片上HPC，也不足为过。

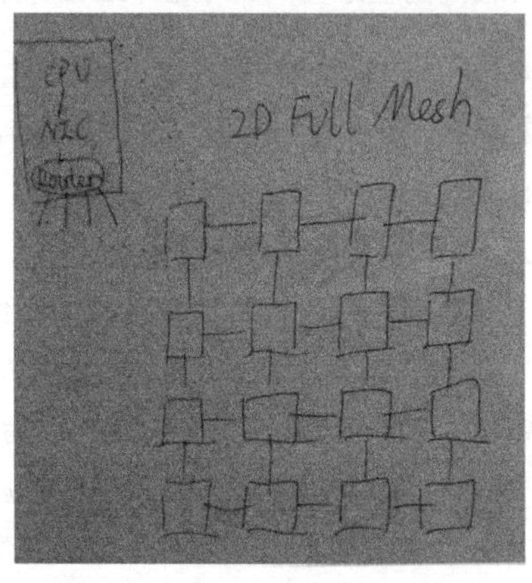

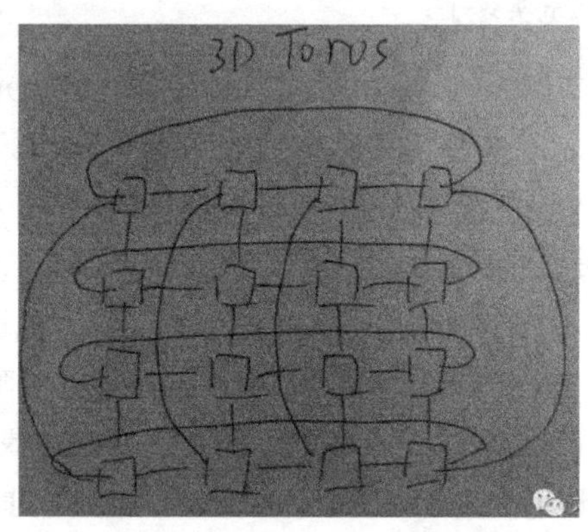

在NoC中，每个器件，比如CPU核心、DDR控制器等，都有各自的节点ID，如果访问的是DDR控制器后面的RAM，则程序需要将RAM地址封装到消息中，并附上DDR控制器的节点ID，发送到NIC进行路由。

【支线】众核共享内存——难求也！

有些众核心不支持直接寻址DDR RAM，这就意味着多核心上的程序不能简单地共享内存，比如我声明某个变量在A地址，这个地址只是该程序所在核心能看到的本地地址，其他核心访问不了另外核心的这个地址，所以，多个核心上的程序不能是一体的，而必须是独立的，想交换数据就得从外部DDR RAM进行，而且自行控制加锁和一致性，不管硬件，这又增加了编程的复杂度。

把DDR RAM当作I/O方式来用，是有设计上的思考的，设计师完全可以加宽地址译码器，并增加硬件微控制器/译码器将地址请求转换成NoC消息去访存。设计师之所以将RAM做成了I/O，其原因有两个：一是节省这些译码硬件资源；二是提升吞吐量。第二点原因看上去不太应该，将直接访存做成I/O还能提升吞吐量？理解这个问题可能需要相关知识较多。众核心CPU核心内的流水线数量、级数都不会租得很多，不像通用CPU，比如Power8系列一次直接发出8个LS请求，16条流水线并发。众核心由于在一个芯片上要做数百个核心，其只能降低核心内部控制逻辑的功能和复杂度，所以，其LS单元队列深度很低，几乎就是同步操作的，LS数据未返回之前，整个流水线就被Stall了，严重影响吞吐量，而NoC链路相比QPI/HT等要慢得多，跳数也多，时延也就高，如果不用流水线高队列深度异步请求的话，吞吐量根本上不来。所以，要想异步请求，干脆就别直接用LS访存了，代码直接调用API将请求发出到NoC控制器，封装成消息发出去，这样的话，在软件层面实现异步I/O，将底层队列压满后，吞吐量方能上得来，但是大大增加了软件的复杂度，处理数据之前，先批量将数据读入本地内存，然后再在本地处理，而不是处理一条数据访存一次。传统CPU上运行的程序可以很任性，丝毫不关心内存放在哪，怎么样才最快。而众核心上的程序，就得精打细算了，所以，众核心基本被广泛用于专用场景，比如防火墙、流处理、视频处理等。大数据分析其实也很有应用潜力。

实际中，有些产品是同时支持走I/O和直接寻址来访问DDR RAM的，程序可以自行选择，这一点就比较好了。

NP（Network Processor）多半使用了这种众核心架构，因为要达到充分的并行性，核心数越多，并行度越大。然而，通用CPU可以通过不断地线程切换，也实现类似的Concurrency，所以现在一些所谓的SDN方案、软件交换机、软件路由器，看着也像那么回事，比如Intel使用DPDK库来加速数据从网卡传递到内存的过程，至于收到包之后的处理，看上去通用CPU目前的性能也还可以，但是通用平台的一个劣势就是其不提供外围多样的硬件加速器件，而专用的处理器可以集成一堆的硬件加速部件。

【支线】PMC-Sierra公司称为Princeton的Flash控制器

凡是追求高并行度的、大量工序协作的专用场景，都可以采用众核心处理器。PMC-Sierra公司的Flash控制器就是一款16核心众核心处理器，采用2D Full Mesh NoC，16个核心连同PCIE控制器、Flash通道控制器、DDR控制器、多种硬加速器一起分布在该NoC上，采用消息机制传递数据，支持以I/O方式访问RAM，也支持直接将外部RAM空间映射到本地地址空间访问，难能可贵。至于其固件是如何在16个核心上分配的，就不展开叙述了。可简单参考如下图所示图画。

【主线4】俩小子搞出来的NeoProcessor

回过头来看一下最近这条新闻。两个“毛头小子”设计出一个所谓“新体系结构”（详见www.rexcomputing.com）。

“In doing so，we are able to deliver a 10 to 25x increase in energyefficiency for the same performance level compared to existing GPU and CPUsystems”，对于这句话，冬瓜哥可以负责任地讲，大忽悠。如果说在某些专用场景下，超越目前的GPU和CPU，还是有可能，但是这句话说得太满了，根本是不可能的。“通用”处理器这个定位，冬瓜哥感觉他们一开始就错了，某些应用并行度很差，256个Core根本没用，这种应用，就算软件更改之后运行在这种众核心上，基本也不可能。

如下图所示，冬瓜哥并不清楚他们到底有没有用过Tilera的芯片，如果真的是“design from bottom”，那应该趁早打住，重新审视一下Tilera当下是什么状况。如下图所示为这个Neo Processor的体系结构，乍一看与Tilera无二。

如果说他们想在软件方面简化开发的话，那无可厚非，如下图所示。其提供了一些基础库，避免程序自行去管理内存/Cache。但是这并不是什么颠覆性的东西。

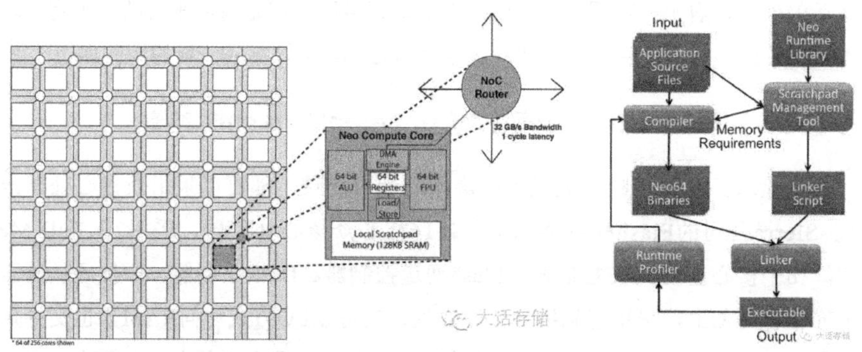

【主线5】众核心处理器的任务调度

1. 非对称式异构协作

在众核心上调度任务有两种方式：一种是将同一个任务分成多步，每个核心执行其中一步，执行结果传递给下一个核心，继续处理下一步，流水线化之后，整体吞吐量可以上得来。比如防火墙，处理一个网络数据包，需要经过多道工序，比如校验、解析地址、排查ACL、匹配正则表达式等等，每个核心可以只做一件事，比如匹配ACL（可能使用到硬加速），一个包进来匹配完了，再执行下一个包，这样，每个核心都全速运转，只要匹配好每一步的速度。上述这种协作处理方式可以被称为非对称式异构协作，也就是每个核心处理不同数据的同一个子工序步骤，这也是现实中的工业生产流水线的常规做法。

2. 对称式同构协作

然而，有些业务，并不适合这样处理，比如，3D图像渲染时光线追踪的计算，其计算过程中并不是一个算完了扔给另一个就不管了，而可能会回来追溯，让其提供更多信息，这就麻烦了，多个子工序之间有很强的关联性，需要不断地沟通、交互数据，这一交互数据，就须走外部DDR RAM，此时时延大增，那么CPU只能原地空转。面对这种场景，就需要切换到另一种调度方式上——对称式同构协作。比如光纤追踪计算，可以将要处理的图像分割成多个切片，由总控程序将任务结构描述和数据放置在DDR RAM中，形成一个队列，然后众核心从队列中提取任务执行，并保证同步，也就是需要对队列加锁并标记，防止多个核心同时取到同一份任务的场景。多个核心并行处理、完成每个切片的所有工序，工序之间有依赖关系，因为是在同一个核心之内依赖，不牵扯核心之间的数据交换，不会导致等待，最后由总控程序将结果汇总输出。在这种调度方式下，每个核心之间完全不相关，各干各的。典型的比如数据搜索，1GB的数据，每个核心载入其中的一部分，然后搜，各搜各的，这也是MapReduce的思想。

对于那些并发度本来就很低的业务、根本不可并发的业务，或者不可切分为多个独立处理单元的数据，就得使用非对称式异构协作了。这类业务如果是运行在普通通用CPU上，就得考虑将其流水线化、工序化，并将每道工序映射为一个线程，靠CPU的线程切换完成轮转，将流水线运作起来。

9.2　致敬龙芯！冬瓜哥手工设计了一个CPU译码器！

龙芯发布了新一代的通用CPU，基于MIPS指令集，主频从1.2G降低到了1G。冬瓜哥是个外行，除了略懂存储系统之外，在其他方面还是一张白纸，但是，看到我国从零开始把龙芯创造出来了，冬瓜哥就在想，有谁天生就什么都会？有谁天生就能做CPU？谁不是从头一点一滴地学习、积累，最终有了成就呢？

这里体验一下龙芯设计师们的思路，冬瓜哥要手工打造一个简单的两指令、两周期的CPU译码器。该译码器首先判断接收到的机器指令是否合法，如果合法则继续走常规路径，如果非法，则跳转到error handler程序所在地址执行。该假想中的CPU有两条有效指令，实际中会有数百条。要想比较收到的指令是否匹配这两条指令中的任何一条，可以并行比较，这也是硬加速防火墙匹配ACL时的普遍做法，如下图所示。

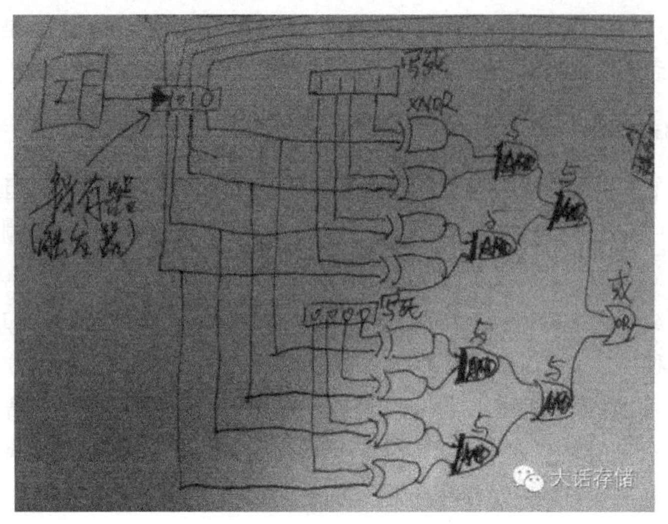

IF是取指令单元，这个电路将指令从内存或者缓存中取出，放到一个锁存器中（图中带黑色箭头的器件）。锁存器将该指令输入到XNOR阵列中进行比较。XNOR，同或门，其只有在两个输入信号相同时（都为1或者都为0），才输出1，不同则输出0。假设指令长度是4位，则比较每一条指令需要4路同或门。两条指令（图中是1111和0000），每条并行比较，需要放置8路同或门，将指令锁存信号同时引出两路到两套同或门阵列，再将输出导向与门，与门的特点是只有所有输入都是1（4位信号与被比较的全相同），输出才是1（两个串联的开关）。再将后面两个与门的输出导入或门，或门的特点是只要有一个输入为1，输出就是1（两个并联的开关）。通过判断或门的输出是1还是0，就可以决定下一步该干什么，我们需要将这个信号锁存在一个锁存器中，而不能直接引向下游的逻辑电路，因为这个判断器电路已经达到了FO4，也就是Fanout4，在主频数为GHz级的CPU中，一个时钟信号之内，组合逻辑电路必须稳定输出，否则计算将错乱，如果完不成输出，就必须将电路分割开，一步一步地算，每一步只能并行4级门电路，多个级之间加入锁存器，暂存上一步算出的结果，在下一个时钟周期，锁存器会将上游电路输出的结果锁存起来输出到下游电路，与此同时，上游电路的输出会在该时钟周期内改变，但是不会穿透锁存器，锁存器仅在时钟跳变时，将输入导向到输出并立即锁定，这种时钟触发的锁存器又被称为触发器。流水线就是靠组合逻辑+触发器一步一步向前滚动的。触发器由时钟信号统一控制，同一时刻，所有触发器在时钟上沿或者下沿时被触发，结果是所有锁存器都将各自输入导向到输出并立即锁定，这样就形成一排小人儿搬砖头的效果，A把砖头转手给B，B此时正面朝A，传递完之后，A再转头朝向自己的上游接收砖头，同时B再转头传递给他的下游。大家步调一致，靠的就是时钟信号。这就是流水线操作的底层支撑机制。

再看下一步，下一步是根据指令是否合法，做出相应判断。如果或门输出的是0，则需要跳转到错误处理程序所在的地址执行，这个地址会被预先载入CPU某内部寄存器内，电路需要做到这样：如果或门输出为0，则将这个指针导入PC计数器中，让CPU从这里取指令执行，同时，向下游发出一个NOOP操作，这个NOOP操作就是禁止下游的电路改变任何寄存器、锁存器、内存，即disable写使能信号。上述的电路为例外处理控制，这块由于时序比较复杂，不作深入介绍，另外，立即数、写内存等也都不考虑。这个译码器不带有例外控制，指令直接被导入正式译码部分，直接将指令翻译成操作寄存器和ALU的信号，注意，有些复杂指令先要翻译成更细粒度的微指令，然后再翻译成最终信号，翻译过程可以直译，也可以查表翻译，这个表就是所谓的CPU的微码。

如下图所示。PC指针寄存器利用自身反馈，输入到一个加法器，加法器的另一路输入固定，就是指令长度，对于定长指令集来讲比较简单，对于不定长指令集，通常按照CPU位宽除以8来作被加数。这样，PC指针寄存器就可以不断地循环触发取指令单元（Instruction Fetch，IF）向对应地址发出读指令，将指令取回。接下来，第二个时钟周期利用一个组合电路判断取到的指令是否合法，如果不合法直接产生例外跳转，图中没有画出，这个例外跳转还需要在PC寄存器前增加一个二选一的MUX，也没有画出。第三个时钟周期，进入正式译码阶段，直接翻译成针对寄存器堆（Register File，RF）的读和写地址选择信号以及寄存器堆的写使能信号。假设该CPU机器码定义如下，add A B指令，将B寄存器与A寄存器做加法，结果写入B寄存器，假设该CPU定义add指令为1111，则DC（Decoder）单元接收到1111之后，利用组合逻辑译码电路，分别生成RA1（Read Address 1，对应A寄存器）和RA2（ReadAddress 2，对应B寄存器）信号，输入到RF（寄存器堆）中，被选出的A寄存器数据直接被输出到RD1（ReadData 1）导线上，同理，B寄存器数据则被输入到RD2（Read Data 2）导线上，ALU中的各种运算器直接输出A和B的各种运算结果，然后DC需要产生对应的Select信号，输入到一个多输入一输出的MUX上，从而将加法的结果选出，同时直接反馈到寄存器堆的WD（Write Data）输入端，WA被设置为B寄存器地址，这样结果就可以被写入B寄存器。如果后续指令也同时需要操作B寄存器，则需要由RF中的锁存器保证当前的B不会穿透到输出端而在一个时钟周期内被错误地累加多次，而是需要Forward（前递）给后续指令。

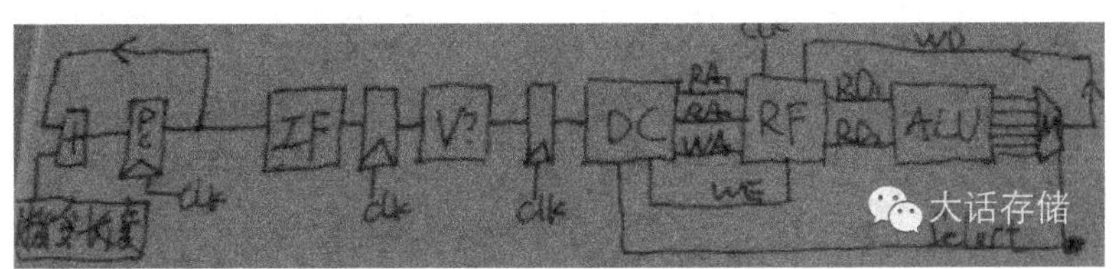

实际中，后面这段超大组合逻辑还是要被分成多步工序的，因为要满足FO4规则，否则频率只能降低以便让更多级数的逻辑门获得充分的响应时间，这里就不再画出了。利用组合逻辑+时序锁存器+时钟+反馈+多路选择器等，就可以形成流水线，提升整体频率，但是代价就是时延增加，一旦发生未被预测命中的跳转，则需要很高昂的代价来排空流水线重新来运行。

同样的道理，各种I/O控制器接收到指令之后，也需要解析该指令，但是这种解析都是软解析，就是代码中不断地把接收到的指令opcode和参数与所有预先定义的指令和参数进行循环比较，直到匹配某一条，然后继续向后产生各种子操作。可以这样理解：世界的底层，就是一台可执行的、有输入输出逻辑的某种实体，一层一层封装，才有了上层世界，上层世界继续封装，就是更宏观的世界。

9.3 NUNA体系结构首次落地InCloudRack机柜

上节介绍了CloudSAN架构，将SAN云化。据悉，浪潮即将在IDF2016上展示一款名为“InCloudRack”的整机柜服务器方案。看来Cloud的生命力还真是顽强，其思想和名称不断地渗透到IT产品的各个层面。如左图所示。

我们知道，浪潮的SmartRack在互联网基础架构中有非常高的部署比例，占全部整机柜部署总量的比例已经接近80%。已经是非常成熟的整机柜服务器方案。那么InCloudRack与SmartRack又是什么关系呢？显而易见，SmartRack的很多地方是专为互联网后端设计的，其尺寸、供电、承重等设计与传统机柜均有不同，内部的服务器和存储节点也是专门为对应的互联网客户定制化设计的，其更加适合于更大范围的公有云环境。

而InCloudRack则是专门为传统企业用户所设计，具备广泛的通用性，比如，其可以兼容浪潮I9000刀片服务器节点，同时也有新设计的节点，涵盖低、中、高配置。其定位则是在企业级私有云市场。如下图所示。

InCloudRack中的“Cloud”体现在软硬件两方面：硬件方面，整个机柜采用集中式的资源池化配置；软件方面，采用浪潮云海OS云管理平台统一管理和分配软硬件资源。资源管理层云化并不是什么新概念，业界各种×××Stack，×××Cloud已经是层出不穷了。然而，硬件资源云化概念的档次可就高多了。

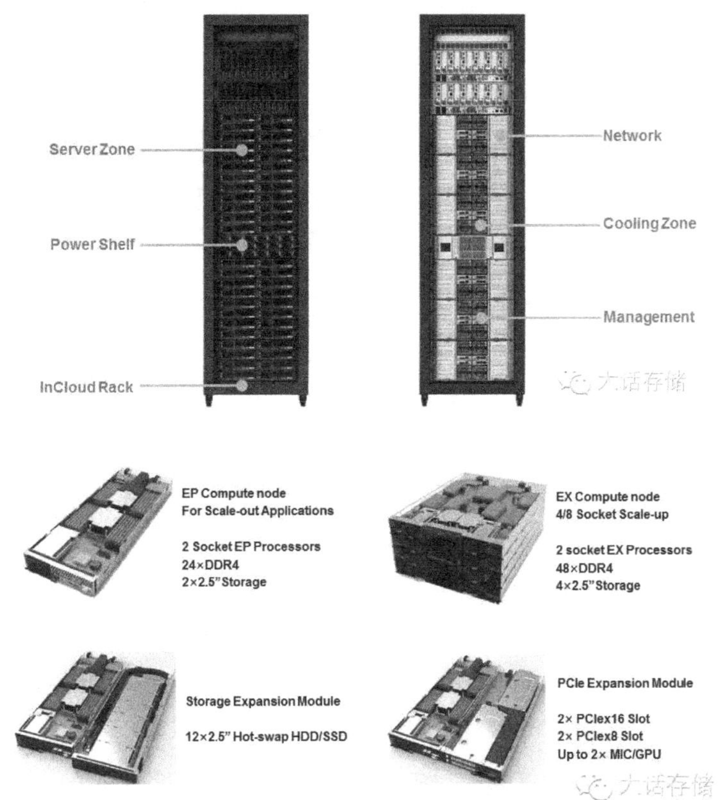

网络体系结构的变革是InCloudRack的点睛之处。

硬件资源池化的概念，业界其实提了一两年了，有人在研究基于SAS网络和PCIe网络的硬盘资源池化，有人在研究网络资源的池化，有人在研究计算资源的池化。存储资源的池化目前已经初具雏形，很快将会在数据中心得到广泛部署。而网络资源的池化相比存储资源池化并没有特别成熟的现成技术可直接拿来用。目前有多种玩法，其中一种是通过SRIOV技术，走PCIe交换网络，将网卡资源转换成MRIOV方式，从而灵活分配，但是鉴于PCIe网络及MRIOV技术还不成熟，这种方法尚不具备商用性。还有一种方法，就是浪潮InCloudRack所采用的分布式Fabric方法。如下图所示。

传统机柜内服务器通过ToR交换机统一交换，所以，每台服务器节点上均需要万兆以太网控制器，要么板载，要么插卡；而且需要增加对应的SFP/SFP+/QSFP等光电转换模块及对应的光纤。这一方面占用了不小的成本，另一方面，随着机柜密度不断提高，节点数量不断增加，需要的ToR交换核心端口数量也随之增加，高交换密度的芯片成本会显著提升，而ToR属于固定配置，必须按照机柜内最大节点数量一次性配置，如果机柜内有40个节点，那么就得配备48口的ToR，留出8口用于上行。如果当

前机柜没有满配，那么ToR上的额外端口投资就被浪费掉了。所以人们一直在提资源池化，池化就是要按需部署、灵活配置。如下图所示。

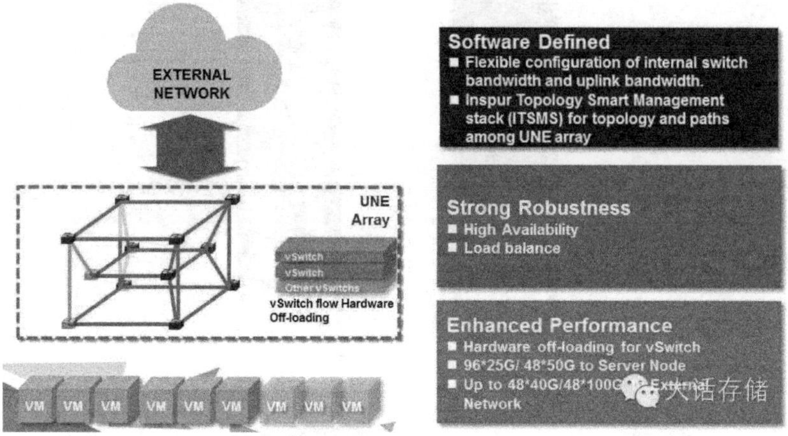

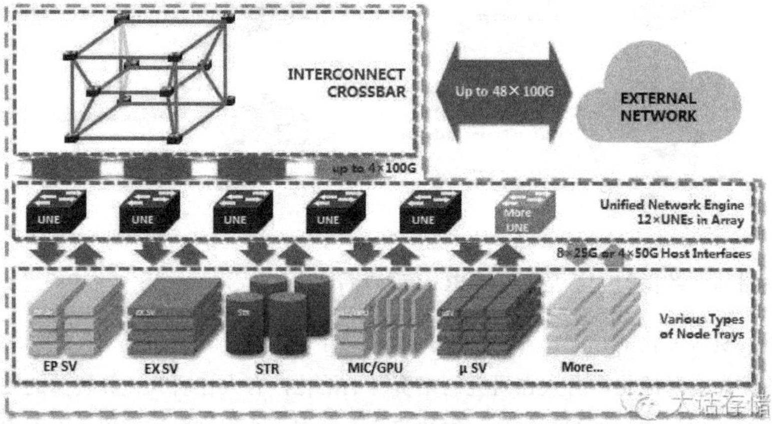

分布式Fabric采用了UNE（Unified Network Engine）单芯片方案，将网络控制器和交换机集成到一起，每个芯片后端通过PCIE与4个服务器节点连接，前端则采用以太网控制器+交换机，可灵活配置上行端口速率，支持4个100G链路连接到其他UNE芯片或者外部网络。这样的设计，一方面节省了大量的网卡、光电转换模块和光纤，另一方面在局部交换的时候时延可以降到最低。

多节点之间可以灵活配置各种拓扑，包括1D Ring、2D Ring以及Mesh，以满足不同应用场景的需求。这种拓扑，与基于QPI Fabrci的NUMA体系结构是类似的，在目前Intel QPI Fabric NUMA体系下，每个CPU使用一个QPI控制器+5端口QPI Switch，出4路QPI通道与其他CPU互联。

在UNE单芯片方案体系下，4台机器之间通过UNE内部的以太网Switch交换，时延很低，带宽很高，如果要与远端节点通信，则时延会逐步增加，但是这种拓扑可以极大地释放系统的扩展性并降低成本，对私有云环境，扩展性和成本是更加重要的。由于网络体系做到了去中心化，节省了成本，网络规模随着节点的增多自动扩充。冬瓜哥给这种网络访问体系起名为NUNA（None Uniform Network Access），与NUMA刚好配套。

UNE芯片在交换时延上做了优化，最低可达2.3μs，这已经优于目前的Cut-Through甚至Wormhole交换的时延了。

整个网络采用SDN管理。有了这种全新的低时延分布式Fabric网络，多个节点间可以形成分布式存储，而不用担心过高的时延拖慢跨节点访问的性能。除了分布式存储系统，其他越来越多的业务都需要跨节点的横向流量，比如基于RDMA的程序间通信，越来越多的传统企业应用开始逐渐有了HPC化的属性，比如一些大规模数据分析、模式识别决策分析等等，越来越多的传统应用也用上了OpenMP等非共享内存环境下的并行编程手段，但是其节点数量又赶不上大规模超算。这种机柜内部的高速低时延网络对这种业务环境将会有极佳的加速效果。

InCloudRack采用了Intel RSA管理框架，是RSA架构首次在实际产品中落地。所以，冬瓜哥认为浪潮这次的InCloudRack实现了两个第一：第一次在机柜范围内的节点间采用了“NUNA”网络体系结构，使得整个机柜更类似HPC；第一次将Intel RSA管理体系落地到实际产品中。如下图所示。

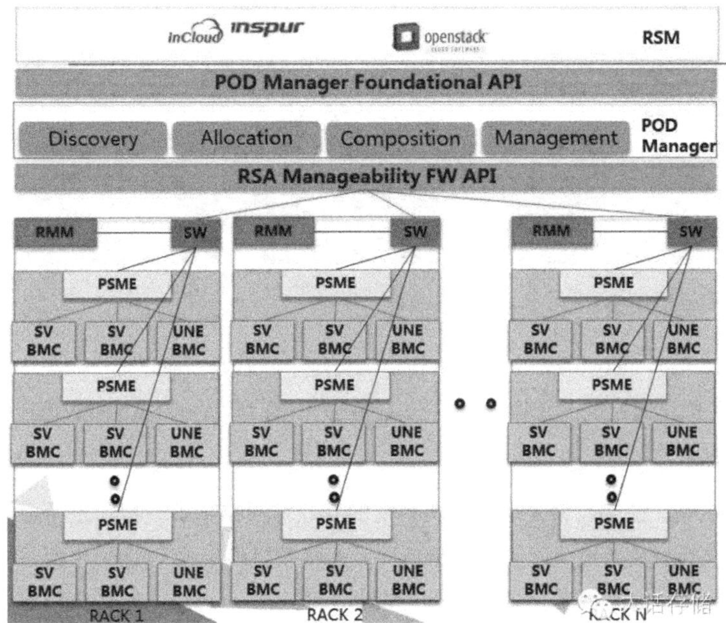

该机柜方案在2016年5月10日正式发布。

浪潮在高端服务器系统以及天蝎和传统整机柜服务器设计方面已经走在了国内厂商的前列。同时，勇于将业界的前沿技术落地到产品中，这一点难能可贵。硬件资源池化的任务，需要业界多个厂商的共同配合来完成。

浪潮SmartRack已经实现了存储资源池化，现在InCloudRack又实现了网络资源池化，象征着整机柜全部资源池化的第二部已经正式完成。但比较可惜的是，InCloudRack并没有将在SmartRack上的存储池化技术迁移过来。这点可以理解，凡事都需要一步一步地来，从而可控地持续发展。有理由相信InCloudRack后续的版本会将SAS、PCIE、以太网进行更深层次的融合与池化。在这一步之后，将会是最终的临门一脚：CPU和RAM的解耦及池化。

9.4 评宏杉科技的CloudSAN架构

2016年3月30日，国内的自研存储厂商宏杉科技发布了其新一代存储系统架构——CloudSAN架构，冬瓜哥有幸参加了这场发布会。如下图所示。

1. SAN宝刀未老

Storage Area Network，不得不承认它确实是个好东西。通过把资源集中起来，然后灵活地分配空间，统一管理，谁不想这样呢？一直到现在，SAN依然是传统企业存储系统中的典型架构。如下图所示。

不得不说，就连大量采用分布式系统的互联网后端基础架构，也希望能够将磁盘集中起来然后灵活地分配给服务器使用。天蝎整机柜架构3.0的一个愿景就是将所有的零件全都拆开，并使用各自合适的网络互联起来，通过在网络交换路径上做类似VLAN/Zone/Partition的隔离，来形成逻辑机器，从而灵活地调和各种资源。Intel的RSA（Rach Scalable Architecture）就在试图建立这种架构的生态基础以及标准。如下图所示。

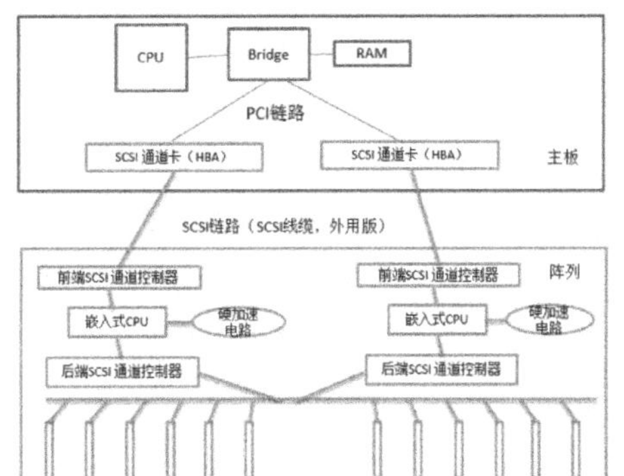

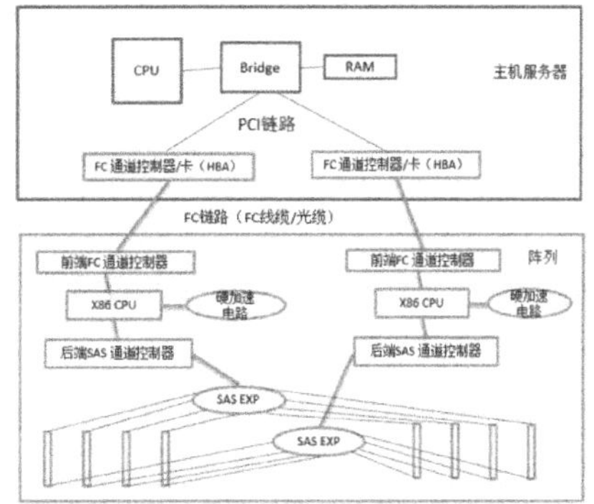

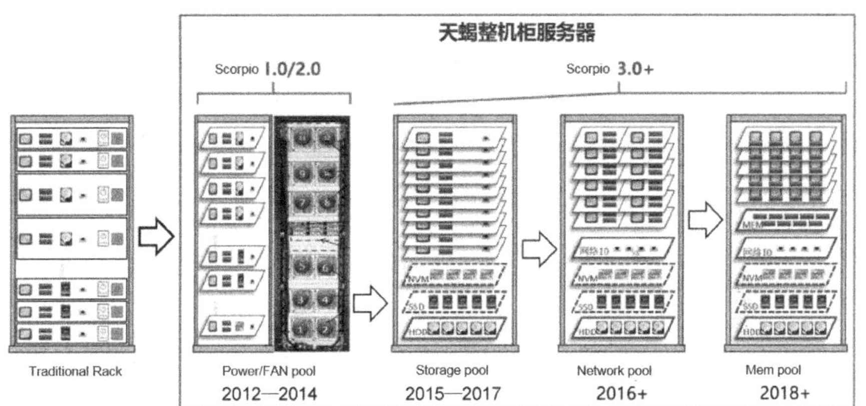

从上述趋势可以看到，服务器的计算资源也在走当年SAN所走的路，形成一个System Area Network，也称为SAN。只不过，这个SAN的速率和时延都要远强于存储SAN，以至于届时可能不得不采用硅光技术来进行更大范围的扩展。

Intel CPU基于QPI的Fabric，可以将分布在多个CPU内存控制器后面的SDRAM整合成一个大的单一地址空间，并负责访存流量的地址路由与转发，也就是所谓NUMA架构。这与当前的分布式存储系统架构的本质是一样的，也就是依托于外部的交换网络来转发I/O流量，所有节点看到相同的namespace。其上一代架构则是UMA/SMP架构，对应了存储系统的SAN架构，所有内存被集中挂接到控制器之后，多个CPU通过总线集中访问内存控制器。后来遇到了瓶颈，才发展到NUMA架构。这样看来，在计算从SMP过渡到NUMA之后，存储系统也从类似SMP的SAN架构过渡到分布式架构，也应该算是顺应潮流。

那么，当前的体系结构不好吗？为何人们还是希望将各种资源集中存放，然后通过网络细粒度地分配和访问？

2. 分布式系统的几个代价

分布式系统的好处就是扩展性强，但是想同时具备扩展性和性能的话，则节点间的互联网络必须足够快，否则扩展性便失去了意义。好在互联网化的应用从源头上就是可以分割的，多个节点各干各的，属于同构协作，也就是相同的处理逻辑去处理不同的数据，所以跨节点流量较少。而传统业务则不管这一套，其几乎都是单机版的，运行在一个节点上，而访问的数据却分布在多个节点上，那自然要产生跨节点的横向流量。所以，网络慢不建议采用分布式，所以，分布式技术虽然几十年前就出现了，但直到近几年才逐渐普及应用，原因就是现在网络变快了。

数据冗余方式是当前分布式系统的另一个尴尬，由于普遍采用可靠性较差的低成本单服务器作为节点，那么它就是一个单点故障，一旦该服务器由于软硬件原因停止服务，那么其后面的数据就不可访问，所以需要在多个节点之间来冗余数据，就像在硬盘之间冗余数据一样，分布式系统可以采用镜像方式和校验方式，前者会浪费一半空间，后者更划算，但是代价则还是会产生大量跨节点流量，拖慢系统写性能。

另外，为了降低成本和维护节点的单一性，目前的产品普遍采用固定配置的服务器节点，而且节点内部的局部扩展性较差，扩展性完全靠增加更多节点来实现，某些场景下会产生较多浪费，反而导致不灵活。

正因如此，分布式系统在传统业务下的应用是受限的。同时，即便是互联网后端，单一的固定配置节点也逐渐成为了问题，由于业务需求的不同，不得不维护众多的机型，不同机型的区别除了CPU和内存之外，主要体现在了盘位的不同上。而这个问题在集中式存储系统中并不存在。

低效的数据冗余方式在集中式存储场景下也并不存在，SAN架构之下采用Raid的冗余方式并不会产生跨节点流量。而且可以更加方便地实现HA，当一个节点宕机之后，另一个节点可以直接接管之前节点所挂接的物理或者逻辑硬盘，从而恢复业务。

所以，集中式存储的好处，在大家用了一阵子分布式之后，又被怀念了起来。

3. 宏杉科技CloudSAN架构，SAN与分布式兼得

CloudSAN架构，就是致力于将分布式的可扩展性优势与传统SAN的优势结合起来。或者说，是把SAN的优势融合到分布式系统中，然后将分布式系统的劣势解决掉。如下图所示。

首先，针对传统业务无法避免的跨节点流量问题，CloudSAN架构采用10/40/100G以太网底层链路，加上RDMA技术，让数据传输过程本身越过操作系统内核，对端网卡接收到本端传递的数据之后，直接DMA到对端节点的用户态内存空间，节省了大量的内核协议栈开销，极大降低了时延。目前，多节点间外部通信的可行的最快速的手段是直接采用PCIE互联，但是PCIE互联目前无法组网，只能是树形拓扑，严重阻碍了扩展性；而InfiniBand网络也支持RDMA，但是其通用性和生态并不如以太网。宏杉科技选择了以太网，也是出于更好的生态和扩展性考虑。CloudSAN架构最大支持512个节点，通过以太网互联。并且，它给这个专门用于多节点互联的网络起了一个概念性的名称——“XAN”，也就是“eXchange Area Network”。CloudSAN中“Cloud”一词体现的就是这种基于开放以太网的大规模的多节点扩展性。

其次，针对传统分布式中数据冗余方式带来的尴尬，就需要使用CloudSAN中的“SAN”来解决了。CloudSAN架构中的每个节点可以直接是一台传统的双控SAN存储系统，这样的话，节点自身天然就具有了冗余性，而根本不需要在多节点间实现镜像或者校验方式的数据冗余，从而极大地避免了不必要的跨节点流量。如下图所示。

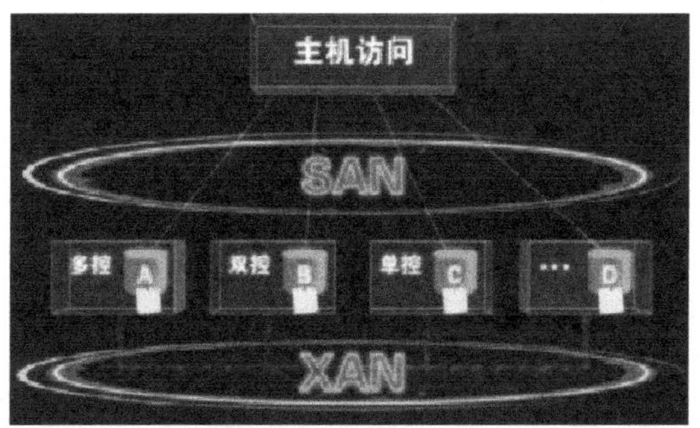

CloudSAN可以说是一个能够将传统SAN系统在更高维度上进行分布式整合的，同时具有SAN的优势和分布式系统的单一命名空间和可扩展性优势的融合架构。CloudSAN的本质是一层沟通协调模块，安装在所有节点上，通过内部的地址映射表

来将分布在多个节点上的资源整合到一起。将SAN和分布式二者综合，扬长避短，这种架构便是企业级可扩展性存储系统的最优方案。

4. 动态优化，英雄所见略同

CloudSAN架构最吸引冬瓜哥的一个地方，是它的动态优化存储QoS技术。其可以根据应用的负载，动态地将那些访问频率较高的数据块复制多个副本到其他节点，再通过主机端多路径软件动态地从多个节点并发访问，能够成倍地提升并发I/O的几率，直接体现为系统IOPS吞吐量的提升。

除此之外，系统也可以将热点数据块迁移到固态存储介质，从而进行Tiering分层操作，也可以提升IOPS，同时降低时延。如下图所示。

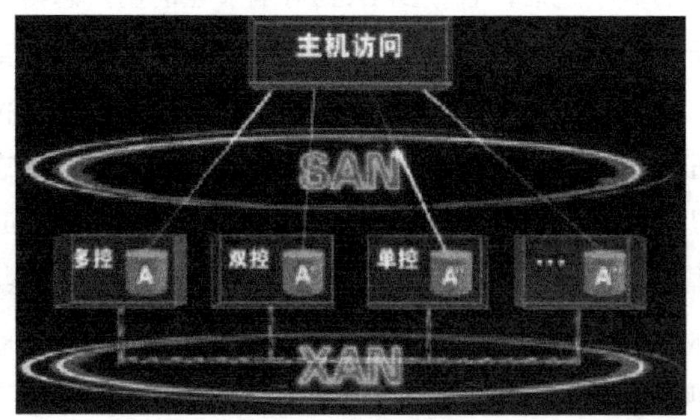

冬瓜哥欣喜地看到CloudSAN架构实现了通过对数据进行精细化布局，从而调控I/O并发度的动态调节技术。该技术可谓是传统存储这10年来的一次创新和落地。冬瓜哥当初的思想是将逻辑资源中的数据块进行按块精细化布局，从而实现并发度控制，而宏杉科技则是通过增加对应数量的副本来控制并发度，两者本质、目的相同，殊途同归。如下图所示。

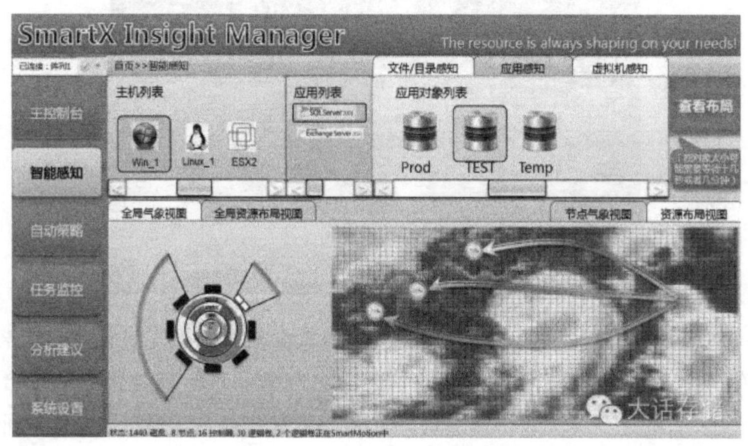

宏杉科技的确看到了数据布局和并发度精细化调节的重要性，并能够将其落实到产品中，不得不说是国产存储系统的骄傲，而类似技术从未在国外的传统存储产品中出现过，也算是我国第一次实现了传统存储业界全新的设计方法。

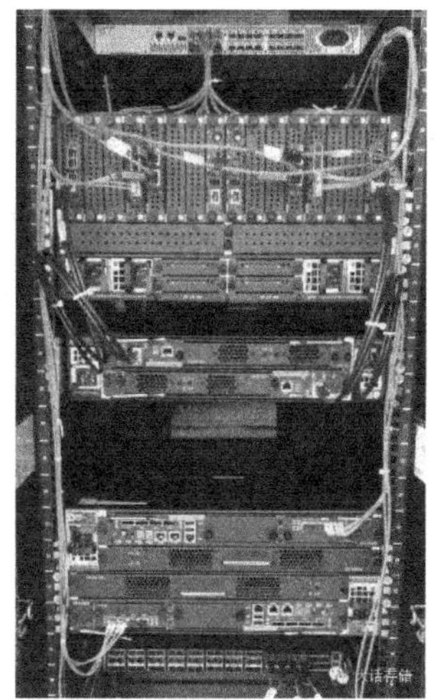

反观国内之前的自研产品，诸如Tiering、重删、快照等，基本都是从国外兴起的，国内更多的只是做了个翻版。CloudSAN本次发布的这项存储QoS特性，树立了原创的大旗。

最后，让我们看一下CloudSAN架构对应的实际部署拓扑。如右图所示，顶端是一台FC交换机，最底下是一台40GE交换机，二套SAN存储机头节点（一个节点是机头带扩展柜，另一个是机头与扩展柜一体化），后端连接到以太网交换机上，前端连接到FC交换机上。

9.5 内存竟然还能这么玩？！

业界某公司推出一款内存条，乍一看与一般内存无二，但其标注的容量着实吓人一跳，128GB！（其实还有一个256GB的型号）要知道目前主流的单条容量中16GB的性价比最高，128GB的内存条，其价格应是天价，而且基本无货。

其上的这些芯片完全不像SDRAM颗粒。最左侧两列是电容，其右侧并排两颗则是每颗64GB容量的MLC NAND Flash颗粒，刚好组成128GB的存储空间。原来，它是用Flash来作RAM。

DIMM连接器缺口处上方的长方形是一片信号缓冲器，猜测其上方方形封装的芯片应该是一小片带有GB当量的数据Buffer，内含DDR控制器和SDRAM控制器，用来接收Host端的访存请求。右侧最大的那个封装芯片是一片FPGA，其内部运行着主控逻辑，同时与数据缓冲、MLC NAND颗粒连接，并在二者之间移动数据。其右侧长方形封装是一片NOR Flash，内含一些配置信息，可能还有部分代码数据，供配置FPGA以及其内部核心运行使用。

说到这好像应该结束了，这个产品就是把Flash存储空间，以字节级访问的方式呈现出来，作为Flash DIMM，应是Flash的性能。而实际上，这才刚开始，它并不是你想象中的Flash RAM。那么它是不是一款用DDR4作为接口，相比PCIe接口闪存盘更快的一种闪存盘？

请注意，这款产品并不是：

（1）DDR4接口的SSD；

（2）128GB容量的内存；

（3）NVDIMM-F。

实际上，其向系统呈现出来的，是8GB的内存条，系统可以直接寻址的也是这8GB的内存空间。但是这8GB的空间也不是任意程序都可以去访问的，甚至连OS都不能去使用这8GB的内存。有人可能会有疑问，还有连OS都碰不得的内存空间？ACPI 6.0规范见表9-1，可以看到，系统内的所有存储器地址空间都有对应的属性，其中，Address Range Reserved这类属性非常特殊，OS看到这种属性的地址空间，就不能将其分配给自己的代码/数据，更不能分配给用户态程序使用，这类存储器的典型例子是一些系统桥、内存控制器的配置/状态寄存器，这些寄存器将会被映射到固定的物理地址空间，并且被BIOS标明Address Range Reserved，OS碰不得，只有BIOS自己在系统初始化的时候碰。还有一类OEM Defined，OS也是不能用来当作通用空间分配，但是可供内核态的驱动程序访问。

表9-1　Address Range Types12

Value	Mnemonic	Description
1	AddressRangeMemory	This range is available RAM usable by the operating system.
2	AddressRangeReserved	This range of addresses is in use or reserved by the system and is not to be included in the allocatable memory pool of the operating system's memory manager
3	AddressRangeACPI	ACPI Reclaim Memory. This range is available RAM usable by the OS after it reads the ACPI tables
4	AddressRangeNVS	ACPI NVS Memory. This range of addresses is in use or reserved by the system and must not be used by the operating system. This range is required to be saved and restored across an NVS sleep
5	AddressRangeUnusable	This range of addresses contains memory in which errors have been detected. This range must not be used by OSPM
6	AddressRangeDisabled	This range of addresses contains memory that is not enabled. This range must not be used by OSPM
7	AddressRangePersistentMemory	OSPM must comprehend this memory as having non-volatile attributes and handle distinct from conventional volatile memory. The memory region supports byte-addressable non-volatility. NOTE: Extended Attributes (Refer to Table 15-274) for the memory reported using AddressRangePersistentMemory should set Bit [0] to 1
8～11	Undefined	Reserved for future use. OSPM must treat any range of this type as if the type returned was *AddressRangeReserved*
12	OEM defined	An OS should not use a memory type in the vendor-defined range because collisions may occur between different vendors

再说回来，这8GB的空间，还是需要被程序访问的，但是不能是OS原生的程序，只能是由该产品对应的特殊驱动程序。这8GB的空间相当于是其所声明的设备寄存器空间，仅可被其设备驱动读写，其他程序读写会出问题。只不过这8GB的空间是通过DDR4呈现出来的，而不是耳熟能详的那些接口，比如PCIe、COM等。但是如果有其他内核态程序要强行访问这段空间的话（用户态绝对访问不了，因为OS就不可能将这块地址映射到用户态进程的页表中），也不是不行，因为内核态的所有程序的权限都是ring0，理论上可以做任何事。

也正因如此，需要对应的BIOS做一些适配支持。首先，BIOS读出这个内存条的SPD信息后，必须能够识别到其是个很特殊的内存，它的空间不让一般程序用，不能被纳入OS的常规分配池里，须将其属性标志为OEM Defined。

这相当不灵活。对于PCIe设备，每个PCIe设备都会在自己的配置信息中明确声明自己是哪一类设备，比如存储适配器、网络适配器、显示适配器、多媒体适配器等，从而便于系统管理。那么如果对内存条也这样去搞，是否可以呢？技术上没问题，但是场景上不允许。比如某条普通的DDR4内存，某系统想使用单独的程序对其进行管理和使用，也就是这块空间必须是OEM Defined属性才可以，但是该内存又的确是一条普通内存，如果按照上述设计，直接在内存SPD里声明自己"就是一条普通内存条"，那么OS启动的时候很有可能把自己的代码和数据就放到它上面去了，一些内核线程甚至用户态默认启动的进程的地址空间也可能被分配到这上面，那就相悖了。但是它又绝不可能声明自己为"OEM Defined"，这样的话市面上销售的内存就都无法被OS用来分配给程序运行了。所以，只能是BIOS来根据SPD信息，具体事情具体分析。

所以，这里的本质问题我们就能看出来了，PCIe设备之所以可以这么去玩，是因为OS会明确地将PCIe BAR所声明的内存空间在CPU物理地址空间内的映射部分认为是MMI/O空间，OS不可能将这段空间分配给程序使用。设备驱动程序安装时所注册的Vendor ID、Model ID、Revision ID等与某PCIe设备配置信息里呈现出来的值相同时，才会被OS加载执行，之后驱动程序才有机会读写对应的MMI/O空间，从而与设备通信。当然，你的设备驱动可以任意读写任意地址空间，因为处于Ring0权限上下文中，这就完全靠自觉了，早期的Windows 98动辄蓝屏，就是这个原因，对驱动的编写没有加太多规范，大家写出来的代码鱼龙混杂，如果某个驱动不靠谱，很可能就直接把其他地址上的数据/代码覆盖了。

上述场景的一个典型的案例，就是有些传统存储系统只对某条指定的内存条做电池保护，为什么不保护所有内存条呢？因为耗电量太大。那其他内存不保护，掉了电数据丢了怎么办？脏数据只往这条特殊内存里放不就行了吗？是的，数据库日志也是

这么做的，比如redo log，将所有变更写入日志文件中，保证redo log同步写盘不丢就可以了，而数据文件里的数据丢了没事，用log来redo。有些传统存储系统也是这么做。这条特殊的RAM叫作NVRAM，其实就是用电池保护的普通RAM。你说这样一条RAM，是随便就能让别的程序访问的吗，绝对不行，OS已启动就坚决不能碰这块地址空间，等待专门处理日志的程序来访问并处理。所以，在这种存储系统里，就需要对BIOS做定制化，让BIOS明确将某个DIMM插槽上的RAM声明为OEM Defined。

另外一个例子就是共享显存。比如某显卡声明需要1GB的主存作为显存，那么BIOS会将某段物理地址映射成PCIe域的地址，然后将指针写入该显卡对应的BAR寄存器里，并在ACPI表中标注该段地址为OEM Defined，只不过，这段内存只能由显卡访问，连显卡驱动都无法访问的。

除此之外，OS也必须配合支持，很简单，看到OEM Defined属性的地址空间，就不能将其指针纳入到内存管理模块所维护的可用物理地址空间池里，如果有些OS粗枝大叶，不做这些检查，只要是内存条，全拿来随便用，那就有问题了。

所以，BIOS在这里起的作用非常关键，这就是为什么一些定制化的底层功能必须去改BIOS的原因之一。同理，对于NVDIMM，BIOS必须声明为PersistentMemory类型，而OS也必须针对这种类型做适配，在此就不再多说了。

话说回来，根据冬瓜哥在上文中的介绍，我们可以定义这个产品了。它是什么？其本质就是一个将MMI/O空间通过DDR4接口向系统进行声明的闪存I/O设备。与它的通信方式就得是块/页的方式，比如“读出LBA1024～LBA2048的数据”，也就是得用一种描述协议来封装成指令数据包传送给该设备，比如SCSI指令，或者完全可以是私有指令，冬瓜哥相信该产品用的一定是私有指令。对于PCIe存储卡，比如SAS卡，SCSI指令是被封装到CDB中，由SAS卡驱动再封装一层信息，然后将数据包指针传递给SAS主控上的指令寄存器，SAS主控采取DMA的方式根据指针从主存取指令。而对于它的数据传送方式，可以通过CPU或者DMA引擎来复制。那就意味着，这8GB的地址空间中，有部分空间一定是作为读指令数据的暂存空间的。冬瓜哥猜测，其驱动程序一方面不断下发读指令，另一方面又不断地poll这8GB空间内某处的完成队列，从而将数据迅速读出，写入也是类似流程。

现在，我们该来回答关键问题了。

再回到原始问题，为何它不把整个128GB存储容量直接映射到系统地址空间，也就是直接虚拟成一块透明的内存，从而直接加大系统内存，提升性能或者提升可并发部署的应用实例数量？理论上绝对可以，但是这样做性能会很不均匀，因为OS感知不到该空间是靠Flash支撑的。

另外一种方式则更加平滑，那就是将物理内存中的冷数据自动迁移到该内存条上，它上面的热数据自动迁移到物理内存中。的确，OS内部的swap/pagefile机制就是这么做的。可以将swap放到它上面去。比如，如果它的驱动能够向系统注册一个虚拟块设备的话，那就可以这样做。实际上，它的确是在系统里虚拟出了一个块设备，其容量与它的容量一致。但是该设备并不是一个通用块设备，也就是并没有向系统内注册标准块设备的读写回调函数。该块设备只能由它自己的驱动来读写。既然如此，OS的swap也无法放置到其上了。它的确也提供了一个RAM Disk驱动，也就是一个标准块设备驱动，称为Persist Disk模式。访问该Persist Disk可以走标准流程，经过系统I/O协议栈的VFS层、通用块层这两层，会带来微秒级的时延。

其采用了自己优化过的换页逻辑。这可不简单了，相当于替换、挂接、劫持了OS内核里的关键模块。而且最出色的是，它的驱动软件可以做到针对指定进程的冷热换页，并不是全局一锅粥。只需要在一份配置文件中将需要监控的进程以及一些参数声明一下即可。

这么杰出的做法，底层的机制基本是这样的：Hook到系统Malloc()函数下游，当某指定进程调用Malloc()分配内存时，如果没有这个驱动，正常流程是OS从可用物理地址空间里选择对应的地址段，然后将其写入该进程的页表项中。而被Hook了该驱动的函数之后，其只是记录一下应该分配哪些页，但实际上并没有分配物理页，而只是将对应的页表项中的状态置为“已换出”。被监控的进程访问这些内存页面时，CPU内的MMU查页表会发现这个状态，则直接产生一个缺页中断，也就是page fault，由页面管理模块负责page in操作。所以，它的驱动软件还必须Hook到page fault处理下游，由对应的函数负责将对应页面读出或者写入。从哪读，写到哪？大家也就明白了，其驱动的函数会采用我们之前描述的方法，直接对注册到系统里的虚拟块设备的对应偏移量进行读写，虚拟块设备驱动底层则直接通过读写8GB的私有地址空间，从而与该内存条硬件通信，将对应页面数据写入闪存的某个page中，或者读出。所以其驱动还必须维护一张“某个进程的某个虚拟页被换到了虚拟块设备的哪个Flash页上的映射关系表”。驱动会发送这样一条读指令：“读出第1024个块”。其上的主控接收到读指令之后，将对应偏移量的数据读出并放置到缓冲中，供其驱动读出。

缺页流程是这样的：page fault之后，虚拟内存管理模块会将数据从swap区读出，放置到某个未被占用的物理内存页面中，然后将页号写入对应页表的对应表项中。当之前被挂起的线程继续运行的时候，会继续访问对应的虚拟地址，此时CPU的MMU便会查找到对应的物理页号，从而读出数据了。那么它的驱动为了保持对应用透明，也须这么做。将从闪存读出的页面写入到物理内存某个页中，然后更新对应进程的页表项指向该物理页。

所以系统内必须有DDR SDRAM物理内存来保存进程需要访问的数据，进程是无法直接读写它的Flash地址空间的。怎么样，做过块设备数据Tiering的朋友们是不是似曾相识？应用看到的Lun，是一个虚拟的东西，其中有些数据在SSD，有些在SATA，还有些在SAS，用一张追踪表来追踪每个块到底在哪。虚拟内存也这样设计，这个表就是页表。块分层用软件来查表，内存页表用CPU里的MMU硬件查表。

有人可能最后有个地方没想通，既然进程看不到它的空间，岂不是等效于内存容量并没有提高？这里犯了一个常识性错误。进程看到的永远都是虚拟地址空间，对于32位CPU，其看到的就是32位的虚拟地址空间，而对于64位系统，其看到的则是64位的虚拟地址空间。但是这并不意味着真有2^{64}B容量的物理内存供进程访问，物理内存不够用是可以换页到硬盘上的，当然，也没有什么应用真的去申请2^{64}B的内存了。所以，“它可以被字节级寻址”这个说法，对，也不对，进程对虚拟地址空间的确可以任意字节级寻址，只不过对于未命中的页面，需要进入换页流程而已。

【收益】那么，它带来的收益到底是什么？冬瓜哥认为，能够用比SDRAM低不少的成本，获得一个相比RAM速度低一些，但是容量超大（比如1TB，最高2TB）的选择，利用换页机制将RAM的冷数据换到比PCIe SSD还要更快的介质上，变相地实现了“扩大内存”的目的。

【产品】实际中，推荐采用1:8的比例来配比物理SDRAM和该内存条的容量，而且在同一个内存通道下面，最好在最近的DIMM槽位插SDRAM，后面的通道插该内存条。这看上去好像给人一种错觉，认为前置的SDRAM是缓存。实际上并非如此，上文中说过，整个过程是一个换页机制，而非缓存机制。根据它的换页逻辑，读出的页面可以写入任何空闲的、由SDRAM支撑的物理页中，所以冬瓜哥在此并不清楚如果从同一个通道后面的该内存条读出数据写入位于同一个通道前置的SDRAM中，速度会不会有增加。因为这种复制过程一定是要通过CPU寄存器的，也就是先Load，然后Stor。虽然CPU内部一般带有DMA引擎，但是数据路径是没什么缩短的，依然还是从一条DIMM出，进DMA或者Load/Stor单元，然后进入另一个DIMM。难不成目前的CPU里有类似自主复制（让内存控制器直接从其后面的一条DIMM里读出数据，然后自己复制到另一条DIMM里）的指令，以及对应的内存控制器也支持这种自主复制请求？否则冬瓜哥没怎么想通它这样设计的初衷。

再一个考虑就是，如果进程运行的CPU与其访问的物理页分处两个不同的CPU芯片（也就是NUMA Node），那么其可以做一些优化，将页面换入时选择离进程较近的物理页存放。

除了嵌入到虚拟内存管理模块中的被动的函数调用来执行对应逻辑之外，其也启动了一个或者多个内核线程，实现主动冷热分层。这与OS后台负责swap的线程类似，但是算法更加地根据主流应用场景优化过。

值得一提的是，其并不是一款NVDIMM，其中保存的数据只是从物理内存中换出的冷数据，就算对这些冷数据用电容保护起来，也无济于事，因为整个进程空间的内存数据在物理内存中的部分已经丢失了。所以每次重启时，其会将所有MLC中的数据擦除。

总结如下。

该产品的杰出之处在于其页面管理软件，以及能对单进程进行精细化加速的能力。当然，红花配绿叶，其硬件也需要足够强大，才能支撑起优异的性能。

本质上，利用PCIe接口的闪存盘也可以做这件事，此时就无须BIOS的特殊支持了。有兴趣的可自行研究。

这款产品是Diablo公司的Memory1，简称M1。其实物图如下图所示。

那么，M1的适用场景和效果到底怎样，250GB的物理内存+2TB DIMM接口的Flash换页空间到底适用于哪些场景呢？显然，那些对内存需求量非常高的应用无疑是首选测试对象。另外，如果业务对内存需求量不大，但是该业务需要承载较高的并发量的话（比如启动多个实例），加起来对内存的需求量也很大。

比如，Apache Spark 以及内存数据库场景。在大数据领域里，Spark便是一个极度依赖内存容量的应用。Spark必须实现尽快完成对数据对象的创建、缓存、排序、分组、结合等操作，这些对数据对象的处理过程都在内存中进行，访存频率非常高，对内存的容量和速度非常敏感。尤其是排序操作，速度起到关键作用。

然而，目前来讲，单台服务器所能支撑的内存容量，在合理的可接受范围内，实在不足以弥补这些业务对内存的需求。假设配备单条16GB内存的双路服务器，假设共16个DIMM槽位，满配不过区区256GB内存，对于普通业务完全够用，但是对大数据、内存计算这类场景，则杯水车薪。如此小的内存容量，只会导致系统swap换页，此时系统还需配备SSD（比如NVme SSD）来承载换页空间，以此弥补一些性能损失，这样，整个系统的成本又被提升上去了，而且效果也不佳，因为换页操作流程比

较复杂，可能需要数千个CPU周期，而如果内存命中的话则只需要几百周期。再加上从SSD读数据这步操作本身需要大概9K个时钟周期，总体上换页产生的时延将会非常高。而换页到机械硬盘就更不用提了。

所以，为了解决这个内存墙问题，人们不得不把数据切分开，然后部署多台服务器集群来解决问题，这个成本的增加不可谓不大。这么做还会产生一个问题，资源被隔离，形成烟囱，一旦节点间处理负载不均匀，则可能导致资源闲置，解决办法是跨网络在节点间迁移数据，这就又增加了系统的复杂性以及对前端网络带宽的需求。

综上所述，一个内存计算集群的成本将会提高，这又进一步压缩了集群的规模，受限于成本，集群又不能做得太大。对于不差钱的，即便节点数量可以做得比较高，那么势必又会增加网络规模，此时网络极有可能成为瓶颈。

在高并发量领域（比如互联网），如今大量被使用的MySQL Server和Memcached集群，在成本领域也饱受困扰，大家都在寻找如何能够在尽可能小的集群规模下做更多的事情，也就是提升部署密度，用一台服务器部署更多应用实例。没有什么比直接降低服务器整机台数更能降低成本了，哪怕在现有服务器内增加一些部件。

那么，我们看看M1在实际测试中的表现以及对成本的节省力度到底如何。在该测试用例中，利用Spark对500GB的数据做Sort操作。在非M1环境，利用3台浪潮双路服务器，每台配置512GB（16条32GB的RAM）的DDR4 SDRAM物理内存；相应的，采用同样配置的单台服务器，配置128GB（8条16GB的RAM）的物理内存，加上8条128GB（共1TB的换页空间）的M1。如下图所示。

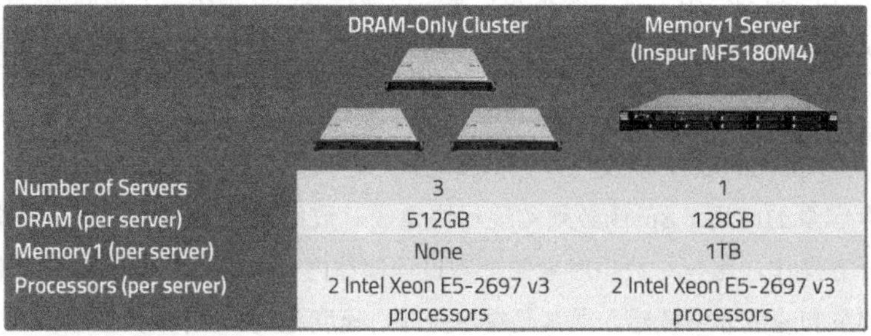

	DRAM-Only Cluster	Memory1 Server (Inspur NF5180M4)
Number of Servers	3	1
DRAM (per server)	512GB	128GB
Memory1 (per server)	None	1TB
Processors (per server)	2 Intel Xeon E5-2697 v3 processors	2 Intel Xeon E5-2697 v3 processors

还没开测，就可以知道，单台服务器内部的线程之间不需要跨网络即可实现同步，而三台服务器组成的集群，还需要配置额外的网络交换机，跨网络产生的同步无疑会给系统带来时延。很显然，总体成本单台服务器会低很多。

不妨先来核算对比一下这两个系统3年的CAPEX和OPEX。下图中可以看到，传统配置的总体拥有成本=$3434+$47400=$50834，而相比之下，M1的配置只有$17640。

3台服务器，每台512GB物理内存

Energy Cost (per KWh)	$0.07
Power Consumption (w/o Memory and CPUs) [Per Server]	200W
Total CPU Power Consumption [Per Server]	230W
Total Memory Power Consumption [Per Server]	200W
Total Server Power Consumption [Per Server]	630W
Daily Energy Cost [Per Server]	$1.06
Monthly Energy Cost [Per Server]	$31.80
Yearly Energy Cost [Per Server]	$381.60
Years Owned	3
Total Number of Servers	3
TOTAL OPEX [FULL DEVELOPMENT]	$3,434
TOTAL CAPEX:	$ 47,400

1台服务器，128GB RAM + 1TB M1

Energy Cost (per KWh)	$0.07
Power Consumption (w/o Memory and CPUs) [Per Server]	200W
Total CPU Power Consumption [Per Server]	230W
Total Memory Power Consumption [Per Server]	200W
Total Server Power Consumption [Per Server]	630W
Daily Energy Cost [Per Server]	$1.06
Monthly Energy Cost [Per Server]	$31.80
Yearly Energy Cost [Per Server] $276	$381.60
Years Owned	3
Total Number of Servers	1
TOTAL OPEX [FULL DEVELOPMENT]	$1,144
TOTAL CAPEX:	$ 16,496

再来看看性价比。经过实测，传统配置耗时27.5分钟，而M1配置则只耗时19.5分钟。换算成性价比之后如下图所示，可以看到其性价比有75%的提升，这个结果还是非常诱人的。

500GB SORT in Spark

Total SORT Time

27.5 minutes — DRAM-only (3 servers)

19.5 minutes — Memory1 (1 server)

	DRAM-Only Configuration	Memory1 Configuration	How Memory1 Compares
Performance			
Sort Time	27.5 Minutes	19.5 Minutes	29% Faster Job Completion
Power Consumption	1890 Watts (3x server total)	630 Watts (1x server)	67% Total Power Reduction
Cost			
Capex	$47,400	$16,496	65% Lower CAPEX
3-year OPEX	$3,434	$1,144	67% Lower OPEX
3-Year TCO	$50,834	$17,640	65% Lower TCO
Efficiency			
Sort Dollar Efficiency ($/"GB Sorted"/minute)	$2,744	$676	75% Improvement in SORT "Efficiency per-dollar"

再来看一下更为广泛的场景——MySQL数据库场景下的对比测试。传统配置使用双路服务器，128GB内存、800GB NVMe SSD；M1配置则采用128GB内存+1TB的M1。如下图所示。

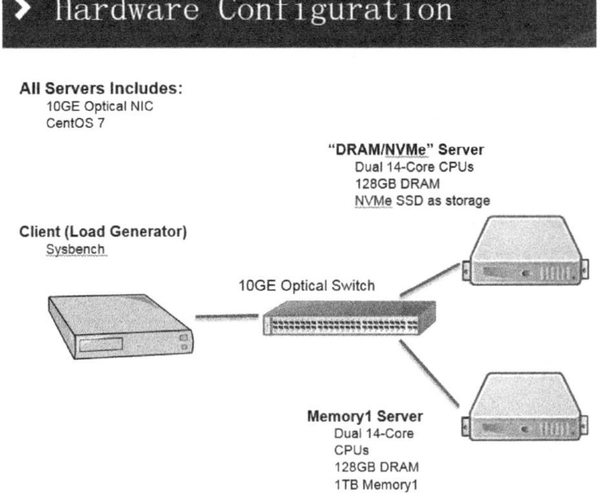

在读写比例6:4的场景下，吞吐量提升近2倍，同时响应时间下降了近四分之一。如下图所示。

> Performance: DMX vs DRAM/NVMe (60/40 Reads/Writes)

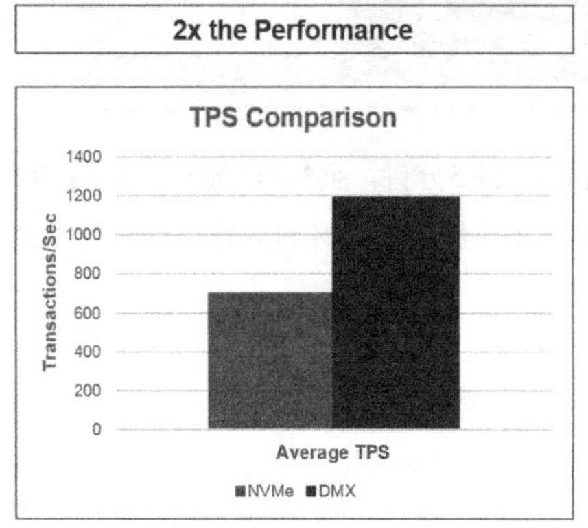

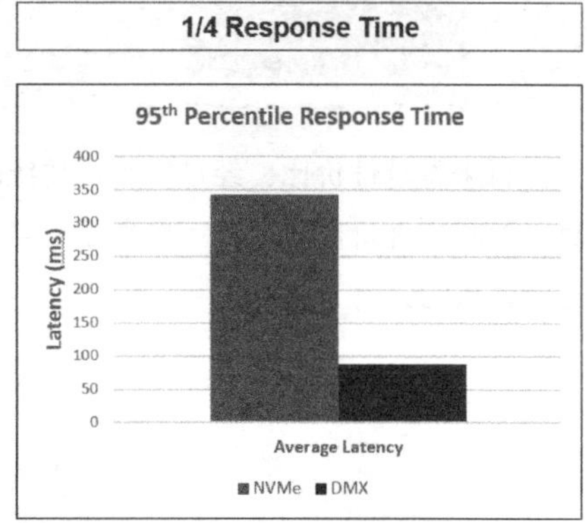

而在读写比例倒置（4:6）的场景下，吞吐量和响应时间又进一步提升，尤其是响应时间，是传统配置的九分之一。冬瓜哥分析，对于内存写入场景，相比读场景而言，会导致更多比例的换页操作，因为dirty页面是不能被简单invalidate的，如果有进程想挤占这部分空间，系统必须换页，如果有进程需要读取的数据之前被换出，那么也得换入。读多写少的场景一般命中率较高，换页不太明显。如下图所示。

> Performance: DMX vs DRAM/NVMe (40/60 Reads/Writes)

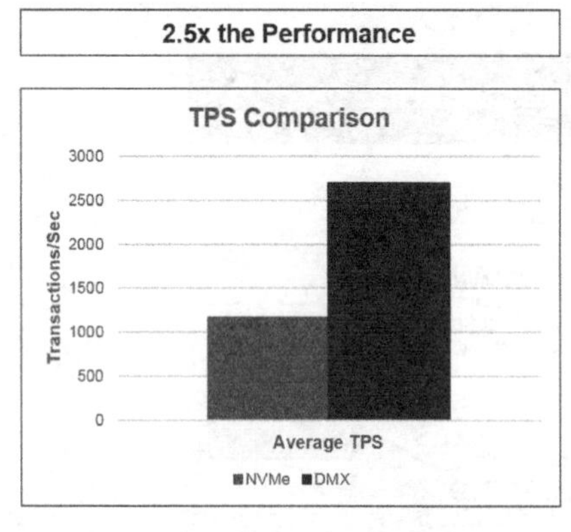

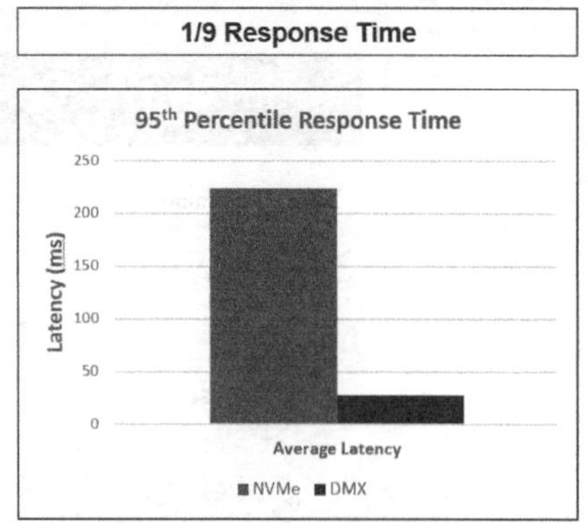

最后看一下性价比，如下图所示。

> TCO Analysis - MySQL Sysbench

DRAM/NVMe
- 128 GB DRAM each
- $9.3K CAPEX
- $1,240 OPEX

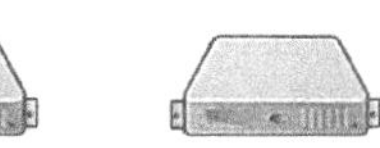

MEMORY 1™
- 1 TB Memory1 each
- $13.8K CAPEX
- $1,413 OPEX

	DRAM/NVMe Configuration	Memory1 Configuration	How Memory1 Compares
Transactions per Second	1,171	2,697	230% higher
Transactions per Dollar (TPS/$)	0.126	0.195	55% higher
Average Response Time	223.8 ms	27.84 ms	88% lower

可以看到，M1的确能够提供很高的性价比，非常适合于对内存敏感而且大规模部署的环境下，比如大数据分析、互联网在线系统、HPC等场景。冬瓜哥认为，M1想要取胜，关键取决于Tiering的算法和实时性、智能性，能够在多数场景下都拥有很高的性价比。只要Diablo持续针对市场上的主流业务场景做适配优化算法，最后形成固定的Profile，整个生态将会更加成熟。

冬瓜哥在此也期待能够有更多类似M1的奇特同时又能解决实际问题的产品出现。创新无止境！

9.6 PCIe交换，什么鬼？

PCIe Switch芯片，估计不少人已经听说过。但是估计多数人对其基本功能知之甚少。PCIe Switch作为最先进的生产力，已经被广泛地应用在了传统存储系统以及少量品牌/型号的服务器平台。

下面介绍一下PCIe Switch的基本知识。

9.6.1 背景介绍

PCIe的概念大家都了解，主板上有PCIe槽，里面的金手指就是一堆信号线，其直接被连接到了CPU内部的PCIe控制器上。然而，当前的Intel平台的CPU每颗最大支持40个通道（Lane），一般来讲万兆网卡使用8个通道即可，高端显卡需要x16通道，因为在3D运算时需要的吞吐量巨大（冬瓜哥的PC使用了老主板来配了一块GTX980显卡，只能运行在x8模式上，但是3D性能基本没什么变化，证明x8基本已经足够）。一般的存储卡也使用x8，但是后端12GB/s的SAS存储卡（HBA卡、Raid卡）普遍过渡到了x16。

但是，对于一些高端产品来讲，尤其是那些传统存储系统，每颗CPU提供x40通道就显得不够用了。传统存储系统的一个特殊要求就是后端和前端HBA数量比较大，

所以CPU自带的通道数量无法满足。另外，传统存储控制器之间需要做各种数据交换和同步，一般也是用PCIe，这又增加了对通道数量的消耗。

对于一般的高端服务器，普遍都是双路、四路配置，双路下提供x80通道，理论上可连接10个x8的PCIe设备，去掉一些用于管理内部嵌入式PCIe设备的通道占用之后，连接8个设备不在话下，可以覆盖几乎所有应用场景。

但是，随着用户对融合、统一、效率、空间、能耗要求的不断提高，近年来出现了不少高密度模块化服务器平台，或者说开放式刀片。这类服务器平台对PCIe方面产生了一些特殊需求，比如Partition和MR-IOV。下面，冬瓜哥就详细展开介绍这些知识。

9.6.2 基本功能

1. Fanout

Fanout（扩展、扩开、散开的意思）是PCIe Switch的基本功能，或者说，PCIe标准体系一开始就是应对通道数量不够用才设计了PCIe Switch这个角色。

在PCIe之前的一代标准是PCI-X，那时候并没有Switch的概念，Fanout采用的是桥接的方式，形成一个树形结构，如下图中间所示。Switch的概念是在PCIe时代引入的，其相对于桥最大的一个本质区别就是同一个Bus内部的多个角色之间采用的是Switch交换而不是Bus。PCI-X时代真的是使用共享Bus传递数据，这就意味着仲裁，意味着低效率。然而，PCIe保留了PCI-X体系的基本概念，比如依然沿用“Bus”这个词，以及“桥”（Bridge）这个词，但是这两个角色都成为了虚拟角色。一个Switch相当于一个虚拟桥+虚拟Bus的集合体，每个虚拟桥（VB）之下只能连接一个端点设备[也就是最终设备/卡（End Point，EP）]，或者级联另外一个Switch，而不能连接到一个Bus，因为物理Bus已经没了。这种Fanout形式依然必须遵循树形结构，因为树形结构最简单，没有环路，不需要考虑复杂路由。

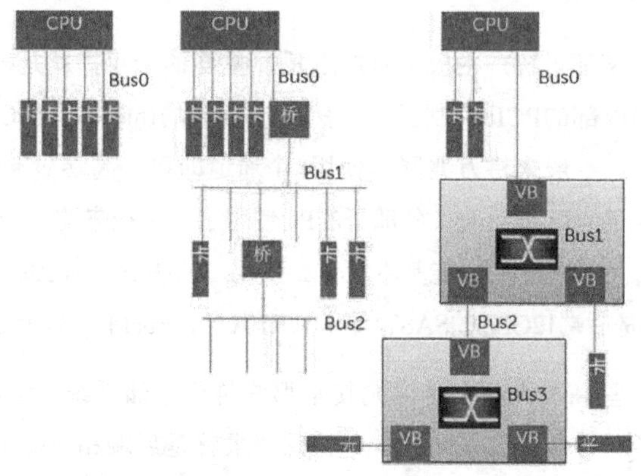

2. Partition

分区功能相当于以太网Switch里的VLAN，相当于SAS Switch/Expander里的Zone。

如下图所示，两台或者多台机器，可以连接到同一片PCIe Switch，在Switch里做分区配置，将某些EP设备分配给某个服务器。这样可以做到统一管理，灵活分配。每台服务器的BIOS或者OS在枚举PCIe总线时只会发现分配给它的虚拟桥、虚拟BUS和EP。多个分区之间互不干扰。

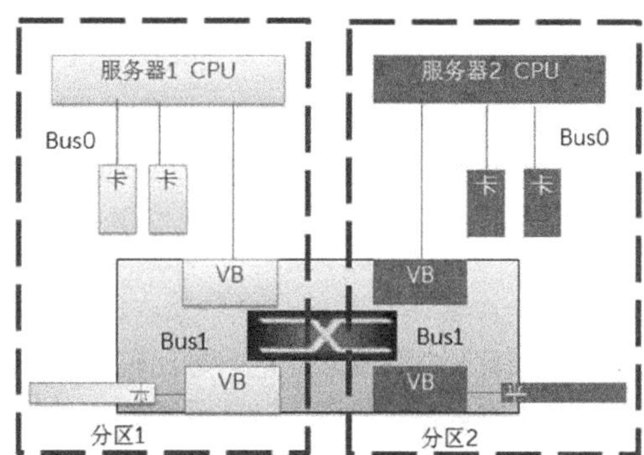

多台独立服务器连接到同一片Switch上，如果不做Partition，是会出问题的，因为两个OS会分别枚举同一堆PCIe总线内的角色，并为其分配访问地址，此时会出现冲突。

3. NTB

有些特殊场景下，比如传统存储系统中的多个控制器，它们之间需要同步很多数据和控制信息，希望使用PCIe链路直接通信。如下图所示，问题是，图中的两台服务器并不可以直接通信，因为必须身处两个不同的分区中。为了满足这个需求，出现了NTB技术。其基本原理是地址翻译，因为两个不同的系统（System Image，SI）各有各的地址空间，是重叠的。那么只要在PCIe Switch内部将对应的数据包进行地址映射翻译，便可以实现双方通信。这种带有地址翻译的桥接技术叫非透明桥（None Transparent Bridge）。

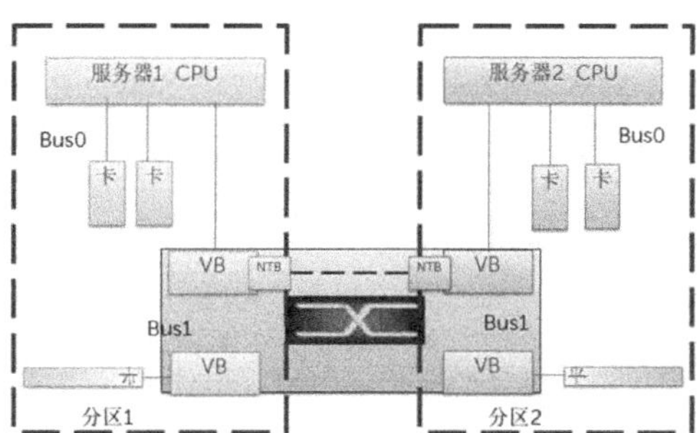

9.6.3 高级功能

1. Dynamic Partition

上面提到的分区配置必须是静态配置，必须在BIOS启动之前，也就是CPU加电之前，对PCIe Switch进行分区配置，可以使用BMC做配置。分区配置好之后，在系统运行期间，不能够动态改变。这就意味着，某个PCIe卡如果被分配到了服务器A，则其不能在不影响服务器A和B的运行前提下，被动态重新分配到服务器B。

2. Fabric

不管是PCI-X还是PCIe体系标准内，只支持树形拓扑。树形拓扑的问题在于路径过长，整个网络的直径太大。另外，无法实现冗余，一旦某个链路故障，链路后方的分支全部无法访问。

于是，支持Fabric成了一个非常复杂的高级功能。这个场景目前还很少有人使用，对于整机架服务器比如天蝎等，对这项功能兴趣比较大。然而，目前这个技术的实现还非常初级、不完善，也没有形成标准。如下图所示。

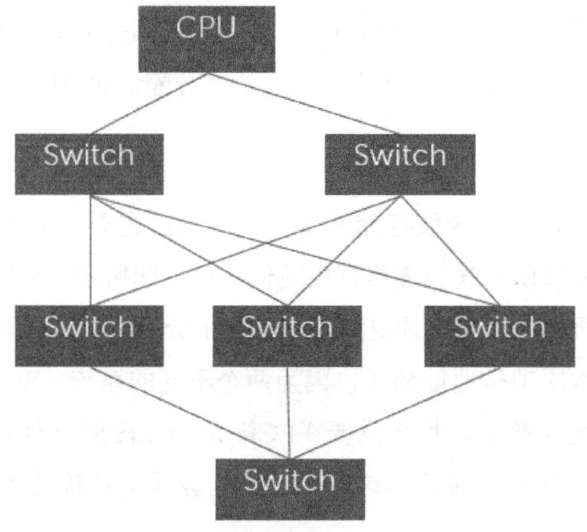

3. IOV

不少人都听说过SR-IOV，但却不知道具体内容，Single Root I/O Virtualization里的Root是什么意思？Single Root是指什么？Multi Root IOV又是什么意思？

SR-IOV，是指把插在一台服务器上的一块PCIe卡虚拟成多块虚拟卡，供运行在这台服务器上的多个虚拟机用，每个虚拟机都识别到一个PCIe卡，但是VM并不知道这个卡是虚拟出来的。

如果不虚拟成多块卡，多个VM怎么共享这个设备？答：必须通过Hypervisor提供的服务才能使用该设备。Hypervisor会在VM内安装一个驱动程序，这个驱动会虚拟一个并不存在的设备，比如“×××牌以太网卡”，这个驱动会真的与OS协议栈挂接上，从而接收上层下发的数据包。但是这个驱动收到数据包之后，由于根本不存在实际的网卡，这个驱动其实是将这个包发送给了Hypervisor，或者有些虚拟机是使用一个Domain 0特权的VM来负责与真实的硬件打交道，这个驱动会将数据发送给这个特权VM，Guest VM与特权VM之间通过进程间通信来传递数据，Hypervisor或特权VM收到数据之后，再通过真实的驱动，比如“Intel ××× Ethernet card”将数据包发送给真实网卡。

这么一转发，速度就慢了，因为内存复制的代价比较高，吞吐量要求如果很大的话，这种方式就不行了。于是，SR-IOV出马解决了这个问题。SR-IOV需要直接在PCIe卡的硬件里虚拟出多个子设备。怎么做到的呢？

首先，支持SR-IOV的PCIe卡，需要向系统申请成倍的地址空间，想虚拟出几个设备，就需要按照SR-IOV的规范格式来声明相比原先几倍的地址空间。这个地址空间会在内核或者BIOS枚举PCIe设备的时候被获取到，系统会将为该设备申请的地址空间段的基地址写入设备寄存器。比如某网卡虚拟出8个虚拟网卡来，然后由内核PCIe管理模块向系统申报8个PCIe设备。随后就是由Hypervisor将对应的设备映射给对应的VM，VM中加载对应的Host Driver。Hypervisor还需要执行地址翻译，或者硬件辅助的地址翻译。

只要PCIe设备自身支持SR-IOV，PCIe Switch不需要做任何额外处理即可原生支持。但是MR-IOV则必须基于支持SR-IOV的板卡，加上在PCIe Switch上做额外处理才可以支持。原因还是多个独立系统之间是互不沟通的，如果都尝试对PCIe总线进行配置会冲突。PCIe Switch针对MR-IOV的支持基本手段，还是靠增加一层地址映射管理来实现。

4. 组播（Multicast）

在传统双控或者多控存储系统中，缓存镜像是一个必须动作。缓存镜像有多种方式可以实现。第一种，某控制器将数据读入其自身内存，然后使用NTB方式将数据复制到对方的一个或者多个控制器内存，从而实现镜像。复制过程可以采用Programmed IO方式或者DMA方式（前提是对应的PCIe switch上提供DMA控制器）。另一种方式则是采用组播方式，底层程序员首先对整个PCIe Switch域中的Switch做配置，将某些端口后面的某些地址空间设置为同属于一个组播组，这样，凡是命中该组播组地址空间的写操作，均被PCIe Switch广播写入到同组内的对应地址上。这种方式实现镜像的好处是不消耗任何Host端CPU资源。目前，PCIe Multicast这个功能，只有一家支持

（支持Dynamic Partition的那家），并且只有Posted方式的返回数据才可以被组播。PCIe写操作都是Posted，读操作都是None Posted。注意，Host读盘的过程底层其实是盘向Host主存的PCIe写事务，PCIe设备枚举过程中的配置读操作是真读。过于底层的细节就不多介绍了。

9.6.4 Dell PowerEdge FX2平台对PCIe Switch的应用

Dell PowerEdge FX2是一款2U多节点服务器平台框架，其采用一个2U的Chassis机箱，最大可以容纳

2个1U Server Sled。

1个1U Server Sled + 2个1U半宽存储Sled。

1个1U半宽Server Sled + 3个1U半宽存储Sled。

4个1U半宽Server Sled。

2个1U半宽Server Sled + 2个1U半宽存储Sled。

3个1U半宽Server Sled + 1个1U半宽存储Sled。

8个1U四分之一宽的Server Sled多种灵活组合都可实现。

如下图所示。

机箱背面有8个PCIe槽位。如下图所示。

这8个PCIe槽位可以被灵活地分配给机箱正面的各种组合的Server Sled。这就得益于PCIe Switch以及Partition功能的使用。冬瓜哥画了一张示意图来介绍其内部的导向路径。如下图所示，1/2号槽位所连接的端口与服务器Sled1所连接的端口处于红色分区之内，3/4槽位与服务器Sled2处于黄色分区。而5/6/7/8槽位、存储Sled、服务器Seld3则同处于蓝色分区内。意味着服务器Sled3会识别到5/6/7/8槽位上的PCI-E卡（如有），同时识别到存储Sled上的Raid卡。

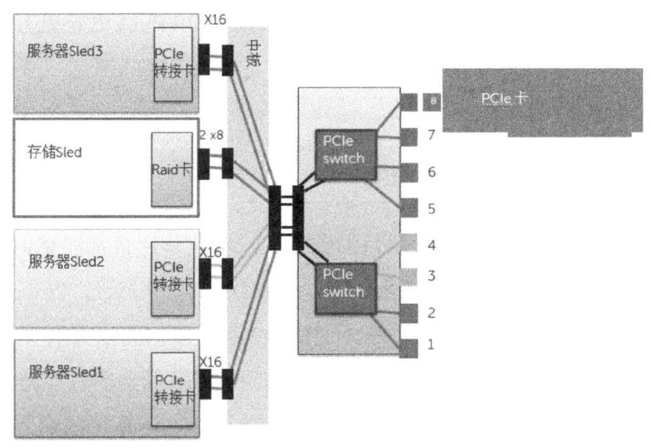

基于Web的配置界面，通过连接到BMC，可以对整个FX2平台所囊括的所有Sled进行全局配置，包括分配对应的PCIe槽位，也就是底层的对PCIe Switch的分区操作。通过对PCIe Switch分区功能的灵活运用，Dell PowerEdge FX2平台可以实现后面8个PCIe设备的灵活分配，从而更好地适配日益灵活的应用场景和业务需求。如下图所示。

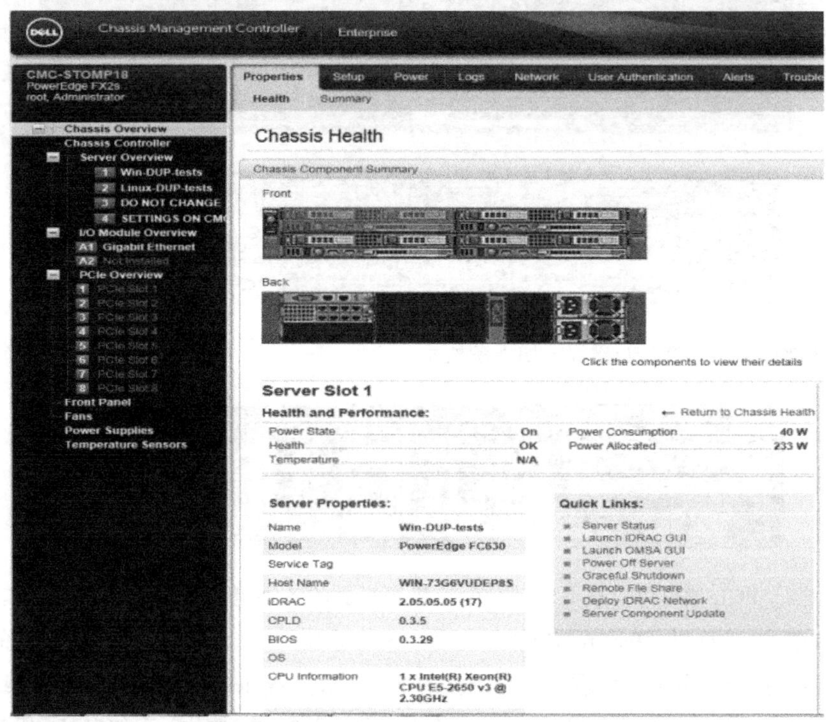

9.7 聊聊FPGA/GPCPU/PCIe/Cache-Coherency

CAPI是OpenPower体系里的一个技术，其目的是让FPGA更好更方便地融入现有的系统。那么现有的FPGA是怎么被使用的呢？先介绍FPGA概念，要弄清楚什么是FPGA，就要先介绍CPU。

9.7.1 通用CPU是怎么运算的?

我们都知道所谓的GPCPU（通用目的CPU），也就是什么都能算但又什么都算不快的CPU，所以其“通用”，比如Intel x86，AMD x86，Power，PowerPC，MIPS，ARM，DragonSon/GodSon（国产）等。而FPGA就是专门为了某种某类计算而优化其内部的逻辑电路的一种专用CPU。GPCPU内部的ALU包含多种运算器，比如加减乘除、逻辑（比如xor、and、or、not）运算、整数和浮点运算，我们开始菜单的计算器，算加减法时，代码指令便会把对应的数据导入到CPU的寄存器，CPU收到之后便会将操作数输入到运算器的输入端，并在下一个时钟周期获取到计算结果并输出到寄存器，然后写回主存。当然，GPCPU内部花费了大量的资源（逻辑电路）去做优化，包括缓存管理、流水线、多发射、分支预测、乱序执行等等，一条指令要最终得到执行，都要经过这些关卡的一层层处理，所以，对于那些“遵纪守法”的代码（比如顺序执行没有任何判断跳转）来讲其时延无疑会增加，但是目前随着业务越来越复杂，应用程序的判断条件越来越多，所以这些优化会增加最终性能，虽然时延相对提高了，但是性能上绝对是增加了，因为如果误判了一个分支，那么整个流水线已经预读入的代码就会被冲刷走重新读入，这个时延反而会更大。

有人问了，我不打开计算器，就运行个QQ，难道还要算加减法吗？如果没有什么加减乘除运算，CPU运行QQ到底是运行了些什么东西？这问题问得好，一般人是根本不去想QQ运行时候底层都做了什么的。其实GPCPU大多时候还真没有在算加减乘除，而更多的是做协调工作了，也就是把内存里某段数据读出来，稍加改动或者根本不动，又写到内存其他地方去。比如QQ要发送一句话给某个好友，其需要调用TCP协议栈顶上的Soket API，后者就是一段常驻内存的OS内核代码，那么QQ.exe如何将这句话传递给这段代码？QQ.exe会让CPU把这句话在当前内存的地址告诉Socket API代码，其会将这个地址以及其他参数写入某个CPU寄存器，对应机器指令就是“mov 内存地址寄存器A”，然后QQ.exe调用Socket API，对应机器指令就是“call socket API的内存地址”，CPU就会把QQ.exe当前的地址暂存起来以便后续返回继续执行（即压栈），然后再跳转到Socket API地址来执行Socket代码（从内存中该地址读出Socket代码执行），Socket代码执行之后，会在CPU寄存器内发现之前传递过来的参数（要发送数据的内容等），然后按照这个参数向下调用TCP协议栈将数据打包，分段，贴上IP标签，最后调用以太网卡驱动程序，调用过程与上述类似，并发送到网卡。这个过程，在主路径上，加减乘除运算并不是必需的，但是在辅路径上，比如程序需要记住当前发送了多少内容了，TCP协议栈也要记录当前发送了多少个分段了，这些就需要CPU做加法操作，以计数；另外，在遇到if代码的时候，CPU会比对多个输入条件，对应机器指令是comp（比较）以及jmpz/jmpnz（遇0跳转/非0跳转）等，此时会用到减法器或者比较器，这恐怕是通用场景下用得最多的ALU运算器了。所以，上述这个过程，根本就不是一个大运算量的过程。但是如果去听MP3，解码RMVB电影，那就需要大运算量了，这些场景也是专用场景。

9.7.2 专用FPGA又是怎么计算的？

通用CPU做通用场景的代码执行，很强，什么都能干，听着歌聊着QQ做着PPT，

再加上个SSD，体验流畅的感觉。但是如果让你算一算分子动力学，某个分子是怎么运动的？算一算人脸识别？搞搞搜索？那通用CPU就力不从心。此时，加减乘除、逻辑、整数、浮点等运算统统一起上，通用场景下使用比例较少的这些ALU，在专用场景下，反而不够用了，一个是数量太少，一个是位宽太低。比如xor运算器，如果位宽只有64bit，每个时钟周期只能将两个64bit做xor，如果我要xor两份1GB的数据，就需要1GB/64bit个时钟周期才能算完。此时，专用计算就派上用场了，也就是所谓的“硬加速”。总体来讲硬加速有4种实现方式：露点、加宽、并行、直译：露点，就是直接把最终的运算单元给露出来，抛掉那些分支预测等流水线步骤；加宽，就是把运算器位宽直接加大，一个周期多算一些数据；并行就是把多种分支直接并行检测，也就是把比较器/减法器直接并行化，结果相or或者and，来判断后续路径；直译就是把多种条件直接用译码器做出来，一个周期输出结果。所有这些都需要电路层面的改动，这就产生了FPGA现场可编程门电路阵列。FGPA内部就是一堆直译表（DRAM，用户自己写好逻辑然后输入进去），再加上一些外围接口和一些固定的算法器件，比如Flash控制器常用的LDPC硬核，NIC、存储I/O卡、防火墙、路由器等，内部都采用了应加速，比如网卡收到一个以太网帧，其需要解析帧头，这种工作如果交给GPCPU的话，那就太慢了。先从内存读入代码看看要执行什么？译完了码，进流水线等着吧，顺便去做个分支预判，找一找历史预判数据，下一位！进了流水线后，先排在后面，因为其占用的资源和别人有冲突。最后操作数到达ALU，发现位宽太小，而硬加速直接把这个帧载入寄存器，其中电路直接导向各个译码器，直译出下一步的操作，比如需要比对ALC，那么就多个目标地址/源地址并行比较一个周期输出，这样才能保证速度。

9.7.3 专用FPGA怎么与系统对接?

目前的FPGA都是使用PCIe与Host通信的，也就是做成一张PCIe卡插到主板PCIe槽上。主程序通过驱动程序，将需要运算的数据指针告诉FPGA，然后FPGA从主存DMA读取待计算数据并计算，计算完后DMA回主存并通知主程序。

1. 多核心多CPU系统以及PCIE设备

所有CPU看到单一物理地址空间，所有线程看到单一虚拟地址空间，PCIe物理地址空间映射到CPU物理地址空间，CPU物理地址空间也映射到PCIe物理地址空间。如下图所示。

数据出了ALU，面对的一张复杂的路由网络，目的地址为内存地址，但是其相对外部网络的复杂性在于，目标的位置是不固定的，还可能有多份复制。硬件透明搞定Cache Coherency。Cache Coherency不负责多线程并发访问Cache Line时的互斥，互斥需要程序显式发出lock，底层硬件会锁住总线访问周期。如下图所示。

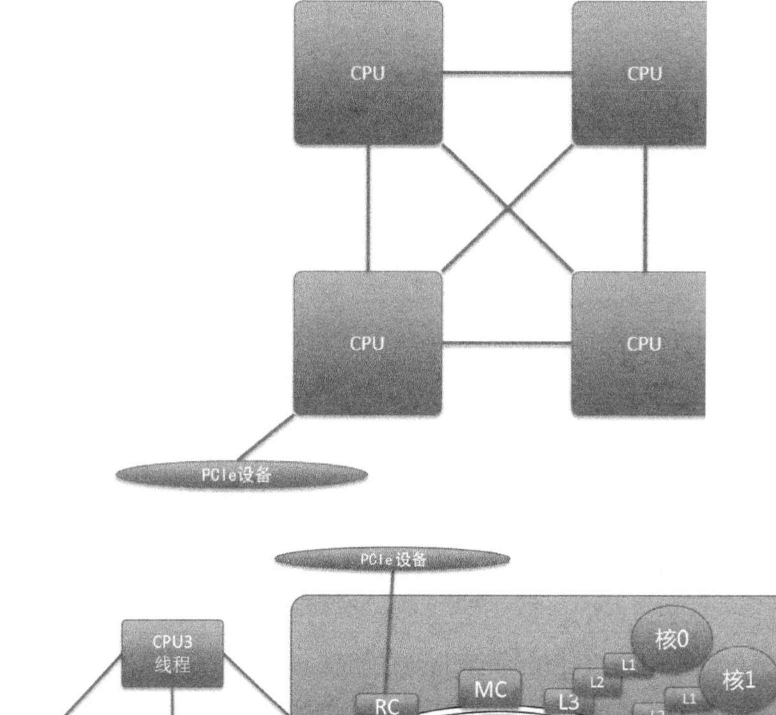

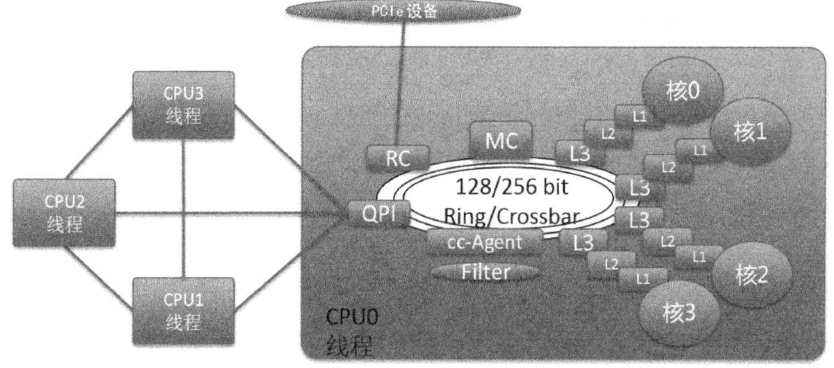

2. PCIe设备如何与CPU交互？

（1）BusDriver将PCIe设备地址空间映射到CPU物理地址空间并将PCIe地址空间写入PCIE设备寄存器。

（2）HostDriver读出PCIe设备寄存器，获取该设备对应的PCIe物理地址空间并I/Oremap()到内核虚拟地址空间。

（3）HostDriver 申请DMA缓存并向PCIe设备映射的虚拟地址空间写入控制字、基地址等，这些信息便被写入设备寄存器，从而触发PCIe设备根据基地址从主存DMA拿到需要的指令和数据后进行处理。

（4）PCIe设备对主存DMA时，RC自动执行Probe操作以保证Cache Coherency。如下图所示。

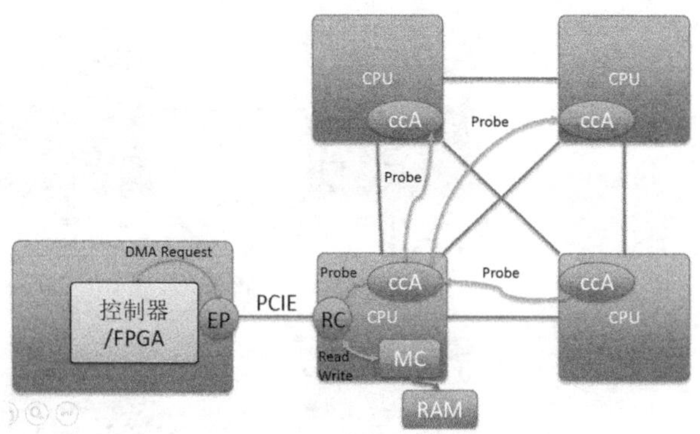

9.7.4 当前交互方式存在的不足

（1）执行路径长而且全软件参与：应用call→传输协议栈（如有）→Host驱动→PCIe设备→DMAA中断服务→Host驱动→传输协议栈（如有）→应用Buffer。

（2）PCIe设备与CPU看到不同的物理地址空间，RC进行映射和转换。驱动程序申请内存之后得用pci_map_single()映射成PCIe物理地址。

（3）用户态程序必须主动从内核地址空间mmap()才可以直接与PCIe设备DMA互传数据。用户态程序必须区分不同的地址段。

CAPI接口则缓解了这个问题，如下图所示。

Coherent Accelerator Processor Interface 1.0

- AFU—Acceleration Function Unit，主加速逻辑部分，用户写入自己设计的逻辑和Firmware。
- PSL—Power Service Layer, 提供接口给AFU用于读写主存和V2P地址翻译（与CPU侧使用同一个页表，并包含TLB），同时负责Probe CAPP实现全局cc，并提供Cache。PSL由IBM作为硬核IP提供给FPGA开发者。
- CAPP—Coherent Attached Processor Proxy, 相当于FPGA侧的ccAgent，但是被放在了CPU侧，其维护一个filter目录并接受来自其他CPU的Probe，未过滤掉的Probe转发PSL。

- 针对专用场景、PCIe专用加速卡进行优化。
- FPGA直接访问当前进程的全部虚拟地址空间，无需转成PCIe地址。
- 加速卡上可以使用Cache并通过CAPP的Probe操作自动与主存cc。
- 加速卡与CPU看到同样的地址空间并且cc。
- 提供API，包括打开设备、传递任务描述信息等，相当于驱动程序。
- PSL由IBM提供，硬核IP。AFU通过opcode及地址控制PSL收发数据。

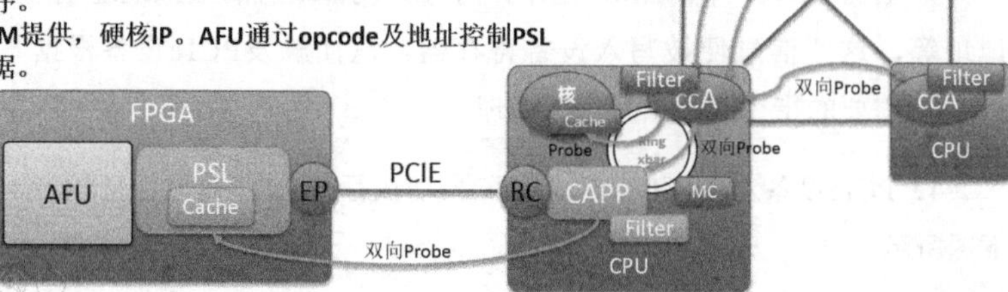

9.8 【科普】超算到底是怎样算的?

这里介绍以下几个概念。

（1）并行结算基本概念。

（2）众核NoC基本概念。

（3）超算集群和MPI。

（4）GPU并行计算。

（5）科学计算到底在算什么以及怎么并行的（压轴的放最后）。如下图所示。

9.8.1 并行计算怎么算

我们知道，单个CPU核心只能串行计算，也就是一条一条地把机器指令读出来执行。要理解的一点是，串行执行并不表示指令顺序执行，跳转指令可以让CPU跳到其他地址执行，但是整个过程CPU只在执行一个单一的指令流，也就是一个线程（thread）。某个线程完成某种任务，而线程对应的代码中的多个函数又各自分工完成对应的工序。要想同时执行多个线程，有两个方法：一个是增设额外的一个或者多个CPU，这样，在时间上可以做到并行，同一时刻有多个任务同时执行；另一种办法则是让单个CPU执行一段时间线程1，然后再强行跳转到线程2执行一段时间，接着再跳回到线程1，这样就可以实现多个线程的并发，但是却不是并行，因为同一个时刻还是只有一个线程在执行，只不过每个线程执行的时间非常短，一般比如10ms的时间，就会跳转到其他线程执行，这样从表面看来，一段时间内，多个线程似乎是“同时”执行的。

第一种方式看上去性能更高，但是其有两个惨痛的代价，第一个是线程之间的同步，第二个是缓存一致性。如果多个线程运行在同一个核心上，那么它们只能一个接

一个地执行，执行线程1时线程2不可能得到执行，如果线程1和线程2要操作同一个变量，那么就轮流操作，不会有问题。但是多个线程运行在不同的核心上，事情就发生很大变化了，比如有两个线程都需要操作某个变量，若同时运行a=a+1这个逻辑，期望结果是线程1对a加了1，线程2要在线程1输出结果的基础上继续+1，而由于这两个线程运行在两个独立核心上，彼此之间没有协调，可能导致线程1读到的a的初始值为0，加1之后还没来得及将最新结果更改到a所在的地址之前，线程2也读到了a的初始值0，加1之后也尝试写入同样的地址，最后a的结果是1，而不是期望中的2。解决办法则是对变量a加互斥锁，当某个线程操作a之前，先将锁（也是个变量）置为1，其他线程不断地扫描锁是不是已经被置为0，如果是1则表示其他人正在操作a，如果是0则表示其他人已经释放了，那么其将锁改为1，也就是锁上，自己操作a，此时读到的a就会是被其他线程更新之后的最新数据了。这个过程叫作Consistency。所以，如果多个线程之间完全独立各干各的，没有任何交互，这是最理想的场景，这就像多台无须联网的独立的计算机各干各的一样，只不过共用了CPU和内存。

然而，如果使用了缓存，又使用了共享变量，事情又变得复杂了。线程1所在的核心1抢到变量a的锁之后会将a的内容缓存到核心1的缓存中，更新了a内容之后，该更新也依然留在缓存中而不是被Flush到主存。其释放锁之后，线程2抢到a的锁并将a读入核心2的缓存，此时如果不做任何处理，核心2从主存中读到的将是a的旧内容，从而计算出错。可以看到，即便是使用了锁来保证Consistency，也无法避免缓存所带来的一致性问题，后者则被称为Coherency。

Consistency由软件来负责，而Coherency则要由硬件来负责，具体做法是将每一笔数据更新同步广播出去给所有其他核心/CPU，将它们缓存中的旧内容作废，收到其他所有核心的回应之后，该更新才被认为成功。所以核心/CPU之间需要一个超低时延的网络用于承载这个广播。这个过程对软件完全透明。除了需要广播作废外，当其他核心需要访问该变量时，拥有该变量最新内容的核心必须做出应答将该内容推送到发出访问请求的核心。

在很早期的SMP/UMA架构下，由于那时的SMP总线本身就是一个广播域，任何核心的访存请求都会被其他所有核心收听到，包括更新了某个地址、读取某个地址，这样很自然地可以实现Coherency，比如，当某个核心更新了某个地址之后，其他核心后台默默地收听（或称嗅探，即Snoop），并在自己缓存中查询有没有缓存这个地址的内容，有则作废无则不动作。当某个核心发起对某个地址读的时候，其他核心收听之后也默默地搜索自己的缓存，看看是否有该内容最新版本，有则使用特殊的信号抢占总线并压制主存控制器对总线的抢占，将数据返回到总线上，与此同时主存控制器也收听该内容并将该内容同步更新到该地址在主存中的副本。此时，该地址将拥有

3个副本，分别位于之前缓存它的那个核心的缓存，刚刚读它的那个核心的缓存、主存，而且内容一致。如果此时之前缓存它的那个核心再次发起读操作，就没有必要将读请求发送到总线上而浪费电，同时也浪费其他核心的搜索运算耗费的电能以及对其他正常缓存访问的抢占。所以人们想了个办法，每个缓存条目（Cache Line，缓存行）增加一个字段，专门用来描述“该缓存当前处于什么状态”，上述状态称为Share态，而如果有人更新了某个地址，其他核心嗅探到之后，便将自己缓存里这份内容改为“Invalid”态，而刚刚更新内容的那个核心里缓存的该条目被改为“Modified”态，Invalid态的条目已经作废，再读就得走总线，Modified态的条目可以直接读，因为此时没有其他人有比你新的内容了。如果加电之后某个核心第一个抢到总线并发起该地址的读，则读入之后该条目就是Exclusive态，因为只有他一个人缓存了该条目，当另外的核心再发起读之后，该核心嗅探到这个事件，于是将自己缓存里的该条目发送给刚才发起读的核心，那个核心从而知道其他核心也有该内容，于是两个核心一起将自己本地的该条目改为Share态，这两个核心中任何一个如果再发起该地址的读，就不用走总线了，直接缓存命中。可以看到，当某个核心需要访问的数据在其他核心的缓存中时，硬件会自动传递这份数据，软件根本无须关心。所以多个线程之间引用共享变量的时候，直接引用即可。

上述方式被称为MESI协议，其目的是提升效率，不需要每一笔访问都走外部总线。后来过渡到NUMA架构之后，NUMA是通过一个分布式交换网络来广播同步这些消息以及进行变量内容传送的，由于该网络并非一跳直达的广播网络，所以过滤不必要的广播就更加重要了。不同的CPU厂商有不同的方式，MESI协议也有不少变种，比如MESIF等。另外，由于失去了天然的总线嗅探机制，如果某个缓存行处于Invalid态，读取该缓存行之前硬件需要发出Probe操作，嗅探，主动广播这个Probe请求给所有核心的缓存控制器，缓存了该行的缓存控制器会返回最新数据并将自己该行的状态改为Share态。如果要更新某行，该行本地处于Exclusive或者Modified态则直接更新，处于Share态则需要发出Probe请求作废其他缓存中的该行。总之，当MESI遇到NUMA，就是个非常复杂的状态机，这里就不展开叙述了。

9.8.2 核心数能否再多点

可以看到，增加核心数量并不是那么容易的事情，除非不使用缓存，所有核心把所有的更新都写到主存里。但是这样做性能将会不可接受。有人问，把缓存也集中共享不就没这么多事了吗？的确，但是如果把缓存单独放到某个地方，多个CPU芯片通过某种总线集中访问该缓存，那么其总线速率一定不够高，因为其走到了芯片外面，导线长度变高，信号质量就会变差。这个思路就不现实了。

所以，又要使用分布式缓存，又要要求核心数量越来越多的话，就得保证所有核心之间的网络足够高速，而核心数量越来越多，网络的直径就会越来越大，即便是MESI过滤，其效果也是有限的，广播的时延随着网络规模的增大变得越来越高。所以，核心数量达到一定程度之后，缓存一致性问题就变成了整个系统扩展性的瓶颈点所在。怎么办呢？反正硬件是不会再保证一致性了，因为如果有成百上千个核心的网络用硬件保证一致性肯定得不偿失。

此时，必须抛弃由硬件保证的缓存一致性，改为软件自行解决。NoC方案就是在一个芯片中将几十个到上百个核心通过高速网络连接起来，但是不提供硬件缓存一致性，其网络直径很大。这种架构天然适合各干各的，如果不是各干各的，必须传递更新后的变量的话，需要由软件自行向位于每个核心前端的NoC网络控制器发送消息+目标节点地址，并传递到对方，对方通过底层驱动+协议栈接收该变量，并传递给其本地程序，这已经是赤裸裸的程序控制网络通信了，其实NUMA已经是这样了，只不过其网络通信程序跑在硬件微码或者硬状态机中，且该状态机可直接接收访存请求，并将其通过网络发送从而对软件透明。

另外，NoC架构的CPU很少会被设计为共享内存架构，因为此时主存也是通过主存控制器接入NoC，由于NoC时延过大，每一笔访存请求又是同步的，将代码直接放到主存，性能将会非常差，所以NoC上的RAM主要用于所有核心之间的最后一层共享缓存了，只不过是可寻址的缓存，由软件而不是硬件来管理。NoC架构下每个核心内部一般会有几百KB的SRAM可寻址空间，代码则运行在这里。外部主存可以使用虚拟驱动映射成某个带队列的设备，异步读写。也有支持直接映射到核心地址空间的，但是访问性能会很差，所以鲜有。

9.8.3 再多点!

核心数量再多，一个芯片真就搞不定了，NoC也无济于事。用多个芯片也不行，几万个CPU芯片怎么弄到一起？那就不能采用NoC了，得用眼睛看得见的网络了，包括网卡、网线、交换机。这么大范围的网络，其速率相比NoC又降低一个档次，比如万兆以太、Infiniband等级别了。也就是说，在这种规模之下，必须使用多台独立的机器来搭建，也就是所谓的超算集群。如下图所示。

一堆单独的机器用网络连起来就是超级计算机？可以这么说，整个Internet上的计算机也天然组成了一个超算集群，只要Internet用户同意，就可以用来计算。比如SETI@Home项目就是利用所有Internet上的计算机各自下载一部分数据，然后用同样的方式去分析并返回结果，其将程序作为一个屏保程序，在离开或者空闲的时候，便在后台启动计算，屏保结束则自动停止。当然，这个计算过程中基本不会有网络通信，多个部分之间各算各的。

使用了外部网络，多个不同机器上的线程之间就不能共享内存来通信或者共同引用、处理某个变量或数据结构。如果需要通信或共享变量，就得彻底使用这些外部网络来传递了。比如，利用TCP/IP，RDMA over IB等等。编程人员之前写程序都是直接声明变量和数据结构，直接引用，最多加个锁，而现在每次引用的时候要调用TCP/IP发个包给对方，再接收包，才能拿到，很多人可能不喜欢。

但不喜欢不行，必须喜欢，否则就别用几万个核，只用8路服务器或者小型机去，那个好，但是就是一算一个月，但是底层这么多网络，TCP/IP怎么调用？RDMA又是什么？几千上万台机器，单是记录IP地址就得记录多少个？自己说怎么办吧。

9.8.4 MPI是干啥的

鉴于上面的顾虑，人们开发了一种叫作MPI（Message Passing Interface）的函数库。例如对于数组a[100]，现在想把a[0]～a[9]分别发给运行在1~9号节点上的各自进程。片刻即可完成。

上述场景称为MPI_Scatter场景，某个进程将一组数据一个一个地散播给多个进程。对应的函数为MPI_Scatter （&sendbuf，sendcnt，sendtype，&recvbuf，recvcnt，recvtype，root，comm），每个进程在代码中该处加上一句，就可以了，该收的收，该发的发，该函数为同步阻塞调用，执行到这一步时发送方发出数据，接收方等待接收，完成之后大家再继续往下走。

如果是共享内存架构，进程在代码里可以直接引用a[i]，根本不需要接收/发送。比如int b=a[9]+1。该函数底层也是调用本机的网络协议栈、设备驱动，从而将消息封包传递给其他机器的。

同理，还有如下这些常用函数：MPI_Send，MPI_ISend，MPI_Recv，MPI_IRecv

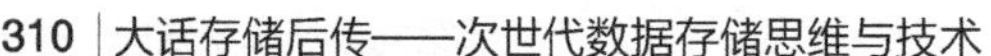

等，用于点对点数据传递；MPI_Bcase，MPI_Gather，MPI_Reduce，MPI_Barrier等，用于集合通信，后者统称为Collective类MPI通信。

利用MPI框架编写好对应的程序之后，需要使用mpirun脚本将程序load到集群里的每个节点上，具体如何load，需要预先写好一份配置文件，大家有兴趣可以自行研究，这里就不多介绍了。

9.8.5 浪潮Caffe MPI版本

浪潮是国内HPC领域的领军厂商，有一系列的软硬件解决方案，比如高密度刀片、GPU一体机、深度学习一体机、SmartRack整机柜服务器、InCloudRack整机柜服务器等等。如下图所示。

在HPC生态环境和软件方面，浪潮专门为Caffe深度学习平台开发了对应的MPI版本（开源）；提供高性能计算服务平台ClusterEngine，可实现集群监控、故障报警、系统管理、作业提交管理及调度，支持提供优先级、公平共享、资源限制、资源回填等多种调度策略，支持HPC应用集成、记账管理、统计分析等功能，如下图所示。

天眼是一个高性能应用特征监控分析系统，面向大规模HPC集群系统，用于提取应用程序对集群资源的使用情况，并实时反映其运行特征；可在现有硬件平台基础上，深度挖掘应用程序的计算潜力；为诊断应用程序瓶颈，改进应用算法，提高并行效率提供科学有力的指引，最终达到优化系统资源利用率，提高系统计算性能的目标。并提供热点走势图、数据分布律图、特征雷达图等可视化监控。如下图所示。

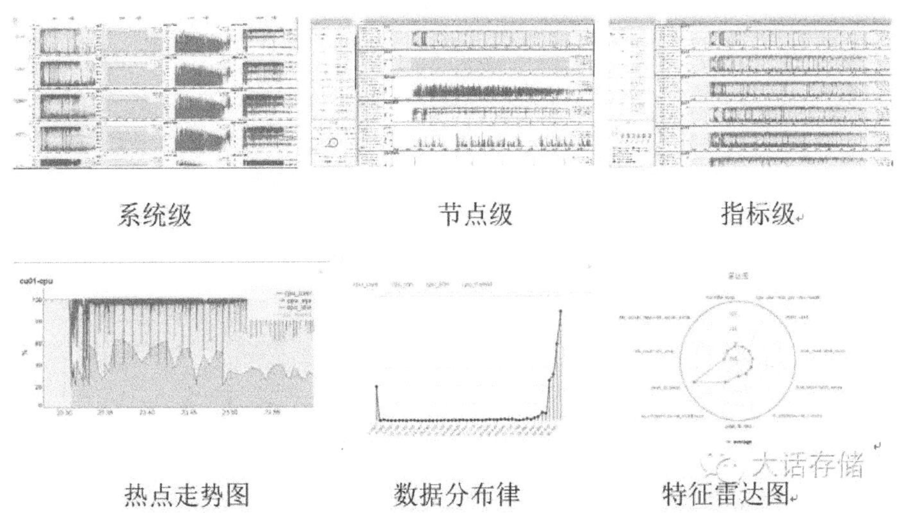

Caffe是伯克利发布的一款深度学习计算框架，广泛用于图像识别等深度学习领域。如下图所示。

inspur 浪潮 Caffe-MPI深度学习计算框架

- 支持多机多GPU卡数据并行
- 基于HPC系统设计
  - 硬件架构：IB网络+GPU集群+Lustre并行存储
  - 软件架构：MPI+Pthread+CUDA

浪潮发布的MPI集群版Caffe计算框架正是切中当下深度学习的迫切需求，其基于伯克利的Caffe框架进行了MPI改造，让原本只支持单机+GPU环境的Caffe框架完美支持了多机MPI集群环境，并且完全保留了Caffe原有的特性。

浪潮的MPI版的Caffe计算框架已经在某超级计算机上进行部署并测试，结果显示，在保证正确率相同的情况下，浪潮MPI Caffe在16个GPU上并行计算效率上提升13倍。如下图所示。

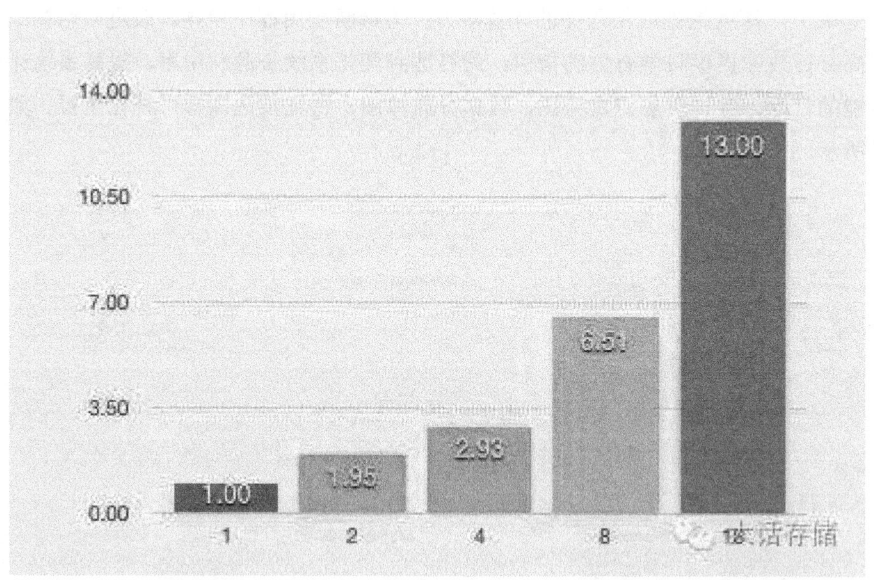

9.8.6 GPU事半功倍

超算又可以被称为并行计算，用大量的计算核心堆砌。高端GPU里天然就有数千个计算核心，其原本专门用于加速计算图形渲染过程，后来被人们用于通用计算领域。Nvidia GPU的典型架构如下图所示。

SMM

PolyMorph Engine 3.0

Vertex Fetch | Tessellator | Viewport Transform

Attribute Setup | Stream Output

Instruction Cache

Instruction Buffer						Instruction Buffer					
Warp Scheduler						Warp Scheduler					
Dispatch Unit			Dispatch Unit			Dispatch Unit			Dispatch Unit		
Register File (16,384 x 32-bit)						Register File (16,384 x 32-bit)					
Core	Core	Core	Core	LD/ST	SFU	Core	Core	Core	Core	LD/ST	SFU
Core	Core	Core	Core	LD/ST	SFU	Core	Core	Core	Core	LD/ST	SFU
Core	Core	Core	Core	LD/ST	SFU	Core	Core	Core	Core	LD/ST	SFU
Core	Core	Core	Core	LD/ST	SFU	Core	Core	Core	Core	LD/ST	SFU
Core	Core	Core	Core	LD/ST	SFU	Core	Core	Core	Core	LD/ST	SFU
Core	Core	Core	Core	LD/ST	SFU	Core	Core	Core	Core	LD/ST	SFU
Core	Core	Core	Core	LD/ST	SFU	Core	Core	Core	Core	LD/ST	SFU
Core	Core	Core	Core	LD/ST	SFU	Core	Core	Core	Core	LD/ST	SFU

Texture / L1 Cache

Tex | Tex | Tex | Tex

Instruction Buffer						Instruction Buffer					
Warp Scheduler						Warp Scheduler					
Dispatch Unit			Dispatch Unit			Dispatch Unit			Dispatch Unit		
Register File (16,384 x 32-bit)						Register File (16,384 x 32-bit)					
Core	Core	Core	Core	LD/ST	SFU	Core	Core	Core	Core	LD/ST	SFU
Core	Core	Core	Core	LD/ST	SFU	Core	Core	Core	Core	LD/ST	SFU
Core	Core	Core	Core	LD/ST	SFU	Core	Core	Core	Core	LD/ST	SFU
Core	Core	Core	Core	LD/ST	SFU	Core	Core	Core	Core	LD/ST	SFU
Core	Core	Core	Core	LD/ST	SFU	Core	Core	Core	Core	LD/ST	SFU
Core	Core	Core	Core	LD/ST	SFU	Core	Core	Core	Core	LD/ST	SFU
Core	Core	Core	Core	LD/ST	SFU	Core	Core	Core	Core	LD/ST	SFU
Core	Core	Core	Core	LD/ST	SFU	Core	Core	Core	Core	LD/ST	SFU

Texture / L1 Cache

Tex | Tex | Tex | Tex

96KB Shared Memory

上图只是多个Stream Multi Processor中的一个，整个GPU含有数以千计的Core。编程人员需要通告GPU某个计算步骤要分成多少个线程以及如何划分。GPU内部会将32个线程划为一组（也就是warp），轮流调度到SM中执行。

比如对一个一维数组中的各项元素求平方然后再求和的过程：

```
void squaressum(int *data, int *sum) {
    int sum_t=0;
    for (int i=0;i<1048576;i++){sum_t+=data[i]*data[i];}
    *sum=sum_t;
}
```

对上述过程的计算加速很简单，就是创建多个线程，装载到多个核心上同时执行，每个核心执行这一百多万个元素中的一部分，形成部分和，最后再累加起来即可。如果形成1000个线程，每个线程各自求解其中1000个元素的平方和，然后再累加1000次即可，累加的过程也可以使用加法树再次加速，比如再将这1000个部分和分成20个线程来加，每个线程加50个数，这样同一时段内总共累加70次即可完成，而不是累加1000次。上述过程可以采用OpenMP库在单机共享内存场景下来完成，OpenMP库会自动将这个for循环展开为多个线程计算。如果采用NVIDDIA GPU来加速上述过程，则需要下列步骤：

第一步，主程序在主机内存中将数据准备好，比如：int data[1048576]，表示一个含1048576个元素的一维数组，然后向其中填充对应的待计算的数据。

第二步，主程序调用NVIDIA提供的CUDA库函数InitCUDA()声明当前进程需要与GPU通信，调用其执行计算任务，GPU侧则做好相应的上下文切换。

第三步，主程序调用NVIDIA所提供的CUDA库函数cudaMalloc()，要求GPU在显存中开辟对应大小的空间用于存放第一步中生成的数据。

第四步，主程序调用CUDA库函数cudamemcpy( )让GPU从主存中对应位置将数据复制到第二步开辟的显存空间中。

第五步，主程序采用“__global__ 函数名<<<块数，线程数>>>（参数）”的方式声明让CUDA库自动在GPU上生成多个线程来同时执行该函数，该函数被CUDA称为“核函数”或者“Kernel”，意思就是该函数中才是整个计算的核心逻辑，会被GPU并行执行，之前做的都是些准备工作而已。在函数中也可以采用手动方式明确指定由哪个线程处理哪一部分的数据，具体采用将线程ID与变量相关联的方式实现。<<<块数，线程数>>>是CUDA中对线程的组织方式，多个线程组成块，多个块组成Grid，用三级描述来区分各个线程。调度则以32个线程为一组。

第六步，主程序调用cudamemcpy( )将第五步执行完的结果从显存复制到主存。

第七步，主程序调用cudafree()释放之前分配的显存。

第八步， 主程序进行收尾工作，比如进行部分和的累加，以及显示出对应的结果，等等。

9.8.7 浪潮SmartRack中的GPU节点

浪潮SmartRack协处理加速整机柜服务器，实现了在1U空间里部署4个Tesla® GPU加速器，实现“CPU+协处理器”协同计算加速。此外，该产品还融合了广泛使用的NVIDIA® CUDA®并行计算平台以及cuDNN GPU加速库。如下图所示。

第十章

I/O协议栈及性能分析

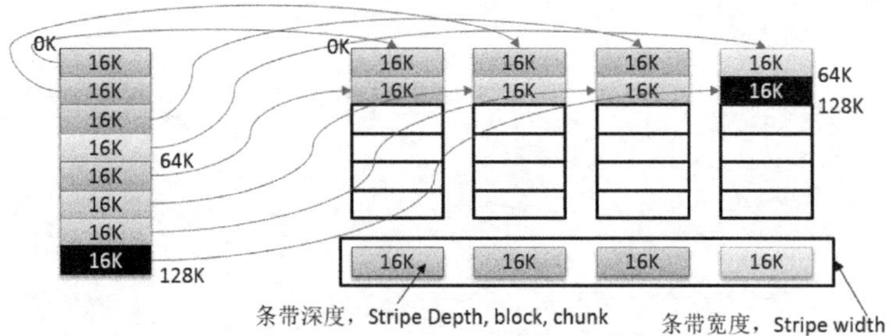

10.1 最完整的存储系统接口/协议/连接方式总结

1. 顶层协议描述了什么？

在存储系统中，上层协议可以泛指“指令”，例如“读出从某某开始的多少长度的扇区”，读/写类指令包含3大关键信息：

（1）操作码（OperationCode，OP code）。比如Write，Read，Control（Inquery，Standby等）。

（2）起始地址：从哪开始读。如果是文件的话，精确到字节。如果是硬盘的话，精确到扇区（LBA）。

（3）长度：从起始地址往后多长的一段字节或者扇区。

2. 下层协议及接口有什么作用？

那么，指令如何传递给对端的设备？可以自己将上述指令的二进制码再编码一下，将手电筒的亮灭传递给对方，传对方收到后闪一下手电筒表示已经收到。此时，手电筒编码并收到后怎么表示收到，这也是一种协议，属于传输层协议。而手电筒就是物理层的接口，最终通过物理层，也就是光在真空中传播来将信息发送到对方。

同理，SCSI指令/协议和NVMe指令/协议是存储系统面向机械盘和固态介质分别开发的两种上层协议。它们可以被over到传输层协议+网络层/链路层/物理层接口上传输到对方，比如SCSI over FC，SCSI over SAS、[（SCSI over TCP）over IP] over Ethernet（iSCSI），SCSI over RDMA over IB（SRP），SCSI over TCP over IP over ib。以及NVMe over PCIe over 标准插槽、NVMe over PCIe overM.2接口、NVMe over PCIe over SFF8639接口等等。

NVMe最好是直接over到PCIe上，因为目前来讲，PCIe的物理层+链路层+网络层+传输层还是非常高效的，算是开放式IT设备外部I/O总线里速率较高、使用最广泛的。

当然，如果出于扩展性考虑，也可以NVMe over TCP/IP over 以太网，或者NVMe over RDMA over 以太网/IB，或者NVMe over FC等等。

底层接口，例如同样是手电筒，有人用白炽灯的，有人用Led；有人用袖珍的，有人用手提的，有人用头戴的。这就是接口不同，但是它们传递的信息编码、物理层，都是一样的。比如，PCIe可以用标准插槽，也可以用自定义的插槽，但是里面的信号针脚数量都是一样的。

3. 各类存储系统使用的协议及接口一览

存储系统中的硬件物理接口包括以下几种。

（1）SCSI协议及接口：最原始的上层协议及底层接口标准。有人可能会问SCSI不是上层协议的名字吗，为何底层物理接口也叫SCSI？因为SCSI这个标准最早的时候把从上层协议一直到底层传输协议、网络层、物理层全给定义了。如下图所示就是SCSI体系设备侧的接口物理形态。目前已被淘汰。其定义了表示层到物理层。

（2）IDE协议及接口：承载ATA协议。面向消费级，与SCSI接口处于同一个时代。同属并行总线接口，最大接2个设备。物理层速率比同时代SCSI接口低。目前已被淘汰。其定义了传输层到物理层。

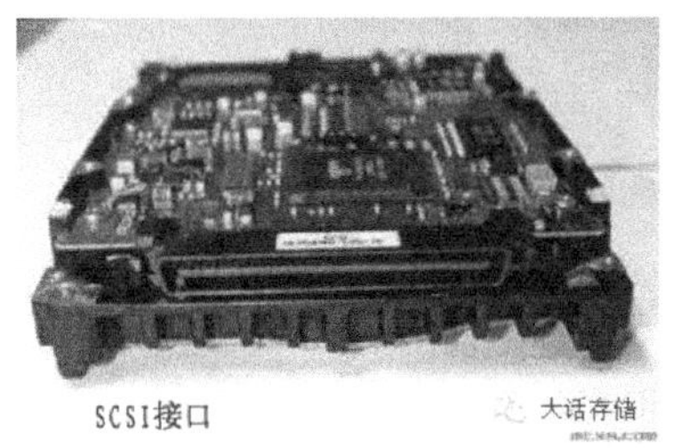

（3）FC协议及接口：当用于存储系统时承载SCSI协议，理论上可以承载任何上层协议。分为FCAL和FC Fabric两种网络层拓扑。磁盘接入的是FCAL拓扑。物理层接口如下图所示。为了满足企业级对可用性的要求，FC盘被作为双数据接口，接入两个成环器，再各自上联到FC控制器。图中所示的接口中包含两套数据针脚。其定义了传输层到物理层。

（4）SATA协议及接口：仅用于承载ATA协议。其用于取代IDE接口。属于串行总线，每个通道只能接入一个设备，采用特殊的Mux，可以复用多个设备。如下图所示左侧为数据口，右侧为供电口。数据口有3根地线和两对差分线。供电口有不同电流的多路冗余供电。其定义了传输层到物理层。

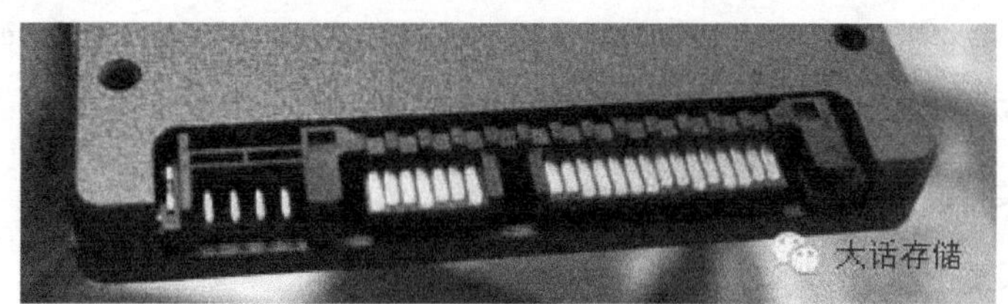

（5）SAS协议及接口：在存储系统中用来取代FCAL接口。目前速率为12Gb/s，支持交换式组网，电路交换，不能成环。其定义了传输层到物理层。SAS和SATA的连接器看上去差不多，但仔细观察会发现SATA连接器中间的缺口在SAS上是被补平的，其反面其实还有7根数据线，这就是企业级冗余所要求的双端口，这第二个数据口接入到第二个SAS控制器或者Expander上。如下图所示。

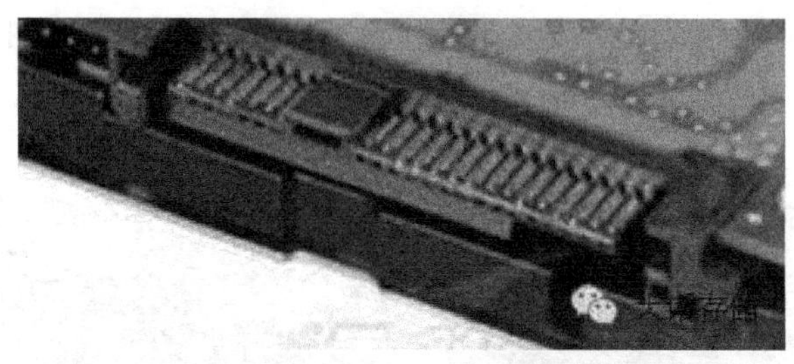

（6）PCIe协议及接口：承载PCIe传输协议。其可承载各种上层协议。用于存储系统时，一般直接承载NVMe协议，也可以承载SCSI协议，但是后者没有普及。其定义了传输层到物理层。目前PCIe设备侧连接器形态主要是标准插槽或者SFF8639（U2）。

（7）EMMC协议及接口：没有连接器，直接从Flash颗粒管脚以贴片的方式与EMMC控制器的管脚相连。承载EMMC上层协议（与ATA/SCSI/NVMe处于同一个阶层）。底层物理层采用并行总线。EMMC与早期SCSI的做法类似，从顶层协议到底层物理层全都定义了一套自己的标准。其定义了表示层到物理层。

（8）UFS协议及接口：没有连接器，直接从Flash颗粒管脚以贴片的方式与UFS控制器的管脚相连。底层物理层采用串行总线。上层协议采用UFS协议（与ATA/SCSI/NVMe/EMMC处于同一个阶层）。UFS与早期SCSI的做法类似，从顶层协议到底层物理层全都定义了一套自己的标准。其定义了表示层到物理层。如下图所示。

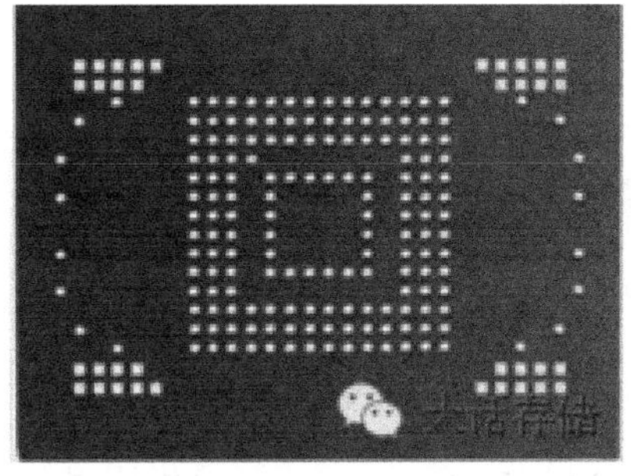

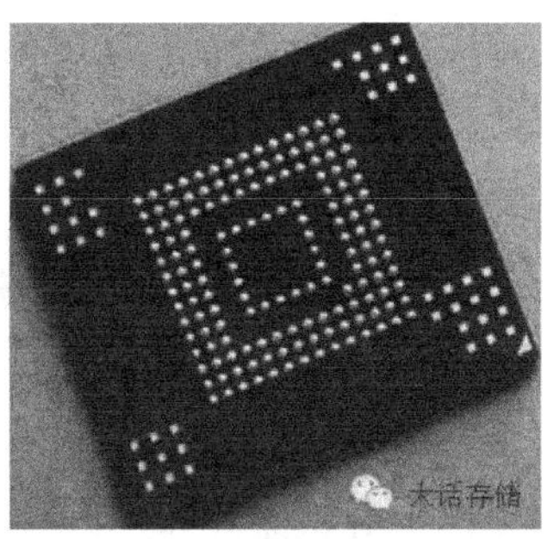

4. 连接器

上述的SCSI、FC、SAS等各种协议都相应定义了自己的物理层连接器形态。但这并不意味着某种连接器只能承载当初定义它的那个协议。比如，SATA连接器可以承载以太网物理层信号，RJ45连接器可以承载串行通信协议物理层信号。SAS协议定义的HD MiniSAS连接器可以承载PCIe物理层信号，等等。有个原则就是，为高速率传输协议定义的连接器，可以承载低速率传输协议，反之则不行。

（1）上述各种协议原生定义的连接器，不再多描述。

（2）SAS方面，由于引入了Expander，外置端口形态在早期比较多，但是到12Gb/s速率时代之后，逐渐统一成HD MiniSAS类型的连接器，如下图所示，分内口和外置口两个版本。MiniSAS逐渐不再用。

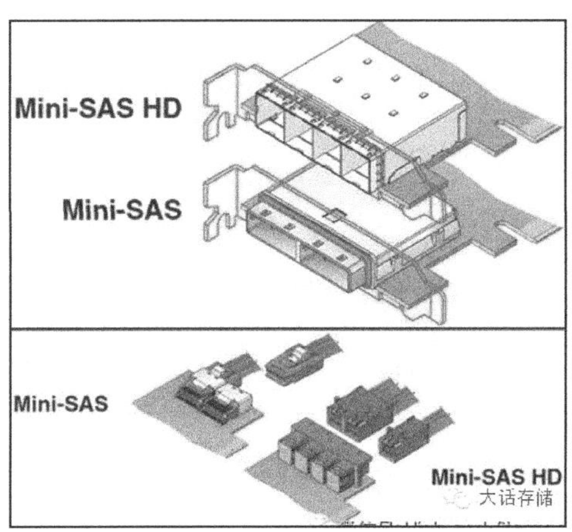

（3）U.2连接器（SFF8639连接器），其中包含SAS、SATA和PCIe x4三套接口，充分利用空间，将三套金手指信号做到接口上，各干各的。意味着可以插入一块SAS、SATA或PCIe盘。样子乍一看和SAS差不多，但是别搞混了，还是有差别的。U.2实质上是一种Combo组合接口。其定义了连接器。如下图所示。

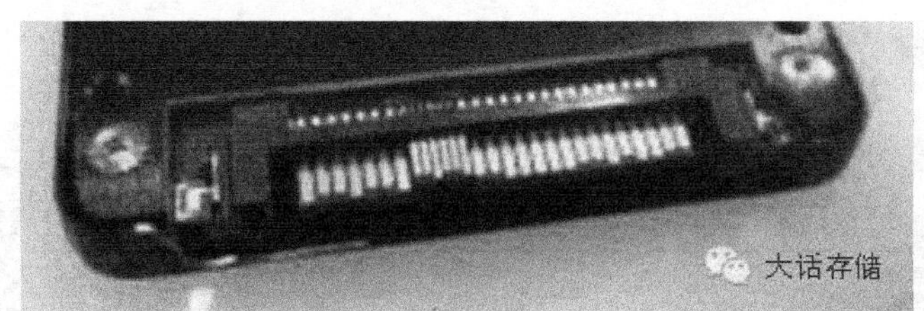

（4）M.2连接器广泛用于平板电脑里的固态存储介质。其底层可承载PCIe传输协议，然后可以SCSI over PCIe，NVMe over PCIe。其也可以直接跑SATA信号。如下图所示。

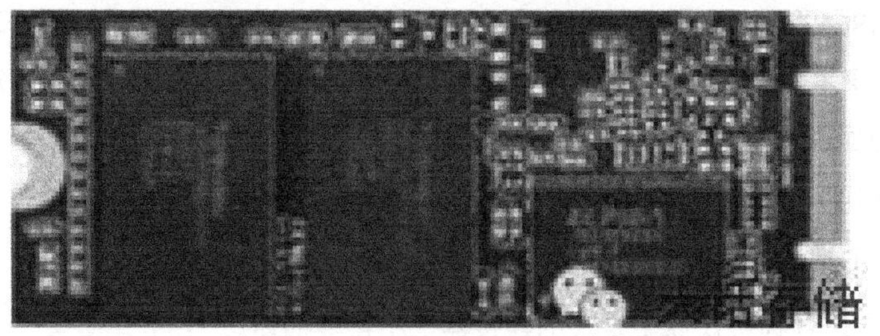

总结如下，见表10-1。

表10-1　存储系统接口/协议/连接方式总结

顶层协议	传输层协议	物理层接口/连接器	端到端
SCSI（面向机械盘）	SCSI FC SAS TCP（over IP） RDMA oE/oIB TCP（over IP）	SCSI FC SAS Ethernet Infiniband	SCSI over SCSI over SCSI（Phased out） SCSI over FC SCSI over SAS SCSI over TCP/IP over Ethernet （iSCSI） SCSI over RDMA over IB（SRP） SCSI over TCP/IP over IB
NVMe（面向固态盘）	PCIe	PCIe Standard M.2 SFF8639（U.2）	NVMe over PCIe over standard interface NVMe over PCIe over M.2 NVMe over PCIe over SFF8639
ATA（For PC Disk Drive）	ATA SATA	IDE SATA M.2	ATA over IDE（Phased out） ATA over SATA
EMMC UFS	EMMC UFS	EMMC UFS	full end to end, not overed to other transportation protocol yet

5. 各类存储系统控制器/HBA一览

通信是双方的，上面介绍的只是硬盘/外设一侧的接口形态，所有设备必须被接入I/O通道控制器上，比如IDE需要接入到IDE控制器，SATA盘需要接入到SATA控制器，SAS需要接入到SAS控制器，SCSI、PCIe等各自也都有各自的控制器。这些I/O通道控制器在后端通过各自的连接器将1个、2个或者多个设备通过各自不同的总线方式挂接上，在前端则通过PCIe或者内部私有总线与系统I/O桥相连，I/O桥再通过更高速的总线连接到CPU。所以这类控制器又被称为总线适配器，如果将这类I/O控制器做成一张板，插到PCIe槽上与I/O桥相连，则称之为HBA（Host Bus Adapter）。当然，PCIe控制器是直接集成到CPU里的，不需要HBA，最多也只是用一个连接器转接板将CPU上的PCIe的I/O管脚连接到外部连接器或者插槽上。

（1）SATA、IDE、PCIe、EMMC、UFS这些协议的接口控制器，由于太过常用，一般都被集成到系统I/O桥芯片中了。不需要转接到PCIe外扩出HBA来。

（2）SCSI HBA。如下图所示。

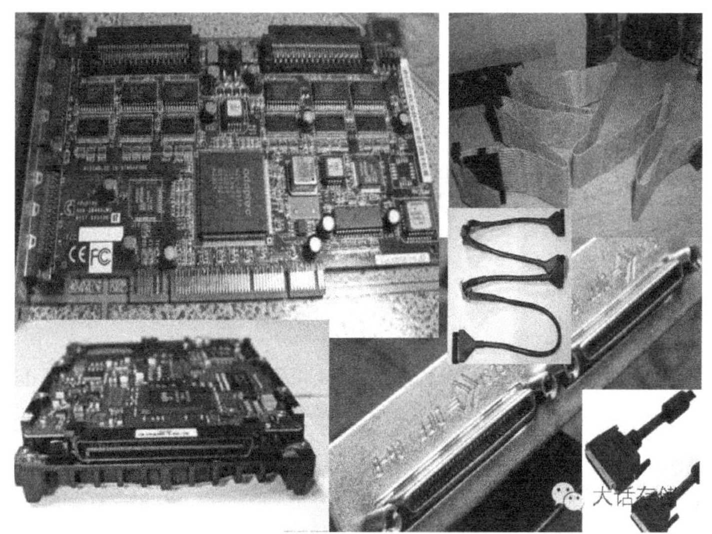

（3）FC HBA。如下图所示。

（4）SAS HBA。如下图所示。

（5）以太网HBA。如下图所示。

（6）InfiniBand HBA。IB体系习惯把HBA叫作HCA（HostChannel Adapter）。如下图所示。

6. 带Raid功能的HBA被称为Raid卡

在HBA上增加或者增强对应资源，比如嵌入式CPU、板载DRAM、硬加速计算逻辑等，便可实现各种Raid了，此时HBA上报给OS的并不是其下挂的物理资源，而是经过Raid虚拟化之后的逻辑资源。由于提升了并发性，增加了Write Back模式的缓存，并加以电池或者超级电容保护，这些逻辑资源拥有更高的速度、更好的时延和更好的可靠性。

（1）SCSI Raid卡。如下图所示。

（2）SATA Raid卡。如下图所示。

（3）SAS Raid卡。如下图所示。

7. SAS/SATA硬盘、HBA接入到服务器中的方式

如下图所示是最早期的SCSI硬盘的接入方式，由于采用总线结构，背板可以做成无源背板，而且走线十分方便，大部分导线被焊接到背板的PCB上，只留一个连接器连接到SCSI HBA/Raid卡即可。由于SCSI底层接口已经被淘汰，不多描述。

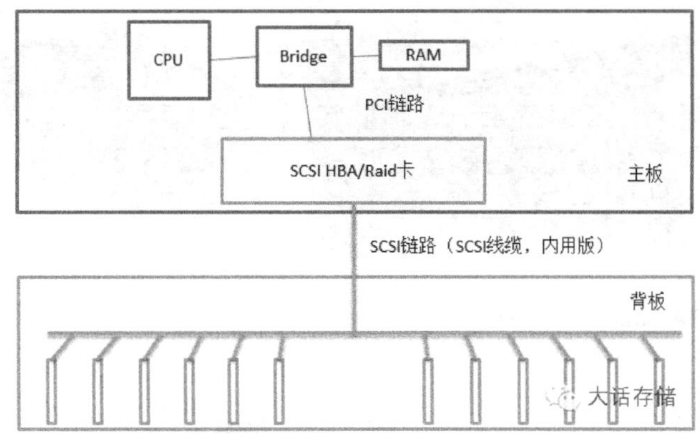

（1）SAS卡直连无源背板形式。在该形式下，SAS卡（不管是HBA还是带Raid功能的HBA）采用x4的线缆直接连接到背板上的连接器，背板上每4个硬盘接口被导入到一个x4的连接器上，从而直接连接到SAS卡。也就是说，如果有16块盘，那么背板需要出4个x4连接器，分别连接到SAS卡一侧的一个x4连接器上，前提是SAS卡必须支持对应数量的直连设备。目前Adapter的12GB SAS HBA可以单芯片最大直连16个SAS设备，为接入密度最大的产品。如下图所示。

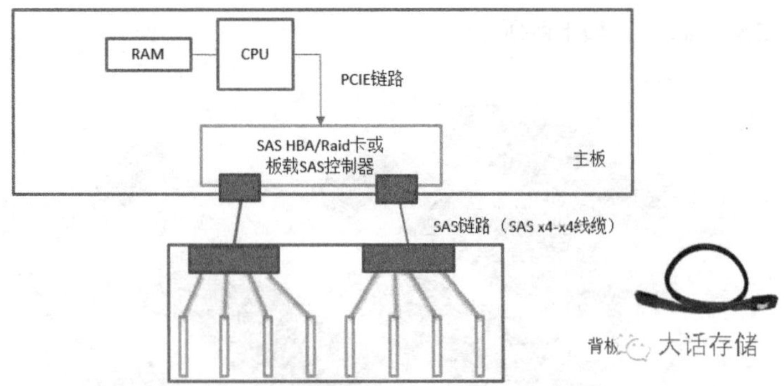

（2）SAS卡连接带Expander的有源背板形式。有些型号的SAS卡最大只能直连8个设备，而有些服务器比如Dell R910，其前面板有12个硬盘槽位。此时，只能靠SAS Expander（简称EXP）了。12个槽位先连接到EXP上，EXP再出1个或者2个上行的x4口连接到HBA上。如下图所示是Dell R910的带SAS EXP的背板。

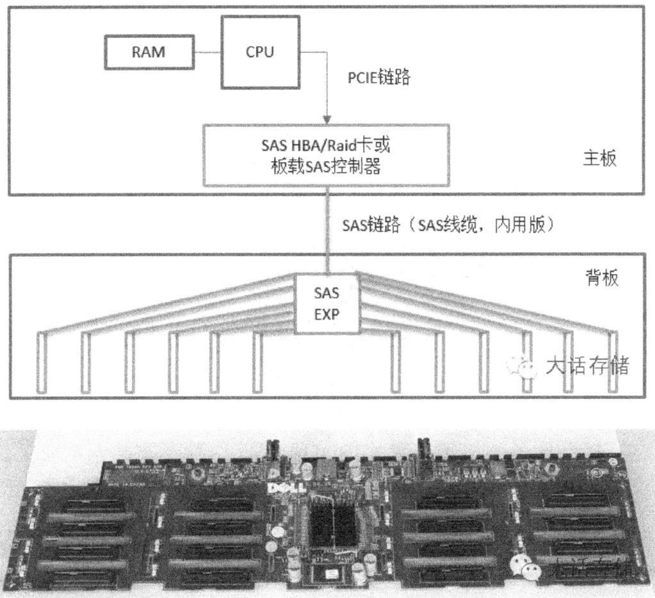

（3）SAS卡连接Expander子板再连接无源背板的形式。有时候，服务器厂商不想为了增加一个Expander而再制作一款背板，而是想利用现有的无源背板，比如支持16盘位的无源背板，再加上一小块子板，将Expander放在这个子板上，再将这个子板与SAS HBA及背板分别连接起来。如下图所示是Dell R730服务器的硬盘连接部分的俯视图。可以看到那块黄色的子卡，其背面有一块SAS Expander芯片，北向采用4个x4接口连接到SAS HBA，南向采用连接器与无源背板相连。

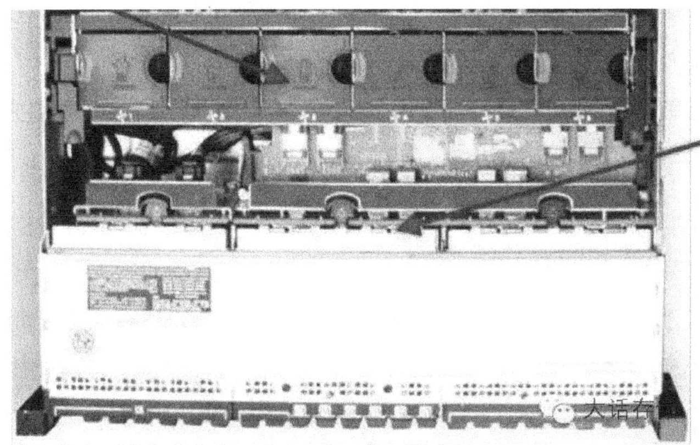

（4）SAS卡直连设备无背板形式。在这种形式下，SAS/SATA盘直接放到服务器托架上，比如PC机，不提供背板。此时需要使用1分4的线缆，x4那头接到SAS卡上，分出来的4个数据口分别接一个SAS/SATA设备。 1分4的线缆如下图所示。

（5）SAS连接到服务器机箱外置的JBOD形式。这种形态并无本质上的变化，只是要求HBA提供外置接口，采用外置线缆，硬盘和背板放到单独的箱子中。一般JBOD上的背板都是带Expander的，这样可以只保留一两个上行接口即可。如下图所示。

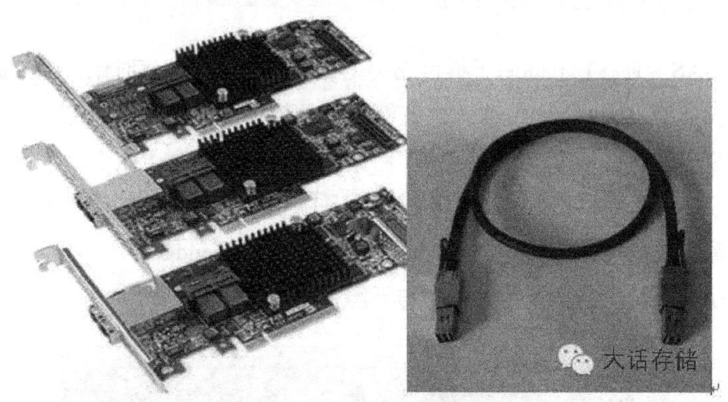

8. NVMe固态盘、PCIe转接卡、PCIe交换芯片接入到服务器中的方式

（1）全Combo形式。如下图所示，24个插槽均为SFF8639也就是U.2接口，这就意味着不管是插SATA/SAS还是NVMe SSD到任何一个槽位，混插，数量配比不限，系统都可以识别到对应的硬盘，也就是所谓三模式（Tri-mode）。所以，每个接口必须将对应的金手指触点真的连接到对应的控制芯片上，如下图所示，每个插槽均连接SAS信号到SAS HBA以及连接PCIe信号到PCIe Switch芯片。这样做的成本当然是非常高的。

（2）只有固定槽位支持全Combo盘的形式。如下图所示，同样是这24个插槽，同样均为SFF8639也就是U.2接口，但是只有最后的4个槽位同时支持三模式，其余的20个槽位只支持SAS/SATA盘。

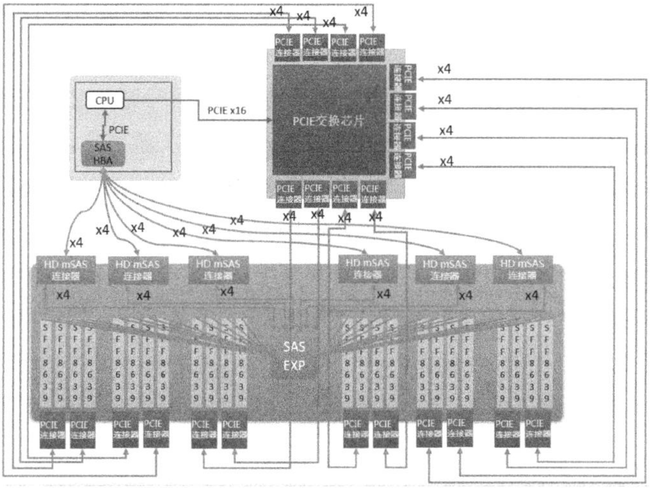

CPU
PCIE
SAS HBA
PCIE x16
PCIE交换芯片
PCIE 连接器
x4
HD mSAS 连接器
SAS EXP
SFF8639

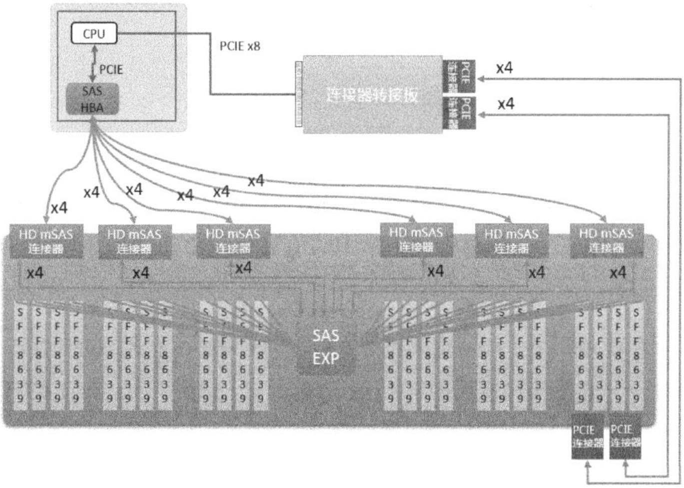

CPU
PCIE
SAS HBA
PCIE x8
连接器转接板
PCIE 连接器
x4
HD mSAS 连接器
SAS EXP
SFF8639

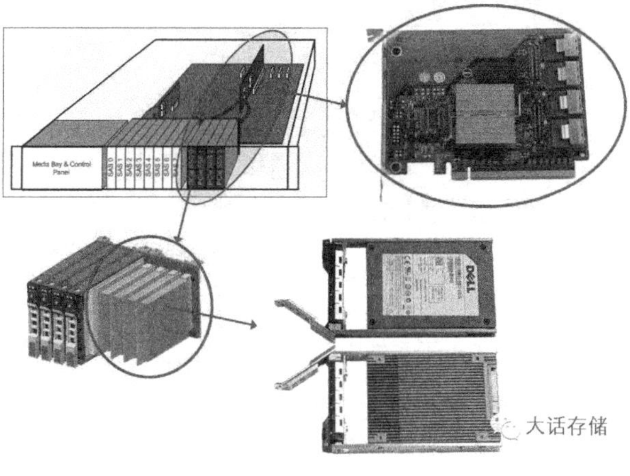

Media Bay & Control Panel

（3）只有固定槽位支持NVMe盘的形式。为了进一步节省成本，服务器厂商还可以让少数几个槽位只支持NVMe固态盘而不支持SAS/SATA，虽然还是U.2接口，上面依然有对应的SAS/SATA的金手指信号，但是这些信号是被空置在那里的，没有连接任何上游的芯片。只有PCIe对应的针脚会被连接到上游芯片。而由于只有例如2个、4个NVMe Only的槽位，按照每个NVMe固态盘使用x4 Lane的PCIe接口，4个盘共需要16个Lane，可以将这16个Lane对应的金手指信号直接连接到CPU，也就是连接到主板上的一个x16的槽位上。所以，需要一块连接器转接卡先插到主板的x16 PCIe插槽上，转接板下游再出4个x4的MiniSAS或者HD MiniSAS连接器，然后用线缆连接到该连接器，线缆另一端再与硬盘背板上对应的MiniSAS或者HD MiniSAS连接器相连，这样就是下图所示的拓扑了。

该服务器是一台Dell服务器上的第一代 Express Flash PCIe SSD，以及PCIe 2.0的转接卡。散热片下面是一块信号Repeter/Relay，其内部就是大量的三态缓冲门，作用是增强信号质量，增强信号电流。

9. Dell R930服务器的硬盘连接方式简析

Dell R930服务器是一台最大支持4路CPU，提供最大24盘位的高端服务器。在硬盘配置方面，其提供了3个不同的背板，4盘位SAS/SATA背板，24盘位SAS/SATA背板，以及16盘位SAS/SATA盘位+8 NVMe固态背板。下面就来介绍最后这种SAS和NVMe混布的选择。

如下图所示就是配置了该背板的服务器前视图。可以看到竖插的12块SAS/SATA盘和左右两边最下方的各两块横插的SAS/SATA盘；以及左右两边上方的各4块NVMe固态盘。

对于NVMe盘位，其采用了NVMe Only的方式而不是Combo方式，也就是说这8个NVMe插槽只有PCIe信号被接入了系统中，SAS信号空置。如下图所示，可以看到每一边的4个U.2插槽上的x4 PCIe Lane信号被分别连接到一个HD MiniSAS连接器，两边各4个。再采用对应的线缆分别连接到一块PCIe连接器转接卡上，插入到主板的x16插槽中。

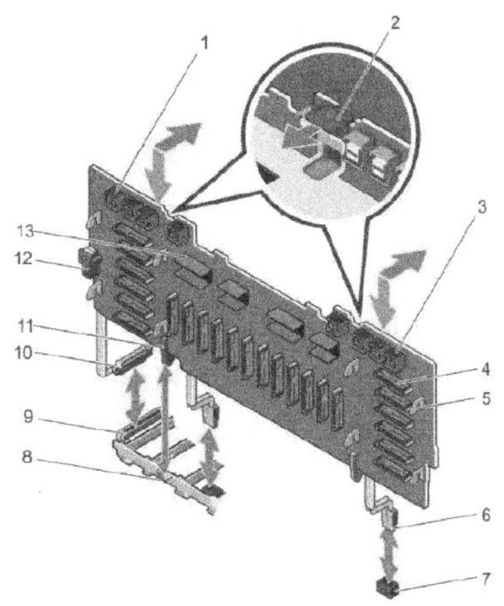

1-主PCle SSD扩展器小型SAS HD连接器（4个）；2-释放卡舌（2个）；3-辅助PCle SSD扩展器小型SAS HD连接器（4个）；4-硬盘驱动器连接器（24个）；5-背板挂钩（8个）；6-背板电源电缆（2根）；7-系统板上的电源连接器（2个）；8-内存提升板导向器；9-系统板上的其他信号连接器；10-背板其他信号电缆；11-指南；12-北板跳线连接器；13-扩展卡连接器

如下图所示，可以看到这两块PCIe连接器转接卡的样子，其插在了服务器的最后方。

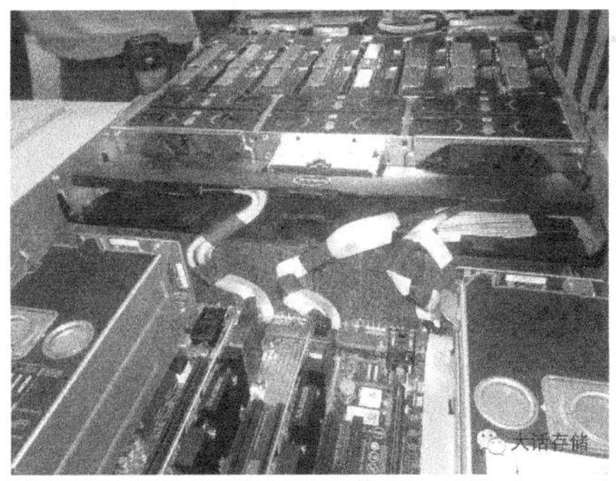

可以看到散热片下面的信号中继芯片，以及右侧的对应的4个HD MiniSAS连接器。如下图所示。

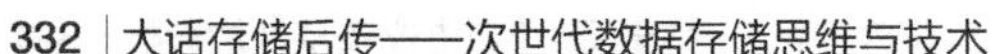

Dell R930服务器在前部还提供了一个特殊的托架，这个托架中可以安置两块子板，每个子板上有一片SAS Expander。由于Dell R930配备的SAS HBA/Raid卡最大只能支持8盘直连，所以当配置的SAS硬盘数量大于8块时，必须增加SAS Expander。该Expander子板采用连接器的方式与背板相连，从而与硬盘信号对接，上游提供对应的HD MiniSAS连接器，通过线缆连接到其PERC9 Raid卡上。该托架可放置两块Expander子板，这样就可以将所有SAS/SATA硬盘分两部分分别接入到其中一块Expander，提升SAS链路的并发度。同时，R930支持插两块PERC9 Raid卡，那就可以分别接一块Expander子卡，进一步提升存储系统性能了。如下图所示。

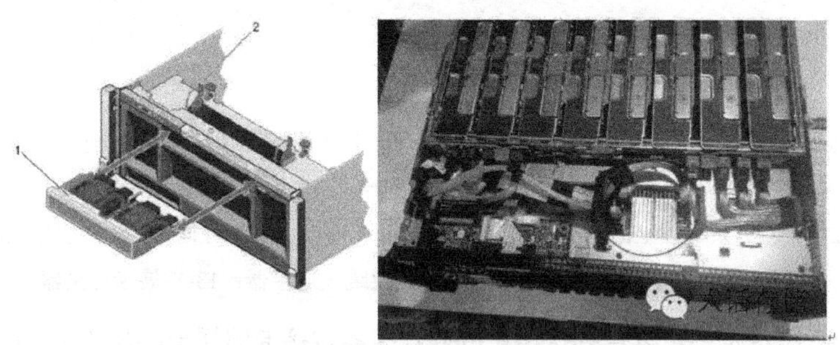

1-SAS扩展器子卡；2-释放卡舌（2个）

最后，还有一种利用PCIe Switch将存储部分接入系统的方案，例如，在Dell PowerEdge FX2平台上，就使用了支持Partition功能的双PCIe Switch。如下图所示。

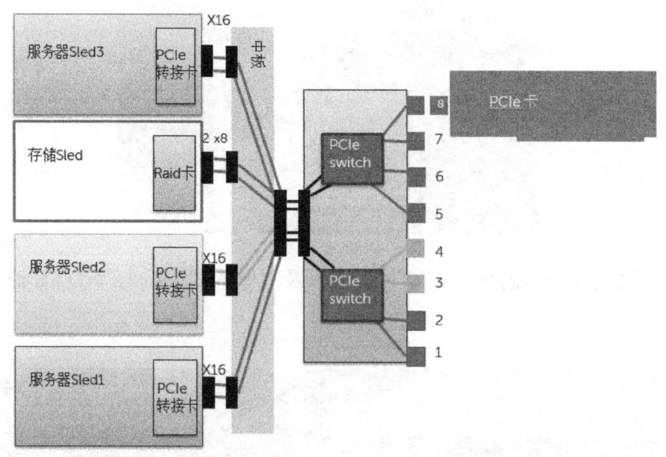

10.2 I/O协议栈前沿技术研究动态

上周冬瓜哥在中国存储峰会数据经济峰会上做了一次技术分享。下面就是演讲内容。

冬瓜哥：先上一道开胃小菜，大家知道这是什么东西吗？我估计可能没有人见过，我也没有见过。这个东西是一圈一圈的铁丝，但不是一般的铁丝，是经过设计的。如下图所示。

延迟线存储器

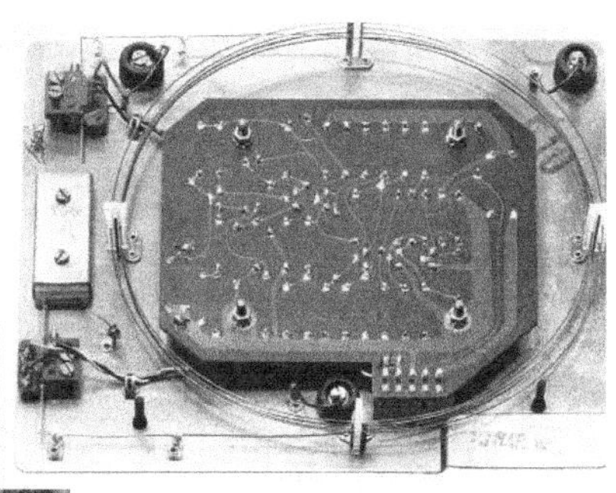

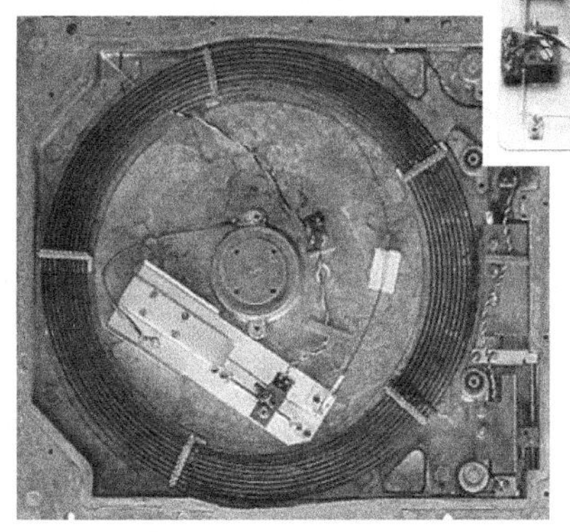

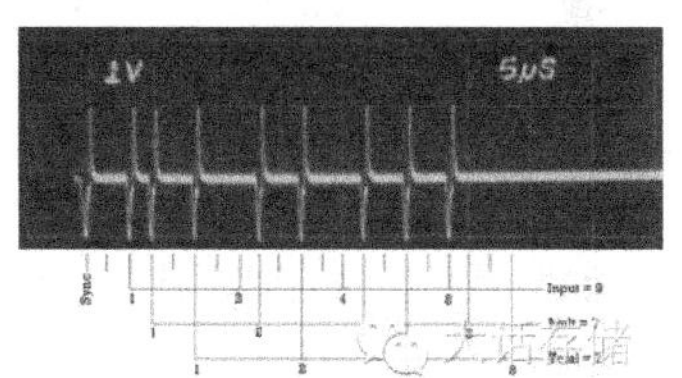

这是半个世纪前的一种存储装置，是怎么存的呢？如同我在这个房间里面讲话有回声一样，我说出一句话，声波反射到我耳朵里面，我听到，再把这个话再说出去，它又反射回来。用这种方式，让要传达的信息不断地在这个媒介上来回传递，空气的振动，循环地振动，这个信息就保存起来了，除非停止说话。这个装置跟这个原理是一样的。你把一个要存储的信息，编码成一种声波，从这个铁丝上传过去，声波在铁丝里面一直绕，绕回来以后，你在这儿再把它接收到，然后重新加强，再发出去，不断地循环。这就是所谓的延迟线存储器。一般延迟5μs左右。

下面我们进入正题。我今天这个话题就是给大家分享一下I/O协议栈里面的一些前沿技术和动态。首先搞清楚什么叫协议，什么叫栈，什么叫I/O。I/O协议栈是一个操作系统里面的一系列软件的模块，让你的应用要读盘的时候，比如读一个U盘，U盘插上以后，选择一个复制粘贴，复制粘贴是一个程序，并不是某个菜单，你选择的这个菜单，激发了这么一个进程，后面起了一个进程，例如在Linux下做运维的都知道有一个dd的程序，这个程序会调用系统提供的一些代码。当然先得打开，然后做一个准备工作，最后才读写。这些代码都是OS提供的，你只需要调用就可以了。你把I/O下发给这些代码以后，你把这些参数传给它，要读写哪个文件，哪个路径，哪个设备，怎么读，怎么写？把所有的参数告诉它。如下图所示。

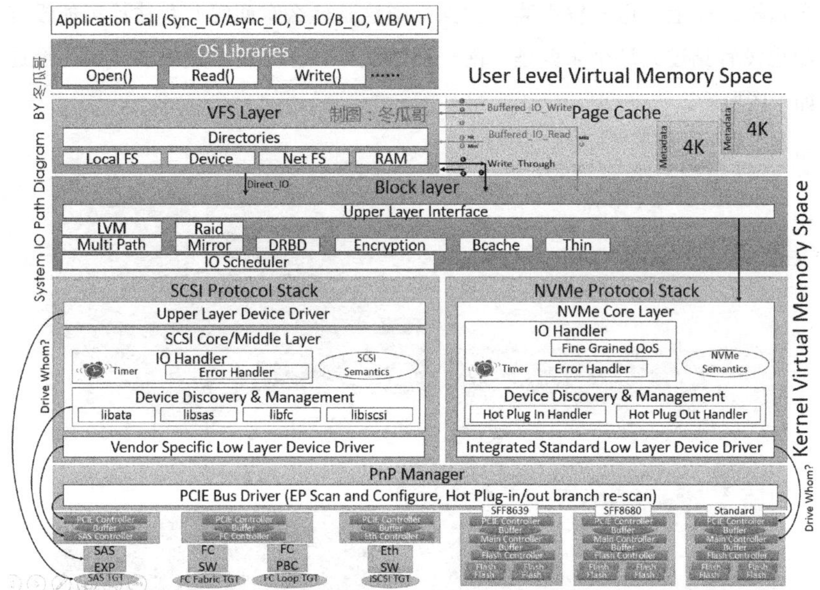

它下一步实现一个操作叫陷入内核，这一步操作开销非常大，因为牵涉到权限和上下文的转换。进入内核以后，先到一个VFS的层，这是一大块的代码，这个层就是目录层，比如C：/Linux/某个字符串。谁来维护目录和底层的存储的实体的映射关系呢？由VFS层维护，你访问的是一个网络盘的路径还是一个本地盘的路径，抑或是一个文件、串口、终端，其实都是符号，由VFS查询符号与底层存储实体映射关系之后，把I/O下发给底下对应的承载者，所以VFS相当于一个符号路由器。底下画了4大类承载者：本地文件系统、块层、网络文件访问系统、内存。

这层再往下，如果访问块设备，直接下到块层，块层是最终对块存储设备的集中访问点，在这个层里面有一些附加功能，比如多路径、加密、分层、缓存等。有不少产品其实都是基本上在块层这个功能上面做二次开发做出来的。块层下面就是一个I/O的队列，每个块设备在这里对应一个队列。I/O Scheduler会在这个队列中做I/O的优化，包括重排与合并。在这儿会产生一个瓶颈，如果是多核心同时运行多线程，那么多个线程会同时向其中下发I/O，此时该队列会变成共享资源，需要加锁，加锁会导致系统性能的下降。

块层的下方，就是所谓SCSI协议栈了。其包括3层，一个是上层的设备驱动，也就是Device Driver，这个Driver驱动的是比如硬盘、磁带、光驱等通过SCSI接口所识别到的最终设备。在最早期，SCSI总线就相当于今天的USB总线，当时有很多SCSI设备例如硬盘、光驱、打印机、扫描仪等。该层驱动的作用主要是向OS层注册对应的设备，从而产生设备符号，注册对应的操作函数，接收块层下发的I/O请求，并从底层的其所驱动的设备上获取设备参数，并在必要时将上层的I/O切分成多个I/O下发给下层，例如当上层I/O的Size超过了该设备所能接收的最大I/O Size时。SCSI Middle 层的主要作用则是负责将Device Driver下发的I/O数据结构翻译成标准的SCSI指令，俗称SCSI CDB（Command ）。Device下发下来的都是在内存里的数据结构，每个OS都不一样，但是如果发到外部设备上执行，则必须把它弄成标准化的，因为外面有很多厂商做硬件，你不标准，就没法做这个硬件，不能为每个OS都做一个硬件。这层除了需要将I/O数据结构翻译成SCSI指令之外，还要负责I/O的处理，比如超时了怎么办等。

SCSI协议栈的下层就是HBA主控的驱动程序，以及用于HBA后端网络目标发现的一些库。HBA主控的驱动相当于一个投递员，将SCSI中间层封装好的CDB数据结构加上对应目标设备的ID，然后以DMA的方式传递到HBA主控。HBA主控驱动的作用就是为传递做准备工作，操作HBA主控的寄存器以与主控通信。传统的SCSI是几十年前出现的，那时候SCSI把物理层到命令表示层全都定义了一套标准，也就是SCSI标准。后来出现了FC、SAS这些更快速、高效的物理链路类型，来替代当初定义的这套标准的下四层。上层指令交互方式、格式都没什么大变化。下四层变了，网络拓扑、地址等都变了，发现设备的过程就得跟着变，于是有了对应的比如libsas、libfc、libiscsi等库，这些库里的代码其实就封装了一系列的HBA后端网络设备发现过程所需要发送的网络包，以及对应的上层调用接口。HBA驱动加载之后，这层库会自动将对应的用于设备发现的数据包交给HBA驱动，从而发送到后端网络上，以发现HBA后端网络上的设备，加载对应的Device Driver。

再往下就是硬件。最终的设备需要先连接到HBA上，比如SCSI卡、SAS卡、以太网卡等各种卡，通过这个卡，再通过网络，或者连交换机，或者直连，连到最终的设备上。所以，这里画了一些箭头，指的是什么呢？每一种硬件，每一个角色都有各自的驱动。最底层的设备，它的驱动在最上面，但是I/O要先发给最上面的驱动，先冲着最底下的设备来，驱动是从上往下这么发出去。这是传统的协议栈。

右边的部分，就是所谓NVMe的协议栈。NVMe是一个协议栈，是一个交互协议，包括指令格式、交互顺序和方式等，但是并不限制该指令通过什么链路来传递。与说话一样，我跟你说话，中文比方说是SCSI，已非常博大精深了，NVMe相当于英文，简单直接26个字母。但是，我们都是用声带振动来说话，都是用空气的振动来传播。就是这个道理。SCSI也可以跑在PCIe上，就像SCSI跑在FC上一样，同理，NVMe也可以跑到以太网上，也可以跑到FC上，你怎么over都行，over在串口上都行，只要不嫌慢。下面再介绍NVMe这边的协议栈。这个协议栈非常轻量级，所以它的速度要快。如下图所示。

IO协议栈本没有什么问题，直到它出现

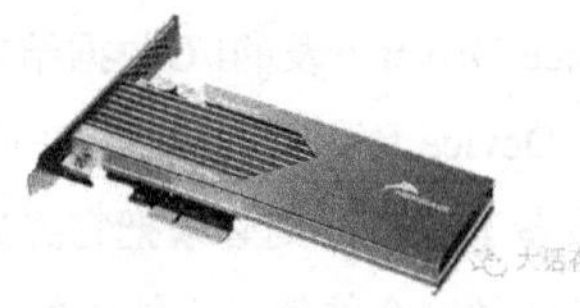

我们看看这个传统协议栈到底出了什么问题？为什么这么多人在尝试修改它？主要问题就在于闪存。它没出现之前，没有任何问题，它一出现，全是问题。我们看到底有哪些问题？第一个问题，太长，大家可以看到，我刚才讲的这一堆的东西，其实整个就是I/O协议栈，当然，是俗称的SCSI协议栈，但是整个I/O协议栈并非只有SCSI一层。可以看到它经历了多少个块？非常多的模块，每经历一个模块，这个代码就要在CPU内存之间交换、执行一会儿，还牵涉到来回切换。当然，以人的时间的标准来判断，CPU执行的这一条I/O可能费不了多长时间，比如微秒、毫秒级，但是，对于SSD来讲事情就变了，SSD响应非常快，如果上面太慢，你这个性能就发挥不出来，比如准备用了10s，干活只用了1s，这就很不合适了。我们常说NVMe的SSD性能很高，你是把它放到机箱里面性能很高，但是假设把一块NVMe SSD放到海南省去，从北京发一个I/O协议到海南省，然后它返回，就肯定不会快了。也就是从这个I/O发出来，到被磁盘收到之间，经历的路径越长，这个时延就越大，经历的模块越多，每个模块处理的事情越多，时延越大。那就是说NVMe离远了，它就不快了。就因为这个时延太高。还有另外一个标准，就是吞吐量，到时候再说。高时延非常影响同步I/O场景，比如OLTP类业务中夹杂着大量的同步I/O操作。如下图所示。

传统IO协议栈的问题

时延大

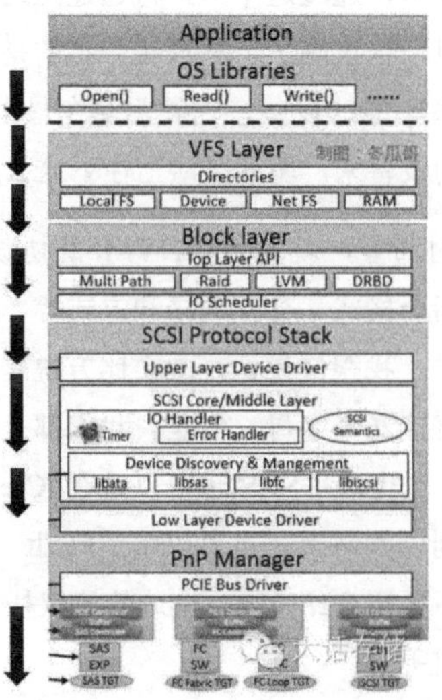

所谓太重，每一层都有自己的处理逻辑在里面，比如下到VFS，要搜一下这个目录到底对应的谁？搜fstab表，要是访问文件系统，还须到文件系统把元数据读出来，也就是读元数据的时候，文件系统就会往磁盘上发I/O，读元数据，找到处理你这个I/O必要的信息，然后I/O才能下到盘，相当于一个I/O触发了*N*个I/O，有可能很慢，很重。Block层有很多协议要处理，SCSI协议栈更厚了，因为SCSI传统的东西，发展到现在已几十年了，里面什么东西都往里加，各种库，各种补丁都往里塞，塞得整个协议栈很重。再往下就是黑盒，到外面的设备怎么实现的，你也不知道，有可能就是一块盘，也可能是被别人虚拟出来的盘，也有可能是分布式的，也有可能是集中式的，你也不知道。但是，你可以猜到什么？下面的存储设备，其实它内部也是个OS，你的I/O到它那儿，它也要经历这层同样的协议栈，最后才下到真正的物理盘，可能经历*N*轮，I/O才能下去，所以传统协议栈又长又重。如下图所示。

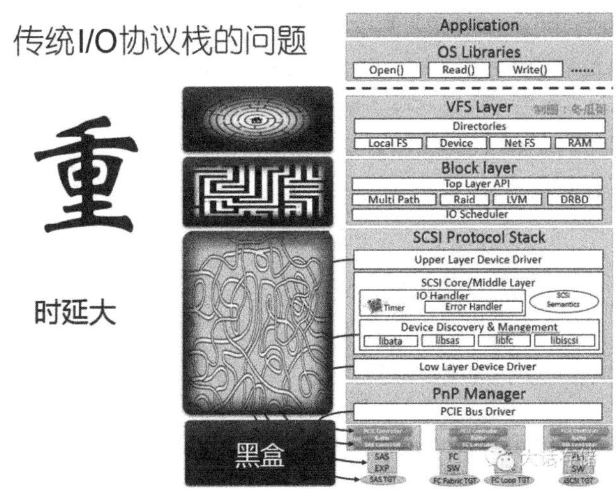

还有一个窄的问题，就是Block层对每个块设备只维护一个队列。这个队列就是I/O不断地往里堆，如果有多个线程都要访问这个块设备，而且系统是多核心并行执行，那么假设每个CPU核心运行一个线程，每运行一个线程都往下发I/O，这相当于一个单车道，多辆车同时往里塞，就会出现撞车，I/O也是一样的。谁要往这里发I/O，要更新写指针，如果这个变量是双字节，或者4字节，你写一个字节，我写一个字节，最后写乱了，另外你充入一个I/O，把写指针读入核心1的缓存，更新，这件事同样发生在核心2上，那么最终就会少算一个I/O，会出错。所以，你要往里插入I/O，必须把这个队列锁住，就是把这个变量锁住，先加锁，这样别人就不能访问了，然后你再往里写。这样上层看似是并行的，到这儿就变串行了，所以导致性能比较差。当然，对于机械硬盘，都不是问题，因为机械硬盘太慢了，这点开销对它来讲，根本就不算开销。如下图所示。

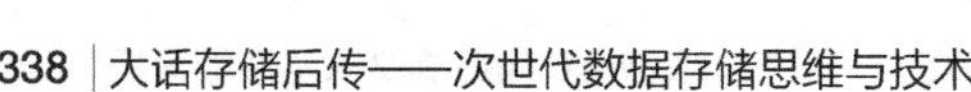

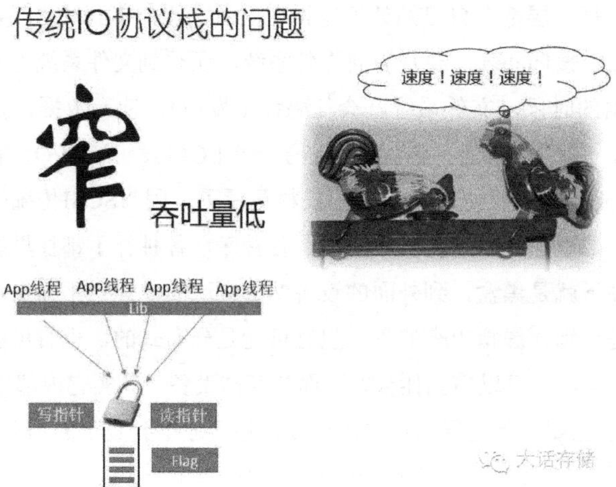

我们再看看“浅”。传统协议栈不但队列数量少，而且还浅，队列里面容纳不了多少I/O，SATA盘物理队列最大32，SAS盘则最大256。内核里块层对每个块设备维护了一个队列，HBA驱动处维护了一个或者多个公用的硬件派发队列。这些队列的队列深度都是照着SATA和SAS盘的物理队列和典型场景数量来设计的，比如256个盘，256×32，最大照着这个来。但是实际上，块设备有物理的，也有虚拟的，很难确定合适的队列深度。浅会造成什么问题？如果底下很慢，浅没有问题，因为一时半会儿消耗不完这些I/O。但是，如果很快，会发现一会儿这个队列就空了，吞吐量瞬间降为0，一会儿又被很快充满了，上层线程就无法继续下发I/O。这就和开车一样，绿灯只亮10s，马上就红灯了。如下图所示。

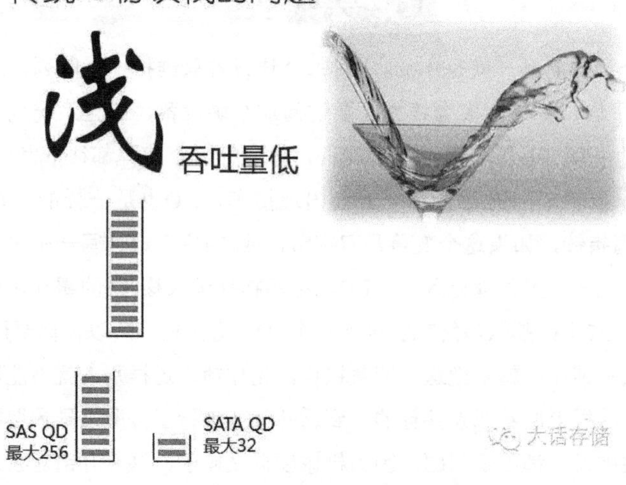

“长+重=厚”。比如传统所说的协议栈很厚，就指这个意思，又长又重。厚影响

时延，如刚才那个例子。什么场景下在乎这个时延呢？比如OLTP，就是在线处理。这个场景就相当于你在淘宝里买了东西，单击“购买”，你恨不得马上就返回成功，单击“付款”，马上交易成功。这就是交易类业务，当然，“交易”并不只是说买东西这种场景，只要是有人在等待，要求立即响应的，就是交易场景。如下图所示。

传统IO协议栈的问题

厚影响的是时延。OLTP场景以及同步IO（等效于QD=1）场景对时延要求很高。

窄和浅影响的是吞吐量。OLAP场景以及异步IO场景则对吞吐量要求很高

同步I/O是典型的要求时延的场景，你发出一个I/O以后，I/O结果返回之后才能发下一个I/O。我I/O调用下去以后，阻塞掉了，你不返回，我的代码就没法往下执行。如果是同步I/O，这个路又非常长，性能就非常差，但是，如果是异步I/O，你流程长，我时延大没有关系，但是吞吐量还是可以上来的。因为我原端不断地把I/O往下发，I/O不断地过去，你不断地接收，是个流水线化的操作。但是总体是有一个时延的。OLTP很在乎时延，当并发量高的时候，对吞吐量也有要求，所以OLTP场景的性能问题是最让人头痛的。

窄和浅就影响吞吐量，因为本来并发的变成串行的了，一个一个来，最后吞吐量就上不去，OLAP场景最怕吞吐量低，比如大数据分析，因为没有人等着你马上把结果返回来，你这个任务下发下去，要分析谁谁谁，某处买个什么东西，哪个时间段干什么事，这就是典型的OLAP场景，不是单击一个按钮，马上就会知道结果的，可以等一分钟，这一分钟以内，你只要保证底层的吞吐量最大，完成的速度就快，它对时延反而没有什么要求。

我们看看传统I/O协议栈，问题很严重，对于机械盘来讲，是没有问题的，你计算一下就可以了。协议栈引入比如0.01ms的时延，一个I/O下去，一直到发给磁盘，出了这台机器，耗了0.01ms。机械盘执行这个I/O，平均需要10ms，这么一比，开销就这么点，根本没有问题。但是，对于SSD来讲就有问题了。SSD执行一个读I/O平均耗费比如50μs，协议栈引入10μs时延，占用了1/6的开销。所以，要着手去优化这个协议栈。如下图所示。

传统IO协议栈的问题“如此严重”

对机械盘而言不是问题，协议栈引入0.01ms时延，机械盘执行IO指令平均耗费10ms。0.1%的开销可以接受。

对固态盘而言问题很大，协议栈引入0.01ms时延，SSD执行IO指令平均耗费0.01ms，50%的开销，一半时间被浪费在路程上了。

大话存储

NVMe协议就是做到了长、重、窄、浅的反义词

- 抛弃块层的IO Scheduler直接挂接到最上层（变短）
- 设备发现和维护主要交给PCIe Bus Driver（变轻）
- 只有一组指令且定长（变轻）
- 最大可初始化64K个队列（变宽）
- 每个队列最大可设置64K的深度（变深）

NVMe协议栈是怎么优化的呢？就是把长、重、窄、浅取其反义词就可以了。长就降低模块的数量，它从块层，把I/O Scheduler下面一堆的东西全部砍掉重来。重新Block下来。设备发现一堆库，这个不需要，如果是NVMe over PCIe，它的设备发现都是PCIe给它做了，它自己不需要做，就变轻了。只有一组指令，很少的指令数量。关键是，队列变宽了，之前只有一个队列，相当于只有一个单缸的发动机，如果来一个多缸发动机，动力当然强了，所以变宽。还有变深，每一个队列很深，这个汽缸排量就这么一点，陡坡都爬不上去，换个大的，动力足，NVMe基本就这么干的。如下图所示。

NVMe协议栈变薄、宽

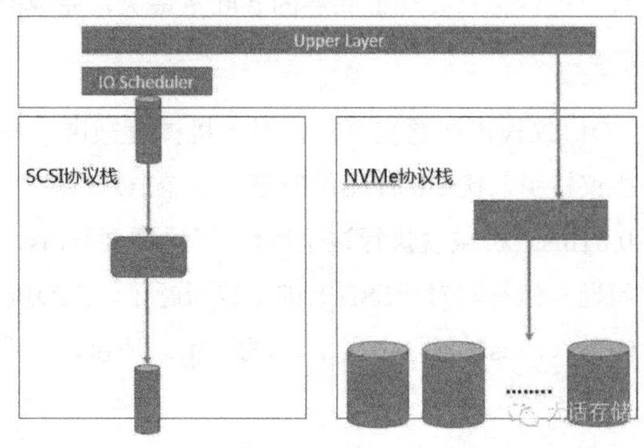

Linux新内核下的Block层也完成了多队列改造

Upper Layer
IO Scheduler
SCSI协议栈
SCSI Core
NVMe协议栈
NVMe Core
大话存储

传统的SATA SSD、SAS SSD走的是SCSI协议栈，而不是NVMe。这个怎么优化？它们也是SSD，所以，最新版本内核，做了传统块层的多队列优化。底层驱动跟着多队列进行适配，这样就把它变宽了，当然这是在最新的内核下面才有这个特性。

IO处理流程上的优化——CMB IN NVMe 1.2

NVMe 1.2版本协议中的一个新技术叫做Controller Memory Buffer。物理实体是NVMe SSD/卡上的一段SRAM存储区，其作为BAR空间映射到内核地址空间。

其设计初衷为减少一次驱动与SSD之间的交互。之前是驱动写Doorbell寄存器触发控制器侧从主存将IO指令DMA到其内部的Buffer。新模式下，驱动可以直接将指令写入CMB，再写一次Doorbell寄存器触发控制器对IO进行处理，节约了一次交互。

大话存储

NVMe1.2版本里面有一个特性叫Controller Memory Buffer。传统的驱动模式是先在内核内存里面把命令准备好，然后由驱动去通知这个设备，我这儿有条命令，设备要自己到内存里面，把这个命令取回来，设备要自己来取，这个很麻烦，我不是直接扔给你了，而是先通知你，然后你自己来取。那么，为什么这么设计呢？因为驱动无法判断设备是否有足够的缓存空间来容纳命令，不可以设备都吃不下了你还硬塞给它，所以只能是给它放到碗里，它什么时候有空自己来拿，根据自己的胃口情况自己选择。但是，现在有了支持CMB的SSD以后，驱动就可以直接把这个命令写到设备里的内存了，少了一轮交互。

驱动方面，早期的I/O设备有一种模式叫作Polling I/O，即PIO，这个PI/O是什么意思？很早的时候，比如打印机把打印命令发出去以后，打印完没有，这个程序要不断地问这个设备，如果全速循环地问，CPU百分之百就耗进去了，所以每次执行都耗

干净了，不断发N个指令问这个设备打印完了没有，这很浪费的，CPU全都干这个事了。因为这个打印机很慢。后来才出现中断方式，打印机打印完以后，给CPU发个中断信号，然后来处理我这个I/O，完成命令。这个就非常好了，又不耽误事，CPU又不会耗费这么高。

I/O处理流程上的优化——驱动

最早期的I/O方式是靠CPU不断的轮询完成队列或者寄存器，而外部设备性能很差，很久才能完成一个I/O，导致CPU做无用功。这种方式被称为Program I/O，PIO。也就是由CPU执行程序不断的轮询。

后来转成中断模式。I/O完成便中断CPU处理。CPU处理中断需要保存上下文，开销较大，但是相比PIO方式能够释放大量CPU资源用于处理其他事务

现在，事情反转了。底层介质的I/O速度一下子上来了。此时如果每次I/O都中断CPU，那么大量的资源将被耗费在处理中断过程中，刚处理完一个I/O，另一个I/O又中断了。此时，中断处理所占的时间份额大增，开销大增。

这个模式一直发展到今天，终于出了问题了。当然也不是问题，只是效率显得低了。为什么？现在不是说SSD慢了，不是说CPU在等SSD完成I/O指令了，而是I/O指令下发以后，SSD很快就处理完了，然后等待CPU来处理这些I/O的完成。执行快了，“脑子”跟不上了怎么办？那么CPU就得回归到传统的模式，不断地问，每次问的时候，肯定会有完成的，因为执行太快了。如下图所示。

I/O处理流程上的优化——驱动

原因：中断处理的后半段受不确定因素影响较多，有一定的几率导致一小部分I/O耗费远高于正常值的处理时间，导致时延抖动(SSD致命伤)。这部分I/O贡献为I/O时延的长尾效应。

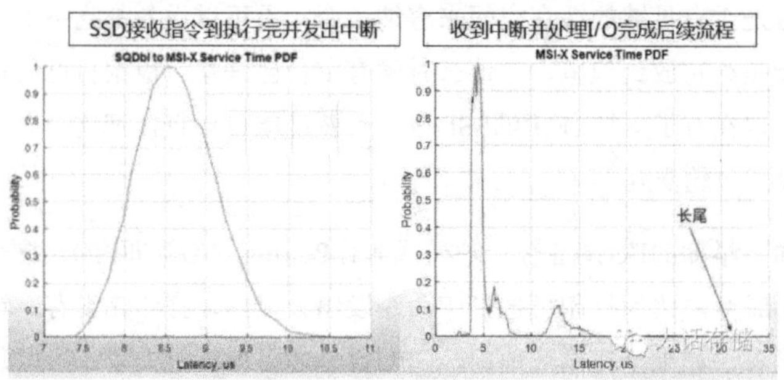

所以，就有人在开发这种PMD（polling mode driver）。中断模式的驱动其实对SSD有一个致命伤，就是从SSD收到I/O一直到I/O完成发出中断，这个过程基本在8.5～9μs完成。这是一个叫PDF的分布图，大部分的I/O都集中在这个横坐标的时延，集中在这个区域完成。它完成以后要发中断，中断完了，CPU驱动处理。处理的时候，大家可以看到，99%多都在5μs之内就完成了，只有百分之零点几会在30μs才完成，产生了一个长尾效应。30μs的后期处理时间，这体现为SSD的性能抖动、时延抖动，这个抖动会造成什么？比如高速路上突然有一辆车停在车道上，后面的车就得绕过他，而一变道，旁边和后面的车就会跟着减速了，整个就堵在那儿了。就算不停下来，某辆车速度慢了点都会出现这个问题，原因就是变道导致堵塞。SSD这么高的速度，上面使劲发I/O，这么大的吞吐量，突然来这么一下，整个性能反馈上去，就会出现比较严重的后果，可能上层业务就卡在那儿了。这也是一个严重的问题，就是中断模式。

I/O处理流程上的优化——PMD模式驱动

Polling Mode Driver，回归最早期的处理方式：CPU主动处理完成IO。

方式1：中断+适时Polling。网卡驱动多数为此种实现。网络包到达时，先由网卡发出中断，驱动处理中断时顺手主动Polling若干次把后续的IO也处理完一部分。依此方式循环。好处是CPU无需100%循环Polling，节约CPU资源。

方式2：全速Polling。CPU耗费接近100%。性能达到系统极限。

```
+static int nvme_poll(struct blk_mq_hw_ctx *hctx, unsigned int tag)
+{
+	struct nvme_queue *nvmeq = hctx->driver_data;
+
+	if ((le16_to_cpu(nvmeq->cqes[nvmeq->cq_head].status) & 1) ==
+	    nvmeq->cq_phase) {
+		spin_lock_irq(&nvmeq->q_lock);
+		__nvme_process_cq(nvmeq, &tag);
+		spin_unlock_irq(&nvmeq->q_lock);
+
+		if (tag == -1)
+			return 1;
+	}
+
+	return 0;
+}
```


所以，有人在研发Polling Mode Driver，就是用驱动不断地poll这个完成队列，把I/O赶紧拿出去，赶紧处理掉。其实代码上也比较简单，锁住队列，执行一条I/O，解锁。单个队列还须锁，多个队列之间就不用锁了，多个队列之间是毫无关系的。这个付出的代价就是CPU又达到100%，因为要不断地poll，不断地循环，你把CPU占满就体现为100%。如下图所示。

我们看一下实际的测试效果。先看一下两种方式，一个是在内核里面poll。一个是在用户态poll。这个用户态是比内核态更高效的驱动，因为每次I/O下去都要进内核，陷入内核，开销非常大，直接用户态poll，这个性能更高，但是如果在用户态做

个驱动，优势就是性能会有比如10%的提升。但是享受不到操作系统的任何功能。所以你的用户态自己开发的程序，自己做一个。一般人不敢玩这个，玩不好，反而还不如之前的性能。

I/O处理流程上的优化——ULD模式驱动

User Level Driver：用户态驱动。将底层硬件的操作寄存器地址空间直接映射到用户态地址空间。在用户态实现设备驱动、协议栈、文件系统等功能。

优势：不需要进内核，一切都在用户态搞定（Polling模式）。或者内核实现中断响应上半部分，用户态实现下半部分。速度有提升。

劣势：用户态程序需要搞定一切，无法利用内核提供的各种功能比如文件系统、库等。

Mode	IOPS	Avg. Lat	99.99 Lat	CPU
Int.	68K	12μs	40μs	39%
Jens	106K	9.5μs	25μs	99%
SDPK	120K	9μs	10μs	98%

NVMe SSD
QD=1

这是一个人做的测试，基本上3种模式，一个是传统的中断模式，这个是在内核态poll的模式，还有这个用户态poll模式。同样的方式，QD=1的时候，它的性能能到68000 IOPS。换成轮询模式性能达到10600 IOPS。换成用户态poll，需要自己在用户态写一些服务，用它来做，120k的IOPS，基本是中断模式的两倍了，所以这个效果提升非常明显，但是CPU的耗费也上来了，基本都是100%。时延当然小了，传统模式为12μs。

10.3 Raid组的Stripe Size到底设置为多少合适?

PMC的Adapter Raid卡的Stripe Size指的是一个条带在每块硬盘上占据的那一小块的容量（也就是条带深度，所以说成是Block Size或者Segment Size更为合适），而LSI的Raid卡的Stripe Size指的是整个条带的容量。本节所说的“Stripe Size”指的是“整个条带的容量”，而不是一个条带跨在每个盘上的容量。

如何调节Stripe Size来使系统性能最大化？对于这个问题，首先得看你的应用场景到底是什么样的，主要有以下几个维度来决定这个问题的答案：

- 你的业务属于OLTP型还是OLAP型。
- 追求的是Mb/s吞吐量还是IOPS吞吐量。

- I/O Size。
- 追求的是吞吐量还是时延。
- 上层I/O的调用方式：同步/异步，dI/O/buffer-I/O，write back/write through。
- I/O控制器与硬盘之间有没有经过SAS Expander，如果有，PHY宽度是多少。

下面冬瓜哥就来分析一下这几个因素自己搅和在一起，以及与Stripe Size搅和在一起会是个什么场景。

1）如果的你的业务追求Mb/s，同时还属于OLTP型。这种场景很少见，一般追求Mb/s吞吐量的都是地址连续的大块I/O场景，而OLTP场景都是随机I/O，而且IO Size一般都比较小，4~16K。但是，的确有追求Mb/s的OLTP场景，比如，CDN服务器，其的确是一个随机I/O，但是又要求极高的带宽吞吐量，因为其要塞满前端带宽，否则就亏大了。这种情况下，除了使大量静态内容缓存在RAM中之外，底层磁盘也得给力，用SSD可以满足。这个场景其实本质上等效于追求高IOPS的场景，只不过从业务角度来看追求的是Mb/s，只需要将IOPS乘I/O Size便等于Mb/s。所以，对这个场景的分析见下文。

2）如果业务追求Mb/s，同时属于OLAP型。这种类型属于应用比较普遍的类型，比如视频流、备份、大数据分析等等。OLAP类型的应用一般会发出大块的地址连续的I/O。不管是对HDD还是SSD，这种I/O类型都是比较舒服的。而单盘的带宽也不过是每秒几百Mb，此时采用Raid可以提升带宽。

（1）如果应用层是这样的：单线程、Direct I/O，同步I/O、I/O Size较大，地址连续I/O。这种场景下，整个系统I/O路径上同一个时刻只存在一个I/O，此时，很不幸，系统性能与Stripe Size无关，因为这个I/O不管是落在一块盘上，还是被分散到多块盘上，性能几乎相同，可能后者还略低于前者，因为后者需要Raid卡固件分解成多笔I/O，发到多块不同的盘上执行，而如果这多块盘通过SAS Expander挂接到I/O控制器上，这个问题会更加严重，因为一般x4 PHY的宽端口的并发度只有4，如果是多于4块盘的Raid组，该场景下分解成多笔I/O将会拖慢系统性能。

（2）如果应用层是这样的：其他参数与（1）场景相同，I/O方式变为异步I/O。假设该场景下Outstanding I/O数量假设为y（相当于队列深度为y，或者说当应用发出的I/O还剩y个没有返回时），I/O Size=z，Raid组硬盘数量为q，那么，条带容量应当为ZP，以及令y=q，或者y=q的整数倍，此时系统Mb/s达到最大值。也就是说，每个Segment的容量为z，每个I/O落在一块盘上而不是分散到多块盘上，由于系统内Outstanding I/O不为1，以及连续地址I/O、Raid卡固件会将队列中的多个I/O发送到多

块盘并行处理。

（3）如果应用层是这样的：多线程、每个线程都为同步I/O。线程数量为*p*，那么该场景等效于（2）场景下的Outstanding I/O数量为*p*时的场景。

（4）如果应用层是这样的：多线程，每个线程都为异步I/O。线程数量为*p*，每个线程的Outstanding I/O数量为*y*。该场景相当于（2）场景下Outstanding I/O数量为*py*时的场景。

3）如果业务追求的是IOPS，同时属于OLTP型。OLTP型业务同时要求IOPS和时延，不能为了IOPS而牺牲了时延，反之亦然。

（1）如果应用层是这样的：单线程、Direct I/O，同步I/O、地址随机I/O。这种场景下，整个系统I/O路径上同一个时刻只存在一个I/O，此时，很不幸，系统性能与Stripe Size无关。

（2）如果应用层是这样的：其他参数与（1）场景相同，I/O方式变为异步I/O。假设该场景下Outstanding I/O数量为*y*（相当于队列深度为*y*，或者说当应用发出的I/O还剩*y*个没有返回时），I/O Size=*z*，Raid组硬盘数量为*q*，那么，条带容量应当为*zq*，以及令*y*=*q*，或者*y*=*q*的整数倍，此时系统IOPS达到最大值。也就是说，每个Segment的容量=*z*=I/O Size，每个I/O落在一块盘上而不是分散到多块盘上，由于系统内Outstanding I/O不为1，以及连续地址I/O、Raid卡固件会将队列中的多个I/O发送到多块盘并行处理。如果该场景下令I/O Size=Stirpe Size，那么性能将会奇差无比，因为根本无法并发。

（3）如果应用层是这样的：多线程、每个线程都为同步I/O。线程数量为*p*，那么该场景等效于（2）场景下的Outstanding I/O数量为*p*时的场景。

（4）如果应用层是这样的：多线程，每个线程都为异步I/O。线程数量为p，每个线程的Outstanding I/O数量为*y*。该场景相当于（2）场景下Outstanding I/O数量为*py*时的场景。

上述仅列出了一些主要场景、主要参数的场景，更多场景大家可以自行研究。不过可以看到，这里面有个窍门，也就是让Segment Size=I/O Size，此时系统性能最大化，不管是连续地址I/O还是随机地址I/O场景。将一个I/O分散到多个盘，任何场景下都不是好主意，这个结论颠覆了多数人的认知，如果想不明白可以继续想。总结一下，Stripe Size的调节，本质上是调节整体系统的并发度，也就是让I/O充分地并发起来。也可以看到，如果系统顶层的压力不够，也就是没有足够多的I/O被Outstanding的话，系统性能无论如何也上不来，是一个恒定值，这个值完全取决于系统I/O路径上的时延，时延越小，IOPS越大，所以，如果使用SSD，即便是上层应用写得很烂，采用单线程同步I/O，也可以获取较高的IOPS。

要想玩I/O性能分析，就要做到所谓Full Stack，也就是将整个I/O路径，从应用，到内核，到硬件，再到外部存储系统、磁盘、磁头磁道扇区，全都整明白。

10.4 并发I/O——系统性能的根本！

并发是计算机体系设计者们的终极目标。时间很重要，所以人们都想在同一个时刻同时执行多件事情，做到并行，就可以毫不费力地提升系统的吞吐量，但是不可能降低时延。

那么，如何让I/O并发，什么场景必须并发，什么场景不必要？这里就很有讲究了。并发的例子很简单，去银行办业务，总会遇到某些窗口关闭不办业务，此时你肯定会想，如果所有窗口都打开该多好，就是这个道理。I/O请求排队中，如果底层就那么几块硬盘，性能就上不来。

但是，更容易被忽略的一个问题是，如果某个人要办理的业务把多个窗口都给占了，此时窗口再多也无济于事。如果某个I/O请求需要所有磁盘一起为其读写数据，那么其他I/O只能等待。

什么场景下需要并发执行？比如电商平台，100万人同时购买商品，如果系统不能并发，假设每笔购买请求需要1ms执行完毕，那么第100万个人单击“购买”按钮之后，要等待100万毫秒也就是1000s，大概10min，才能被执行，这显然不可接受，所以电商平台的系统都是大量机器并发执行。对于这种要求高并发、低时延的场景，磁盘I/O也必须并发才能提升性能。

保证并发最好的做法就是让一个I/O只占用一个盘而不是多个盘。对于机械磁盘，每块盘同一时刻只能执行一个I/O，这一点与SSD显著不同，后者同一个时刻可以执行多个I/O。同样的事情，CPU执行指令也是如此，能够在同一个时刻执行多个指令的称为超标量执行。

所以，在并发场景下的条带深度调节方式，自然你也就明白了。如下图所示。I/O Size要小于条带深度，或者说，条带深度要设置成大于等于I/O Size。

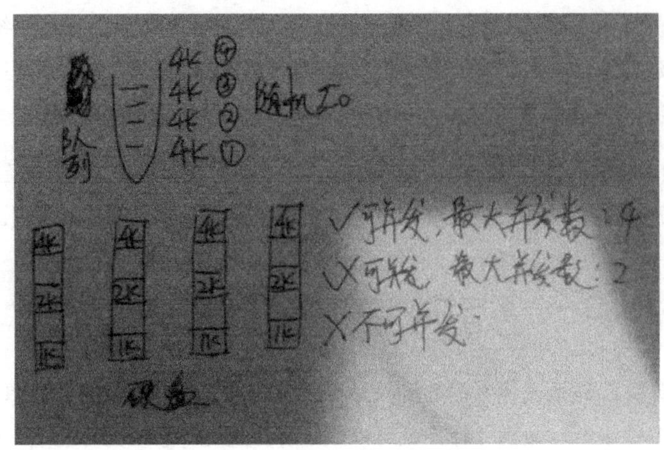

值得一提的是，条带深度不能设置得过大，最好的情况是让其等于I/O Size。如下图所示，过大的话，由于I/O访问的局部性，反而导致多个I/O冲突在一块盘上，并发几率显著降低。

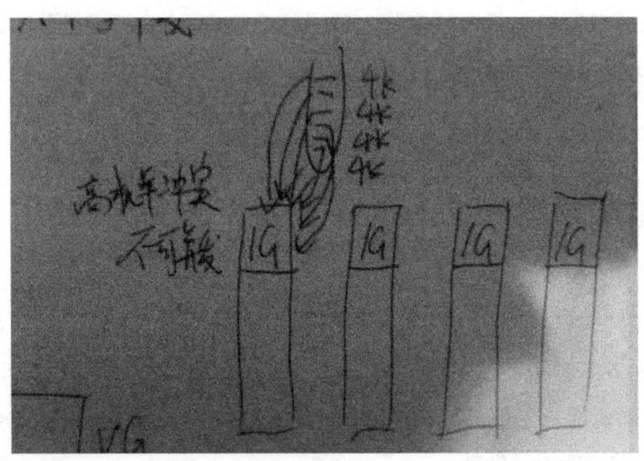

条带深度，条带宽度，Chunck/Block/Slice/Extent，这些概念到底是啥玩意？I/O Size又怎么获取？一般来讲条带深度就是一个条带在一块盘上所占的空间，条带深度×磁盘数量=条带宽度。至于Chunck，Slide之类，都是厂商故弄玄虚的让人略感高大上的词，至于厂商怎么定义的，看手册。I/O Size要么根据经验，比如Oracle访问数据文件为8K I/O居多；要么看存储系统给出的监控报告，比如4K的I/O一段时间内占了80%，则可以将条带深度调节为4K。

LVM条带化就并发了吗？不是。如果条带化到位于同一个Raid组的多个PV上，条带化是没用的，反而还会降低并发度。所以，只有条带化到位于不同Raid组的PV之间时，相当于做了个Raid 50/60，此时才会提升性能。如下图所示。

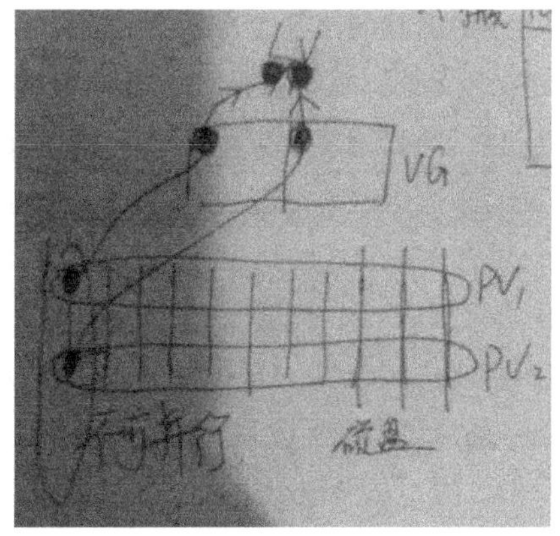

10.5　关于I/O时延你被骗了多久？

每秒执行1000个I/O，平均每个I/O的执行耗费了1000ms/1000=1ms，所以每个I/O的平均时延就是1ms，这有什么不对呢？如下图所示。

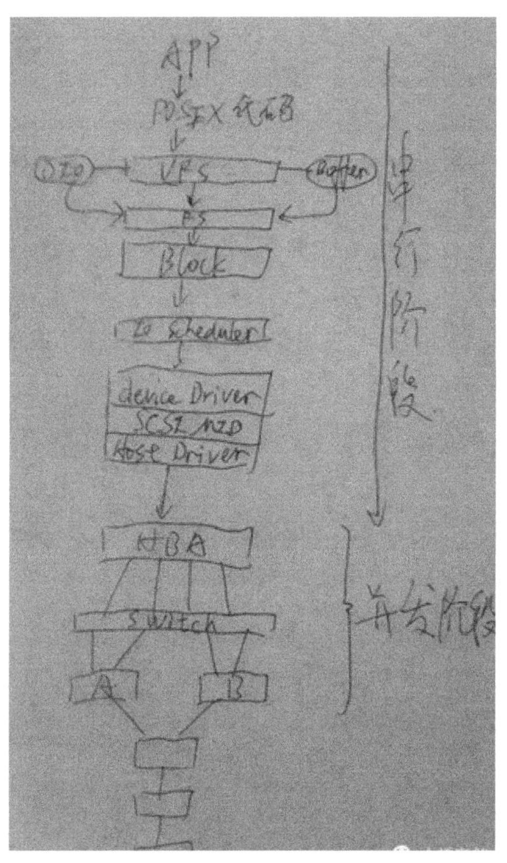

假设A发送I/O到B，A到B之间的路径上有多个处理模块，例如，应用同步调用POSIX接口例如read()后进入阻塞态，后续执行路径进入内核态，首先进入VFS模块来查出I/O的符号底层承载实体，例如是某个文件，如果为默认的Buffer I/O则进入Page Cache管理模块搜索Cache，未命中或者用了DIO模式，则会继续进入FS查询出块地址，继而进入块层，这一层有软Raid、多路径、远程复制、LVM等模块，如果对应的目标并没有纳入这些模块，则继续往下进入I/O Scheduler，最后到SCSI协议栈，在经历SCSI设备驱动、SCSI协议栈核心层、Host驱动之后，I/O请求被发送到Host控制器，走出主机到外部网络，最后还要经历一系列的外部网络协议、部件，最终到达磁盘，返回数据要经历相反的过程，从而被应用接收到，这一去一回所耗费的时间，是很可观的，这段时间就是I/O的时延。

从应用到磁盘，这段路径的时延几乎是固定的，不可改变的，每个模块处理每个I/O所耗费的时间基本固定，模块数量也固定一般不会绕过，所以这段时间可以被称为“固定时延”，每个I/O的时延绝不可能低于这个值。我们来假设这个固定时延是10ms。

但是，如果应用到磁盘之间有多条路可以并发的话，事情就变得有意思了。如图所示，整个I/O执行路径可以分为串行阶段和并行阶段。哪里可以并行呢？如果HBA有多条链路连接到Switch，存储系统也有多条路连接到Switch，图中存在4条通路，I/O从HBA驱动队列下发到存储的时候，一次可以下发4个而不是1个，也就是同一个时刻，会有4个I/O同时在路径上流动。假设在整个10ms的时间内，从HBA到存储控制器缓存会耗费4ms的话，那么如果同一个4ms内，有4个I/O同时被下发，则4ms内会有4个I/O执行完毕，而不是只有1个，这样算来，每个I/O从HBA到存储缓存平均只耗费了1ms而不是原来的4ms。整条路径的I/O时延便会从原来的10ms“下降”为6ms+1ms=7ms。是否看出了猫腻？

单个I/O从应用到存储的缓存到底耗费了7ms还是10ms？答案是依然耗费了10ms，单个I/O的平均时延依然是10ms。应用层所关心的是单个I/O从发出到返回所耗费的时间。至于7ms，则是障眼法，其利用了空间维度上的并发性，属于空分复用手段，其提升的只能是吞吐量，而不是单个I/O的时延。并发越大，吞吐量越大。

优化真时延，只能减少I/O路径上的模块数量，或者优化每个模块的处理时间。NVMe就是这么做的，直接把SCSI协议栈割掉，采用轻量级协议栈，降低真时延。此外，在提升吞吐量方面，NVMe协议采用了多个发送和完成队列，对应多个核心，多核心同时执行，空分复用，再加上底层Flash设备的并发度非常高，同一时刻每个芯片均可以执行一个或者多个I/O，提升并发度，提升吞吐量。此外，新版的Linux内核的块层队列也被替换为多队列，从更顶层就开始并发，进一步提升吞吐量。

如果将并发阶段的假时延称为“可变时延”，那么则有，单个I/O的时延=固定时延+可变时延乘以并发度，这才是真时延。而不少厂商在实际公布的结果中并没有乘以并发度，让人误以为时延很牛，其实压根不是那回事。

10.6 如何测得整条I/O路径上的并发度？

整条I/O路径上，有些地方并发，有些地方串行，串行的地方虽然每次只能发送一条I/O，但是只要处理速度够快，就不会拖慢并发的地方，就像一条高速路，并出10条慢速路的话，整体流量是匹配的。

那么，如何知道整条I/O路径上的并发度呢？从底层倒是可以一层一层地算出来，比如，SSD上的Flash颗粒有多少个Die，每个Die有多少个Plane，每个Plane有多少个Block，每个Block同一时刻只能访问一个Page，这就是最终的制约了，Block间可以并行，Plane、Die，都可以并行，多个Flash颗粒挂到同一个通道上，通道是串行的，但是如果速率足够高，多个Flash颗粒间也可以并行。前端SATA接口是串行的，但是速率也足够高。出了SSD，到了SATA或者SAS控制器，再去看一下控制器内部的并行处，然后到驱动，协议栈，上层，一路算下来，就可以知道并行度了，然后一段一段地计算出来。

但是，冬瓜哥有个更好的办法，先确保系统中只有一个线程访问对应的底层存储系统，而且使用同步I/O，也就是比如FIO这种测试工具，将其Worker数量设置为1，QD设置为1，I/O方式为Sync。这样可以测出系统路径上的固有时延。然后，采用多个线程，比如8线程，同时QD加大，比如到32，测得此时系统的整体IOPS。然后，IOPS取倒数，测出假时延，然后用固有时延除以假时延，就可以测出当前I/O路径上的等效并发数。之所以等效，是因为整体路径上有地方串行，有地方并行，有地方并行高，有地方并行低。

利用这种方式，就可以较快地测出I/O路径的整体等效并发度了。

10.7 队列深度、时延、并发度、吞吐量的关系到底是什么

10.7.1 大话流水线

试想两个人在接力搬东西，如果这两个人的速度能保持完全一样，那么配合会非常完美，我左手拿东西传到右手，你左手刚好空出来拿到我右手递给你的东西。但是

突然你感觉头上痒，去挠了一下，这下好了，我就得暂停，等你挠完了再传给你。此时我多么想你跟前有个篮子啊，这样我就可以放在篮子里，你爱挠哪挠哪，挠完了你自己从篮子里搬走。

对啊，程序员也是这么想的。两个设备之间、两个程序之间，要想达到高吞吐量，就得将信息的传递异步化，而不是同步化。

传递东西有两种方式：

1）同步等停方式。源头某角色生成一样物品，然后让第一个人用左手从源头拿走，传递给他的右手，再传递给第二个人的左手，东西传给第二个人之后，第一个人不做任何动作，只等待源头再交给他另一样物品。

想象一下，如果整个传递路径上只有两个人还算好，如果有10个人，可以想象，物品从源头传递到目的端所需要的时间将会非常长，而在这段时间内，源头不会再传递任何物品，这10个人中总有9个人闲着没事。一样物品从第一个人传递到最后一个人所经历的时间，称为这条传递链的时延/延迟。假设每个人从拿到物品到传递给下一个人需要1ms的时间，那么由10个人组成的传递链传递一次就需要10ms的时间（即该传递链条的时延为10ms），那么这条传递链每秒可以传递1000ms/10ms=100件物品，也就是100件物品/s，这就是该传递链的吞吐量。

在同步模式下，如何增加传递链的吞吐量？答案似乎只有一个：降低传递链的总时延。如何降低呢？要么提高每个人的处理速度，要么砍掉不必要的人。

人们自然会想到，能否让源头源源不断地将物品传递给第一个人，第一个人也源源不断地传递给第二个人，以此类推。于是有了异步方式。

2）异步流水线方式。源头让第一个人左手拿走一件物品，第一个人把物品传递到自己右手后，马上再从源头拿一样物品。一瞬间，第一个人左手和右手同时拿着两个物品。当第二个人拿走第一件物品后，第一个人左手再将第二件物品传递给自己的右手，左手空出，可以再从源头拿第三件物品。第二个人向第三个人传递时也这么做。这就是异步传递模式。在这种传递模式下，一件物品从源头到目的地，经历了多长时间？当然还是10ms，也就是说，传递链总时延并没有变化，每样物品从源头传递到目的地依然地还是10ms。

那此时该传递链每秒能传递多少件物品？ 第一件物品从源头传递到目的地当然需要10ms，但是第二件物品在第一件物品到达之后的1ms（最后一个人从左手传到右手的时间）也到达了，同理，后续所有的物品都是相隔1ms间距，一个接一个地到达了。那么就可以算出来在1000ms内，头10ms传递了一件物品，后990ms每1ms可以传递一件物品，这样的话，吞吐量变为990+1=991件物品/s。吞吐量几乎是原来的10倍。

那在此基础上，想进一步提升吞吐量，共有几种方式？自然，第一种方式是降低每个人从左手传递到右手的时间；这样最见效，比如降低到0.5ms，则吞吐量将为：1+（1000-5）/0.5=1991件物品/s。第二种方法则是减少传递链上的人的数量，这样可以第一件物品传递所需的时间降低，比如，降低到2个人，那么吞吐量将为1+（1000-2）/1=998件物品/s，提升似乎并不是很大。第三种则是再增加一条或者多条传递链，多条传递链一起传递，那性能直接翻对应的倍数。

是不是可以说，在异步传递模式下，传递链的总体时延对吞吐量影响并不大？是的。

既然传递每件物品需要10ms，那么每秒能传递1000ms/10ms=100件物品，为什么上面算出来的却是991件/s呢？其实这里的关键点在于，同一时刻，有多个物品在同时并行向前传递，传递链中有几个人在接力，传递持续稳定之后，同一时刻就有几件物品在传递。所以，上述例子中，并发度为10，忽略第一件物品传递时在一段时间内并发度没有达到10，所以最终吞吐量的确是100×10=1000件物品/s。准确来讲应该是：吞吐量=并行度×1000ms/节点时延。

如果传递链上的每个人从左手传递到右手的时间各不相等，最终吞吐量是什么情况？

先看看如下图所示左边的情况，传递链两头是俩壮汉，中间夹了一位老爷爷和一位小朋友。很显然，当第一件物品传递到目的地之后，第二件物品需要等待40个时间单位才能到达目的地，这是不是说明，后续每件物品都会以40个时间单位为间隔陆续到达呢？可以明确推出，是的。那么是不是可以有这样一个结论：后续每个物品的到达间隔统一为传递链中耗时最长的那个链条节点所耗费的时间呢？为了进一步证明该问题，我们把传递链右侧的壮汉换成一位老奶奶，如下图右边所示，则第二件物品会在第一件物品之后的50个时间单位到达，后续其他物品也都会以相隔50个时间单位的间隔到达。

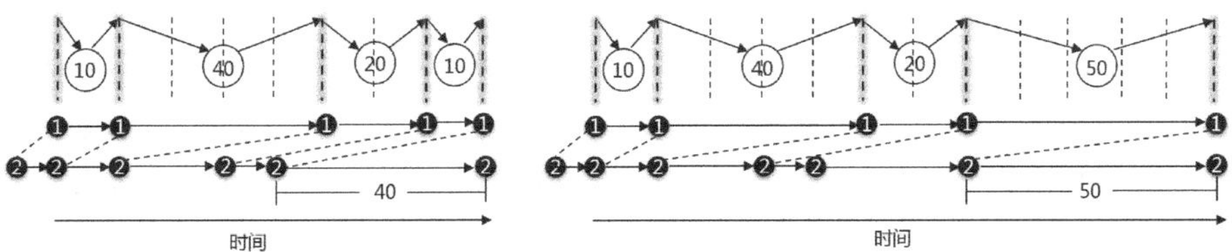

结论已经非常明显，只要传递链中有处理比较慢的节点，其他节点的处理速度再快也是没用的，处理完了也只能原地等待。也就是说，即使把上面两条传递链里每个人分别都换成老爷爷/老奶奶，最终得到的吞吐量也是一样的。

假设传递链中有一个节点时延为40个时间单位，其他所有节点都为10个时间单位，那么，如果将产生40个时间单位时延的人的位置替换为3个10ms时延的人，吞吐量会不会有改善？结论是有改善，吞吐量会提升为原来的40/10=4倍。似乎很奇怪，人多了，吞吐量反而上来了。

假如有一条由10人组成的传递链，每个人的处理时延是10ms。现在，将其更换为由20个人组成的传递链，而每个人的处理时延为5ms，吞吐量如何变化？根据上面的结论，可以推断出，吞吐量提升为原来的10/5=2倍，同时总时延不变。

如果替换为40个人，每人处理时延依然为5ms，相对20人的每人5ms的传递链，吞吐量如何变化？可以看到，除了第一个物品会以200ms的时间传过来之外，后续物品依然是以5ms为间隔到达，吞吐量与20人每人5ms的传递链保持一致。

异步模式吞吐量公式：

吞吐量=1/Max[每个节点的时延]

同步模式吞吐量公式：

吞吐量=1/Sum[所有节点的时延]

同步/异步模式时延公式：

总时延=Sum[所有节点的时延]

可以看到，只要将某个物品的全部处理流程细分为若干个小流程，让每一步小流程很快地完成，这样就可以组成一条拥有极高吞吐量的传递链了。

流水线就是指上述的异步传递过程。只不过传递链上的每个角色需要对物品做对应的处理而不是单纯地传递。比如第一个人负责把物品做某种装饰，第二个人负责对物品进行盖章，第三个人负责用一张大包装纸对物品进行包装。这就是一条产品的加工流水线。整个流水线中工序数量被称为流水线的级数，本例中这条产品包装流水线为3级流水线。

可以想象，第一步是最耗时的，需要在多个地方贴上对应的装饰品，假设需要10s，第二步只是盖个章，假设需要1s，第三步需要包装起来，假设需要3s。很显然，要让这条流水线的产量提升的话，必须将第一步分解成3步，每一步只负责贴部分装饰，假设耗时3s，这样就可以与第三步的时延匹配起来。能否继续优化？也就是将每一步的时延降低为1s？第一步可以，用10个人，每个人只耗费1s贴一个装饰品即可。但是最后一步恐怕不能再细分了，除非用机器，因为靠人工的话，包装过程不可能被细分为比如先只折一个角，再折另外一个角，因为当传递给下一步骤时，上一步骤折的角很可能已经自动松开了。这就是现实的无奈，最后一步会成为瓶颈。

解决这个问题的办法，就是找3个人来并行完成最后一步，也就是让每人都处理一件物品，虽然每个人依然用3s包装一个物品，但是3s内却可以同时包装3件物品，这样的话就等价于每一步时延都为1s时的吞吐量了。上述方式是物理上的可直观感知的并发，而且真的是多个物品齐头并进，可以称之为多路物理并发模式；而多个人组成异步传递链产生的并发传递，也是并发，只不过理解起来困难一些，可称之为多级流水线并发模式，并且多个物品之间并非齐头并进，而是有一定先后顺序，相隔的时间就是Max[每个节点的时延]。

使用4级流水线并发和4路物理并发获取的吞吐量是相同的，只是方式有区别，前者是每10s出一个（每40s出4个），后者是每40s出4个。物理并发方式下，当第一轮传递开始之后的40s，会有4个物品传出；而4级流水线并发模式下，传递开始后40s却只有1个物品被传出。如下图所示。

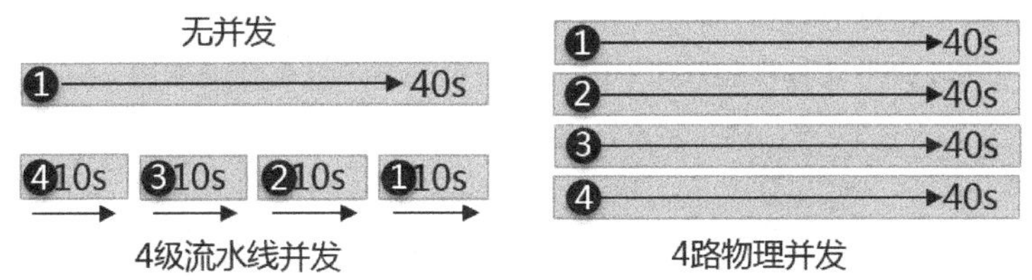

如下图所示，可以看出，多路物理并发模式的起跑天然比流水线模式要快，但是跑起来之后，两者的速度是相同的，实际中可以忽略这个起跑差异。我们把第一个物品从流水线进入到传出的过程叫作入流水阶段，此过程中，流水线会被充满，一旦充满，流水线就可以全速运行，也就是全并发阶段。正是因为流水线必须先被充满之后才能全并行，所以导致了其比物理并发模式起跑慢。

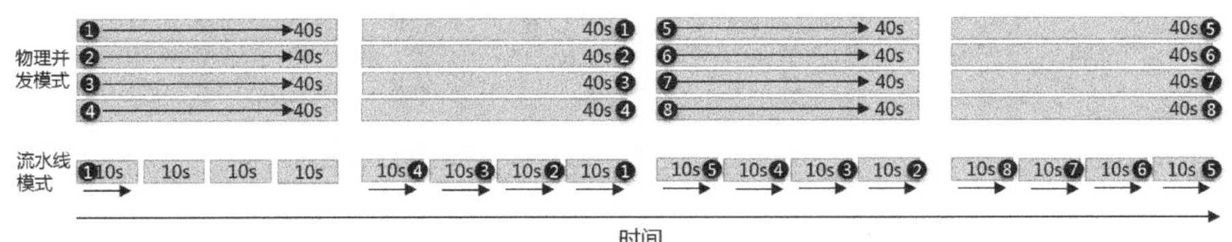

另外，这两个模式之间还有一个微妙的事情。假设该步骤的下游还有其他步骤，除非下游的步骤也是物理并发的，否则上一步的物理并发产生的起跑超前效应将会在下游步骤被屏蔽掉。如下图所示，一股脑先到达了目的地，到头来还须一个一个地经过下游步骤的处理，最终物理并发模式和多级流水线并发模式产生的吞吐量依然相同，同时每个物品到达时刻点也完全相同了。

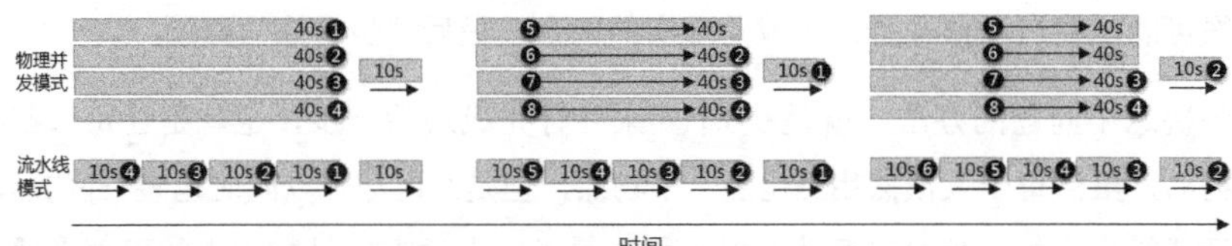

提示 **谁在乎这“可以忽略”的起跑超前效应？比如有一类场景——金融领域的高频交易，交易者必须在股票或者某种金融产品上涨或者下跌一定数额（通常是极微量的增幅）之后立即发起并完成交易，因为有大量的交易者在排队，谁先第一时间从证券交易所服务器上获知对应的涨幅并且将交易请求尽快发送到交易服务器，谁的交易请求就能排在队列前面，就可以抢先卖出或者买入。而交易请求就像是一件物品，会在多个角色之间传递，有一条传递链存在。但是这类交易往往是同步模式居多，也就是发送一条消息，等待对方服务器返回确认消息之后，再发送下一条消息。**

对于下游步骤没有物理并发的场景，如果将上游步骤的物理并发度提升一下，比如从4提升到8，会不会有收益？如下图所示，很显然，没有任何作用。

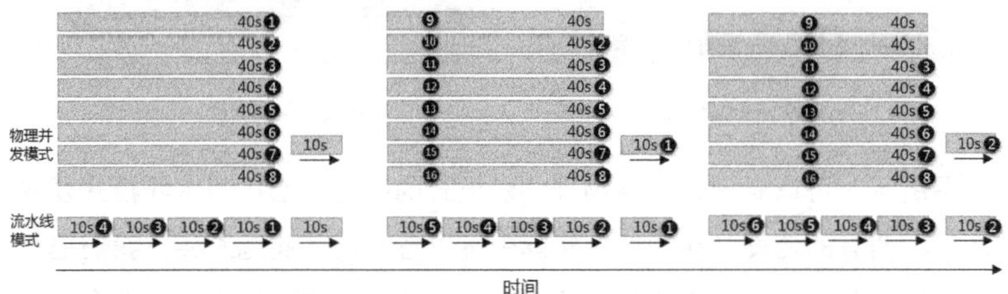

如果在下游非并发步骤之后再增加一个并发步骤，会不会有什么收益？如下图所示，很显然，没有任何收益。

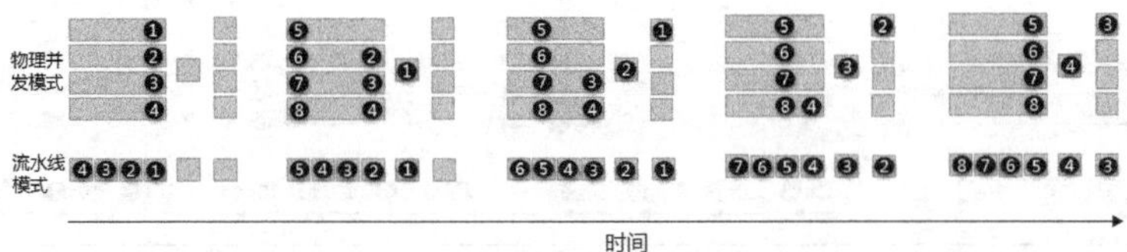

如果在上述例子中将上面传递链的第一级时延降低到与第二条传递链第一级时延相同，会不会有区别？如下图所示，吞吐量没有区别。

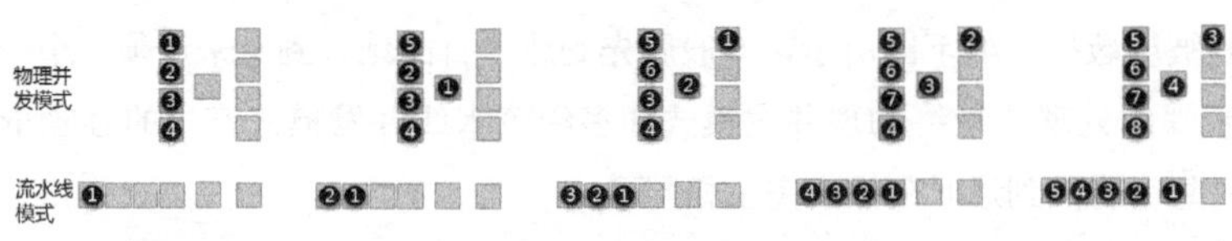

若两条传递链，级数相同，每一级时延相同，但是第一条传递链上第一级4路并发，第二级2路并发，第三级4路并发。这两条传递链的吞吐量相比有什么差异？如下图所示，可判断，第一条传递链的吞吐量为第二条的2倍而不是4倍。也就是说，并发度最小的那一级决定了整个传递链的物理并发度。

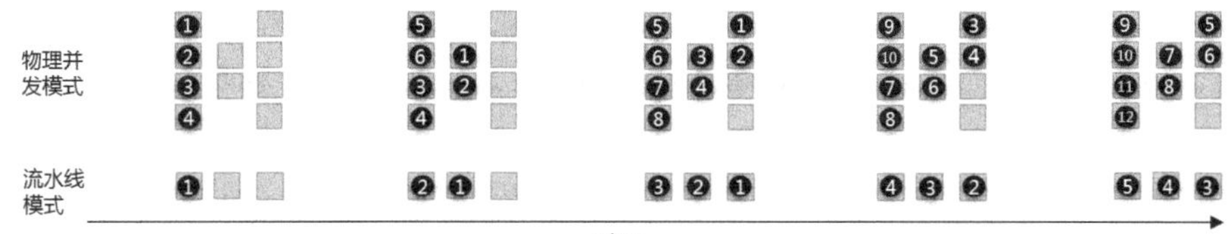

根据对上面几种情况的分析，最终可以有这个结论：异步传递链上每一级的吞吐量公式为：

1）当上级时延=下级时延时：

吞吐量=min[物理并发度]/时延

2）当上级时延＜下级时延时：

（1）当（下级并发度/上级并发度）≤（下级时延/上级时延）时：

吞吐量=下级并发度/下级时延

（2）当（下级并发度/上级并发度）＞（下级时延/上级时延）时：

吞吐量=上级并发度/上级时延

3）当上级时延＞下一级时延时：

（1）当上级并发度≤下级并发度时：

吞吐量=上级并发度/上级时延

（2）当（上级并发度/下级并发度）＜（上级时延/下级时延）时：

吞吐量=上级并发度/上级时延

（3）当（上级并发度/下级并发度）＞（上级时延/下级时延）时：

吞吐量=下级并发度/下级时延

（4）当（上级并发度/下级并发度）=（上级时延/下级时延）时：

吞吐量=上级并发度/上级时延或者下级并发度/下级时延

异步传递链的总吞吐量公式为：

吞吐量=Min[每一级的吞吐量]。

10.7.2 大话队列

对于一个传递链，不管是同步还是异步流水线，其中每个角色都需要从上游角色接收物品/消息，以及向下游角色传递物品/消息。具体如何传递？如果是实际产品包装流水线，那么不可能是用手去传递的，我处理完用手递给你，除非离得近，以及每次你都能在我胳膊发酸之前接过去。更方便的做法是，我将处理完的物品放到一个你我都可以方便拿到的地方，比如一个工作台上，我只要放上去就行了，根本不用管下游操作者处于什么状态。只要大家都在全速工作，不出什么问题，我下一次打算往上放东西的时候，会发现原来那件物品总是能及时地被下游操作者拿走。

然而，不能保证总不出问题。比如下游操作者突然走神了，没来得及拿走上游放在工作台上的物品，则上游打算传递下一个物品的时候，就会停住，同时也不再继续从它自己 的上游那里拿走待处理物品，这会一层层反馈到源头，导致传递链停顿，或者称阻塞（Stall）。

厂长一看急了，这不行，动辄就停顿，太影响生产效率。你认为厂长应该如何解决这个问题？估计你也想得出来，即把工作台面拉长一些，设置传送带和挡板，上游过来的物品被源源不断地传送过来（假设传送带速度非常快，忽略物品在传送带上传输的时间），并且堆积在处于下游较色眼前的挡板处。如果大家全速运作，那么任意时刻挡板处最多只有一件物品出现。一旦下游由于各种原因处理速度变慢，或者瞬间有卡顿，那么上游依然可以往传送带上放置处理完的物品，此时会发现下游的挡板处有物品堆积，下游卡顿时间越长，堆积越多，如果一直堆积到上游跟前，那么上游就知道传送带已满，就会停止处理，同理，上游的传送带就会逐渐堆积，一直反馈到源头，最终导致卡顿的那个人之前的所有人都停止处理，但是卡顿的人和其下游的人会继续处理，当上游发现传送带上有空余位置的时候，就继续处理并放置物品，逐渐恢复流水线的运行。下游此时可以一过性加快处理速度，将传送带上的物品加速消耗，传送带中物品堆积数量越来越少，最终少到1件的时候，可以恢复原来的处理速度。或者下游继续按照原有速度处理，那么此时就会在传送带上永久积压着满传送带的物品，除非源头不再有物品需要处理。

这样做的好处是将流水线上的每个工序解耦，从紧耦合变为松耦合。其本质上是在每两道工序之间加大了缓冲空间，之前缓冲空间只有1件，相当于没有缓冲。至于这个缓冲空间需要有多大，一般取决于该队列下游工序的处理速度，越快，则相应地应增加上游缓冲的空间，这样上游可以向该缓冲空间内存放大量的物品，以供下游角色消耗，一旦上游出现瞬间卡顿，还能保证缓冲空间内短时间内依然还有存货，并且下游还有物品可处理，不会跟着一起停工。这就是缓冲的作用，缓冲的是不同角色之间处理速度的不匹配。

该缓冲空间又可以称为队列（Queue），其总容量又被称为队列深度，其当前已经被存了多少样物品，又被称为队列长度。不带缓冲的流水线，相当于队列深度为1的流水线，一旦任意一道工序有卡顿，会导致上游接连卡顿，影响生产效率。如下图所示。

如果由多个运行在计算机中的程序组成的流水线来处理某种数据包/消息/请求等，那么该流水线的传送带很显然就应该是用异步FIFO队列来充当了，这些队列可以处于内存中某处。如下图所示。

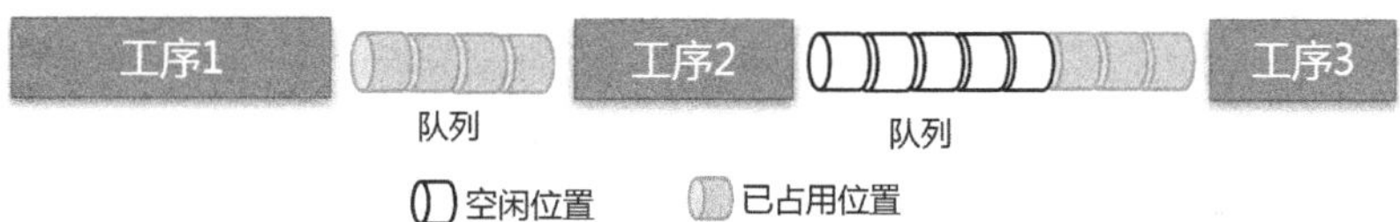

排队固然好处明显，但是其原生并不是为了增加流水线吞吐量而设计的，只是为了更加松耦合，为了增加灵活性。在实际的由程序/线程组成的流水线中，每个程序/线程需要处理的事情可能比较复杂，而且有时还不可控，比如有些判断分支，命中时需要花费更多时间来处理，不命中则很快处理完，此时该程序的处理时延是不固定的。正因如此，流水线上各个步骤可能并不能真的按照实际设计时所预估的时延来全速工作达到最大吞吐量。此时队列的作用更加凸显，比如上游处理程序时延变长，不能够以原有速率向下游输出处理完后的消息/数据包，但是位于它们之间的队列此时正缓冲有部分之前积压的待处理消息/数据包，那么此时下游依然会全速处理，不受上游影响。

甚至可以这样，将源头或者流水线中间某处极易卡顿处的队列深度加大，这样所带来的缓冲效果就会更加持久，能够保证流水线持续输出，最大程度屏蔽由于任何一处卡顿所带来的流水线阻塞等待。

1. 队列长度与时延

队列缓冲固然好，但是其代价显而易见。队列中排队的物品越多，轮到队列尾部

的物品被下游模块处理所需等待的时间就越长。

假设下游节点每处理一件物品需要2s，也就是每2s从上游队列中取出一个物品处理。请算出队列中存在2、3、4件物品时，最后一件物品被下游处理完输出所耗费的时间。当队列长度为2时，第二件物品输出所需耗费为：第一个物品处理所需的时间+第二个物品处理所需的时间，也就是2s+2s=4s。队列长度为3时，第三件物品处理所需耗费的时间为2s+2s+2s=6s，同理可得，队列长度为n时，队列中第n件物品被下游处理完共需耗费时间为nms，m为下游模块的处理时延。

当队列长度为n，下游模块处理时延为m时，求队列中的角色被下游处理的平均时延。

平均处理时延=n个角色总处理时延/n = [nm+（n-1）m+（n-2）m+…….+m]/n =m（n+1）/2

可以看到，队列中每多排队一个角色，就会拖慢0.5m的平均处理时延，但是吞吐量不会受影响。所以自然有一个推论：当队列长度能够保持为1时，平均时延最低，同时吞吐量不受影响。那就等价于一个没有缓冲队列的流水线了，如果能够保证每一步处理速率绝对恒定，自然是最理想的状态。而上面也分析过，一旦有卡顿，则流水线上游就会停顿阻塞，最终影响吞吐量。所以，吞吐量和时延天生就是一对儿矛盾，这个矛盾需要平衡。抵御越强烈持久的卡顿，就越需要增加队列深度，那么平均时延也会升到更高。

从时间上长期来看的话，仔细思考可以发现这样一个本质：无缓冲流水线时延最低，吞吐量最大。加入缓冲之后，如果流水线没有任何卡顿，那么依然时延最低，吞吐量最大。一旦卡顿，那么卡顿了多长时间，这些时间就会被变相地分摊到队列中积压的角色处理时延的增加上。所以，一切都是公平的、守恒的。

推论：一个角色从进入流水线中某一级的前置队列，到被该级流水线处理并输出的总时延可分为等待时延和处理时延。若该级处理时延为m，则队列中排在第n个位置的角色的等待时延为（n-1）m，处理时延恒定为m。

那队列长度是否对吞吐量有直接影响？没有直接影响。只要流水线不卡顿，队列存在与否、队列深度/长度对吞吐量毫无影响。卡顿时，如果队列深度过小会导致快速充满，则相应导致上游停止工作，造成吞吐量下降。队列深度过小导致队列被充满的现象被称为过载（Overrun），同理，队列深度过小还容易导致其中缓冲的消息快速被下游消耗掉，而上游由于各种原因的卡顿尚未来得及将新消息充入队列，此时队列为空，此为欠载（Underrun）。频繁过载、欠载不是好事，说明该流水线上下级处理模块的速度极不匹配，或者流水线正遭受大范围扰动，此时应该加大队列深度，抗波动能力就随之加强了。

2. 并发度与时延

假设某带缓冲队列的流水线中的某级处理模块是p路物理并发，这种情况下，p路处理模块会同时从其上游队列中分别取走一条消息进行处理，那么此时的时延模型就变了，变为每p条消息为一组，同时并行下发。那么时延公式$m(n+1)/2$里的n此时应该表示的是第n组消息的时延，p个消息为一组。同理，单个消息的平均等待时延换算下来就会降低原来的$1/p$，当然，处理时延是不变的，总时延依然是降低的。

要想保证带有多路物理并发的流水线的吞吐量，就要精心调校，从而让队列长度恒定在至少为p，压入更多消息到队列中，上面也说过，会显著增加时延；而过少又容易导致欠载，从而使流水线瞬间空转。

如果队列中的多笔消息是同一个线程发出的，那么被并行执行之后，其相比非并行场景而言，时延降低了。即使下游并非为多路物理并发，而只是多级流水线，那么也依然算是一种并发，相比非多级流水线的单级超长步骤处理而言，时延依然是降低的。这就是所谓流水线可以屏蔽时延的说法依据，但是请注意，其是与非流水线处理相比，比如之前是4s一个大步骤，分为4个时延为1s的小步骤，二者相比，如果有4条消息，前者总共需要16s完成，后者则只需要4s+1s+1s+1s=7s完成。但是请务必注意，每条消息自身的时延没有变化，依然是4s，只不过由于并发的原因，如果这4个消息为一组，那么其总体的时延的确降低了。所以发出这4条消息的线程就会感受到总体上的性能提升。

推论：如果多笔消息属于某个总步骤，那么流水线并发可以降低这个总步骤的时延，表面感官上的感觉就是响应时间更快了。如果多笔消息分别属于多个不同的步骤，那么流水线化之后，每个步骤感官上并没有变化，响应速度没什么变化，但是总体看来，流水线化之后可以在保持原有响应时间不变的前提下，提升总体吞吐量，也就是在维持速度体验不变的情况下可接纳的处理线程数量增多了。相反，如果没有流水线化，这多笔消息就得同步执行，排在对尾的消息等待时间会很长，响应速度变慢，多笔消息处理完总共花费的时间也很长，所以不管是这多笔消息属于同一个总步骤还是分属不同的步骤，每个步骤的感官响应时间都不佳。

哪类业务非常在乎时延？有真实的人在等待且要求快速返回结果的业务，比如网购、网聊、查账、柜台/ATM业务，等等。哪类业务只对吞吐量有要求而对时延没要求？无人实时等待的后台批处理业务，这类业务往往是处理一大堆数据，而根本不在乎其中某次处理耗费了多长时间，其追求总体上的吞吐量，这样才能更快地完成任

务，典型场景比如大数据分析等等。

10.7.3 流水线理论在实际中的应用及优化

1. CPU流水线

在IT领域，流水线的最典型实际应用就是CPU内部执行机器指令的过程。比如某程序含有大量的机器指令，位于内存中，CPU需要逐条取回和处理。比如某条指令为add指令，CPU首先要从内存读出该指令，然后要对其译码，也就是看看该指令到底是让我干什么，译码之后会向对应的电路部件发送控制指令执行该操作。如果是stor/load指令，则译码之后的结果是访问内存，而不是计算。可以看到，CPU内部的电路对一条机器指令的处理起码可以分为取指令、译码生成控制信号、计算（从ALU中选出对应的结果）、访问内存（如果是load/stor指令）、写回（将结果导入寄存器）这5个大步骤。电路完全可以把这5个步骤放在一起执行，也就是让电信号传递到所有的控制逻辑中，最终结果直接被导入到结果寄存器前端，然后在下一个时钟的边沿锁存该结果。每个时钟周期非常长，以便让电信号流经所有这些逻辑电路并输出结果。这么做的结果就是，某指令被取回之后，进入译码逻辑电路，此时取指令电路就会闲置在那里；译码完之后，比如是load/stor类指令，那么电路会向L1 Cache发送访存请求，此时取指令、译码电路一起闲着，取指令闲的时间更久。同理，直到该指令的结果被输出到寄存器，下一个时钟边沿到来之前，CPU内大量的逻辑电路模块都处于闲置状态。对于这样一个系统，其能够执行的指令吞吐量，根据上文中总结出的算式，为：1/总时延，相当于1/时钟周期。该流水线相当于一个只有1级且该级时延等于1个时钟周期的流水线，且时钟周期很长。其本质上等价于同步流水线。

这个步骤非常适合于改造为异步流水线，位于内存中的大量的机器指令就是待处理的角色；取指令、译码等模块就是流水线的每一级，将原本一个大步骤切分为上述的5个小步骤，并且让这5个步骤的时延尽量缩小，而且让其异步执行。取指令、访存这两步的时延会比较高，因为可能需要访问外部SDRAM，译码时延相对低一些，但是相比计算步骤来讲可能也高一些，当然，看最终是计算什么，如果是加减乘那么会相当快，如果是除法则需要相当长的时间才能完成，而译码相对就简单了。正因如此，为了降低取指令和访存的时延，人们增加了L1 、L2、L3 Cache，让取指和访存尽量在Cache中命中；以及将译码阶段再次分割为各种预译码阶段，比如对指令进行定界（判断控制码、源操作寄存器、目标操作寄存器的长度）、检查指令码是否合法等细小的步骤。这样改造之后，每一步时延会非常小，而每一步都用一个时钟边沿来驱动和锁存结果，这样就需要把时钟频率提上去。此时该异步流水线的吞吐量依然为1/时钟周期，但是时钟周期大大缩短，吞吐量就上去了。

切分为多个步骤之后，上级与下级之间就需要一个暂存上级输出结果的地方，结果被暂存到这里之后，上一级立即开始处理其自身的上游输出给它的结果（来自上游寄存器）。由于每一级都是组合逻辑电路，输入随着输出动态改变，所以每一级之间的这个暂存地应该是边沿触发寄存器。每个时钟边沿触发锁存上一级输出的结果，锁存之后，寄存器内的信号立即会对下一级组合逻辑电路产生影响，算出结果输送到下一级寄存器输入端等待。如下图所示。

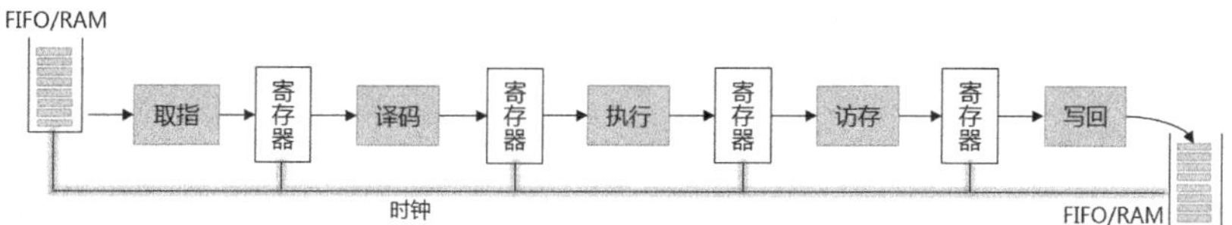

实际设计时，每一步的时延不可能被设计得精确相等，所以时钟周期必须按照耗时最长的那一步来定，这样的话耗时短的就会先干完活，对应的信号会在其与下级步骤之间的寄存器输入端等待着，越早干完活的，等待时间就越长，这一级本身的闲置时间也就越长。

我们之前说过，在流水线各个级之间增加缓冲队列，非常有利于抗波动，保持吞吐量稳定。CPU的指令执行流水线不仅波动大，而且耦合性很大。其与上述介绍的处理物品的流水线不同，CPU内部流水线是将一条指令的处理切分为多个小步骤形成流水线，每一级处理一条指令的一小步，而不是整条指令。指令之间可能存在很强的依赖性/耦合性/相关性，这会导致一系列问题，这里不展开介绍了。如下图所示。

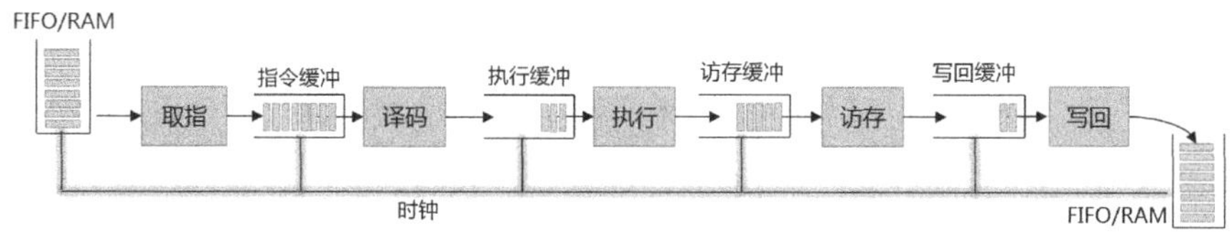

2. 并行计算

如果上升到软件层面，程序处理也可以采用流水线思想来加速。比如某程序包含5000行代码，其处理时延就是CPU运行5000行代码所耗费的时间。现在要对该程序加速，采用流水线思想，将5000行代码的程序分割成5个程序，每个程序1000行代码，那么其理论吞吐量会为原来的5倍。如下图所示。

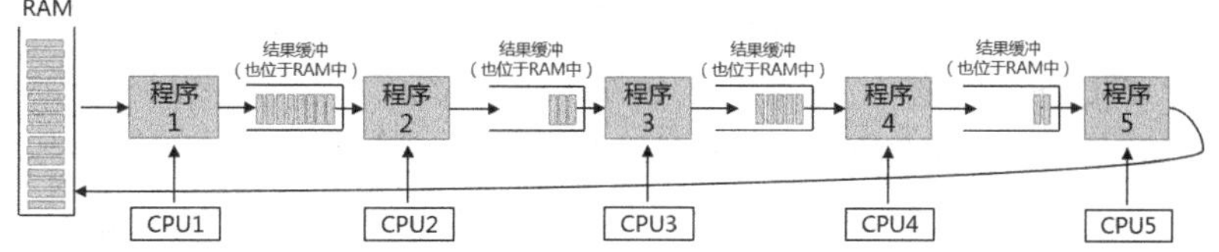

但是不要忽略一个问题。对于物品传递流水线来讲，是真的有多个角色在同时工作，从而传递物品，请注意“同时”这个词，同一个时刻，多级流水线处理模块都在工作。而对于程序来讲，要实现流水线，就得这多个程序同时在执行。如果多个程序在同一个CPU上运行，其就不是异步流水线，而本质上等价于同步流水线。所以，必须让流水线中的每个程序各自都在不同的CPU上同时运行，才可以达到增加吞吐量的效果。这就是所谓的并行计算。此外，并不一定必须使用流水线思想才能增加吞吐量，可以直接复制出多个程序副本（俗称worker），让每个CPU都运行一份该程序，处理不同的数据（将数据切分为多份分别处理），即便该程序总时延很高，但是通过增加物理并发度，一样可以达到等价效果。如下图所示。

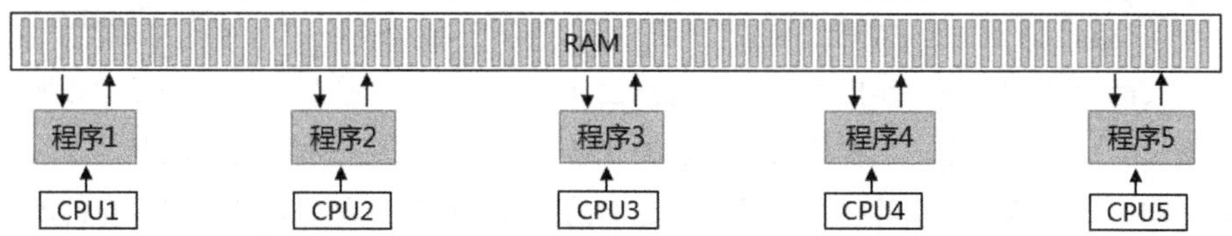

当然，最终还得看场景，有些场景无法流水线化或者物理并行处理，因为数据之间耦合太紧密，比如：必须处理完上一份数据，才知道下一份数据应该如何处理，或者该从哪一步开始处理。这样就只能等待上一份数据完全出流水线后，由程序判断出结果，决定下一份数据进入流水线哪一级，比如直接跨过程序1、2而进入程序3处理。

3. I/O系统

操作系统内核的I/O子系统处理的是应用程序下发的I/O请求，对应的吞吐量描述用语是IOPS（每秒I/O操作数）。每一笔I/O请求一般都需要经过目录层、文件系统层、块层、SCSI/NVMe协议栈核心、HBA驱动、外部总线/网络、外部设备，外部设备本身也是一台小计算机，其内部也需要经过众多处理步骤。

操作系统一般会创建若干个内核线程来专门负责处理这些I/O调用，但是普遍做法是一个线程把几乎所有上述这些步骤都处理完，但是多个线程并行处理。I/O请求在OS内核中的处理路径模型其实匹配了单级多物理并发流水线，理论吞吐量就是处理线程数除以每个线程的处理总时延。

但是I/O请求经过OS内核处理之后，最终会被发送到外部设备来处理。从HBA控制器到外部设备这段路径上的时延，要远高于I/O请求在内核中所经历的时延，即便是固态硬盘，时延相比内核处理时间也是很高。不管I/O请求在HBA之外经历了多少级、多少并发度的流水线，可以肯定的是外部任何一级的吞吐量都要远低于OS内核的理论吞吐量（相当于内存的吞吐量），那么整体I/O处理流水线的吞吐量，按照上文的分析，受限于吞吐量最低的那一级，一般来讲就是最终的硬盘（机械或者固态）。

有个特例，可以在外部流水线的某一级的吞吐量要高于OS内核处理吞吐量，那就是在I/O路径上某处使用诸如DDR SDRAM介质来虚拟成一个块设备，此时OS内核处理的吞吐量反而要低于这一级的理论吞吐量，但是无济于事，必定有某处的吞吐量依然会制约整体I/O路径的吞吐量，除非整个路径都只访问内存。

如果理解了流水线理论，理解I/O路径就易如反掌。

10.8　为什么Raid对于某些场景没有任何提速作用?

一提到Raid，给人印象很厉害，既能提速又能冗余，几乎所有存储系统底层都得加一层Raid。可是Raid并不是在任何情况下都可以加速I/O的。其中一种场景就是前面介绍过的条带深度没有设置成与I/O Size相同而导致的不能够并发I/O，要么多笔I/O都挤到同一块盘上串行处理，要么一笔I/O被切分为多笔子I/O，而每一笔子I/O都占用一块盘，导致多块盘服务于一个I/O，严重浪费资源。有人可能会问，比如把一笔128K的I/O切分为4个32K的I/O，让每个盘读写32K，4个盘一起不就可以提升吞吐量了吗？要知道，不论对于顺序I/O还是随机I/O，这样做都不是好办法。比如有4笔128K的顺序I/O排队，就算不切分，依然可以将条带深度设置为128K，而让4块盘同时执行4笔128K的I/O；而将条带深度设置为32K，让4块盘服务于一笔I/O，该I/O本身被多盘并发处理了，但是其后面排队的3笔I/O依然在等待。最终这两种方式的吞吐量没有任何区别。

对于随机I/O，后面这种方式就开始有副作用了，因为其严重制约了I/O的并发性，使得并发度降为1，也就是没有并发。由前面流水线理论可知，没有并发，吞吐量想上去基本不可能。有人后续会问，虽然没有了并发，但是每笔I/O的执行时延下降了。不对。对于随机I/O，每笔I/O的时延等于什么？等于寻道时间+等待时间+读写时间。那么，机械磁盘寻道一笔32K的I/O，和寻道一笔128K的I/O，寻道时间有区别吗？没有。等待时间有区别吗？也没有。读写处理时间有区别吗？有。从磁盘读32K的数据耗时一定是128K耗时的1/4，所以性能为原来4倍！寻道时间为10ms量级，等待时间为3ms量级，而读写时间非常快，可以忽略不计，读32K纵然是读128K速度的4倍，但是相比寻道时间而言，这一点点提升根本是杯水车薪，比如10ms+3ms+0.1ms为一笔I/O的时延，相比10ms+3ms+0.025ms，单笔I/O在磁盘内处理的总时延几乎没变化。

再次强调，条带深度一定要设置为与上层下发的I/O Size相等的值，要让多笔I/O并发，而不是单笔I/O被切分为多份，而这多份之间并发。下面进入正题。

还有一种场景，Raid根本起不到任何作用，反而徒增无谓的计算和元数据维护。那就是同步I/O场景。什么叫同步I/O，简单来讲同步I/O就是应用发出一笔I/O调用，仅当该I/O的结果返回之后，其才会发送下一笔I/O。前面说过，Raid之所以能够提速是因为其可以让多笔I/O同时被多个盘分别执行，现在可好，上层每次只给一个I/O，怎么并发？有人说把这笔I/O切分成多份，每个盘执行一份，不就可以并发了吗？不可以，不管顺序I/O还是随机I/O，一笔I/O切分多份毫无用处，顺序I/O这么做无影响，随机I/O这么做会适得其反。如下图所示。

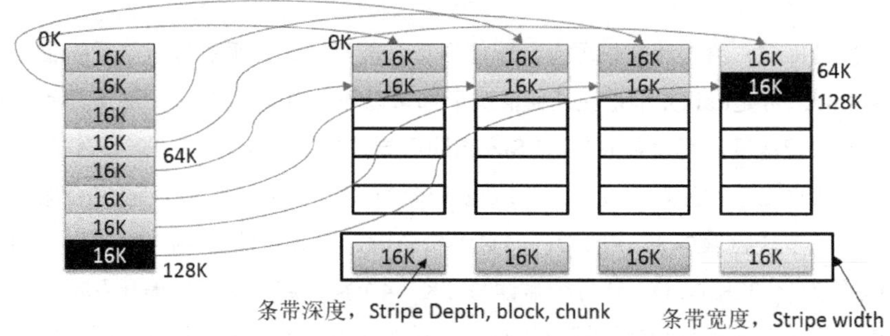

所以，遇到同步I/O，就不可以！这个I/O Size如果小于等于条带深度，那么其无论如何也必须最终落在某个盘上，所以其性能与单盘性能无差别。如果这个I/O Size大于条带深度，那么Raid模块会将该I/O拆分为多笔I/O，向多个盘并行发送这些I/O，很显然，最终该I/O的性能还是单盘所体现出来的性能。

怎么办？如果应用只能是同步I/O模式，无法改异步，而且就算改了异步模式，也并不是任何时间都发送异步I/O的，有些场景必须同步I/O，比如必须知道该I/O的数据内容，判断之后，才能决定下一笔I/O读或者写哪一块。可以明确地讲，如果不换SSD的话，基本没办法。不过可以让资源利用率提升一些，但是对应用的体验来讲，基本没其他方法。怎么说？比如同时运行多个应用，每个应用都发送同步I/O，此时实际上并发度变高了，Raid就会起作用，但是这四个应用每一个的体验，与单盘没有任何差异。

再结合上节对时延、并发度的分析，是不是理解又更加深刻了？此时你也许会体会到为什么测试时性能极好，上线时却惨不忍睹？

10.9 为什么测试时性能出色，上线时却惨不忍睹?

让各个存储厂商的售前、售后及架构师头痛的一件事情就是，明明前期测试的时候性能强悍，SPC1之流登顶，结果用户实际业务部署之后发现，性能惨不忍睹。厂商出动顶级架构师优化，结果还是不行。

到底是什么原因导致这类事件？可以明确地讲，90%以上的原因是两个字：时延。纵观性能测试，哪个不是“提高队列深度”“增加线程数量”。具体体现为I/O测试软件里的诸如“Outstanding I/O Depth”或者“Queue Depth”以及“Job Quantity”“Woker Quantity”等类似参数。测试人员往往把这些值加高，其作用就是充分利用系统I/O路径上各处的并发度。正如前面所说，如果I/O测试软件每次只发送一个I/O就等在那，那么性能就是惨不忍睹。这些参数恰恰是让I/O测试软件采用异步I/O的方式来发送I/O，批量下发大量I/O，一下子把I/O路径上各处的队列压满，底层的并发度自然就能够利用起来。同理，那些业界拼性能的公开测试，套路都一样，就是增加并发度。在冬瓜哥看来，这毫无意义，松耦合，高并发，测出来的性能当然上去了。

那么，现实中的各类应用系统，比如数据库、ERP、OA等等传统企业常用的系统，其I/O Style是什么样子？我们往往都在说“OLTP”“OLAP”，这是前人对传统IT业务的分类，这个分类今天依然适用。OLTP就是Online Transaction Processing，即在线交易类，此处的“交易”并不是指狭义的拿钱买东西，而是一种“有人在焦急地等待，恨不得马上返回状态”的业务，比如数据库查询、更新，网上购物，网聊等，都是OLTP场景，也就是实时性很强的场景；而OLAP中的A就表示Analysis，在线分析类，比如“计算一下本季度销售数据出n个报表并根据某模型预测下一季度销售额”，该类业务场景并不要求实时性，也很难做到实时性，其需要读入大量数据做运算，有些甚至需要十几个小时的运行时间，基本快有点超算的意思了，该类场景有个时尚点的词叫作“大数据分析”。

可以很明显地看到，OLTP业务对I/O的要求是时延和吞吐量兼具，而OLAP场景一般只要求吞吐量。同时，OLTP类业务发出同步模式的I/O的比例远高于OLAP类业务，因为在实时性场景下，很多时候必须一步一步来，比如单击“购买”按钮，付款后，才能走下一步，没有任何电商为了实现批量下发I/O获得高吞吐量而在用户选择购买之后不等用户付款就直接让商家包装包裹去了。同步I/O是最难优化的I/O场景。一般都是OLTP类业务会遇到性能问题，就是因为其对时延有要求，自己还时不时就发送同步I/O。

既然原因找到了，那就同步I/O吧，同步I/O最怕的就是时延大，所以提升同步I/O场景的性能，除降低I/O路径时延外，别无他法。怎么降低时延？诸如“虚拟化网关”之类，如果非常在乎性能，那趁早别用；LVM？如果不是极度要求管理便捷性，也不要用；软Raid？它增加的时延比虚拟化网关和LVM都高，趁早也不要用；虚拟

机？也增加时延。多路径软件？也增加时延；走网络交换机访问存储系统？改用点对点直连，也能节省几百纳秒的时延。总之，I/O路径上能砍掉的全砍掉。再不行，就要使用户态驱动的模式，把I/O直接在用户态发给HBA，但是这个不是一般人能玩的，只有一些专用系统可能这样去玩。

都砍掉了，代价必然是管理便捷性越来越差。就看你要性能还是管理性了。可以的话，把外部存储系统直接去掉，在缓存不命中的时候，其时延比单盘还要高。

接本地磁盘一般用什么HBA？采用SAS HBA，SAS HBA速率为12Gb×4=48Gb/s，那么接外置存储系统用什么HBA？一般是FC HBA，速率为16Gb/s。SAS HBA是不是直接接磁盘了，而FC HBA还要至少经过下面这些角色才能到磁盘：FC交换机、外置存储系统控制器（本质上就是服务器）前端HBA、控制器OS内核、控制器上的数据缓存（就是DDR RAM）、用户态/内核态I/O处理程序、后端HBA、JBOD上的SAS Expander、SAS磁盘。一笔I/O请求在不命中存储系统缓存的情况下，后面还要经历这么多角色，时延能不大吗？反观本地盘场景，I/O直接从SAS HBA控制器到SAS盘了，就一跳，时延当然低了，SAS HBA+本地盘的方式，在吞吐量上当然比不了动辄上千块盘的外置存储系统，但是时延上绝对是有优势的（相比外置存储系统缓存不命中前提下，命中则没有优势）。那么在随机读场景下，缓存命中率非常低，这么说SAS HBA+本地盘的方式的优势会显现得更加明显了？是的。所以说，不行可以考虑直接砍掉外置存储系统。

10.10 队列深度过浅有什么影响？

队列是流水线的润滑剂、缓冲棉。那么如果这层过于单薄，会出现什么情况呢？如下图所示，假设当前系统运行了8个线程，其中2个线程会发出I/O请求，而其他6个线程则只计算，不产生I/O请求。假设当前队列深度为2，可以看到，当线程1发出了2笔I/O之后，队列就满了，于是线程1无事可做了，进入休眠状态，然后线程2立即开始被调度运行，由于底层存储系统处理I/O是有一定时延的，这个时延远高于线程切换的时延，所以当线程2运行的瞬间，队列依然是满的，底层还没来得及处理队列中的I/O，线程2发现无事可做，也进入休眠态。后续系统开始运行线程3~8，由于这几个线程只是计算而不发出I/O，所以当它们运行期间，队列中积存的两笔I/O早已被底层处理完毕，假设当运行到线程5的时候，就已经处理完毕，那么在线程6、7、8运行期间，队列一直为空，在此期间，底层存储系统就无事可做，而线程1、2还都在等待被执行从而继续发出I/O，整体吞吐量低下。

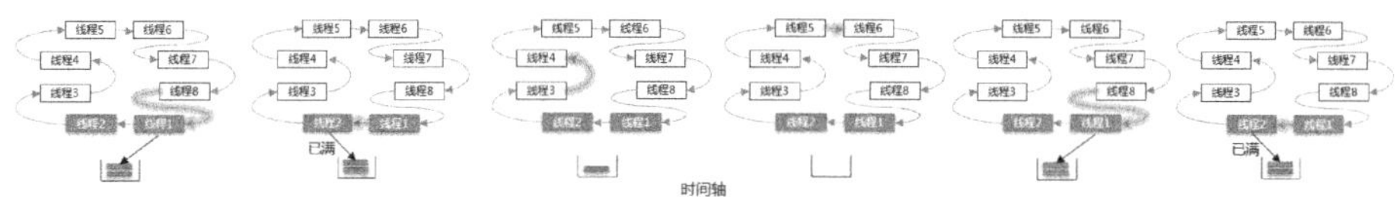

如果适当增加队列深度，情况就变了，缓冲层变厚，就能抗拒更加剧烈的波动。当线程1运行的时候，向队列中充满I/O，后续当线程2～8运行期间，这些积压的I/O依然没有被处理完，再次轮到线程1执行时，其又可以继续向队列中充满I/O请求，这样，任何时间底层在全速运行，吞吐量发挥到最高。如下图所示。

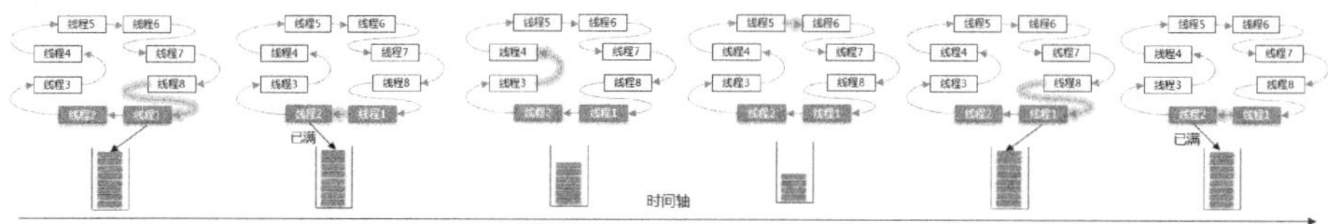

可以看到一个奇特的现象：线程2永远也得不到机会向队列中充入自己的I/O请求，因为每次轮到它执行，队列总是满的，因为在它之前有线程1这个I/O需求大户。经过一段时间之后，线程2对应的应用就会报I/O超时错误，或者资源不足错误等，导致应用宕掉。这个效应被称为I/O饿死。适当增加队列深度可以在一定几率上缓解I/O饿死情况。比如上面这个例子，当把队列深度增加到超过线程1的容量，也就是线程1每次发送完一批I/O之后，队列中依然有空余位置，就可以容纳其他线程的I/O了。但是不能从根本上解决，因为无法判断任意时刻线程1到底会发多少I/O出来。根治的方法还是要通过I/O Scheduler调度器，先把所有进程的I/O收入子队列，让所有线程都有机会发出I/O，然后再有组织有计划地向总队列中充入这些I/O，比如按照Round Robin方式一人一个，或者超过一定时间没轮到某个进程的I/O被充入队列，则充入一定数量，等等策略。这就像在一个多车道共同向单车道汇聚的路口，如果没有交警，靠车辆自己排队，恐怕最后就会乱套。

10.11 队列深度调节为多大最理想？

队列深度决定了一个流水线体系的缓冲力度，但是其代价则是会增加时延，队列时延算式可以参考之前的章节。有没有一种比较理想的方案，既能够有足够深的队列缓冲，保证不阻塞流水线，又能够不引入额外排队时延呢？在队列和时延的关系的那一节中，我们有个结论，就是最好让队列深度恒定为1，也就是说，下层取走一条消息处理的同时，上层又向队列中充入一条消息，这样可以避免产生等待时延。当然，如果下层的物理并发度为*n*，则下层会一次取走*n*个消息，那么当队列长度恒定为*n*时，也不产生等待时延。所以结论就出来了，最理想的队列深度值应该等于下层物理

并发度*n*。

但是实际上，很难保证当下层刚好消耗掉*n*个消息之后，上游刚好又充入*n*个消息。实际上，如果某流水线中的各个处理级是由运行在一台计算机上的程序来担任的，那么这些程序必须同时运行，而不是顺序执行。这就要求每个程序/线程必须独占一个单独的CPU/核心，当然，如果某一级的处理时延很短的话，而且该级的并发度/时延小于下级的并发度/时延，那么它可以适当地与其他处理时延短的线程共用一个核心（公用一个核心的线程只能串行执行），这些都是要经过精校的。在这样一个比较复杂的多核心、多线程环境下，如果应用的场景比较复杂，以及不确定性也较高的话，很难保证每个线程精确地按照一开始调校的步调执行，很有可能出现上游没有及时将消息冲入队列导致队列欠载而影响吞吐量；或者下游卡顿导致没有及时取走消息而使队列过载，欠载对流水线吞吐量的影响比较严重，所以为了避免欠载，一般需要将队列深度调节到2*n*，或者3*n*，依实际中该流水线的稳定度而定。

不过，通过限制队列深度来获取低时延，本质上是掩耳盗铃。这就像本来有10个人属于肥胖级别，现在把肥胖标准降低一下，结果只有8个人肥胖了一样。要知道，应用迟早是要把这些消息或者I/O请求下发下来执行，现在限制队列深度，队列满后会反压给应用，应用暂停发送I/O，这段暂停的时间是不计入I/O时延的，但是I/O本质上一样停止了。那么I/O的停止最终反压给谁了？那当然是最终用户了，比如用户会收到一条提示："资源紧张，请降低单击次数，稍后再试！"。此时，整体系统时延指标很好看，但就是用户体验依然不爽，加大了队列深度，导致等待时延，此时用户是收不到这种提示了，但是用户需要等待更久才返回结果。

10.12 机械盘的随机I/O平均时延为什么有一过性降低?

根据前面的分析，队列长度越高，平均处理时延也越高，而且平均时延的步进单位还与底层并发度有关，本节要讲的也与这个有关。对于SATA机械盘，其队列深度一般为32，但是却有个现象：向队列中充入随机I/O，如果每次充1个，假设测得平均时延为10ms，而如果向其中充入2个随机I/O，测得的平均时延，按照前面的分析，应该变高才对，但是实际却变低了，也就是硬盘反而更加快速地处理完这两个I/O。其原因，是硬盘对这两个I/O做了重排列，先执行离磁头最近的那个，这样反而避免了无谓的寻道时间。比如之前平均寻道时间为10ms，一下子给了2个I/O，平均寻到时间可能变成6ms了，相比排队引起的等待时延，执行时延大幅降低，抵消甚至反超了等待时延导致的效应，最终体现为平均总时延降低。

但是，这个效应是一过性的。磁盘内部嵌入式CPU的处理能力是有限的，它可能并不会一次性把队列中所有I/O取走，而是分批取走，所以没被取走的就得等待，产生等待时延的累积。另外，被取走的I/O进行资源分配和重排也需要一定时间，取得越多，处理时间就越长，也会增加等待时延的累积。所以SATA盘的队列深度被设置为32而不是无限大，原因就是按照当时主流处理能力来计算、考量的，而SCSI体系的机械盘比如FC、SAS的队列深度则被设置为256，也是考虑到其处理能力比较强，寻道速度比较快，能够更快地完成I/O。

> **提示**
>
> **如果可以做这样的假设：磁盘内嵌入式CPU对I/O的处理过程时延可以忽略不计，也就是不管队列深度多深，排队的I/O有多少，都是一次性取回，然后立即重排完毕、下发执行，那么I/O的平均时延其实是可以一直降低的，降低到什么程度为止？试想一下，如果队列深度无限大，批量充入无限多个随机I/O，瞬间重排完毕后，这些随机I/O就会都变成顺序I/O，连寻道时间都省掉了，此时IOPS会达到一个很高的极限值，而且不可再增大，I/O的平均时延降到了最低，可能只有微秒级。**
>
> **另外，单个机械盘I/O时延就是1/IOPS，之前说过不能用这种方式算IOPS，会被误导。但是单个机械盘却可以，为什么？因为机械盘的并发度为1，也就是不能并发，所以其I/O平均时延就是1/IOPS。**

随着充入I/O数量的增加（队列长度的增加），平均等待时延也会增加，当平均等待时延增加到无法被执行时延的降低幅度抵消时，平均总时延开始上升。此时该机械盘的IOPS体现出最大值，并且恒定不再增加，然而随着队列长度的增加，I/O的总时延将会持续陡峭攀升（因为被执行时延的降低所抵消的力度越来越低，所以陡峭）。

对于SSD，没有了机械磁头，是不是依然会有这个效应呢？依然会有，只不过基本可以忽略不计。SSD控制器后端有多个通道，每个通道上挂接多个Flash，也会有冲突，也需要重排，但是其产生的效果相比节省大量的磁头寻道时间而言，就可以忽略不计了。

10.13　数据布局到底是怎么影响性能的?

在对存储系统做前期规划时，数据布局对性能的影响是长期以来人们极容易忽略的问题。实际中存储系统管理员往往对逻辑卷的容量关心得比较多，而对性能上几乎很少考虑。或者说，性能问题其实是业务侧系统管理员、存储系统员共同面对的难题。业务侧的系统管理员很多时候也根本无法预估出准确的性能需求模型，那就更别

提存储管理员了。

这里介绍一个典型示例，以体现数据布局的重要性。在实际工作中，会有千奇百怪的场景，只要抓住事物的本质，便可游刃有余。

如下图所示，在一个由6块机械盘组成的Raid0的Raid组上，创建2个逻辑卷，其容量相同，但是相隔距离较远（方法是先创建多个逻辑卷，然后删除中间的）。关闭Raid卡的读写缓存。

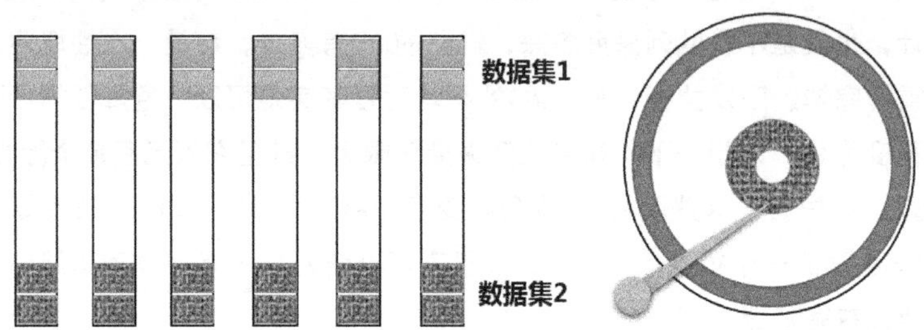

第一题：针对图中纯色图案Lun做I/O压力测试，发出4K的随机I/O，将队列压满以便让底层发挥出最大的并发度，达到最高吞吐量，假设测得最高IOPS为1000。问：用相同的参数，测试图中花纹图案的Lun，最大IOPS会大于1000、等于1000还是小于1000？为什么？答：小于1000。由于容量相同，纯色Lun位于磁盘外圈，其环径小，磁头寻道范围窄，平均寻道时间相对低。而花色Lun由于位于磁盘内圈，环径大，磁头寻道范围大，平均寻道时间高。另外，虽然内圈线速度低，外圈线速度高，但是由于是随机I/O，看的是角速度而不是线速度，所以每个I/O的平均旋转等待时间两者相同。那么IOPS自然要略低于单测纯色Lun时所获得的IOPS。

第二题：现在采用2个线程分别对这两个Lun发出4K的随机I/O，系统只有一个CPU核心，且未开启SMT超线程，而且每个线程所设置的Outstanding I/O数量为8。块层I/O调度器的调度策略设置为NOOP。请描述一下该场景下所获得的IOPS大致数值以及分析过程。答：由于这2个线程运行在同一个CPU核心上，则其执行完全串行化，线程1执行时线程2处于挂起状态。线程1运行时向内核块层队列中充入8笔I/O请求随机挂起，轮到线程2执行，同样发出8笔I/O随机挂起。每个块设备拥有自己的独立队列。内核会起多个工作线程，将多个块设备队列中的I/O处理后充入到底层Raid卡驱动注册的总派发队列中入队。由于只有一个CPU核心，内核线程也是串行执行的，I/O调度器为NOOP调度方式，证明调度器不做任何重排列或者均衡，那么执行每个内核线程时，就会把对应块设备队列中的8笔I/O充入到底层设备驱动的派发队列中。这样的话底层派发队列中会以8笔I/O为一组，交叠执行。如下图所示。

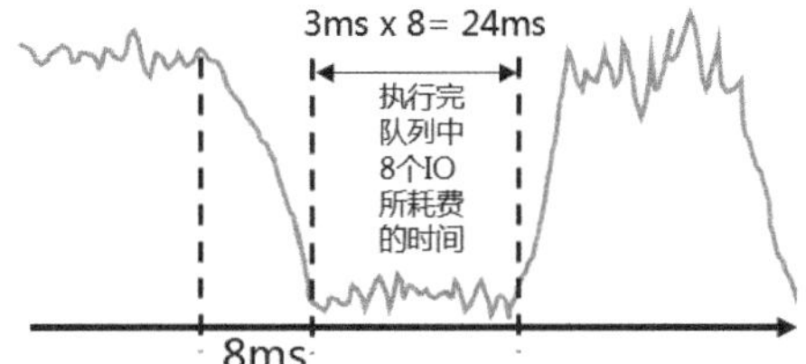

当执行到交界处时，磁头需要一个较大的摆动，根据这两个Lun的距离，假设该较大摆动的寻道时间为8ms，摆动到对应的Lun处之后，后面8笔I/O会落入该Lun的环径范围内，假设磁头在Lun的环径范围内的随机寻道时间平均为3ms，那么磁头摆动的一个周期内包含：8ms的大范围寻道时间+8个3ms的小范围随机寻道时间，忽略数据传输时间，则磁头摆动的一个周期共为32ms，其中8ms不执行任何I/O，占比25%。根据题设，如果没有这8ms的大摆动，磁头一直在Lun环径范围内随机寻道，测得最高IOPS为1000，现在有了25%的开销，那么最终IOPS大致会在750左右。

第三题：其他条件同第二题，但是系统内有两个CPU核心，且这2个线程分别运行在其中一个核心上。请描述此时的大致性能结果。答：整个执行流程如下图所示。此时2个线程物理并行执行，同时内核的工作线程也可能位于不同核心并行执行，所以底层派发队列中的I/O可能是以1个I/O为周期交叠充入的。Raid卡固件接收到对应I/O之后，将每个逻辑卷的I/O请求再次放入各自的队列中。Raid卡固件中也可能存在多个线程，从逻辑卷队列中取出I/O处理后再向硬盘的NCQ队列中派发，此时也会发生相互交织，但是硬盘自身会对NCQ中的I/O再次进行重排，由于SATA盘的NCQ队列深度为32，所以最终还会以8个I/O为一组，组间交叠执行，性能与第二问大致相同。

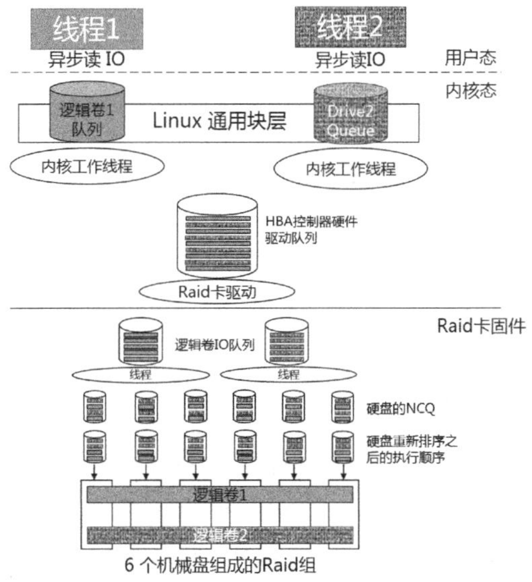

第四题：用测试软件发出大块的连续地址I/O，采用异步I/O方式，将队列压满，测得纯色图案Lun的最大吞吐量为1Gb/s。然后相同参数，改测花色图案Lun，问吞吐量高于、等于、低于还是远低于纯色图案Lun？答：低于1Gb/s。由于为连续地址I/O，外圈线速度高，旋转等待时间低，吞吐量大，所以位于内圈的花色Lun的吞吐量要低于1Gb/s，但是不会远低于。

第五题：启两个线程，每个线程都发出异步的大块连续地址I/O，每个线程的Outstanding I/O数量为8。问，此时测得的总带宽高于、等于、低于还是远低于1Gb/s？答：远低于1Gb/s。执行过程与上图类似。但是在一个磁头摆动周期内，用于读写数据的时间占比非常小，因为是连续地址I/O，下一个I/O的位置位于上一个I/O位置的旁边，磁头无须寻道，也可以忽略旋转等待时间，假设执行每个I/O耗费0.1ms，则执行8个I/O耗费0.8ms，开销占比为8ms/（8+0.8）ms≈91%，则最终吞吐量大致为：900Mb/s。如下图所示。

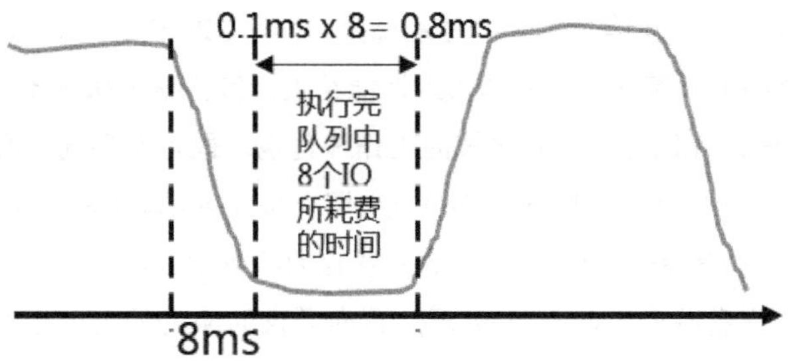

从上面5道题的结果可以看到，对基于机械硬盘的存储系统而言，数据布局对总体性能的影响是非常大的。在规划存储系统实施方略的时候，需要对业务场景、资源进行精校。还可以看到，这其中需要对整个I/O路径了如指掌，才能够做到游刃有余，左右逢源，举一反三。

10.14 关于同步I/O与阻塞I/O的误解

我们知道，同步I/O是指线程在发起一笔I/O调用之后，仅当该调用所请求的数据成功到达指定的内存区域后，才会继续发起下一笔I/O调用。而异步I/O是指线程在发起一笔I/O调用之后不等数据返回就又发送一笔或者多笔I/O调用。至于这两者的执行过程和性能差异，这里不做过多描述。

默认方式下，线程发起I/O调用之后，后续执行过程便陷入OS内核态，内核会将该线程的状态改为“Suspend”，也就是挂起（阻塞）该线程，在I/O数据返回之前，该线程的用户态部分将不会被执行，直到内核返回数据之后，内核将该线程改为

“Ready”，以便后续继续调度执行。这种方式就被称为阻塞I/O，其一定是同步I/O。

如果线程发起I/O调用时给出了async参数，向内核声明采用异步的方式，那么当I/O请求下发到内核之后，内核并不会将该线程置为挂起状态，该线程可以继续执行，而此时，该线程可以选择继续下发多笔I/O，也可以选择不下发I/O而做其他事情。此时，该线程并未处于阻塞状态，所以这种I/O调用方式就不是阻塞I/O，而属于异步I/O调用。即便如此，如果该线程选择在上一笔I/O数据返回之后再发起下一笔I/O，那么其对外表现依然是同步I/O的方式，只不过是主观故意的；而在阻塞I/O调用模式下，线程只能发出一笔I/O然后被内核强制挂起，此时该线程不管是主观上想批量下发多笔I/O还是一去一回的同步I/O方式，其对外表现只能是同步I/O。

所以，阻塞I/O一定是同步I/O，非阻塞I/O（调用时给出async参数）可以是异步I/O也可以是同步I/O，取决于线程自身的逻辑。至于非阻塞I/O，调用时给出的参数叫作“async”，其实叫作“Suspended”更好。

10.15 原子写，什么鬼？！

这里介绍一下原子写（Atomic Write）。注意：该技术并不是指用原子来写写画画（如配图所示那种）。

10.15.1 从文件系统删除文件说起

文件删除操作过程比较复杂，如果简化来讲，可以分为两步：

（1）删除该文件在文件记录表中的条目。

（2）将该文件之前所占据的空间对应的块在空间追踪Bitmap中对应的bit置0。

假设该文件的文件名非常短，尺寸也非常小，只有不到4KB，那么，上述这两个动作，就可以分别只对应一个4K的I/O（如果文件系统格式化时选择4K的分块大小），第一个4K将更新后的记录表覆盖到硬盘对应的区域，第二个I/O将更新后的Bitmap的4K部分覆盖下去。仅当这两个I/O都结束时，该文件才会彻底被删除。

如果文件系统将更新记录表这个I/O发到了硬盘上并且成功写入，而更新Bitmap的I/O没有发出，或者发出了但是正在去往硬盘的路上的某处，此时系统突然断电，那会有什么结果？

放在早期的文件系统，再次重启系统之后，会进入FSCK（文件系统一致性检查及修复）阶段，也就是WinXP那个经典的蓝底黄滚动条界面。因为文件系统会维护一

个dirty/clean位，在做任何变更操作之后，只要操作完成，该位就被置为clean，那么下次重启就不会进入FSCK过程，而在我们上述的例子中，这两笔I/O是一组不可分割的“事务”（Transaction），一笔事务中的所有I/O要么都被执行，要么干脆都别被执行，结果就是这文件要么完全被删除，要么就不被删除还在那，大不了再删除一次。但是，如果一笔事务中的某个/些I/O完成，另一些没完成，比如，记录表中已经看不到这个文件，但是空间占用追踪Bitmap中却还记录着该文件之前被占用的空间，那么表象上就会看到这样的情况：双击“我的电脑”进去某个目录，看不到对应的文件，而右键单击选择硬盘“属性”，却发现该文件占用的空间并没有被清掉。这就产生了不一致。所以，FSCK此时需要介入，重新扫描全部的记录表，与Bitmap中每个块占用与否重新匹配，最后便会将Bitmap中应该被回收却没有来得及回收的bit重新回收回来。

所谓原子写，就是指一笔不可分隔开的事务中的所有写I/O必须一起结束或者一起回退，就像原子作为化学变化中不可分割的最小单位一样。

10.15.2 单笔写I/O会不会被原子写?

上面的场景指出，一笔事务中的多笔I/O可能不会被原子写，那么单笔I/O总能被原子写了吧？很不幸，也无法被原子写。原因和场景有下面3个。

1. 上层一笔I/O被分解成多笔I/O

上层发出的一笔I/O可能会被下层模块分解为多笔I/O，这多笔I/O执行之间如果断电，无法保证原子性。有多种情况可以导致一笔I/O被分解，比如：

（1）I/O Size大于底层设备或者I/O通道控制器可接受的最大I/O Size时，此时会由Device Driver将I/O分解之后再发送给Host Driver。

（2）做了Raid，条带深度小于该I/O的Size，那么Raid层会将该I/O分解成多个I/O。

2. 外部I/O控制器不会主动原子写。

那么，当一笔I/O（分解之后的或者未分解的，无所谓）请求到了底层，由Host Driver发送给外部I/O控制器硬件的时候，外部I/O控制器总可以实现原子写了吧？I/O控制器硬件总不可能只把这笔I/O的一部分发给硬盘执行吧？很不幸，I/O控制器的确就是这样做的。比如，假设某笔写I/O为32KB，I/O控制器并不是从主存将这32KB数据都取到控制器内缓冲区才开始向后端硬盘发起I/O，而是根据后端SAS链路控制器前端的Buffer空闲情况，来决定从Host主存DMA多少数据进去，数据一旦进入该Buffer，那么后端SAS链路控制器就会将其封装为SAS帧写到后端硬盘上。这个Buffer一般只有几KB大小。所以很有可能一笔主机端的32KB的I/O在断电之前，有一部分已经写入硬盘了，而剩余的部分则未被写入。虽然主机端的协议栈、应用都没有收到这笔I/O的完成应答，但是硬盘上的数据已经被撕裂了，一半是旧的，一半是新的。

Adapter的Raid控制器一般会将整个I/O取回到板载DDR RAM，然后将对应的RAM Pages设为dirty，并返回给Host写应答（向Competition Queue中入队一个I/O完成描述结构体）。也就是说，Adaptec的Raid卡是可以保证单I/O原子写的，但有个前提是Cache未满，当Cache满或者因某种原因比如电容故障被disable时，就无法实现原子写了。至于其他的卡是否有保证，冬瓜哥并不清楚。

3. 硬盘也不会主动原子写

硬盘本身并不会原子写。硬盘接收到的数据也是一份一份的，每个SAS帧是1KB的Payload，SAS HBA会分多次将一笔I/O发送给硬盘。至于硬盘是否会将这笔I/O的所有数据都接收到才往盘片上写入，冬瓜哥不是硬盘厂商的研发人员，所以并不知晓，但是冬瓜哥知道的是，不管硬盘是攒足了再写还是收到一个分片就写，其内部的磁头控制电路前端一定也是有一定Buffer的，该Buffer被充满就写一次。不管怎么样，当磁头在盘片上划过将数据写入盘片期间，突然断电之后，盘片上的数据几乎一定是一部分新，一部分旧的，不一致，甚至一个扇区内部都有可能被撕裂。纵使Host端的确会认为该I/O未完成，但是木已成半舟。

Every Enterprise SCSI drive provides 64k powerfail write-atomicity. We depend upon it and can silently corrupt data without it.

对于PCIe接口的固态盘，情形也是一样的。SSD从主存DMA时一般每次DMA 512B，也就是PCIE Payload的普遍尺寸。当攒足了一个Page的数据时，SSD就开始写入Flash了，而并不是等整个I/O数据全部DMA过来才写入Flash。但是仅当整个I/O都写入完毕之后，才会向Host端Competition Queue写入I/O完成描述结构。如果是打开了write back模式的写缓存，那么仅当整个I/O数据全部DMA到写缓存中后，才会返回I/O完成描述ACK，但是掉电之后，不管是完整取回的还是部分取回的，未完成的I/O会不会由固态盘固件继续完成，就取决于固件的实现了。

10.15.3 I/O未完成，再来一遍不就行了吗?

有人说，既然Host端知道某笔I/O未完成，那么重启之后，对应的应用完全可以再重新发送这笔I/O吧，重新把之前写了一部分的数据全部再写一遍不就行了吗？这个问题很复杂，要分很多场景。

比如，Host未宕机，而是存储系统突然宕机，或者突然承载存储I/O的网线断

掉。此时应用程序会收到I/O错误，取决于应用程序如何处理，结果可能不同。比如应用程序层可能会保存有缓冲，在这里实现原子写，比如应用可以在GUI弹出一个重试窗口，当外部I/O系统恢复之后，用户单击“重试”之后，应用会将该原子Transaction涉及的所有I/O再次重新执行一遍，此时便可以覆盖之前不一致的数据为一致的。而如果外部存储系统长时间不能恢复，而应用程序也被重启或者强行关闭的话，那么该Transaction未完成，而且在硬盘上留下不一致的数据。当应用再次启动的时候，应用处理方式不同，结果也不同。

比如应用完全依靠其操作员来决定该如何处理，如果是数据库录入，录入员如果将上一笔录入失败，那么势必会再次录入，此时应用可以将录入员再次录入的数据覆盖之前不一致的数据。但是更多实际场景未必如此，比如，录入员可能并不是根本不管其要录入的记录之前是什么而直接录入新数据，而是必须参考之前的数据来决定新数据，而之前的数据已经不完整，或者录入员并不知道该数据是错误的，而在错误数据的基础上计算出了更加错误的新数据，从而将更加错误的数据更新到硬盘上，等于埋了一颗雷，这就是所谓数据的“连环污染”。

再比如数据库类的程序，其虽然记录了redo log用于追踪所有的变更操作，但是一旦某个数据块发生不一致，redo log是无能为力的。如下图所示的场景。

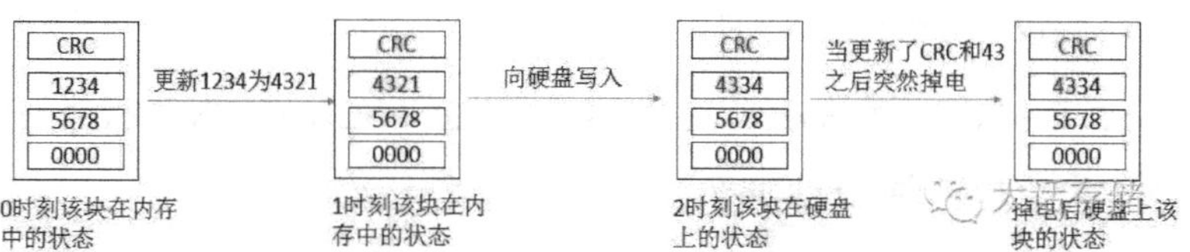

可以看到，1时刻内存中的该数据块，其CRC与数据是匹配的，而掉电后硬盘上的状态，CRC与整个数据块是不匹配的。数据库之类对数据一致性要求非常高的程序都会对每个数据块做校验以防止数据位由于各种原因发生bit跃变。但是对于图10-72最右边的情况，数据库程序是无法判断该块到底是发生了bit翻转，还是由于底层没有原子写而导致了CRC不匹配，校验错误，所以会认为该块是一个坏块。当然，本例中，我们预先知道该坏块其实是由于原子写失败而导致的，但是程序并不知道。其实，此时用redo log强行把4321再覆盖到第一行上，就可以恢复数据，但是数据库并不敢去这么做，已经说了，数据库并不知道该块是不是由于比如第二行或者第三行里某些数据位发生反转而导致的CRC校验错误，所以不能直接把4321再写一遍到第一行上就认为该块被恢复了，为了验证该坏块是否是由于4321未被原子写入所导致，数据库可以先读入该块到内存，然后根据redo log把第一行改为4321，再算一遍CRC，如果与坏块中的CRC一致了，证明该坏块的确是由于4321被撕裂而导致的CRC不一致，此时数据库可以把CRC更正过来然后恢复该块。但是，如果是如下图所示的这种场景，数据库就无能为力了：

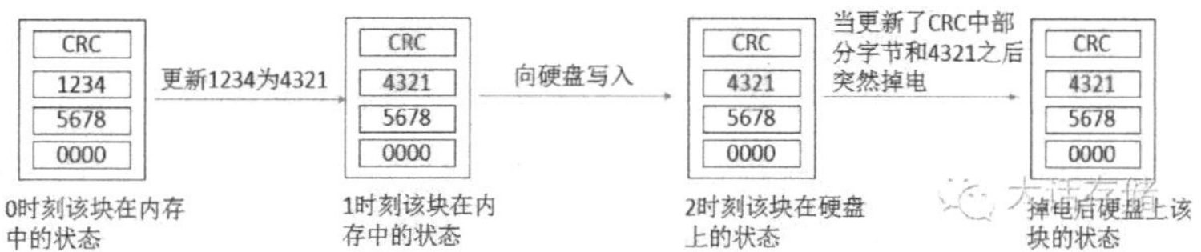

该例中，第一行被完整更新，但是CRC未被完整更新，导致撕裂。数据库发现redo log中的4321已经被完整更新到了数据块上，但是CRC依然错误，那么此时数据库无法判断到底是因为数据块中其他的数据位发生了翻转出错，还是因为CRC未被原子写，此时数据库无计可施，只能报告坏块。

10.15.4 业界为了避免数据不一致而做的妥协——两次/三次提交

1. 文件系统日志

如果将要写入硬盘数据文件中的数据/元数据先不往原始文件中写，而是写到硬盘中的一个单独的文件中，这个文件被称为journal/日志（log），FS收到下游协议栈返回成功信号之后才向应用返回写入成功信号。（这里又牵扯到如果设备写成功了，而FS在向APP返回成功信号时断电，那么APP认为没成功，而底层其实已经成功了，此时就需要靠APP来决定下一步动作，比如重新再来一遍，或者后续发现其实已经成功了）。这个过程中，原始数据文件是没被写入的，依然保持上一个一致的状态。日志中的数据/元数据在某些时候会写入到硬盘上的原始数据/元数据文件中，比如每隔几秒钟会触发一次针对原始数据/元数据文件的写入，这个过程叫作CheckPoint或者commit，如果这期间发生掉电宕机，重启之后FS可以分析日志，将日志中没有commit完成的操作再commit一遍到数据文件中。

有人会有疑问：如果FS在写日志的时候，发生了宕机掉电导致数据块撕裂怎么办？那么发生撕裂的这笔I/O就处于未完成状态，此时该I/O的数据会被完全丢弃，以原始数据文件中对应的数据为准，也就是应用再发起针对该I/O目标地址的读操作时，FS会从原始数据文件中读出内容，此时读出的便是上一次的一致状态的数据，此时应用可以基于这个数据继续工作，比如选择重新录入新数据。这就是两次提交的好处，第一次先提交到日志文件，一旦I/O被撕裂，而原始数据文件中的数据依然是完好的。如果数据被commit到原始数据文件的过程中，发生数据块撕裂，怎么办？这个可以参考上述两个图中所示的场景，FS只要重放（replay、redo）日志中未完成的操作，重新覆盖一边对应的数据块即可，由于多数FS并不对数据块做校验，所以不会出现上述问题。

2. MySQL Double Write Buffer

为了解决带校验的数据块撕裂导致的坏块误判问题，MySQL采用了三次提交的方式。第一次先将I/O写操作数据提交到redo log日志中，如果I/O尚未写入log或者写了一部分尚未commit之前宕机，那么重启之后根据这个断点undo回上一个commit点时的数据；第二次将本应commit到原始数据文件中的数据再写入到硬盘上一个单独的文件中，叫作Double Write Buffer，当commit到DWB的期间一旦发生掉电宕机，那么DWB里的数据就是不一致的，重启之后，数据库可以利用redo log+原始数据文件（一定是一致的），来重放redo，从而将系统恢复到最近的时刻，重放期间依然是先从log写入DWB，再从DWB写入数据文件（因为如果绕过DWB，直接从redo重放到原始数据文件，一旦该过程再宕机，原始数据文件就可能不一致，最后的希望也就没了），如果重启之后又宕机了，就再来一遍，循环。数据文件在被提交到DWB之后，就相当于有了一份备份，数据库再从这个备份中将数据导入到原始数据文件，如果导入过程中出现宕机，没关系，重启后只需要再从DWB的断点重新再次覆盖一下原始文件即可。

Ext4文件系统的日志方式中有一个是data=jurnal，其底层就是先将数据和元数据更新都写到日志中，然后再提交到原始数据文件中，这种机制相当于MySQL的DWB。

3. 一些传统厂商文件系统的做法

该文件系统也采用日志技术，但是为了保证速度，采用带电池保护的RAM来承载日志。在向数据文件commit数据的时候，也采用类似MySQL DWB类似思想，但是形式却不同。其每次都会将更新的数据写入硬盘上空闲的空间，并且同时更改映射表指针的指向。每隔10s，或者系统内其他一些功能所触发，该文件系统对数据文件批量提交更新的数据，只不过，该过程并不是把数据复制到原始数据文件覆盖，而是把元数据提交，由于元数据的更改每次也都是写入空闲空间，所以元数据的提交无非就是最终将根指针的指向做一次跳转而已。一旦在这个过程中任何一处发生宕机，那么重启之后其可以利用日志重放之前的变更。由于其对每个数据块也做了CheckSum校验，所以其也会存在块撕裂导致的坏块问题。与DWB机制一样，其每次将数据写入空闲空间，上一次commit之后的数据文件并没有被更改，所以一旦遇到坏块，那么其可以利用日志+上一次的原始数据文件来进行重放，如果在这个过程中又出现问题，或者因各种Bug或者未知原因导致的重放失败，那么至少上一次成功commit之后的数据是可用的，其可以回滚到上一个状态，虽然有丢数据，但是至少可以保证数据一致。

据不可靠消息，Oracle并没有像MySQL一样对数据块采用三次提交的办法，而是数据直接由内存持续的写入硬盘中的数据文件，此时，存在一定几率由底层无法原子写而导致的块撕裂而无法使用redo log恢复，从而出现各种级别的错误，严重者甚至整个库无法被拉起来。

10.15.5 如何在外部存储设备上实现原子写

如果能够在外部设备中保证I/O的原子写，那么诸如MySQL的DWB就可以不要了，会节省开销，提升I/O性能。如果在硬盘中可以实现多I/O为一组的原子写，那么存储系统控制器里为了保证一致性而做的复杂机制就可以被简化。单I/O原子写的前提是，操作系统内核模块比如块层里的LVM、软Raid等，不能把单笔写I/O分割成多笔，如果在这里分割了，外部设备的单I/O原子写就失去了意义。然而，根本就无法保证软Raid和LVM不分割，这完全取决于条带或块大小以及应用下发的I/O大小。另外，Device Driver会向系统上报一个对应设备所能支持的最大I/O Size，如果应用的I/O Size大于这个Size，Device Driver也会将其分割，所以，应用层必须预先得到这些参数，然后加以配合来实现单I/O原子写。

1. SAS/SATA硬盘实现单I/O原子写

（1）HBA场景：HBA处不适合负责原子写，因为HBA控制器内部要尽量简单和高效。那么当HBA将数据源源不断地用SAS或者SATA链路一帧一帧地传送给硬盘时，硬盘仅当将一笔I/O的所有数据都接收到其内部缓冲之后，才发起写盘操作。而仅仅如此的话也并不能保证原子写，硬盘必须在内部采取日志方式，将该I/O先写入硬盘上保留的日志区，日志成功写入后，再向HBA控制器发送cmd complement帧，同时才能开始向数据区写入数据，同时HBA再向Host端的competition queue入队I/O完成描述。一旦上述过程宕机，硬盘重启后可以用日志redo。如果I/O之前尚未完整地写入日志，则硬盘实际数据区的内容也依然完好，硬盘只需要从日志中删除该笔I/O的不完整数据即可，就当该I/O没发生过。这就是实现原子写的代价，即一定是降低了性能。有一个要注意的地方是，采用了日志方式之后，要保证I/O的时序一致性，比如有一笔I/O已经被成功commit到日志，那么后续如果收到针对有重叠的目标地址的读I/O，硬盘要返回已经提交的数据而不是从盘片上读出数据返回，这会增加计算量。

（2）Raid卡场景：Raid卡是个带内虚拟化设备，适合实现原子写，由于其具有天然的优势——有超级电容的保护。Raid卡只需要保证将一笔I/O数据完全DMA到其内部的缓冲器中，并将对应的缓冲器Page置为Dirty，之后，便可以向Host端完成队列入队该I/O已完成的描述了。这便实现了原子写。

2. PCIe接口的固态盘实现单I/O原子写

如果打开了wb模式的写缓存，固态盘必须将一笔写I/O的全部数据都收到自己的

缓冲内部之后，才可向Host端完成队列入队I/O完成应答。如果没有打开写缓存，那么仅当该笔I/O全部内容都被commit到Flash之后，固态盘固件才会向主机应答。一旦上述过程中发生宕机，那么固态盘此时有两种方式来保证I/O的原子性。

方式1：redo模式。当打开wb模式缓存时，该I/O完整数据如果已经进入了缓存并且应答，那么固态盘要保证该I/O在掉电之后，依靠电容将其数据写入Flash，也就是掉电后必须redo。如果没有电容或者电容容量太低，那么就得将该I/O先写入Flash的日志区之后，再向主机应答，重启后redo日志。

方式2：undo模式。如果不打开写缓存，固态盘控制器从Host端主存源源不断地DMA数据到内部的容量非常有限的缓冲区，只要缓冲满一个页面，控制器就开始向后端Flash写入。那么，根据前面所述，会产生不一致。但是，此时可以利用SSD内部机制的一个天然优势——Redirect on Write机制，提到这个机制，大家可以想到前面介绍的那个每次都重定向写的文件系统的机制，也是RoW。上一次的旧数据并不被原地覆盖，所以可以完好地保留。所以，SSD可以不等整个I/O的数据都到缓冲区就可以先让数据写到Flash，写成功之后，再更新地址映射表，正如那个特殊文件系统的做法一样，一旦数据写入过程中发生宕机，那么下次重启，由于地址映射表尚未更新，所以该目标地址自然就会被指向之前的旧数据，达到了“要么全写入要么不写入”的原子写效果。这种方式可以认为是出错即undo的方式，与数据库里的undo机制不同，由于SSD内部天然的RoW，不需要像数据库一样采用CoW方式将旧数据复制出来形成回滚段。

3. 实现多I/O为一组的原子写

要实现多个I/O要么一起全写入要么一起都不写入的效果，就必须增加对应的软件描述接口，以便让上游程序告诉下游部件“哪几个I/O需要实现原子性”，必须这样，别无他法。

方式1：带外方式。比如增加一种通知机制，单独描述给下游部件，比如“事务开始，后续发送的32个I/O为一组原子I/O。带外方式的缺点在于，I/O必须连续，在此期间不能被乱入其他非该事务的I/O，而优点在于能够节省开销。

方式2：带内方式。带内方式则是将该信息直接嵌入到每个I/O上，比如第一个I/O中嵌入“事务开始，事务ID=1，共32个I/O，此为第一个”，在此期间可以被乱入其他非事务性I/O或者其他事务ID的I/O。该事务的最后一个I/O（第32个）中会携带“事务结束，ID=1，共32个I/O，此为第32个”的信息。带内方式优点在于灵活，可以乱入其他事务或者非事务的I/O，以供底层更充分地重排优化，缺点在于开销大，每笔I/O都需要携带对应信息。

由于多I/O原子写无法透明实现，需要修改应用、内核以及外部硬件固件，生态关系协调困难，认知度低，场景少，基本上可以靠数据库自身的日志机制解决，所以目前实际产品中只有极少数采用私有访问协议的产品实现了，而冬瓜哥也不清楚实现方式是上面的哪一种。

然而，理想虽好，由于实现方式复杂，所以一般产品都选择不支持原子写。即便支持，也基本上是上述的出错即undo的方式，这样能降低实现复杂度，同时不增加I/O的时延，因为I/O流程与非原子写状态下是一样的，采用Wormhole数据传输方式，只是写成功后才更新映射表，写不成功没关系，回滚到旧数据块上。而缓存模式+redo模式下，会增加I/O时延，因为必须等I/O数据全部DMA到缓存中之后才对主机端应答，相当于Store-Forwarding数据传输方式。

10.15.6 其他应该掌握的关键信息

1. NVMe支持乱序执行、乱序完成

与NCQ SATA / TCQ SCSI协议类似，NVMe协议支持乱序执行和乱序完成。

2. 地址重叠的指令必须原子化执行

NVMe SSD可以批量从Host端单个Send Queue中取回多笔I/O描述结构，以及同时从Host端的多个Send Queue中取回多个I/O描述结构，内部并发执行。但是对于地址有重叠的I/O，比如同时拿到一笔针对某个块的写I/O和读I/O，那么就会产生相关性。

针对同一个或者重叠的目标地址范围的I/O，主机端程序不应该在上一笔写I/O未应答之前再发起一笔读或者写I/O，这应该算是Host端程序的Bug。但是从“道义”上讲，SSD依然要接受这种场景，并且保证I/O的原子性，不能撕裂，但是可以不保证I/O的顺序。比如以下发送了两笔写，SSD有可能把后来的写先写下去，而先来的写后写下去，这个行为Host端程序需要知悉和接受。但是SSD不可以把先来的I/O的部分数据写入该块，再将后来I/O的部分数据写入该块，也就是撕裂了该块，必须确保重叠目标地址区域的原子性。

NVMe SSD内部可能存在多个线程来并行处理所有I/O，由于可以乱序执行、乱序完成，上述的针对地址重叠I/O的原子性执行，就需要在多个线程之间同步，一个有效的办法是维护一个Range Lock，执行任何I/O时，先到lock中将该目标地址段加锁，防止后续I/O的乱入，该I/O执行完后，解锁。

但是如果I/O Size过大，实现原子性的代价就会增加，因为会使得内部Buffer的占用比例增加以及锁定的粒度增加，一般外部设备都会有个最大所支持的原子性I/O块

大小，以保证性能不降低太多。NVMe规范定义了一个设备端的属性——AWUN，设备端利用这个字段向Host端驱动通告其可以保证多大的数据块不被撕裂，超过这个尺寸便不保证了。该属性不仅是NVMe设备具有，其他协议的存储设备也都有这种属性。

3. AWUN（Atomic Write Unit Normal）

上面只介绍了掉电情况下的原子写保障，其实正常非掉电情况下，针对数据块的读写也会有原子性要求。比如线程A向某个数据块中写入数据，同时另一个线程B从该数据块中读出数据。假设数据块大小为8K。假设这两笔I/O被SSD批量取到，开始执行。由于执行和完成都是可以乱序的，那么就可能存在下列场景：外部设备已经将线程A准备好的针对该数据块的0~4K数据写入介质，此时，线程B的I/O乱入了，SSD固件执行了线程B的I/O请求，读出的则是0~4K区段由线程A刚刚写入的新数据，以及4~8K区段的之前的旧数据，该8K的块被撕裂。想不被撕裂，就需要固件做特殊处理，向Range Lock加锁该8K，不管是线程A还是B的读或写I/O，先被执行都加锁，后被执行的读到的一定是先被执行的写I/O写下去的数据。也可以做一些优化，当数据还在Buffer中的时候，如果有人要读，就从Buffer中读而不是Flash读，这就像CPU机器指令执行流水线的前递操作一样，数据直接从CPU流水线后部的寄存器复制给下一条指令的前部的寄存器。

请注意一点，虽然8K的块被撕裂，但是站在其中两个4K块的角度上看，每个4K的块都并没有撕裂。所以，作为设备来讲，它并不知道到底什么I/O粒度可保证不撕裂。其实做到极致灵活的话应该是这样：SSD固件扫描所有的已进入的I/O Size，取最大Size，保证当前已进入的I/O在这个粒度上不被撕裂。正如前面所说，I/O Size如果太大，则锁定范围太大，阻碍其他I/O的执行。所以，设备根据自身实现和设计情况，会给出一个最大可保证的正常不掉电情况下支持的原子I/O Size，这就是AWUN了。

某固态存储系统架构师在与冬瓜哥的一次闲聊中谈到了一个现象：RAW（Read after Write）场景下，即发出一笔写I/O，然后短时间内立即发送针对同一个目标地址的读I/O，不少产品的I/O时延有很高的几率会达到毫秒级别。冬瓜哥突然想到了，是不是就是因为SSD内部要实现原子写，当AWU不同，AWU越大，是不是增加的时延也越大？这一点有待考证。

加锁的方式无法保证掉电情况下的原子性。掉电时最大多少Size的数据块会被保证原子性，也有个最大单位，这就是AWUPF。

4. AWUPF（Atomic Write Unit Power Fail）

掉电时设备可支持的最大原子写粒度。该参数最小为1个LBA也就是512B，

0.5K，最大则是“任意粒度”。设备厂商可以根据自身情况声明任意粒度。

5. NVMe fused commands

NVMe协议里规范了一种操作叫作fused command，其支持两个连续的command的原子性。Host端程序在cmd中标记这两个cmd为fused类型，并指出谁是第一个，谁是第二个，入队同一个queue，且要求这两笔I/O操作的目标LBA地址段必须是相同的。如果第一个cmd执行出错，那么SSD要自动抛弃第二个cmd；如果第二个cmd执行出错，那么第一个cmd的执行结果如何处理，冬瓜哥不是很清楚，协议中并没有明确描述，如果冬瓜哥来制定协议，一定是把好手，因为会对任何情况的背景、实现、原因描述得事无巨细。要知道一份协议，不同的人看会有不同的理解，描述清楚是很重要的，会减少很多潜在的兼容性问题。

fused command多数情况下用于仲裁加锁，比如读出某个数据块，判断其值是否为“已被锁”，如果不是，将其改为“已被锁”，然后写入，这两个命令可以组成一组fused command，这样固态盘收到之后，便可以原子地执行，之间不会乱入其他I/O，也就可以完成多Host利用该数据块作为锁的仲裁机制了。在多控全固态闪存中会有很大用处。

10.16　何不做个USB Target?

谁说主机一定要使用万兆、FC、IB甚至PCIE这些高大上的链路来连接存储系统呢？有个平民英雄一直被遗忘，那就是USB。比如，某运维人员想将自己笔记本上保存的数据导入到存储系统中，他在想什么？当然是如果能让我的笔记本直接连接存储就好了，可以使用iSCSI，也算方便，但是更方便的莫过于USB，而且速度比千兆以太更快，且更便捷。

冬瓜哥一直以来就有个想法，传统的这些外置存储系统，应该支持USB访问，即大U盘。USB的速度现在已经今非昔比，关键是使用极其方便，零成本，还能获得不错的速度，用于一些临时备份、中转等场景，非常合适，甚至一些线上非OLTP类非关键业务，直接用USB盘符也不是不可以。

10.17　冬瓜哥的一项新存储技术专利已正式通过

冬瓜哥的这项专利简介如下。专利号：US Patent P/N 9257144，是一项针对SMR磁盘性能优化方面的技术专利。该专利的获得有前PMC公司的Fellow廖恒博士给予的一臂之力，谨以致谢。廖博士是整个SAS体系结构标准制定者之一，是PMC公司的

SAS控制器、SAS Raid控制器芯片、固件核心技术的设计者之一，公司Fellow。廖博曾经推荐我研究学习过与SMR磁盘相关的技术和标准，在研究过程中，冬瓜哥偶发奇想，设计出这么一个专利。

该专利的核心思想是，“Write the data to every other track on the SMR HDD”，也就是写满一个磁道之后，下一个相邻磁道不写入，到下下个磁道继续写，这样可以保证随机写性能。在由大量SMR磁盘组成的Raid组里，可以由Raid控制器来执行这个任务。在剩余空间很大时，这个技术可以基本保持与非SMR磁盘持平的性能，代价是在前期牺牲一半的容量，当容量不够用的时候，再进入CoW或者RoW过程，转到目前普遍使用的类似NAND Flash底层的处理方式上。该技术的优势是，保证数据的连续性，而不是当前普遍的方式下所带来的上层的连续地址读到了底层被转换为随机地址读。

下面介绍一下该专利（采用英文）。

10.17.1 该专利背景

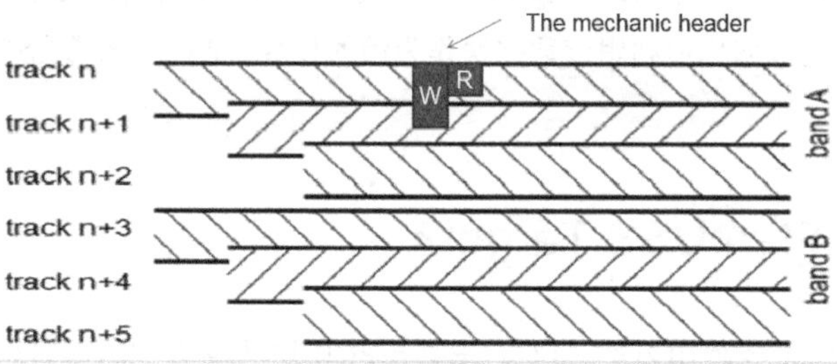

When writing track n, track n+1 is un-expectably written, have to read track n+1 out first, the same thing happen for all the tracks in one band, so have to read out all the other track except track n, then write new track n and old track n+1, n+2 back. The SMR HDD package lots of random write I/O to a streaming sequential data, then sequentially write the packaged data into one band. Then, the most important thing is, HDD firmware has to maintain a mapping table to track the redirected write blocks. Just like the FTL layer inside Flash controller.All the disk maintain the mapping table, this is a waste, and is slow.

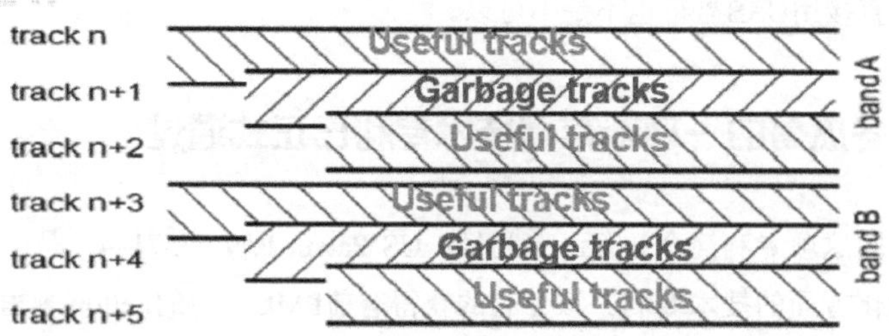

The idea is simple：

- For general or random write scenarI/O, when creating logical disks, only make use of either odd or even track, waste the one that in the middle of two odd/even tracks.
- For sequential write scenarI/O, when creating logical disks, make use of all tracks.
- For those wasted track, when the space is reaching the limit, can start to make use these tracks to stor data.
- We have to manage the the SMR data layout on host, e.g. Raid firmware. This is a trend that if SMR want to be used in random accessing scenarI/O, it has to rely on upper layer to optimize.
- This idea assume that we already has an upper layer mapping mechanism in the Raid firmware, it’ s essentially another optimizing mechanism under this mapping layer.

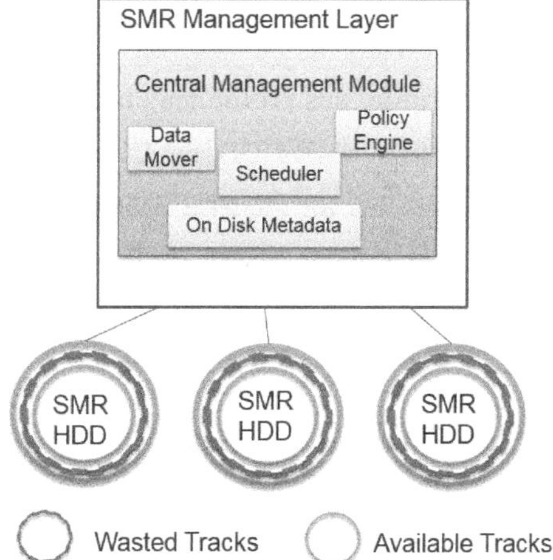

This idea works at the policy engine.

（1）When creating logical disks, user specify “random written” attribute for this LD.

（2）Policy engine will build this LD using the free green tracks and waste the red tracks.

（3）Then generate a mapping linked list to describe this LD’ s layout and stor the metadata on the disk.

The SMR-HDD now can be random accessed without any amplification, because we trade it by wasting some space. Feel free to Sequential access the LD, nothing changes.

（1）When creating logical disks, user specify “sequential written” attribute for this LD.

（2）Policy engine will build this LD using sequential tracks and won’t waste any tracks.

（3）Then generate a mapping linked list to describe this LD’s layout and stor the metadata on the disk.

The SMR-HDD now can be sequentially written without any amplification, because it’s born for this. What if being randomly written? Amplification will happen, Raid firmware will monitor and learn this, and re-allocate/re-layout/re-arrange the random area in the background to even/odd # of tracks to avoid future amplification.

10.17.2 模块级详细解释

（1）A description of the mapping mechanism including its elements, the steps that it performs, and how they are implemented to cause the hard drive to write to every other track;

The mapping layer comprises of the following components：

A track to LBA mapping profile. this profile may be different from each model of SMR HDD, for example, for Model-A SMR HDD, the LBA0~65536 may stands for track 0, 65537~131072 stands for track1; but for Model-B SMR HDD, the LBA0~131072 may stands for track 0, and so on. So the mapping layer have to maintain this different profile for each model of HDD. The mapping layer will send scsi inquery command to every HDD to get this information.

A logical disk to physical track mapping structure. Each logical disk is comprised of lots of tracks. For example, logical disk 1 can be comprised of track0, 1, 2, 3, 4, 5, 6, 7. Or, logical disk 2 can be comprised of 8, 10, 12, 14, 16, 18, 20, 22. So, it need a data structure e.g a function f（track#） in the code or a link list or whatever other kind of private structure to tracking the relationship of logical disk and track.

A policy engine that allocate different tracks to logical disk. According to the configuration that end user specified, if customer specify “random write” when he create the logical disk, the policy engine will allocate every other track to formulate the logical disk; if specifying “sequential write” when he create the logical disk, the policy engine will allocate sequential track to the logical disk, no different than the traditional way. After the allocation done, the logical disk to physical track mapping structure is built up.

The policy engine will prepare several logical disks to upper layer modues like I/O engine, which accept host’ s scsi command to read/write the HDD, which is out of the range of this doc.

A data reallocation engine that re-allocate tracks. Even the customer may specify “sequential write” when he create the logical disk, but the application may still have some random write access I/O generated. When this happen, we can leverage the SMR HDD’ s native mechanism to handle this, say, the SMR HDD will have to read the impacted adjacent track/sectors and then write the new sector and then write back the adjacent sectors. Since this will cause very bad performance, so the mapping layer have to rebalance and re-allocate the originally sequential track to other areas on the HDD, and let them layout as every other track. When the reallocation occurs, this engine will lock the related logical disk to track mapping metadata, and also will lock the I/O access to these impacted area, when done, release the lock.

An I/O pattern monitor and analyzer. This module is in charge of monitoring and analyzing the I/O patterns of each track. It will maintain a counter for random access to the track that is specified “sequential write” attribute by the customer in the first place. Every one day or some period set by customer, the data reallocation engine will make a sorting of the counter and find the most undesired accessed track, then reallocate them into the layout of every other track so this is fit for random write access. The I/O pattern monitor engine will gather information from the I/O engine which is not descripted in this doc.

Flow Chart

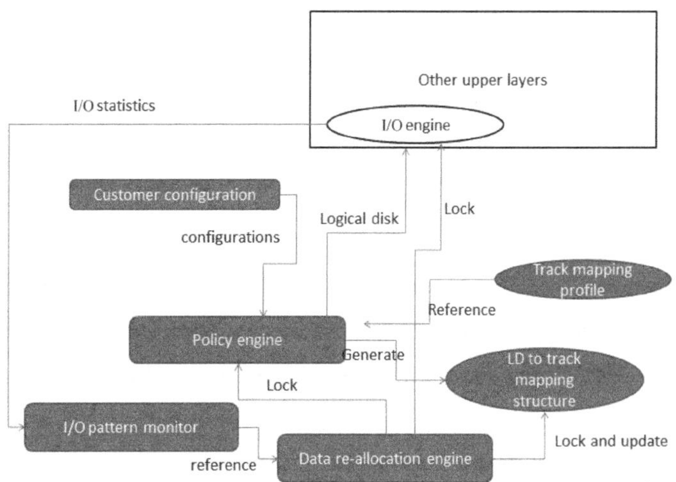

（2）A description of how your invention is implemented in different components such as in a RAID controller, on a host, on a hard drive, etc.

The above mapping layer can be implemented in every where. If inside HDD, the whole HDD will be more fit for random write access, and no side effect, for example, the logical block order is maintained, not like some other mechanism that package lots of random write I/O and then redirect the packaged data to other track and then update the LBA-PBA mapping table, this will cause a sequential read performance very bad. If in raid controller, there is no any overhead on the SMR HDD, the raid controller will maintain all the components descripted above. If in host layter, the host have to maintain the above metadata and have to use battery or other method to protect the RAM when power losing, this is not recommened.

（3）A description of how your invention determines when the hard drive has reached half of its capacity and should cause the hard drive to write to every track; and

The SMR HDD know nothing about the useable and free capacity, and know nothing about when to write to every track rather than every other track. This job is totally done by the mapping layer. The mapping layer will analyze the metadata, and use kind of a bitmap to track each track’s free or occupied, according to this bitmap, the mapping layer will know this very quickly.

For example, there is a an 1024GB SMR HDD, sometime customer created a 100GB random write access pattern logical disk, the mapping layer will allocate track0, 2, 4, 6, 8, xxxx to this local disk; later , customer created another random write access 400GB logical disk, the mapping layer will allocate 65536, 65538, 65540, 65542, xxxx track to it. Because the mapping layer use a bitmap to track the capacity usage, and will exactly know which track is occupied by which logical disk, so, now, totally 500GB capacity is occupied by two random access logical disk, if customer want to create more logical disk on this HDD, the mapping layer have to use the wasted track to build the logical disk, and every logical disk with random write attribute will suffer from the write amplification.

If this mapping layer is implemented in raid controller, there will be tens of disks that make one raid group, the total capacity will be very large, and there will be sufficient capacity, this method will be more effective when implement in a large capacity scenarI/O.

（4）A description of how your invention detects when random I/O data is being written to the hard drive.

An I/O pattern monitor and analyzer. This module is in charge of monitoring and analyzing the I/O patterns of each track. It will maintain a counter for random access to the track that is specified "sequential write" attribute by the customer in the first place. Every one day or some period set by customer, the data reallocation engine will make a sorting of the counter and find the most undesired accessed track, then reallocate them into the layout of every other track so this is fit for random write access.

10.17.3 Q&A

（1）What is the relationship between logical tracks and physical tracks. For example, for each logical track, could there be multiple physical tracks and vice versa?

[冬瓜哥]：Actually the reason for logical track' s existence is to virtualize the physical tracks, doing this is more flexible for resource management. Typically one logical track is mapped to only one physical track, but in some special scenarIOS, say, someone want to generate multiple mirror or called replication of one logical track, in order to increase the redundancy of data, so mapping one logical track to multiple physical track is possible

（2）Figure 4 of the IDD shows an example where every other physical track is mapped to contiguous logical tracks in the same order. Could logical tracks, however, be mapped to physical tracks in any order?

[冬瓜哥]：Yes it is possible. For logical disk that expects random write, there should not be two or more physical tracks that are adjacent, following this condition, any order is possible. But, in real implementation, should better keep the shortest distance among all the physical tracks that comprise a logical disk, because this is good for performance.

（3）What is the relationship between logical block addresses and physical block addresses in the bitmap of the logical map. For example, is there a corresponding physical block address for every logical block address? Are the corresponding physical and logical blocks the same size? Are all of the physical block addresses listed notwithstanding that it may not be mapped to a logical block address?

[冬瓜哥]：The bitmap is nothing related to LBA or PBA, the bimap is used for tracking the free-occupied status of each physical track, occupied is mapped to 1, free is mapped to 0. But each physical block is indeed mapped to one logical block, so yes, there is a corresponding physical block address for every logical block address, but it is not necessary to maintain one record for every logical block, the mapping structure will be too huge. The

HDD will maintain the LBA to PBA mapping, this is already implemented and in production for tens of years. So the virtualization layer only need to maintain the start and end logical block address of each physical track, and then the virtualization layer will correlate the logical track to physical track mapping, and the LBA2PhyTrack mapping. Logical block is the same size with physical block. There can be physical tracks that is not mapped to any logical tracks, but the physical blocks in such a not-mapped physical track are still mapped to logical block address, no matter you use it or not, because this mapping is maintained totally by the HDD, and no one can changes the PBA2LBA mapping.

（4）Is the “virtualization layer” a portion of logic programmed into a hard drive or controller which operates independently of the mapping layer?

[冬瓜哥]：The virtualization layer actually include the mapping layer, mapping is one of the methods of virtualization layer, actually most of the modules described in the draft is inside the virtualization layer. And the virtualization layer can be implemented either inside the SMR HDD, or outside of the SMR HDD, in a standalone external controller like Raid controller and HBA controller.

（5）Is the logical map in the virtualization layer the same or a separate map from the logical map in the mapping layer? If they are separate maps, how are the maps correlated?

[冬瓜哥]：Inside the virtualization layer, there are 3 kind of mapping information. The first is logical block address （LBA） to track, so we can call it LBA2Track map. Track is made up of blocks（sectors）, so in order to let this virtualization layer work, the virtualization layer have to know exactly which LBA is located in which physical track, because the virtualization have to accept upper layer I/O request which will give the target LBA address rather than a track address. The LBA2Track map is not a huge mapping structure, but rather a simple structure, for each track, the virtualization can just keep the start and end LBA address of one track, so it is a small map. And the second mapping structure is the mapping shown in Figure4, we can call it a LogicalTrack2PhysicalTrack mapping, this mapping structure can be huge or small, if the physical tracks are two random scattered , the mapping records will become larger and larger. The third map structure is the bitmap that is used for tracking the free-occupied status of each physical track, occupied is mapped to 1, free is mapped to 0.

（6）Please describe the steps, with reference to data structures stored in memory （e.g. mapping tables, bitmaps）, how the logical drive is created from the physical drive in accordance with your invention. Also, please let us know if your invention does not create the logical drive but only maps the logical drive to a physical drive. In answering this question, please also provide answers to the following questions：

[冬瓜哥]：This invention does create logical drives. The steps are：　the virtualization layer first get the capacity and other vendor specific information of the SMR HDD. Then get the LBA2PhyTrack information from the HDD, and build up a mapping structure named LBA2PhyTrack map inside the memory. Then, the virtualization layer will create logical drive following the orders that the administrator tells the virtualization layer via some kind of command line or other communication interface. Then the virtualization layer will choose every other physical tracks（if the administrator tell the virtualization layer that "this logical drive is supposed to be randomly written"） to build up the logical drive, it will maintain another map structure here, to track the physical track number to logical track numbers. In this steps, the virtualization layer has to refer to the free space bitmap, to know exactly which physical track is occupied by other logical drive, and which physical tracks are free for use, when creating a logical drive, only the free physical tracks can be used. In the first place, the bitmap is empty, say, all binary 0, because no any logical drive is created, and the bitmap will become not empty and crowed with binary 1 with lots logical drives created.

6a. What element/component maps the logical to physical drives, if any? [Dong]：The virtualization layer does this using a logical track number 2 physical track number map. Is it a program stored in the memory of the hard drive which executes on a CPU in the hard drive?

[冬瓜哥]：As mentioned above with the Question4, this virtualization layer can be implemented either inside the HDD running on a CPU inside the HDD, or outside the HDD, in a CPU inside the Raid/HBA controller, and the latter one is preferred scenarI/O, because it is more flexible and controllable.

6b. If the logical map is created, how are the physical block addresses of blocks in a track determined?　Does the track need to be read, or is that information already stored elsewhere on the hard drive?　What retrieves that information?

[冬瓜哥]：LBA2PBA mapping is already implemented in all of the current HDD, no need to scan and build up such a map. And no need to retrieve that information, because the virtualization layer just need 3 map：　LBA range2physical track mapping, logical track 2 physcal track mapping, free space bitmap. The LBA range2physical track mapping should be

retrieved from the HDD.

6c. Where is the logical map, mapping physical block addresses to logical block addresses, stored？ On a track of the hard drive？ RAM？

[冬瓜哥]：LBA2PBA map is stored inside the HDD, this is not publicated information by the HDD vendor, but such a mapping table is very simple and small, or even not a table, just a equation is enough, because it is sequentically mapped, not randomly mapped.

6d. Are the garbage tracks mapped to a particular value such as “unallocated” or “null”, or are they simply not referenced in the logical map which results in data never being written thereto？

[冬瓜哥]：No explicit mapping for the garbage track, actually since no logical tracks is mapping to the garbage track, so no data is supposed to be written on that garbage track. And, the garbage track’s bit is binary 0 in the bitmap.

10.18 小梳理一下iSCSI底层

iSCSI既然要利用TCP/IP来传输SCSI协议指令和数据，那么就必须将自己作为调用TCP/IP这个传输管道的一个应用来看待。大家都知道，浏览器中输入“http://1.1.1.1”或者“http://1.1.1.1:80”，就表示让浏览器对IP地址为“1.1.1.1”的这台服务器上的TCP/IP传输管道的80号端口发起http请求，也就是浏览网页，同样，如果是Telnet这个应用，那就要连接对方的23号端口。所谓“端口”，就是被TCP/IP协议用来区分每个从管道中传出去或者收进来的数据包，到底是哪个上层应用的，哪个应用在“监听”某个端口，那么TCP/IP就将对应的数据包（数据包中含有端口号信息）发送到这个应用对应的缓冲区，正因为TCP/IP是个公用传输通道，谁都可以利用它来可靠传输数据到网络另一端，所以才会用“端口号”来区分不同的发起数据传输的应用。

同样，iSCSI也要监听3260这个端口号。SCSI指令和数据，作为“客人”，需要被TCP/IP这架“飞机”运载到目的地，SCSI本身并不关心也不想去关心诸如从哪个登机口（端口号）登机、行李托运、安检、海关交涉等一系列问题，于是需要有一个代理或者说引导者来完成这些动作，这个角色就是iSCSI Initiator和iSCSI Target。

早期的SCSI协议体系其实从物理层到应用层都有定义，网络层也有定义，比如一条总线最大16个节点，每个节点有Target模式和Initiator模式。但是后期SCSI体系的下四层被其他协议取代，iSCSI+TCP/IP+以太网相当于取代了下四层，所以SCSI上三层不需要自己去发现网络里的节点和Target了，这些都由iSCSI这个代理去完成。

首先iSCSI Target端运行在存储系统一侧或者说想要把自己的磁盘空间让别人访问的那一侧，其作用是接收iSCSI Initiator端传输过来的SCSI协议指令和数据，并将这些指令和数据转交给自己这一侧的SCSI协议栈（其实是Class Driver或者SCSI Middle Layer）处理；iSCSI Initiator端运行在想要获得存储空间，也就是主机一侧，其目的是向iSCSI Target端发起连接，并传输SCSI指令和数据。在iSCSI Initiator端程序中需要配置所需要连接的iSCSI Target端的IP地址（或者使用一种叫做iSNS的服务来动态自动，无需手工配置来发现iSCSI Target），iSCSI Initiator会主动向这些IP地址的3260端口号发起iSCSI Login过程（注意这个动作不是SCSI协议定义的，完全是iSCSI这个代理程序自己定义和发起的动作），Login过程所交互的细节此处不作细表，iSCSI Target端响应Login之后，双方在iSCSI层就连通了。iSCSI连通之后，Initiator会主动向Target发起一个SCSI Report Lun指令，Target便向Initiator报告所有的Lun信息，拿到Lun列表之后，Initiator端主动发起SCSI Inquery Lun指令查询每个Lun的属性，比如设备类型（是磁盘、磁带、光驱、打印机等等）和厂商之类，然后Initiator端便向OS内核注册这些Lun。（这里要注意一下，这两条SCSI指令是Initiator写死的，不需要经过其上层的SCSI层。）OS内核便针对每个Lun加载其各自的驱动（Windows下就是Class Driver，Linux下就是Block Driver/Tape Driver等），便在对应的/dev/下生成各自的设备。所以，iSCSI Initiator其实是一个虚拟的Port Driver，其通过调用TCP/IP，TCP/IP再继续调用底层网卡Port Driver实现数据发送。

FC也是一个网络，也是替代了传统SCSI协议栈的下四层，FC也不是为了专门承载SCSI协议才被发明的，那么利用FC网络发送SCSI协议的那个应用程序或者说角色是什么？就是俗称“FCP”的一个协议，相当于FC体系下的一个应用，也就类似TCP/IP体系下的FTP、Telnet等一样。FTP要发起连接传文件，首先要向对方的TCP端口号21发起连接，同样，利用FC传输SCSI指令的FCP，同样也需要向对方FC Target端某个特定端口号发起连接，FC Target端的某个程序正在监听这个端口的一切动作。那为何主机端不需要安装FCP Initiator程序呢？其实FCP的Initiator程序就是集成在了FC适配卡的驱动里了，因为FC的HBA卡目前来讲专门给存储用，所以直接集成到驱动里，不需要额外安装；而以太网则不同，厂商不可能自带iSCSI Initiator或者Target程序，所以一般都是独立开发独立安装。另外，FC协议也像TCP/IP协议一样有类似“端口号”的概念，只不过没有像TCP/IP这样被广为人知罢了，所以用FC承载任何上层应用都是可以的，当然，需要你自己去开发了。同样，SAS网络里也是这样一套运作流程，利用SAS网络承载SCSI协议，需要SSP发起端和目标端，同样，也被集成到了驱动里。

10.19 FC的4次Login过程简析

每个FC节点连接到FC Fabric网络里需要经历4次Login过程。第一次Login相当于TCP/IP网络里的DHCP过程，FC交换机需要为每个FC节点分配一个Fabric ID，也就相当于IP地址，有了这个ID，数据包才能被FC交换机正确地交换，FC交换机是根据Fabric ID而不是WWPN（相当于以太网的MAC地址）作交换的。第二次Login过程，相当于Windows里的WINS服务器注册和资源发现过程，我们熟知的网上邻居，有两种访问方式，一种是广播方式，另一种是所有Windows PC都向WINS服务器（其IP地址预先在每台PC上被配置好）注册，双击网上邻居时候每台PC都会从WINS服务器拉取目前网络上的PC机信息。FC也有这个过程，FC节点在FC Fabric里的第二次Login过程，就是向Name Server注册自己，并拉取目前FC网络里的所有Target节点信息（只有FC Initiator节点才会主动拉取资源，Target节点只注册不拉取），在第二次Login的过程中，其实包含了两次“子Login”过程，每个FC节点要注册到Name Server，必须先向Name Server发起Port Login过程，Port Login其实是指FC网络底层端口级别的Login，一个Fabric ID所在的端口要与另一个Fabric ID所在的端口发起通信，必须先Port Login，成功之后，再发起Process Login，所谓“Process Login”就是进程级别的Login，就是发起端的程序要向对方表明我是想与你处运行的哪个程序通信，这就相当于TCP/IP的端口号，到底要连接对方的哪个端口，每个端口都有一个上层应用程序在监听，向Name Server注册，那么Name Server上一定要运行一个管理注册过程和资源列表的程序，发起端就是在声明要与这个程序连通，从而注册自己，所以要向对方的FC底层协议栈声明“请将数据包发送给注册和资源管理这个Process”，所以才叫做“Process Login”，与TCP/IP向某端口的三次握手机制类似。经过这两次子Login，发起端才真正地与Name Server上的程序进行数据交互，从而完成注册和资源拉取过程。第三次Login过程，就是FC Initiator节点向所有自己看到的Target节点发起Port Login，成功之后，就开始第四次Login，也就是向Target节点发起Process Login，这里的“Process”一定就是对方的FCP Target程序了，这个程序被集成在了FC卡的Port Driver的下层。

第十一章 存储软件

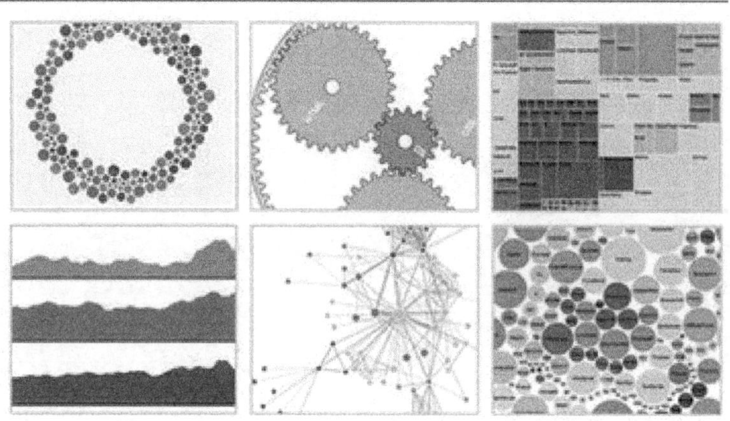

11.1 Thin就是个坑谁用谁找抽！

上周，有个朋友在群里反映了一个情况，如下图所示。

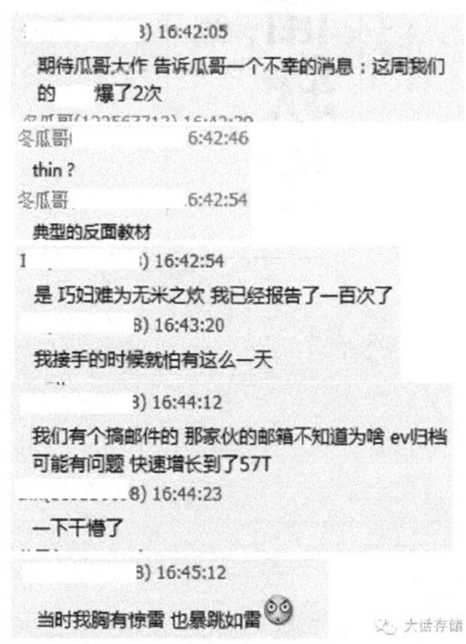

冬瓜哥之前说过，Thin不出问题的时候没问题，出了问题一定是大问题，因为根本没法预估哪个应用会出错。下面介绍这个Thin。

Thin指自动精简配置。

Thin就是假如你有100GB的空间，但是对外可以声称有1TB的空间，数据是现写现占地方。写爆之前，需不断向系统里添加更多的存储空间，直到添加到1TB为止。

对Thin应用得最好的是互联网业务，比如“免费赠送40TB的网盘空间”的业务可能一下子吸引来一千万用户注册，把各自的私货全传上去，你在它们面前立即变得一丝不挂。它们也许会打赌，一千万人里，能真上传40TB数据的，少于100人，传20TB的，少于1000人，形成一个梯度，最后恐怕90%的人基本耗费不到1TB，当然这是冬瓜哥的猜测了。这么算下来，系统只提供几PB的容量先用着，就可以运营起来了。

但是，块存储上出现了Thin，一时间Thin成了所有传统存储厂商的标配功能。传统存储里的块存储，承载的是什么业务？基本都是核心、关键业务。一般，所有人都是给自己留余地，1TB的空间声称800GB，留着200GB应急，而Thin则是过度承诺。网盘过度承诺是迫不得已，核心关键业务怎能过度承诺？

虽然厂商忽悠的时候拍胸脯保证：绝对没问题，快用满了会报警，用户绝对能提前应对。即使能报警，应用出现故障，一小时内给你塞满你能来得及加盘吗？就算报警了，且应用运行良好，你手头有备用盘吗？

最糟的情况就是，手头没盘或者盘不够，而现买的话，货期又满足不了，那就只能束手无策。上面那个例子，就是最后这种情况。

此外，Thin不仅在运维上风险极大，对性能还有影响。由于是现用现分配空间，如果有多个逻辑资源在并行写入，最后这些逻辑资源在物理视图上就是交织分配的，变得不连续，这对机械盘是致命的性能影响。

所以，很多厂商会增大分配粒度，如下图所示，一个块如果是4KB，分配粒度为1GB，每次分1GB，多个1GB之间交织，能将连续地址I/O的性能下降缓解一下。但是这样就不能更高效地节省空间了。

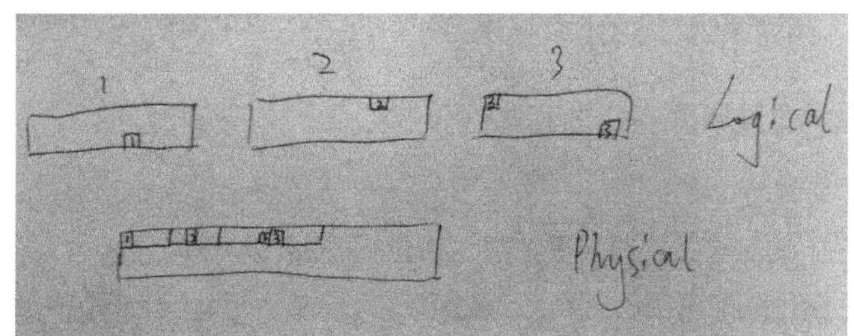

另外，依然无法杜绝每次I/O都要查表的计算资源耗费，而且，一旦元数据表的维护上出了问题，导致不一致，影响范围巨大。

所以，空间节省也没那么夸张，性能反而还下降，元数据丢失引发的风险也很高，这种技术，何以用之？

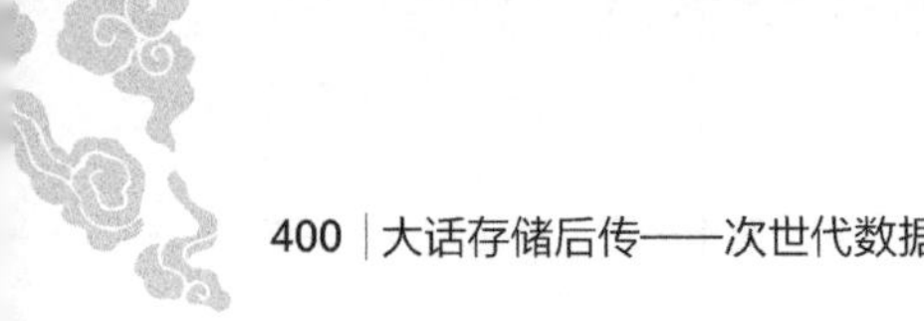

块存储上适合用Thin的地方，就是非关键业务，或者迫不得已的情况，比如给几千人弄个网盘，弄个虚拟桌面等等，体量大而且不是所有人都一下子塞满数据的场景下。

11.2 存储系统OS变迁

外置传统存储系统的OS及其配置本身很少受到人们关注。人们往往更加重视存储系统的架构、规格、特性、场景、价格等。存储系统的OS及其配置界面直接关系着系统的软件特性对外的展现，关系到易用性和运维成本。如下图所示。

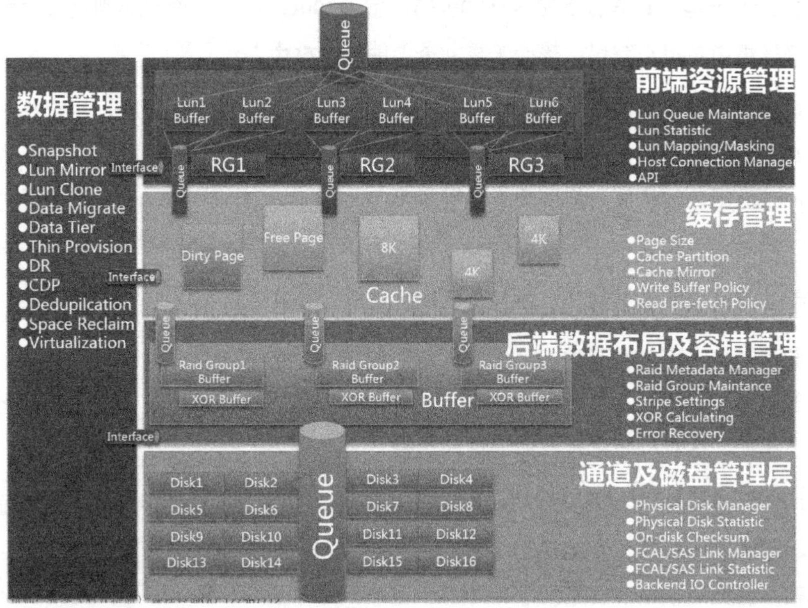

11.2.1 存储系统OS的5大模块

1. 通道及硬盘管理层

该层属于暗流涌动的一层，是决定了一个存储系统是否稳定可靠的关键一层，也是凝聚了对应厂商多年心血的关键一层。看似这一层好像很有技术含量，其实技术含量不高，只是工作量非常大。之所以称这一层暗流涌动，是因为硬盘、HBA、链路这3样哪样都让人上愁。机械硬盘虽然存在这么多年了，但是其稳定性依然是个问题，各种Bug层出不穷。硬盘提供商自己其实是发现不了多少Bug的，因为它们根本没有大规模的场景去实践。不少Bug都是存储厂商发现的。当然，能用软件规避的，都规避掉了，而且可能并不会将问题反馈给硬盘厂商，因为这是天然的技术壁垒，如果反馈给了硬盘厂商的话，其他存储厂商就不用耗费人力去解决该问题了。不同型号，甚至同一型号不同批次的硬盘的行为可能也不一样，需要牵扯大量的测试工作。另外，HBA也是个难啃的骨头，HBA主控固件是不开放给存储厂商的，Bug只能靠HBA厂商来解决，周期较长，有些必须从软件上做规避。HBA主控的驱动程序一般是由存储厂商自行开发，固件和驱动往往都得配合着来改，坑也是不少的。再就是链路问题，闪断、误码等是常事，谁踩过足够的坑，谁才能将这一层做得足够稳定。这一层需要尽量为上层提供一个稳定不变的设备列表。

2. 后端数据布局及容错管理层

这一层虽说没有太多的暗流，但是异常也非常多，得益于底层的工作，这一层将获得的物理设备做成逻辑设备，并需要负责数据的冗余以及I/O出错时的恢复。I/O错误是家常便饭了，各种原因可能都会导致I/O错误，比如坏扇区/坏道，信号质量问题导致的数据校验错误，机械问题等等。不管什么原因，这一层都需要将这个错误纠正回来，比如利用Raid技术。该层拥有很多开源实现，比如Linux下MD、Raid模块等，其更加开放，可控性也更好。该层需要为上层提供一个稳定的逻辑资源视图。这一层早期主要是Raid功能，后来逐渐演化出Raid2.0、分层等技术。

3. 缓存管理层

该层负责缓存管理。又分为数据持久性管理和性能管理。持久性管理主要是将脏数据按照对应的策略刷到后端硬盘上永久保存。在这一层上，早期的存储系统基本没有什么优化措施，大家千篇一律，采用LRU等通用算法，甚至直接使用Linux原生的Page Cache策略而不加修改。到后来，随着互联网蓬勃发展，业务层不管是在种类还是数量上，都有爆发式增长，直接对存储系统产生了影响。不少存储系统演化出诸如QoS这种精细化性能调节能力。比如其中典型的Compellent（Dell）的SC系列存储系统中就针对QoS做了精细化实现。其可以实现针对单个逻辑卷或者一组逻辑卷，设置其总IOPS、Mb/s和时延。其实现原理是在缓存层的队列处理时增加了对应的调节策略，包括入队比例、重排等。如下图所示。

Volume(s) QoS

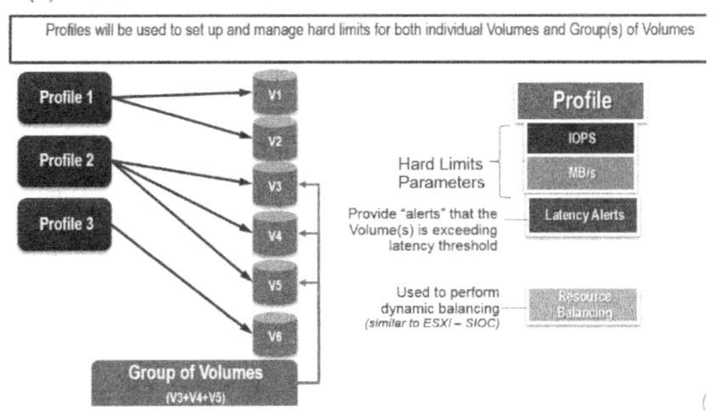

其中Relative Priority指的是当发生队列较满时，该卷的I/O是要被提前执行，还是排最后执行。用户可以不指定具体的指标，而用相对性能来配置某个卷或者卷组的QoS，这就在一定程度上简化了配置，对于那些新手来说比较合适。如下图所示。

QoS Configuration Options

Ability to limit a volume's IOPS or bandwidth

- To solve the noisy neighbor problem

Ability to limit a group of volumes to a total IOPS or bandwidth

- To limit a tenet from consuming too many IOPS or too much bandwidth
- User can also limit specific volumes in a group, to solve the noisy neighbor problem within a tenant

Ability to set a volume's "latency alert threshold"

- Provides feedback if the QoS parameters are set correctly (overly aggressive QoS settings can increase latency in some cases)

Ability to set a volume's relative priority

- Enables the user to give more IO opportunity to important volumes during congestion

Ability to set a average system latency threshold for declaring "congested"

- A trigger to start using volume relative priority settings

Volume QoS Reporting

- User can view the impact and correctness of QoS settings over time

具体做法则是在Compellent的SCOS存储操作系统配置界面中先创建一个QoS Profile，在其中定义对应的指标，然后将该Profile附着在逻辑卷作为其一个属性即可。如下图所示。

可以看到SCOS的GUI中还嵌入了统计图表功能，来动态展示对应卷的QoS效果。

4. 前端访问层

这一层主要负责与主机端的通信，包括底层网络的连接、握手、设备发现、设备属性的虚拟、接收和处理I/O、性能统计等工作。该层也事关整体稳定性。不过这一层除了前端HBA固件、驱动之外，基本都是标准协议，可控性较强。

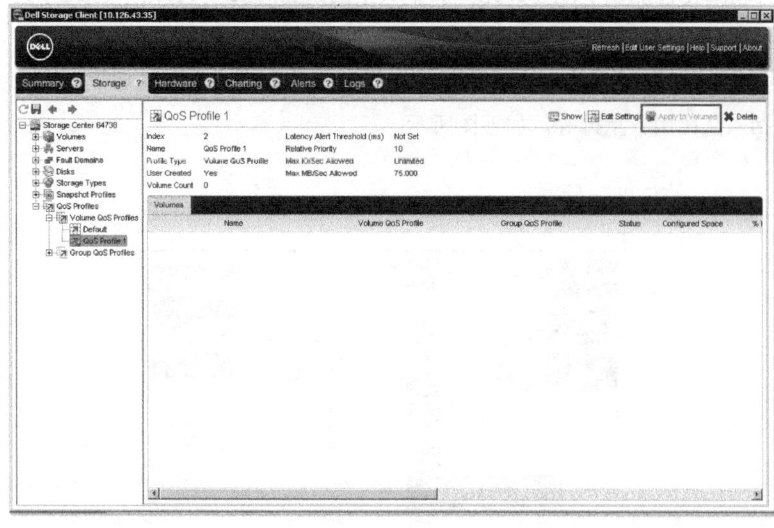

Create QoS Profile

Create QoS Profile

Enabling any of the QoS limits (IO/Sec or MB/Sec) could have adverse effects on overall system performance.

Name: New QoS Profile 1

Profile Type: ◉ Volume QoS Profile
The limits for a volume profile apply to each volume individually
○ Group QoS Profile
The limits for a group profile are applied to the aggregate of all volumes with the profile applied

Relative Priority: Medium 100

☐ Enable Latency Threshold Alert
Latency Alert Threshold (ms)

Profile Limits
☐ Limit by IOPS
Max IO/Sec Allowed
☐ Limit by Bandwidth
Max MB/Sec Allowed

? Help　　✖ Cancel　　OK

Assign a profile to a volume　　Sample chart showing QoS

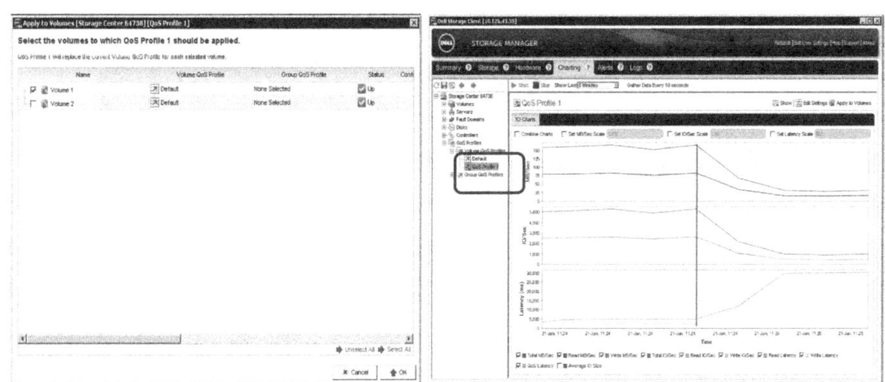

5. 侧翼的数据管理功能层

这一层对于一个存储系统来讲其实是可有可无的，但是却是体现差异化的竞争力的关键。诸如快照、分层这种功能基本是标配，必须具备，自动精简配置这个功能虽然比较鸡肋，但是迫于竞争压力也必须有。至于重删，在线存储应用甚少，加上近几年硬盘容量也不断加大，价格也不断下降，使用的必要性似乎不大，而且还影响性能，且需要更高规格的CPU、RAM，有些得不偿失。仅在备份场景针对离线数据使用较多。

在这一层近期有些新技术字眼，可能熟悉的人不是很多，比如Dell在其Compellent存储系统中推出的数据联邦功能。该功能的主要技术就是卷的跨存储系统透明热迁移（Volume Live Migration）。其本质原理就是将卷从本来与主机相连的存

储系统后台迁移到其他存储系统，主机的访问仍然先发送到本地存储，然后由本地存储复杂转发到目标存储。相当于用本地存储系统实现了在线迁移透明虚拟化功能。针对Volume Live Migration的配置也比较简单，通过可视化界面选择对应菜单即可。如下图所示。

Start a Live Migrate

- Right Click Volume and select Live Migrate Volume
- Multiple volumes can be selected and migrated to the same destination storage center with the same settings, including the mapped server.

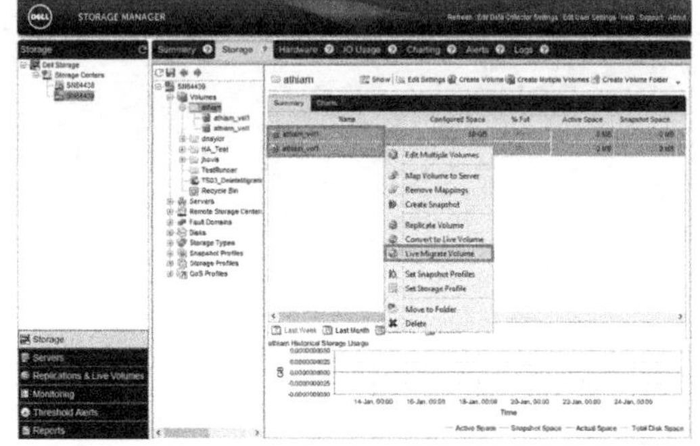

Alerts - Thresholds

Hyperlink on the Threshold Alert – Recommended Storage Center dialog:

The live one will be shown migrate hyperlink will only be shown if the source SC and the recommended SC are 7.0 or greater and both are licensed for Live Migration, otherwise the default LV hyperlink

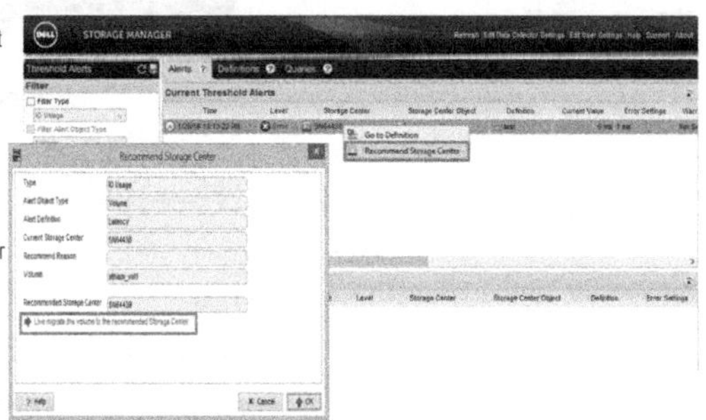

Live Migrate Attributes

- The *"Replicate Storage To Lowest Tier"* option will only be shown if the user preference to show it is enabled. The default value will be false.
- The ability to select an existing destination Volume will be offered
- The current name of the source Volume will be used as the name of the destination Volume by default

Create Live Migration (SN64438)

Replication Attributes

Transport Type: All Available Transports

Deduplication: Enabled

Source Replication QoS Node: Qos1

Replicate Storage To Lowest Tier: Enabled

Destination Volume Attributes

Use Source Volume Name

Create Source Volume Folder Path

Read Cache

Write Cache

Storage Profile: Recommended (All Tiers)

Storage Type: New Disk Folder 1 - Redundant - 2 MB

Volume QoS Profile: Default — Change

Group QoS Profile: None Selected — Change

Server — Change

Live Migration Attributes

Automatically Swap Roles After In Sync: Enabled

Back Next

74 Dell - Restricted - Confidential

Swap Roles

- A dialogue to swap roles for a migration will be offered.
- A dialogue to cancel a swap roles for a migration will be offered.
- The swap may be at a point of no return on the platform.

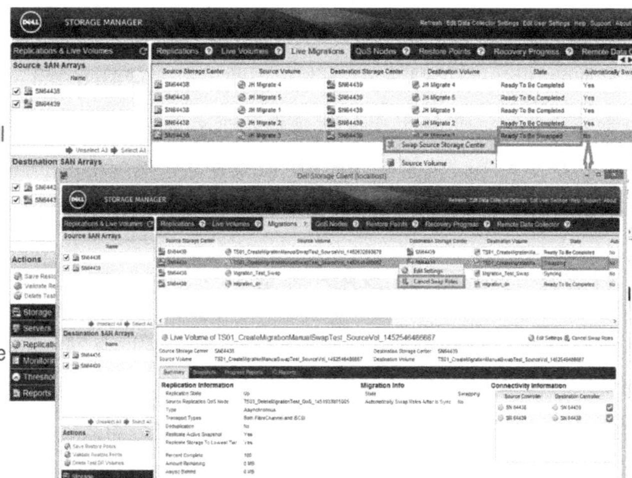

Complete

This dialog will be used to complete the Live Migration.

A new tab will be added to the Replications & Live Volumes page to view and monitor the state all the Live Migrations

A new tab will be added to the QoS Nodes Summary panel to show Live Migrations

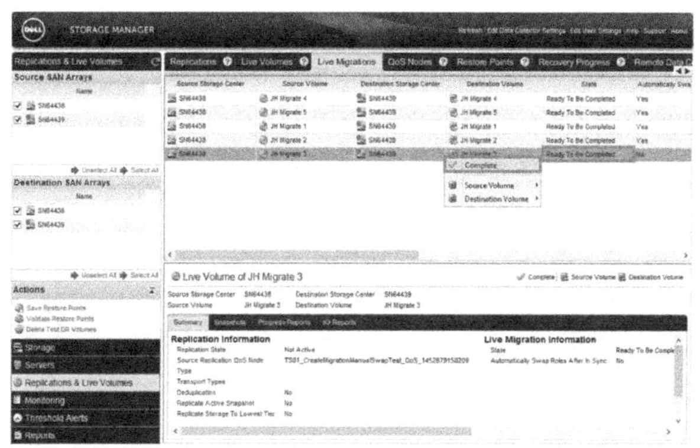

11.2.2　存储系统的软硬件框架

早期，有些存储系统还使用了比如Freescale、PowerPC等CPU平台。对应的OS则还有VxWorks、Linux、Windows等。后来几乎所有产品都过渡到了Linux/BSD+Intel x86平台。

早期几乎所有厂商都是在内核态中实现所有的与存储I/O相关的处理模块的，而在用户态实现数据管理功能。而目前几乎所有厂商都转到了全用户态实现，有些甚至连设备驱动都放在用户态来实现，OS纯粹作为一个线程调度器和内存管理器而存在了。有些系统还进一步实现了容器技术，使得功能代码可移植性非常强。

11.2.3　存储系统的配置管理接口与工具

早期普遍使用私有协议以及SNMP协议。后来逐渐演化出SMI-S，然后RESTful

API、Cinder、VAAI/VASA等更接近业务的资源管理接口。

早期的时候，不少人还以命令行为荣，鄙视采用GUI的。当时IT领域的新技术、新概念非常匮乏，市场上主要就是那几个老炮们的地盘。那时候中关村DIY能点亮个主板都是高大上，可想而知能用CLI配置这些老炮出产的高端设备时是多么彰显档次。而现在不同了，放着GUI不用非用CLI不可的是退而求其次。

11.2.4 资源可视化及用户体验

之前曾设过一套解决方案，叫作“可视化智能存储”，其中涉及了一系列的技术和展示，体现出了可视化智能存储系统的全貌。我认为，对于传统存储系统而言，目前市场上已经没有什么新概念可炒作了。至于分布式、Server SAN、超融合、一体机、云计算/大数据，这些都是新生代玩家的概念，老炮们实在是拿不出什么来了，拿出来的也只能在老炮圈子里赏玩一下，根本吸引不了外界眼球。而可视化智能存储这个概念，笔者认为是与新时代的玩法相融洽的。

比如Dell Compellent的Enterprise Manager，就是一个基于HTML5构建，用一个界面把Storage Center、Application Protection Manager一起纳入管理的GUI工具。其中的可视化元素极大地增强了当今面向数据中心场景的用户体验。如下图所示。

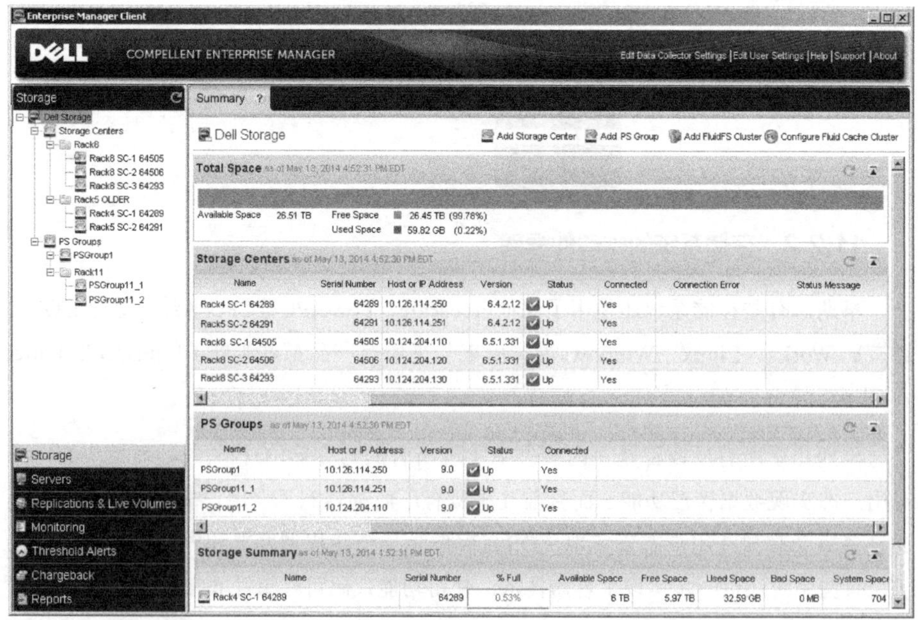

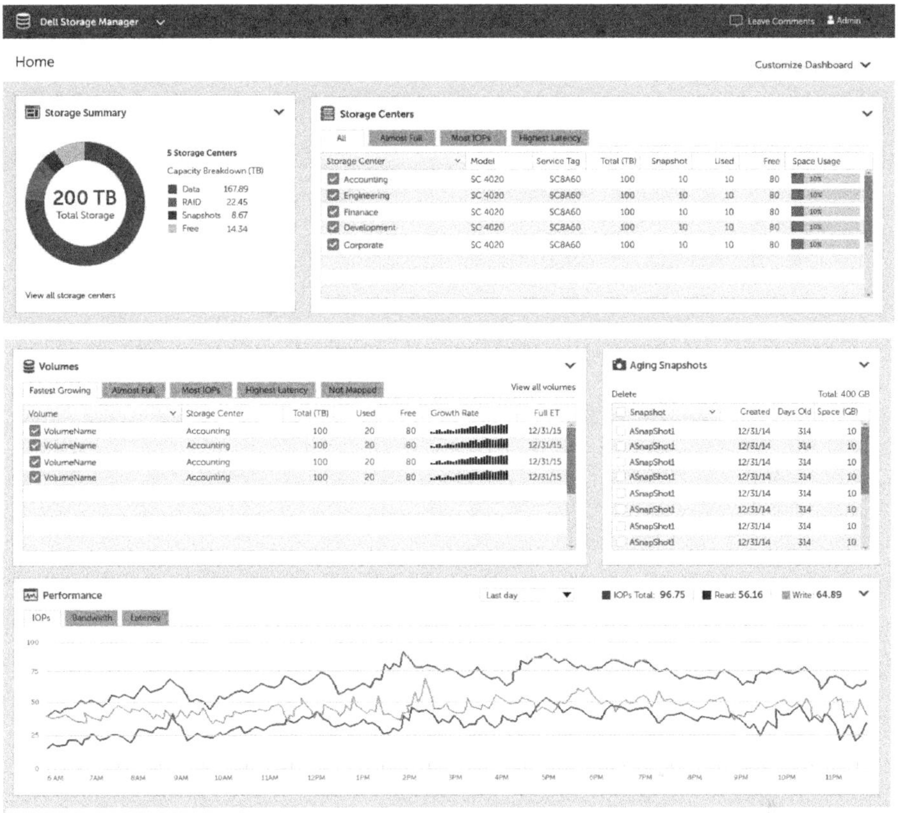

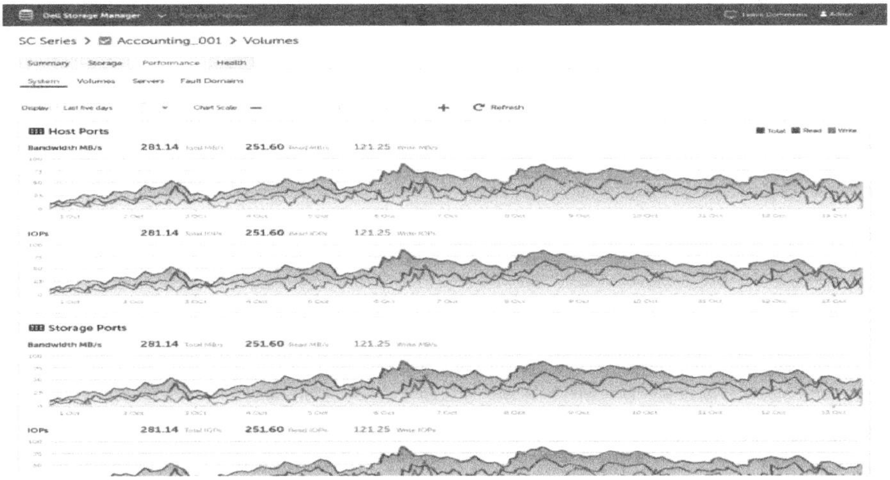

综上所述，如今大数据+互联网环境下，传统存储系统更需要在可视化、智能方面继续耕耘了。以往那种不注重用户体验的产品，在当今时代是没有什么竞争力可言的。

第十二章 固态存储

12.1　浅析固态介质在存储系统中的应用方式

众所周知，传统存储系统对固态介质的利用方式有多种，冬瓜哥这里就针对每一种方式做个分析和总结。

1.【方式1】连锅端/AFA

第一种是一刀切，直接把机械盘替换为固态盘，这种方式获得的性能提升最高，但付出的成本无疑也是最高的，这就是所谓的AFA（All Flash Array），即全闪存阵列。然而，如果不加任何改动，仅仅做简单替换的话，会发现AFA根本无法发挥出固态盘的性能，比如，一个24盘位的中端存储系统控制器，如果全部换成24块SAS SSD，其最大随机读IOPS大概只能到200k～300k，如果按照每块盘随机读IOPS到50k的话，那么24块的总和应该是1200k，也就是120万，当然，还需要抛去做Raid等其他底层模块的处理所耗费的时间开销，但是，20万～30万IOPS相对于120万，其效率也太低了。

全固态阵列是一种虚拟化设备，虚拟化设备是指从这个设备的前端只能看到虚拟出来的资源，而看不到该设备后端所连接的任何物理设备（带内虚拟化）；或者在数据路径上可以看到后端的物理设备且可以读写，但是在控制路径上对物理设备进行读写之前需要咨询一下元数据服务器（带外虚拟化）。带外虚拟化性能高，但是架构复杂不透明，需要在前端主机上安装特殊的客户端。带内虚拟化方式则可以对前端主机保持完全透明。目前的全固态阵列为了保证充分的通用性，普遍使用带内虚拟化方式，也就是说，对于基于x86平台的AFA，其软硬件架构本质上与传统存储别无二致，差别就在于I/O路径的优化力度上。传统阵列的I/O处理路径无法发挥出固态介质的性能，根本原因就在于参与I/O处理的模块太多太冗长，因此，全固态阵列基本会在以下几个角度上做优化，从而释放其所连接的固态盘/闪存卡的性能。如下图所示。

1）简化功能比如快照重删、Thin远程复制、Raid2.0、自动分层/缓存（本来也就一个层）等。所有这些模块的存在，都会影响性能。虽然可以使用流水线化的I/O处理方式来提升吞吐量，但是流水线对I/O的时延是毫无帮助的，而且流水线级数越多，每个I/O的处理时延就越高。吞吐量虽然是一个很重要的指标，只要底层并发度足够大，再加上流水线化，就可以达到很高的数字；但是时延的指标对于一些场景来讲同样很重要，比如OLTP场景，时延只能靠缩减流水线级数（处理模块的数量）或者提升每个模块的处理速度这两种方法来实现，没有任何其他途径。然而，也并非要把所有数据管理功能全都抛掉，如果这样的话，所有基于x86平台的AFA最后就只能拼价格，因为没有任何特色。所以，保留哪些功能，保留下来的功能模块又怎样针对固态介质做优化，就是AFA厂商需要攻克的难关了。

2）用原有的协议栈，加入多队列等优化对于I/O处理的主战场来讲，协议栈无疑是一道无法绕开的城墙，拿Linux来讲，协议栈从通用块层一直延伸到底层I/O通道控制器的驱动程序（Low Layer Device Driver，LLDD），I/O路径上的这一大段，都可以统称为协议栈。开发者可以完全利用现有Linux内核的这些成熟的协议栈来设计AFA，但是其性能很差，比如通用块层在较老的内核版本中，其只有一个BIO（Block I/O）请求队列，在机械盘时代，机械盘就像老爷车一样，这个队列基本都是堵的，也就是Queue Full状态，读指针永远追不上写指针。

而在固态存储时代，这个队列又频繁地欠载，读指针追上了写指针，因为底层的处理速度太快了，以至于队列中还没有更多的I/O入队，底层就把队列中所有I/O都处理完了。欠载的后果就是底层无法获取足够多的I/O请求，那么吞吐量就会降下来。这就像抽水机一样，活塞每运动一次，水流就冒出来，而当活塞退回原位从水源吸水的时候，出水端水流就小了。活塞每次能吸水的容量，就是队列深度。

好在，在I/O路径处理上，系统并不是处理完队列中所有I/O之后，才允许新的I/O入队，I/O可以随时入队（上游模块压入队列等待处理）或者出队（下游模块从队列中取走执行），但是，这种方式也带来了一个问题，就是锁的问题。出队入队操作，都要锁住整个队列首尾指针对应的变量，因为不能允许多个模块同时操作指针变量，会导致不一致。这一锁定，性能就会受到影响，从而导致频繁欠载。有些号称无锁队列，只不过是将锁定操作从软件执行变成利用硬件原子操作指令来让硬件完成，底层还是需要锁定的。那么，这方面如何优化？道理很简单，大家都挤在一个队列里操

作，何不多来几个队列呢？队列之间一般没有关联，根本不需要队列间锁定，这就增加了并发度，能够释放固态介质的性能。在最新的Linux内核中，通用块层已经实现了多队列。所以，如果还想利用现成的块层来节约开发量，无疑就要选择新内核版本了。

3）抛弃原有的协议栈，包括块层，自己开发新协议栈通用块层，之所以通用，就是因为它考虑了最通用的场景，定义了很多像模像样的数据结构、接口、流程，而且加入了很多功能模块，比如LVM，软Raid，Device Mapper，DRBD、I/O Scheduler等等，虽然这些模块多数都可以被取消，但是这些东西对于那些想完全榨干性能的架构师来讲，就多余了。

有些AFA或者一些分布式存储系统在I/O路径中完全抛弃块层，而自己写了一个内核模块挂接到VFS层下面，接受应用发送的I/O请求，经过简单处理之后直接交给底层协议栈（比如SCSI协议栈）处理。不幸的是，SCSI协议栈本身则是个比块层还要厚的层。I/O出了龙潭又入虎穴，对于基于SATA/SAS SSD的AFA来讲，SCSI层很难绕过，因为这个协议栈太过底层，SCSI指令集异常复杂，协议状态机、设备发现、错误恢复机制等哪一样都够受的，如果抛弃SCSI协议栈自己开发一个新的轻量级SCSI协议栈，是不切实际的，你会发现到头来不得不把那些重的代码加回来，因为SCSI体系本身的复杂性已经决定了协议栈实现上的复杂性。

所以，基于SATA/SAS SSD搭建的固态阵列，其性能也就那么回事，时延一定高。然而，如果使用的是PCIE闪存卡或者2.5寸盘，那么就可以完全抛弃SCSI协议栈。有些PCIe闪存卡的驱动中包含了自定义的私有协议栈，其中包含了指令集、错误处理、监控等通用协议栈的大部分功能，其直接注册到块层；而NVMe协议栈迅速成了定海神针，参差不齐混乱不堪的协议栈，不利于行业的规模性发展，NVMe协议栈就是专门针对非易失性高速存储介质开发的轻量级协议栈，轻量级的指令集和错误恢复逻辑，超高的并发队列数量和队列深度。AFA后端如果使用NVMe闪存卡/盘的话，那么这块也就没有什么可优化的了。如果还想优化，那就得从更底层来进行，也就是连NVMe协议栈也抛掉，只保留PCIe闪存卡/盘的LLDD驱动，上面的部分全部重写，不过这样看上去没什么必要，因为LLDD上层接口也是符合NVMe规范的，设备固件也只能处理NVMe指令，所以，针对已经优化过的协议栈继续优化，受益很低，成本很高。要想继续优化，还有一条路可走，那就是连内核态驱动都抛掉。

4）抛弃原有的协议栈和设备驱动，完全从头开发。块层可以抛，底层协议栈也可以抛，最底层的内核设备驱动是否也可以抛弃呢？“若为性能故，三者皆可抛”！操作系统内核的存在，对性能是无益的，内核增加了方便性和安全性，必然牺牲性能。如果要追求极致性能，就要连操作系统内核都抛弃。当然，运行在OS中的程序是不可能脱离OS内核而存在的，但是这并不妨碍其打开一个小窗口，将I/O指令直接发送给硬件，无须经过内核模块的转发，这就是所谓内核抛弃，指的是I/O路径上的大部分操作不陷入内核。

当然，这需要PCIe闪存卡/盘厂商首先实现一个很小的代理驱动，这个驱动负责将PCIE设备的寄存器空间映射到用户程序空间，之后还要负责响应中断和代理DMA操作，其他时候就不参与任何I/O处理了，用户程序可以直接读写设备寄存器，这样可以实现更高的性能，但是对开发者能力要求甚高，其需要自行实现一个用户态的I/O处理状态机，或者说I/O协议栈，搞不好的话，连原生驱动的性能都不如。所以，这已经超出了目前多数产品开发设计者的可承受范围，在如今这个互联网+时代，多数人更注重快速出产品，而不是十年磨一剑铸就经典。

5）针对多核心进行优化，不管利用上述哪种设计模式，都需要针对多核心CPU平台进行优化。有些存储厂商在几乎十年前就开始了多CPU多核心的系统优化，而有的大牌厂商，直到几年前才着手优化多核心多CPU，当时，其产品虽然硬件配置上是多核心多CPU，但其软件内部的主要I/O模块都是串行架构的，也就是根本用不起来多CPU。

6）采用专用FPGA加速存储系统到底是否可以使用硬加速？这得首先看一下存储系统的本质，存储系统的最原始形态，其实不是存储，而是网络，也就是只负责转发I/O请求即可，不做任何处理（或者说虚拟化），如果仅仅是I/O转发，那不就成了交换机了吗，是的，交换机是否可以使用通用CPU来完成？可以，软交换机就是，但是性能的确不如硬交换机，硬交换机直接用Crossbar或者MUX来传递数据，而CPU则需要通过至少一次内存复制，收包、分析+查路由、发包，这个处理过程时延远高于硬交换，虽然可以用流水线化处理以及并行队列的障眼法达到较高的吞吐量，但是只要考察其时延，立马露馅。

再来说说增加了很多功能的存储系统，也就是虚拟化存储系统，其内部使用通用CPU完成所有逻辑，不仅仅是简单的I/O转发了，而且要处理，比如计算XOR，计算Hash，查表计算Thin卷的地址映射，Raid2.0元数据的更新维护，响应中断，复制数据，等等。那么上述这些工作，哪些可以硬加速呢？那些大运算量，大的数据复制量，模式重复、固定的运算，都可以被硬加速，比如xor计算，重删Hash计算，固定模式的元数据维护（比如Bitmap、链表、BloomFilter等）、字符串匹配搜索、指令译码等。

至于复杂的判断逻辑或称控制逻辑，尤其是全局控制部分，还得通用CPU出马，

因为在这个层面充满了变数。所以，即便是采用了FPGA的存储系统，其一定也是靠通用CPU来完成总体控制的，有些单片FPGA存储系统，那也不过是利用了FPGA内部集成的通用CPU硬核来做总控罢了。目前市面上的FPGA，已经不单纯是一大块可编程逻辑了，与其说是FPGA，不如说是带可编程逻辑的SoC更合适，或者说是把一堆成熟外围器件比如DDR控制器、PCIe控制器、通用CPU、RAM、SRAM等，与FPGA可编程部分集成到一起的一个整体单片系统，该系统也是什么都能做，虽然内部集成的核心可能远比不上x86平台的性能，但是对于专用系统，基本已足够。所以，用了FPGA就不需要Linux了吗？不是。那用了FPGA就不需要NVMe驱动了吗？也不是。FPGA在这里充其量起到一个OffLoad一些计算的作用罢了。

2.【方式2】共存但不交叉

共存但不交叉是指在同一个存储系统内，既有固态介质又有机械盘，但是它们不被放置在同一个Raid组内，比如8个机械盘做一个Raid5，另外4个SSD又做了一个Raid10，各自运行，互不干扰。说不干扰，是假的，这里的干扰，是一种更深层次的干扰，典型的代表是“快慢盘问题”，能力强的和能力弱的在同一个体系内，会发生什么问题？大家都清楚，能力弱的会拖慢能力强的。

对于存储系统，一样的，系统内的资源是有限的，比如某个链表，其中记录有针对机械盘的I/O的指令和数据，这些I/O的执行相对于固态介质来讲简直是慢如蜗牛，那么，当固态盘执行完一个I/O之后，由于这些被机械盘占用的资源无法释放，新的I/O就无法占用这些资源，导致固态盘在单位时间内的闲置率增加，性能就无法发挥，被慢盘拖慢了。同样的现象甚至出现在全机械盘系统内，如果某个盘有问题，响应时间变长，除了影响Raid组内其他盘之外，也影响了其他Raid组的性能发挥。解决这类问题，就要针对固态盘开辟专用的资源，而这又会增加不少的开发量和测试量。

3.【方式3】用作元数据存储

还有一种方式，是将固态介质用作元数据的存储，比如存放Hash指纹库、Thin/分层/Raid2.0的重映射表等、文件系统元数据等较大量的元数据，这些元数据如果都被载入内存的话恐怕放不开，因为存储系统的内存主要是被用来缓存读写数据，从而提升性能，如果将大量空间用于元数据存放，那么性能就无法保证，但是反过来，如果大部分元数据无法被载入内存，那么性能也无法保证，因为对于文件系统、分层、Raid2.0等，每笔I/O都无法避免查表，而且是个同步操作，如果元数据缓存不命中，到磁盘载入，这样性能就会惨不忍睹。所以固态盘此时派上了用场，可以作为针对元数据的二级缓存使用，容量足够大，读取时响应速度够快，更新则可以在RAM中积累，然后批量更新到Flash，所以即便Flash写性能差，也不是问题。如下图所示。

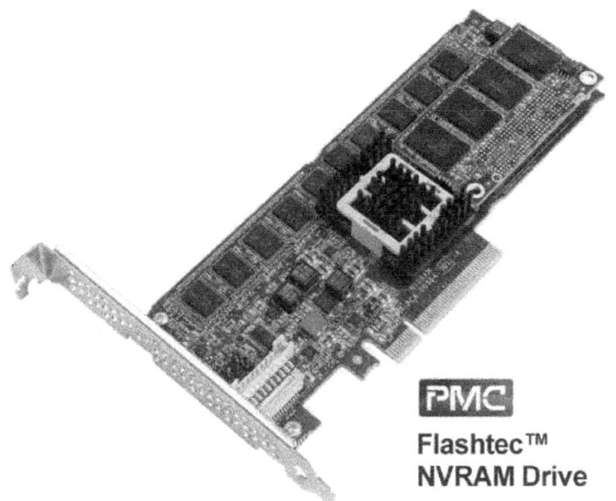

4.【方式4】非易失性写缓存/NVRAM

大家都知道分布式系统一般是利用节点间镜像来防止一个节点宕机之后缓存数据的丢失。而如果是所有节点全部掉电呢？比如长时间停电或者雷击等导致的包括UPS在内的全部电力供应中断，整体掉电的几率还是存在的。此时，缓存镜像依然无法防止丢数据。而传统存储内部有一个BBU或者UPS，相当于二级保险。

对于分布式系统，要增加这种二级保险的话，成本会非常高，因为分布式系统的节点太多，但的确有些分布式系统厂商采用了NVRAM/NVDIMM来保护关键元数据或者Journal，而没有采用BBU来保护整个机器的内存，因为后者需要定制化硬件设计，服务器机箱内无法容下BBU了。

目前，NVDIMM需要改很多周边的软硬件，不透明，而基于PCIE接口的NVRAM卡则可以无须修改BIOS和OS内核即可使用，其可以模拟成块设备，或者将卡上的RAM空间映射到用户态。随着NVDIMM以及Intel Apache Pass项目的推进，相信后期非易失性DIMM会逐渐普及开来。

5.【方式5】透明分层

上述介绍的混合机械盘和固态盘的方案，对应用来讲都不是透明的，都需要应用或者系统管理员自行感知和安排数据的保存位置。透明分层则是一种对应用透明的加速方案，传统存储产品最看重对应用透明，所以自动分层技术成为了传统存储的标配特性。大家的做法类似，都是自动统计每个数据块的访问频率，然后做排序，将热点数据从低速介质上移到高速介质，冷数据则下移到低速介质。没太大技术含量，无非就是分块粒度越小，热点识别的精准度就越高，但是耗费的元数据空间越大，搜索效

率越低，所有参数都是各种平衡的结果。

自动分层有一个尴尬的地方，就是对于新写入的数据块的处理策略：是先写入低速分层再向上迁移，还是先写入高速分层再“下沉”给应用，哪个能始终保证写入性能？这些策略，每个厂商都有各自的选择。在此冬瓜哥想用一个典型设计来介绍一下自动分层方案在实际产品中的全貌。

目前针对自动分层方案，在业界的产品中，Dell在其Fluid Data系列方案中有两个技术比较有特色。第一个是Fast Track技术，也就是系统可以将热数据透明地放置在磁盘的外圈，而冷数据则搬移到内圈。外圈转速高，等待时间短，可以获得更高的IOPS和带宽。

第二个则是利用写重定向快照来实现读写分离的、基于全固态存储系统的跨Raid级别（Raid10和Raid5）的分层方案，号称可以以磁盘的价格实现全固态存储的性能，这个方案冬瓜哥认为还是非常有特色的。

首先，系统将Tier1层也就是固态介质层分为两个子层：一个是采用Raid10方式的且由SLC Flash构成的子层，这个层采用无写惩罚的Raid10冗余保护方式，而且采用寿命和性能最高的SLC规格的Flash介质，所以仅承载写I/O和针对新写入数据的读I/O，基本不必关心寿命和性能问题，所以又被称为WI（Write Intensive）层，当然，这一层的容量也不会很大；另一个是采用Raid5方式的且由MLC Flash构成的子层，仅承载读I/O，所以Raid5的写惩罚并不会导致读性能下降，又被称为RI（Read Intensive）层，这一层相对容量较大。如下图所示为一种典型的固态+机械盘混合存储配比方案。

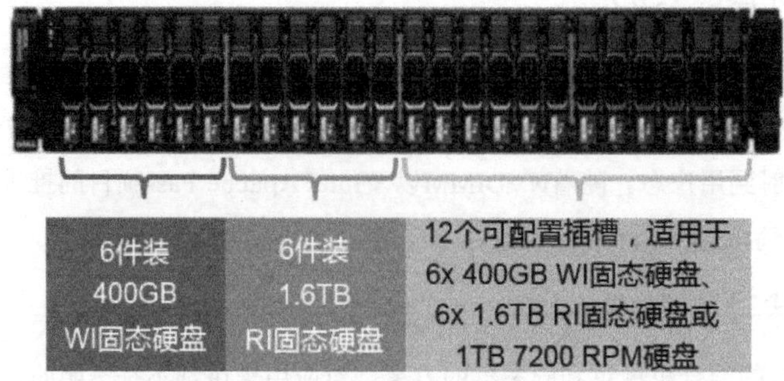

那么，Dell流动数据方案是如何实现读写分离的呢？其巧妙地利用了写重定向快照技术（Dell Compellent系统里的快照被称为“Replay”）。如下图所示，类型一中的方式，属于传统分层方式，也就是白天统计访问频率，傍晚或者深夜进行排序和热点判断以及数据搬移，这种方式是目前多数厂商普遍的实现方式，没有什么亮点。然而，Dell流动数据方案除了支持这种传统方式之外还支持另一种，即图中所示的“按需数据调度”分层方式。

数据调度的两大类型

- 类型一：标准类型
  (Standard Data Progression)
  - 用于实施数据调度的数据迁移每天运行一次
    - 默认开始时间为傍晚 7 点
    - 数据按页移动
    - 可以同时对多个卷同时运行
    - 可使用在普通磁盘或者全闪存配置系统中

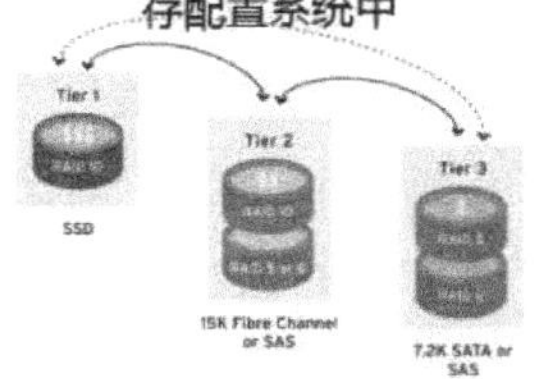

- 类型二：按需数据调度
  (On-Demand DP)
  - 基于Replays
  - 回放(replay)发生后运行:
    - 冻结SLC固态盘(即WI SSD) RAID 10的数据块，然后快速移动至读密集型MLC固态盘的RAID 5中
    - 可使用在普通磁盘或者全闪存配置系统中

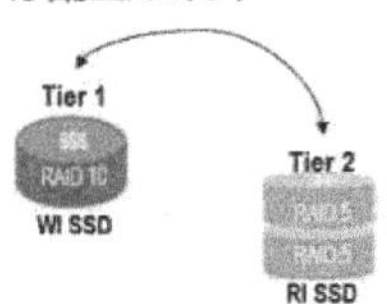

这种比较奇特的方式可以实现读写分离，但是必须依赖于快照，也就是说，只有当快照生成之后，这种方式才起作用，如果用户没有主动做快照，那么系统也会在后台自动做快照来支撑这种分层方式的执行，这里介绍一下这种方式的具体机理。

大家都知道写重定向快照的底层原理，快照生成之后，源数据块只会被读取，不会被原地覆盖写入，因为覆盖写入的数据块都会被重定向到新的空闲数据块，在Dell流动数据按需数据调度技术中，这些新覆盖写入的数据块依然会被写入到Raid10模式的Tier1 SSD中，也就是WI层，那么，尚存在于WI层的源数据块后续只会被读取（这类数据块又被称为“只读活跃页”），不会被原地覆盖写入，那么就没有必要继续在WI层中存放，可以将它们在后台全部转移到Raid5模式的Tier1 SSD中也就是RI层存放，对于那些已经被更改过一次的数据块（新写入数据块被重定向，对应的原有数据块此时就被称为“不再访问的历史页”），其永远不会被生产卷所访问到，那么就可以将这些数据块直接迁移到最低性能层级，也就是Tier3的机械盘中存储。

如果系统内当前并没有生成快照，或者所有快照已经被用户删除，那么当SLC的WI层级达到95%满之后，系统会自动触发一个快照，目的是重新翻盘，将快照之后新写入的块写到SLC，而之前的块搬移到MLC层级中，已被覆写的块直接搬移到机械盘，后续如果再达到95%满，就再做一次快照重新翻盘，利用这种方式，可保证SLC层级只接受写入操作以及针对新写入块的读操作，而MLC层级只接受读操作，实现了读写分离，充分发挥了SLC和MLC各自的优势。Dell建议每天至少生成一个Replay，可以安排在负载不高的时段，并根据数据写入量来提前规划SLC分层的容量。95%的这个触发机制只是最后一道防线。

另外，当某个数据块被搬移到RI层后，如果发生了针对该块的写入操作，那么，其被写入之后（新块写到SLC层），该块在MLC中的副本就不会再被生产卷访问，系统会将其迁移到最低层级的机械盘，从而空出MLC层的空间。另外，MLC中那些长期未被读到的数据块，也会被系统迁移到磁盘层。

利用这种写重定向快照技术和多个层级的介质，Dell Fluid Data解决方案实现了读写分离，让写总是写到SLC，读总是读MLC，同时MLC中的数据再慢慢向下淘汰到机械盘，这种方式相比定期触发数据搬移的传统分层技术来讲，更加具有实时性，在SLC层和MLC层之间的流动性非常强，能够应对突发的热点，更像是一种实时缓存；而在MLC和机械盘之间，流动性较低，除了将快照中被新数据“覆盖”的块复制到机械盘之外，还定期根据长期的冷热度将MLC层中的块搬移到机械盘，这又是传统分层的思想。所以Dell Fluid Data分层解决方案是一个结合了缓存和分层各自优点的，利用写重定向快照技术，充分发挥了SLC和MLC各自读写特长的优秀解决方案。如下图所示。

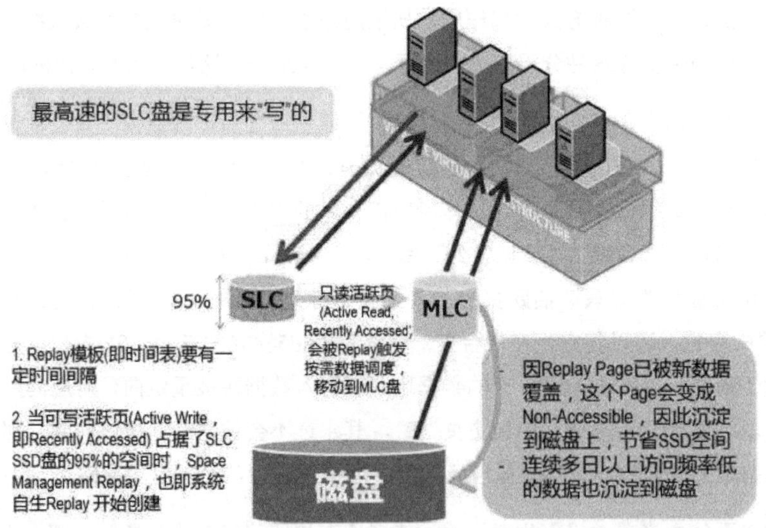

6.【方式6】透明缓存

然而，自动分层有个劣势，就是其识别的“热点”必须是长期热点，对于突发性短期热点，无能为力，因为其统计周期一般是小时级别的，有些热点恐怕几分钟就过去了。另外一个劣势，就是无法判断出人为热点，比如5min之后，管理员明确知道某个文件或者某个库一定会招致很高的访问压力，此时，传统的自动分层就无能为力，因此冬瓜哥在之前的“可视化存储智能解决方案”对应的产品中，就加入了这种对人为热点的支持，提供自动和手动以及混合模式，可以让用户灵活地决定将什么数据放在哪里，但是依然是对应用透明的，只相当于给存储系统提供了准确的提示信息而已。

此外，针对这种突发性实时热点，一个最典型的例子就是VDI启动风暴场景，这个突发热点是分层无法解决的，除非使用了链接克隆，然后利用冬瓜哥在“可视化存储智能解决方案”中所设计的类似技术，将克隆主体数据手动透明迁移到固态介质上。

应对这种突发热点，一种更合适的方式就是固态介质缓存。缓存比分层更加实时，因为所有的读写数据先从内存进入SSD缓存，再到机械盘，所有数据都有进入缓存的机会，利用LRU及其各种变种算法，能将那些短时间内访问频繁的数据留在SSD中。所以，应对VDI启动风暴这种场景，使用缓存方式既能保证透明又可以获得不错的性能。

针对缓存解决方案，Dell的Fluid Cache for SAN 解决方案将固态介质缓存直接放置在了主机端，利用更靠近CPU的PCIE闪存卡作为缓存介质，并且多台服务器上的固态介质还可以形成一个全局统一的缓存池。整体的拓扑构成如下图所示。

一个缓存域最多由9台服务器组成，其中至少要包含3个缓存节点（插有PCIE闪存卡），其余6个节点可以是客户端节点（也可以是缓存节点），客户端节点通过专用的Client向缓存节点直接读取缓存数据，当然，缓存节点自身的应用程序也可以直接读取本地或者其他缓存节点的数据。读写缓存走的是万兆或者40GE网络，来保证低时延，同时这个网络也承载缓存镜像流量，每个节点的写缓存，会通过RDMA镜像到其他缓存节点一份，当写缓存被同步到后端的Compellent存储系统之后，才会作废对端的镜像副本，以此来保障一个节点宕机之后的系统可用性。某个卷的数据块可以被配置为仅缓存在本机的PCIE闪存介质中，也可以均衡缓存到所有节点（默认配置）。

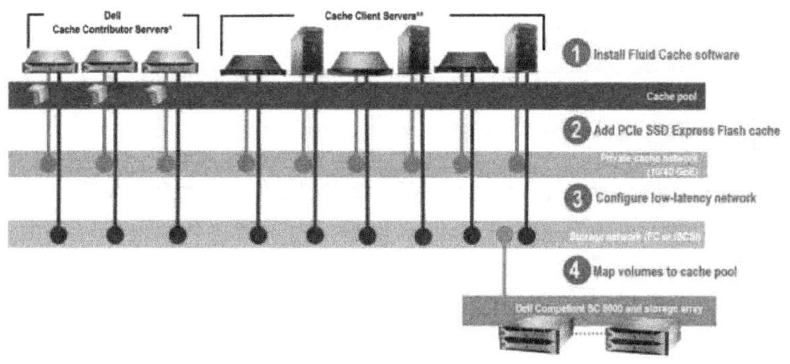

缓存模式的这种强实时性，使得其非常适合于实时加速，比如OLTP场景，如下图所示为一个由8节点缓存集群的性能加速效果，使得可并发的用户数量达到了6倍，同时平均响应时间降低了99.3%。

OLTP running on Oracle: Performance

8 node architecture Dell lab test

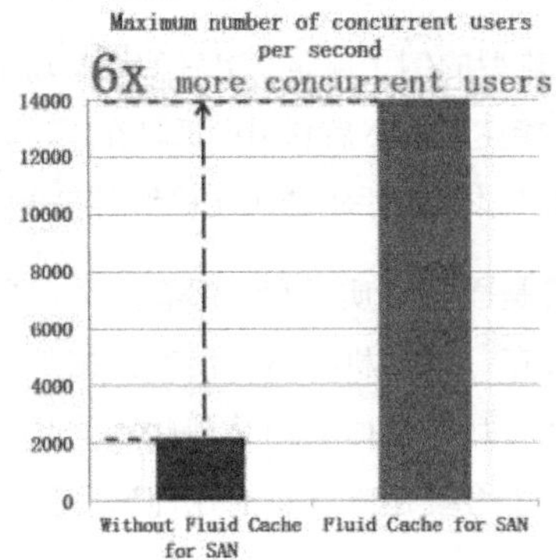

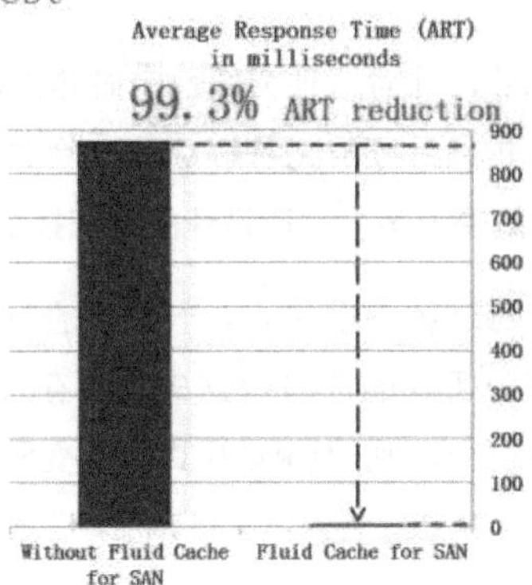

12.2 关于SSD元数据及掉电保护的误解

本节是一个小总结，让大家更深一步了解SSD在元数据管理层面上的运作机制。

1. 关于元数据

Page里有元数据，内存里同步维护一张按逻辑页号排序的大表。

SSD需要记录很多元数据，典型的就是逻辑页号与物理页号的映射关系。逻辑页号对应的物理页是在不断变化之中的，至于控制器将某个页面重定向写入到哪个物理页，就是FTL模块综合计算的结果了。

一般认为，这种映射关系无非就是一张大表，保存在SSD控制板上的SDRAM中，大概会有Flash裸容量的1‰大小。如果裸容量4TB，那么这张表就大概有4GB。

由于每一笔I/O，主控都需要查表来寻址物理页号，该表以逻辑页号排序，可以做到一次定位。但是SSD板载DRAM容量太小，所以总有大部分表是放在Flash里某固定位置上的，比如可以放到SLC介质区，以保证查表时的性能。

对于写I/O，逻辑页对应的物理页会变化。主控要将这个变化记录下来。一般理解是，对应物理页号如果此时恰好在DRAM中，那么主控直接改DRAM即可，假设DRAM中有500MB的物理页号变更导致的脏数据，此时一旦系统掉电，主控需要将这500MB的脏数据刷盘，而一般SSD采用的电容量不足以支撑这么多数据的写入。

实际上，主控是这么做的：将对应页面的逻辑页号存储到该Page中的固定位置，随着Page的有效数据一起写入。目前Page有效容量在8K/16K粒度，一个Page的物理容量其实是有效容量+校验+元数据（逻辑页号等）。每个页面都保存有自己所属的逻辑页号。同时，主控在DRAM中还维护了那张按照逻辑页号排序的大表。这样，就算掉电，DRAM里数据全部丢失，那么主控也还可以读出所有Page，根据其中保存的逻辑页号，将这张大表重新构建起来。这就是为什么有些早期的SSD在系统突然掉电之后，必须等待较长的时间才可用的原因。

2. Block里也有元数据

比如，用于记录该Block的高水位线，也就是最后一个被Program的Page的偏移量。

如果能够记录每个LBA所在的页内偏移量，小块写性能将非常好。

由于NAND Flash的I/O单位是一个Page，如果前端接收到的写I/O Size小于一个Page，比如，I/O Size=0.5K，这是SCSI/ATA时代的遗留标准（最小I/O单位是一个扇区），那么主控也要读出一个Page，盖掉其中的对应的0.5K，然后后台再将该Page写下去。如果有随机的0.5k的写I/O，那么主控则无法将其合并到一个Page中一次性写入，因为一个page内所保存的LBA在局部必须是连续的，主控只维护逻辑页号和物理页号的对应，并没有维护逻辑页内部LBA的位置，这样可以节省大量的元数据，代价就是写惩罚。

如果想做到对大范围全随机的小块写I/O进行拼接，然后写入一个Page，那就得记录LBA粒度的映射，这样表会很大，Page里也要保存对应数量的LBA地址，假设每个LBA为48bit的话，16K的Page就得保存32×48bit的元数据量。

12.3　关于闪存FTL的Host Base和Device Based的误解

关于Device Based与Host Based如下。

Device Based是指一切FTL处理全由SSD主控负责，包括磨损均衡、地址映射等。这也是常规的做法。

还有一类Host Based，所有的FTL处理全部交给主机端的模块，或内核态或用户态。此时，主机端运行的FTL模块就要在综合评判均衡之后对页面写入做重定向操作，并负责更新保存在主机端RAM中的大映射表，同时，也仍然需要将逻辑页号保存到页面中一同存储。这样，就算主机端掉电，也还是可以从所有Page中抽取逻辑页号重构映射表。这里有个认知误区，不少人认为，主机端只更新内存中的大映射表，于是便有了个疑问：映射表如此大，更新之后如果主机一旦掉电，岂不是就丢掉了，所以是不是每一笔映射关系的更新都要同步到后端的Flash中？如果这样性能将会变差。

所以，不管是Device Based还是Host Based，这张大映射表都要被存储到RAM

中，前者存储在SSD的RAM，后者存储在Host的RAM，但是二者都需要将逻辑页号随着有效内容一同写入Flash Page。FTL映射表很大，SSD上没有这么大的电容量在掉电后把整个表都复制回Flash。

有些早期产品在掉电之后甚至需要半个多小时来重建映射表，比如一些大容量PCIE SSD，没有重构完的话就不能接收I/O，所以其必须在BIOS扫描PCIe设备时通过Optional ROM加载个驱动，这个驱动与PCIe SSD通信，从而获知其重构进度，并将BIOS暂停在某个页面上，直到重构完成，整个系统继续启动。

而最新的产品中也并没有电量大到能够将数百兆上GB的表复制到Flash的大电容。目前的解决办法都是将这张大表里的脏页面在后台不断地刷入Flash。比如，可以采用SLC Flash来保存这个大表，加快写入速度，同时保证有足够的寿命。或者在MLC/TLC FLash上开辟一片专区，以SLC的方式对其Program，也就是直接将其充电到最大程度，而不需要充电到某个区间，这样也能够加快速度。

对于那些没来得及写入Flash的表，如果是Device Based的，掉电后可以依靠SSD内的电容，将脏页面在几十毫秒内迅速写入Flash。比如，可以对脏页面保存一个Bitmap，凡是脏数据，Bitmap中对应偏移量被置1，掉电后在电容的电力下，代码迅速扫描Bitmap将脏页刷Flash，几十毫秒对人来讲是一瞬，但是对CPU来讲，却可以做不少事情。

对于Host Based的SSD，掉电后没来得及下盘的脏页被丢掉，重启之后，只需要将这些丢掉的表页面从Flash Page中重构出来即可，所以，掉电之前，系统必须保证将“有哪些脏页上次没有刷入”的信息保存到Flash，比如如果用了Bitmap追踪的话，那么每一笔对映射表的更新都需要同步刷入Bitmap，假设500MB的FTL表，如果每个bit描述表中的4K内存页面的话，Bitmap一共也就15KB左右。掉电后，主机端FTL代码从Flash将Bitmap读出，扫描，重构。

或者采用日志方式，就像数据库那样，每一笔对映射表的更新都记录下日志，该日志同步刷入Flash，掉电后，读出日志做redo。

如何知道系统掉电？PCIe设备在系统掉电之后会收到一个中断信号，内部的CPU可以利用这几十毫秒的时间打扫现场。有人可能有疑问，掉电了还能收到信号？电源内的电容一般会在掉电之后保存有能够让整个系统再撑10ms左右时间的电量，电源一旦发现掉电，立即发送信号到主板芯片组，此时芯片组会发出一系列中断，包括给CPU以及PCIE设备，CPU此时立即将Cache Flush到RAM，这一步其实没用，因为RAM照样掉电，但是如果用的是NVRAM/NVDIMM，就不一样了。但是，如果是SATA SSD，其无法直接收到掉电信号，但是系统桥上SATA控制器是可以的，SATA控制器收到掉电信号之后也会打扫现场，将没来得及写入SSD的数据写入之后便等待断电了，而SATA SSD此时只能靠自己了，也就是靠自身电容做最后打扫现场的工作。

12.4　关于SSD HMB与CMB

1. 关于CMB（Controller Memory Buffer）

每块SSD上，不管是SATA还是PCIe口的，都会有一定量的DRAM来做数据缓存。但是，这个数据缓存对Host端是不可见的，也就是说，Host端的代码是不可能直接使用访存指令访问到这块数据缓存的，这块内存空间并没有被映射到Host物理地址空间中。

我们知道，Host端的程序只能通过访问某个或者某些物理地址从而与SSD控制器通信。通常，Host端的驱动程序会将由上层协议栈准备好的I/O指令及数据在Host主存中的基地址（也就是指针）中，采用Stor指令写入SSD控制器的前端PCIE控制器模块所暴露的寄存器中，SSD控制器接收到该指针，便可以从Host主存中取回对应的指令及数据，从而执行。SSD控制器的这些寄存器会被映射到Host物理地址空间中的某处，该动作由Host端PCIe Bus Driver在枚举PCIe设备之后即执行。底层细节和过程就不过多描述了。

可以看到，SSD控制器只向Host端暴露了很少量的寄存器存储空间，并未将其内部的数百兆甚至上GB的DRAM空间映射到Host物理地址空间。而且，驱动程序先把对应的指针通知给SSD控制器，然后SSD控制器需要主动从Host主存取指令和数据。有人可能会想，为何驱动程序不直接将指令及数据写入到SSD的DRAM中呢？原因是CPU如果把这事都自己干了，那就忙不过来了，会深陷到load/stor指令移动数据，其他活就没法干了。SSD控制器上有个DMA模块，在收到指针之后，DMA模块会主动读取IIost主存，此时Host CPU可以做其他事情。

但是如果CPU将整条指令而不是指针直接写到SSD端的DRAM，并不耗费太多资源，此时能够节省一次PCIe往返及一次SSD控制器内部的中断处理。于是，人们就想将SSD控制器上的一小段DRAM空间映射到Host物理地址空间，从而可以让驱动直接写指令进去，甚至写一些数据进去也是可以的。这块被映射到Host物理地址空间的DRAM空间便被称为CMB了。

CMB对NNMe over Fabric场景下非常有用，因为节省了一趟往返，如果外部网络时延较大的话，每笔I/O都节省了一次往返，每秒便能增加不少IOPS。

2. 关于HMB（Host Memory Buffer）

有些SSD产品为了节省成本，板载DRAM很小，或者根本没有。就像有些显卡没

有板载显存一样。但是并不表示它们不需要DRAM。它们的DRAM可以与Host端的主存共享，也就是分配一块主存用作其DRAM，这些外部设备控制器可以通过PCIE接口访问Host端的DRAM。在共享显存的模式下，系统BIOS会直接分割出一块连续的DRAM给显卡使用，此时，Host端OS根本看不到这块空间，BIOS会配置系统I/O桥上的地址路由表以及地址范围寄存器，从而实现不同访存请求的路由。

NVMe协议中也定义了这种场景，只不过，并非像共享显存那样直接从BIOS层面分配连续的空间，而是由NVMe驱动在OS所管理的物理地址空间内分配对应容量的RAM给SSD控制器使用，这段空间物理上可以不连续，NVMe驱动将对应的基地址+长度的列表推送给SSD控制器，SSD控制器需要将对应的列表更新到内部的寄存器中用于访存查找。这样，SSD控制器就可以将比如FTL映射表存储到Host端的这块RAM中，这也就意味着，每一笔I/O请求发送到SSD之后，SSD控制器需要通过PCIE来访问Host端的这块RAM，从而提取出映射表中对应的条目来查找对应I/O目标逻辑地址所被映射到的物理地址，也就意味着每一笔I/O都需要产生更多的PCIE流量，时延就会大增。

当主机突然掉电之后，Host端的这块RAM中数据就会丢失。重启之后，SSD需要用从Flash Page中保存的元数据重构出这张大表，再次写入Host端的RAM。只不过，这个动作只有OS启动之后，NVMe驱动加载之后，才能执行，因为每次启动NVMe分配的这块RAM对应物理地址可能都不同。这会产生一个问题，如果用该SSD当作启动盘的话，重启之后BIOS阶段是无法给SSD分配Host内存的，即便分配了，OS也不会认，除非改OS的内存管理部分。此时，SSD必须先使用其板载的小容量SRAM/DRAM，性能会比较差。OS启动后再在后台继续重构FTL表。

HMB使用场景比较受限制，所以目前还没有出现使用HMB机制的SSD。

12.5 同有科技展翅归来

同有科技成立于1998年，是国内唯一上市的存储企业。公司致力于为部委、金融、能源、央企、军队军工等行业的核心业务系统提供相应的数据存储保护技术、产品和解决方案。

同有科技在全闪存、多控虚拟化和分布式集群等数据存储核心技术领域有相应的研发团队和相关产品，可为云中心、大数据平台提供信息系统核心基础架构。其技术理念为“应用定义存储”，公司也持续在“感知应用”方面不断地探索和创新。

冬瓜哥在这里想为大家介绍一下同有科技的一款全闪存阵列（AFA）产品——

NetStor® NCS8000。目前市场上的AFA产品从硬件形态上主要分为两大类：一类是x86服务器+SAS/SATA SSD架构；另一类则是服务器+专用ASIC/FPGA+专用闪存模块架构。在软件方面，二者均针对闪存做了特别设计及优化。但是性能方面，后者显然更加强悍，因为后者除了软件上定制化程度更深之外，硬件上也借助专用的加速芯片来节省大量的软件处理开销，并且可以缩短I/O路径，降低时延。此外，后者在架构上，闪存颗粒、总线、FPGA处理芯片、CPU等组件紧密耦合，因此其性能表现（IOPS及延迟）往往更好。

12.5.1 NetStor® NCS8000全闪存阵列架构解析

1. 总体逻辑架构

NetStor® NCS8000是一款硬件深度定制化的全闪存存储系统，基于硬件加速架构设计，使用无阻塞交叉总线架构，FPGA和专用低功耗CPU遍布各个控制单元。使用全硬件数据通路设计，无须接口转换、协议控制等环节，充分发挥闪存介质的低延迟、高并发I/O、高吞吐量特性，将系统性能充分发挥。

NCS8000逻辑架构如下图所示，主要包含2个前端接口控制模块、2个控制管理模块、2个Raid控制器和多个闪存模块等。

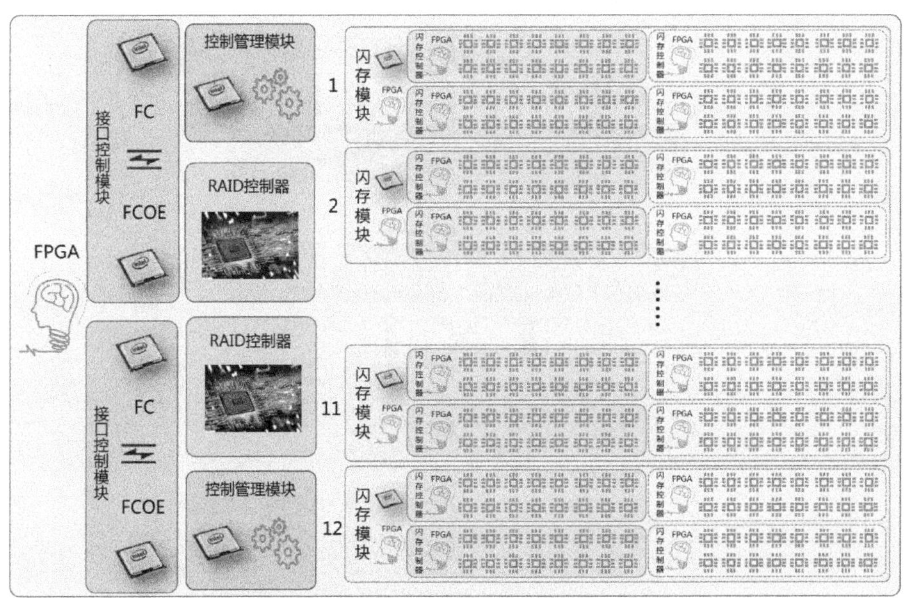

2. NetStor® NCS8000全闪存阵列逻辑架构

在NCS8000全闪存阵列中，整个系统以内置逻辑的FPGA为核心控制器来组织工

作，全部数据流都通过硬件处理，无传统存储架构的存储控制器，无操作系统。利用FPGA硬件数据通道大量并行处理数据，重构闪存内数据流的管理方式和I/O路径，采用将控制流与数据流分离的方式对数据进行转发和校验。Raid控制器和闪存模块之间采用两对高速交叉非阻塞Crossbar矩阵传输数据流量，控制管理模块和Raid控制器之间使用低速总线传输控制、管理流量。

3. FPGA硬件数据通道

NCS8000全闪存阵列大量采用了FPGA硬件架构专用的处理芯片，分布布置在接口控制器、Raid控制器、管理模块、闪存模块和闪存控制器上。FPGA是可在线编程的“万能芯片”，FPGA内部的逻辑模块和I/O模块通过优化配置，实现无阻塞硬件交叉传输模式，极大提高I/O吞吐量，并将时延降至最低。相比基于x86处理器的存储控制器，省去了软件层面的数据处理与传输过程，凸显全闪存阵列性能优势。

FPGA硬件架构除了为数据构建快速通道外，还负责计算数据路径的校验信息并附加到被传输的数据上，以保证闪存系统可以快速识别、纠正数据传输错误。

闪存模块与专用的高速无阻塞硬件数据通道采用高密度针脚连接。这种连接方式可消除闪存模块级 I/O 活动时总线指令处理开销或串行传输延迟，同时也是对NCS8000全闪存阵列控制器级数据交换的高并行性能的补充。如下图所示。

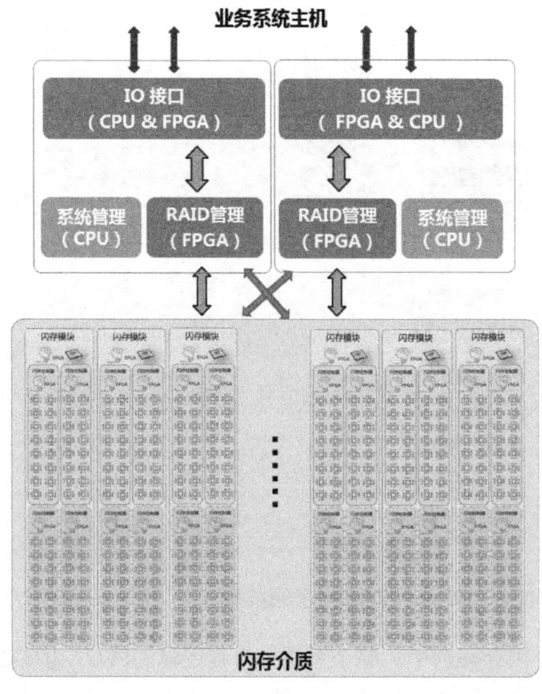

4. 闪存模块

NCS8000全闪存阵列采用专用的闪存模块作为存储介质，闪存模块以接口卡的模式封装闪存颗粒，闪存颗粒高密度集成到主板上。每个闪存模块里最多有4个闪存控制器，每个闪存控制器最多管理16个闪存芯片，即每个闪存模块最多管理64个闪存芯片。如下图所示。

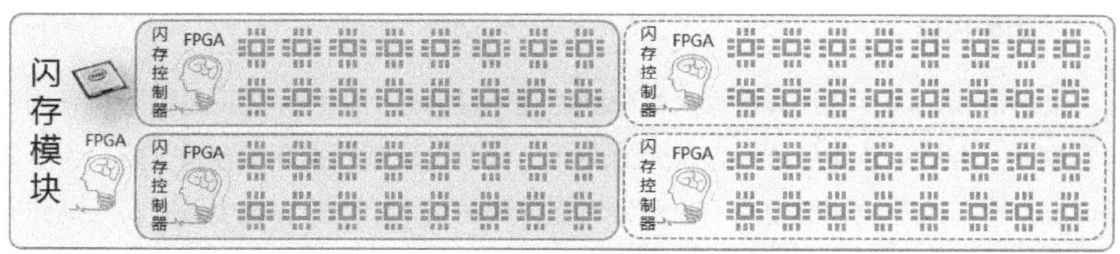

5. 闪存模块逻辑架构图

闪存模块中使用专用的FPGA芯片管理闪存控制器，每个闪存控制器拥有独立的FPGA芯片，管理各自的闪存芯片。数据流传输到闪存模块后，由FPGA处理，无须依赖通用的微处理器指令执行。借助闪存控制器中的 FPGA和闪存模块中的 FPGA，即便在超大负载条件下，NCS8000全闪存阵列也可提供超低延迟的 I/O 性能。

FPGA拥有并行计算优势，闪存模块中的FPGA控制闪存控制器和闪存芯片并发操作，每个闪存控制器最多可并行 64 次存取操作，最高配置的NCS8000全闪存阵列最多可同时实现2816次存取操作。正是此并行处理架构，即便业务系统面临大量读写 I/O 工作量的情况，NCS8000全闪存阵列也能维持高速的 I/O 性能。

为了避免某个闪存芯片故障而导致的整个闪存模块失效，NCS8000全闪存阵列在闪存模块上设计了基于闪存芯片的数据保护机制。

反观SSD，其存在的目的是能够在传统磁盘阵列控制器结构下使用闪存存储，它仍然按照传统机械硬盘的尺寸将6～8片的闪存芯片封装到主板上，目前主流的SSD的容量为400GB或800GB。在数据保护上，很多SSD内部并没有基于闪存芯片一级的数据保护措施，如果SSD上的某个芯片故障将导致整个SSD盘失效。

12.5.2 NCS8000全闪存阵列相关技术

1. 超容量供给

NCS8000全闪存阵列中每个闪存模块在可存取的数据空间之外提供额外的预留闪存容量。NCS8000全闪存阵列系统使用该预留闪存容量（超容量）空间作为闪存单元失效时的备用系统容量。此外，NAND 闪存技术仅可将数据写入已擦除的数据块中，

无法直接重写；但通过超容量算法，NCS8000全闪存阵列系统可提供更多的已擦除NAND 内存块，以供数据写入使用。

NCS8000全闪存阵列闪存模块的超容量供给容量较高，达到了20%以上。超容量供给比例越高，闪存的容错性越高，使用寿命越长。借助经优化的超容量算法，NCS8000全闪存阵列可实现高可用性的闪存存储及更快的写入 I/O 性能。

2. 均衡损耗

众所周知，闪存芯片有擦写次数限制。就是说如果一个程序去反复擦除写入同一闪存单元，会过早地耗尽该闪存单元的寿命，从而出现颗粒损坏或容量下降。为了延长闪存寿命，闪存控制器使用一种称为均衡损耗的技术，将闪存模块所有写入动作有序均匀地分配到每一个闪存区块上。闪存控制器会监视每一个闪存单元的使用次数，当数据需要写入时，使用次数较少的闪存单元会被优先选用。避免对某一部分区块过度地重复进行擦除操作而报废，从而有效延长了闪存介质的写入寿命。

NCS8000全闪存阵列使用均衡损耗技术将数据分布写入到系统内的闪存芯片中，尽量选择那些“较新”的区块来使用；并且对那些“不经常更新”的数据占用的区块进行优化处理，将它们剔除转移至一个“较老”的区块中。因为这些数据不常被修改，所占用的区块被磨损的次数更少，以此来达到优化的目的，进一步发挥“均衡损耗”的功效。

凭借均衡损耗技术，连同超容量供给技术，可以保证充分利用更多的闪存存储空间，从而更好地延长NCS8000全闪存阵列的使用寿命。

3. ECC校验

NCS8000全闪存阵列使用大量NAND内存，ECC校验必不可少，NCS8000全闪存阵列采用先进的内存错误检查和更正手段，具有发现错误、纠正错误的功能，对存储在闪存阵列内存中的数据提供保护。NCS8000全闪存阵列ECC校验技术使用硬件处理方式进行，相比采用软件纠正的方法，在修复位错误方面效率更高。NCS8000这类存储系统内存芯片数量庞大，校验修复效率高低会直接影响整个存储系统的性能，因此，NCS8000全闪存阵列使用ECC 硬件检测，不会导致存储系统过度地性能消耗，并可以实现更高的存储可靠性。

4. 收缩条带

NCS8000全闪存阵列的每个闪存模块包含1、2或4个闪存控制器，每个闪存控制器包含16个NAND闪存芯片，每个闪存芯片包含8个Die，每个Die包含2 Plane，每个Plane包含1024个Block，每个Block包含512个Pages，每个Pages为16KB。

NCS8000的闪存模块中具备芯片级的数据保护，闪存控制器在芯片之间配置Raid保护，采用Raid5保护机制，在Plane层面建立数据条带，条带中的N+1 RAID5 Plane条带不是固定不变的，当某一个或多个Plane失效后，条带可以收缩为（N−1）+1、（N−2）+1，甚至（N−3）+1。

如果一个Plane、Die或芯片失效，系统检测到故障后，首先将该条带上其他N个Plane中的数据转移到超容量供给的存储区中的新条带上，进行数据重建，然后原有条带上剩余的N个完好的Plane进行向（N−1）+1的Raid5的转化，只有损坏的Plane、die或芯片被跳过。重建数据使用超容量供给的物理容量，收缩条带操作由后台操作完成，整个过程不会影响闪存系统的容量和性能。如下图所示。

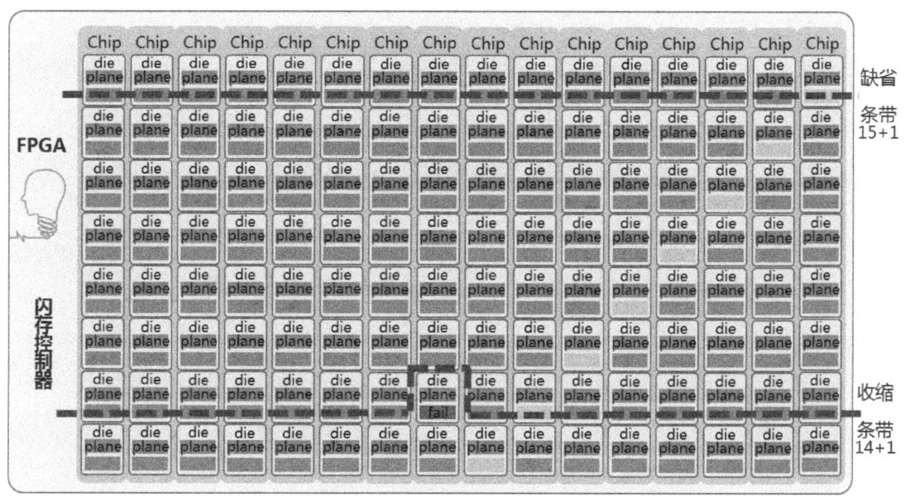

收缩条带技术大大降低了闪存芯片失效导致的维护时间，一个、两个，甚至更多的闪存芯片故障，不需要进行闪存模块的更换与维修。不但保障闪存模块的可用性，还提高了空间的利用率，延长了闪存模块寿命，而且对系统功能没有影响。

5. 二维RAID

NCS8000全闪存阵列从两个维度进行数据保护：一方面闪存模块内部具备收缩条带Raid技术，实现芯片级的数据保护；另一方面存储系统本身具有系统级的硬件Raid保护，横跨多个闪存模块组的Raid，可横跨4（2D+1P+1S）、6（4D+1P+1S）、8（6D+1P+1S）、10（8D+1P+1S）或者12（10D+1P+1S）闪存模块，类似于传统的多块磁盘组Raid5+热备磁盘。

NCS8000系统级硬件Raid技术，在写入操作过程中提供快速的校验生成，并在重建操作过程中提供快速的校验使用。一旦某个闪存控制器或闪存模块完全失效，借助

系统级 Raid 5 的功能，可快速地在其内部的热后备闪存模块上重建不可存取的数据。NCS8000的硬件 RAID 可提升客户写入操作速度，并提供更快的闪存存储重建。

两个维度的数据保护看似相互独立，实质相互结合，二维Raid双重数据保护协同工作，数据多层容错，有效避免各类闪存介质故障。当一个Plane或一个芯片失效，收缩条带Raid启动保护数据，同时保持系统级的性能和容量；当一个闪存模块故障，启动系统级Raid，完成数据保护和数据恢复。此外，借助专为收缩条带 Raid预留的超容量供给空间及系统级 Raid 热备闪存模块，即便出现闪存芯片或闪存模块故障，可用系统容量也不会减少。如下图所示。

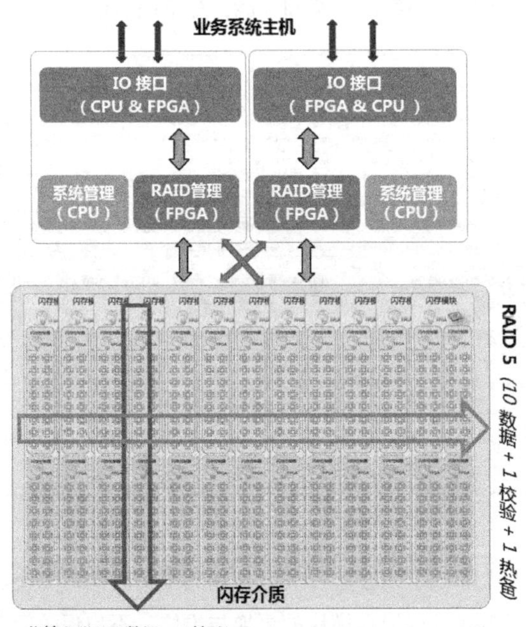

6. 垃圾回收

在闪存中，每个物理块都有一个值，当物理块上的所有页都被擦除为空闲时，当前块可以写入数据，该块为空闲块。当对数据块写入没有成功则该块为脏块。写入成功的有效数据块为干净块。不能将数据写入而只能读出的块为坏块。闪存设备驱动层提供读、写、擦除操作。因为闪存特殊的硬件特征，数据是按页（Page）读写，按块（Block）为基本单位擦除。闪存不支持本地更新，要更新数据需将新数据存储在空闲页，而将原来存放数据的页做无效记号，当空闲页少于一定数量就会激发垃圾回收机制，将无效的页回收并以块为单位进行擦除。

大多数闪存存储垃圾回收算法采用对称设计，所有的数据块的存取操作只采用一种处理方式。而NCS8000全闪存阵列使用详细的NAND块特性数据，分析多个属性来确定每个数据块的健康情况，并将之与接下来的写入活动相匹配，以减少过多的写入活动并尽可能延长每个NAND数据块的寿命。结合优化的超容量供给算法及均衡损耗算法，NCS8000全闪存阵列的垃圾回收算法不仅可提升闪存模块耐久性，还可为整个存储系统提供非常高的写入I/O吞吐量。

12.5.3 NCS8000全闪存阵列高级功能软件

从上面看，NCS8000全闪存阵列像是一块大闪存固态盘，没有任何高级存储功能，这也是NCS8000性能卓越的一个主要原因。但这并不代表NCS8000不具备高级存储功能，通过增加高级软件功能模块，NCS8000同样具备存储虚拟化、数据缩减和存储双活等高级功能。

1. 存储虚拟化

在现有系统架构中增加一套NCS8000全闪存阵列系统不会增加存储系统管理复杂性，因为NCS8000外部存储系统虚拟化功能将不同存储厂商的SAN存储阵列，整合为一个大的虚拟SAN，为传统存储系统的改造提供一个基础的软件定义的平台，其根本的用意在于可以将传统存储架构中，可能分散、相互独立的SAN存储资源进行有效的整合，从而更有效地利用存储资源，以降低成本，这可以说是传统存储系统改造的一个基础。如下图所示。

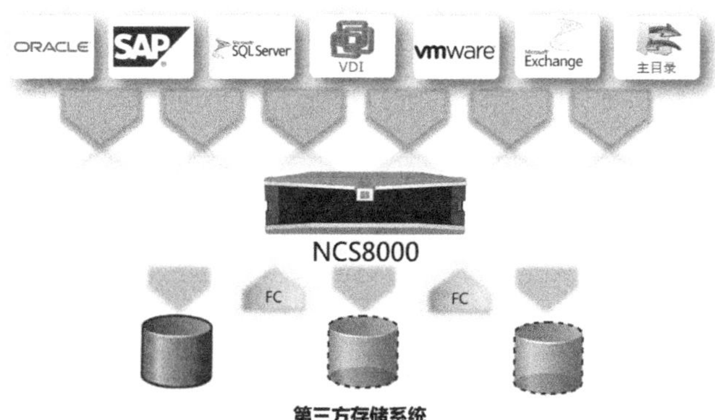

NCS8000提供对后端存储设备的查找、管理功能，同时也能对存储设备进行分组管理。并且将虚拟存储磁盘映射到主机。不仅统筹管理各种后端存储设备的资源，并且在存储虚拟化的基础上提供各种高级特性：

1）自动精简配置。空间高效的虚拟磁盘技术为连接到的所有后端存储设备提供了自动精简配置特性。只有真正要向磁盘写入数据时，才为其分配物理空间，令实际

使用的物理磁盘容量大为减少。此外，虚拟资源调配和快照功能结合，能够减少进行快照时所需的磁盘空间。

2）虚拟磁盘镜像。虚拟磁盘镜像能够将一个虚拟磁盘的数据同时存储在两台不同的磁盘阵列上，互为备份。其主要用于保护重要数据的安全性和可用性，是一个基于本地的高可靠性解决方案。

3）虚拟磁盘恢复。虚拟磁盘恢复特性能够帮助用户提高灾难恢复的效率，快速恢复虚拟磁盘，使其回到在线状态。

4）自动分层。当NCS8000外部虚拟化其他磁盘阵列（通常为传统的机械硬盘阵列）后，可以在NCS8000和外部磁盘阵列之间实现自动数据分层功能。此功能无须手动干预就可以将外部磁盘阵列卷上频繁活动的数据分配到闪存模块上。动态数据移动不仅可提高外部磁盘阵列的访问性能，还对主机服务器和数据的应用用户透明。如下图所示。

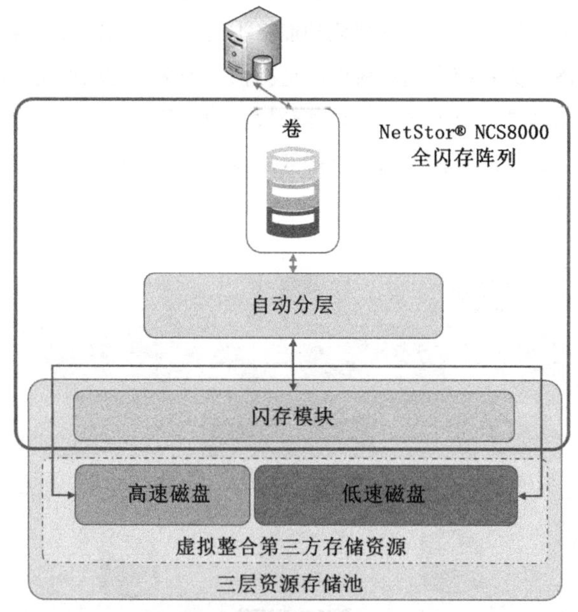

5）在线数据迁移。如何将现有存储系统上的核心业务数据无缝迁移到NCS8000全闪存阵列上是很多IT管理人员面临的重要问题，NCS8000存储虚拟化功能可以有效地解决这一问题，使用虚拟磁盘镜像不但可以提供本地高可用解决方案，还可以提供数据迁移功能。通过启用NCS8000全闪存阵列的存储虚拟化功能，将现有存储系统进行虚拟整合，虚拟整合之后即可在NCS8000和现有存储系统进行虚拟磁盘镜像，现有数据完全镜像到NCS8000全闪存阵列后，将镜像与源进行分离，完成数据迁移。

2. 数据压缩

随着数据量的爆炸性增长，接近一半的数据中心管理员都将数据增长视为严峻挑战。数据缩减（包括重复数据删除和数据压缩）已经成为存储行业非常热门的话题和一大类商业产品。这是因为重复数据删除和数据压缩可以大幅减少购置和运行成本，同时提高存储效率。

NCS8000这类全闪存存储系统价格不菲，在有限的空间存储更多的数据是不错的选择。NCS8000全闪存阵列为满足这一需求，设计有独特的在线数据压缩功能，可在数据写入闪存芯片时立即工作，不需要预留额外的空间存储未压缩数据。不同于其他压缩方案，启用NCS8000压缩功能许可，需配置独立的CPU和硬件压缩卡，借助专用压缩协议处理器卸载计算密集型的压缩解压运算，使数据压缩不降低数据读写的性能。压缩功能可以将NCS8000的有效容量最多提高 5 倍（在相同的物理存储空间存储多达 5 倍的数据），进一步降低成本以及占地空间、电源与散热的需求。如下图所示。

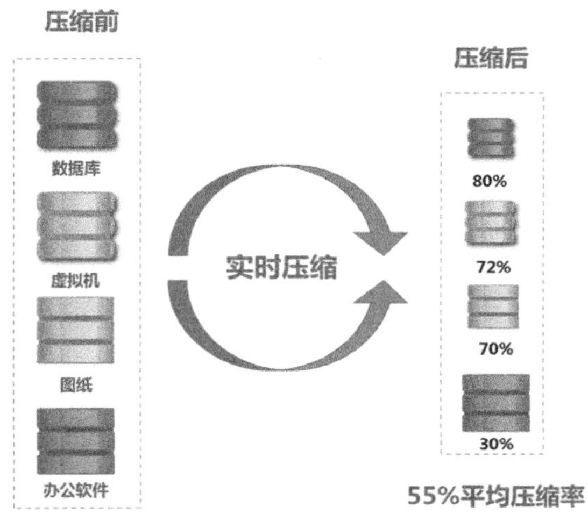

在传统的压缩技术中，为了降低数据压缩对阵列性能的影响，往往采用后处理压缩方式，即先写入原始数据，在后台根据策略触发对写入数据的压缩，比如数据变化量达到10%或10GB的增量。但这种间断的处理方式也导致了需要的存储空间更大，在进行后台压缩处理时，占用存储控制器、处理器与缓存，对性能的影响较大并且持续时间较长。

此外，具有硬件加速功能的实时压缩提高数据存储的经济性。当应用于新的或现有的虚拟化存储时，它可以维持应用程序性能，并且大幅增加可用容量。这有利于消除或大幅减少存储购置、机架空间、耗电和散热的成本，并可以延长现有存储资产的

使用寿命。

3. 存储双活高可用

全闪存阵列存储系统主要用来支撑核心数据库业务系统，这类业务系统在要求低延迟、快速响应的同时，数据安全性、业务连续性更加重要。为了提高这类核心业务存储系统整体的性能和安全性，以及由于单点业务风险导致业务中断，影响前端应用的连续性的问题，NCS8000通过先进的双活工作机制，实现存储的高可用、数据的高可用。

NCS8000具有双活存储集群功能，存储真正成为了一个虚拟设备，不再依赖具体的物理设备，类似于服务器的虚拟化，成为了一个存储资源池；在存储物理设备更新换代的过程中，虚拟的存储设备永远在线，业务永远在线，不会因为一台设备故障造成业务中断。

两台NCS8000存储系统接入同一个SAN网络，建立相同的磁盘逻辑卷，NCS8000双活存储集群功能，可以将来自两台NCS8000的磁盘逻辑卷整合为一个虚拟卷交给服务器，服务器的写操作会被自动镜像写入到两台NCS8000中，形成数据镜像保护，同时服务器的读操作会被自动分发到两台NCS8000中的一台执行，从而提高数据的读取速度。通过这种“双写双读”的数据处理方式，NCS8000能够轻松地依靠内置功能实现“双活存储集群”，如下图所示。

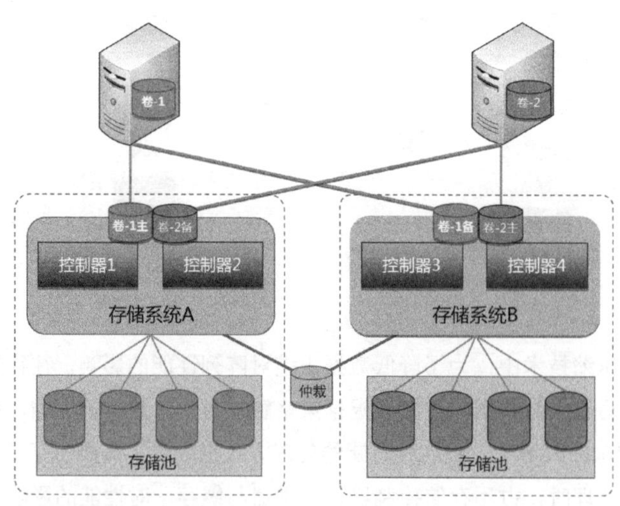

4. NCS8000存储系统双活原理

两台NCS8000上的逻辑卷可以被整合为统一的虚拟卷标示符，在主机看来如同来自不同路径的同一个逻辑卷，底层的数据双写和双读操作则由NCS8000双活软件控制完成。两个数据卷上的数据一致性由双活功能模板监测保障，并且两台存储系统之间的镜像卷关系无法进行手工启停操作，此动作由存储微码自动进行控制，在某一台存储系统出现故障时，实现存储卷在磁盘阵列间的自动迁移。这种技术使得主机的存储资源可以在两节点的NCS8000上同时运行，在单台NCS8000出现故障时，主机逻辑卷不需要人工干预进行切换，另外一台NCS8000上的逻辑卷可以持续提供服务，极大地降低了业务运行的风险，避免了出现故障时需要大量时间人工恢复业务的风险。对应用而言是透明的；RTO控制在秒级，RPO为0，应用不中断，数据库无须回滚。

12.5.4　NCS8000全闪存阵列应用场景

全闪存存储主要优点是极速的响应时间和超低的延迟，在大多数实施案例中，全闪存存储的两大常见应用都在高强度 I/O 需求领域，只是应用方式稍有不同：

- 低延迟需求，例如虚拟桌面基础设施（VDI）和电子商务应用。
- 加速需求，例如数据库、在线交易处理（OLTP）和信息传递基础设施。

闪存阵列的应用场景包括：

- 交易型数据库OLTP；
- 分析型数据库OLAP；
- 高性能计算类应用；
- 虚拟机环境；
- 云计算基础设施。

12.6　和老唐说相声之SSD性能测试之“玉”

老唐是谁？老唐现任某FPGA厂商数据中心架构师，和冬瓜哥的Title是一样的。

工具篇：

FIO目前最常用的性能测试工具，主要用于Linux下。这个工具是目前我用过的生成I/O请求最好的工具。FI/O可以用比较小的代价在短时间能生产I/O，这个能力的确没有其他工具可以比。因此文中缺省的测试工具就是它了。

Vdbench：Sun遗留下来的工具，因为基于Java，它的可移植性比FIO好，同时支持压缩和dedup的测试，因此也是企业测试的首选。

Iometer：Windows平台为主，因为是GUI的，因此脚本化比较难，之前Windows比较流行的时候，用得多，现在在数据中心比较少用。

SQLI/O和Orion都是数据库厂商的工具，主要测试8K的随机I/O和1M的顺序I/O，是DBA的最爱，作为SSD性能狗必须跪舔。

Sysbench因其可以测试MySQL，也是新贵的最爱，要知道老唐到ali的第一个blog就是Sysbench。

Workload篇：

I/O Size： 4K是主流，8K是MS SQL和Oracle，16K是MySQ的lInnoDB。

Queue Depth：缺省是32，因此目前的SSD，特别是SATA的SSD，NCQ是32，因此不能太少。

【冬瓜哥】SATA盘上的Queue Depth的确是32，对于固态盘来讲32的确太低，这个没办法。但是，内核I/O协议栈里的QD并不是说必须与SATA盘上的QD匹配，且就算再大也没用。每一层的QD其实是独立的，因为这些层次间的Queue都是异步联动的。比如如果内核里QD=SATA盘NCQ的Depth=32，那么一旦Host端运行的线程较多，在I/O线程之间穿插了不少计算线程，那么很有可能会出现内核队列被充满后，线程轮转到计算线程，在此期间又被消耗空并且持续为空一段时间的情况，从而导致吞吐量瞬时下降。如果内核QD调节为256，那么就可以在计算线程运行期间在队列中继续保有I/O，维持底层的吞吐量。也就是说，队列深度越高，让底层吞吐量持续平稳的几率越大，当然这都得看上层应用的环境、多少个I/O线程、每个I/O多少个Outstanding I/O Depth等。

随着队列长度的增加，吞吐量不断上升到一个极限便保持不变，达到了底层的最大并发度；而I/O平均时延则加速上升。

大到一定程度之后，远超过底层的吞吐量极限，此时吞吐量保持不变，I/O平均时延则线性上升（以每个I/O时延的0.5倍为步进累积）。排队能够让底层充分地并发，不管是物理并发（有多条路）还是逻辑并发（只有一条路，但是是流水线处理方式），代价就是平均时延上升。在10.5节大家可以看到单笔I/O的时延是固定的，多笔I/O排队之后，随着队列长度加长，平均时延就会上去，其消耗在了等待时间上，而执行时间是不变的。

Numjobs：生成I/O的engine的数量，如果thread=1就是几个线程，否则就是进程，建议为线程。Numjobs等于CPU的core就行，不算HT。

Numjobs和Queue Depth定义了I/O的workload的压力，基本上是 fI/O numjobsXQD = vdbench的thread。

【冬瓜哥】这里有个很明显的疑问：到底是用更多的线程数量而每个线程的QD

或称Outstanding I/O数量少一些呢，还是用更少的线程数量但是每个线程发出多一些的Outstanding I/O呢？两者相乘的总QD是一样的，如何选择呢？这得从内核协议栈的队列数量说起。Linux老内核里的SCSI协议栈里为每个块设备只维护了一个总队列，位于块层，由I/O Scheduler负责入队，当然I/O Scheduler上方会维护多个子队列，以供接收多个进程的I/O，然后再以对应的策略向总队列中入队。最终的总队列深度在256附近。所以，多个线程会将I/O入队到同一个队列，此过程就必须加锁，线程数越多，相对锁效率越低；另外，加锁的变量会在多个CPU核心的缓存内形成乒乓效应，因为每次更改某个变量会导致对应缓存行变为M（Modified）状态，同时会有一笔广播发送到其他核心将对应缓存行改为I（Invalid）状态，其他核心抢锁时，该缓存行会从M态的缓存转发给I态的缓存并将两边同时改为S（Share）态，过程很耗时间。所以多CPU芯片间的乒乓效应会导致更高的时延。综上所述，用少量线程同时每个线程Outstanding I/O数量较多这种方案更好。

I/O引擎：基本上是LibaI/O，这个是冲IOPS的，对于以延时为主的测试，建议采用Psync。

【冬瓜哥】嗯，老唐说得好，但是老唐显然是故意又留了让冬瓜哥展现的机会。异步I/O为什么能冲IOPS，就是因为两个原因：I/O路径是异步流水线化的，I/O路径上也有物理并发。前面提到过，流水线并不能降低时延，其只能增加逻辑并发量。当然，如果上层某笔操作底层被分割为多笔操作，那么这多笔操作如果并发执行，结果就会体现为该上层操作的时延降低为原来的几分之一，这是相对于非流水线处理来讲。不过对于底层的I/O来讲，该规则不适用，底层一笔I/O分隔开并发执行，相比不分割，其效果几乎没有差别。为什么老唐说如果测时延或者保证时延最低要用同步I/O方式呢，因为单线程同步I/O可以保证I/O路径被该I/O独占，没有排队，排队会以0.5倍固有时延步进抬升。所以，如果你的应用只能发出同步I/O，那么I/O路径上的并发度的效果将荡然无存，要增加同步I/O场景的性能，只能通过降低时延的方式，将协议栈变短变薄，底层最好直接用SSD。这就是很多系统在压测时候性能表现彪悍，但是实际场景下惨不忍睹的一个最关键原因——时延太高。

DirectI/O：这个是本地测试标配，但是要注意网络I/O可能只支持Buffer IO。

【冬瓜哥】老唐，NFS路径也是可以Direct I/O的。Direct I/O可以绕过系统Page Cache，避免一些由于I/O不对齐导致的效率问题，以及降低在不命中时的时延。通常使用DI/O的应用自身会在用户态维护缓存，Page Cache这点效果不会提升多少性能，反而增加了时延。

随机顺序和I/O比例方面：

（1）测试建议先做随机，再做顺序，因为顺序可能有Cache的影响。先做写，再做读，因为SSD的特性，写入量过大后会性能下降。

（2）I/O读写比例，数据库基本是7:3，9:1，对于网络存储，建议的比例是5:5。

文件系统篇：

（1）Ext2被人无视，基本上是Ext3和Ext4。缺省的格式化流行，如果基于MD，要考虑I/O的对齐问题。

（2）Mount的时候，不管XFS还是EXT3/4，都建议noatime、noadirtime和nobarrier。Discard这东西还是免了，真心不知道trim的用处。

【冬瓜哥】冬瓜哥来解释一下这些参数。noatime和noadirtime就是当应用访问文件或者目录的时候（包括Open()、Read()、Write()等），文件系统会更新对应文件/目录的访问时间，这两个参数就是关闭这个步骤，从而降低访问时延。不过Trim是否打开并不影响读写I/O速度，但是会影响删文件、截断文件的速度。Barrier的意思就是屏障，有些应用为了保证数据的时序一致性，会在关键时刻点把之前已经下发的但是还在缓存中并未刷盘的I/O强制刷下去之后，再发出关键的一笔I/O，该I/O必须在之前的所有I/O完成后才可以刷盘，否则由于底层的缓存以及非原子性操作，很有可能出现该I/O刷了盘而在其他I/O没刷盘之前系统掉电的情况，此时底层系统I/O时序不一致。所以Barrier操作底层对应了大量的write through模式的写I/O，以及I/O形成顺序化提交，具有了同步I/O的特征，同步I/O模式无法发挥出系统的吞吐量。

（3）其他的，在测试文件系统的时候，要注意写入时会有锁的问题，因此建议使用nrfiles来生成多个文件。

【冬瓜哥】如果是单纯的覆盖写，不需要锁，谁写了算谁的，FS不会在这个层面加锁，只有对元数据操作的时候需要加锁，比如扩充/截断了文件的长度等等。对覆盖写操作的锁需要由应用显式地来调用lock()、lockfile()等功能。

操作系统篇：

1）对于基于SATA的SSD，对于block层的修改是必须的，必须参考之前LSI Nytro的推荐，基本上是：

（1）增大queue的深度。

（2）Disable预读。

（3）Disable和随机发生器的关系。

（4）I/O affinity，建议所使用的配置为生成I/O请求的CPU来响应I/O，降低

context 切换的影响。

2）如果嫌麻烦可以用RHEL的tuned-adm来设置。

3）这里还有一个就是操作系统的I/O监控。

（1）IOStat–dmx /dev/sda 1，这个是必需的命令。

（2）Mpstat–P ALL 1，看CPU的使用情况，如果都在softirp，说明I/O生成有问题，使用numactl来控制。如果都在iowait，说明I/O设备的确不行。如果都在sys，说明跑得很正常。不可能都在user，因为FIO的I/O请求的数据直接就丢掉了，不可能有usr。

【冬瓜哥】softirp表示软中断，出现在I/O完成处理的下半部分。硬中断和软中断相当于中断处理流程上的两步流水线，第一步要求中断服务程序很迅速地响应外部硬件的硬中断，第二步则由中断服务程序调用下游的处理逻辑继续处理该中断的后续步骤，这就是softirq，后台异步的处理I/O完成流程。softirq是目前多数高速外部I/O设备，包括网卡的惯用方式之一，不可或缺。但是如果softirq只在一个CPU上执行，性能就比较差，可以使用IPI（Inter Processor Interrupt，处理器间中断）的方式向其他CPU派发软中断，从而达到并发执行。但是这并不是I/O生成有问题，而是中断服务程序处理得不高效，是接收端的事情。

其他，iowait表示线程发出I/O请求之后被阻塞挂起的情况占了多少比例，这个比例越高，证明底层设备越迟迟无法返回I/O，时延太高。sys高说明当前在运行的应用发出大量的系统调用（对外部设备利用比较多）而自己却没干多少事。usr高则相反，自己很勤劳地在计算，基本上不去麻烦OS提供的功能，这是个好事情。

（3）高级一点的，可以用perf top看看系统调用的时间，如果都在Spinlock上，说明你的I/O文件有互斥了。

【冬瓜哥】spinlock证明多个线程在抢锁，存在冲突的共享资源，而且频繁访问。如果多线程同时范根同一个文件还加锁，这种锁并不是Spinlock，而是通过lockfile()，lock()这类调用对文件或者字节加锁，FS加锁之后，是个稳定态，被排他的线程收到锁冲突返回后，一般会被设计为等待一段时间再发起open()，write()，read()，或者lock()调用，而不是Spinlock，注意读写文件是系统调用。除非多个线程自己搞了个共享变量，这可以Spinlock。

硬件系统篇：

（1）BIOS里面，CPU的C states必须disable，测性能，大可不必省电。

【冬瓜哥】老唐，最终线上的话，不还是得考虑省电吗，不看最终应用场景的

测试不都是要流氓吗，就像您老说的“一定要上应用，这个是对自己和公司负责的行为”，所以这个C States我觉得就别动了。

（2） HT也是要关的，但是在NVME SSD中，HT貌似不错，请自行研究。

【冬瓜哥】冬瓜哥也不知道HT对SSD场景的影响所在，这个非常底层，HT是单个核心内部存有两套线程上下文资源，可以用同一个核心将两个线程的机器码穿插交织地执行，以充分利用流水线。

（3）VT之类，都是必须关的。Dell/HP/IBM都有BIOS推荐的设置。

（4）NUMA，这东西对于性能真心没好处，还是要避免。BIOS能关就关，不能关的话，用numactl来指定吧。

【冬瓜哥】如果在BIOS里disable NUMA，那么OS将不会感知底层的CPU/RAM拓扑，内存分配将按照原有方式分配。同时，目前多数服务器是这么实现的：BIOS里关闭NUMA除了会在ACPI表中向OS通告当前系统并不是NUMA架构之外，还会在底层硬件的地址映射电路上对内存地址做interleave，也就是OS分配的比如1MB空间，会被按照缓存行为粒度被条带化到系统的多个NUMA Node挂接的物理RAM里，也就是底层强制对OS看到的内存空间做条带化，条带深度是一个Cache Line，以便均衡OS对RAM的分配。这样做的目的是防止OS顺序分配内存时这些被分配的空间全部挤在一个CPU芯片所挂接的RAM里而导致性能不佳。但是，任何性能问题，都不是某个点优化一下就可以解决的，都是要全局配合的。有些应用抱怨说开了NUMA性能反而下降了，两个原因，要么没精细地定制好策略，要么就是应用的线程和内存访问形式的确不适合NUMA，但是冬瓜哥感觉后者是个悖论，即使关闭了NUMA，NUMA架构依然是存在的，只不过方式是如上面所述的那样去分配内存，那么也就是说，即使打开NUMA，通过numactl来制定对应的策略，依然可以实现如关闭NUMA类似的效果。所以，别怨NUMA不行，是你自己不行，数据库类程序都推荐关闭NUMA的原因是因为默认情况下打开NUMA之后OS会给每个进程的内存分配到该进程运行的CPU挂接的RAM，容易导致拥挤从而swap，性能下降。关闭NUMA之后，底层硬件对所有地址做条带化，系统内所有RAM得到均衡地利用，降低了swap的负面效果，代价则是访存时延并不是那么好了，但是对吞吐量影响不算大，当然这也这取决于应用的访存模式、缓存命中率、读还是写等一系列因素。

（5）还有就是硬件的中断，不要用irqbalance，一定要用irq_affinity来做mask。

【冬瓜哥】irqbalance是个后台进程，通过对系统核心softirq派发模块动态配置而动态地实现中断均衡。调节irq_affinity那就是全手动静态配置了。

（6）对于PCIe Slot，尽可能让两个设备在不同的CPU上，用taskset，或者numactl来进行分离。NVMe协议栈和底层驱动以及NVMe设备天然支持中断绑定，这样可以节省很多跨CPU芯片间流量。

最后一点，测试只是测试，一定要上应用，这个是对自己和公司负责的行为。

12.7　固态盘到底该怎么做Raid?

NVMe固态盘已经开始逐渐普及，但是，有个严峻的问题摆在眼前，即如何对NVMe盘做Raid，NVMe固态盘虽好，但是如果缺乏了Raid的冗余性保护，那么不少人其实是有顾虑的，从而阻碍NVMe固态盘的普及。我们知道，做Raid目前最广泛的方式是采用硬Raid卡，先将硬盘接入Raid控制器上，Raid控制器再接入系统PCI总线上，这是SAS/SATA盘的标准做法。如下图所示。

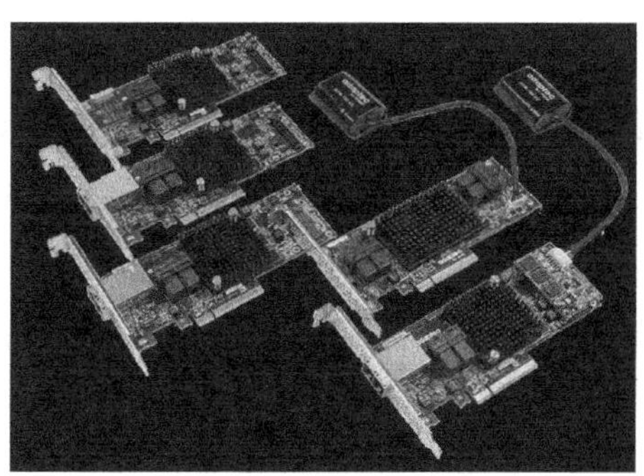

得益于数据块条带化、Raid卡上的数据缓存以及超级电容的备电，读写I/O速度被进一步加快，同时还能够防止单盘或者双盘同时故障导致的数据丢失。Raid卡在服务器上被广泛应用。

那么，对于PCIe接口的、NVMe访问协议的固态盘，目前的Raid卡是无能为力的，因为目前的Raid卡只提供了SAS/SATA接口接入硬盘，要想把NVMe固态盘接入，就得对现有Raid控制器进行改造，在芯片中加入PCIE主控制器和PCIe Switch，NVMe固态盘接入集成在Raid主控里的Switch（或者两个独立的Die芯片封装在一起），依然采用Raid主控来做Raid。这种做法会增加成本，因为为了同时支持SAS/SATA和PCIe，多引入了PCIe Switch部分，而SAS兼容SATA，却不兼容NVMe。

12.7.1　NVMe固态盘做Raid的几个方式分析

1. 选项之一：NVMe over SAS

既然ATA和SCSI都可以over SAS，那么为什么不能把NVMe协议也over到SAS呢？

其实理论上是完全可以的。SAS Expander中每个端口都有个叫STP Bridge的桥接电路，就是这个电路负责生成SATA链路对应的信号，从而才可以与SATA盘通信，而如果在SAS Expander中增加一个PCIe的主控端，负责生成PCIe信号，由SAS Expander固件负责对PCIe固态盘进行初始化配置。但是冬瓜哥认为这样做理论上可以，但是复杂度并不亚于前一种方案。

2. 选项之二：在PCIe Switch上做Raid

SAS和SATA盘可以通过SAS Expander汇总接入SAS控制器，PCIe接口的NVMe SSD也可以通过PICe Switch芯片汇总接入CPU上的PCIe主控制器。那么是否可以在PCIe Switch上做Raid呢？理论上没有什么不可以。但是利用芯片做Raid需要满足几个条件：性能不用很强但也不能太弱的嵌入式通用CPU，专用XOR硬加速电路，起码2GB的数据缓存，用于掉电保护的超级电容和Flash。如果在一片PCIe Switch芯片中嵌入这几样东西，那么还不如说其已经变成了将后端接口从原来的SAS换为PCIe主控+PCIe Switch的传统Raid控制器了，也就是接下来的第3种方法。

3. 选项之三：在现有SAS/SATA Raid控制芯片中增加PCIe Switch

该选项应该说是比较正统的想法，但是这种方法带来的一个问题则是Raid控制器的成本会非常高，同时其性能还未必好。NVMe协议+PCIe为何能够发挥出固态盘的性能？主要是两个方面：协议栈的精简加上CPU到PCIe设备链路层一跳直达，充分降低了时延，再就是加大的队列数量和队列深度，充分提升了并发度，从而极大提升了吞吐量。而如果采用外部硬Raid控制器来做Raid，结果将是：

第一点，由于Raid控制器属于带内虚拟化设备，其会终结掉前端的协议和I/O请求，将数据复制到内部缓冲，然后进行Raid处理，再重新向后端SSD发起I/O请求，这便让NVMe协议对I/O时延的降低作用荡然无存。

第二点，由于硬件电路资源的限制，硬Raid控制器内部不会有太高的并发度，因为无法做太多的硬寄存器队列进去。

第三点，如果硬Raid控制器同时支持SAS/SATA/NMe硬件接入的话，那么势必会产生快慢盘效应，也就是NVMe固态盘的性能会进一步被SAS/SATA接口的盘拖慢，因为后者响应慢，其对芯片内部资源迟迟得不到释放，从而导致快盘性能受牵连。

第四点，在运维方面，会带来不便，比如，无法利用一些工具直接在主机端查看NVMe SSD内部的状态，因为Raid控制器完全屏蔽了NVMe盘，主机端OS根本看不到它，无法对其直接操作，想要了解细化的功能，就必须在Raid控制器固件中开发对应的工具，取回对应的信息，然后利用Raid控制器提供的工具来查看，这个非常不方便，完全将NVMe固态盘的运维排除在外。

第五点，硬Raid控制器固件里很难实现对固态盘的特殊优化，比如全局磨损均衡，动态负载优化等专门针对固态介质而考虑的特性，Raid控制器厂商对固态盘的管理是不在行的，而且受限于内部运行资源的限制，不可能在短小精悍的固件中做很复杂的功能。

在冬瓜哥看来，利用传统硬Raid控制器做Raid的最大一个优点是能够维持传统的使用习惯，而其他则全是缺点。

4. 选项之四：在主机端采用软件做Raid

有人会不以为然了，软Raid？别开玩笑了。软的怎么会比硬的更强呢？在十几年前，这么说似乎没什么问题，但是放到现在，事情变了。十几年前是CPU不够用还让它计算软Raid，当然力不从心；而现在是CPU核心数量暴增，频率不能说是暴增但也上去了，已经是性能过剩了，尤其是核心数量方面。再加上Linux自带的软Raid模块是没有经过优化的。经过优化的软Raid，在性能上完爆硬Raid。这一点可以看看目前的传统SAN存储系统，其利用单路CPU就可以达到远高于Raid卡的性能，其内部都是软Raid的方式。

硬Raid控制器内的嵌入式CPU的频率一般在1GHz左右，核心数量一般在2~3核，不管是频率、核心数量，还是其内部的执行性能，都远远比不上Xeon服务器CPU。若不是为了维持传统的使用习惯，硬Raid控制器的地位恐怕早已今非昔比了。对于机械盘Raid，硬Raid绰绰有余，但是对于NVMe固态盘做Raid，我们必然首选利用服务器本地的CPU加上经过优化的软Raid模块来做Raid，这样可以保证：I/O数据依然一跳直达，从Host主存直接复制到SSD，保证时延降低不是太多；有充足的RAM资源，可以容纳更多的队列，保证吞吐量；Host可以直接控制NVMe固态盘获取对应的信息，方便运维；基于开放平台Linux，开发方便，容易增加更多功能比如针对固态盘的特殊优化；Host端资源充足且固态盘与机械盘走不同的协议栈，所以不会有快慢盘效应。

软Raid只要经过充分的优化，全是优点。唯有一点需要注意——突然故障宕机时如何保证数据一致性的问题，软Raid不能采用write back模式的缓存，否则将丢数据，但是可以用一些手段规避这个问题，比如就用write through，或者利用NVDIMM/NVRAM来承载数据缓存。

有人针对实际测试，使用Linux内核自带的MD Raid模块，将4块Intel 750的NVMe SSD做Raid5，写性能只能到70K IOPS左右，可见其效率之低下。当前Linux自带的软Raid是无论如何也无法满足固态存储场景下的基本需求。

另外，目前的内核自带软Raid，并没有在其他方面对固态盘场景做感知和优化，比如寿命问题，SSD的寿命是可预知的，很有可能同一个Raid组中的多块固态盘短时间内同时达到寿命终点，从而引起多盘失效而丢失数据；再比如Raid组的初始化过程，其是个完全浪费时间和没有必要的过程，只会白白浪费固态盘寿命；无法感知逻辑数据对象（比如逻辑盘），只能整盘重构，白白浪费寿命。

12.7.2 Memblaze的FlashRaidTM重新定义软Raid

Memblaze（忆恒创源）作为国内知名固态存储提供商，曾经推出过国内第一块NVMe SSDPblaze4，能够达到将近800K的IOPS。如下图所示。

为了持续建设NVMe生态，开发一款能够发挥出NVMe固态盘性能的软Raid模块，公司内部很早就开始给予重视。终于，2016年6月，Memblaze正式发布这款产品——FlashRaid™。先来看看其是否强劲，如下图所示。

FlashRAID + PBlaze4 性能指标（参考）	
顺序读（128KB）	10 GB/s
顺序写（128KB）	3.2 GB/s
持续随机读（4KB）IOPS	2.5M
持续随机写（4KB）IOPS	300K
持续混合读/写（4KB 70/30）	1.5M
顺序读延迟（4KB）	< 200 us
重构性能抖动	< 30% 降低
重构耗时（最差）	< 40分钟
支持SSD/HDD接口	NVMe (AIC, U.2)/M.2/SAS/SATA
SSD支持数量	无上限
RAID级别	RAID 0 / 1 / 5 / 6
操作系统	CentOS 6.5，6.6, 7.0, 7.1及以上Red Hat Enterprise Linux 6.5, 6.6, 7.0, 7.1及以上

FlashRaid性能如此强悍的关键原因在于无锁队列技术。FlashRaid模块在达到百万IOPS时对CPU耗费也就是30%左右，Xeon 2640双路，30核心。FlashRaid的开发负责人吴忠杰表示，MDRaid模块内部对多线程的优化太差，存在大量锁，效率非常低，

尤其是处理写I/O的时候。而FlashRaid团队的专家们经过反复思考，最终找到了能够实现基于无锁队列的生产者消费者模型的办法，并申请了专利。无锁队列的好处就是总体性能能够随着线程数的增多而呈现更好的线性增长特性。I/O根据目标LBA地址范围被Hash然后均衡地下发到多个队列中。如下图所示。

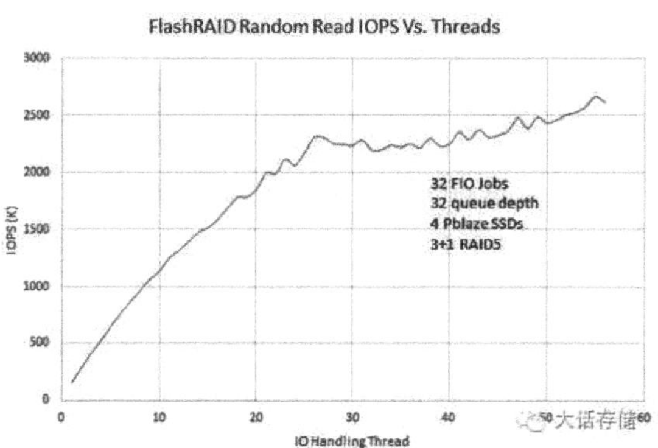

除了性能方面的优化，Flash Raid在架构、固态存储感知优化等方面大量采用及创造业界前沿技术，可以说是一场技术盛宴！

1. 基于Raid2.0架构构建

整体架构上，Flash Raid采用Raid2.0思想实现。一组物理盘首先被逻辑分割为Chunk，多个Chunk形成StoragePool（可创建多个池），池内的Chunk与Chunk之间做成各种类型的Raid组，从而组成一个条带，也就是Container，然后多个Container再组成逻辑卷。Chunk的大小是可调节的。Container的Chunk在众多Chunk中的分配由Resource Allocator根据多方面因素优化决定。如下图所示。

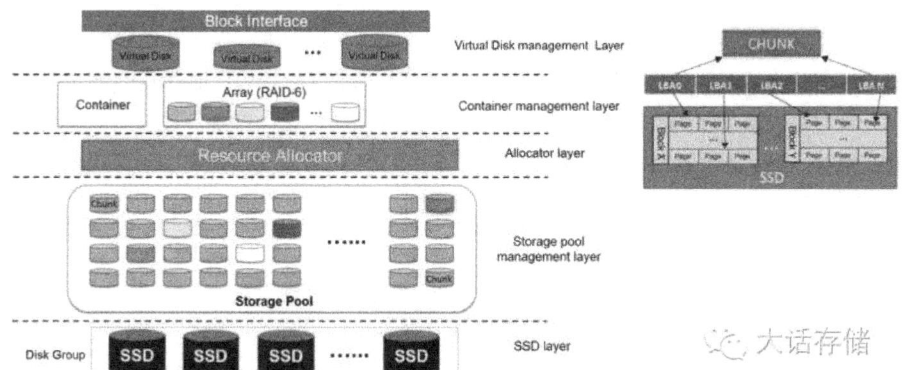

Raid2.0架构的好处就在于能够极大加快重构速度，以及智能重构，只重构被数据块占用的区域。

2. 带优先级的精准重构技术

假设某个存储池内有两块硬盘损坏，某个Raid6类型的Container中恰好有两个Chunk分别属于这两块硬盘；同时，另一个Raid6类型的Container中只有一个Chunk落入了这两块硬盘中的任意一块中，此时，前面的Chunk的处境更加危险，因为其已经没有冗余性了，而后面这个Chunk依然能允许一块盘故障，此时FlashRaid会智能判断该场景并且优先重构第一个Container。该技术的确为业界创新技术，冬瓜哥之前没有看到过任何其他产品实现该技术。同理，在一块盘故障之后，受影响的Raid5类型的Container总是优先于受影响的Raid6类型的Container得到重构。

3. 细粒度实时重构

如果遇到某个数据块发生不可恢复错误，那么系统会动态实时地对该块进行重构，而无须等到整个盘故障后才重构。

4. 动态可变长条带

初始时，用户选择使用4D+1P方式的条带/Container，但是可能池中的某个SSD容量不够了，系统此时会在后台动态地将4D+1P条带改变为3D+1P，该过程为透明后台执行，不会影响前端应用的I/O访问。如下图所示。

5. 全局磨损均衡和逆均衡

当某块SSD的寿命剩余较多时，会拥有最高的被分配权重，这样可以均衡寿命，而当池中的所有SSD的寿命均耗费殆尽时，为了防止寿命过于均衡可能导致的多盘同时失效，此时系统启动逆均衡措施，强行选择寿命即将耗尽的SSD，增加其数据写入权重，这样，其就会有更大几率先于其他盘坏掉，然后系统发起重构恢复冗余性。如下图所示。

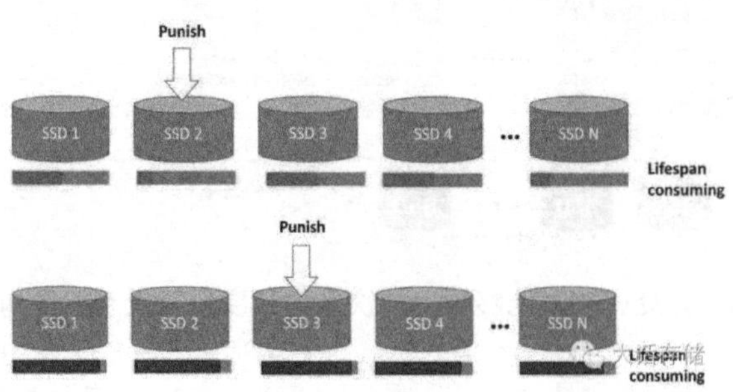

6. 完善的CLI和GUI配置和监控

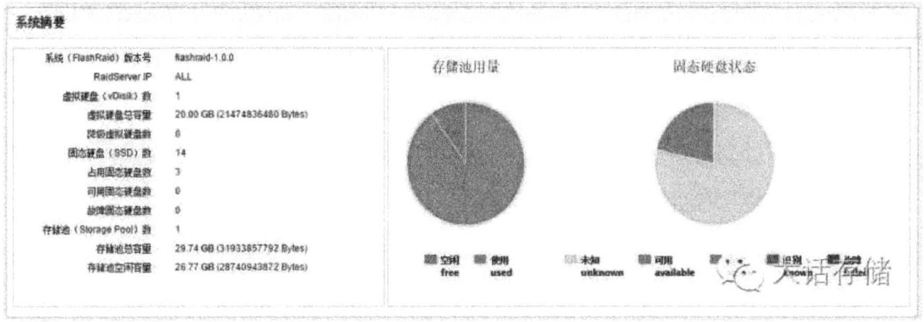

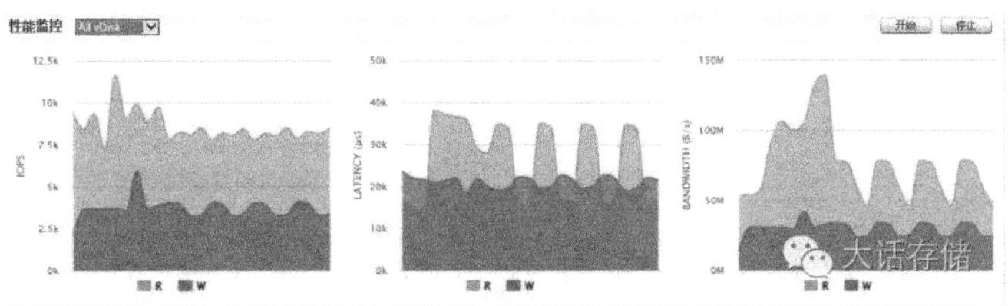

存储池

	存储池名称	池序列号	状态	块大小(KB)	SSD盘数量	运行盘数量	池容量(GB)	池空闲容量(GB)	虚拟盘数量	读写权限
−	sp001test	0X52EB5B116617E86E	ASSEMBLED	512	3	3	29.74	26.77	2	WRITABLE
+	sp002	0XFDF554938D8F15A9	ASSEMBLED	512	5	5	49.57	46.59	0	WRITABLE

存储池名称	sp001test	池容量(byte)	31933857792
池序列号	0X52EB5B116617E86E	池空闲容量(GB)	26.77
创建时间	2016/4/27 下午5:58:50	池保留容量(GB)	2.97
主机序号	N/A	虚拟盘数量	2
状态	ASSEMBLED	读写权限	WRITABLE
块大小(KB)	512	故障对象数量	0
SSD盘数量	3	降级对象数量	0
运行盘数量	3	分配算法类型	N/A
池容量(GB)	29.74	处理线程数量	2

创建存储池
固态盘查询
虚拟盘查询
扩容存储池
重建存储池
重构状态
数据迁移状态
删除存储池

除了上述特色之外，FlashRaid还专门对运维方面做了一些增强，比如对链路闪断进行处理，对磁盘热插拔进行处理等等。另外，FlashRaid具备良好的可移植性，并且对SPDK做了适配，可以迁移到用户态空间运行。如下图所示。

FlashRaid绝非仅仅是一款普通的Raid管理模块，FlashRaid的最终形态会是一款具备强大功能的存储系统平台，得益于其对固态存储出色的优化，相信其被广泛用于分布式块存储系统底层的那一天很快就会到来。

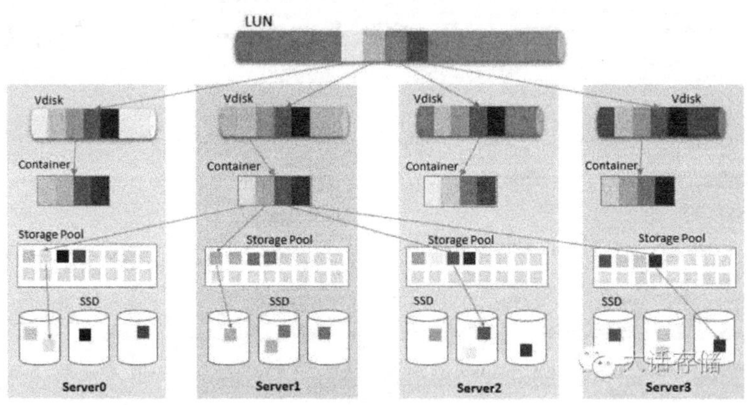

12.8 当Raid2.0遇上全固态存储

随着互联网的发展，人们沟通越来越顺畅、高效、迅速。这种影响是非常深刻的，甚至直接影响到了企业后端的IT架构层面，比如分布式、超融合、软件定义这些概念及对应产品。其中，全固态存储系统更是在沉寂了几年之后又一次高调入市。那么AFA到底是为了应对哪些细分场景而生的呢？在此总结了一下AFA的几个典型应用场景。

（1）高I/O要求的科学计算。虽说多数科学计算并不需要太高的I/O性能，在需要较高I/O性能的科学计算场景中，同时需要很低I/O时延或者同步I/O的场景，更是少之又少。为了增加节点密度以及保持精简，HPC集群一般不将数据保存在本地，而是保存在网络存储系统中，此时只有全固态存储可以满足这极小部分的场景。

（2）特种行业，比如军工、地质勘探等。野外恶劣环境下的高实时性响应及大吞吐量数据采集等场景，需要全固态存储。比如地质勘探场景，用大锤往地上砸，然后收集声波反射声纹，其对数据吞吐量要求极高，同时机械盘的抗震性达不到要求。

（3）极高吞吐量的OLTP场景。对于互联网环境下广泛存在的在线交易场景，虽然可以用基于机械磁盘的分布式的架构来增加系统的并发量，但是其处理时延是无法降低的。对于那些对并发量和时延要求极为苛刻的场景，唯固态存储莫属。

（4）要求尽快出结果的OLAP场景。OLAP就是所谓的大数据分析，当然，不一定是大数据，也可能是小数据。OLAP场景要求的就是批量数据的I/O吞吐量，也就是IOPS或者Mb/s，但是这两个参数本质上是相同的，只是在不同场景下倾向使用不同的描述方式。有些OLAP系统大量采用同步I/O等停的方式来分析数据，此时如果该数据集是可线性分割的话，可以采用多线程的方式，吞吐量尚可；但是如果是非线性分割的话，多线程的作用大降，系统吞吐量很差，此时唯有降低I/O时延才可以获取更高的吞吐量，全固态存储无疑是个好选择。

近期几个厂商的AFA在不到一个月的时间里扎堆推出，实为罕见。不得不说，各家都有各家的特色。其中有的厂商的AFA就是恰到好处地利用了Raid2.0技术，与AFA结合之后，产生了令人意想不到的效果。

Raid2.0也是近期各主流厂商竞相追捧的一种数据分布方式，它可以加速数据的重构。冬瓜哥之前的那个“可视化存储智能解决方案”的产品思想，曾经在非公开场合与圈子里的众多工程师、用户介绍过，这个功能底层核心非常简单：之前的Raid2.0对数据的排布根本不考虑应用场景，几乎没有策略，随机乱放，或者全均衡；而在可视化存储智能场景下，只做了一件核心的事情，就是告诉Raid2.0核心管理模块，哪些数据块应该放在哪里，怎么放，什么形状，怎么调节，底层的数据结构没有变化，变化的就是增加一个策略模块，而且是带外的，根本不影响I/O性能。

那么，当Raid2.0遇上全固态存储，会发生什么奇妙反应呢？正如前面所述，Raid2.0是个非常优秀的根基，其灵活的数据排布不仅仅可用于加速重构，还可以用于其他更强悍的功能，比如前面提到的可视化存储智能应用感知方案，再比如全局的磨损均衡。

宏杉科技的MS7000AF全固态存储系统中就充分地将Raid2.0与固态存储系统的性能、寿命优化相结合了起来。如下图所示。

项目描述	MS7000AF
架构	多引擎架构，支持1-8个引擎横向扩展
处理器（每引擎）	2*2路Intel多核处理器
最大缓存能力（每引擎）	1.5TB
硬盘柜扩展能力（每引擎）	6（每硬盘柜25盘位）
硬盘柜接口（每磁盘柜）	8*4*12GbSAS接口
IO模块类型	8Gb/s FC模块、16Gb/s FC模块 10Gb/s iSCSI模块、40Gb/s iSCSI模块
IOPS（每引擎）	300,000（8K全随机，70%读+30%写混合）
延迟	<1ms

宏杉科技是国内第一个将Raid2.0技术落地在全系列闪存产品（MS7000、MS5000、MS3000、MS2500）中的厂商，其对应的商品名称为CRaid技术，也就是基于Cell的Raid。条带（如下图中DiskChunk Group）不再绑定硬盘，而是可以浮动在任意数量（必须大于，最好远大于条带块的数量）硬盘的上方，多个DCG组成Cell。

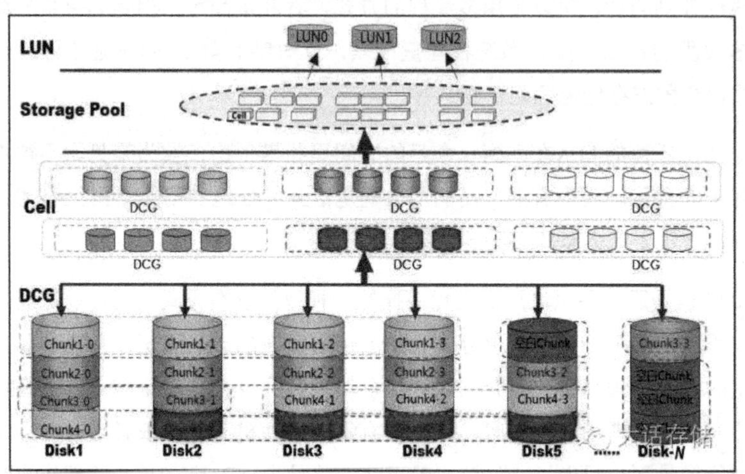

那么Raid2.0技术又是如何实现全局磨损均衡的呢？关键就在于Raid2.0底层的灵活数据布局，任何Cell可以位于任何地点，那也就意味着，任何Cell可以被写入任何SSD，同时对上层透明，应用主机看到的只是一个逻辑存储空间，而看不到底层实际物理块的存放位置。存储系统采用一个大表来记录逻辑块与物理块的映射关系。那么，MS7000AF存储系统自然就可以根据系统中全局范围内的SSD盘的寿命、状态、性能表现等来决定逻辑资源所体现出来的各种属性QoS，方法就是将数据块有策略地、有选择性地分布在正确、合适的地点，以及分布在合适的底层物力资源跨度上，从而保证了性能、寿命的均衡。

其次，MS7000AF系统可以充分利用系统内的大容量缓存，实现Write Back模式的写缓冲，并将乱序、不同块大小的数据整合成完整条带，同时写入后端多块SSD盘中，然后记录重映射关系，从而充分提升系统的并发度。这再一次得益于Raid2.0天生的灵活数据分布底层框架，实现上述这一点毫不费力。

此外，宏杉科技MS7000AF固态存储系统还在底层硬件上做了专业的优化来专门适配全固态场景。我们知道，传统的存储系统后端通路一般只有x4 SAS宽端口，也就是每个控制器通过x4通道的SAS链路连接到JBOD，这条x4链路会极大地限制固态盘的性能。我们知道，宏杉科技的存储系统的一大特色就是后端采用SAS全共享架构，JBOD拥有8条x4宽端口用于上联到控制器，充分释放了后端SSD的性能。这一点则是其他基于SAS/SATA SSD所构建的全固态存储的硬伤之一。如下图所示。

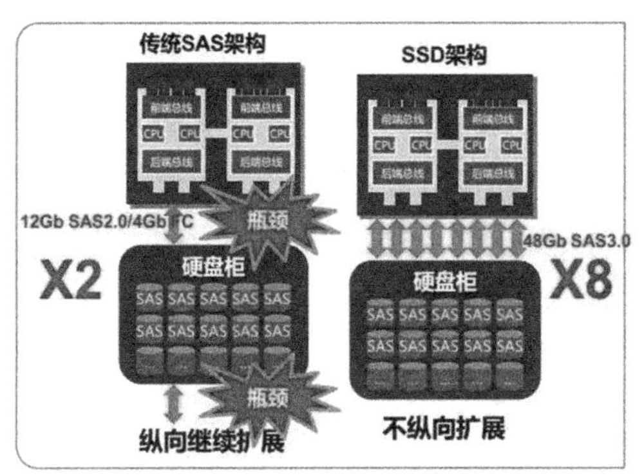

传统SAS架构：

采用12Gb SAS2.0或4Gb FC连续；

每个硬盘柜2条链路上行，2条链路向后端纵向扩展；

宏杉SSD架构：

采用48Gb SAS3.0连续；

每个硬盘柜8条链路上行，不纵向扩展；

每个硬盘柜25盘，每个盘独享2条48Gb SAS3.0通道

此外，为了便于用户选择，MS7000AF有两种运行模式可选：第一种是全功能模式，其中会包含快照、复制、Thin、重删/压缩、镜像、双活等；第二种是性能模式，系统内会将上述功能关闭，在I/O路径中完全忽略，从而降低时延，提升整体性能。

12.9　上/下页、快/慢页、MSB/LSB都些什么鬼？

1. NAND Flash基本原理

目前的NAND Flash中包含SLC、MLC和TLC的介质类型，SLC可以用一个Cell保存1bit数据，MLC可以用一个Cell中的4个状态表示2bit，而TLC可以表示3bit，将来还会有可存储4bit的QLC类型出现。

假设，向SLC Cell中充入电子到电压绝对值1V则表示0，不充电则表示1，那么，在读出该Cell中数据的时候，只需要判断“该Cell中是否有电”即可，有，或者没有，就可以判断其是0还是1了。

Cell中不充电时，该Cell为截止态，也就是关断态，但是并不意味着这个开关一点电流都不能通过，完全绝缘，其有一定的非常微弱的漏电流，只是因为这个漏电流不足以驱动下游的响应高电压的逻辑门的状态改变，所以被视为逻辑0（其实这个说法是不严谨的，应该称高阻态而不是逻辑0，只是Flash中的Cell是存储器件而不是逻辑门器件，所以把高阻态视为0是没有问题的）。而如果Cell中的微型电容被充了电子，那么其基底半导体区域受到负电场的影响，漏电流将会更加微弱。相反，如果在CG电极上加正电压，用正电场影响基底半导体区，则Cell的漏电流就会增加，也就是处于导通态，如果足以驱动下游的响应高电压的逻辑门，则可视为逻辑1。所以，很自然地，判断一个Cell中是否有电，就通过判断其漏电流的大小来决定，或者换个物

理量，判断其压降大小来确定。

那么，如何判断某个Cell的压降？它是按照如下图所示的原理来做的。

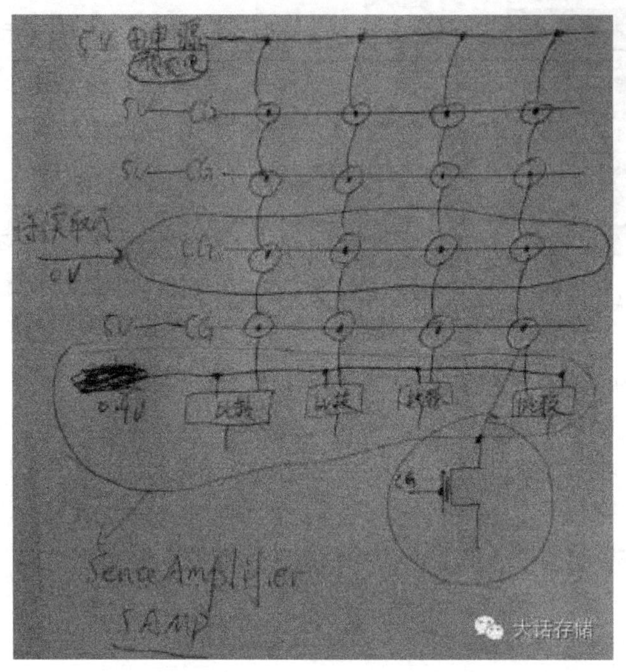

NAND Flash每次I/O单元为一个Page，一般为8K/16K。要读取某个Page，需要将该Page所在的Block中的所有其他Page里的所有Cell强行导通，方法是在CG电极上加正电压，但是又不会击穿微型电容外围的绝缘体而导致Cell被充电。这样，从电源的电压会透过所有其他Cell传递而几乎没有压降。而电压在压入待读取页面的Cell时，由于该页面的CG没有施加正电压（实际上需要加一点点正电压比如图12-32中的2V，以增强Cell的导通性，否则漏电流太过微弱无法检测），所以其导通性完全取决于Cell内是否充了电。假设充了电，压降大，电源的5V透过该列之后被降为0.5V；没充电的压降小，该列的输出电压比如为1V。很显然，只要用电路来获取每一列输出的电压值即可获知读取Page中每个Cell有没有充电。但是我们知道，每次充电并不是恰好就充到某个电压值的，可能不足也可能超过，充入之后，过了一段时间可能会漏电，所以最终输出的电压其实并不是某个绝对值，而是一个范围，比如充了电的Cell产生压降之后的列输出电压值范围可能在0V~0.8V，没充电的Cell所在列的电压输出值基本恒定在1V左右。

这样的话，就需要找一个参考电压来与列输出电压进行比较，列输出电压高于这个参考电压统统认为是1V也就是逻辑1，低于这个参考电压统统认为是0V也就是逻辑0。显然，上述例子中参考电压需要设置在0.9V。实际上，电路中是采用Sense Amplifier比较电路来实现上述逻辑的，其本质上是一个数字差分放大器，其能够将微弱的电压差值直接放大为足以驱动逻辑门的电流，从而让逻辑门为1或者0状态，所以，列输出电压值高，SAMP的输出为逻辑1，表示待读取Cell中没有充电（压降小）；反之则为0。这就是NAND，Not AND中Not的意义，也就是实际含义与表象电压值相反。而AND则表示一列Cell是串联的开关，很显然就是一个多输入与门，也就是AND的关系，NAND由来于此。

实际上，电源的电压并不是一直加在列导线（bitline，位线）上的，而是在每次读取某个Page的时候，对bitline预充电到某个电压，在经过某个时间后（该时间是经过充分设计出来的，时间太短的话漏电太少，检测到的都是逻辑1，时间太长的话，所有bitline电全漏光了，检测到的就全是逻辑0），在列输出端对透过来的电压用模拟信号电压跟随器进行采样比较，漏电快的列先达到参考电压，从而直接被放大成逻辑0，漏电慢的则未达到参考电压而直接被放大为逻辑1，之后输送到数字电路锁存该状态并输出到前端总线。

2. MLC NAND怎样设计

上述介绍了NAND Flash基本运作原理，下面进入正题。

那么，要想用一个容器存2bit信息，那么这2个bit就会产生4种组合：00，01，10和11，到底想表示这4个组合中的哪个？那自然就得让这个容器表示出4种不同的状态，通过判断其状态是哪一个从而获知其表示的是哪一种位元的组合。对于Cell来讲，其状态就是内部微型电容器里所被充入的电子电量的多少了，假设不充电时表示11，充电到绝对值1V表示10，2V表示01，3V表示00。

那么，我们很自然地想到了如下图所示的设计，既然现在一个Cell可以表示2bit，那么同样容量的页面，只需要用一半数量的Cell即可承载了。向Cell中写入数据的时候，根据待写入数据来判断对Cell充电到哪个电压。比如，从E（Erase）态，也就是2bit都为1，改变到D1态，那么就直接充电到1V；如果从E直接到D2态，那么直接充电到2V。可以是E→D1→D2→D3、E→D2→D3、E→D3、D1→D2→D3、D1→D3、D2→D3顺序中的一种。总之，充电量必须逐级增加，而不可能一开始冲过头了再放电，我们知道NAND Flash放电要放掉整个Block的电。

对于读操作，就比较复杂了，由于一个Page中的任何一个Cell可以是上述4个电压中的任何一个，我们预先根本就不知道某个Cell中会是什么状态，所以，只能用二分法逐次检测。所以先将SAMP的参考电压设置为4个状态正中间的电压值，根据SAMP的输出可以得出一组逻辑1或者0的结果，这组结果可以用于初步判断该Cell中的电压

是高于还是低于这个参考电压，但是不管高还是低，都无法判断出具体是哪个，还需要第二轮判断。那么第二轮应该把参考电压设置在哪个档位呢？由于有些Cell可能电压较低，有些则较高，只能先选择一个来检测，所以上述例子中我们选择了先对高电压段位进行第二轮二分，显然，第一轮结果为逻辑1（证明Cell电压高于中间电压）的Cell，如果在第二轮检测中仍然为1，则证明其内部电压位于最高档位D3上，如果第二轮为0则证明其档位位于D2态上。如果第一轮结果为0，而第二轮是仍然无法判断其档位的，第二轮检测结果仍会是0，需要第三轮检测，也就是对低段位电压进行二分，此时，第1轮结果为0且第三轮结果也为0，表明该Cell处于E态，第三轮如果为1则表明其处于D1态。经过三轮检测之后，所有Cell的状态都可以读出来。

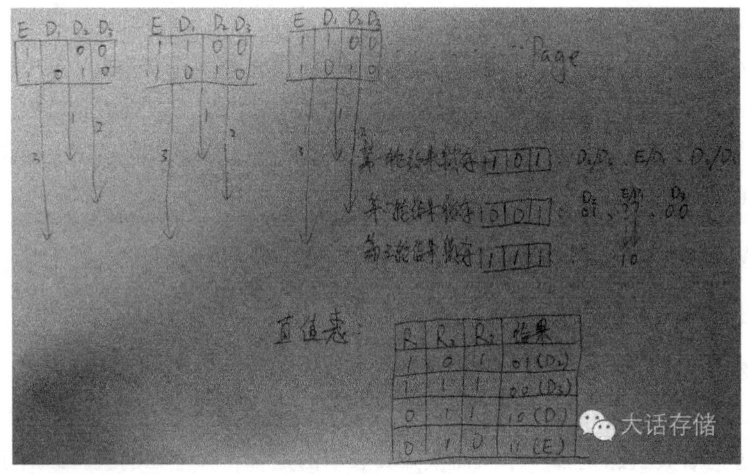

有人会问，为何不根据第一轮的判断结果并行地对该位于高段位二分的Cell加高的参考电压，对该位于低段位二分的Cell加低的参考电压？答案就是因为参考电压是同时加载在所有bitline SAMP上的，如果要做到如此精细的区分，电路的面积就会非常大，NAND Flash就不会有现在的密度和成本了。

可以看到，需要将三轮的结果进行暂存，所以该处需要三倍于SLC介质的寄存器，另外，由于需要组合判断上述逻辑，需要一个组合逻辑电路来完成上述工作，而且每一列都需要这样一个组合逻辑电路。该电路的真值表如上图所示（R是Round的意思），根据这个真值表做出逻辑电路不费吹灰之力，该电路也比较简单，但由于每一列都需要一份，其总量会非常庞大，会耗费非常多的电路面积。

3. 巧妙设计加快读取速度同时还能节省资源

如前面所述，读取一个Page竟然需要3次电压检测，这会极大地影响性能。于是人们开始研究怎么来规避这种开销。

如下图所示，每个MLC Cell中有两个逻辑bit，我们之前的思路是将这两个bit连续放置在同一个Page中。图12-34的思路则是：将其中一个bit分给一个Page，另一个bit则分配给另一个Page，这样，一个物理Cell就被逻辑地分割为两个各属于不同Page的两个bit，上方的bit被称为MSB。由多个Cell的上方的bit组成的Page就叫作上页（Upper Page），下方的bit被称为LSB。由多个Cell的下方的bit组成的Page就叫作下页（Lower Page）。要理解的一点是，Cell中的这两个bit的组合依然还是原来的4种状态以及电压，没有变化。那么这样去逻辑分割的意义何在呢？可以看出来，对于上方的bit，随着电压的升高恰好呈现1100的组合，这又能怎么样呢？仔细想想，如果要读出上页的bit来，采用二分法探测电压之后，在第一轮就可以判断出MSB的值。其实这个规律在前面已经可以看得出来了，看看真值表里的逻辑，只要第一轮结果是1，则MSB必定为0，结果是0则MSB必定为1。如下图所示。

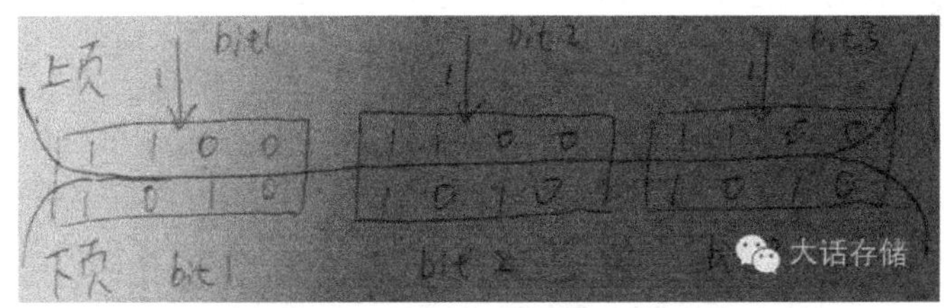

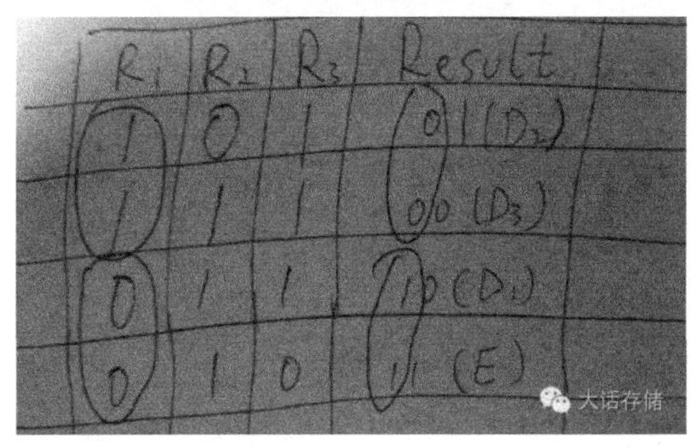

R1	R2	R3	Result
1	0	1	01 (D2)
1	1	1	00 (D3)
0	1	1	10 (D1)
0	1	0	11 (E)

这样处理之后，上页中的数据仅用一轮电压探测就可以读出了。再看看下页的情况，下页必须依然维持3次二分查找才能读出整个页面的全部数据。所以，上页又被称为快页，而下页则是慢页。

值得一提的是，这两个逻辑上分开的页面是处于同一个Block中的，因为其承载者是同一行Cell，要擦除则这两个页面一起被擦除。另外，将数据写入这两个页的时候，可以任意写入，这两个页并没有牵连。比如从原始状态也就是E态，如果某个应用需要将上页中的该Cell位改为0，那么可以直接将该Cell充电到D2态，也就是上0下1；如果后面某个时刻应用又想把下页该Cell位写为0，则从D2态继续充电到D3态即可，也

就是上0下0。如果应用先写下页，则从E到D1态，后面如果再写上页的话则从D1直接充电到D3态。一旦写了0，就不能单bit再回退到1，除非擦除整个Block。

4. 前人是怎么解决下页依然速度过慢的问题的

不得不佩服人们的奇思妙想。读下页还是需要3轮电压探测，不过人们想了个办法，巧妙地规避了其中一轮探测，使得读下页只需要两轮探测即可，提升了33%的速度。如下图所示。我们把电压值与位元组合的编码映射方式变一变，让E态为11，D1为10，D2为00，D3为01，也就是将之前D2和D3的状态对调一下。然后巧妙的事情就会发生。可以看到MSB依然按照1100的方式排列，读上页依然可以一次探测读出。而下页则按照1001的方式排列，那么我们是否可以在读出下页的时候，将第一轮探测电压档位放在1和001之间呢，这样的话，探测到的电压低于第一轮参考电压，那么LSB一定为1。第二轮的档位则放在001和00和1之间，那么对于那些在第一轮探测中的结果为1的Cell，在第二轮中的结果如果低于第一轮参考电压，则其值一定为0，结果为1则其值一定为1。这样就可以节省一轮探测了。

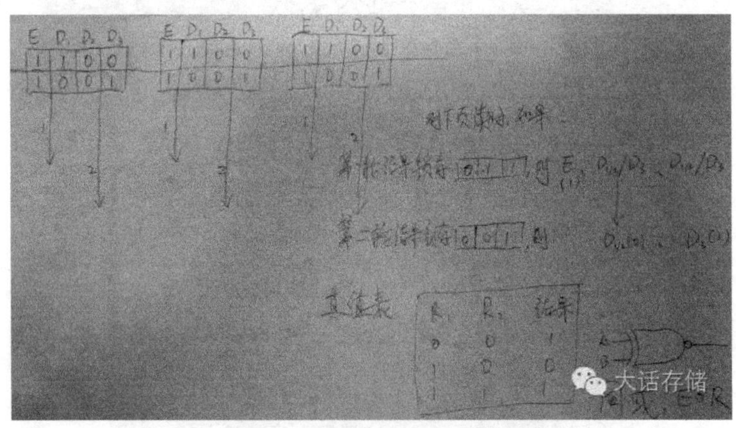

这种编码方式称为格雷码，其特点是：相邻的两个位元组状态之间只有1bit的变化，而不会从01变为10，或者10变为01。这样做的好处众多，比如在异步FIFO的硬件实现中，就必须使用格雷码，否则会导致异步时钟域采样到的信号编码跃变过大而逻辑上出错。而本例中，格雷码则帮助节省了一轮探测。另外，采用格雷码还可以提升纠错率，如果不采用格雷码，01到10有两位跃变，一旦出错，两个状态都受到影响，而每个相邻状态间只有一位跃变的话，可以提升纠错率。

此外可以看到，应用了格雷码之后，真值表规模也少了，现在不用套用逻辑算式都可以看得出来，这个逻辑就是一个同或门，这样对电路面积的耗费就会进一步降低。

但是，这种设计有个代价，那就是写入数据的时候，必须先写下页。为什么呢？

写就是充电的过程，擦1写0，写就是写0，如果先写了上页，也就是从E态直接充电到D3态，那么之后将无法再写入下页（也就是从D3态回到D2态），因为从D3回到D2意味着将Cell中的电容放电，而除非整个Block擦除，电路是无法做到对某个Cell放电的。所以，必须先写下页，也就是从E到D1态，从D1可以到D2也可以到D3。其中，从D1到D3的跃变比较有趣，LSB会从0变成1，我们说NAND Flash是不能将某个Cell单独从0变成1的，但是这仅对SLC有效，MLC则不然，从D1跃变到D3对应底层其实是充电的过程，而不是放电。

那么，如果应用程序非要把上页/MSB从1改为0呢？（在下页依然为1的前提下），那么底层其实是将下页映射成应用要访问的目标地址，也就是改映射表，让下页先改，上页随后，这样就可以了。

对于TLC，做法是相同的，大家可以自行演绎，这里就不再多叙述了。

12.10　关于对MSB/LSB写0时的步骤

1. MSB/LSB的全称是什么

MSB就是Most Significant Bit，LSB则是Last Significant Bit。这里的Significant并不是“最重要的，最关键的”意思，而是“有意义的，有效的”。某些场景下，比如某个寄存器为8位寄存器，但是程序没有这么多数据要放，用不了8位，只能用到6位，此时MSB就是5，LSB就是0了。对于MLC Cell来讲，2bit当然是用满的。

2. 对Upper Page和Lower Page写入数据的步骤

必须按照顺序。这里面的各种顺序比较复杂，需要将每个场景进行一步步的推演。从最原始状态开始，也就是该Page所在的Block被擦除之后，该Page中的该Cell处于E态，也就是上1下1的状态。如下图所示。

E	D1	D2	D3	E	D1	D2	D3	E	D1	D2	D3	E	D1	D2	D3	
1	1	0	0	1	1	0	0	1	1	0	0	1	1	0	0	上页
1	0	0	1	1	0	0	1	1	0	0	1	1	0	0	1	下页

场景1：应用要对该Cell承载的上页中的该Cell位（也就是MSB）写1。主控将该命令发送给Flash芯片之后，Flash芯片对该Cell不做任何动作，因为上页本来就是1，所以该Cell仍处于E态。但是主控端在元数据中会标明该Page已经被写过，后续不能再被覆盖写入，除非擦掉。

场景2：应用要对该Cell承载的上页中的该Cell位（也就是MSB）写0。主控从Host端收到该I/O之后，按照上图所示，应该是将该Cell直接充电到D3态，上0下1。但是如果直接到这个状态，就不能再回退了，也就是该Cell所承载的下页的该Cell就不能再写成0了（不能退回到D2态，不能单bit放电）。所以，此时主控必须改 [物理-逻辑] 映射表，让下页先顶上，也就是说，主控其实会把该Page该Cell的LSB进行写0操作，也就是将Cell充电到D1态。

场景3：该Cell处于原始态，然后要对该Cell承载的下页中的该Cell位（也就是LSB）写0。主控从Host端收到该I/O之后，按照上图所示，应该是将该Cell直接充电到D1态，上1下0。

场景4：基于场景3的结果，也就是D1态，此后应用如果想将该Cell的MSB写为1，则Flash无须动作，因为本来就是1。这里一定要充分理解一点：Flash颗粒内部的控制逻辑是根本不知道某个Cell当前处于什么状态，主控让它写1，Flash并不知道是从哪个状态到哪个状态，但是写1是很特殊的场景，写1无须动作，默认就是1，不管当前是E态还是D1态。有人可能有疑问，如果当前是D2或者D3态，然后想把MSB写成1怎么办？答案是不可能出现这种情况。因为D2/D3态表明上页之前已经被写过一遍了，主控不可能或者说必须不能在该Page所在Block没有被擦除之前再写一遍该Page。不管是写了1还是写了0，每个page在再次被擦除之前只能被写一次，写1无须动作，写0就须充电。可以看到场景4的结果就是该Cell在被下次擦除之前，将永远处于D1态，因为MSB和LSB都被写了，只不过LSB被写了0，MSB被写了1。

场景5：基于场景3的结果，也就是D1态，此后应用如果想将该Cell的MSB写为0，那么Flash在收到主控发过来的命令之后，理论上应该是直接充电到D2态就对了。但是可以看到，D3态的MSB也是0，那么是否可以充电到D3态？绝对不能，因为LSB之前被写了0，如果充电到D3态，则LSB之前所保存的数据就会丢失。但是如果假设之前该Cell的LSB是被写了1的，当时Flash没有任何动作，默认就是1，仍然为E态，然后再将MSB写0，那么此时Flash应该对该Cell充电到什么状态呢？那就必须充电到D3态了。也就是说， FLash芯片必须明确地知道“该Cell的LSB在上一次被写入时是写的0还是1”这件事，从而才能在后续的MSB写0过程中决定充电到D1还是D3态。但是前面提到过，Flash芯片并不知道该Cell当前处于什么状态，也不知道该Cell中的LSB之前是不是已经被写过了，如果被写过，写成了1还是写成了0，都不知道。那怎么办呢？两个办法，要么就是主控需要告诉Flash芯片这个信息，要么就需要Flash根据当前Cell所处的状态来判断该Cell的LSB之前到底是被写了1还是0，也就是说，Flash先将该Cell的电压值读出（采用二分法），判断，然后再充电到该有的状态。这里我们就总结一下这个过程的判断逻辑，如下图所示。

当前任务：将该cell的MSB写0

读出的状态	意味着？	该充电到？
E	LSB之前已经被写了1，否则不可能把MSB写0，因为主控必须先将LSB写0	D3
D1	LSB之前已经被写了0	D2
D2	主控出了bug，之前写了0怎么又要一遍	
D3	主控出了bug，之前写了0怎么又要一遍	

可以看到，对MSB写0时，Flash产生了写惩罚，需要先读出当前的状态。而对LSB写0则不会出现这种情况。有人会问：D1和D2态的LSB也都是0，如果对LSB写0，Flash如何判断充电到D1还是D2？答案是只能充电到D1，因为大家事先已经约定好了，擦除之后，主控必须先对LSB写0。擦除之后，如果先对MSB写了1，仍然处于E态，再对LSB写0则过渡到D1态；擦除后，对LSB写1，则主控不可能或者必须不能再对其写0，因为每个Page只能写一遍；擦除后，对LSB写0，也是过渡到D1态，所以上述3种组合的结果都是D1态，那么就无须判断了，只要收到让LSB写0的指令，直接到D1，并没有写惩罚。

那么能否让主控在发送I/O指令时直接告诉Flash这些信息，从而避免多读一次？不现实，如果为每个Cell增加状态描述，会极大扩充所需传输的数据量。另外，真正慢是慢在对Cell充电的过程并不是一步到位的，而是分多次充电，一次充一点，小步进。这样做的原因是因为一旦过充就无法回头，为了降低过充的几率，故而采取这种小电压步进充电方式。

综上所述，MSB读快，写慢；LSB读慢写快。所以，块页和慢页还须具体分读写场景来看。